Sebastian Erlhofer, Dorothea Brenner

Website-Konzeption und Relaunch

Rheinwerk Computing

Liebe Leserin, lieber Leser,

die Website ist einer Ihrer wichtigsten Kommunikationskanäle. Hier zeigt sich, ob Sie Ihre Zielgruppe richtig ansprechen, ob sich die Nutzer zurechtfinden, und ob Sie diese schließlich in Kunden verwandeln können. Deshalb fordert eine erfolgreiche Website von Anfang an Ihre volle Aufmerksamkeit. Damit sie funktioniert, muss der Nutzer im Mittelpunkt aller Überlegungen stehen. Vergessen Sie deshalb für einen Moment Technik und Design, und fangen Sie ganz vorne an: Entwickeln Sie ein solides Konzept.

Ich bin froh, dass sich mit Sebastian Erlhofer und Dorothea Brenner ein Autorenteam gefunden hat, das nun erstmals ein modernes Konzeptionsbuch vorlegt. Jahrelange Agenturerfahrung, aktuelle Erkenntnisse aus Kommunikationstheorie und Psychologie, das Wissen um die Anforderungen der Kunden und vor allem die konsequente Ausrichtung auf die Nutzerwünsche sind hier eingeflossen. Und da nicht jedes Projekt von Anfang an starten kann, wird auch der Relaunch von Websites in all seinen Facetten berücksichtigt.

Konzipieren Sie mithilfe dieses Buchs Ihre Website von A bis Z, planen Sie Ihre Strategie, entwerfen Sie die Struktur, gestalten Sie die Oberfläche, und nicht zuletzt: Lotsen Sie Besucher auf Ihre Website.

Viel Erfolg bei der Planung!

Ihr Stephan Mattescheck
Lektorat Rheinwerk Computing

stephan.mattescheck@rheinwerk-verlag.de
www.rheinwerk-verlag.de
Rheinwerk Verlag · Rheinwerkallee 4 · 53227 Bonn

Auf einen Blick

Wir hoffen, dass Sie Freude an diesem Buch haben und sich Ihre Erwartungen erfüllen. Ihre Anregungen und Kommentare sind uns jederzeit willkommen. Bitte bewerten Sie doch das Buch auf unserer Website unter **www.rheinwerk-verlag.de/feedback**.

An diesem Buch haben viele mitgewirkt, insbesondere:

Lektorat Stephan Mattescheck
Korrektorat Annette Lennartz
Herstellung Kamelia Brendel
Fachgutachten Martin Hahn
Typografie und Layout Vera Brauner
Einbandgestaltung Julia Schuster
Coverfoto Shutterstock: 210516295©Vector Goddess
Satz III-Satz, Husby
Druck Media-Print-Informationstechnologie GmbH, Paderborn

Dieses Buch wurde gesetzt aus der TheAntiquaB (9,35/13,7 pt) in FrameMaker.
Gedruckt wurde es auf chlorfrei gebleichtem Offsetpapier (90 g/m²).
Hergestellt in Deutschland.

Bibliografische Information der Deutschen Nationalbibliothek:
Die Deutsche Nationalbibliothek verzeichnet diese Publikation in der Deutschen Nationalbibliografie; detaillierte bibliografische Daten sind im Internet über *http://dnb.d-nb.de* abrufbar.

ISBN 978-3-8362-4557-9

1. Auflage 2018
© Rheinwerk Verlag, Bonn 2018

Informationen zu unserem Verlag und Kontaktmöglichkeiten finden Sie auf unserer Verlagswebsite **www.rheinwerk-verlag.de**. Dort können Sie sich auch umfassend über unser aktuelles Programm informieren und unsere Bücher und E-Books bestellen.

Inhalt

6   Website-Relaunch: Wie Sie eine bestehende Website überarbeiten   115

7   Eine gut durchdachte Strategie ist die halbe Miete   125

TEIL III   WEBSITE-STRUKTUR KONZIPIEREN

11 Was Sie beim Aufbau der Informationsarchitektur grundlegend beachten sollten 189

12 Wie Sie eine benutzerorientierte Makro-Informationsarchitektur aufbauen 203

15 Wo bin ich und wie komme ich woandershin? Navigation, Links und URLs 269

TEIL IV   WEBSITE UMSETZEN UND GESTALTEN

16 Wie Sie Ihre Website technisch umsetzen und hosten – Server, HTML und CMS 303

Testsystem → NO FOLLOW

17   Die wichtigsten Grundlagen kluger Designentscheidungen – Wahrnehmungsprinzipien, User Experience und Usability   321

18   Designen Sie Ihre Website kommunikationsorientiert – Material Design und das Look & Feel   359

TEIL V BESUCHER AUF DIE WEBSITE BRINGEN

20 Besucher auf die Website bringen und Erfolg messen – SEO, SEA und Webanalyse 415

21 Das große Going-live – abschließende Schritte für eine erfolgreiche Live-Schaltung Ihrer neuen Website 461

22 Aus Besuchern Kunden machen – optimieren Sie die Conversion Rate 467

Vorwort

Wir sind es leid. Jeden Tag sehen wir schlechte Websites. Manche davon sind optisch hässlich, manche technisch veraltet. Aber es gibt auch genauso viele sehr schöne, doch leider trotzdem schlechte und wertlose Websites. Wieso? Weil sie nicht das erfüllen, was sie erfüllen sollen – sie sind keine erfolgreichen Websites, die als zentraler Anlaufpunkt für ein ebenso erfolgreiches Online-Marketing dienen.

Eine Website zu erstellen ist kein Hexenwerk – das hören wir selbst nach über einem Jahrzehnt Agenturarbeit bei mindshape immer noch. Da gibt es doch unzählige Anbieter, die Website-Baukästen samt Designvorlagen bereitstellen, mit denen jeder – ganz ohne Programmierkenntnisse – seine Website selbst zusammenklicken kann. Doch eine schöne und technisch funktionierende Website zu haben, ist bei Weitem nicht gleichbedeutend damit, eine *erfolgreiche* Website zu haben.

Eine Website ist der virtuelle Stellvertreter eines Unternehmens, einer Organisation, eines Vereins oder einzelner Personen. Sie ist Vertriebler, Verkäufer und Aushängeschild in einem. Das erkennen glücklicherweise immer mehr und mehr Website-Betreiber und bemühen sich, ihre Websites zu relaunchen. Dabei soll oftmals mit einem Radikalschnitt alles anders und besser werden – erfolgreicher, schneller, mehr Anfragen und mehr Verkäufe. Viel Zeit, Mühe und Geld wird investiert, und am Ende bleibt der erhoffte Sprung nach vorne dann doch aus. Woran das liegt?

Wir haben in den letzten Jahren unzählige Launch- und Relaunch-Projekte begleitet und durchgeführt. Viele Relaunches sollten wir auch »retten« oder unveröffentlichte Relaunches gar komplett neu denken. Dabei haben wir immer wieder eins festgestellt: Eine funktionierende und erfolgreiche Website benötigt eine solide Konzeption und eine klare Nutzerzentrierung. Diese beiden Aspekte fehlen meistens – ob beabsichtigt aus Budgetgründen oder unbeabsichtigt aus Unkenntnis. Fehlen diese, ist ein Relaunch-Projekt schon von Beginn an zum Scheitern verurteilt. Design und Technik sind dabei nicht der Fokus, sie sind nachgelagerte Teilaspekte im gesamten Puzzle.

Aus diesem Grund haben wir uns entschlossen, dieses Buch zu schreiben. Es soll das vermitteln, was unserer Meinung nach am meisten fehlt und was es so in dieser konzentrierten und praktisch aufbereiteten Form auch noch nicht gibt: solides und brauchbares Hintergrundwissen, kombiniert mit den Schritten, wie Sie damit eine gute und erfolgreiche Website konzeptionieren und umsetzen können. Der Schlüssel zu einer guten Website, die auf die Zielgruppe zugeschnitten ist, liegt banalerweise darin, die Zielgruppe zunächst überhaupt beschreiben zu können und sie damit gleichzeitig zu verstehen. Welche Bedürfnisse haben meine potenziellen Besucher und Interessenten? Das ist die zentrale Frage – und nicht etwa, welche Produkte oder

Dienstleistungen man seinen Besuchern regelrecht aufdrücken möchte. Dabei geht es dann auch sehr stark darum, wie Menschen eine Website wahrnehmen und was das in der Konsequenz für die Struktur, die Gliederung der Website und das Design bedeutet. Ihre Website als Ihr Stellvertreter hat genau 50 Millisekunden Zeit, Besucher davon zu überzeugen, nicht gleich wieder zu gehen. Das ist nicht viel Zeit, und deswegen sollte hier auch wirklich alles stimmen. Was genau »alles« ist, erfahren Sie in diesem Buch.

Mit diesem Buch möchten wir – wie auch mit unserer täglichen Agenturarbeit – das Internet ein Stückchen besser machen. Wir haben es daher nicht wie einen klassischen Ratgeber ausgearbeitet. Sie finden hier nicht nur Kochrezepte. Stattdessen bieten wir Ihnen einen wertvollen Unterbau aus Psychologie und Theorie, den wir dann in anschaulichen Praxisbeispielen und nützlichen Dos und Don'ts zum Leben erwecken. Es geht uns darum – und nur so funktioniert es –, dass Sie verstehen, *wieso* bestimmte Dinge in der Konzeption so und nicht anders sinnvoll sind. Nur mit diesem fundierten Hintergrundwissen, mit dem Sie verschiedene Ansätze jeweils abwägen und bessere Konzeptionsentscheidungen treffen können, werden Sie wirklich erfolgreiche Websites erstellen.

Wir wünschen Ihnen viel Freude beim Lesen sowie Spaß und Erfolg bei der Umsetzung Ihrer Website-Projekte. Schreiben Sie uns gern, wir sind gespannt auf Ihr Feedback.

Sebastian Erlhofer und **Dorothea Brenner**

Köln 2017

TEIL I

ACHTUNG, WEBSITES KOMMUNIZIEREN

Kapitel 1

Vom Sinn und Unsinn einer Website

Selbst eingesessenen alten Hasen fehlt hier und da wichtiges Grund-
lagenwissen, um das letzte Stück zur perfekten Website zu gehen. Und
als Einsteiger oder Fortgeschrittener sollten Sie auch sattelfest sein.

Haben Sie sich schon einmal gefragt, was genau Websites eigentlich sind? Rein technisch betrachtet sind Websites nur in HTML-Code geschriebene Dokumente. Wenn
man noch einen Schritt weiter geht, sind es im Grunde sogar nur Einsen und Nullen.
Das ist allerdings eine genauso unzureichende Beschreibung wie die Aussage, Menschen seien lediglich genetisch codierte Zellhaufen oder organische Basen auf DNA-
Strängen. Websites sind wesentlich mehr als das. Sie sind heutzutage eines der am
weitesten reichenden und mächtigsten Kommunikationsmittel, das Sie im heutigen
digitalen Zeitalter zur Kundenansprache nutzen können. Es gibt eine große Bandbreite, wie Sie Websites einsetzen können, von der einfachen digitalen Visitenkarte
bis hin zur komplexen Präsentation von Themen und dem Verkauf von Dienstleistungen oder Produkten. Für Ihr Unternehmen ist die Website *das* zentrale Online-
Marketing-Instrument. Die Zeiten sind vorbei, in denen man nur mal eine Website
haben muss. Wenn Sie sich die letzten Jahre nicht intensiv mit Ihrer Website, deren
Struktur, Inhalten und Aussehen auseinandergesetzt haben, können wir Ihnen eines
garantieren: Ihre Website birgt noch ein enormes Potenzial für Ihr Online-Marketing!

Darüber hinaus sind Websites aber auch noch mehr: Informationsportale, soziale
Kommunikationsmedien wie Facebook und Instagram sowie komplexe Webapplika-
tionen, wie beispielsweise Evernote oder diverse Projektmanagementsoftwares. Die
Liste könnte man unendlich fortführen.

Aber nicht nur für Sie als Website-Betreiber haben Websites eine zentrale Stellung.
Für die meisten Menschen gehört die Nutzung von Websites zum Alltag, und auch
Sie verwenden sicher täglich verschiedenste Websites für allerhand Zwecke. Vielmehr
sind sie aktive Handlungsmedien, die in fast allen Lebensbereichen zur aktiven Erreichung von Alltagszielen genutzt werden können, denn sie bieten vielseitige Lösungen für »Probleme« des Alltags. Im Gegensatz zu den klassischen (Werbe-)Medien
sind Websites für den Rezipienten längst nicht mehr nur passive Medien, sondern
komplexe Kommunikations- und Interaktionswerkzeuge.

Und genau das ist der Kernaspekt, an dem dieses Buch ansetzt. Wir wollen ihn noch einmal betonen und ihn etwas präzisieren, denn Sie werden sehen, er zieht sich wie ein roter Faden durch das ganze Buch: Die Website ist für jedes Unternehmen eines der wichtigsten Medien zur Zielgruppenansprache – das ist den meisten Unternehmen klar. Jetzt kommt aber der viel wichtigere Aspekt: Websites sind interaktive Kommunikationsmittel. Sie werden von den Website-Besuchern aktiv genutzt. Das mag auf den ersten Blick trivial klingen. Wenn Sie sich aber im World Wide Web umsehen, finden Sie viele Website-Betreiber, denen dieser Kernaspekt nicht bekannt zu sein scheint. Das sind z. B. Websites, die nur aus Sicht eines Unternehmens oder gar eines Geschäftsführers konzeptioniert sind. Genau solche Websites haben uns dazu inspiriert, dieses Buch zu schreiben. Damit nämlich die Zielgruppenansprache gelingt, die Besucher Ihre Inhalte effektiv nutzen können und Sie so Ihre Website-Ziele erreichen, muss Ihre Website auf jeder Ebene aus Besucherperspektive konzipiert und gestaltet werden. Im Grunde können Sie sich in jedem Kapitel auf dieses Leitmotiv, der »besucherorientierten Website« einstellen, denn es wird Sie von hier bis zur letzten Seite begleiten.

> **Praxistipp: Denken Sie immer an die Nutzer**
>
> Wir haben im Agenturalltag so häufig mit Website-Projekten zu tun, bei denen nur an die Dienstleistungen und Produkte eines Unternehmens gedacht wird und nicht daran, was das Unternehmen für einen Kundennutzen bringt. Die Existenzberechtigung eines Unternehmens begründet sich nur über den Kundennutzen, den das Unternehmen bringt. Daher sollten Sie bei einer Website auch immer daran denken, wie Sie den Kundennutzen kommunizieren. Das ist das oberste Gebot für eine erfolgreiche Website.

Wie bei jeder Form der Kommunikation gibt es auch für Websites gewisse Gestaltungskonventionen, an denen Sie sich als Website-Architekt orientieren sollten. Gleichzeitig gibt es aber auch zahlreiche kreative Techniken, die Sie einsetzen können. Zwischen beiden Polen muss insofern ein Gleichgewicht herrschen, als dass Sie jeden Kommunikationsprozess für Ihre Besucher interessant und dennoch klar verständlich gestalten. Ihre Website sollte das Image Ihres Unternehmens sowie die wichtigsten Informationen über Ihre Angebotspalette präsentieren. Das Wesentliche dabei ist allerdings, dass Sie diese Inhalte aus Besuchersicht aufbereiten. So ermöglichen Sie es Ihren Besuchern, gesuchte Informationen schnell und leicht zu finden – und das ist doch eines der wichtigsten, übergeordneten Ziele einer jeden Website. Diese scheinbar banale Aufgabe ist eine der schwersten im Online-Marketing und gleichzeitig der Schlüssel zu einer erfolgreichen Website. Das Ganze in ein angenehmes Besuchserlebnis auf Ihrer Website zu verpacken, das ist die Kür. Die Kunst ist, diese drei Ziele – einen positiven Eindruck machen, ein gutes, klares Angebot präsentieren und ein angenehmes Besuchererlebnis ermöglichen – im Gleichgewicht zu halten, wie Abbildung 1.1 zeigt. Das schafft leider bei Weitem nicht jeder Website-Betreiber.

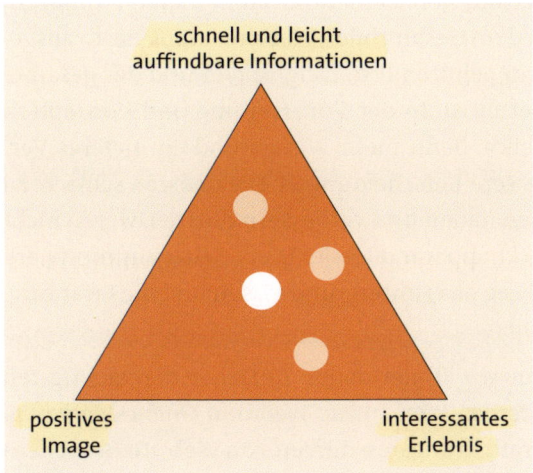

Abbildung 1.1 Die drei wichtigsten Aufgaben einer Website, die im Gleichgewicht gehalten werden sollten

Unsere Erfahrung als Digital-Agentur zeigt, dass jede Überbetonung eines Aspekts aus Abbildung 1.1 zu einer unausgewogenen Website führt. Stellen Sie sich vor, Sie präsentieren auf Ihrer Website gut aufbereitete, leicht zugängliche Informationen und machen einen soliden Gesamteindruck. Sie bieten allerdings ein langweiliges Besuchserlebnis, da Sie nur lange, langweilige Fließtexte verwenden. Je nach Branche wird es dann wahrscheinlich passieren, dass Ihre Website zugunsten »spannende-rer« Websites wieder verlassen wird. Oder Sie machen mit Ihrer Website Informationen sehr leicht zugänglich und bieten auch ein relativ spannendes Besuchserlebnis, der Gesamteindruck Ihrer Website hinterlässt allerdings einen negativen Beige-schmack – vielleicht weil Vertrauen schaffende Informationen fehlen. In diesem Fall ist es ebenfalls recht wahrscheinlich, dass ein Besucher vermutlich wieder absprin-gen und nicht noch einmal vorbeikommen wird. Gleiches gilt für Unternehmen mit guter Reputation, die spannende, grafisch aufwendige Websites betreiben, auf denen Besucher die Kerninformationen allerdings erst einmal zwischen den Spielereien suchen müssen.

Aber seien Sie beruhigt, wie Sie diesen Balanceakt meistern, zeigen wir Ihnen im Ver-lauf dieses Buches. Wir haben die Erfahrung gemacht, dass nur mit einem tieferen Verständnis der Kommunikationsparteien, in Ihrem Fall sind das Ihre Website-Besu-cher, eine effiziente und erfolgreiche Kommunikation möglich ist. Daher werden wir Ihnen auf verschiedenen Ebenen die Perspektive Ihrer Besucher nahebringen.

Sie werden sich gelegentlich vielleicht fragen, wozu Sie die theoretischen Überlegungen, psychologischen Analysen und technischen Details lesen sollten, wenn Sie doch »nur eine Website bauen möchten«. Nun, unsere langjährige Erfahrung hat uns eine wichtige Sache gelehrt: Je mehr ein Website-Konzepter (und damit meinen wir fortan auch immer die Konzepterinnen) von dem Gesamtbild »Website« weiß, desto ausgereifter wird das Website-Konzept. Dazu gehören Ihre Zielgruppen und der gesamte Kontext, in den Ihre Website eingebettet ist. In der Vorbereitung und Konzeption empfehlen wir schlicht »mehr ist mehr«, denn mehr Wissen und ein tieferes Verständnis ermöglichen klügere und bessere Entscheidungen. Die meisten schlechten Website-Konzeptionen, die wir gesehen haben und verbessern durften, waren nicht deswegen schlecht, weil das Budget zu knapp war oder der Dienstleister unmotiviert. Nein, sie waren schlecht, weil schlichtweg das Hintergrundwissen und die Erfahrung fehlten, um es richtig und gut zu machen.

In den folgenden Abschnitten stellen wir Ihnen daher zunächst die wichtigsten Grundlagen rund um die Themen *Internet*, *World Wide Web* und *Online-Marketing* vor. Ein Perspektivwechsel auf die Verarbeitungsressourcen von Website-Besuchern in Kapitel 2, »Website trifft auf Gehirn: Warum es sich lohnt, den Besucher zu verstehen und seine Perspektive in der Website-Konzeption zu berücksichtigen«, ermöglicht Ihnen, den Blickwinkel Ihrer Website-Besucher einzunehmen. In Kapitel 3, »Websites sprechen – die Website als Kommunikationsmedium«, werden wir Ihnen den Kerngedanken der Website als Kommunikationsmedium näherbringen. Diese Sichtweise vertieft das Verständnis der besucherorientierten Website-Konzeption. Die Leitprinzipien in Kapitel 4, »Die sieben ultimativen Gebote erfolgreicher Websites«, bilden, darauf aufbauend, den roten Faden des gesamten Buches.

1.1 Das World Wide Web – das größte Informations- und Datensystem

Das World Wide Web, kurz WWW, ist heute der stärkste und wichtigste Informationsdienst der Welt. Es handelt sich dabei um das größte interaktive System von Informationen und Daten, die in Form von vernetzten *Hypertext-Dokumenten* auf Servern vorliegen. Wichtig sind hier zwei Dinge: Hypertext heißt, dass die Dokumente verlinkt sind. Das ermöglicht eine Interaktion – mit einer Radiosendung können Sie nicht direkt interagieren.

Hypertext-Dokumente sind Dateien, die in einer speziellen Sprache geschrieben werden, der sogenannten *Hypertext Markup Language*, kurz *HTML*. Das ist keine Programmiersprache, sondern nur eine Auszeichnungssprache. JavaScript hingegen ist die Programmiersprache, in der programmatisch Logiken, Schleifen und anderes abgebildet werden können.

1

Mittels HTML können Sie auf einer Website nicht nur Informationen anlegen, strukturieren und miteinander verknüpfen, so dass sie durch verschiedene Browser oder auch Suchmaschinen-Crawler gelesen werden können. Mit HTML können auch multimediale Elemente in eine Webseite eingebunden werden. Ein HTML-Dokument entspricht in der Regel einer *Webseite* Ihres Internetauftritts. Mehrere zusammengehörige, also durch eine Domain und eine übergreifende Navigation verbundene HTML-Dokumente bilden eine *Website* im WWW. Wir machen in diesem Buch ebendiese Unterscheidung: Eine Website ist die gesamte Sammlung aller Webseiten einer Domain.

Der *Browser* ruft Ihre HTML-Website-Dokumente über das Internet ab und stellt sie für Ihre Website-Besucher quasi als grafische Benutzeroberfläche (User Interface, kurz UI) dar. Dieses UI ist Ihr virtueller Vertreter, der Ihr Unternehmen oder Ihr Produkt repräsentiert. Der Abruf Ihrer Website von Ihren Servern durch einen Browser funktioniert nach dem *Server-Client-Prinzip*. Dieses folgt den allgemeinen Kommunikationsregeln eines *Sender-Empfänger-Kommunikationsmodells*: Wenn ein Webuser Ihre Website durch die Eingabe Ihrer Webadresse in den Browser aufruft, sendet dieser zunächst eine Anfrage an den *Server*, der Ihre Website-Dokumente beherbergt. Nach dem Empfang dieser *Client*-Anfrage sendet Ihr Server wiederum die angeforderten Dokumente an den Browser-Client, der die Dokumente empfängt und dann für Ihre Besucher darstellt.

Wie Sie im folgenden Abschnitt sehen werden, steckt hinter diesem scheinbar trivialen Prozess, der in Abbildung 1.2 vereinfacht dargestellt ist, eine komplexe, streng geregelte Kommunikationsarchitektur, die einen reibungslosen Prozess zum Aufruf Ihrer Website ermöglicht.

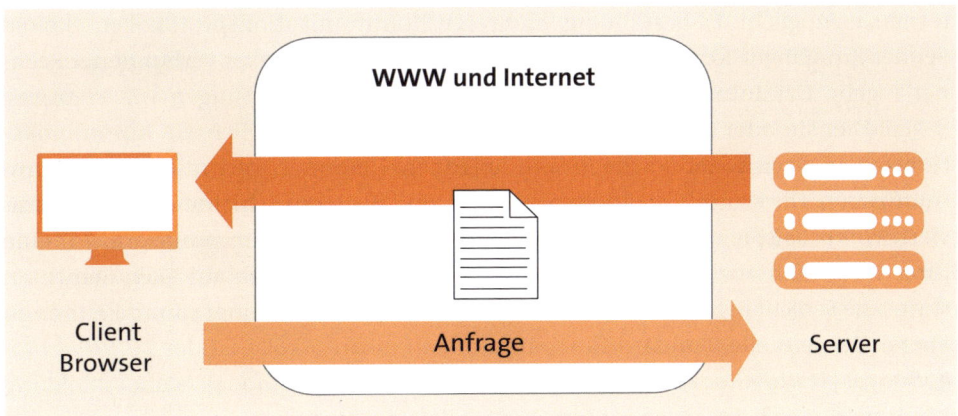

Abbildung 1.2 Vereinfachtes Modell zum Abruf von Website-Dokumenten von einem Server

Schon gewusst? Das Internet ist größer als das World Wide Web

Wenn Sie beim nächsten Online-Stammtisch einmal wieder einen Klugscheißer neben sich sitzen haben, ziehen Sie doch mit: Das WWW ist nur ein Teil des Internets. Auch wenn umgangssprachlich beide Begriffe synonym verwendet werden – das Internet beinhaltet auch z. B. das Usenet, E-Mail-Dienste, die DNS-Dienste zur Adressauflösung der Domainnamen zu IP-Adressen und andere eher dateibasierte Protokolle wie FTP oder SSH. Es ist aber völlig okay, wenn Sie weiter davon sprechen, dass Sie im Internet surfen.

1.2   Das Internet – ein System von Kommunikationsprotokollen

Wenn man Websites für das WWW erstellt, sollte man sich mit der Website-Umwelt gut auskennen. So verstehen Sie die Unterschiede zwischen HTTP und HTTPS und wieso ein 200er gut und ein 500er meistens weniger gut ist. Doch der Reihe nach: Die Kommunikation zwischen den Browsern Ihrer Besucher und Ihren Webservern geschieht über das Internet. Das Internet ermöglicht den Transport von Informationen und Daten und stellt hierzu eine Reihe von Netzdiensten zur Verfügung:

▶ Informationsabruf (Websites im WWW)

▶ Verzeichnisdienste (Suchmaschinen, listen einen Teil des WWW auf)

▶ Nachrichtenaustausch (E-Mail, Chat)

▶ Datentransfer (FTP etc.)

Dieses Dienstangebot wird durch die spezielle Kommunikationsarchitektur des Internets ermöglicht. Es besteht aus mehreren Kommunikationsprotokollen, die die Sender-Empfänger-Kommunikation innerhalb eines Netzwerkes verbundener Rechner regeln. Das Internet stellt selbst nämlich keine Anwendungen wie Websites, E-Mail-Dienste oder Ähnliches zur Verfügung, sondern lediglich die Kommunikationsregeln, nach denen solche Anwendungen im Datennetzwerk miteinander kommunizieren. Die Kommunikationsprotokolle sind in einem Schichtenmodell organisiert. Wenn beispielsweise ein Browser mit Ihrem Server kommuniziert, um eine Ihrer Webseiten abzurufen, findet der Informationsaustausch auf allen Schichten statt. Jede Schicht regelt ihre eigenen Informationspakete auf einer ganz bestimmten Ebene. Der aktuelle Standard für Kommunikationsprotokolle ist der *TCP/IP-Protokollstapel* (*TCP/IP-Stack*). Dieses Kommunikationsschichtenmodell (siehe Abbildung 1.3) orientiert sich am sogenannten *OSI/ISO-Referenzmodell*.

Die Übermittlung der Website-Dokumente von einem Server an einen Client (z. B. Browser) erfolgt in der Regel via HTTP oder HTTPS sowie der Netzwerkprotokolle IP und TCP. HTTP war bislang das am weitesten verbreitete Übertragungsprotokoll. Die verschlüsselte Variante HTTPS holt allerdings spätestens auf, seitdem Google äußerte, dass HTTPS-Seiten leicht im Google-Ranking bevorzugt werden und der Chrome-Browser bei reinen HTTP-URLs die Seite als »unsicher« anzeigt. HTTPS ist strukturell identisch mit HTTP, verwendet aber eine zusätzliche Verschlüsselung mittels eines *SSL-Handshake-Protokolls*. Das können Sie sich so vorstellen: Zwei Kommunikationspartner betreten einen Tunnel von jeweils einem der beiden Enden. Die beiden Parteien müssen sich ausweisen und werden überprüft. Fällt das Ergebnis positiv aus, werden die Enden des Tunnels fest mit einem Schlüssel verschlossen, den nur die beiden Kommunikationspartner erhalten. Somit können die übertragenen Informationen von außerhalb des Tunnels nicht eingesehen werden. Das SSL-Protokoll authentifiziert die Kommunikationspartner auf ähnliche Weise. Dazu müssen Sie als Website-Betreiber bei einer offiziellen Zertifizierungsstelle, einer *Certification Authority* (CA), ein *SSL-Zertifikat* erwerben. Ein *SSL-Zertifikat* ist ein digitaler Datensatz, der Ihre Identität und die Authentizität Ihrer Website bestätigt. Mittels eines solchen Zertifikats wird die Verbindung zwischen Ihren Besuchern und Ihrer Website verschlüsselt. Früher nutzten dieses Protokoll vorwiegend Websites, die den Austausch vertraulicher Informationen erforderten, wie Banken und Onlineshops. Mittlerweile setzt sich HTTPS immer mehr als Standardprotokoll durch, zumal offene, sprich ungesicherte, WLANs immer weitere Verbreitung finden, die die Datenübertragung theoretisch für jedermann sichtbar machen können.

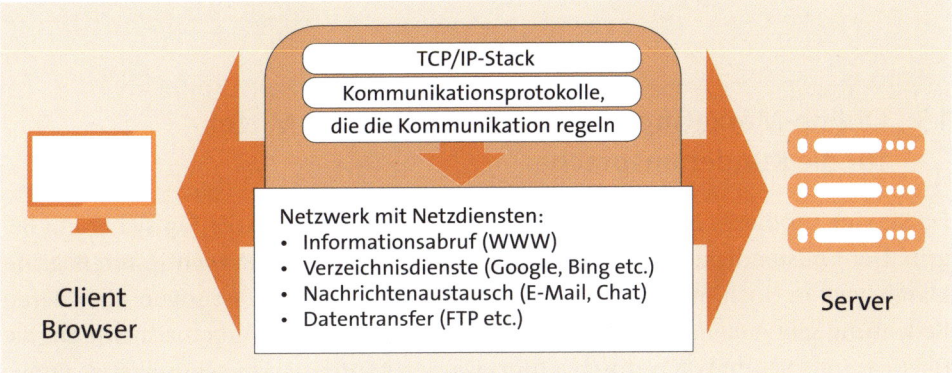

Abbildung 1.3 WWW, Internet und Kommunikationsprotokolle im TCP/IP-Stack

---

Praxistipp: Kostenlose SSL-Zertifikate bei Let's Encrypt

Viele Jahre scheuten Website-Betreiber die Kosten für ein SSL-Zertifikat. Etwa 40 bis 500 € jährlich müssen Sie auch heute noch berappen, je nach Zertifikatstyp. Allerdings gibt es eine gute und kostenfreie Alternative: Schauen Sie einmal bei *https:// letsencrypt.org/* vorbei.

Egal, ob HTTP oder HTTPS: Auf die Anfrage eines Clients, sei es ein Browser oder Suchmaschinen-Crawler, gibt der Webserver als Antwort unter anderem einen HTTP(S)-

Statuscode aus, der dem Client mitteilt, ob die Seiten erreichbar sind oder nicht. Da die Statuscodes später relevant sind, stellen wir Ihnen hier die wichtigsten vor.

HTTP-Statuscodes

▶ **200 – OK**: Mit diesem Statuscode bestätigt der Server, dass die Anfrage korrekt und fehlerfrei beantwortet wurde, dass beispielsweise eine angefragte Seite an den Browser ausgeliefert wurde.

▶ **301 – Moved Permanently**: Dieser Statuscode wird bei permanenten Weiterleitungen ausgegeben, wenn also eine Seite von einer URL dauerhaft auf eine andere URL umgezogen ist. Vor allem für den Relaunch und auch für SEO-Zwecke ist dieser Statuscode sehr wichtig.

▶ **302 – Moved Temporarily**: Wenn Anfragen für eine Seite nur vorübergehend auf eine neue URL umgeleitet werden sollen, wird dieser Statuscode ausgegeben.

▶ **404 – Not Found**: Dieser Fehlercode wird ausgegeben, wenn der Client eine URL anfragt, für die der Server kein Dokument finden kann. Dies kann verschiedene Gründe haben, wie einen Umzug der Seite auf eine neue URL ohne Weiterleitung, Löschung der Seite oder falsche URL-Eingabe seitens des Clients.

▶ **410 – Gone**: Dieser Fehlercode wird ausgegeben, wenn eine Seite permanent gelöscht wurde.

1.3 Online-Marketing – die Nutzung digitaler Mittel für die Kundenansprache

Da Sie sich für dieses Buch interessieren, ist Ihnen Online-Marketing sicher ein Begriff. Der Vollständigkeit halber möchten wir hier dennoch die wichtigsten Begriffe klären, weil es doch im Einzelnen sehr unterschiedliche Auffassungen über deren Bedeutung gibt. *Online-Marketing* bezeichnet für uns alle Werbemaßnahmen, die über das Internet im WWW durchgeführt werden können. Dazu gehören etwa einige *Outbound-Maßnahmen*, wie beispielsweise Newsletter- und E-Mail-Marketing sowie Bannerwerbung. Das engl. *outbound* steht für »abgehend«, man spricht auch von einem *Push-Ansatz*, also dem aktiven Umwerben von Kunden. In der Regel geschieht das, wie bei den klassischen Werbemedien, durch weitläufige Ausstreuung von Marketingbotschaften.

Der andere Anteil des Online-Marketings – und in unseren Augen der deutlich mächtigere, weil nur das WWW dies ermöglicht – entfällt auf das *Inbound-Marketing*. Das engl. Wort *inbound* steht für »eingehend«. Das bedeutet, dass Inbound-Maßnahmen einen *Pull-Ansatz* verfolgen, d. h., sie sprechen Kunden nicht aktiv an, sondern warten passiv auf deren Besuch. Dazu gehören beispielsweise *Suchmaschinenmarketing*, *Content Marketing* und zum großen Teil auch *Social Media Marketing*. Menschen suchen meistens direkt bei Google nach Themen. Websites stellen damit das Online-Marketing-Zentrum eines Unternehmens oder einer Organisation dar, zu dem die übrigen Maßnahmen hinführen. Als Pull-Medium ziehen sie Besucher an, anstatt ihnen – wie im klassischen Push-Marketing – Werbung ungefragt aufzudrücken.

> **Praxistipp: Nutzen Sie die Pull-Stärke Ihrer Website**
>
> Ihre Website ist nicht bloß eine Webvisitenkarte! Indem Sie Ihre Website so gestalten und optimieren, dass sie leicht von Ihren Besuchern über die Suchmaschinen und andere Kanäle gefunden werden kann, schaffen Sie es, Ihre Zielgruppen anzuziehen. Und wenn Sie es dann noch schaffen, die Personen bei Ihrem Problem abzuholen, können Sie fast gar nicht mehr verlieren. Nutzen Sie die Macht des Pull-Marketings, und denken Sie nicht immer nur klassisch an Push!

1.4   Die Website – das Zentrum einer jeden erfolgreichen Online-Marketing-Strategie

Homepage, *Website*, *Webseite*, *Webpräsenz*, *Webangebot*, *Internetauftritt* – alle diese Begriffe bezeichnen das Gleiche. Oder doch nicht? Tatsächlich gibt es zwischen einigen der oben genannten Begriffe klare Unterscheidungen. Die Begriffe Website, Webpräsenz, Webangebot und Internetauftritt bezeichnen synonym das gesamte Webprojekt, mit dem sich ein Unternehmen online vorstellt. Eine *Website* umfasst mehrere *Webseiten* (engl. *web pages*), die zusammengehören und in der Regel durch eine gemeinsame Domain und eine übergreifende Navigation miteinander verbunden sind. Die Webseite, die die Haupt- bzw. Startseite einer Website darstellt, wird als *Homepage* bezeichnet. Sie werden merken, dass diese Begriffe im Sprachgebrauch gerne durcheinandergeraten. In diesem Buch (und bei uns in der Agentur) verwenden wir sie allerdings trennscharf, um Missverständnisse zu vermeiden.

Websites sind die wahren Superhelden des Online-Marketings. Ihre Superpower ist, dass sie eine kommunikative Verbindung zwischen Ihnen als Betreiber und Ihren potenziellen Kunden herstellen. Der entscheidende Vorteil dieses Superhelden-Kommunikationsmediums ist, dass auch Ihre Zielgruppen es unabhängig von raum-zeitlichen Gegebenheiten verwenden können. So spielen für einen Interessenten Ihres Angebots Öffnungszeiten und Fahrtwege ebenso wenig eine Rolle wie die direkte Interaktion, die lokale Ladengeschäfte mit sich bringen können – weswegen das Online-Einkaufserlebnis von vielen als bequemer empfunden wird. Hier stört kein Verkäufer mit der Frage »Wie kann ich Ihnen helfen?«, und shoppen geht auch noch sonntags um 23 Uhr.

Die Website ist aber oft auch für viele Besucher eine erste Anlaufstelle, um sich über ein Unternehmen zu informieren. Mit einer guten Website können Sie die Wünsche und Bedürfnisse Ihrer Besucher erfüllen und Kunden begeistern. So gewinnen Sie das Vertrauen Ihrer Zielgruppen und erreichen Ihre Unternehmensziele wesentlich effektiver.

Praxistipp: Nicht jeder Besucher möchte gleich kaufen oder anrufen

Lassen Sie den Besuchern Ihrer Website Zeit. Es gibt viele Besucher, die sich zunächst in Ruhe anschauen möchten, wer Sie sind und was Sie machen. Nicht hinter jedem Besuch steckt eine direkte Kauf- oder Kontaktabsicht. Das sollten Sie immer bedenken. Drücken Sie deswegen nicht jedem Besucher gleich das Spezialangebot oder das Newsletter-Pop-up aufs Auge. Sie möchten ja auch nicht im lokalen Ladengeschäft sofort einen Werbezettel in die Hand gedrückt bekommen, wenn Sie nur einmal schauen möchten, was der Laden so zu bieten hat.

Sehen Sie sich einige Websites im WWW an, so scheint die Erkenntnis, welche Macht gute Websites und welche Gefahr schlechte Websites für den Unternehmenserfolg bedeuten, noch nicht bei jedem Website-Betreiber angekommen zu sein. Ebenso, wie es eine gelungene und eine weniger gelungene Face-to-Face-Kommunikation gibt, finden Sie auch Websites, die erfolgreich funktionieren, und solche, die ihren Zweck weniger bis gar nicht erfüllen. Die wichtigsten Fähigkeiten, die einen Website-Superhelden ausmachen, werden wir Ihnen in diesem Buch vorstellen.

Bevor Sie mit der Konzeption starten, sollten Sie sich zunächst Gedanken machen, welches Kommunikationsprinzip Sie verfolgen möchten: Die meisten Websites, vor allem Unternehmens-Websites und private Websites, funktionieren nach einem *One-to-many-Prinzip*. Das heißt, ein Anbieter stellt sein Angebot für eine potenziell unendlich große Besuchergruppe zur Verfügung (siehe Abbildung 1.4). Andere wiederum entsprechen dem *Many-to-many-Prinzip*, wie beispielsweise Facebook, Wikis oder Foren. In diesen gibt es zwar einen Website-Betreiber, dieser stellt jedoch nicht die Website-Inhalte selbst, sondern lediglich die Plattform zur Verfügung. Solche Websites werden als Informationsaustauschbörsen von Nutzern für Nutzer eingesetzt.

One to many mit ein bisschen many to many?

In dem vorliegenden Buch liegt der Schwerpunkt auf der Konzeption und Umsetzung von One-to-many-Unternehmens-Websites, denn dieses Buch richtet sich vorrangig an Agenturen, Inhouse-Mitarbeiter oder Selbstständige, die sich professionell mit der Konzeption und Umsetzung von Websites beschäftigen. Dieser Personenkreis, zu dem Sie höchstwahrscheinlich auch gehören, wird zum überwiegenden Teil intern oder extern beauftragt, One-to-many-Websites zu konzipieren oder zu optimieren.

In der freien Wildbahn trifft man aber auch häufig auf Mischformen – etwa eine Ver-
eins-Website mit einem angegliederten Forum.

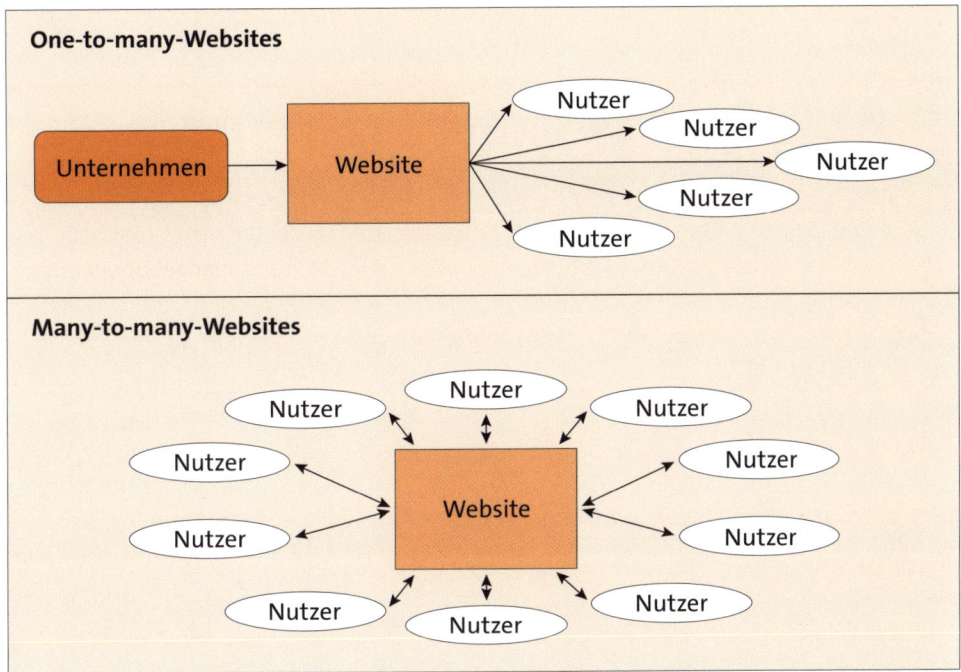

Abbildung 1.4 Verschiedene Prinzipien für den Informationsaustausch auf Websites
(oben: One-to-many-Websites, unten: Many-to-many-Websites)

Kapitel 2

Website trifft auf Gehirn: Warum es sich lohnt, den Besucher zu verstehen und seine Perspektive in der Website-Konzeption zu berücksichtigen

Dieses Kapitel verhilft Ihnen zu einem Perspektivwechsel im Konzep-tionsprozess. Sie werden Ihre Website-Besucher besser verstehen lernen, deren Situation, Bedürfnisse und Ressourcen erkennen und diese Erkenntnisse in die Konzeption Ihrer Website erfolgreich ein-fließen lassen.

Die Nutzung von Websites ist für die meisten Menschen, selbst höheren Alters, heut-zutage selbstverständlich. Dabei spielt sich eine Vielzahl kognitiver, persönlicher und letztendlich menschlicher Prozesse ab. Abbildung 2.1 gibt Ihnen einen Überblick über die wichtigsten Ressourcen und inneren Vorgänge eines Users, die bei einem Website-Besuch beteiligt sind. Diese werden wir in den folgenden Abschnitten näher betrachten und schauen, was man aus ihnen für die Website-Konzeption herausho-len kann. Dieser Perspektivwechsel ist unserer Erfahrung nach zur Konzeption und Optimierung erfolgreicher Websites unabdingbar: Die Grundzüge dessen zu verste-hen, wie Websites aus Sicht Ihrer Besucher wahrgenommen und verarbeitet werden, liefert Ihnen wertvolle Hinweise darauf, was eine gute Website ausmacht. Damit sind Sie Ihrem Wettbewerb definitiv mehrere Schritte voraus.

Ein grundlegender Aspekt bei der Website-Nutzung sind die dahinterstehenden Bedürfnisse und Motivationen. Haben Sie sich schon einmal gefragt, warum Men-schen das WWW überhaupt verwenden und immer weniger in Ladengeschäfte gehen? Welche Ziele wollen sie erreichen? Warum besuchen sie bestimmte Websites und andere nicht? Was erwarten sie von ihnen? Was tun sie dort, und warum tun sie, was sie tun? Um die grundsätzliche Frage nach dem Warum wird es in Abschnitt 2.1 gehen.

Daneben gibt es verschiedene kognitive und psychophysische Faktoren, die zusam-menarbeiten, wenn Webuser mit Websites interagieren: Verschiedene Aufmerksam-keits- und Denkmodi sowie das Gedächtnissystem lernen Sie in Abschnitt 2.2 bis Abschnitt 2.4 kennen. Diese Aspekte sind für Ihr Website-Konzept relevant, weil die

Forschung davon ausgeht, dass das menschliche Gehirn einem Ökonomieprinzip unterliegt, das sich auch auf den Besuch Ihrer Website auswirkt. Das Gehirn versucht, so energieschonend wie möglich zu arbeiten und setzt dementsprechend – teils bewusst, teils unbewusst – Filter und Prioritäten. Dieses grundlegende Prinzip ist evolutionär bedingt und lässt sich ganz einfach zusammenfassen: »Gehirn spart Zucker wegen Säbelzahntiger.«

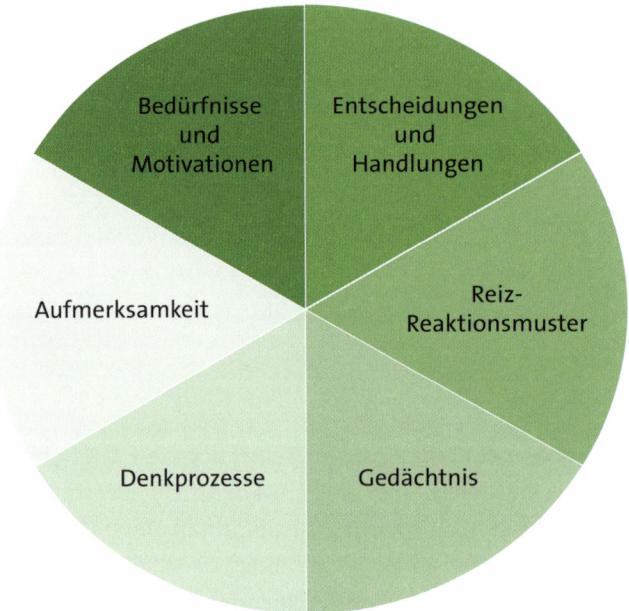

Abbildung 2.1 Die zentralen Ressourcen und inneren Prozesse eines Website-Besuchers, die bei der Website-Konzeption verstanden und integriert werden sollten

Was hinter dieser sehr plakativen Charakterisierung steckt? Der Mensch gehörte in der Natur von jeher zu den körperlich eher unterlegenen Arten. Sein evolutionärer Vorteil war seine Gehirnkapazität, mit der er Feinden entkommen und überleben konnte. Konzentration und Informationsverarbeitung sind die wichtigsten Ressourcen, die viele kognitive Komponenten umfassen. Daher verwenden sie einen großen Teil der Gehirnkapazität. Wird das Gehirn beansprucht, kostet das den Menschen wiederum eine Menge Energie und Nährstoffe. Das menschliche Gehirn ist evolutionär darauf ausgelegt, im stressfreien Normalfall ökonomisch und energieeffizient zu arbeiten, um Ressourcen für den überlebenswichtigen Bedarfsfall zu sparen, wie beispielsweise, um vor dem Säbelzahntiger zu fliehen oder – in unseren Breitengraden wahrscheinlicher – um eine wichtige Prüfung oder Herausforderung im Job zu meistern.

Wie viele Ressourcen verwendet werden, richtet sich nach der Relevanz einer Tätigkeit. Je relevanter die Aufgabe, desto größer der Einsatz – und umgekehrt. Dabei liegt die Relevanz meist im Auge des Betrachters und lässt sich nicht verallgemeinern.

Ihre Website-Besucher wissen in der Regel nicht von Beginn an, wie relevant Ihre Website ist und ob es sich lohnt, Energie darauf zu verwenden, sie zu durchforsten.

> **Praxistipp: Bemühen Sie sich um kognitive Leichtigkeit**
>
> Um Website-Besucher, die auf Ihrer Website gelandet sind, auf Ihrer Website zu halten, bemühen Sie sich um *kognitive Leichtigkeit*. Gestalten Sie Ihre Website auf allen Ebenen so leicht zugänglich, wie es Ihnen nur möglich ist. So verschaffen Sie Ihren Usern einen kognitiv ressourcensparenden Website-Besuch und erhöhen so die Wahrscheinlichkeit, dass sie auf Ihrer Website bleiben und Ihr Angebot wahrnehmen. Wie Sie das anstellen, verraten Ihnen die nächsten Abschnitte.

Nicht nur die kognitiven Kapazitäten beeinflussen Entscheidungen und Handlungen der Besucher auf Ihrer Website, sondern auch eine Reihe erlernter psychologischer Reiz-Reaktionsmuster, die wir Ihnen in Abschnitt 2.5 vorstellen werden. Auf Websites läuft im Grunde alles darauf hinaus, dass Webuser Entscheidungen treffen und bestimmte Handlungen zur aktiven Zielerreichung durchführen, worum es in Abschnitt 2.6 gehen wird. Letztlich behandelt Abschnitt 2.7 die Prozesserwartungen der Website-Besucher beim Website-Besuch.

2.1   Warum User Websites verwenden – Motivationen, Bedürfnisse, Ziele eines Website-Besuchers

Was tun User, wenn sie Suchmaschinen nutzen und Websites besuchen? Eine Vielzahl kommerzieller, beruflicher, privater und sozialer Handlungen können online durchgeführt werden. Die Motivation für diese Handlungen resultiert meist aus ganz grundlegenden menschlichen Bedürfnisse (siehe Abbildung 2.2 und Tabelle 2.1). Das heißt, jeder Handlung, also z. B. dem Besuch von Facebook oder der Suche nach einem neuen Handy, liegt ein Bedürfnis zugrunde.

Abbildung 2.2 Bedürfnisse motivieren Handlungen.

Wenn Sie sich die zentralen Bedürfnisse und Ziele Ihrer potenziellen Kunden bzw. Website-Besucher bewusst machen, können Sie Ihr Website-Angebot expliziter und präziser auf die Bedürfnisse Ihrer Zielgruppen ausrichten. Einige typische Bedürfnisse und entsprechende Beispielhandlungen haben wir Ihnen in Tabelle 2.1 aufgelistet. Online-Handlungen lassen sich aber nicht zwangsläufig immer auf ein einzelnes Bedürfnis zurückführen. Sie können, wie die meisten menschlichen Handlungen, mehrfach motiviert sein.

Bedürfnisse, Motivationen	Beispielhandlungen
Informationsbedarf, Wissensdurst, Bildung	Recherche nach den besten Bands aller Zeiten; einen Online-Workshop absolvieren
Konsum, Gewinn	eine möglichst günstige Reise buchen
Unterhaltung, Ablenkung	Online-Poker spielen; einen Film über eine Video-on-Demand-Plattform schauen
Gemeinschaftszugehörigkeit, Kontakt	über Social Media mit Freunden interagieren und chatten
Bequemlichkeit, Zeitersparnis	Getränke für die nächste Party bestellen, um sie nicht selbst schleppen zu müssen
Anerkennung, Prestige	Erfolge, Lebensereignisse und Fotos mit der Welt teilen
Hilfe bekommen oder anbieten	ein Computerproblem in einem Forum beschreiben

Tabelle 2.1 Beispielhandlungen von Webusern auf Websites und dahinterstehende Bedürfnisse und Motivationen

Zur Veranschaulichung stellen wir Ihnen exemplarisch zwei fiktive, mögliche Webnutzer vor: Stefan, 43, Versicherungsmakler, ist auf der Suche nach einem neuen Computer für seinen Sohn. Ina, 24, Studentin, soll ein Referat zum Thema »Die Geschichte der Filmmusik« halten (siehe Abbildung 2.3).

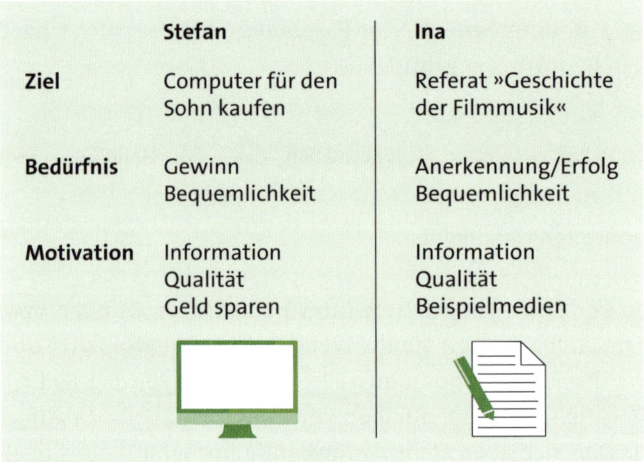

	Stefan	Ina
Ziel	Computer für den Sohn kaufen	Referat »Geschichte der Filmmusik«
Bedürfnis	Gewinn Bequemlichkeit	Anerkennung/Erfolg Bequemlichkeit
Motivation	Information Qualität Geld sparen	Information Qualität Beispielmedien

Abbildung 2.3 Verschiedene Besucher – verschiedene Ziele und Bedürfnisse

Ihre jeweiligen Bedürfnisse und Ziele sowie die Zielseiten, die sie wahrscheinlich besuchen werden, sind in Tabelle 2.2 gegenübergestellt.

	Stefan, 43, Versicherungsmakler	Ina, 24, Studentin
Ziel	Computer kaufen	Referat »Filmmusik«
Bedürfnisse	*Anerkennung*: Sohn durch ein Geschenk erfreuen	*Anerkennung*: ein gutes Referat ausarbeiten
	Gewinn: gutes Gerät für einen niedrigen Preis	*Gewinn*: eine gute Note
	Bequemlichkeit: online suchen und bestellen, anstatt in ein Geschäft zu gehen	*Bequemlichkeit*: Online-Suche von zu Hause aus, anstatt zur Bibliothek zu fahren
Entscheidungen und zielgerichtete Handlungen auf einer Website	▶ Produktinformationen suchen, Tipps ▶ Qualität bewerten, Produktvergleich ▶ Preisvergleich bei verschiedenen Anbietern ▶ ein gutes Gerät bestellen	▶ Informationen suchen, Beispielmedien ▶ Qualität bewerten, vertrauenswürdige, gute Informationen finden ▶ Informationen sammeln, gegebenenfalls Dokumente herunterladen, Quellen zitieren
Ziel-Websites	▶ Hersteller-/Unternehmens-Websites ▶ Onlineshops ▶ Preissuchmaschinen ▶ Foren	▶ Portale, wie Film-, Musik-, Informationsportale, Enzyklopädien ▶ Wissensblogs ▶ Künstler- und Unternehmens-Websites

Tabelle 2.2 Vergleich verschiedener Besucherbedürfnisse und -motivationen für eine Online-Recherche

Wenn Sie also auf der Seite des Website-Konzeptioners sind, was würden Sie Stefan und Ina jeweils anbieten? Stefans Wunsch nach Anerkennung durch seinen Sohn könnte z. B. darin bestärkt werden, dass Sie auf der Verkaufs-Website Kunden zu Wort kommen lassen, die äußern, was für ein toller und wahnsinnig herausragender Computer Ihr Angebot ist. Wenn Sie dann noch etwa über einen Streichpreis kommunizieren, dass es sich um ein äußerst attraktives Angebot handelt und man bequem mit allen möglichen Zahlarten bezahlen kann, dann haben Sie alle Bedürfnisse von Stefan erfüllt. Genau das macht eine gute Website am Ende aus. Überlegen Sie einmal selbst, wie Sie eine Website für Ina so optimieren würden.

Leider ist das ganze Spiel in der Praxis recht komplex: Die Bedürfnisse und Motivationen für eine Online-Recherche weichen teilweise stark voneinander ab. Damit muss jede Website anders auf die Nutzerschaft ausgerichtet werden. Die Prozesse bei den Besuchern (siehe Abbildung 2.4) sind jedoch über alle Motivationen hinweg recht ähnlich. Wenn Sie diese durchschauen, sind Sie schon einen guten Schritt näher an der perfekten Website.

Abbildung 2.4 Der Prozess der Entscheidung

An erster Stelle steht die aus welchem Grund auch immer motivierte Informationssuche. Ob es um ein Referat geht oder um den Online-Kauf eines Computers – der Suchende hat ein Problem und möchte dieses (online) lösen. Auf der Website angekommen, evaluieren Besucher das Website-Design und die Website-Inhalte. Damit bewerten sie innerhalb von Millisekunden die Relevanz für ihr Problem. Besteht die Website diese erste Prüfung, wird sie auf Übereinstimmung mit den eigenen Ansprüchen und Bedürfnissen untersucht. Möchte man bequem einkaufen (Bedürfnis *Bequemlichkeit* oder *Schnelligkeit*), sollten, wie oben gezeigt, z. B. verschiedene Bezahlvarianten vorzufinden sein. Erst am Ende dieses Prozesses folgen dann die Entscheidung und, darauf aufbauend, die Handlung – also ein Kauf oder das Ausfüllen eines Kontaktformulars oder ein Download.

Für eine perfekt konzeptionierte Website müssen Sie also diese zentralen Weichenpunkte verstehen und diese in der Folge möglichst gut bedienbar gestalten. All diesen Entscheidungs- und Bewertungsprozessen des Users liegt die Fähigkeit zur Verarbeitung von Informationen zugrunde. Diese beansprucht verschiedene Fertigkeiten des menschlichen Gehirns, um die es in den folgenden Abschnitten gehen wird.

2.2 Schwebende vs. fokussierende Aufmerksamkeit, Scannen vs. Lesen

Websites werden für die meisten Menschen zuerst visuell über die Augen wahrgenommen. Dabei spielt das Verständnis der visuellen Aufmerksamkeitsverteilung eine entscheidende Rolle, wenn Sie Websites perfekt auf die menschliche Wahrnehmung abstimmen möchten.

2.2   Schwebende vs. fokussierende Aufmerksamkeit, Scannen vs. Lesen

2

Visuelle Aufmerksamkeit ist wie eine Lupe, mit der Sie die Welt ausschnittsweise betrachten können. Verschiedenste Dinge in der Welt ziehen Aufmerksamkeit auf sich. Dies kann bewusst, absichtlich oder unbewusst, reflexartig passieren, also entweder, weil jemand sich für diese Dinge interessiert und nach ihnen sucht, oder aber, weil sie auffällig sind und den Betrachter förmlich anschreien, seine Lupe auf sie zu richten. Wenn ein Betrachter seine Aufmerksamkeit willentlich auf ein Objekt oder Thema fokussiert, arbeitet sein Gehirn in einem Zustand der Konzentration. Bevor das passiert, verschafft er sich allerdings einen Überblick. Er überfliegt die Inhalte zunächst grob. Nicht erst seit es Websites gibt, untersucht der Mensch größere visuelle Informationseinheiten zunächst einmal auf ihre Relevanz und sucht Einstiegspunkte.

Das war schon damals beim Höhlenmenschen so, der auf der Lauer am Waldesrand lag. Im Folgenden stellen wir Ihnen die zwei Modi der Aufmerksamkeit – die schwebende und die fokussierende – im Detail vor und zeigen Ihnen, wieso Sie sie bei der Konzeption Ihrer Website berücksichtigen sollten.

2.2.1   Schwebende Aufmerksamkeit – Scannen

Beim ersten grobmaschigen Scanvorgang setzt die *schwebende Aufmerksamkeit* ein. Das ist die »große Lupe« für den Gesamtzusammenhang, die den Website-Besucher noch nicht ganz scharf sehen lässt. Er kann damit große Mengen an multimedialen Informationen parallel erfassen. Die Detailwahrnehmung ist in diesem ersten Schritt noch nicht aktiv. Vielmehr schweben die Augen im Scanprozess recht schnell über die Seite, um einen umfassenden Überblick zu erhalten. Abbildung 2.5 illustriert den Blick durch die Scanlupe am Beispiel der Website der Universität zu Köln. Nur wenige zentrale Elemente werden wahrgenommen, das meiste bleibt zunächst unscharf.

> **Praxistipp: Schnelle Scannbarkeit im Design garantieren**
>
> Websites sollten schnell scannbar sein. Das bedeutet, dass gleiche Funktionselemente, wie z. B. Überschriften, auch immer ähnlich aussehen sollten. Dann kann der Nutzer diese Elemente schnell als Funktionsgruppe erkennen und zügiger scannen. Ob das mit einem neuen Design oder auch Ihrer aktuellen Website funktioniert, können Sie recht einfach herausfinden. Entweder kneifen Sie die Augen vor dem Bildschirm zu und prüfen, ob bestimmte Elemente wie Überschriften immer noch gut genug hervorstechen. Oder Sie nutzen ein Grafikprogramm wie Photoshop und legen einen Weichzeichner über das Design. Auch hier sollten relevante Elemente noch deutlich akzentuiert sichtbar sein. Ein häufiger Fehler, der bei diesem Verfahren entdeckt wird, sind zu kleine oder zu fließtextähnliche Überschriften oder andere Elemente, die stark Aufmerksamkeit auf sich ziehen, aber für die erste Informationsaufnahme nicht relevant sind – etwa unpassende und übergroße Schmuckbilder.

Abbildung 2.5 Illustration des Scanvorgangs im Modus der schwebenden Aufmerksamkeit, hier am Beispiel einer Webseite der Universität zu Köln. Die meisten Bereiche werden ausgeblendet (unscharf), lediglich die Überschriften und auffällige Elemente werden flüchtig wahrgenommen (Quelle: http://campusmanagement.uni-koeln.de).

In der Regel werden nur die Überschriften schnell gescannt und dabei einzelne, akzentuierte Wortfetzen wahrgenommen. Die Verarbeitungsgeschwindigkeit ist hierbei sehr hoch. Die Verarbeitung selbst ist allerdings recht flach und wenig sorgfältig. Es geht ja auch darum, sich zunächst zu orientieren und zu überprüfen, ob die präsentierten Informationen für das eigene Suchziel relevant und nützlich sind oder ob man sich kognitive Ressourcen für die aufwendigere Detailbetrachtung sparen kann. Beim Betreten einer Website stellt sich ein Besucher meist als Erstes die Frage: »Passt das zu meinem Informationsproblem, und bin ich hier richtig?« Der Scanprozess mittels schwebender Aufmerksamkeit hilft ihm dabei, diese Frage schnell und ressourcenschonend zu beantworten.

2.2   Schwebende vs. fokussierende Aufmerksamkeit, Scannen vs. Lesen

2

Zahlreiche Eye-Tracking-Studien zur Analyse des Scanverhaltens einer Website untersuchen mittels Messung der Augenbewegungen, welche Bereiche einer Website beim ersten Besuch besonders viel Aufmerksamkeit auf sich ziehen. Aus der Auswertung der Fixationen, also der mit den Augen fokussierten Bereichen, entstehen sogenannte *Heatmaps* (siehe Abbildung 2.6 links). Diese zeigen das Scanverhalten sehr gut. Die Skala reicht von Grün über Gelb und Orange bis hin zu Rot. Je röter ein Bereich in der Heatmap eingefärbt ist, desto mehr Teilnehmer haben diesen Bereich länger angesehen. Das »Negativ« einer Heatmap ist eine *Opacity Map* (siehe Abbildung 2.6 rechts), in der die fokussierten, in der Heatmap rot bis grün markierten Bereiche sichtbar sind, während unbeachtete Teile einer Website geschwärzt sind. Die rechte Darstellung illustriert somit das entsprechende »Sieb der Aufmerksamkeit«.

Abbildung 2.6 Heatmap (links) und Opacity Map (rechts) der Website bild.de aus einer Eye-Tracking Studie zum Blickverhalten von Webusern beim ersten Betreten einer Website (Quelle: mit freundlicher Genehmigung unseres mindshape-Kollegen Tobias Häring)

In Abbildung 2.6 wurden zwei solcher Maps für die Website der Bild-Zeitung unter *bild.de* erstellt. Sie sehen in den Ergebnissen, den beiden Maps, dass beim ersten Scannen einer Website die Augenbewegungen auf besonders hervorstechende Elemente konzentriert werden. Dazu gehören Bilder, Überschriften, farblich hervorgehobener Text und Elemente am linken Bildrand. Besucher lesen die Texte in diesem Stadium nicht, sondern überfliegen sie lediglich sehr grob und scannen die Überschriften nach Stichworten.

Praxistipp: Wann Sie Eye-Tracking nutzen sollten

Eine Eye-Tracking-Analyse kostet je nach Umfang und Ausgestaltung üblicherweise zwischen 5.000 und 15.000 €. Man erhält dafür natürlich auch individuelle Erkenntnisse zu einem Designprototyp oder auch zu der aktuellen Website. Vor allem bei der Entwicklung von prototypischen Templates z. B. für Landingpages wird Eye-Tracking häufig genutzt. Für kleinere Einsatzzwecke können Sie aber auch ohne diese Technik auskommen: Lassen Sie einen Experten über ein Konzept oder Design schauen, auch wenn Sie selbst einer sind. Ein Design- bzw. Template-Review ist deutlich schneller gemacht und entsprechend günstiger, und viele allgemeine Aspekte werden auch so gefunden. Das wichtigste Kriterium zur Auswahl eines solchen Experten ist übrigens dessen praktische Erfahrung.

2.2.2   Fokussierende Aufmerksamkeit – Lesen

Wenn der Website-Besucher einen Überblick gewonnen und Inhalte für relevant befunden hat, wechselt er zur *fokussierenden Aufmerksamkeit*. In diesem konzentrierten Zustand nimmt er die Informationen der Reihe nach qualitativ und detailliert wahr und verarbeitet sie tiefer. Er bevorzugt sprachliche Information, d. h., er liest die Texte, betrachtet aber auch die Bilder eingehender. Abbildung 2.7 visualisiert die »kleine Lupe«, die Details sichtbar macht und den Leser sprachliche Informationen sorgfältig lesen und verarbeiten lässt. Die Aufmerksamkeit fokussiert sich lediglich auf den aktuell zu verarbeitenden Bereich und wandert stückweise weiter, alles andere wird ausgeblendet.

Die Verarbeitungsgeschwindigkeit ist in dieser Phase geringer, dafür ist die Verarbeitung aber viel sorgfältiger und tiefer gehend. Durch die größere Detailtiefe verarbeitet der Website-Besucher wesentlich feinkörnigere Zusammenhänge als beim Scannen mit der schwebenden Aufmerksamkeit. Im Vergleich zum Scanprozess wird der Prozess des aufmerksamen Lesens weit seltener eingesetzt: Meist lesen Website-Besucher nur solche Website-Inhalte, die sie zuvor – im Scanprozess mit der schwebenden Aufmerksamkeit – für äußerst relevant für ihr Problem befunden haben.

Praxistipp: Kleine abgeschlossene Informationshäppchen anbieten

Für die Konzeption von Websites bedeutet die Kombination aus Scannen und Fokussieren vor allem eins: Bieten Sie den Besuchern schnell erkennbare Informationshäppchen an, die dann auch möglichst einen Themenaspekt beleuchten und nicht mehrere. Klassischerweise setzt man diese Anforderung so um, dass man verschiedene Zwischenüberschriften nutzt, die möglichst aussagekräftig zusammenfassen, was in den jeweiligen Textabschnitten darunter dann zu lesen ist. So bedienen Sie das Duo Scannen und Fokussieren optimal.

2.2 Schwebende vs. fokussierende Aufmerksamkeit, Scannen vs. Lesen

2

Abbildung 2.7 Illustration des Lesevorgangs im Modus der fokussierenden Aufmerksamkeit, hier am Beispiel einer Webseite der Universität zu Köln. Die meisten Bereiche werden ausgeblendet (unscharf), lediglich ein kleiner Bereich, der aktuell gelesen wird, ist scharf (Quelle: http://campusmanagement.uni-koeln.de).

2.2.3 Die Mischform – Skimmen

In der heutigen Zeit der Informationsflut neigen erfahrene Webuser dazu, Inhalte grundsätzlich nur noch selten wirklich vollständig zu lesen. Studien[1] haben gezeigt, dass sie bei einem durchschnittlichen Website-Besuch in der Regel nur ca. 25 % der vorhandenen Wörter lesen. Das liegt daran, dass sie durch die Erfahrung mit dem WWW eine neue Technik der Informationsaufnahme erlernt haben, die zwischen Scannen und Lesen liegt – das sogenannte *Skimmen* (siehe Abbildung 2.8). Dabei

---

1 Zum Beispiel: *nngroup.com/articles/how-little-do-users-read/*

fokussieren die Website-Besucher die wichtigsten Informationen und die informativsten Elemente, wie beispielsweise:

▶ Überschriften

▶ Sätze mit hervorgehobenen Schlagwörtern

▶ Anfänge von Absätzen

▶ auffällige Elemente wie Listen, Tabellen, Infografiken usw.

▶ hervorstechende Bilder oder Infoboxen

Abbildung 2.8 Illustration des Skim-Vorgangs, hier am Beispiel einer Webseite der Universität zu Köln. Die Seite wird etwas detaillierter wahrgenommen als beim Scannen, Fließtexte bleiben nach wie vor unscharf, Überschriften, auffällige Elemente und Absatzanfänge werden detaillierter wahrgenommen (Quelle: http://campusmanagement.uni-koeln.de).

Das Skimmen ist dabei nichts, was nur auf einer üblichen Website stattfindet. Eye-Tracking-Studien haben gezeigt, wie User die Suchergebnisse auf einer *Suchergeb-*

2.2 Schwebende vs. fokussierende Aufmerksamkeit, Scannen vs. Lesen

2

nisseite (engl. *search engine results page*, kurz *SERP*) betrachten (siehe Abbildung 2.9 rechts). Alle drei Heatmaps in Abbildung 2.9 zeigen, dass Website-Besucher vorwiegend den linken Rand fokussieren und die Konzentration der Blickbewegungen nach einer Art F-Muster geschieht. Die Heatmap rechts in Abbildung 2.9 zeigt, dass Webuser nur die obersten Ergebnisse einer Suchergebnisseite betrachten und dabei der Fokus auf dem Überschriftentext der Suchergebnisse und dann auf den jeweils darunterstehenden Beschreibungen liegt. Die restlichen Ergebnisse werden lediglich am linken Rand sehr kurz überflogen. Auch auf Detailseiten skimmen Besucher die hervorstechendsten Elemente in einer F-Form, wie Sie mittig in Abbildung 2.9 sehen. In längeren Texten werden dann zusätzlich die jeweils ersten Zeilen vorhandener Absätze geskimmt, wie die Heatmap der Unternehmensbeschreibung links in Abbildung 2.9 zeigt.

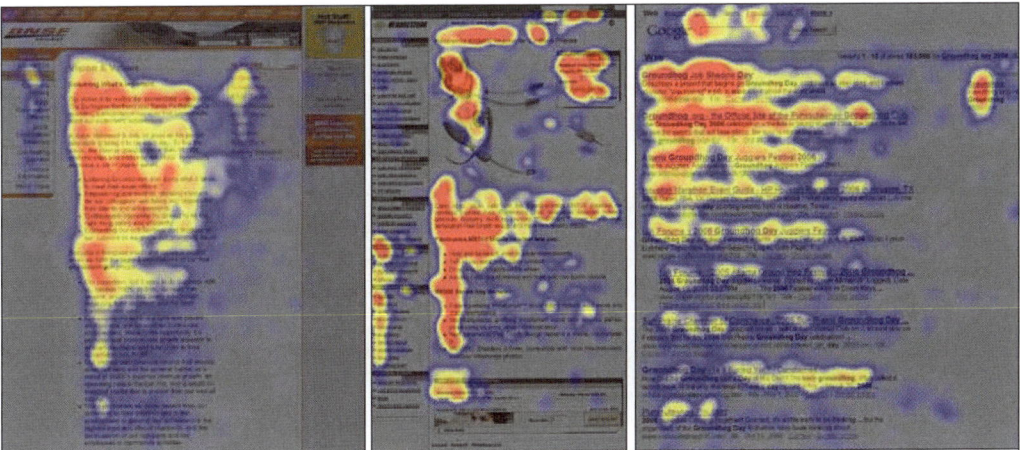

Abbildung 2.9 Heatmap aus einer Eye-Tracking-Studie von Nielsen (2006) zum Blick- und Leseverhalten von Webusern auf drei Typen von Websites. Links: »Über uns«-Bereich einer Unternehmens-Website. Mitte: Produktdetailseite in einem Webshop. Rechts: Ergebnisseite einer Suchmaschine (SERP) (Quelle: nngroup.com/articles/f-shaped-pattern-reading-web-content/)

Praxistipp: Titel und Meta-Description auf F-Pattern optimieren

Üblicherweise spricht man in der Suchmaschinenoptimierung davon, dass relevante Keywords möglichst weit nach vorne sollten. Jetzt, da Sie das F-Pattern kennen, wissen Sie auch, dass relevante Keywords auch für die Wahrnehmung in den Google-SERPs nach vorne sollten. Geben Sie dem Suchenden bereits weit vorne im Titel und der Meta-Description, die Google in der Regel in den SERPs darstellt, den Hinweis, dass Sie das jeweilige Informationsproblem mit den dahinterliegenden Motivationen lösen. Und schon klickt der Suchende lieber auf Ihr Suchergebnis.

Beim Skimmen ist die Verarbeitung tiefer als beim Scannen, jedoch nicht so tief wie beim detaillierten Lesen der gesamten Inhalte. Gerade für die sogenannten *Digital Natives*, die prozentual mehr Handlungen im WWW ausführen als die Generation 40+, gehört das Skimmen zum Standard der Informationsverarbeitung. Studien haben gezeigt, dass sie zwar insgesamt mehr Zeit im WWW verbringen als ältere Generationen und auch grundsätzlich eine größere Menge an Informationen aufnehmen und verarbeiten müssen. Jedoch brauchen sie meist weniger Zeit pro Webseite oder Artikel, um die Informationsflut zu bewältigen und die Inhalte zu bewerten. Sie nehmen Informationen großmaschiger auf als ältere Generationen, die darauf trainiert sind, Texte vollständig zu lesen.

2.2.4 Scannen, Skimmen, Lesen – ein Vergleich

Grundsätzlich entscheidet jeder Webuser zu Beginn nach einer nur Millisekunden langen Abwägung, ob er eine Website oder Unterseite nur scannt, skimmt, die Inhalte vollständig liest – oder gar sofort verlässt. Diese Entscheidung trifft er je nachdem durch einen kurzen Scanvorgang, der Relevanz und Wichtigkeit des Themas bestimmt hat. In Tabelle 2.3 haben wir diese drei Verarbeitungsstufen für Sie noch einmal vergleichend gegenübergestellt. Ergänzend sehen Sie in Abbildung 2.10 eine vergleichende Visualisierung der drei Vorgehensweisen, d. h., wie Websites durch die »Lupe« der verschiedenen Aufmerksamkeitsmodi wahrgenommen werden.

Abbildung 2.10 Visualisierte Website-Wahrnehmung in den drei Lesemodi (von links nach rechts) Scannen, Skimmen, Lesen auf der Website der Uni-Köln (Quelle: http://campusmanagement.uni-koeln.de)

Wie sieht das nun in der Praxis aus? Dazu nehmen wir uns nochmals das Beispiel von Stefan und Ina aus Abschnitt 2.1, »Warum User Websites verwenden – Motivationen, Bedürfnisse, Ziele eines Website-Besuchers«, vor und schauen, wie Website-Besucher die verschiedenen Aufmerksamkeitsmodi bei der Erreichung Ihrer Online-Ziele einsetzen.

Rezeptionsmodus	Scannen (schwebende Aufmerksamkeit)	Skimmen	Lesen (fokussierende Aufmerksamkeit)
Ziel	einen Überblick gewinnen, Relevanz evaluieren, relevante Inhalte finden	die wichtigsten Informationen finden und aufnehmen	Informationen vollständig aufnehmen
Datenmenge	groß	mittel	klein
Art der Wahrnehmung	quantitativ: schnell, viel, aber oberflächlich	quantitativ und qualitativ: so viel, so detailliert, so schnell wie möglich	qualitativ: wenig, aber detailliert, langsam
erfasste Details	wenige bis keine	die wichtigsten Details	detaillierte Informationsaufnahme
Verarbeitungstiefe	flach	mittel	tief
Was wird wahrgenommen?	Überschriften und hervorgehobene Schlagwörter, auffällige Elemente und Bilder	stark informative, hervorgehobene Elemente, Listen, Tabellen, Infografiken, Absatzanfänge	gesamte Bild- und Textinformationen

Tabelle 2.3 Eigenschaften schwebender vs. fokussierender Aufmerksamkeit im Vergleich

Erinnern Sie sich an Stefan, der einen guten, günstigen Computer für seinen Sohn sucht? Er besucht einen Onlineshop für Computer und Computerzubehör, von dem er in einem Radiowerbespot gehört hat. Auf der Website angekommen, scannt er die dargebotenen Informationen, um zu prüfen, ob er auf der entsprechenden Seite tatsächlich richtig ist und alle nötigen Informationen findet, die er sucht. Er scrollt auf der Seite nach unten, überfliegt Überschriften, die ihm verraten, welche Produktkategorien auf der Website zu finden sind. Er überfliegt die vorhandenen Produktbilder, die ihm mehr über angebotene Produkte verraten könnten. Er versucht, die Relevanz der dargebotenen Informationen und Produkte einzuschätzen. Mehr oder weniger bewusst versucht er in diesem ersten Schritt auch die Vertrauenswürdigkeit der Seite einzuschätzen. Stefan hat durch das erste grobe Scannen der Homepage erfasst, dass der Onlineshop PCs, Monitore, Laptops, Tablets sowie diverses Zubehör anbietet.

Durch einen Klick auf die Kategorie *Notebooks* und ein schnelles Skimmen der entsprechenden Übersichtsseite hat er außerdem zwei Produkte gefunden, die ihm zunächst einmal interessant erscheinen. Die entsprechenden Produktbeschreibungen liest Stefan aufmerksam durch. Hier kommt die fokussierende Aufmerksamkeit zum Tragen. Er vergleicht so im Detail die Eigenschaften der ausgesuchten Geräte, um zu prüfen, ob sie für die Bedürfnisse seines Sohnes ausreichen.

Die Studentin Ina steigt bei der Recherche für ihr Referat über das Thema »Geschichte der Filmmusik« über Google ein und gibt als Suchbegriff »Filmmusik« ein. Der erste interessante Link in den Suchergebnissen führt zu einem einfachen Informationsportal und in diesem auf eine Unterseite zum eingegebenen Suchwort. Den gefundenen Artikel scannt Ina zunächst grob und verschafft sich einen Überblick durch Überfliegen auffälliger Elemente wie Überschriften, Bilder und Tabellen. So überprüft sie, ob der Artikel auch eine zeitliche Darstellung des Themas enthält, da sie diesen für ihr Referat benötigt. Auch Ina gewinnt dabei durch das Scannen einen Eindruck von der Relevanz und Vertrauenswürdigkeit der Seite selbst. Sie befindet den Artikel für interessant und relevant genug, um ihn etwas genauer unter die Lupe zu nehmen, also zu skimmen. Sie versucht, die Kernargumente der einzelnen Abschnitte durch das Lesen des jeweils ersten Satzes eines jeden Abschnitts zu erfassen. Vorhandene Aufzählungen, Tabellen und Infografiken zur Filmmusik sieht sie sich genauer an, da sie im Web gelernt hat, dass solche Informationen meist nicht nur im Fließtext, sondern auch übersichtlich in solchen hervorhebenden Elementen präsentiert werden. Beim Abschnitt zur zeitlichen Entwicklung der Filmmusik beginnt Ina ihr Informationsaufnahmetempo zu verlangsamen und wechselt zur fokussierenden Aufmerksamkeit. Sie liest den Fließtext dieses Abschnitts aufmerksam und öffnet dann die beiden dort angebotenen Links. Auf den Zielseiten beginnt sie den Scanprozess erneut und wechselt anschließend in den Lesemodus, da die dargebotenen Inhalte genau zu ihrem Thema passen und ihr eine etwas tiefer gehende Betrachtung bieten.

2.2.5   Konsequenzen für die Website-Konzeption

Wenn Sie sich bewusst machen, dass es diese drei verschiedenen Aufmerksamkeits- und Lesemodi gibt, erkennen Sie einige wichtige Leitprinzipien für gute Websites. Um alle drei Aufmerksamkeitsmodi zu bedienen und sie für den Besucher im Sinne des kognitiven Ökonomieprinzips zu erleichtern, sollten Sie diese Punkte berücksichtigen:

1. Eine ansprechende und übersichtlich schlanke Gestaltung der Inhalte sowie eine klare Formulierung der Texte sind die Grundsteine für effiziente Websites. Überladen Sie Ihre Webseiten nicht, damit die Kerninhalte auf den ersten Blick scannbar sind und klar vermitteln, welche Informationen Sie anbieten.

2. Erleichtern Sie mit strukturellen Mitteln der Textgestaltung das Skimmen Ihrer Website-Inhalte, denn nach ebendiesen suchen Ihre User. Formulieren Sie die wichtigsten Kernaussagen in Form von prägnanten Zusammenfassungen am Anfang und am Ende einer Seite, eines Artikels oder Beitrags. Nutzen Sie Absätze und Zwischenüberschriften. Bringen Sie außerdem den jeweils wichtigsten Punkt eines Absatzes jeweils am Anfang ein, da Besucher ebendiese ersten Absatzzeilen überfliegen. Veranschaulichen Sie die wichtigsten Kerngedanken zusätzlich in Form von Infografiken, Tabellen oder anderen visuell unterstützenden Zusatzelementen. Diese Punkte sind nicht nur im Prozess des Skimmens relevant. Vielmehr erleichtern solche strukturellen Mittel den Lesevorgang generell.

3. Es ist für den gründlichen Leseprozess natürlich wichtig, sprachlich, logisch und inhaltlich gute Texte zu präsentieren. Worauf Sie bei der Gestaltung Ihrer Texte im Detail achten müssen, werden wir Ihnen in Kapitel 19, »Kommunizieren Sie mit unwiderstehlichem Content«, zeigen.

4. Versuchen Sie, übliche Elemente zu verwenden, die Nutzer auch von anderen Websites her kennen und die sich als Quasistandard im Web etabliert haben. Damit bedienen Sie die gelernten Muster in den Köpfen der Menschen und senken erheblich den kognitiven Aufwand bei der Verarbeitung Ihrer Website. So bleiben dem Besucher mehr Ressourcen, um die eigentlichen Inhalte zu verarbeiten. Und das ist ja schließlich das, was Sie möchten.

2.3   Denkprozesse – die schnellen und die langsamen

Apropos verarbeiten. Nicht nur die Aufmerksamkeit Ihrer Besucher beeinflusst den Website-Besuch, sondern auch die Denkprozesse, mit denen die präsentierten Informationen verarbeitet werden. Der Psychologe Daniel Kahnemann[1] unterscheidet zwischen zwei verschiedenen Denkmodi, dem *schnellen* und *langsamen Denken* (siehe Abbildung 2.11). Standardmäßig verwenden wir im Alltag das schnelle, automatische Denken. Mit diesem unbewusst-intuitiven, assoziativen Denkmodus nehmen wir die Welt um uns herum wahr. Auf eintreffende Sinneseindrücke wendet das Gehirn eine Reihe automatisierter – teils natürlicher, teils erlernter – Denkprozesse an. Unser Hirn ist quasi auf Autopilot. Beispielsweise greifen hier aus der Erfahrung stammende *Mustererkennungs- und Kategorisierungsprozesse*, die die Sinneseindrücke wie mit einer Art »Schablone« vorsortieren und vorstrukturieren. Ihre Website-Besucher verarbeiten auf diese Weise vor allem visuelle Eindrücke.

---

1 Kahnemann, Daniel, *Schnelles Denken, langsames Denken*. München: Siedler 2012.

System 1
Schnelles Denken

- automatisch, unbewusst
- assoziativ, intuitiv
- impulsiv
- gewohnheitsbedingt
- situationsbedingt

Angewandt im Falle

- bekannter oder weniger relevanter Sachverhalte
- zu anstrengender Entscheidungen

System 2
Langsames Denken

- bewusst, reflektierend
- fokussiert
- überlegt, abwägend
- logisch
- wertebedingt
- fähigkeitsbedingt

Angewandt im Falle

- neuer Sachverhalte
- sehr relevanter Entscheidungen

Abbildung 2.11 Schnelles vs. langsames Denken nach Kahnemann (2012) (Bildnachweis: goo.gl/ZTFcxx)

Sprachliche Informationen und Gedanken, die »hängen bleiben«, werden in langsamen, logisch-vernünftigen Denkprozessen weiterverarbeitet. Dieser Denkmodus verlangt der Kognition Ihrer Website-Besucher eine höhere Rechenleistung ab, da wesentlich intensivere Verarbeitungsprozesse involviert sind. Aus den oben genannten Ökonomiegründen wird das aufwendigere langsame Denken nur bei Bedarf aktiviert. Sie sehen hier sicher die Parallele zu den beiden Aufmerksamkeitsmodi. Genauso ist es: Die schwebende Aufmerksamkeit arbeitet mit dem schnellen Denken, die fokussierende Aufmerksamkeit mit dem langsamen Denken zusammen.

Wenn unser Beispiel-Webuser Stefan, auf der Suche nach einem Computer, mit der schwebenden Aufmerksamkeitslupe eine interessante Computer-Produktpräsentation scannt, sammelt und verarbeitet das schnelle Denken die dargebotenen Informationen und dazugehörige visuelle Medien. In dieser Phase verknüpft dieser automatische Prozess die gefundenen Informationen assoziativ mit Stefans Vorkenntnissen und seinen persönlichen Kriterien zur Erfüllung seines Suchziels. Während des Scanvorgangs identifiziert die *Mustererkennung* beispielsweise auf einer Produktergebnisseite verschiedene Entitäten. Stefan erkennt, was von all den präsentierten Informationen jeweils Produktbild, Kurzbeschreibung oder Preis eines Produkts ist.

Das funktioniert allerdings natürlich nur, wenn die Gestaltung der Website diese Mustererkennungsprozesse unterstützt. Hier sind Sie als Website-Betreiber gefragt.

Um die automatisierten wie auch die bewussten Denkprozesse für den Website-Besucher so wenig anstrengend wie möglich zu gestalten, bemühen Sie sich um *kognitive Leichtigkeit*. Das bedeutet, dass Sie Ihre Website so aufbauen, dass sie leicht erfass- und bedienbar ist und möglichst wenige kognitive Ressourcen beansprucht. Schonen Sie die Ressourcen Ihrer Website-Besucher im Gesamtauftritt, damit sie genug Kapazitäten für die wirklich wichtigen Entscheidungen auf Ihrer Website haben. In praktischer Hinsicht geht es dabei darum, verschiedene Informationskategorien mittels verschiedener visueller und sprachlicher Gestaltungsmöglichkeiten voneinander abzugrenzen. Unterstützen Sie diese Prozesse des schnellen Denkens, indem Sie konsistente visuelle Muster bereitstellen, wie ein einheitliches Layout, eine konsequente Darstellung von Buttons usw. Ihren Website-Besuchern ermöglicht das, die verschiedenen Informationseinheiten effizient zu erkennen und voneinander abzugrenzen. Haben Sie beispielsweise uneinheitlich gestaltete Website-Elemente mit gleicher Funktion, wie beispielsweise Buttons, die mal eckig, mal rund, mal rot, mal grün sind, ist die Benutzung Ihrer Website nicht ökonomisch, und Sie erschweren Ihren Besuchern diese Verarbeitungsprozesse unnötigerweise.

> **Praxistipp: Gleiche Form, gleiche Funktion**
>
> *Form follows function* – das Bauhausprinzip haben Sie bestimmt schon einmal gehört. Das Gebot der kognitiven Leichtigkeit liegt diesem Prinzip quasi zugrunde: Die Form eines Bedienelements auf einer Website sollte immer gleich sein, wenn auch die Funktion gleich ist. Sprich: Wenn interne Links auf einer Seite blau sind und unterstrichen, sollten sie das auf dem Rest der Website auch sein. Wenn Überschriften und Bilder von Teasern anklickbar sind, sollten sie das auch überall sein. Eine gleiche Funktion sollte auch immer gleich in ihrer Form aussehen, damit der Besucher erlernte Muster kognitiv schnell erkennen und nutzen kann.

2.4 Wie das Gedächtnis Informationen speichert und Sie das für Ihre Website-Struktur nutzen können

Wie Sie in den letzten beiden Abschnitten erfahren haben, scannt ein Website-Besucher zunächst grob den Inhalt einer Website, erkennt Muster und Informationseinheiten und integriert die wahrgenommenen Informationen in vorhandenes Wissen. Hierzu ist jedoch neben der Aufmerksamkeit und den Denkprozessen eine weitere Instanz notwendig, die die aufgenommenen Informationen lagert. Damit Informationen mit vorhandenem Wissen verknüpft, weiterverarbeitet und schließlich längerfristig abgelegt werden können, muss der Website-Besucher eine Art Speicher verwenden.

2.4.1   Das Gedächtnis

Wenn ein Mensch Informationen durch die *sensorischen Wahrnehmungskanäle*, also Augen, Ohren etc., aufnimmt, kommen diese zunächst in seinem *Ultrakurzzeitgedächtnis* an. Dort werden sie gefiltert und vorsortiert. Die wichtigsten Informationen gelangen ins *Kurzzeitgedächtnis*, auch *Arbeitsgedächtnis* genannt. Das Kurzzeitgedächtnis können Sie sich vorstellen wie den Arbeitsspeicher eines Computers. Es hat eine relativ kleine Kapazität und sollte nicht überfordert werden, da sonst wichtige Informationen verloren gehen können. Es kommen wesentlich mehr Informationen, bewusst und unbewusst, im Ultrakurzzeitgedächtnis an, als später weiterverarbeitet werden. Diese werden durch verschiedene Gedächtnisprozesse jedoch auf unterschiedliche Weise gefiltert und ausgesiebt, bevor sie dann im Kurzzeitgedächtnis landen. Dort werden sie zwischengeparkt und mithilfe der oben genannten Aufmerksamkeits- und Denkprozesse verarbeitet. Wenn neu eintreffende Informationen bereits vorhandenes Wissen aktivieren oder kontextuell an anderes Wissen anknüpfen, schaffen sie es in das Langzeitgedächtnis und werden dort mit anderen Informationen vernetzt und wie auf einer Computerfestplatte gespeichert.

2.4.2   Chunking

Zahlreiche Studien haben gezeigt, dass Informationen nicht lose und unzusammenhängend, sondern in Häppchen aufgenommen werden. Man spricht von sogenannten *Chunks*. Die menschliche Kognition versucht folgerichtig, diese Chunks zu erkennen. Daher ist es für den Rezipienten leichter, Informationen zu verarbeiten, wenn sie in gut erkennbaren Chunks angeboten werden. Dabei ist jedoch nicht festgelegt, wie groß oder weit ein Themen-Chunk gefasst ist. Auf einer Website sind beispielsweise die Themenfelder, Kategorien oder auch die Unterseiten einzelne Chunks des gesamten Webprojekts. Wir gehen auf die Umsetzung des Chunkings auf Ihrer Website im nächsten Abschnitt ein.

Die Anzahl der Chunks, die ein Mensch in einem Verarbeitungsprozess bewältigen kann, ist jedoch begrenzt. In verschiedenen Untersuchungen über die Grenzen der Verarbeitungs- und Speicherkapazität des Kurzzeitgedächtnisses haben Forscher herausgefunden, dass die Menge an Chunks, die ein Mensch auf einmal erfassen und verarbeiten kann, beschränkt ist. Die Miller'sche Zahl besagt, dass wir *sieben plus/minus zwei* Chunks auf einmal erfassen und für ca. 15 Sekunden in unserem mentalen Arbeitsspeicher, dem Kurzzeitgedächtnis, aufbewahren können. Es gibt einige andere Studien, die besagen, dass diese Zahl ein wenig zu hoch gegriffen ist und es sich eher im Bereich bis *maximal* sieben bewegt. Das deckt sich auch mit Untersuchungen aus der Wahrnehmungspsychologie, denen zufolge bis zu sieben Objekte mit einem Blick in ihrer Anzahl erfasst werden können. Die Sieben können Sie also als Richtwert im Hinterkopf behalten, wenn Sie Ihre Informationen strukturieren.

Praxistipp: Die magische Zahl Sieben

Bei der Website-Konzeption werden Sie häufig über die Zahl Sieben stolpern. Eine Hauptnavigation mit mehr als sieben Punkten wirkt überladen. Nur zwei Navigationspunkte wirken dagegen deutlich zu wenig. Eine Aufzählungsliste mit mehr als sieben Punkten kann nicht auf einmal gut erfasst und erinnert werden. Mehr als sieben Abschnitte in einem Text benötigen schnell zusätzliche Orientierungshilfe über ein Inhaltsverzeichnis. Sie werden beim weiteren Leser noch häufiger auf die Zahl Sieben stoßen.

2.4.3   Konsequenzen für die Website-Konzeption

Die Erkenntnisse über das Gedächtnis und die Menge an Informationseinheiten, die es zu erfassen in der Lage ist, können Sie für Ihre Website sehr gut strukturell nutzen. Wie wir in Abschnitt 2.2, »Schwebende vs. fokussierende Aufmerksamkeit, Scannen vs. Lesen«, bereits kurz angeschnitten haben, können Hervorhebungen, multimediale Darstellung, z. B. durch Text, Bild und Video, sowie wiederholende Zusammenfassungen der wichtigsten Inhalte die Aufmerksamkeit lenken und Denkprozesse erleichtern. Diese Instrumente helfen Ihnen zudem dabei, verschiedene Gehirnregionen zu aktivieren und so die gewünschten Informationen durch die verschiedenen Gedächtnisebenen zu transportieren. Oder anders gesagt: Die Informationen lassen sich so leichter in das vorhandene Wissen Ihrer Zielgruppen integrieren und sind so leichter zu verarbeiten und abzurufen. Für den Website-Betreiber bedeutet das nichts anderes, als dass er seine Zielgruppen mit seinen Inhalten leichter und effektiver ansprechen kann.

Auch die Erkenntnis, dass sich Wissen in Chunks leichter verdauen lässt, können Sie hervorragend in der Website-Konzeption berücksichtigen. Mit klar erkennbaren Chunks bieten Sie Ihren Website-Besuchern die Möglichkeit, Ihre Inhalte zu scannen, und somit ein gewisses Maß an Orientierung. Chunking können Sie auf alle Inhalte übertragen, auf Ihre Website-Bereiche, Ihre Seitenabschnitte oder Ihre Textabschnitte. So können Sie beispielsweise im Fließtext mit Hinweis- oder Infoboxen Chunks anbieten oder auch verschiedene Seitenbereiche unterschiedlich farbig unterlegen.

Auch wenn es keine hundertprozentige Einigkeit darüber gibt, wie viele Chunks optimal sind, sollten Sie die Sieben als Richtwert bei der Konzeption Ihrer Website berücksichtigen. Abbildung 2.12 zeigt ein minimalistisches, sehr gelungenes Chunking auf einer Startseite. Es werden sechs Blöcke mit jeweils maximal sechs Aspekten präsentiert. Auch inhaltlich sind die Punkte sehr fokussiert und kurz gehalten. Dadurch wirkt die gesamte Seite für den Besucher sehr aufgeräumt und übersichtlich.

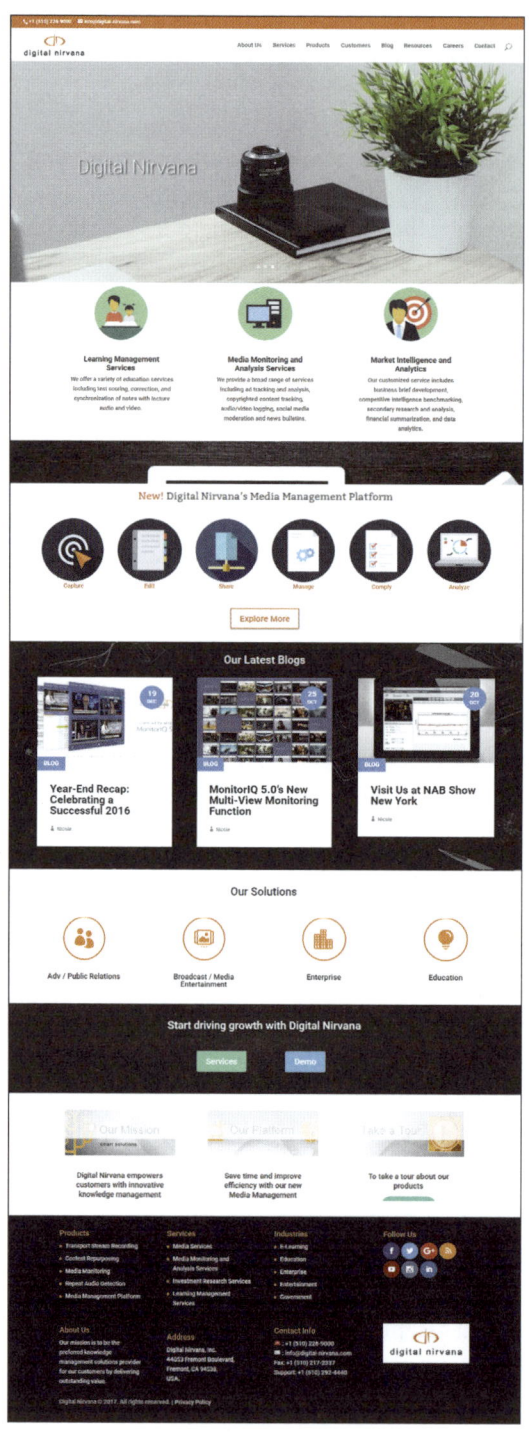

Abbildung 2.12 Beispiel einer gelungenen Chunking-Umsetzung bei der Gestaltung einer Startseite (Quelle: digital-nirvana.org)

2

Bilden Sie dieses Prinzip auch in der Navigation ab, d. h., ca. fünf bis maximal sieben Hauptmenüpunkte sind optimal – zwei wären zu wenig, neun sind bereits zu viele: Aus unserer Agenturerfahrung wissen wir, dass Besucher neun Menüpunkte in der Navigation bereits als überladen betrachten. Als oberste Grenze sollten Sie sieben Hauptnavigationsbereiche nicht überschreiten. Unterteilen Sie das übergeordnete Website-Thema also in nicht mehr als sieben Teilthemen. In Abbildung 2.13 sehen Sie eine extreme Navigationsgestaltung, die zur schnellen Rezeption eher ungeeignet ist: Die Website hat eine Navigation mit 21 Hauptmenüpunkten und jeweils bis zu zehn Unterpunkten. Eine solche Navigation weist auf ein zu kleinmaschiges Chunking und eine überarbeitungswürdige Website-Struktur hin – was im Zuge eine Relaunches dann auch passiert ist.

Abbildung 2.13 Beispiel einer mit 21 Hauptmenüpunkten und zahlreichen Unterpunkten überladenen Navigation (Quelle: malteser.de vor dem Relaunch 2017)

Selbst auf Textbeiträge können Sie Chunking anwenden: Etwa fünf bis sieben thematische Untereinheiten sind für einen Textbeitrag auf einer Website ideal. Vor allem längere Texte sollten inhaltlich wie auch formal in Chunks unterteilt werden, z. B.:

▶ ca. fünf bis sieben Aspekte, Thesen oder Argumente

▶ gegliedert in ca. fünf bis sieben Unterabschnitte

▶ versehen mit ca. fünf bis sieben Unterüberschriften

Eine solche Struktur bietet Ihren Besuchern einen deutlichen Mehrwert: Wenn sich ein Webuser mit einem Thema beschäftigt, etwas liest, etwas verstehen möchte, hilft es ihm, wenn er den zeitlichen Rahmen und den Verarbeitungsaufwand einschätzen kann. Die beiden Beispiele in Abbildung 2.14 zeigen den Unterschied recht anschaulich. Links sehen Sie eine Webseite, die eine wahre Textwüste enthält. Zwar wurden einige Absätze und hervorgehobene Keywords eingefügt, aber die Seite wirkt dennoch textlich überladen. Auf der rechten Seite sehen Sie die Ablaufbeschreibung für einen Registrierungsprozess. Der gesamte Prozess ist in fünf deutlich erkennbare Chunks eingeteilt. Diese sind auch optisch durch Linien voneinander getrennt. Die Textbeschreibungen sind zudem standardmäßig »eingeklappt«; sichtbar ist lediglich eine kleine Textvorschau, gerade genug, um die Absätze skimmen zu können und sich einen Überblick zu verschaffen. Bei Interesse lassen sich die Chunks jeweils ausklappen und die aufgenommenen Informationen somit stückweise erweitern. Der Seiteninhalt ist gut gegliedert, mit jeweiligen Unterüberschriften gekennzeichnet und wird zusätzlich durch passende Bilder und Icons grafisch unterstützt.

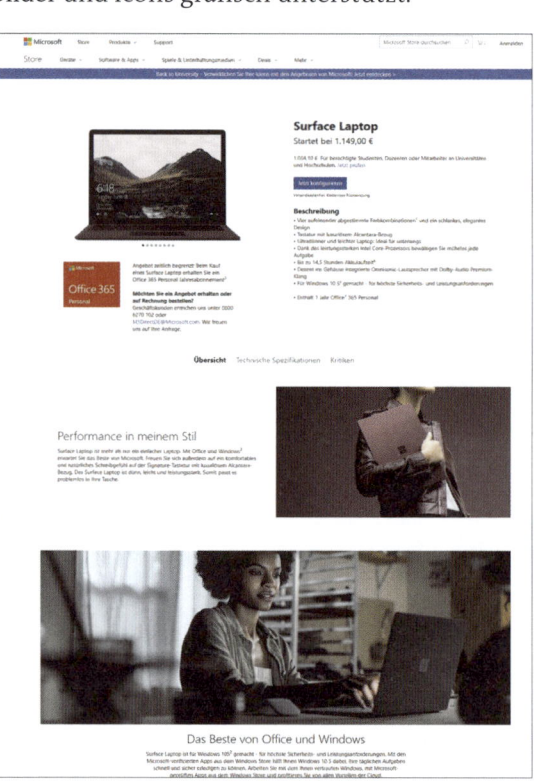

Abbildung 2.14 Zwei extreme Chunking-Beispiele. Links: keine erkennbaren Chunks. Rechts: Seiteninhalte in klar erkennbaren Chunks (Quelle: links: vw-diesel-abgas-skandal.de/autokaeufer/; rechts: https://goo.gl/wQWNEV)

Beim Besuch einer Website oder eines Blogs stimmt es den Betrachter positiv, wenn klar ist, wie viele Chunks innerhalb einer Domäne dargeboten werden, also etwa Menü, Thema, Textbeitrag. Sie geben einen Rahmen vor, zeigen dadurch thematische und ungefähre zeitliche Grenzen an. Das ist vermutlich einer der Gründe, warum Blogbeiträge mit Titeln wie »Sieben Tipps für gesünderes Arbeiten« oder »Die fünf besten Computerprogramme« gut ankommen. Sie begrenzen im Voraus sowohl das Thema als auch den Verarbeitungsaufwand. Sie setzen einen Rahmen, der überschaubar und daher gut verdaulich ist.

2.5   Wie erlernte psychologische Reiz-Reaktionsmuster Wahrnehmung und Verhalten von Website-Besuchern beeinflussen

Die kognitive Verarbeitung einer Website wird nicht nur durch die besprochenen Rezeptionsweisen beeinflusst, sondern wird auch stark von psychologischen und sozialen Faktoren geleitet. Robert Cialdini[1] hat diese Muster in Form von sechs hilfreichen Prinzipien formuliert, die wir Ihnen im Folgenden vorstellen. Wir empfehlen Ihnen die Berücksichtigung dieser Prinzipien im Marketing, da man mit ihnen einen stärkeren Einfluss auf die Zielgruppe ausüben kann. Im Speziellen können Sie sie auch für die Website-Konzeption gewinnbringend einsetzen.

2.5.1   Reziprozität (Reciprocity)

Das Prinzip der *Reziprozität* oder *Gegenseitigkeit* ist eine der am weitesten verbreiteten psychologischen Reiz-Reaktionsmuster. Wenn Sie von jemandem etwas geschenkt bekommen, verspüren Sie nicht auch den Drang, das Gleichgewicht wiederherzustellen? Wahrscheinlich bemühen Sie sich sofort oder später, gleich viel oder sogar mehr zurückzugeben, um das Gefühl des »in jemandes Schuld stehen« abzubauen. Im Marketing generell und auch auf Websites können Sie dieses Prinzip der Reziprozität wie folgt nutzen: Bevor Sie etwas von Ihrer Zielgruppe bekommen möchten, wie beispielsweise die Kontaktdaten, eine Buchung oder einen Produktkauf, schenken Sie Ihren Besuchern zuerst selbst etwas. Gutscheine, zusätzliche Produktproben, kostenlose Downloads oder andere Goodies sind gute Möglichkeiten, Kunden in die Reziprozität zu bringen. Mit solchen »Freebies« erzeugen Sie bei Ihren potenziellen Kunden das Bedürfnis, sich revanchieren zu müssen, und erhöhen so die Wahrscheinlichkeit, Ihre Marketingziele zu erreichen.

Der SEO-Tool-Anbieter Searchmetrics (siehe Abbildung 2.15) bietet auf seiner Website gleich eine ganze Reihe verschiedener Whitepaper zum kostenlosen Download an. Diese bieten interessierten Besuchern einen geschenkten Mehrwert und erhöhen für das Unternehmen die Chancen auf das Erreichen des eigentlichen Ziels, des Verkaufs ihrer Software.

---

1   Cialdini, R., Influence: The Psychology of Persuasion. New York: Quill 1984.

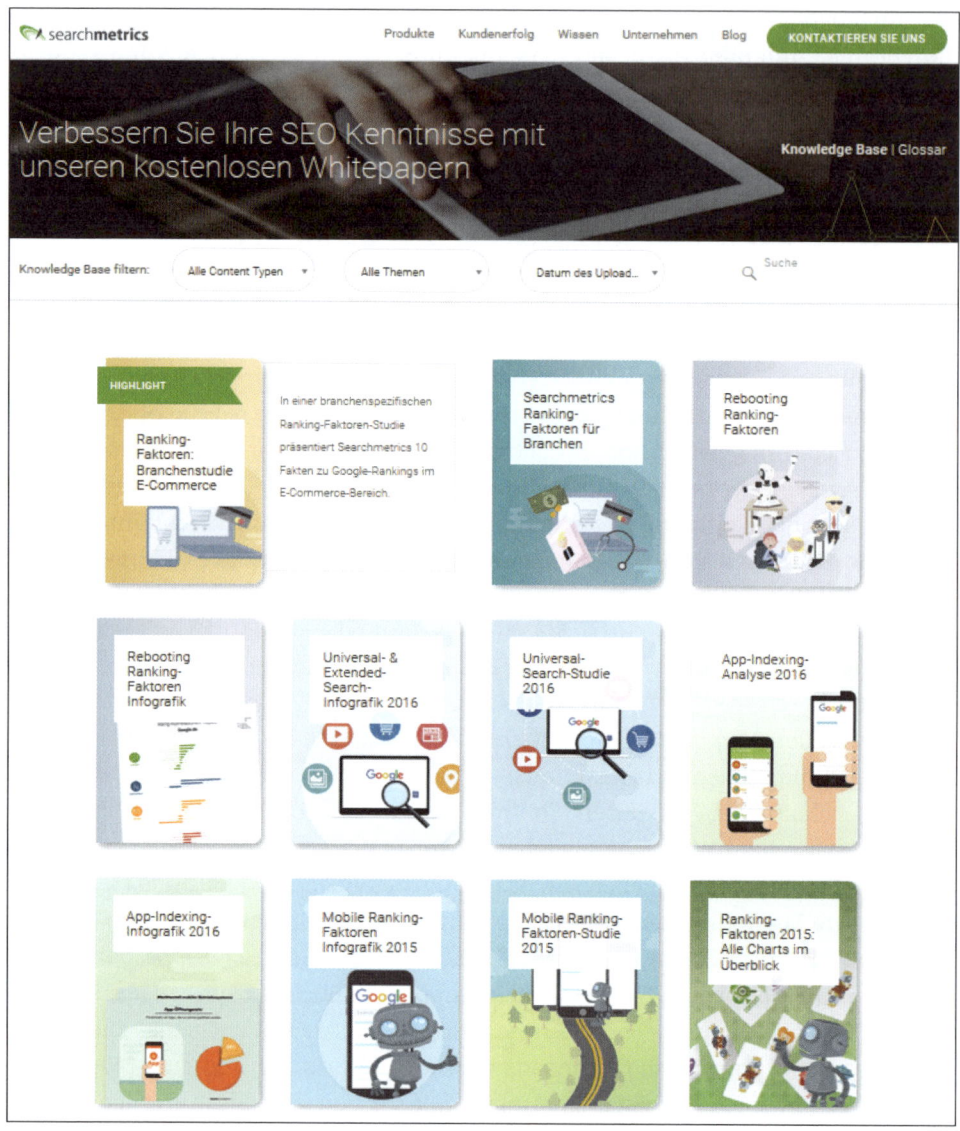

Abbildung 2.15 Beispiel für die Umsetzung des Reziprozitätsprinzips beim SEO-Tool-Hersteller Searchmetrics (searchmetrics.com/de/knowledge-base/)

2.5.2 Verbindlichkeit und Konsistenz (Commitment und Consistency)

Menschen versuchen gemeinhin, ihre Entscheidungen konsistent und verbindlich zu treffen. Müssen mehrere Entscheidungen nacheinander getroffen werden, so sind diese meist »in Linie«, also konsistent. Völlig konträre, sich widersprechende Entscheidungen zu treffen widerstrebt den meisten Menschen. Bei Websites können Sie auf eine große Entscheidung mit vielen kleinen, künstlichen Entscheidungen hinführen, indem Sie solche Entscheidungen durch Ketten aufbauen. So entwickeln Sie beispielsweise einleitende, persönliche Fragen oder Assoziationen, auf die Ihre Besucher für sich antworten sollen. Überlegen Sie, in welcher Situation, bei welchem Problem Sie Ihre Besucher abholen möchten, und formulieren Sie Ihre Fragen entsprechend. Hier kommen auch wieder die Bedürfnisse und Motivationen Ihrer Besucher ins Spiel. Bieten Sie z. B. Dienstleistungen als Life Coach an, könnten Sie auf Ihrer Landingpage folgende Überschriften und Textinhalte platzieren:

- ▶ Sind Sie mit Ihrer beruflichen Situation unzufrieden?
- ▶ Wissen Sie nicht, wo Ihre berufliche Reise hingehen soll?
- ▶ Wünschen Sie sich jemanden, der Sie kompetent begleitet, den richtigen Weg zu finden?
- ▶ Sie möchten aber nicht die Katze im Sack kaufen?
- ▶ Möchten Sie Ihren Coach im Rahmen einer Probestunde kennenlernen, bevor Sie sich endgültig entscheiden?

Die Antworten auf solche Fragen können Sie als eine Reihe kleiner Entscheidungen ansehen, mit denen Sie Interessenten in Richtung Ihres Angebots lenken können. So führen Sie sie Schritt für Schritt zur gewünschten Interaktion – nämlich zur Kontaktaufnahme.

Praxistipp: Mehrmals Jasagen vor dem finalen Ja

Vertriebsprofis und Staubsaugerverkäufer kennen das: Bevor jemand final zu einem Produkt »ja, ich kaufe das« sagt, müssen vorher viele kleine Jas stehen. Daher wird ein Staubsaugerverkäufer Sie auch niemals direkt nach dem Kauf fragen. Er wird fragen, ob Sie es gerne sauber haben. Ob Sie bereits einen Staubsauger haben (wer hat das nicht). Ob Sie gerne noch schneller und gründlicher saugen möchten usw. Nach vielen kleinen Jas stecken Sie in der Konsistenzfalle und sagen mit höherer Wahrscheinlichkeit auch zu einem Kauf oder zumindest einer Produktvorstellung ja. Nutzen Sie dieses Prinzip auf jeden Fall auch für Ihre Website. Es funktioniert.

2.5.3   Soziale Bewährtheit (Social Proof)

Das evolutionär entstandene Prinzip der sozialen Bewährtheit besagt, dass Menschen ihr Verhalten an dem Verhalten ihrer sozialen Umgebung ausrichten. Man kann durchaus von einer Art Herdentrieb sprechen. Befindet die Mehrheit einer Gemeinschaft etwas für gut oder nützlich, vertrauen die einzelnen Individuen auf dieses Urteil. Soziale Bewährtheit schafft Sicherheit und fördert Vertrauen. Im Marketing können Sie Sicherheit schaffende Elemente in Form von Feedback und Meinungen zufriedener Kunden, Produktbewertungen oder Empfehlungen von Branchenexperten implementieren.

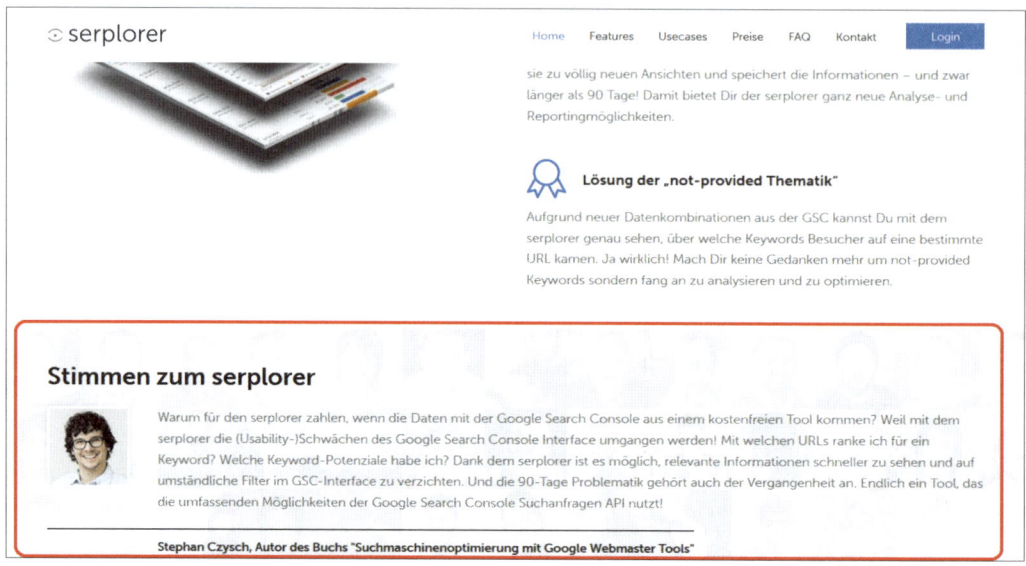

Abbildung 2.16 Beispiel für das Prinzip der sozialen Bewährtheit. Positive, aber differenzierte Meinungen von Branchenexperten funktionieren sehr gut als Vertrauen schaffende Elemente (serplorer.de).

Abbildung 2.16 zeigt die Integration einer Expertenmeinung in die Startseite der Internetpräsenz für das SEO-Tool *serplorer*. Die positive Bewertung des Produkts durch den Branchenexperten, der wiederum selbst eine gute Reputation mitbringt, schafft beim Besucher Vertrauen in die Qualität des angebotenen Produkts. Frei nach dem Motto: Ich bin nicht der Einzige, der dieses Produkt nutzen wird. Es nutzen bereits andere, und die sind begeistert. Dann werde ich es auch sein – ich kann dieses Produkt ohne Risiko kaufen. Das funktioniert selbstverständlich nicht nur für Produkte, sondern auch für Dienstleistungen – genau diesen Zweck erfüllen etwa Testimonials auf unserer Agentur-Website für die Website-Konzeption und Suchmaschinenoptimierung. Das Social-Proof-Prinzip sollte auf keiner guten Landingpage fehlen.

2.5.4   Autorität (Authority)

Autorität – fachliche, aber auch überfachliche – schafft Vertrauen. Als Website-Betreiber, Unternehmen oder Dienstleister können Sie dieses Prinzip nutzen, indem Sie sich als Autorität auf Ihrem Gebiet oder in Ihrer Branche präsentieren. Fachvorträge oder fachliche Publikationen wie in Abbildung 2.17 fördern Vertrauen in stärkerem Maße. Aber auch mit praktischen Ratgebern oder Beratungsangeboten können Sie das Vertrauen Ihrer Zielgruppe gewinnen. Ein Element, das solche Autorität ausstrahlt, sehen die meisten Besucher als Maß für die Qualität des Website-Angebots.

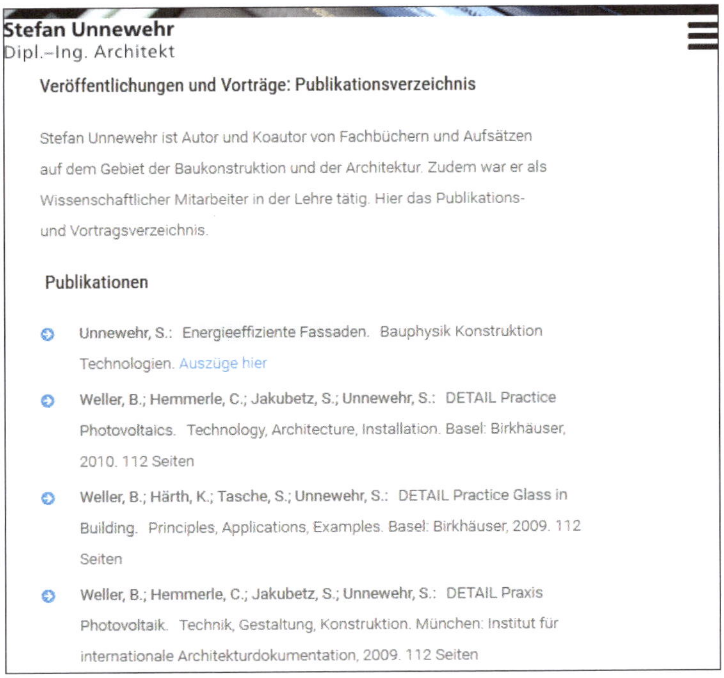

Stefan Unnewehr
Dipl.–Ing. Architekt

Veröffentlichungen und Vorträge: Publikationsverzeichnis

Stefan Unnewehr ist Autor und Koautor von Fachbüchern und Aufsätzen
auf dem Gebiet der Baukonstruktion und der Architektur. Zudem war er als
Wissenschaftlicher Mitarbeiter in der Lehre tätig. Hier das Publikations-
und Vortragsverzeichnis.

Publikationen

- Unnewehr, S.: Energieeffiziente Fassaden. Bauphysik Konstruktion Technologien. Auszüge hier

- Weller, B.; Hemmerle, C.; Jakubetz, S.; Unnewehr, S.: DETAIL Practice Photovoltaics. Technology, Architecture, Installation. Basel: Birkhäuser, 2010. 112 Seiten

- Weller, B.; Härth, K.; Tasche, S.; Unnewehr, S.: DETAIL Practice Glass in Building. Principles, Applications, Examples. Basel: Birkhäuser, 2009. 112 Seiten

- Weller, B.; Hemmerle, C.; Jakubetz, S.; Unnewehr, S.: DETAIL Praxis Photovoltaik. Technik, Gestaltung, Konstruktion. München: Institut für internationale Architekturdokumentation, 2009. 112 Seiten

Abbildung 2.17 Beispiel für eine Umsetzung des Autoritätsprinzips (Quelle: goo.gl/bttQKQ)

Vor allem auf Websites haben Trust-Siegel einen solchen vertrauensfördernden Effekt. Nutzen Sie hier aber bekannte Siegel, denn Ihre Besucher kennen die gängigen Qualitätssiegel, die Sie als echte Autorität auszeichnen. Mit einem unqualifizierten Imitat büßen Sie nur an Glaubwürdigkeit ein und bewirken das Gegenteil. Was die fachliche Expertise angeht, gibt es genügend Beispiele dafür, dass sie nicht zwangs-läufig auf tatsächlicher, in irgendeiner Form zertifizierter Expertise beruhen muss – obwohl sie es natürlich sollte. Oft reicht sogar die Erwähnung langjähriger Erfahrung aus, um bei Ihren Kunden als Autorität zu punkten. Daher haben die meisten Dienst-leister zwangsläufig auch irgendeine Form von Referenzen auf ihrer Website. Sie soll-ten Ihre Expertise glaubhaft präsentieren, um das Vertrauen dauerhaft zu halten und einen nachhaltig guten Ruf aufzubauen.

Praxistipp: Weniger ist mehr

Konzentrieren Sie sich bei der Präsentation Ihrer Referenzen und Erfahrungen und der damit verbundenen Autorität auf eher wenige aussagekräftige Referenzen, und verzichten Sie auf ellenlange Listen. Die Kunst besteht darin, genau passende Refe-renzen zu wählen, die Sie bei der Zielgruppe als Autorität auf Ihrem Gebiet auszeich-nen. Das müssen nicht zwangsläufig irgendwelche ISO-Zertifizierungen sein. Fragen Sie vielleicht im Konzeptionsprozess doch einfach mal bestehende Kunden oder Part-ner, was förderlich wäre, um Ihre Autorität auf Ihrer Website zu untermauern.

2.5.5   Sympathie (Liking)

Wirkt eine Person, ein Produkt oder ein Unternehmen sympathisch, steigt die Bereitschaft, ihr oder ihm zu vertrauen. Dieses psychologische Reaktionsmuster verläuft meist intuitiv-emotional und ist nicht immer willentlich steuerbar. Das gilt auch besonders in der Unternehmenskommunikation. Auf Websites beispielsweise wirken authentische, sympathische Bilder des involvierten Teams wahre Wunder. Dagegen lassen glattpolierte Stock-Fotos von gestellten Situationen und Menschen eine Website tendenziell unpersönlich erscheinen. Aber auch mit der gesamten Gestaltung und dem Design Ihrer Website können Sie entscheidende Sympathiepunkte gewinnen oder verlieren. Wirkt eine Website chaotisch, unaufgeräumt und in schlechtem Design gestaltet, erscheint sie unpersönlich, lieblos und unprofessionell, wie das Beispiel in Abbildung 2.18 links. Selbst wenn sie nicht per se unsympathisch rüberkommt, so wirkt sie dennoch wenig einladend, da sie keinerlei Sympathie erzeugende Elemente enthält.

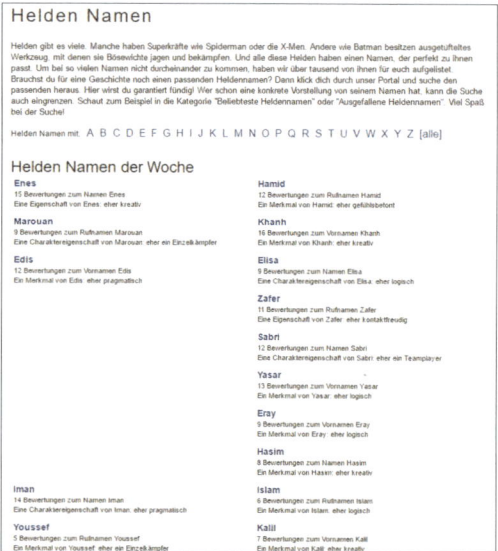 

Abbildung 2.18 Beispiel für das Sympathieprinzip. Links: unpersönliche Website-Gestaltung (1001-heldennamen.de). Rechts: sympathische Gestaltung der Team-Seite von Doodle (doodle.com/de/ueber-doodle/team)

Im Umkehrschluss gibt es eine Vielzahl spannender Möglichkeiten, mit denen Sie dieses Prinzip erfüllen können. Mit einer freundlich-kompetenten Gesamtdarstellung sowie einer Vorstellung der »echten« Personen hinter Ihrem Unternehmen gelingt Ihnen ein sympathischer Internetauftritt. Die freundliche Gestaltung der Team-Seite von Doodle und eine Präsentation des »echten« Teams machen einen persönlichen, sympathischen Eindruck (in Abbildung 2.18 rechts).

2.5.6   Verknappung (Perceived Scarcity)

Verknappung ist ein sehr wirksames Prinzip. Eine zeitliche oder mengenmäßig limi-
tierte Verfügbarkeit verleiht Produkten einen besonderen Wert in den Augen potenzieller Kunden.

»Dieses Angebot gilt nur heute!« oder »Nur noch 4 Produkte auf Lager« sind Beispiele für Verknappung auf Websites. Die Exklusivität eines Angebots führt bei Interessenten zu schnelleren Entscheidungen, denn Menschen mögen besondere
Angebote, und sie haben Angst, ein Schnäppchen zu verpassen. Zeigen Sie in Ihrem
Onlineshop die aktuellen Lagerbestände an oder begrenzen Sie einen freien Download auf beispielsweise zwei Wochen, greifen Besucher deutlich schneller und bereit-
williger zu. Der Webshop Amazon setzt dieses Mittel durch Anzeige der aktuell
verfügbaren Stückzahlen eines gewählten Produkts auf der jeweiligen Produktdetailseite um (siehe Abbildung 2.19). Außerdem kennen Sie dieses Mittel sicher von diversen Urlaubsbuchungsportalen, auf denen immer alle Angebote streng begrenzt sind,
so dass man bei solch einzigartigen, guten Angeboten regelrecht hektisch zuschnap-
pen muss – so wird zumindest suggeriert.

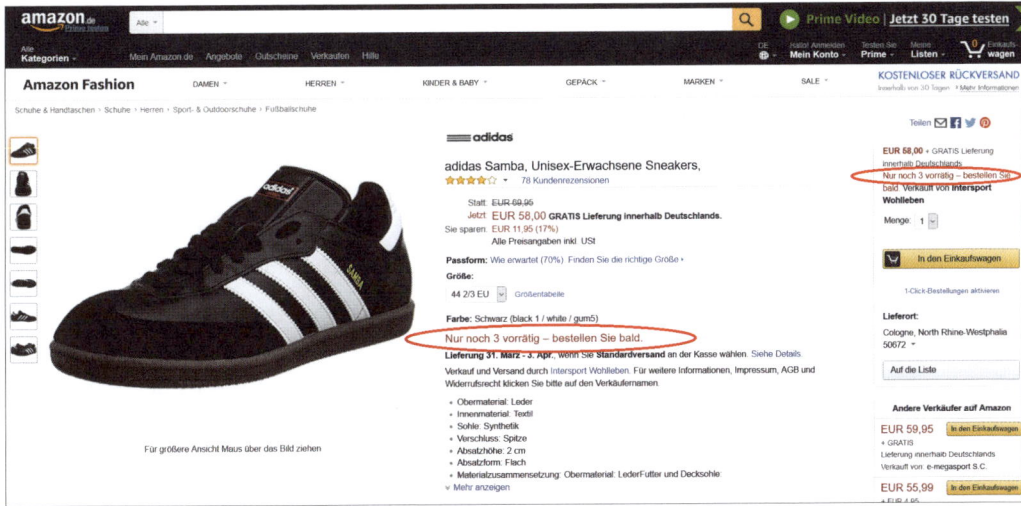

Abbildung 2.19 Beispiel für das Prinzip der Verknappung (Quelle: amazon.de)

Praxistipp: Immer wieder auf die Prinzipien prüfen

Diese sechs Prinzipien beeinflussen die menschliche Wahrnehmung wie keine anderen. Aus der Praxis können wir Ihnen nur empfehlen: Prüfen Sie regelmäßig einzelne
Landingpages, nicht nur im Konzeptions- oder Relaunch-Prozess, ob diese Prinzipien
noch verstärkt eingesetzt werden können. Übertreiben Sie es dabei nicht – aber spielen Sie ruhig mit den Prinzipien, und beobachten Sie die Reaktionen der Besucher.

2.6 Wie Besucher auf Websites Entscheidungen treffen, handeln und Probleme lösen

Befindet sich ein Besucher auf einer Website, liegt eine Reihe von Entscheidungen vor ihm. Die Entscheidungen, die auf einer Website getroffen werden, führen in der Regel zu Handlungen, die der Besucher ausführt. Beispielsweise führt die Entscheidung für einen bestimmten Navigationspunkt im Hauptmenü einer Website dazu, dass der Besucher auf der Website bleibt, diesen Menüpunkt anklickt und den Website-Besuch dort fortsetzt, wohin der Link führt. Auch Entscheidungen für ein Produkt führen in der Regel – aber nicht immer endgültig – zu einer Kaufhandlung. Im Allgemeinen gibt es zwei wesentliche Arten von Entscheidungen, die Sie für eine gute Webkonzeption kennen müssen:

▸ *Auswahlentscheidung* – eine Entscheidung für eine von mehreren vorhandenen Optionen

▸ *Pro-Contra-Entscheidung* – eine Entscheidung für oder wider eine Sache, der eine Argumentationskette vorausgeht

Um ohne Überforderung eine richtige Auswahlentscheidung treffen zu können, braucht ein Mensch eine begrenzte Anzahl von Optionen. Auch hier können Sie das Prinzip des *Chunkings* mit den maximal sieben Auswahlpunkten aus Abschnitt 2.4.2 anwenden. Zudem sollten Sie die einzelnen Alternativen so auswählen, dass sie möglichst einfach unterscheid- und bewertbar sind. So kann der interessierte Besucher die richtige Option einfach und schnell auswählen. Zeigen Sie Ihren Besuchern sowohl den Aufwand als auch den Nutzen einer Entscheidung auf Ihrer Website. Damit kann er für sich das Risiko kalkulieren, und die Entscheidung fällt ihm leichter.

Als Beispiel für eine Auswahlentscheidung schauen wir uns nochmals Stefan, den Computersuchenden, an. Ein mögliches Szenario für eine auftretende Auswahlentscheidung ist eine typische Verteilerseite eines Webshops. Auf Verteilerseiten werden verschiedene Produktkategorien im Überblick vorgestellt, meist in gekachelter oder listenartiger Ansicht. Stefan steht vor der Entscheidung, eine bestimmte Kategorie auszuwählen. Um eine richtige oder zumindest nützliche Entscheidung treffen zu können, müssen die Unterschiede zwischen den Kategorien für Stefan klar sein. Eine sehr minimalistische, aber dennoch effektive Verteilerseite mit den nötigsten Informationen finden Sie in Abbildung 2.20. Der Anbieter zeigt hier verschiedene Notebook-Kategorien an, die die Produkte nach Spezialfeatures oder Einsatzzweck gruppieren. Eine Mindestpreisangabe zeigt dem interessierten Besucher ebenfalls bereits an dieser Stelle, in welchem Bereich die Kosten beginnen.

Abbildung 2.20 Verteilerseite von CSL Computer für eine Auswahlentscheidung (Quelle: goo.gl/SFtGDB)

Um Ihren Website-Besuchern eine Pro-Contra-Entscheidung, also eine Entscheidung für oder wider eine Sache, zu erleichtern, ist es wichtig, dass Sie mit Ihren Argumentationsschritten eine klare, überschaubare Linie verfolgen. Die meisten Punkte, die wir oben für eine Auswahlentscheidung angeführt haben, können Sie auch auf diese Art der Entscheidung anwenden. Auch können Sie mit ca. vier bis fünf prägnanten Aspekten arbeiten, um den Prozess nicht zu langwierig oder mühselig zu gestalten. Auch bei einer Pro-Contra-Entscheidung sollten Sie Kosten und Nutzen einer Entscheidung aufzeigen, um Ihren Besuchern die Entscheidung zu erleichtern.

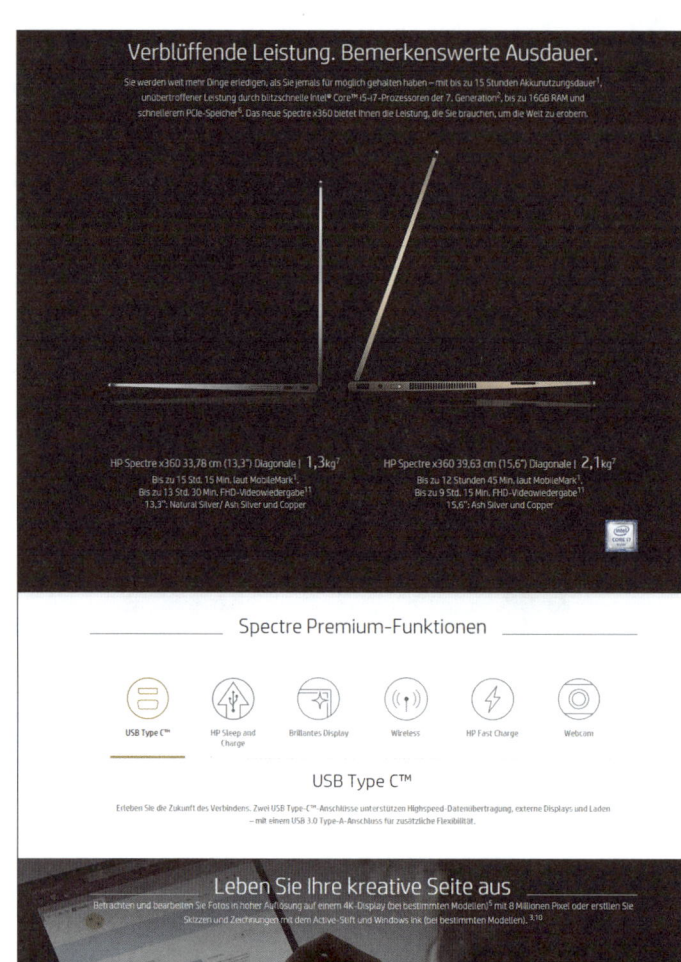

Abbildung 2.21 Beispiel für eine Produkt-Website von HP (Quelle: goo.gl/5grmcf)

Ein Beispiel für solche Entscheidungen auf Websites sind Dienstleistungs- oder Produktbeschreibungen, vor allem zur Präsentation brandneuer Produkte. In Produktvorstellungen werden meist vier bis fünf schlagkräftige Argumente für das entsprechende Produkt vorgestellt. Schaut sich Stefan beispielsweise die Produkt-Website in Abbildung 2.21 an, so wird er schrittweise durch die überragenden Vorzüge des neuen Laptop-Stars geführt. Der Hersteller zeigt in mehreren Schritten die Pro-Argumente seines neuen Notebook-Produkts auf. Der Nutzen für den interessierten Besucher wird dadurch klar herausgestellt – zumindest sofern Stefan die entsprechend präsentierten Argumente und Kriterien als wichtig erachtet.

2.7   Prozesserwartungen von Website-Besuchern

Durch langjähriges Besuchen von Websites haben Nutzer eine Art Intuition entwickelt, mit der sie durch für sie noch unbekannte Websites navigieren. Diese Intuition äußert sich darin, dass Website-Besucher mehr oder weniger bewusste Erwartungen haben und gewisse Schritte und Prozesse antizipieren. Was hat das mit Ihnen als Website-Betreiber zu tun? Es ist wichtig, dass Sie sich die Erwartungen bewusst machen, damit Sie sie auf Ihrer Website erfüllen können – oder Sie machen sich den Überraschungseffekt zunutze und brechen die Erwartungen bewusst.

2.7.1   Fortsetzungserwartung und Problemlösungsoptionen

Besucher haben gewisse *Fortsetzungserwartungen* an die Elemente einer Website. Was also passiert, wenn sie auf ein Website-Element klicken? Jeder Nutzer hat eine Erwartung, was er hinter dem Navigationspunkt WARENKORB zu sehen bekommt. Aber was steckt hinter dem Punkt INTERESSANTES oder RELEVANTES? Hier ist die Fortsetzungserwartung nicht zwingend klar.

Generell haben Nutzer spezifische Erwartungen, wohin ein Link führt – sei es ein einfacher Textlink, ein Menüpunkt in der Navigation oder ein Button. Sie erwarten, dass der Link auf die entsprechende, durch den Linktext, auch *Ankertext* genannt, vorhergesagte Unterseite führt. Trifft die Fortsetzungserwartung nicht zu, führt das zu einem irritierten oder verwirrten Besucher. Klickt der Nutzer auf einen Button DOWNLOAD und gelangt dann nicht zum Download, sondern ohne Erklärung zunächst zu einem Registrieren-Formular, dann ist er zu Recht irritiert, weil die Fortsetzungserwartung »ich kann hier etwas downloaden« nicht erfüllt wurde.

Den zusätzlichen kognitiven Aufwand, um zu begreifen, dass und wie er falsch geleitet wurde, wo er sich nun befindet, wie er sich neu orientiert und weiter verfährt, sollten Sie so weit wie möglich vermeiden.

> **Praxistipp: Fortsetzungserwartung prüfen**
>
> Das effiziente und angenehme Navigieren durch Ihre Website ist eine grundlegende Voraussetzung für eine erfolgreiche Website. Prüfen Sie daher auf jeden Fall nicht nur bei der Neukonzeption oder dem Relaunch einer Website die Links auf passende Fortsetzungserwartungen. Prüfen Sie diese regelmäßig auch bei bestehenden Websites! Dafür nehmen Sie sich z. B. auch Kollegen aus anderen Abteilungen, die mit der Website nicht so viel zu tun haben, und bitten diese, die einzelnen Links durchzugehen und zu äußern, was sich wohl dahinter verbirgt. Wenn mehrere Kollegen bei einzelnen Links längere Denkpausen einlegen oder gar falsch liegen, sollten Sie das Wording des Links nochmals überdenken.

2.7.2   Handlungsprozesse in übersichtlichen Einzelschritten durchlaufen

Besucher antizipieren, was ihre Handlungen bzw. Interaktionen mit der Website bewirken. Sie entwickeln also eine Vorstellung davon, was die Konsequenzen ihrer Handlungen sind – das hängt eng mit der zuvor genannten Fortsetzungserwartung zusammen. Besucher haben eine Art Prozesserwartung, welche weiteren Handlungsschritte ein bestimmter Prozess, wie beispielsweise der Kaufprozess oder eine Kontaktanfrage, umfasst. Sie antizipieren oder schätzen, wie die auf eine Handlung folgenden Schritte aussehen könnten, und planen diesen Prozess in ihrem Kopf. Entsprechend überrascht und irritiert sind sie, wenn die Wirklichkeit dann anders aussieht. Extremes Beispiel sind hierbei auftretende Fehler, mit denen ja niemand rechnet.

Gestalten Sie auch die einzelnen Schritte eines Handlungsprozesses auf Ihrer Website überschaubar und leicht verständlich. Diese Transparenz ist vor allem im Kaufprozess, angefangen bei der Auswahl eines Produkts, also dem Ablegen in den Warenkorb, bis hin zum endgültigen Abschluss eines Kaufs, entscheidend. Ist der Kaufprozess auf Ihrer Website zu komplex, nicht selbsterklärend oder undurchsichtig, fehlt Besuchern die Übersicht, und es kann es passieren, dass sie abspringen. In Abbildung 2.22 beispielsweise sieht der Urlaubsbuchende nicht, wie viele Schritte der Buchungsprozess umfasst. Es ist auch nicht unmittelbar ersichtlich, warum der FORTSETZEN-Button inaktiv ist und was er tun muss, um den Prozess fortzusetzen. Ebenso wenig ist klar erkennbar, was denn eigentlich passiert, wenn er es schaffen sollte, auf FORTSETZEN zu klicken. Die Fortsetzungserwartung wird hier nicht gelenkt, daher weiß der Besucher gar nicht, was er erwarten soll. Das ist für viele Besucher unbehaglich, da sie Kosten und Nutzen bzw. das »Risiko« einer Klickhandlung so nicht abschätzen können. Unsicherheit im Handlungsprozess ist einer der häufigsten Gründe dafür, dass Besucher abspringen und eine vom Betreiber gewünschte Handlung – im Online-Marketing spricht man hier von *Conversion* – nicht erfüllen.

Eine klare Bezeichnung und gegebenenfalls Beschreibung des jeweils aktuellen Schrittes ist ebenso wichtig, wie eine Fortschritts- oder Statusanzeige. Hinweise darauf, wie der Besucher zurückgelangt und was im nächsten Schritt folgt, geben zudem Sicherheit. Die Konsequenzen einer Handlung sollten klar sein: Führt in Schritt vier ein Klick auf WEITER unmittelbar dazu, dass das Produkt abschließend gekauft wird, oder gibt es noch die Möglichkeit zur Revision? Oft sind es solch kleine Aspekte, die den entscheidenden Impuls auslösen, ein Produkt zu kaufen oder die Seite ohne Conversion wieder zu verlassen.

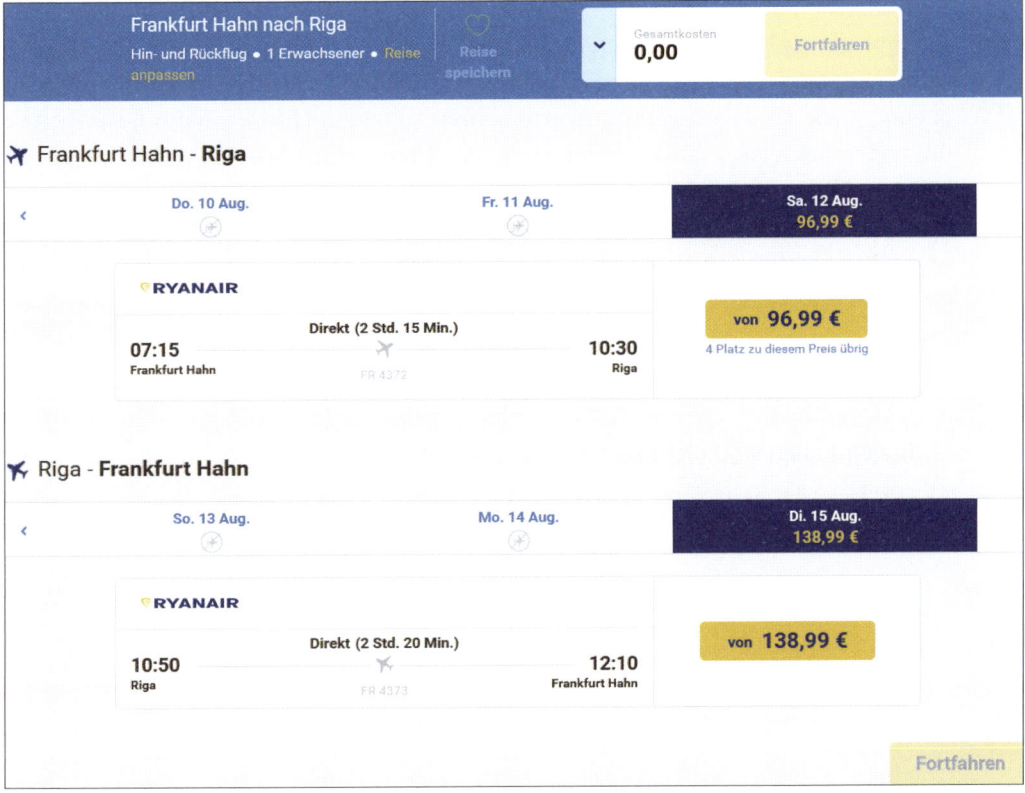

Abbildung 2.22 Eine transparente Anzeige der Buchungsschritte würde dem Website-Besucher eine Übersicht über den Prozess geben (Quelle: ryanair.com/de/de/booking/home).

Praxistipp: Prüfen Sie stets, ob die Orientierung funktioniert

Orientierung ist ein ganz zentraler Faktor bei Websites. Der Mensch bewegt sich im virtuellen Raum und benötigt hier über das Interface »Website« Orientierungshilfen. Prüfen Sie daher nach jedem konzeptionellen Schritt, ob ausreichend Orientierungshilfen gegeben werden. Der Nutzer sollte stets die Fragen beantwortet bekommen: Wo bin ich, wo kam ich her, und was erwartet mich noch?

2.7.3   Feedback erhalten

Durch die Erfahrung mit guten Websites erwarten Website-Besucher an bestimmten Stellen Feedback, das sich mit den vorherigen Prozess- und Fortsetzungserwartungen decken sollte. Vor allem bei Formularen zeigt sich hier häufig ein Problem. Bleibt das Feedback aus oder ist es nicht unmittelbar verständlich, wird der Website-Besucher unsicher, ob die Formulareingabe erfolgreich war. Gravierender wird es dann noch, wenn das Feedback zu Fehlern ausbleibt oder unverständlich ist. Häufig findet man als Feedback lediglich einen mahnenden Satz, wie z. B. »Fehlerhafte Eingabe!«, nachdem alle Eingaben getätigt wurden, ohne genauen Hinweis darauf, was genau fehlt oder falsch ist. Viel sinnvoller ist es doch für einen Website-Besucher, verständliches Feedback in der Nähe der fehlerhaften Eingabe zu erhalten. Vergleichen Sie die beiden Fehlermeldungen in Abbildung 2.23. Das linke Feedback ist unpräzise, unklar und wenig hilfreich. Auf der rechten Seite hingegen weiß der Besucher durch eine klare und präzise Beschreibung, welche Eingabe inwiefern falsch ist, direkt, was er zu tun hat.

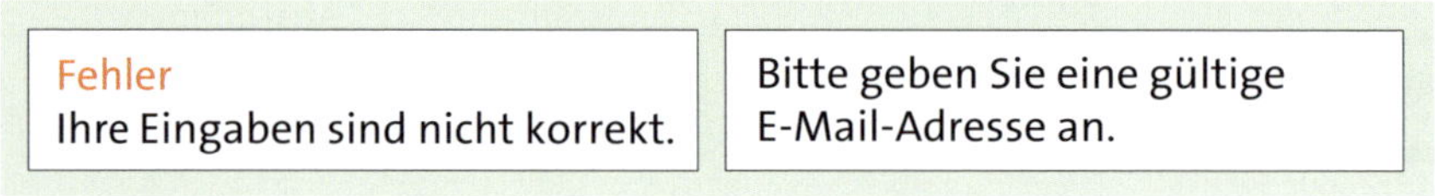

Fehler Ihre Eingaben sind nicht korrekt.	Bitte geben Sie eine gültige E-Mail-Adresse an.

Abbildung 2.23 Links: kryptisches Feedback. Rechts: präzises, hilfreiches Feedback

Kapitel 3

Websites sprechen – die Website als Kommunikationsmedium

Websites als Kommunikationsmedium zwischen Website-Betreiber und -Besucher funktionieren nach ähnlichen Prinzipien wie jede menschliche Kommunikation. In diesem Kapitel stellen wir Ihnen ein Modell vor, das diese Prinzipien auf Websites überträgt. Wir zeigen Ihnen, wie Sie dieses Modell für Ihre Konzeption gewinnbringend einsetzen können.

Medien aller Art werden zum Austausch verschiedenster Informationen genutzt. Der computervermittelten Kommunikation – dazu gehören auch Websites – liegen dabei ähnliche Prinzipien zugrunde wie jeder menschlichen Kommunikation. Vor allem das *Sender-Empfänger-Prinzip* lässt sich hierbei für die Website-Konzeption äußerst gewinnbringend aus der Offline-Welt in die Online-Welt transferieren. Wir haben die Erfahrung gemacht, dass Kunden, wenn wir dieses Prinzip im Agenturalltag auf ihre Websites übertragen, deutlich schneller und besser zu erfolgreichen Websites kommen. Das möchten wir Ihnen natürlich nicht vorenthalten! Dazu müssen wir allerdings ein klein wenig ausholen.

Kategorisiert man Medien bezüglich der Art, wie sie von den Empfängern rezipiert werden, lassen sich zwei Gruppen unterscheiden: *Lean-Back-* vs. *Lean-Forward-Medien*. Lean-Back-Medien sind audiovisuelle Medien, wie beispielsweise Fernsehsendungen, Videos, Radiosendungen, Podcasts. Der Begriff *lean back* bezieht sich darauf, dass der Empfänger bei der Nutzung dieser Art von Medien passiv ist, sich zurücklehnt und von den transportierten Informationen berieseln lässt. Die Kommunikation ist also einseitig.

Lean-Forward-Medien sind Medien, zu deren Nutzung ein höheres Involvement des Empfängers erforderlich ist. Hierzu zählen beispielsweise Bücher, Zeitungen, Zeitschriften – und auch Websites. Der Empfänger muss aktiv mit diesen Medien interagieren, um die enthaltenen Kommunikationsbotschaften aufnehmen zu können. Im Fall von Printmedien besteht die aktive Handlung des Empfängers darin, die Inhalte zu lesen. Websites erfordern jedoch ein weit höheres Involvement. Das liegt zum einen daran, dass eine Vielzahl von Inhalten auf Websites präsentiert werden können, Texte, Bilder, Videos, Audio- und verschiedenste Interaktionselemente. Zum anderen, muss der Website-Besucher die Inhalte selbst aktiv aufrufen. Sonst tut sich recht wenig.

Um Websites als effektive Kommunikationsmittel nutzen zu können, müssen Sie daher zunächst die Grundzüge der Kommunikation kennen. Diese stellen wir Ihnen im folgenden Abschnitt folgerichtig vor und wenden das darin vorgestellte Sender-Empfänger-Übertragungsgefüge auf das Kommunikationsmedium Website an (siehe Abschnitt 3.2). Anschließend zeigen wir Ihnen in Abschnitt 3.3, auf welchen verschiedenen Ebenen man mittels einer Website kommunizieren kann. Der Clou daran ist, dass Sie möglicherweise nicht einmal wissen, dass und was Sie auf all diesen verschiedenen Ebenen kommunizieren – und damit wissen Sie auch gar nicht, was Sie alles falsch oder richtig machen bei einer Website-Konzeption oder einem Relaunch. Das werden wir ändern.

Aus den Erkenntnissen in diesem Kapitel leiten wir »Die sieben ultimativen Gebote erfolgreicher Websites« in Kapitel 4 ab, mit denen Sie Ihre Website zu einem erfolgreichen Kommunikationsmedium für Ihr Unternehmen oder Ihr Vorhaben machen. Damit sind Sie endgültig in der Lage, eine erfolgreiche besucherorientierte Website-Konzeption anzugehen.

3.1 Was ist Kommunikation?

Alles ist Kommunikation. Und sogar nichts ist Kommunikation. Was Paul Watzlawick bereits in den 1960er Jahren in seinem berühmt gewordenen Zitat erkannte, ist bis heute eine denkwürdige Charakterisierung der Kommunikation:

> *»Man kann nicht nicht kommunizieren.«*

Sie besagt, dass Sie mit jedem noch so kleinen Element, das Sie aussenden, Informationen übermitteln. Zusätzlich kommunizieren Sie indirekt auch durch das, was Sie auslassen bzw. nicht sagen. Etwas trockener formuliert, lässt sich Kommunikation wie folgt definieren:

> *Kommunikation ist ein Prozess, der den Austausch von Informationen*
> *zwischen zwei oder mehr Parteien ermöglicht.*

Praxistipp: Auslassungen bedenken!

Üblicherweise spricht man in Meetings zu Website-Konzeptionen und Relaunches überwiegend über die Dinge, die auf eine Website sollen. Deutlich weniger Zeit wird damit verbracht zu diskutieren, welche Auswirkungen nicht vorhandene Informationen haben.

Auch nicht vorhandene Informationen können etwas über Sie kommunizieren. Die Auslassung wesentlicher Informationen wie vergessene oder versteckte Kontaktdaten sagt etwa etwas über Ihre Beziehung zu Ihren Besuchern aus – nämlich, dass Sie keine persönliche Kundenbeziehung wünschen. Ebenso kommunizieren ausgelassene Informationen möglicherweise, dass der Website-Betreiber entweder etwas zu verbergen hat oder schlicht keine Ahnung hat, was die Zielgruppe sucht. Beides ist meistens eher ungünstig.

Machen Sie sich bewusst, was Ihre Zielgruppen bei Ihnen suchen könnten, was davon Sie in welcher Form bedienen möchten und was nicht. Überlegen Sie immer, welche Informationen fehlen und was das über Sie und Ihr Unternehmen kommuniziert. Stimmt die implizite »Botschaft der Auslassung« mit Ihrer Kommunikationsabsicht überein?

Üblicherweise unterscheidet man zwischen vier Elementen in der Kommunikation, die auch für Websites relevant sind:

▸ *Botschaften* bzw. Informationen, die übertragen werden

▸ einem *Sender*, der Informationen codiert und abschickt

▸ einem *Empfänger*, der Informationen erhält und decodiert

▸ einem *Kommunikationsmedium* und einem *Übertragungskanal*

Sie können ein persönliches Gespräch zwischen zwei Freunden ebenso mit diesen Elementen beschreiben wie die Website-Kommunikation zwischen Ihnen als Website-Anbieter und Ihrer Zielgruppe. Im Fall eines persönlichen Gesprächs sind die beiden Gesprächspartner A und B abwechselnd Sender und Empfänger, je nachdem, wer spricht und wer zuhört. Die übermittelten Botschaften sind die Gesprächsinhalte bzw. der Inhalt der jeweiligen Redebeiträge. Wenn A spricht, ist er der Sender, der die Botschaft codiert und sendet; B ist der Empfänger, der die Botschaft decodiert und versteht. Umgekehrt verteilen sich die Rollen, wenn B zu reden beginnt. Die Botschaft wird in Form von »mündlicher« Sprache bzw. Schallwellen übertragen (Medium), der Übertragungskanal ist dabei die Luft. Wenn diese Komponenten auf die Website-Kommunikation übertragen werden, ergibt sich das folgende einfache Kommunikationsmodell in Abbildung 3.1.

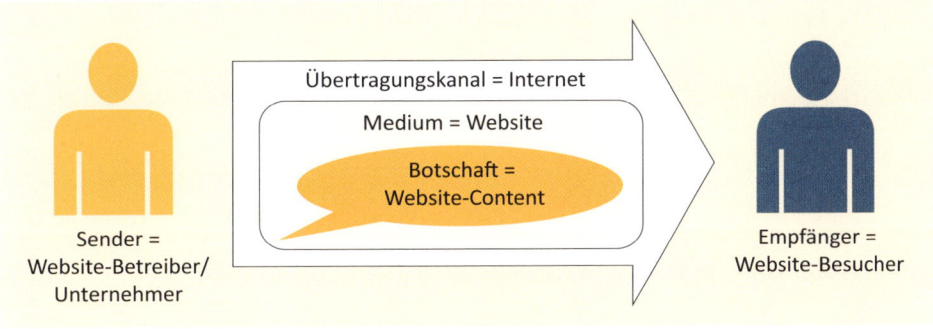

Abbildung 3.1 Ein einfaches Kommunikationsmodell der Website

Die Website ist ein Kommunikationsmedium, das Informationen in Form von Website-Inhalten vom Website-Betreiber zum Website-Besucher überträgt. Der Website-Betreiber, wie beispielsweise Unternehmen, NGOs, Forenbetreiber, bildet also die Senderkomponente, der Website-Besucher ist das Empfängerelement. Als Übertragungskanal verwenden Websites das Internet. Bereits der Basistechnologie des Internets liegt das Sender-Empfänger-Prinzip zugrunde, wie Sie bereits in Kapitel 1, »Vom Sinn und Unsinn einer Website«, gesehen haben.

Im Allgemeinen tauschen Sender und Empfänger je nach Kommunikationsmedium die Rollen. Kommunikation ist also in der Regel bidirektional zu verstehen. Im Fall klassischer Medien wie auch Websites ist diese Gegenseitigkeit nicht grundsätzlich gegeben. Sie erinnern sich an das *One-to-many-Prinzip*. Allerdings werden Websites zunehmend so gestaltet, dass der Website-Besucher mehr als nur Empfänger von Marketingbotschaften ist. Durch verschiedene Interaktionselemente, wie etwa Kontaktformulare, Kommentarfunktionen, Live-Chats, digitale Assistenten usw., mit denen der Besucher auch selbst Informationen senden kann, wird Website-Kommunikation zunehmend interaktiv gestaltet.

Kommunikation ist immer ein indirekter Prozess. Die Botschaft wird vom Sender ja nicht direkt als Gedanke oder elektrischer Impuls an das Gehirn des Empfängers übertragen, sondern in Form eines Mediums, in das die Botschaft verpackt wird. Die Botschaft nutzt ein Medium und wird über einen Übertragungskanal übermittelt. Daher gibt es für den Kommunikationsakt selbst zahlreiche Fallstricke:

▶ Die Botschaft könnte falsch codiert werden, indem der Sender beispielsweise die falschen Worte auswählt, um seine eigentliche Intention zu übermitteln.

▶ Der Sender könnte die Botschaft unvollständig, bruchstückhaft verpacken, so dass der inhaltliche Kern nicht übermittelt wird.

▶ Das Medium könnte falsch gewählt oder fehlerhaft sein, wie im Fall nicht erreichbarer Webseiten.

▶ Durch einen Übertragungsfehler oder falsche Adressierung könnte der falsche Empfänger angesprochen werden.

▶ Es besteht ebenfalls die Möglichkeit, dass der Empfänger die übermittelte Botschaft falsch versteht.

Vor allem im Fall der Missachtung oder falschen Nutzung kultureller Gegebenheiten können Missverständnisse entstehen.

Praxistipp: Konzeption internationaler Websites mit Experten

Beachten Sie bei internationalen (Re)Launch-Projekten unbedingt die verschiedenen kulturellen Hintergründe. In Asien haben Farben und Symbole eine ganz andere Bedeutung als in Europa. Nicht nur die Schrift ist hier anders. Hier kann die gesendete Botschaft durchaus unterschiedliche Interpretationen beim Empfänger hervorrufen. Ziehen Sie hier stets entsprechende Experten für oder noch besser aus den Ländern hinzu, und rollen Sie nicht nur die »westliche Website« weltweit aus.

Beispielsweise ist in der westlichen Kultur Weiß die Farbe der Reinheit und Leichtigkeit. Im asiatischen Raum ist Weiß allerdings die Farbe der Trauer. Daher wird ein Marketingmittel, das die Symbolik der weißen Farbe für einen bestimmten Effekt nutzt, in Asien wahrscheinlich ganz anders wahrgenommen und interpretiert als in Europa oder Amerika.

Es gibt viele Möglichkeiten für das Scheitern. Allerdings können Sie durchaus einige allgemeine Kommunikationsprinzipien anwenden, mit denen Sie die Inhalte Ihrer Website-Botschaft verbessern können:

▶ **Identifikation**: Senden Sie die Botschaft an den korrekten Empfänger. Damit das gelingt, identifizieren und definieren Sie zuvor Ihre Zielgruppe(n). Ansonsten ist unklar, an wen die Botschaft gehen soll.

▶ **Relevanz**: Machen Sie die Botschaft für Ihre Empfänger relevant. Wenn Sie Ihre Zielgruppe identifiziert haben, ist es leichter, Ihre Website-Botschaft auf sie zuzuschneiden.

▶ **Qualität**: Senden Sie korrekte und vollständige Botschaften, keine unzusammenhängenden Bruchstücke. Formulieren Sie Ihr Website-Angebot klar und transparent. Vermeiden Sie es, wichtige Informationen zu verschleiern. Bereiten Sie Ihre Inhalte gut strukturiert auf.

▶ **Quantität und Ökonomie**: Gestalten Sie den Informationsaustausch effizient, gemäß dem Motto »So viel wie nötig, so wenig wie möglich«. Fokussieren Sie Ihre Website-Inhalte auf das Wesentliche. Vermeiden Sie unnötige Details nur um der Vollständigkeit willen. Damit erleichtern Sie es Ihren Besuchern, den Kern Ihrer Botschaft zu erfassen und zu verstehen.

Im folgenden Abschnitt übersetzen wir die Prinzipien aus diesem Abschnitt in ein Kommunikationsmodell für erfolgreiche Websites. Dieses können und sollten Sie nutzen, um Ihre Website-Konzeption auf solide Beine zu stellen. Es ist als Fundament gedacht, damit die operativen Maßnahmen auf sicherem Boden stehen.

3.2   Ein Kommunikationsmodell erfolgreicher Websites

In Abbildung 3.2 sehen Sie die wichtigsten Faktoren, die bei der Konzeption gelungener Websites zum Tragen kommen. Wenn Sie sich diese Zusammenhänge klarmachen – und das schaffen Sie mit den folgenden Kapiteln in diesem Buch, können Sie mithilfe Ihrer Website wesentlich zielgerichteter, effizienter und erfolgreicher mit Ihren Besuchern kommunizieren – und Ihre Dienstleistungen und Produkte erfolgreicher über die Website vermarkten.

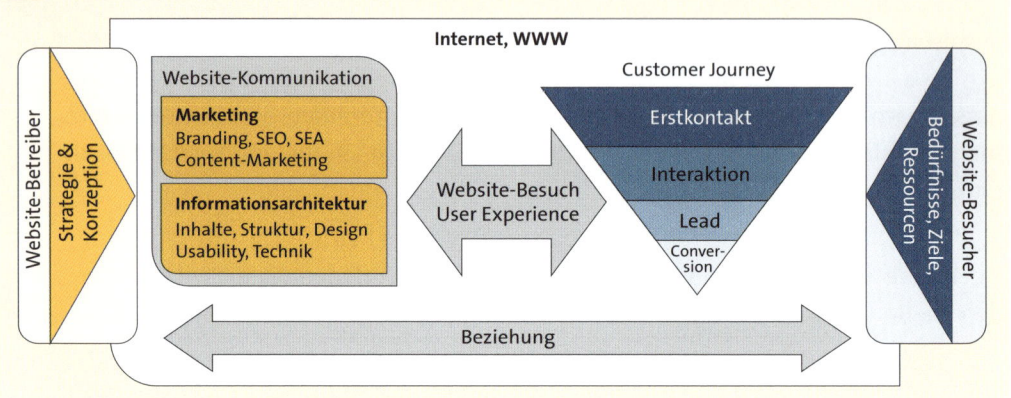

Abbildung 3.2 Ein umfassendes Kommunikationsmodell erfolgreicher Websites

In dem Kommunikationsmodell laufen alle bisher behandelten Themen zusammen. Der Website-Betreiber (grün) kommuniziert Inhalte an den Website-Besucher (blau). Hier treffen dann Strategie und Konzeption auf die Bedürfnisse, Ziele und kognitiven Ressourcen der Besucher. Während der Website-Betreiber mit seiner Website Marketing betreibt und seine Inhalte entsprechend einer Informationsarchitektur anbietet, durchläuft der Website-Besucher eine *Customer Journey*. Als Customer Journey bezeichnet man im Marketing die »Reise« eines Interessenten mit einem Angebot, vom ersten bewussten Wahrnehmen bis hin zur Annahme des Angebots, der *Conversion*, z. B. Kontaktanfrage oder Kauf eines Produkts. Die Vorstufe ist die Gewinnung von *Leads*, also von Interessenten, die zu Kunden werden könnten. Diese Customer Journey verläuft in verschiedenen Schritten oder Stufen, an denen Sie mit einer Website ansetzen können.

Die erfolgreiche Website unterscheidet sich hierbei von einer nicht erfolgreichen Website in der Güte und Qualität der Besucheransprache auf den verschiedenen Stufen. Anders formuliert: Wie gut verstehen sich Anbieter und Besucher in der Kommunikation, die über die Website stellvertretend vermittelt wird? Dies wird über die *Usability* und die *User Experience* (siehe Abschnitt 17.2, »User Experience und Usability: Gestalten Sie effektive, zufriedenstellende und angenehme Websites für Ihre Besucher«), also Nutzerfreundlichkeit der Website und die Erfahrung des Nutzers mit der Website, ausgedrückt – und letztendlich an Erfolgskennzahlen wie der Anzahl der Anfragen oder Käufe gemessen.

3.3   Websites kommunizieren auf mehreren Ebenen

Wir verstehen Websites als Kommunikationsmedium, weil sie mit jedem Element etwas kommunizieren. Die Kommunikationskraft Ihrer Website wirkt auf gleich mehreren Ebenen und mittels verschiedener Elemente. Sie kommunizieren natürlich offensichtlich über Ihre expliziten Inhalte, also über die Texte, Bilder und Videos, die Sie einsetzen. Aber Ihre Website kommuniziert gleichermaßen über die Form, also den Rahmen, in den Sie Ihre Inhalte eingepasst haben – von der eingesetzten Typografie über die Farbgestaltung Ihrer Internetpräsenz als Ganzes und einzelner Elemente bis hin zu den Größenverhältnissen und der räumlichen Anordnung der verschiedenen Elemente. Wie Sie allerdings in diesem Abschnitt genauer sehen werden, sendet Ihre Website außerdem auch noch eine Reihe weiterer, impliziter Botschaften über Sie als Website-Betreiber mit.

> **Praxistipp: Lassen Sie bei der Website-Konzeption keine Ebene unter den Tisch fallen**
>
> Naturgemäß hat jede Agentur, jeder Inhouse-Mitarbeiter, jeder Freelancer und jeder Privatmensch eine Vorliebe oder Stärke für ein bestimmtes Themengebiet. Bei Werbeagenturen ist es eher das Design, bei Markenagenturen eher die Strategie, bei anderen sind es eher die Textinhalte, Bilder, ist es die Ladezeit oder was auch immer. Die verschiedenen Ebenen, auf denen Ihre Website für Sie kommuniziert, lassen aber eigentlich keinen Schwerpunkt zu. Erfolgreiche Websites zeichnen sich dadurch aus, dass sie auf sehr vielen Ebenen – wenn nicht sogar auf allen – passend und effizient kommunizieren. Prüfen Sie am besten anhand der vorgestellten vier Kommunikationsebenen, ob Sie eine bestimmte Ebene vernachlässigt haben, und korrigieren Sie dies dann.

Menschen als soziale Wesen kommunizieren mit jeder Äußerung sehr viel mehr als reine Sachinhalte – und zwar ungeachtet des verwendeten Mediums. Friedemann Schulz von Thun (1981) hat, aufbauend auf früheren Sender-Empfänger-Modellen, ein Vier-Seiten-Modell vorgeschlagen, das auf jede Kommunikationssituation angewendet werden kann. Abbildung 3.3 zeigt eine leicht modifizierte Version dieses Modells.

In diesem Modell fügt er der *Inhaltsebene*, die den rein sachlich-informativen Inhalt einer Äußerung kommuniziert, drei weitere Ebenen mitgesendeter Teilbotschaften hinzu. Zu diesen gehört erstens die *Ebene der Selbstkundgabe*, auf der Informationen über den Sender selbst mitkommuniziert werden. Zweitens gibt es eine *Beziehungsebene*, über die transportiert wird, wie der Sender seine Relation zum Empfänger sieht. Drittens gibt es eine *Appellebene*, die den eigentlichen Zweck einer Äußerung bzw. den Aufruf des Senders an den Empfänger enthält.

77

Abbildung 3.3 Vier Ebenen der Kommunikation (modifiziert nach Schulz von Thun 1981)

Auch Websites kommunizieren auf diesen vier Ebenen (siehe Abbildung 3.4). Neben dem primär informativen Sachinhalt werden auch auf Websites eine Reihe zusätzlicher Botschaften mitgesendet. Diese können durch verschiedene Elemente einer Website übermittelt werden und sind – im Idealfall – vom Website-Betreiber so beabsichtigt.

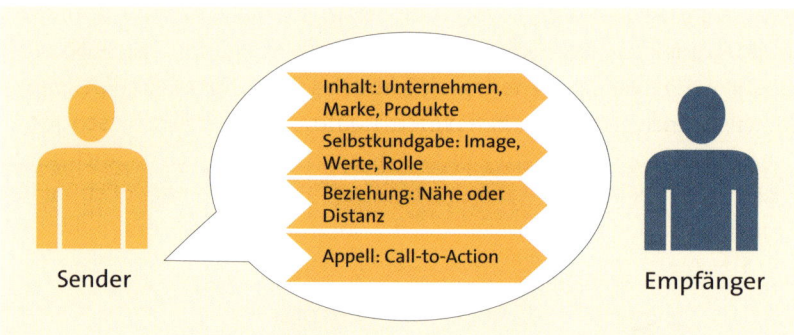

Abbildung 3.4 Vier Ebenen der Website-Kommunikation

Blickt man aus Sicht des Empfängers auf das Kommunikationsmodell, lassen sich bestimmte Kommunikationserwartungen formulieren, die verraten, wie Website-Betreiber ihre Botschaften idealerweise senden *sollten*. Auch der Empfänger nimmt Botschaften auf vier Ebenen wahr (siehe Abbildung 3.5) und hat aufgrund seiner Kommunikationserfahrung bestimmte Erwartungen, die eine gelungene Botschaft an ihn definieren.

Da die drei Ebenen unterhalb der Inhaltsebene nicht ganz offenkundiger, sondern eher unterschwelliger Natur sind, liegen auch hier einige Gefahren, die wir Ihnen im Folgenden aufzeigen möchten, damit Sie sie vermeiden können. Häufig ist es nämlich der Fall, dass diese »versteckten« Botschaften nicht wirklich das kommunizieren, was der Website-Betreiber eigentlich beabsichtigt – und das kann mitunter fatale Folgen haben.

Abbildung 3.5 Erwartungen der Empfänger auf den vier Ebenen der Website-Kommunikation

3.3.1 Inhaltsebene

Auf der Inhaltsebene präsentieren Sie mit Ihrer Website sich selbst, Ihre Marke, Ihre Produkte und Dienstleistungen oder Informationen zu einem bestimmten Thema. Die Sachinformationen können Sie in verschiedenen Inhaltselementen, wie Texten, Bildern, Videos, Podcasts etc., verpacken. Wie Sie Ihre Inhalte in sinnvolle Einheiten strukturieren und sie auf Ihrer Website präsentieren, das zeigen wir Ihnen in Kapitel 12, »Wie Sie eine benutzerorientierte Makro-Informationsarchitektur aufbauen«.

Wie sieht es mit der Besuchersicht aus? Für einen gelungenen Website-Besuch auf Inhaltsebene erwarten Ihre User gut strukturierte, relevante Informationen mit Mehrwert, die leicht zugänglich und kontextuell eingebettet sind. Besucher möchten die Grobstruktur Ihrer Internetpräsenz auf den ersten Blick, sprich schnell und mühelos, erkennen können. Bereits Ihre Startseite sollte daher übersichtlich gestaltet sein und so klar und direkt wie möglich erkennen lassen, was Sie anbieten. Dazu sollten auch Ihre Funktions- und Interaktionselemente eindeutig identifizierbar sein. Ihre Besucher sollten direkt erkennen können, welche Elemente zusammengehören und welche nicht. Ein Website-Besucher möchte nicht erst lange herumrätseln und ausprobieren, bei welchen Elementen es sich um Navigation, Links, Content, Buttons oder Hintergrundelemente handelt. Er ist es aus seiner Erfahrung mit zahlreichen guten Websites gewohnt, dass die Bedienelemente optisch und funktional den Konventionen entsprechend markiert sind, um sich auf das Wesentliche, den Inhalt, konzentrieren zu können. Wenn beispielsweise ein Element auf einer Website wie ein Button aussieht, aber keiner ist, empfinden Ihre Besucher das nicht primär als überraschend und spannend, sondern eher als verwirrend und möglicherweise auch als ärgerlich.

Um dem Website-Besucher eine rundum gut strukturierte Website zu präsentieren, brauchen Sie ein gutes Konzept für die *Informationsarchitektur* Ihrer Website. Die Informationsarchitektur ist das Kernelement Ihrer Website-Konzeption, sie bestimmt die Struktur des Themas, die Anordnung der Seiten und ihre Relation und Verlinkung untereinander. Im Grunde hängen fast alle anderen Konzeptionsaspekte – allen voran das Navigationskonzept – mit der Informationsarchitektur zusammen oder werden von ihr beeinflusst. Daher widmet sich der gesamte Teil III, »Websitestruktur konzipieren«, diesem Thema.

Des Weiteren gehört dazu, dass Ihre Besucher sich leicht orientieren und mühelos durch die Website navigieren können. Navigation und Website-Struktur hängen eng zusammen, denn über die Navigation versucht der Besucher einzuschätzen, wie die Website aufgebaut ist, und entscheidet dann, wo er beginnt, sie zu erkunden oder nach den gewünschten Informationen zu suchen. Eine gute Website-Struktur ist also der erste Schritt zu einer guten Website.

Ihre Besucher müssen direkt erkennen können, wo sie sich befinden – vor allem, da es meist eine Vielzahl möglicher Eingänge auf verschiedensten Ebenen gibt. Sie suchen immer nach Hinweisen, wo ihre Position innerhalb der gesamten Website ist und wie sie von dort aus weiterkommen. In einem linearen Medium wie einem Buch – selbst in digitaler Form wie in einem PDF oder einem Video – kann der Fortschritt anhand bestimmter Fortschrittsanzeiger, wie z. B. Seitenzahl oder Zeitangabe bzw. Fortschrittsbalken, relativ zum Gesamtumfang eingeschätzt werden. Da Websites nicht linear aufgebaut sind, sondern meist einer Baumstruktur folgen, ist ein etwas anderer Ansatz nötig, um die Orientierung zu finden und den Überblick zu behalten. Um mühelos durch die Website navigieren zu können und die Inhalte zu finden, die er sucht, braucht der Besucher aussagekräftige Navigationselemente und Links. Um wieder den Baum zurückklettern zu können und einen anderen Ast entlangzugehen, braucht er entweder eine Art Karte in Form einer *Sitemap* oder – wie Hänsel und Gretel – *Breadcrumbs* (siehe Abbildung 3.6). Diese bilden den vorherigen Weg ab und ermöglichen es dem Besucher, sich schrittweise in der Seitenhierarchie zurück- bzw. hinaufzubewegen. Wie Sie die gesamte Navigationsstruktur Ihrer Website aufbauen und optimieren können, zeigen wir Ihnen in Kapitel 15, »Wo bin ich und wie komme ich woandershin? Navigation, Links und URLs«.

Nicht nur strukturell, sondern auch inhaltlich möchten Ihre Website-Besucher den präsentierten Content ohne allzu großen kognitiven Aufwand finden und verstehen können. Thematische Schwerpunkte der Website möchten sie leicht identifizieren und den Mehrwert klar und deutlich erkennen. Die Inhalte auf einzelnen Seiten möchten sie auf einen Blick scannen und dabei die wichtigsten Informationen erfassen können. Sie möchten nicht erst Zeit damit verschwenden, Textwüsten auf unstrukturierten Unterseiten zu durchforsten, um dann festzustellen, dass sie doch nicht die Informationen finden, nach denen sie suchen. Wie Sie Ihre Inhalte besucherorientiert aufbereiten und gut strukturieren, zeigen wir Ihnen in Kapitel 19, »Kommunizieren Sie mit unwiderstehlichem Content«.

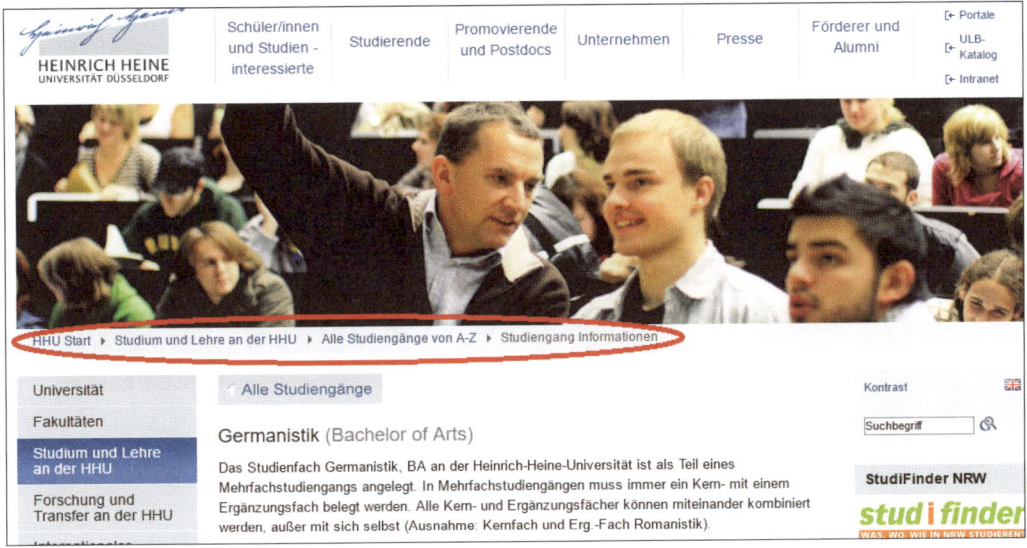

Abbildung 3.6 Breadcrumbs zeigen dem Besucher, wie weit er in der Informationsarchitektur der Website fortgeschritten ist (Quelle: goo.gl/anBEya).

3.3.2 Selbstkundgabe

Die gesamte Anmutung wie auch der »Ton« Ihrer Inhalte verkörpern Ihr Selbstbild und Ihre Werte als Website-Betreiber bzw. als Unternehmen oder Organisation. Welchen Anteil hat nun das Design an der Selbstkundgabe eines Unternehmens? Über Ihr Design bzw. eventuell vorhandenes unternehmensspezifisches *Corporate Design* werden die Marke sowie das angestrebte Image kommuniziert. Mit diesen Aspekten beschäftigen sich Kapitel 17, »Die wichtigsten Grundlagen kluger Designentscheidungen – Wahrnehmungsprinzipien, User Experience und Usability«, und 18, »Designen Sie Ihre Website kommunikationsorientiert – Material Design und das Look & Feel«. Häufig werden beispielsweise Naturfarben wie Grün und Braun in Kombination mit entsprechendem sprachlichen Jargon verwendet, um Werte wie Natur, Umweltbewusstsein und Nachhaltigkeit zu suggerieren (siehe Abbildung 3.7) – ob sie nun tatsächlich vertreten werden oder nicht.

Außerdem sprechen auch die verwendeten Bilder Bände. Sie haben einerseits atmosphärische Wirkung durch ihre Farbgestaltung. Andererseits kommunizieren Sie natürlich auch über die dargestellten Bildinhalte. Wenn Sie mit einem Unternehmen Kontakt aufnehmen wollten, würden Sie dann ein gesichtsloses Unternehmen wie in Abbildung 3.8 rechts wählen?

81

Abbildung 3.7 Selbstkundgabe durch Design und Sprache bei McDonald's (mcdonalds.de/uber-uns/nachhaltigkeit)

Obwohl es sich um ein Unternehmen zur Wohnberatung handelt, ist ein Foto, auf dem ein leerer Raum ohne ein menschliches Wesen zu sehen ist, ungünstig gewählt. Es suggeriert: »Hier ist niemand, der Ihre Anfrage persönlich beantworten kann.« Somit ist die Seite trotz der Präsentation eleganter Möbel leider wenig einladend, obwohl es die Produkte des Unternehmens durchaus ansprechend präsentiert. Handelt es sich um ein Unternehmen, bei dem Sie als Kunde einen persönlichen Ansprechpartner kontaktieren können oder auf deren Startseite bereits freundliche, »echte« Gesichter Sie begrüßen, wie in Abbildung 3.8 links, werden Sie sicher eher geneigt sein, eine Anfrage zu stellen. Natürlich können Sie dieses Mittel der unpersönlichen Präsentation auch bewusst einsetzen, falls Sie lieber nicht persönlich kontaktiert werden möchten.

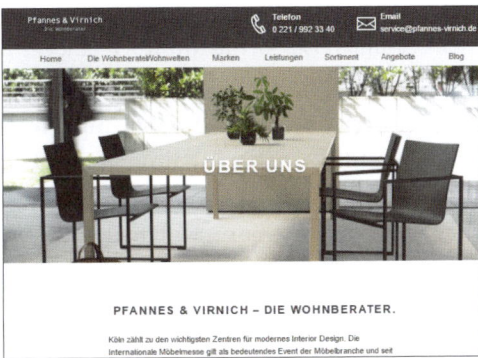

Abbildung 3.8 Selbstkundgabe in unterschiedlichen Ausprägungen. Links: Unternehmenspräsentation mit persönlichen Ansprechpartnern (mittwald.de). Rechts: eine unpersönliche Unternehmenspräsentation (pfannes-virnich.de/die-wohnberater/ueber-uns/)

Auch die sprachliche Gestaltung Ihrer Textinhalte trägt mehr oder weniger direkt zu Ihrem Selbstbild bei. Verwenden Sie eine Sprache, die jung und modern oder klassisch und konservativ ist? Schreiben Sie klar, oder verschleiern Sie wichtige Aspekte und zeigen sich distanziert? Verwenden Sie fachlichen Jargon, oder brechen Sie komplexe Informationen verständlich herunter? Schreiben Sie sachlich und trocken und betonen damit Ihre Professionalität? Oder schreiben Sie lebendig und emotional und zeigen sich damit nahbar?

Praxistipp: Sprachstil explizit bewerten lassen

Die wenigsten Websites werden von professionellen Textern geschrieben. Meist sind es Mitarbeiter aus dem Marketing, der Online-Abteilung oder die Geschäftsführung selbst. Manchmal tut man hier mehr über sich selbst kund, als man möchte – oder sogar das Falsche. Bei Website-Besuchern wird dies häufig nicht bewusst erkannt. Unterbewusst zeigt sich aber hier und da ein ungutes Gefühl von »das passt irgendwie nicht, das ist mir nicht sympathisch, das spricht mich nicht an«. Legen Sie Kollegen, Bekannten oder Freunden einmal ganz bewusst einen Text vor, und bitten Sie diese um Feedback zu der Art der Ansprache. Passt sie zu Ihnen und dem Unternehmen? Passt sie zu den Empfängern, Ihren Website-Besuchern? Diese einfachen Fragen fördern häufig schon erstaunliche Erkenntnisse zutage.

Ihr Selbstbild als Website-Betreiber wird in direkter Form natürlich auch über die Seite ÜBER UNS vermittelt. Hier »spricht« die Unternehmensbeschreibung zunächst einmal direkt durch ihren Inhalt, aber auch indirekt durch die Art der Präsentation und die sprachliche Formulierung. Ungünstige Formulierungen oder ein falsch gewählter »Ton« können leicht zu Missverständnissen führen, wenn sie ein Selbstbild suggerieren, das Sie womöglich gar nicht beabsichtigt haben.

Wenn Sie das Ganze nun einmal aus der Sicht der Empfänger betrachten, möchten Website-Besucher in der Regel einen positiven Eindruck von der Website bzw. im Rückschluss auch von den Betreibern erhalten. Das ist notwendig, damit Sie Vertrauen gewinnen, um das Angebot der Website anzunehmen. Dies wird auf den zweiten Blick an den Inhalten gemessen, aber erst einmal doch eher über die Gestaltung und das Design, das den Besucher auf den ersten Blick begrüßt. Die gesamte Gestaltung ist gewissermaßen der wichtigste Stellvertreter auf der Selbstoffenbarungsebene. Abbildung 3.9 zeigt den Webauftritt eines Unternehmens, das Messtechnik und Steuerungssysteme anbietet. Dass das Unternehmen bereits seit 20 Jahren erfolgreich ist und absoluter Spezialist auf seinem Fachgebiet, kommt über die Optik der Website leider nicht beim Besucher im Erstkontakt an.

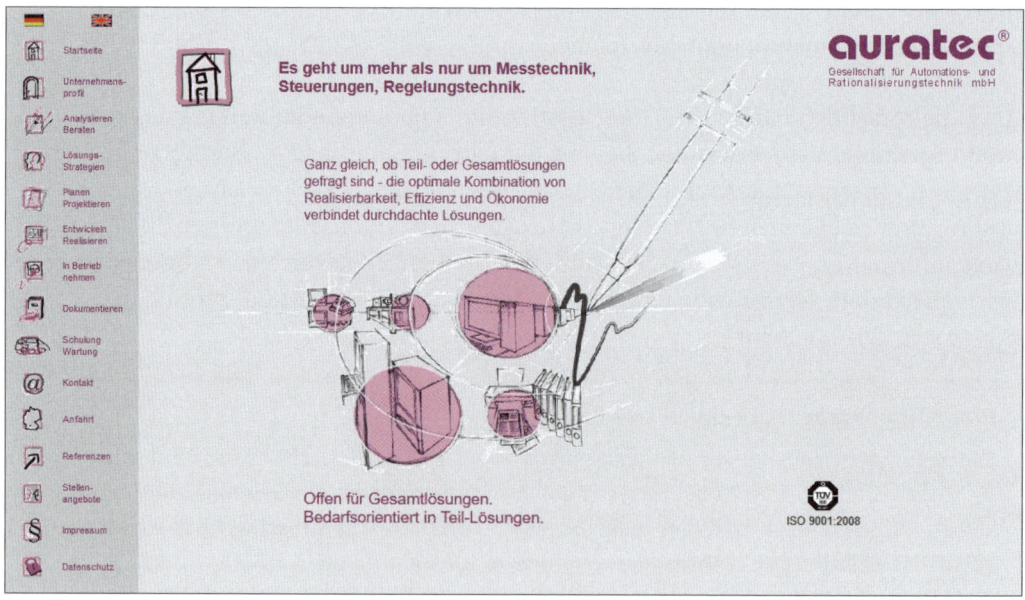

Abbildung 3.9 Die Gestaltung der Website passt nicht zum professionellen Spezialisten für Messtechnik (Quelle: auratec.de).

Das Design der Website passt nicht zur technisch-sachlichen Branche, in der sich das Unternehmen bewegt. Allein die Wahl der Farbe Pink wirkt deplatziert. Die Gestaltung der Textelemente in Blau statt Pink auf grauem Hintergrund wäre hier bereits ein einfacher, aber effektiver Schritt zu einem angemesseneren Webauftritt (siehe Abbildung 3.10).

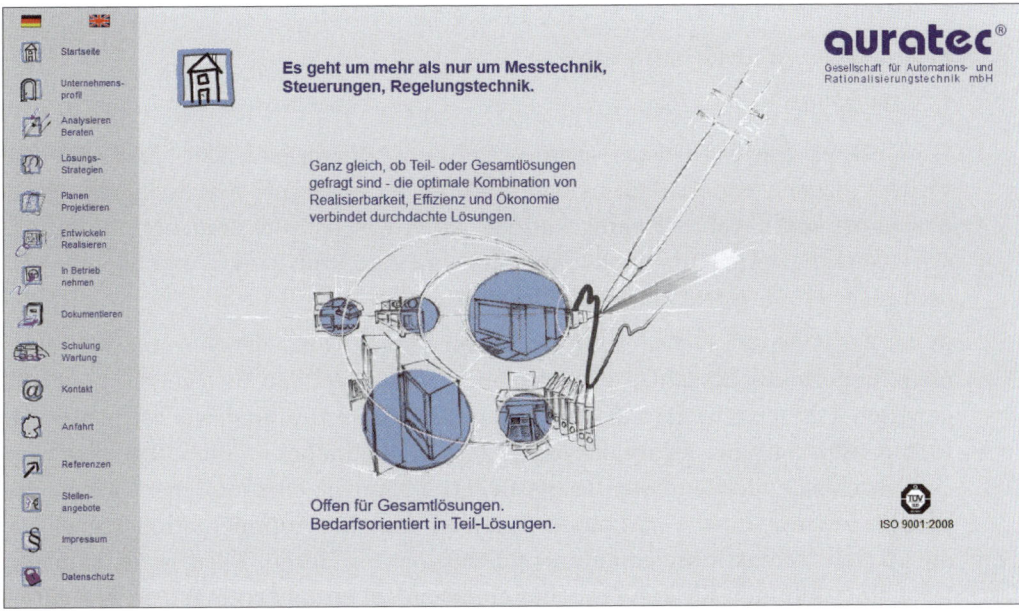

Abbildung 3.10 Eine geringfügig andere Farbgestaltung passt besser zum Unternehmensthema.

Website-Besucher möchten sich angesprochen, ernst genommen und einfach wohl-fühlen. Sie entscheiden recht schnell und intuitiv aufgrund ihrer langjährigen Erfah-rung mit Websites aller Art sowie der in Reiz-Reaktionsmuster, ob eine Website vertrauenswürdig und professionell erscheint oder nicht. Im gleichen Zug entschei-den sie auch intuitiv, ob sie den Webauftritt und damit den Website-Betreiber mögen oder nicht.

3.3.3   Appellebene

Websites werden in der Regel erstellt, um die Zielgruppe davon zu überzeugen, eine bestimmte, vom Betreiber intendierte Handlung durchzuführen. Neben den präsen-tierten Sachinformationen sowie den eben besprochenen zusätzlichen Botschaften appellieren Sie als Betreiber mit der Website an Ihre Besucher. Natürlich geht es dabei im Wesentlichen um Ihre Inhalte, Ihre Texte und welche Appellwirkung Sie darin verpacken. Wie Sie besucherorientierte Texte formulieren, die Ihre Zielgruppen erfolgreich ansprechen, lesen Sie in Kapitel 19, »Kommunizieren Sie mit unwider-stehlichem Content«. Es gibt aber auch Elemente Ihrer Website, die direkte Appell-funktion haben, in dem Sinne, dass sie den Besucher zu einer Handlung auffordern.

Dies geschieht durch den Einsatz verschiedener Interaktionselemente, wie beispielsweise:

- Buttons, die zum Kauf oder zum Download animieren
- Newsletter-Anmeldeoptionen
- Kontaktformulare

Wie Sie Ihren Appell mit etwas Nachdruck fördern können, haben Sie bereits mit den sechs Prinzipien von Cialdini in Abschnitt 2.5, »Wie erlernte psychologische Reiz-Reaktionsmuster Wahrnehmung und Verhalten von Website-Besuchern beeinflussen«, kennengelernt. Ein Appell kombiniert mit dem Prinzip der Verknappung und dem Social Proof schlägt gleich deutlicher ein.

In der Regel werden Websites mit einem spezifischen Suchziel oder mit einer Problemlösehoffnung besucht. Natürlich sind die Besucher dann auch gewillt, in einem gewissen Rahmen eine abschließende Handlung durchzuführen, wie beispielsweise weitere Informationen einzuholen oder Kontakt aufzunehmen. Eine *Conversion*, also eine abschließende Handlung des Besuchers, sollte wie eine logische Konsequenz des präsentierten Inhalts erscheinen. Bauen Sie sinnvolle Argumentationsketten auf, die zu den Interaktionselementen und Buttons hinführen. Dazu ist es sinnvoll, Handlungsoptionen für den Besucher einladend, aber ungezwungen zu präsentieren. Der sogenannte *Call-to-Action*, also der Handlungsaufruf an den Besucher, sollte gut sichtbar, aber nicht zu aufdringlich, wie z. B. als blinkendes Banner, eingebunden werden. Auf der Website von Dropbox (siehe Abbildung 3.11) finden Sie als Besucher einen Call-to-Action, der zum kostenlosen Ausprobieren einlädt, anstatt dem Besucher direkt das Produkt zum Kauf aufzudrängen.

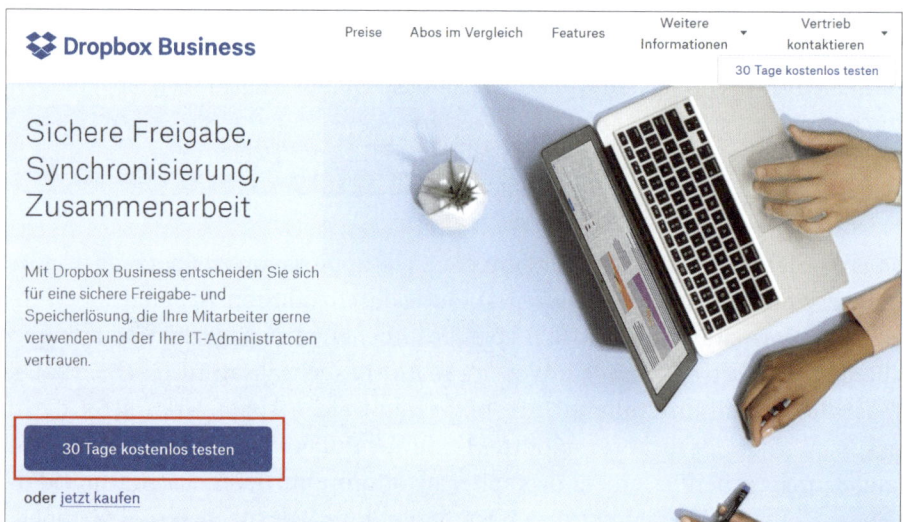

Abbildung 3.11 Ein einladender, aber unaufdringlicher Appell in Form eines Call-to-Actions (Quelle: dropbox.com/business)

Auch den abschließenden Conversion-Prozess selbst sollten Sie transparent und übersichtlich gestalten, damit Ihr Website-Besucher dem Appell mit einem guten Gefühl nachgehen kann. Ein reibungsloser Ablauf, kurze Wege in Form weniger Klicks bis zum Ziel und übersichtliche Formularabfragen sowie begleitendes Feedback geben dem Website-Besucher Sicherheit und die nötige Motivation, um die Handlung abzuschließen. Zahlreiche Beispiele sowie Hinweise, wie Sie Ihre Appellelemente gestalten und Ihre Conversions optimieren können, verrät Ihnen Kapitel 22, »Aus Besuchern Kunden machen – optimieren Sie die Conversion Rate«.

3.3.4   Beziehungsebene

Ihr Verständnis von Ihrer Beziehung zu Ihren Website-Besuchern zeigt sich vor allem in der Ansprache Ihrer Besucher. Siezen oder duzen Sie Ihre Besucher? Sprechen Sie sie überhaupt an, oder senden Sie lediglich Informationen über Ihr Unternehmen oder Ihr Angebot? Auch das kommunizierte Selbstbild enthält Informationen über Ihre Beziehung zum Kunden. Je nachdem, ob Sie sich durch die sprachliche und bildliche Gestaltung Ihrer Website als sachlich, professionell, distanziert oder lebendig, locker, nahbar – oder irgendwo dazwischen – präsentieren, beschreiben Sie indirekt auch die Beziehung zu Ihren Kunden.

Selbst in der Gestaltung von Interaktionselementen wie Kontaktmöglichkeiten oder Formularen zeigt sich, ob der Website-Betreiber den Kunden einlädt, »näherzutreten« oder ob er ihn auf Distanz halten möchte. Direkt sichtbare Kontaktmöglichkeiten wie eine Telefonnummer auf der Startseite wirken einladend und kundenfreundlich. Muss sich der Kunde hingegen wie in Abbildung 3.12 weit in die Website hineinklicken, bis er irgendwann auf eine Telefonnummer stößt, die ganz tief in der Website vergraben ist, signalisiert das Distanz. Es suggeriert, dass der Website-Betreiber nicht kontaktiert werden möchte.

Praxistipp: Größe des Mitteilungsfeldes in Kontaktformularen

Schauen Sie sich einmal die Größe des Mitteilungsfeldes in Ihrem Kontaktformular an. Ist es groß oder eher klein? Auf der Beziehungsebene signalisiert ein sehr kleines, schmales Feld die Botschaft: »Eigentlich möchte ich keine Mitteilungen von Ihnen haben.« Noch schlimmer ist eine mitzählende Zeichenbeschränkung im Kontaktformular. Die signalisiert auf der Beziehungsebene: »Ich nehme Ihre Mitteilung an, aber fassen Sie sich bloß kurz, und kosten Sie mich nicht zu viel Zeit.« Ein größeres Feld signalisiert hingegen: »Ich freue mich auf Ihre Nachricht und räume Ihnen ausreichend Platz ein.«

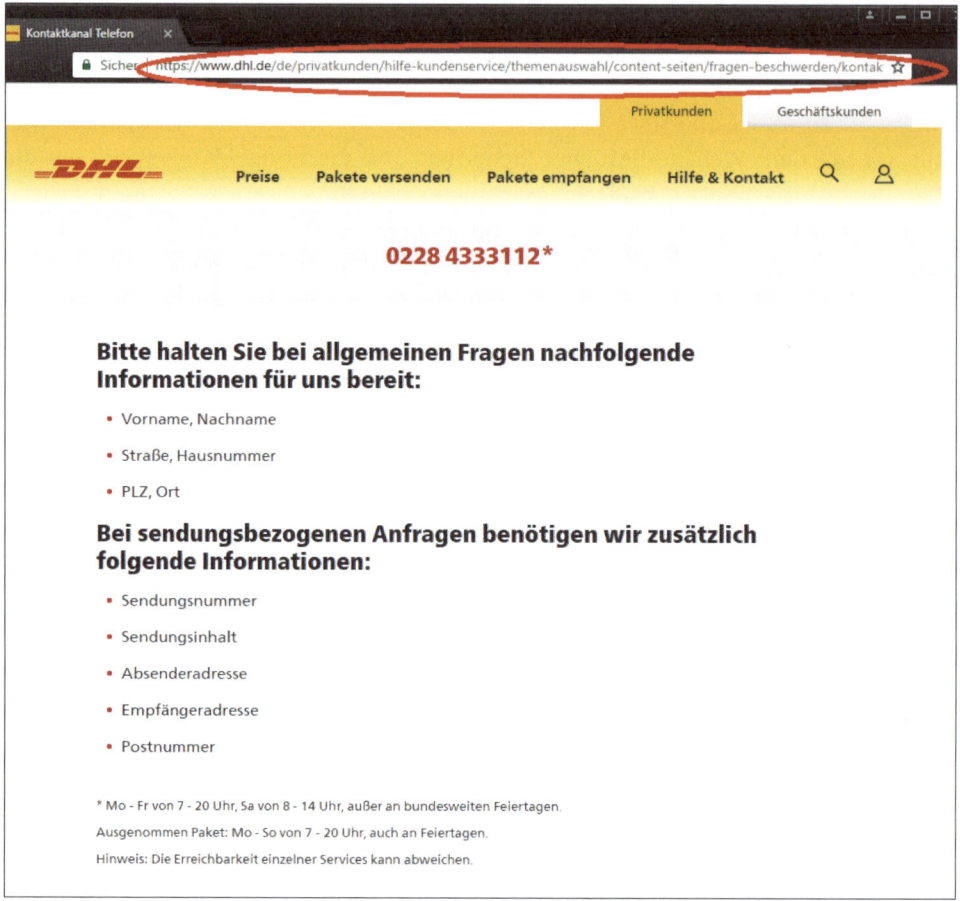

Abbildung 3.12 Kommen Sie uns bloß nicht zu nah! Der Kunde muss fünf bis sechs Klicks durchführen, ehe er eine direkte Kontaktmöglichkeit auf der Website von DHL findet (Quelle: dhl.de).

Wie auch die Betrachtung der Ressourcen der Website-Besucher in Kapitel 2, »Website trifft auf Gehirn: Warum es sich lohnt, den Besucher zu verstehen und seine Perspektive in der Website-Konzeption zu berücksichtigen«, zeigen die Aspekte in diesem Kapitel, dass es bei der Website-Konzeption in erster Linie nicht darum geht, eine inhaltlich solide und perfekt designte Website zu erstellen. Viel wichtiger ist es, dass Sie den Kommunikationsaspekt verstehen und umsetzen. Legen Sie bei der Konzeption Ihrer Websites also den Fokus auf die Gestaltung von Prozessen und Interaktionen zwischen Ihrem Unternehmen und Ihren Zielgruppen.

Im folgenden Kapitel konzentrieren wir die bisherigen Erkenntnisse auf sieben Gebote für erfolgreiche Websites und zeigen Ihnen in den nächsten Teilen dieses Buches, wie Sie die Gebote umsetzen können.

Kapitel 4

Die sieben ultimativen Gebote erfolgreicher Websites

In diesem Kapitel verraten wir Ihnen die sieben ultimativen Gebote für die Konzeption erfolgreicher, funktionierender Websites. Als Leitprinzipien für ansprechende Websites werden die Gebote im Verlauf des Buches die verschiedenen Konzeptionsschritte begleiten.

Aus den in den letzten Kapiteln gewonnenen Erkenntnissen über Websites als Kommunikationsmittel und über Teilnehmer, Botschaften und Erwartungen haben wir in diesem kurzen Kapitel die sieben ultimativen Gebote für erfolgreiche Websites für Sie zusammengefasst (siehe Abbildung 4.1). Diese sind allgemeingültige Leitprinzipien, die Sie auf alle(n) Ebenen der Website-Konzeption anwenden können. Und natürlich: Es sind sieben, wie sollte es auch anders sein. Die Miller'sche Zahl lässt sich hervorragend auf alle Bereiche anwenden, auch auf dieses Buch.

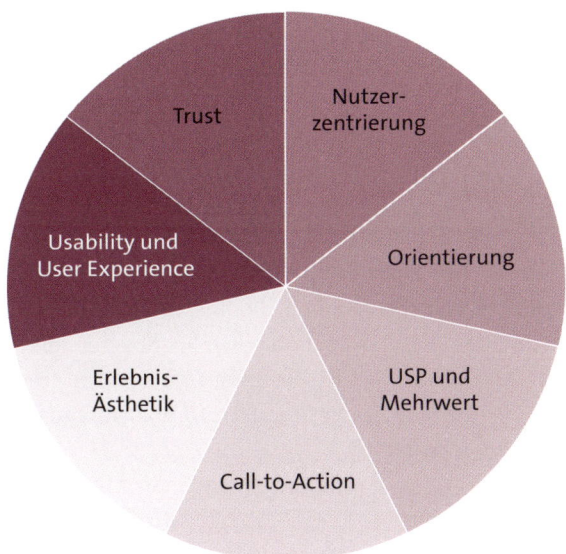

Abbildung 4.1 Die sieben ultimativen Gebote für erfolgreiche Websites

1   Nutzerzentrierung: Befriedige meine Bedürfnisse, löse mein Problem!

Ein Website-Besucher betritt Ihre Website mit einem bestimmten Suchziel – sei es, ein Bedürfnis zu befriedigen, sei es, ein Problem zu lösen. Der Besucher hat eine sogenannte kognitive Dissonanz und möchte sie lösen. Ob es ein fehlendes Kleidungsstück im Kleiderschrank ist, ein verstopfter Abfluss oder ein anderes Produkt oder eine andere Dienstleistung – all das sind Probleme, aus denen Suchbedürfnisse entstehen. Arbeiten Sie das Thema der Website und die daraus folgende Informationsarchitektur aus der Sicht des Nutzers und seiner Bedarfe auf, und bilden Sie seine Denkmuster ab. Eine nutzerzentrierte Gestaltung der Inhalte begünstigt, dass Ihre Website-Besucher leicht und verständlich die Lösung finden, die sie suchen.

2   Orientierung: Zeig mir, wo ich bin und wohin ich kann!

Führen Sie Ihre Website-Besucher souverän durch Ihre Website. Das gelingt durch eine durchdachte Navigation, aussagekräftige Beschriftungstexte, übersichtliche Gestaltung von Prozessen sowie nützliches Feedback innerhalb mehrschrittiger Prozesse. Ein Besucher muss jederzeit wissen, wohin er navigieren kann, wo er ist und woher er kommt.

3   USP und Mehrwert: Sag mir wer du bist, was du machst, was du kannst!

Ihr Unternehmen und Ihr Branding sollten sich in der Gestaltung der gesamten Website widerspiegeln. Ein gutes, ansprechend präsentiertes Angebotsportfolio auf Ihrer Website ist in diesem Zusammenhang natürlich unerlässlich. Zeigen Sie Ihren Besuchern ohne Umschweife, was Sie auf Ihrer Website anbieten und was Ihre *USPs* (*Unique Selling Points – Alleinstellungsmerkmale*) sind. Machen Sie es ihnen damit leicht, Mehrwert und Nutzen Ihres Angebots zu erkennen.

4   Call-to-Action: Lade mich ein, dich zu kontaktieren!

Auch wenn Sie alle Aspekte perfekt konzipiert haben, die Ihre Website-Besucher von Ihrem Unternehmen oder Ihrem Angebotsportfolio überzeugen, investieren Sie ebenso viel in den abschließenden Schritt: Gestalten Sie den Call-to-Action zur Kontaktaufnahme, zu einem Download oder Produktkauf ebenso einladend, überzeugend und prägnant, wie Ihre Inhalte.

5 Erlebnis-Ästhetik: Wecke mein Interesse, mach mich an!

»Lean & clean« ist im Design ein Motto, das sich zu beherzigen lohnt. Allerdings wollen Ihre Website-Besucher auch ein ansprechendes und interessantes Besuchserlebnis. Orientieren Sie sich an den aktuellen Branchentrends, und versetzen Sie sich in Ihre Zielgruppe hinein. Für eine Website, die Nachrichten anbietet, könnte das »Anmachende« eher nüchtern in Form einer unverfälschten, faktisch korrekten Berichterstattung ausfallen. Für eine Website, die Schminkprodukte anbietet, sind selbst etwas weiter ausschweifende, unterhaltende Content-Elemente wie Tutorials, Kurzporträts von Produktverwenderinnen oder Ähnliches noch nicht zu viel des Guten. Auch mit unerwarteten Inhalten, die sorgfältig geplant die Erwartungen Ihrer Website-Besucher aufbrechen, dabei jedoch nicht zu verwirrend sein dürfen, können Sie die Benutzererfahrung positiv beeinflussen.

6 Usability und User Experience: Mach es mir leicht!

Ein gutes Website-Erlebnis bestimmt sich nicht nur durch eine ästhetisch ansprechende und multimediale Gestaltung Ihrer Website. Vor allem die Usability Ihrer Website beeinflusst die User Experience (UX) und den Erfolg. Eine medial pompös ausgestattete Seite, die schlecht bedienbar ist oder zu lange Ladezeiten erfordert, bietet keine gute Usability. Die richtige Balance zwischen interessantem Design, funktionaler Gestaltung sowie spielend leichtgängiger Performance ist der Schlüssel zu einer erfolgreichen Website.

7 Trust: Verrate mir, wieso ich dir vertrauen sollte!

Vertrauen ist wichtig. Vertrauen ist umso wichtiger, je risikobehafteter die Handlung ist, die Ihre Besucher auf Ihrer Website ausführen sollen. Einen teuren Teppich online kaufen oder etwa eine Lebensversicherung online abschließen? Das benötigt Vertrauen in den Anbieter. Ein positiver Gesamteindruck, Professionalität, qualitativ hochwertige Inhalte und die Einhaltung der übrigen Gebote spielen hierbei eine große Rolle. Ergänzend können Sie auch mit anderen Mitteln des Social Proofs und diversen Trust-Elementen eine solide Basis herstellen.

TEIL II

PROJEKT UND STRATEGIE PLANEN

Kapitel 5

Gute Organisation ist der Schlüssel zum Erfolg – Projektmanagement

Bei einer Website-Erstellung werden Sie häufig unterschiedliche Personen mit diversen Aufgaben und Ansprüchen unter einen Hut bringen müssen. Wie Sie die organisatorischen Rahmenbedingungen dafür schaffen können, behandelt dieses Kapitel.

5

Jedes Projekt ist nur so gut wie seine Planung im Vorfeld. Dazu gehört die Organisation der Aufgaben und beteiligten Personen sowie die Planung und Verwaltung des Zeit- und Geldbudgets. Website-Projekte sind durchaus komplex und erfordern neben einer inhaltlichen Planung auch eine effiziente Organisation und Kommunikation zwischen den Projektbeteiligten. Sind an Ihrem Website-Projekt mehrere Teammitglieder, Abteilungen oder sogar mehrere Agenturen beteiligt? Dann sind die transparente Zuweisung von Verantwortlichkeiten und der effiziente Austausch projektrelevanter Informationen der Schlüssel zum Erfolg Ihres Website-Projekts. Die verschiedenen Projektphasen, Aufgaben und Ressourcen für alle Teammitglieder transparent und zugänglich zu machen erfordert ein gut durchdachtes Organisationssystem. *Projektmanagement* und *Workflow* des Teams sollten aneinander angepasst werden. Unterteilen Sie die verschiedenen Prozesse, die bei der Konzeption und Erstellung Ihrer Website anfallen, in kleinere, strukturierte Abschnitte und diese wiederum in einzelne Arbeitsschritte. Diese können dann von verschiedenen Mitgliedern Ihres Projektteams bearbeitet werden.

Zur Organisation von Projekten gibt es verschiedene Ansätze. Besonders zwei *agile Methoden*, die beiden Vorgehensmodelle *Kanban* und *Scrum*, möchten wir Ihnen im Folgenden vorstellen und zumindest in Grundzügen nahelegen. Die dort angewandten Methoden haben sich auch über Projekte zur Softwareentwicklung hinaus für das Projektmanagement bewährt. In vielen Agenturen werden sie daher auch für Projekte zur Website-Konzeption und -Erstellung genutzt. Bei der konkreten Umsetzung der Projektorganisation helfen Ihnen verschiedene Tools, mit denen Sie Ihr Team effizienter managen können. Einige Beispiele solcher Tools lernen Sie in Abschnitt 5.2 kennen. Darüber hinaus ist die Kommunikation mit allen Projektbeteiligten und eventuellen Auftraggebern wichtig (siehe Abschnitt 5.4). Die effiziente Verwaltung des zur Verfügung gestellten Budgets und des Zeitrahmens sollten Sie von Beginn an in die Hand nehmen, damit es später keine bösen Überraschungen beim Gesamtbudget gibt (siehe Abschnitt 5.3). Selbst wenn Sie in einem ganz kleinen Team oder sogar allein an einem Website-Projekt arbeiten, empfehlen wir Ihnen, dieses Kapitel nicht zu überspringen. Wie Sie sehen werden, erweisen sich die Organisationsprinzipien von Kanban (siehe Abschnitt 5.1.1) sowie die dazu nutzbaren Tools (siehe Abschnitt 5.2) sogar für ein Ein-Mann-oder-Frau-Projekt als überaus nützlich.

5.1   Welche Vorteile Ihnen agile Methoden (Kanban und Scrum) bieten

Kanban und *Scrum* sind zwei Modelle, die vorwiegend in der Softwareentwicklung Verwendung finden. Hierbei handelt es sich um sogenannte *agile Modelle* des *Lean Developments*, die den Entwicklungsprozess schlank, inkrementell und flexibel gestalten. Der Entwicklungs- oder Erstellungsprozess wird in Teilschritte (*Inkremente*) heruntergebrochen, die verschiedene Projektphasen durchlaufen. Die Anzahl der Aufgaben pro Projektphase wird begrenzt, um einen Aufgabenstau zu verhindern. Erst wenn der Engpass in einer betroffenen Phase abgebaut ist, werden neue Aufgaben in eine Phase hineingeholt. Beide Modelle funktionieren nach dem *Pull-Prinzip*. Das bedeutet, dass die Aufgaben nicht »von oben« vergeben, sondern von den Beteiligten zur Bearbeitung abgeholt werden. Veränderungen und Überarbeitungen werden laufend integriert, und es gibt auch Möglichkeiten, eilige Aufgaben zu organisieren und zu priorisieren sowie Aufgaben gemeinsam abzuarbeiten, um einen Aufgabenstau zu verhindern.

Agile Methoden eignen sich sehr gut, wenn Sie gerne in selbst organisierten Teams arbeiten. Im Grunde handelt es sich dabei auch um eine Art Unternehmensphilosophie mit flachen Hierarchien, eigenverantwortlichem Arbeiten der Teammitglieder und einem hohen Maß an Flexibilität. Diese Flexibilität wird durch eine transparente Organisation der Aufgaben und Teammitglieder ermöglicht, die mithilfe von *Boards* visualisiert wird. Ein Beispiel dafür finden Sie in Abschnitt 5.1.1, »Kanban«, einige Webtools, mit denen Sie diese leichter erstellen und verwalten können, stellen wir Ihnen in Abschnitt 5.2 vor.

In der Praxis werden agile Projektmethoden vor allem bei größeren Website- und Relaunch-Projekten angewendet. Bei diesen ist die Komplexität besonders hoch, und man kann schwer bis gar nicht vorab absehen, welche Aufwände und Aufgaben anstehen. Typisch für solche großen, agilen Projekte ist auch, dass zunächst sehr viel Zeit auf die Vorplanung von Nutzerszenarien (sogenannten *User Storys*, siehe Abschnitt 5.1.2) verwendet wird. Diese helfen, die spätere Website konzeptionell und strategisch in die richtigen Bahnen zu lenken. Im kleineren Maßstab läuft ein Website-Projekt häufig klassisch ab: Ein Anbieter erstellt ein Briefing, ein Dienstleister unterbreitet ein Angebot, und es wird ein Auftrag in Form eines Werkvertrags mit fixen Kosten definiert.

Praxistipp: Einsatz von agilen Methoden

In der Agenturpraxis erleben wir sehr häufig, dass Kunden zwar nach agilen Projektmanagement-Methoden fragen, aber dann in deren Anwendung scheitern. Das liegt an ganz banalen Dingen, etwa daran, dass der Einkauf ein fixes Angebot haben möchte, was bei agilen Methoden schwer bis gar nicht machbar ist, da sich die Arbeitspakete erst mit der Arbeit entwickeln.

Wir wenden bei mindshape eine Mischung aus klassischem und agilem Projektmanagement an. Letztlich muss Ihr Arbeits- und Projektstil immer zu den Auftraggebern und Projekten passen. Schauen Sie sich einmal Scrum und Kanban an, und gehen Sie nicht dogmatisch an diese Methoden heran, sondern nehmen Sie das für sich passende Modell, und machen Sie Ihr eigenes Ding daraus. So funktioniert das für uns seit Jahren sehr gut.

5.1.1   Kanban

Kanban ist eine Methode zur Steuerung von Produktionsprozessen. Ursprünglich in Japan zur Produktion von Fahrzeugen entwickelt, wurde sie zunächst für die Softwareentwicklung und später auch für das Projektmanagement weiterentwickelt. Der Kern dieser Methode ist, dass die Aufgaben verschiedene Phasen durchlaufen. Visualisiert wird die Methode durch ein strukturiertes *Kanban-Board*, eine Tafel. Die Bearbeitungsphasen werden durch Spalten auf dem Board visualisiert, die Aufgaben durch Karten oder Post-its, die je nach Bearbeitungsstand von Spalte zu Spalte verschoben werden. Es gibt verschiedene Möglichkeiten, die Arbeitsprozesse einzuteilen bzw. Spalten zu bezeichnen. Die einfachste Möglichkeit ist, die Aufgaben nach Bearbeitungsstatus zu unterteilen:

- ▶ anstehende Aufgaben (To-dos)
- ▶ in Arbeit befindliche Prozesse (Work in Progress)
- ▶ abgeschlossene Arbeiten

Ein Beispiel für ein Kanban-Board finden Sie in Abbildung 5.1. Meist wird dem Kanban-Board eine weitere Spalte hinzugefügt, das sogenannte *Backlog*. Das Backlog ist wie eine Art Sammelkasten, der in der Planungsphase die Anforderungen, Aufgaben und Arbeitsschritte sammelt. Von dort aus werden die Tasks z. B. nach Priorität ausgewählt und in die To-do-Spalte aufgenommen. Dort werden die Aufgaben den Abteilungen zugeordnet oder von einzelnen Teammitgliedern ausgewählt. Wenn eine Aufgabe bearbeitet wird, wandert sie aus der To-do-Spalte in die In-Progress-Spalte(n). Wurden Arbeitsschritte abgeschlossen, werden sie in die Erledigt-Spalte verschoben.

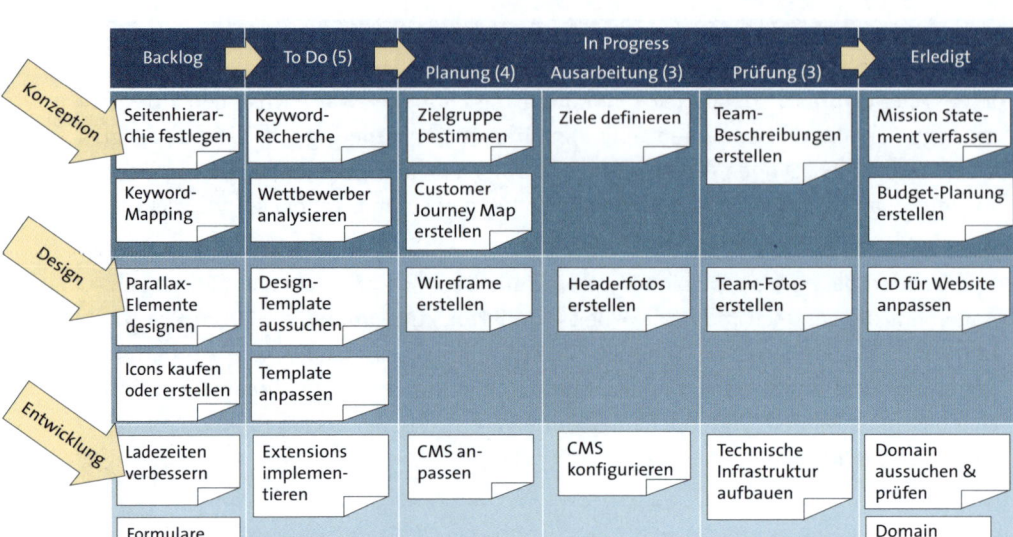

Abbildung 5.1 Kanban-Board-Beispiel für ein Projekt mit drei Abteilungen

Die *Work-in-Progress*-Phase lässt sich beliebig – je nach Anforderungen und Work-flow des Teams – weiter unterteilen. Um einen effizienten, zielgerichteten Workflow sicherzustellen, wird die Anzahl der Prozesse pro In-Progress-Spalte limitiert (in Abbildung 5.1 angegeben durch die Zahl in Klammern in der Spaltenbezeichnung). Ist das Limit erreicht, hat die Abarbeitung der angestauten Aufgaben die höchste Priorität, bevor es weitergeht. Im Fall eines Engpasses können auch mehrere Teammitglieder gemeinsam daran arbeiten, ihn abzubauen.

Die Kanban-Methode eignet sich auch innerhalb von Teams – ganz ohne dass ein Auftraggeber das mitbekommt und im Projektmanagement beteiligt ist. So können beispielsweise alle Fehler, die vor einem Launch noch auf der Website sind, als To-do-Punkte auf ein Kanban-Board wandern. Diese Punkte werden alle abgearbeitet, und danach ist die Website (hoffentlich) fehlerfrei. Der Vorteil dieser Methode, vor allem in Kombination mit entsprechenden Softwaretools, die wir Ihnen nachfolgend noch vorstellen, ist folgender: Sie können mit mehreren Personen parallel an einem To-do-Board arbeiten. Eine Excel-Tabelle oder ein Word-Dokument machen das nur umständlich mit und sind wesentlich unübersichtlicher.

> **Praxistipp: Ausprobieren, anpassen, nutzen**
>
> Bevor Sie ein Projekt mit einem Kunden über eine neue Projektmanagement-Methode wie Kanban durchführen, sollten Sie zunächst ein wenig »üben«. Das können z. B. interne Projekte sein, etwa der eigene Website-Relaunch, oder auch Teilprojekte eines größeren Projekts.

5.1.2 Scrum

Scrum ist eine agile Projektmanagement-Methode. Allerdings handelt es sich dabei nicht nur um eine Prozesssteuerungsmethode, sondern um ein komplettes Struktur- und Vorgehensmodell für Projektteams. Darin werden Rollen und Aktivitäten nach festen Regeln gesteuert. Im Vorfeld eines agilen Projekts gibt es sogenannte *Epics*, die in Alltagssprache die allgemeinen Anforderungen an eine Software oder eine Website zusammenfassen. Dabei werden Epics für alle Personen erstellt, die beispielsweise die Website in irgendeiner Form nutzen. Sie sind eher allgemein und abstrakt und dienen der Entwicklung des groben Projektfahrplans, also des *Project-* oder *Product-Backlogs* zu Beginn eines Projekts. Zwei website-bezogene Epic-Beispiele für ein Auto-Verkaufsportal konnten z. B. lauten:

▸ »Als Website-Besucher möchte ich über eine Suchfunktion nach passenden Angeboten suchen.«

▸ »Als Website-Betreiber möchte ich wissen, wie der Besucherverkehr auf meiner Website ist.«

Epics werden später in einzelne *User Storys* zerlegt. Diese beschreiben aus Sicht des Users kurz und knapp möglichst feinteilige Anforderungen an die Benutzeroberfläche der Website und können somit dazu verwendet werden, die einzelnen Projektphasen gezielter zu steuern. Für unsere obigen Epic-Beispiele wären folgende User Storys denkbar:

▸ Beispiel des Website-Besuchers:

  – »Als Website-Besucher möchte ich eine einfache Suchmaske auf der Startseite finden, damit ich schnell nach passenden Angeboten suchen kann.«

  – »Ich möchte bei Bedarf auch eine erweiterte Suchfunktion nutzen können, um meine Suchanfrage präzisieren zu können.«

  – »Die Suchergebnisse möchte ich nach Preis, Marke, Modell und Farbe filtern können.«

▸ Beispiel des Website-Betreibers:

  – »Als Website-Betreiber möchte ich wissen, wie viele Besucher meine Seite pro Tag, Woche und Monat verzeichnet.«

  – »Ich möchte wissen, welche Seiten am häufigsten besucht werden.«

  – »Ich möchte wissen, wie viele Personen von Google aus auf meine Seite kommen.«

Durch diese Zerlegung lassen sich einzelne Anforderungskomponenten und daraus wiederum Arbeitspakete oder -schritte definieren. Der Ansatz arbeitet *inkrementell* und *iterativ*. Das heißt, dass Projekte in kleineren Teilpaketen abgearbeitet werden und die Fertigstellung der Teilpakete in mehreren Zyklen verläuft (siehe Abbildung 5.2).

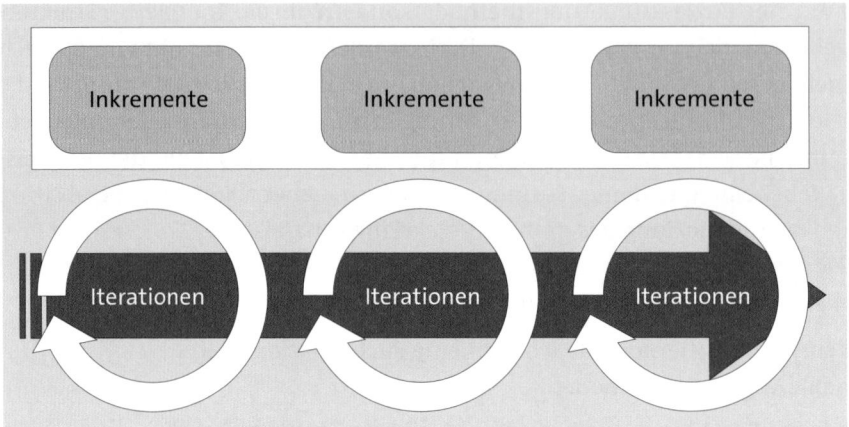

Abbildung 5.2 Inkremente und Iterationen im Scrum-Modell

Am Ende eines Zyklus steht jeweils eine vorläufige, aber funktionierende Version eines Produkts oder einer Produktkomponente. Zudem gibt es einen Revisions-schritt, dessen Ergebnisse in den nächsten Zyklus einfließen. Um es etwas konkreter und praktischer zu formulieren: Im Scrum-Modell sind zeitlich festgelegte Arbeitsab-schnitte, sogenannte *Sprints*, mit einzelnen Arbeitsschritten definiert. Die Arbeits-schritte werden vor dem Sprint geplant und dann während des Sprints bearbeitet. Die Aufgaben aus dem *Projekt-* oder *Produkt-Backlog* wandern in der Planungsphase in den *Sprint-Backlog*, von wo aus sie in der Sprintphase von den verschiedenen Mit-gliedern des Scrum-Teams zur Bearbeitung abgeholt werden. Der Prozess des Sprints wird mithilfe eines Sprint-Boards, ähnlich einem Kanban-Board, visualisiert. Am ter-minierten Ende eines Sprints werden die Prozesse evaluiert und offene Aufgaben für den nächsten Sprint angelegt. So entstehen schnell funktionierende, inkrementell verbesserte Versionen eines Produkts. Abbildung 5.3 zeigt eine schematische Darstel-lung des Scrum-Frameworks.

Was bringt Ihnen das nun für Ihr Website-Projekt? Für Ihr Website-Projekt hieße das, dass Sie relativ schnell eine nicht perfekte, aber durchaus funktionierende Version Ihrer Website planen können, die dann in mehreren Zyklen überarbeitet und verbes-sert wird. Scrum ist allerdings weniger dazu geeignet, nur für ein einzelnes Projekt initialisiert zu werden. Vielmehr handelt es sich dabei um eine Unternehmenskultur, die entsprechend angepasste agile Strukturen impliziert. Weitere Informationen bie-tet beispielsweise die Website *scrum.org*, die von einem der Scrum-Urheber mitge-staltet wurde und umfassende Informationen, Workshops und Zertifizierungen für diese Methode anbietet.

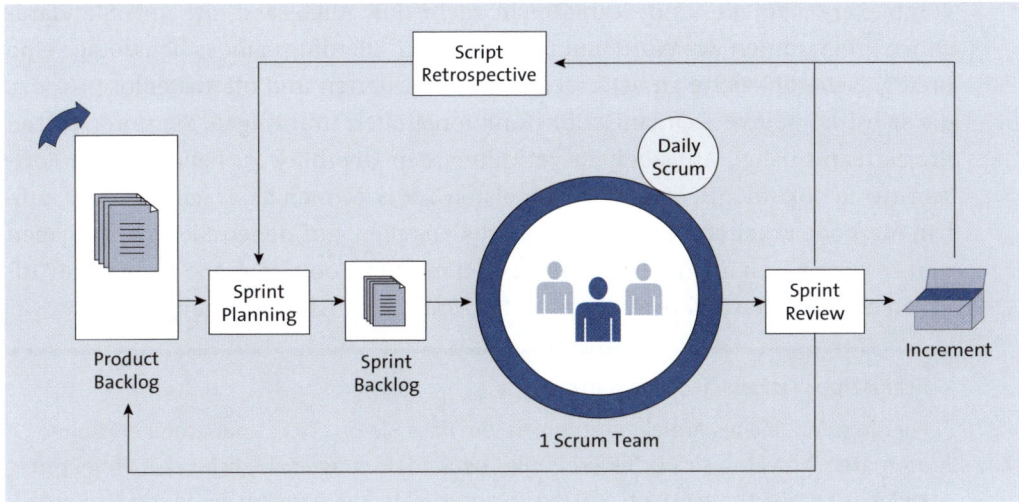

Abbildung 5.3 Das Scrum-Framework (Quelle: scrum.org, modifiziert)

Praxistipp: Scrum benötigt deutlich mehr Kommunikation

Beachten Sie bitte, dass Projektmanagement mit Scrum deutlich mehr Projektkommunikation zwischen den beteiligten erfordert – und das auch über den gesamten Projektzeitraum in jedem Sprint. Gerade aus der Vergangenheit sind viele Auftraggeber gewohnt, einen Auftrag zu vergeben, ein bis zwei Konzeptionsgespräche zu haben und dann idealerweise zeitlich wenig am (Re)Launch-Projekt beteiligt zu sein. So funktioniert es mit Scrum, wie Sie nun verstehen können, leider nicht. Dafür erspart die enge Abstimmung auch im Nachhinein viele Revisionen.

Selbst wenn Sie Scrum als Methode nicht komplett in Ihrem Team implementieren möchten oder können, empfehlen wir Ihnen, zumindest die Boards in irgendeiner Form zu nutzen. So behalten Sie den Überblick, und die Zusammenarbeit ist wesentlich effektiver. Die Effizienz der Teamarbeit und Projektorganisation wird auch durch verschiedene Tools erhöht, mit denen Sie solche Boards umsetzen können.

5.2   Wie Ihnen Projektmanagement-Tools die Koordination erleichtern

Digitale Tools, die die Zusammenarbeit in komplexen Projekten erleichtern, gehören in vielen Projektteams erstaunlicherweise noch längst nicht zum Standard. Die analoge Variante mit Zettel und Stift oder die Kommunikation per E-Mail sind zwar Möglichkeiten, sich und sein Team zu organisieren, reichen aber bei der Verwaltung komplexerer Projekte und Teams nicht mehr aus. Auch lässt sich mit Standard-Office-Programmen wie Word und Excel arbeiten, allerdings gibt es heutzutage eine breit gefächerte Palette an verschiedenen webbasierten und oft kostenlosen Tools, die selbst komplexere Organisationsfunktionalitäten mitbringen. Sie unterstützen Projektteams dabei, Aufgaben zu verwalten, den Überblick zu behalten und Fortschritte zu dokumentieren. Mit den meisten Tools können Sie sogar nach der Kanban-Methode arbeiten und digitale Boards erstellen, auf denen Sie Ihre Aufgaben und Projektphasen im Auge behalten. In den meisten Tools können Sie einzelne Aufgaben oder Arbeitsschritte als Karten oder *Tickets* bzw. *Issues* anlegen.

Praxistipp: Tickets atomar halten

Für ein erfolgreiches Projekt empfehlen wir, dass Sie pro Ticket nur einen einzelnen, atomaren Aspekt, also nur einen Punkt, behandeln. Das ermöglicht, das Projekt in kleinere, bearbeitbare Arbeitsschritte zu unterteilen und dadurch eindeutig zuzuordnende Bearbeitungsstatus und Kommunikationsmeldungen zu generieren. Ein fertiges Ticket kann dann abgenommen bzw. geschlossen werden und ist erledigt. Nur so haben Sie die Chance, einen Überblick über das Projekt zu behalten. Erziehen Sie auf jeden Fall auch Kunden, Kollegen und Mitarbeiter zu dieser feinteiligen Arbeitsweise.

Viele Tools haben die Möglichkeit, projektrelevante Dateien und andere Ressourcen zu organisieren. Die meisten Tools integrieren außerdem verschiedenste Kommunikationsfunktionen. Die digitale Verwaltung von Personen, Aufgaben und Ressourcen ermöglicht eine effiziente Zusammenarbeit. In den meisten Unternehmen und Agenturen, die projektbezogen arbeiten, werden solche Tools eingesetzt. Arbeiten mehrere Abteilungen oder Unternehmen gemeinsam an einem Projekt, die intern unterschiedliche Tools nutzen, sollten Sie sich für die Dauer des Projekts auf eines der Tools einigen, damit klar ist, wo die Planung und Kommunikation stattfindet.

Im Folgenden lernen Sie eine kleine Auswahl verschiedener webbasierter Projektmanagement-Tools kennen, die typischerweise in Website-Projekten zum Einsatz kommen. Eine allgemeingültige Bewertung der Tools ist schwierig, da es oft Geschmackssache ist und jedes Tool auch unterschiedlich genutzt werden kann. Zudem entwickeln sich die Tools immer weiter, somit können wir Ihnen in diesem Rahmen nur einen kleinen Ausschnitt präsentieren. Wir haben uns allerdings bemüht, die Pros und Contras der einzelnen Tools so gut wie möglich festzuhalten, um Ihnen die Entscheidung zu erleichtern. Außerdem haben wir der besseren Vergleichbarkeit halber in den Screenshots die gleichen Aufgaben angelegt, wie im Kanban-Board aus Abbildung 5.1. Vielleicht ist für Sie und Ihr Team ein Tool dabei, das zu Ihrem Workflow passt und Ihnen die Arbeit erleichtert. Selbst als Einzelkämpfer/in im Projekt können

Sie Ihren Aufgabenberg strukturieren und so den Überblick behalten, um nichts zu vergessen. Bei fast allen Anbietern, können Sie die Tools einige Tage lang kostenlos evaluieren.

5.2.1 Basecamp

Basecamp ist ein bereits älteres, etabliertes und webbasiertes Projektmanagement-Tool, das als kombiniertes System von To-do-Listen, Kommunikationsfunktionen und einer Dateiverwaltungskomponente operiert. Es können Projekte angelegt und Beteiligte dazu eingeladen werden, den Projekten beizutreten. Eine beispielhafte Projektansicht finden Sie in Abbildung 5.4. Innerhalb der Projekte gibt es verschiedene Verwaltungsbereiche, wie To-do-Listen, Diskussionsbeiträge im Messageboard und eine Dateiansicht. Ergänzt werden Projekte um eine Chatfunktion und tägliche, terminierbare Check-ins zum Austausch der Projektbeteiligten.

Arbeitsschritte und Aufgaben können in einzelne To-dos angelegt und terminiert werden, die in Listen der Projektansicht erscheinen. Eine Aufgabe kann dem Verfasser selbst oder einem anderen Projektbeteiligten zugewiesen werden und erscheint dann ebenfalls in der persönlichen To-do-Liste. Tickets können des Weiteren von jedem Projektteilnehmer kommentiert werden.

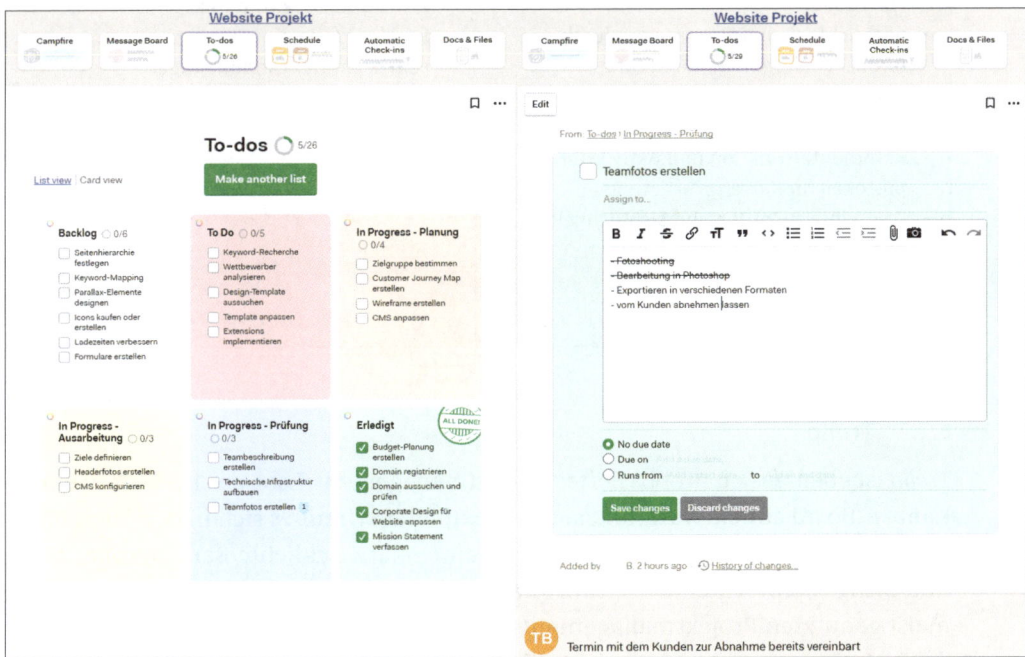

Abbildung 5.4 Screenshot der To-do-Listen-Ansicht sowie der einfachen Task-Bearbeitungsmaske in Basecamp (Quelle: basecamp.com)

Eine projektbezogene Diskussionsfunktionalität ermöglicht, ähnlich wie themen-spezifische Foren, den projektspezifischen, aufgabenübergreifenden Informations-austausch. Weitere Funktionen umfassen:

► eine Kalenderansicht

► eine Chatfunktion

► eine tägliche Fortschrittsanzeige

► ein personalisiertes Dashboard für jeden Projektbeteiligten

Für jedes Projekt stehen zudem verschiedene Reporting-Funktionen zur Verfügung. In einzelnen Tickets können auch Dokumente hinzugefügt werden, die auch in der separaten Dokumentansicht erscheinen. Zwar lassen sich durch einzelne To-do-Lis-ten auch die Phasen nach der Kanban-Methode abbilden, aber da Priorisierungs- und Kategorisierungsfunktionen fehlen, ist diese Software für die Umsetzung agiler Strukturen nicht optimal geeignet. Es ist aber dennoch ein einfaches und leicht zu bedienendes Projektmanagement- und Kommunikationstool.

Vorteile	Nachteile
• intuitive Bedienung • kostenlose Basisversion mit vielen Funktionen • übersichtlich und transparent durch farbliche Kategorienmarkierung • schnelle, einfache Eingabe von Auf-gaben und Verwaltung per Drag & Drop • Kommentarfunktion und Aktivitäten-protokoll für Karten • Kalenderansicht für Übersichtlichkeit • Abbildung des Kranban-Workflows • hervorragend auch für Einzelpersonen geeignet	• Karten können nicht direkt geschlossen oder als erledigt markiert werden • keine direkte Kommunikations-funktion (Chat) • kein separater Dateimanager

5.2.2   Trello

Trello ist ebenfalls ein webbasiertes Projektmanagement-Tool, das im Aufbau einem Kanban-Board ähnelt. Aufgrund seiner Flexibilität erfreut es sich in den letzten Jah-ren wachsender Beliebtheit. Das Tool hat eine relativ schlichte Benutzeroberfläche und bringt dennoch eine Vielzahl verschiedener Funktionen mit. Es ist eines der meist genutzten Projektmanagement-Tools mit einer kostenlosen Basisversion. In der Webapp lassen sich für Projekte einzelne Boards erstellen. Innerhalb der Boards besteht die Grundstruktur aus *Karten*, die in selbst erstellbaren, frei benennbaren

Spalten angelegt werden können. So können einzelne Aufgaben, Termine oder andere projektrelevante Informationen als Karten in verschiedenen Spalten angelegt werden. Per Drag & Drop lassen sich einzelne Karten frei verschieben.

Die Listen bzw. Spalten können themenspezifische Informationsfelder repräsentieren, wie beispielsweise je eine Spalte für Ansprechpartner, wichtige Links, geplante Marketingmaßnahmen etc. Die Spalten können aber auch verschiedene Arbeitsphasen der Kanban-Methode abbilden und organisieren wie in Abbildung 5.5. Die Spalten repräsentieren jeweils das Backlog, die aktuelle To-do Liste, drei In-Progress-Spalten sowie eine Spalte für Erledigtes, aus der Karten für abgeschlossene Aufgaben geschlossen und archiviert werden können.

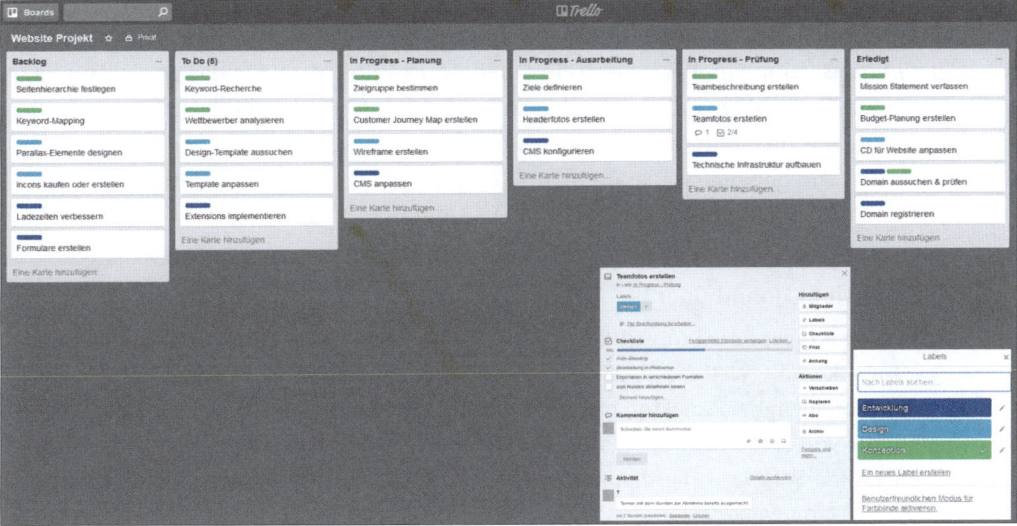

Abbildung 5.5 Nach der Kanban-Methode strukturierte Projektübersicht in Trello (Quelle: trello.com)

Den Karten können Mitglieder, Kategorien-Labels und Fristen zugeteilt sowie Dateianhänge und Checklisten hinzugefügt werden. Per Kategorien-Label können beispielsweise verschiedene Abteilungen markiert werden. Jede Karte ist zudem kommentierbar, was die fehlende Kommunikationsfunktion zum Teil kompensiert. Ein Aktivitätenprotokoll zeigt die Aktivitäten einzelner Teammitglieder für jede Karte separat und für das gesamte Projekt an. Die integrierte Kalenderfunktion bietet eine gute zeitliche Übersicht über die Projektschritte. Im Gegensatz zu Basecamp gibt es bei Trello, mit Ausnahme der Kommentarfunktion in den Tickets, allerdings keinen Chat, kein Messageboard oder ähnliche Kommunikationsfunktionen. Auch eine separate Dateiverwaltungskomponente fehlt, da die Dateien nur in den Karten abgelegt werden können.

Vorteile	Nachteile
• einfach zu bedienen • übersichtlich und transparent • schnelle, einfache Eingabe von von To-dos • Kommunikation direkt im Tool • Kalenderansicht für Übersichtlichkeit • Dateien in separater Ansicht	• Eingabemaske könnte ein paar Formatierungsoptionen mehr umfassen • Dateiansicht ist nicht sortierbar • keine Kategorisierung und Priorisierung möglich • nicht für agile Abläufe geeignet

5.2.3 Redmine

Redmine ist eine webbasierte, freie Open-Source-Software für das Projektmanagement. Im Gegensatz zu den cloudbasierten Tools wie Trello und Basecamp erfordert Redmine die Installation auf einem eigenen Server. Allerdings gibt es einige Unternehmen, wie beispielsweise die Planio GmbH aus Berlin (*plan.io*), die Hosting und Installation von Redmine als Fertigpaket anbieten.

Praxistipp: Hoheit über die eigenen Daten

Je nach Projekt oder Projektbeteiligten kann es sein, dass bestimmte Software nicht infrage kommt, weil die Daten auf einem amerikanischen Webserver abgelegt werden. Vor allem bei Projekten mit öffentlichen oder staatlichen Institutionen kann ein Einsatz von Trello oder Basecamp aus Datenschutzgründen unmöglich sein. Hier ist dann eine Software, die man auf dem eigenen Server installieren kann, eine gangbare Alternative.

Neben der Projekt- und Benutzerverwaltung ist der Kern von Redmine die Erfassung von Aufgaben in einem Issue-Tracking-System. Der Editor, in dem die Tickets angelegt werden, lässt die Eingabe zahlreicher Details zu, wie Kategorien- und Statusmarkierungen, Checklisten und Zeitangaben. Zusätzlich lassen sich die Eingabefelder modifizieren, um die Tickets an die Bedürfnisse der Teams anzupassen. Für jedes Projekt können im Sinne des Scrum-Modells auch Sprints angelegt werden, denen einzelne Tickets hinzugefügt werden. Ein Beispielprojekt finden Sie in Abbildung 5.6. Verschiedene Ansichtsmöglichkeiten, darunter auch ein Agiles Taskboard, erlauben es Ihnen, Ihre Aufgaben gut zu überblicken.

Redmine umfasst eine Vielzahl verschiedener Apps, wie Sie unten in Abbildung 5.6 sehen können. Dazu gehören beispielsweise Kalender- und Dateiverwaltungs- sowie Kommunikationsfunktionen, etwa Chats und Foren. Eine Zeiterfassungsfunktion sowie diverse Auswertungsmöglichkeiten in Form von Statistiken und Diagrammen ermöglichen ein umfassendes Reporting. Projekte-Wikis gehören ebenfalls zum Funktionsumfang von Redmine. Für Projekte, in denen nicht jeder Beteiligte die gleichen Zugriffsrechte erhalten soll, können verschiedene Rollen mit spezifischen Rechteprofilen angelegt werden, die dann einzelnen Personen zugewiesen werden können. Das Erscheinungsbild sowie zahlreiche weitere Funktionalitäten lassen sich über Plug-ins ergänzen und an die Erfordernisse der Projektbeteiligten anpassen.

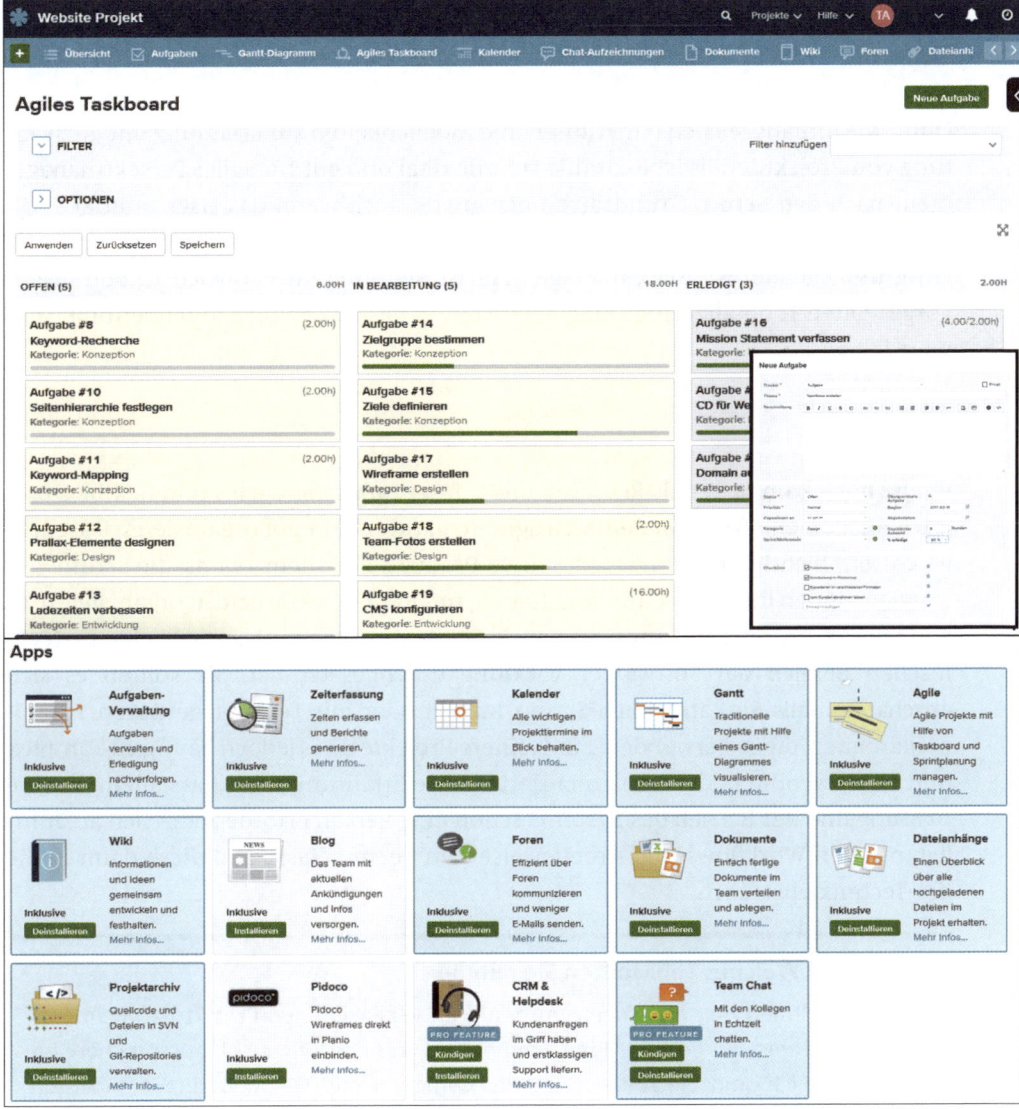

Abbildung 5.6 Oben: Nach der Kanban-Methode strukturierte Projektübersicht in Redmine sowie eine Eingabemaske für Aufgaben. Unten: Übersicht über die Redmine-internen Apps, die zur Projektverwaltung angeboten werden (Quelle: plan.io/de/redmine-hosting/)

Vorteile	Nachteile
• Open-Source-Programm • Kann selbst gehostet werden. • sehr flexibel konfigurierbar • Kalenderfunktion • Chatfunktion und Foren • Zeiterfassung und Auswertung • Abbildung des Kanban-Workflows	• Sie müssen sich gegebenenfalls selbst um das Hosting kümmern. • recht komplex in der Einarbeitung • für kleinere Projekte oder kleine Teams überdimensioniert

Durch die umfangreichen Funktionen und Möglichkeiten zur Erfassung und Auswertung von Projektdetails ist Redmine sehr flexibel und gut für agiles Projektmanagement nach den Scrum-Grundsätzen geeignet – auch wenn das User Interface (UI) nicht ganz so intuitiv und einfach zu bedienen ist wie bei den zuvor genannten Tools. Für grundlegenderes Projektmanagement ist Redmine im Vergleich zu den bisher vorgestellten Tools allerdings möglicherweise etwas zu komplex und überdimensioniert.

5.2.4 Jira

Jira ist noch komplexer als Redmine und ein sehr umfangreiches und flexibles Projektmanagement-Tool, mit dem sich agile Strukturen sehr gut organisieren lassen. Es ist kostenpflichtig und kein Open-Source-Produkt. Vor allem Teams, die Scrum verwenden, finden hier viele Funktionalitäten, um ihre Projektarbeit zu organisieren. Es handelt sich um ein sehr gutes, aber auch sehr komplexes Tool, das sich eher im technischen Bereich der Softwareentwicklung durchgesetzt hat. Sie sollten es sich anschauen, falls Sie tatsächlich Scrum nutzen oder mit Technikagenturen zusammenarbeiten, die es verwenden. Für kleinere Projekte ist es jedoch häufig zu komplex und zu aufwendig in der Implementierung. Die Erfahrung zeigt, dass allein die Einrichtung und der Betrieb des Systems schon eine Person erfordert, die sich ausführlich mit den Workflows und Arbeitsweisen im Team befasst und diese dann in die Jira-Technik überführt.

Praxistipp: Welches Tool sollten Sie nehmen?

Wir haben Ihnen hier eine kleine Auswahl an verschiedenen Projektmanagement-Tools (PM-Tools) vorgestellt. Eine Empfehlung können wir nicht aussprechen, zu unterschiedlich sind die Anforderungen, Vorlieben und Geldbeutel. Wir möchten Ihnen aber ans Herz legen, dass Sie auf jeden Fall mit einem PM-Tool arbeiten. Schauen Sie sich verschiedene an – es gibt über 100 auf dem deutschen Markt mit ganz unterschiedlichen Schwerpunkten und Leveln.

Wir verwenden in unserer Agentur tatsächlich verschiedene, da wir uns häufig in die PM-Tools der Kunden einloggen und das Projektmanagement und die Projektkommunikation darüber verlaufen. Für Kunden ist es so einfacher, mehrere Agenturen zu koordinieren.

5.3 Geld ist nicht alles – Ihr Budget sollte dennoch sorgfältig geplant werden

Bei einem Scrum-Projekt ist eine genaue *Kostenkalkulation* im Vorfeld eigentlich unmöglich. Die Anforderungen entstehen erst im Verlauf des Projekts. Hier werden die Kosten häufig grob geschätzt. In der Praxis möchten die meisten Kunden allerdings eine möglichst konkrete *Kostenplanung* haben. Im Folgenden beschreiben wir einen etablierten Mischweg, der klassische Projektplanung und agiles Projektmanagement miteinander verbindet.

Eine sorgfältige Planung im Vorfeld ermöglicht, genau festzulegen, was der inhaltliche, finanzielle und zeitliche Rahmen eines Website-Projekts ist – alles Dinge, die ein Auftraggeber meist gerne fixiert haben möchte. Hier kommt es natürlich darauf an, wie Ihr Projekt zustande kommt. Erstellen Sie eine Website für Ihr eigenes Kleinunternehmen? Erstellen Sie als Inhouse-Abteilung eine Website für das eigene Unternehmen? Oder erstellen Sie als externe Digital-Agentur eine Website für einen Kunden? Wir werden die Ausführungen zur Budgetplanung so allgemein formulieren wie möglich, denn sie gelten gleichermaßen für alle Konstellationen.

In einem *Projektbriefing* spezifizieren die Verantwortlichen die genauen Anforderungen, und es wird festgehalten, welche Ressourcen bereits vorhanden sind und welche gesondert beauftragt werden müssen. Praktisch können das viele Kunden gar nicht allein – hier fehlt die tägliche Erfahrung. In dem Fall erarbeiten Kunde und Auftraggeber dann gemeinsam die Briefings und Anforderungen.

Praxistipp: Anforderungen unbekannt, Angebot unmöglich?

Häufig ist es einem Auftraggeber nicht möglich, allein alle erforderlichen Anforderungen zu formulieren, damit ein Anbieter ein belastbares Angebot oder auch nur eine Schätzung machen kann. Vor allem bei komplexen oder großen Projekten bedarf es mehrerer Personentage und Workshops, bis klar ist, was eine neue Website können soll. Hier wird häufig schon auch ein *Feinkonzept* ausgearbeitet, das anschließend als Angebot bepreist wird. Bei mindshape entwickeln wir häufig mit Kunden gemeinsam ein solches Feinkonzept gegen ein fixes Budget. Erst danach erfolgt dann das Angebot für die Umsetzung.

Wie beim Hausbau können auch Eigenleistungen des Auftraggebers mitberücksichtigt werden. Erstellen Sie beispielsweise eine Website für eine Texterin, die ihre Dienstleistungen auf der Website anbieten möchte, so bringt diese Kundin das Potenzial bereits mit, den Content selbst zu erstellen. Bei Bedarf können die Anforderungen bei einem Meeting der beteiligten Projektpartner konkretisiert werden.

Auf der Basis des Projektbriefings und der Projektmeetings wird bei klassisch durchgeführten Projekten eine detaillierte schriftliche Konzeption inklusive Zeit- und Budgeteinschätzung – auch *Lasten-* bzw. *Pflichtenheft* genannt – für das eigentliche Projekt erstellt. Ein solches Pflichtenheft ist im Grunde eine »alte« Vorgehensweise, da es die Ziele und Arbeitsschritte bereits im Vorfeld festlegt. Das entspricht nicht der agilen Vorgehensweise. Bei dieser wird nämlich zu Beginn eines Projekts lediglich eine allgemeine Anforderungsbeschreibung erarbeitet, also ein *Epic*. Details des Projekts werden fortwährend mit dem Produkt weiterentwickelt. Die daraus resultierenden Probleme bei der genauen Kostenkalkulation und Angebotserstellung haben wir bereits erwähnt. In der Praxis erstellen Agenturen deshalb für die meisten Projekte dennoch ein Pflichtenheft, da Kunden in der Regel mit festen Preisen kalkulieren möchten oder kundenseitig auch Budgets freigegeben werden müssen. Dabei wird meist ein Mittelweg zwischen Grob- und Feinkonzept gewählt, die Details werden dann im Verlauf des Projekts geklärt. Da mit dem Fortschreiten des Projekts auf beiden Seiten neue Ideen oder unvorhergesehene Aspekte hinzukommen können, die dann über zusätzliche Budgets beauftragt werden müssen, ist diese Vorgehensweise sehr viel praktikabler. Es handelt sich um eine Mischung aus altem und agilem Vorgehen – im Grunde das Beste aus beiden Welten –, die wir aus eigener Erfahrung empfehlen können.

Damit Sie die relevanten Bereiche für die Budgetplanung besser überblicken und berücksichtigen können, haben wir eine Fragebogen-Checkliste für Sie vorbereitet.

Fragebogen-Checkliste: Projekt- und Budgetplanung

▶ Wie viele Projektbeteiligte gibt es? Haben Sie genügend Zeit für Projektmanagement und Kommunikation eingeplant?

▶ Gibt es schon eine Konzeption für den Bereich Inbound-Marketing, wie z. B. Hauptmotivationsgruppe oder Ausrichtung der Maßnahmen zur Suchmaschinenoptimierung etc.?

▶ Gibt es schon eine konkrete Vorgabe für das Design, oder sollen mehrere Entwürfe erstellt werden?

▶ Wie viele unterschiedliche Vorlagen sollen für die Website erstellt werden? Sollen z. B. Startseite, Verteilerseite und Inhaltsseite grundlegend unterschiedlich aufgebaut sein? Soll es spezielle Landingpages z. B. für AdWords-Kampagnen geben?

▶ Wie viele unterschiedliche Inhaltsformate soll es geben, wie z. B. Text mit Bild, Mehrspalter oder Bilder-Slider?

- ▶ Soll die Website mehrsprachig sein?
- ▶ Soll es einen internen Mitgliederbereich geben, wie z. B. Kundenkonten, und welche Funktionen sollen dort angeboten werden?
- ▶ Sollen komplexe Formulare eingebunden werden?
- ▶ Soll eine site-weite Suche auf der Website integriert werden?
- ▶ Soll es dynamische Elemente geben, wie z. B. filterbare Listen oder eine automatische Anzeige des neuesten Eintrags auf der Startseite?
- ▶ Sollen Schnittstellen zu anderen Systemen, wie z. B. Kundenverwaltung, Newsletter-Tool, Shop-Funktion, mit der Website verbunden werden?
- ▶ Wer erstellt neue Inhalte, wie z. B. Texte, Fotos etc., für die Website, und wer pflegt diese auf der Website ein?

Die eigentliche Budgetplanung am Ende ist ein gutes Stück Erfahrung. Vergleichen Sie am besten ähnliche Projekte, die Sie bereits durchgeführt haben, und schauen dort, welche Aufwände für welche Arbeiten nötig waren. Häufig lässt sich dann ein Projekt deutlich besser kalkulieren.

Vergessen Sie auch nicht die Posten für Kommunikation, Projektkoordination und vor allem auch die Fehlerbehebung am Ende – das Bugfixing. Alle diese Punkte gehören genauso zu einer professionellen Kalkulation wie die Konzeption, das Grafikdesign, die Implementierung, Textredaktion und andere Tätigkeiten. Idealerweise schätzen Sie alle Arbeitspakete zeitlich ab. Auch dies erfordert Erfahrung. Bei uns in der Agentur machen wir die Zeitabschätzung meist gemeinsam – auch mit jungen Kollegen zusammen im Team. Die Arbeitspakete für ein Projekt werden gemeinsam definiert. Danach überlegt sich jeder im Stillen für sich, wie viel Personentage je Arbeitspaket notwendig sind. Danach werden die Zahlen genannt und diskutiert. Auch alte Hasen verschätzen sich manchmal noch, weil bestimmte komplexe Aspekte nicht direkt erkannt werden. Die unerfahreneren Kollegen wiederum profitieren von der Diskussion und lernen mit jedem Projekt die bessere Abschätzung.

Am Ende stehen notwendige Arbeitspakete mit den entsprechend geschätzten Zeiten – meist in Personentagen oder Teilen davon. Sie können aber natürlich auch in Personenstunden rechnen. Nun bleibt noch, den Tages- bzw. Stundensatz mit den Aufwänden zu multiplizieren – fertig ist Ihre Budgetplanung.

5.4   Drei Regeln für die erfolgreiche Projektkommunikation

Transparente Kommunikation ist ein wichtiges Mittel, um Überraschungen und Missverständnisse zu vermeiden. Allerdings ist das nicht gleichbedeutend mit vollständiger Offenlegung und Berichterstattung aller Projektvorgänge für jeden Beteiligten. Sinnvollerweise bekommt jeder Beteiligte nur die jeweils für ihn relevanten

Informationen. Warum? Weil es gerade bei größeren Projekten viele Details und Absprachen gibt, die zwischen kleineren Teams innerhalb der Projektbeteiligten geregelt oder ausgetauscht werden. Wenn jeder Projektbeteiligte alles sieht, wird das sehr schnell sehr unübersichtlich und ineffizient.

5.4.1   Projektorganisation projektintern transparent halten

Wie in Abschnitt 5.2 vorgestellt, gibt es heutzutage verschiedenste Projektmanagement-Tools, die nicht nur die Aufgaben verwalten, sondern auch diverse Kommunikationsfunktionen integrieren. Über solche Medien lässt sich sehr einfach und direkt über verschiedene Aufgabenschritte kommunizieren. So lassen sich diverse Schritte und Prozesse einfacher und besser nachverfolgen und im Bedarfsfall rekonstruieren. Versuchen Sie, die Kommunikation möglichst an einem Ort zu bündeln, das macht das Ganze übersichtlicher und effizienter. Je klarer über die Projektvorgänge kommuniziert wird, desto effektiver ist die Zusammenarbeit.

5.4.2   Projektkommunikation – so viel wie nötig, so wenig wie möglich

Häufig werden Sie mit Projektbeteiligten zu tun haben, die wenig Fachwissen im Bereich Websites haben, aber dennoch sehr spezielle Vorstellungen mitbringen. Vor allem in der Kooperation mit solchen Personen ist es wichtig, ein paar Grundregeln zu kennen:

- Informieren Sie genau darüber, welche Leistungen im Rahmen welchen Budgets möglich sind.
- Wichtig ist dabei, dass Sie verständlich, also kein Fachchinesisch, sprechen.
- Erklären Sie alle relevanten Zusammenhänge.
- Beraten Sie mit Ihrer Expertise.
- Entscheiden Sie gemeinsam mit Ihrem Kunden über wichtige Fragestellungen.
- Überzeugen Sie, anstatt zu überreden – so entwickelt sich ein Projekt gemeinsam erfolgreich.
- Nutzen Sie die oben genannten Tools aktiv.
- Aktualisieren Sie die Tickets in den genutzten Tools direkt nach Erledigung einer Aufgabe.

In den meisten Tools haben Sie auch gute Möglichkeiten, die Projektkommunikation möglichst an einem Ort zu bündeln. Nutzen Sie sie auch, und fügen Sie alle Projektbeteiligten – gegebenenfalls mit spezifischer Rollenverteilung – hinzu. Rückfragen oder sonstige Anfragen sollten von allen Beteiligten zeitnah beantwortet werden.

Ihre Arbeitsfortschritte werden in den Tools erfasst. Dokumentieren Sie auch, wie lange Sie für die einzelnen Aufgaben gebraucht haben. Notieren Sie ebenso die Zeiten, die Sie für organisatorische Aufgaben verwenden, wie beispielsweise Meetings, Telefonate oder E-Mails mit Ihren Kunden oder anderen Projektbeteiligten.

Wenn der Bedarf besteht, können Sie in übersichtlichen *Reportings* die wichtigsten Ergebnisse an den Auftraggeber übermitteln. Es ist jedoch nicht empfehlenswert, unnötige Details und Zahlenwüsten zu verschicken, denn diese überfordern meist nur. Bereiten Sie die wichtigsten Punkte für Ihre Kunden grafisch oder sprachlich auf. Liefern Sie statt Zahlen lieber kategoriale Bewertungen, und visualisieren Sie diese durch Grafiken oder Symbole, die den Bericht schnell erfassbar machen.

5

Praxistipp: Kunden »mitnehmen«

Gerade in Phasen, in denen Sie oder Ihr Team viel selbstständig arbeiten, während der Auftraggeber oder andere Beteiligte nichts mitbekommen (z. B. in der Entwicklungsphase oder während einer längeren Konzeptionsstrecke ohne Kommunikationsbedarf), sollten Sie aktiv und bewusst einen Zwischenstand übermitteln. Damit sind alle beruhigt und wissen: Es geht voran, Sie arbeiten dran. Gutes Projektmanagement heißt auch, den Kunden »mitzunehmen«.

Kapitel 6
Website-Relaunch: Wie Sie eine bestehende Website überarbeiten

Dieses Kapitel beschäftigt sich mit den wichtigsten Gründen, Möglichkeiten und Tipps für die Überarbeitung bestehender Websites.

6

Nicht immer stehen Sie vor einer *Tabula rasa*, wenn eine Website zu konzipieren ist. Da Websites heutzutage zum Standard-Kommunikationsrepertoire verschiedenster Branchen zählen, haben die meisten Unternehmen bereits einen vorhanden Internetauftritt. Daher kommt es nicht selten vor, dass keine komplett neue Website erstellt, sondern eine vorhandene überarbeitet werden soll. Es gilt heute zwar als gute Praxis, möglichst kontinuierlich an einer Website zu arbeiten und diese stetig weiterzuentwickeln, so dass gar kein Relaunch notwendig sein sollte. Aber in der Praxis schaffen das die allerwenigsten Unternehmen und Organisationen. In der Regel bleibt die Pflege einer fertigen Website neben dem Hauptgeschäft erst einmal auf der Strecke, weil es entweder kein Bewusstsein für das Problem einer stagnierenden Website oder kein kontinuierliches Budget dafür gibt.

Dass eine Überarbeitung notwendig ist, kann sich aus mehreren Gründen ergeben, die in Abschnitt 6.1 behandelt werden. Im Allgemeinen unterliegen Websites einem Zyklus von zwei bis drei Jahren, nach denen eine Überarbeitung oder Neugestaltung anberaumt wird. Nach diesem Zeitraum gibt es meist das Bedürfnis, dem Webauftritt »etwas frischen Wind« einzuhauchen. Es gibt verschiedene Stufen der Überarbeitung. Es kann die gesamte Website überarbeitet oder es können nur Teilbereiche aufgefrischt werden, wie Abschnitt 6.2 zeigen wird. Die meisten Konzeptionsschritte gelten aber für alle Websites – ganz unabhängig davon, ob es sich um eine Neuerstellung, Auffrischung oder eine vollständige Überarbeitung handelt. Allerding gilt es bei der Konzeption eines Relaunches noch einige Besonderheiten zu beachten, die in Abschnitt 6.4 besprochen werden.

6.1   Wann ist es höchste Eisenbahn für einen Relaunch?

Aus unterschiedlichen Veränderungen, Überlegungen und Tests ergeben sich viele mögliche Gründe für die Überarbeitung einer bestehenden Website. Häufig ändern sich im Laufe der Zeit die internen Strukturen, das Produktangebot oder die Ziele eines Unternehmens. Verschiedene Marketingüberlegungen können zu dem Schluss führen, dass die Website einfach nicht mehr zum Unternehmen passt, aber eine schlichte Aktualisierung der Inhalte nicht mehr ausreicht. In dem Fall muss sie häufig grundlegend neu aufgebaut und gestaltet werden.

Trends und der Geschmack im Webdesign wandeln sich mit der Zeit – ebenso wie in der Mode –, und auch das Marken-Branding wird gelegentlich überarbeitet. Daher kann es unter Umständen notwendig sein, das Design grundlegend zu ändern. Da das oft auch mit Layoutveränderungen einhergeht, muss die Überarbeitung über leichte Schönheitsreparaturen hinausgehen. Die Webtechnologie schreitet schnell voran, und alte Technologien, wie z. B. Flash, sterben aus. Neue Geräte mit neuen Displaygrößen und Formaten etablieren sich. Das kann auch ein neues technisches System erforderlich machen.

Es können aber auch akute gravierende Schwachstellen sein, die dazu beitragen, dass eine Website nicht erfolgreich ist, und die einen Website-Besitzer dazu bewegen, einen Relaunch durchführen zu wollen. Dies können technische Probleme sein, die behoben werden müssen, z. B. die technische Infrastruktur wie ein veralteter oder zu klein dimensionierter Server oder ein veraltetes *Content-Management-System* (*CMS*), die möglicherweise Sicherheitslücken bergen können und die upzudaten sehr umständlich oder unmöglich ist. CMS sind Anwendungen, mit denen Sie Ihre Website-Inhalte erstellen und pflegen können (siehe Kapitel 16, »Wie Sie Ihre Website technisch umsetzen und hosten – Server, HTML und CMS«). Nach Einrichtung und Konfiguration eines CMS können Sie mit dem Veröffentlichen von Inhalten einfach loslegen – auch ohne HTML-Kenntnisse.

Auch Usability-Tests können Probleme aufdecken, die die Website schwer oder schlecht bedienbar machen. Eine umfassende Analyse der Website und des Besucherverhaltens kann Hinweise darauf geben, dass die Website von Grund auf für Suchmaschinen, aber auch für die Besucher optimiert werden muss. Beispielsweise können eine fehlende Optimierung der Inhalte mit relevanten Suchbegriffen oder eine falsche Kundenansprache für ausbleibende Besucher und Conversions verantwortlich sein. Tabelle 6.1 fasst die wichtigsten Gründe für einen Relaunch zusammen.

Bereich	Gründe
Technik	▶ mangelnde Aktualität und Anpassungsfähigkeit des Systems ▶ fehlende Responsivität ▶ Sicherheitslücken ▶ mangelnde Schnittstellenkompatibilität
Usability	▶ schlechte Benutzerführung ▶ schlechte Bedienbarkeit ▶ zu langsame Ladezeiten

Tabelle 6.1 Mögliche Gründe für einen Relaunch

Bereich	Gründe
Marketing	▶ fehlende Berücksichtigung grundlegender SEO-Maßnahmen ▶ fehlende, unspezifische oder falsche Zielgruppenansprache und Kundenorientierung ▶ Ausbleiben von Conversions
Adäquatheit	▶ Änderung der Unternehmensziele, so dass die Website nicht mehr dazu passt ▶ Änderung Unternehmensstruktur und Notwendigkeit der Anpassung der Website-Struktur ▶ Re-Branding (Website-Aufbau passt nicht mehr zum Produktangebot und zur Marke) ▶ Veränderung des Produktangebots, Anpassung der Struktur nötig
Look & Feel	▶ Design veraltet (mangelnde Aktualität, neue Trends berücksichtigen) ▶ Re-Branding (Design passt nicht mehr zur Marke)

Tabelle 6.1 Mögliche Gründe für einen Relaunch (Forts.)

Werden diese Gründe durch eine gezielte Überarbeitung behoben, erfahren Websites oft einen deutlichen Boost. Manchmal reichen bereits leichte Anpassungen in relevanten Bereichen, um Erfolge zu erzielen.

6.2   Facelift, Rebrush, Redesign, Relaunch – verschiedene Stufen der Überarbeitung

Je nachdem, ob die gesamte Website in allen Bereichen erneuert werden soll (d. h. Struktur, Design, Technik und Inhalte) oder nur Teile davon, werden unterschiedliche Begriffe für den Prozess verwendet. Diese Begriffe werden jedoch im Agenturjargon nicht einheitlich verwendet, sie werden nicht klar voneinander abgegrenzt. Wir bei mindshape und viele andere Agenturen verwenden die Begriffe, wie folgt:

▶ **Facelift/Rebrush/Brush-up**: Geht es nur um leichte, vor allem optische Veränderungen, spricht man häufig von einem *Facelift*, *Rebrush* oder *Brush-up*. Diese drei Begriffe bezeichnen kleinere Schönheitsreparaturen und beziehen sich lediglich auf Designmerkmale des Frontends. Dazu gehören beispielsweise das Einfügen oder der Austausch von Headerbildern, Farbanpassungen sowie leichte Veränderungen der Formen oder des Layouts. All diese kleinen Anpassungen frischen den »Look« der Website auf – ein bisschen wie das Spitzenschneiden beim Friseur.

▶ **Redesign**: Als *Redesign* wird eine etwas weitergehende Überarbeitung des Frontends einer Website oder einzelner Seitenbereiche bezeichnet. Ein Redesign kann beispielsweise im Zuge einer Überarbeitung der Corporate Identity oder einer Verbesserung der Usability vorgenommen werden. Meist werden bestimmte Elemente verändert oder verschönert, gegebenenfalls neue Frontend-Funktionalitäten hinzugefügt und/oder einige Inhalte leicht angepasst. Bei einem Redesign wird allerdings – wie auch beim Facelift – die zugrunde liegende Technik selbst nicht verändert.

▶ **Relaunch**: *Relaunch* bezeichnet den »Neustart« einer Website, d. h. die vollständige Erneuerung auf allen Ebenen. Hierbei werden umfassende konzeptionelle Veränderungen der inhaltlichen Struktur vorgenommen. Das Design wird vollständig erneuert, und der technische Unterbau wird neu erstellt und – falls noch nicht vorhanden – in ein Content-Management-System (CMS) implementiert. Auch ein Hosting- und/oder Domain-Wechsel wird in Zuge eines Relaunches manchmal vorgenommen. Genaueres zur technischen Infrastruktur erfahren Sie in Kapitel 16, »Wie Sie Ihre Website technisch umsetzen und hosten – Server, HTML und CMS«. Gelegentlich werden einzelne Elemente, wie ein Logo, die Farbgestaltung oder einzelne Inhaltselemente, von der alten Site übernommen. Im Wesentlichen hat man als Besucher bei einem Relaunch allerdings den Eindruck, eine völlig neue Internetpräsenz zu betreten.

> **Begriffe im Agentur-Alltagstest**
>
> Im Agenturalltag werden meist nur zwei Begriffe verwendet: *Facelift* und *Relaunch*. Der Begriff Relaunch bezeichnet eine größere (auch inhaltliche und strukturelle) Überarbeitung einer bestehenden Website. Sind lediglich kleinere optische Korrekturen beauftragt, so spricht man meist von einem Facelift.

6.3   Hard- vs. Soft-Relaunch

Ein Relaunch kann als *Hard-Relaunch* vorgenommen werden. In dem Fall löst die neue Website die alte mit dem Zeitpunkt der Live-Schaltung vollständig ab. Wird die Erneuerung der Website hingegen schrittweise durchgeführt, spricht man von einem *Soft-Relaunch*. Es gibt einige Argumente für und gegen beide Vorgehensweisen. Das Überraschungsmoment eines Hard-Relaunches kann als gezieltes Mittel der *Disruption* für einen Wow-Effekt eingesetzt werden. Die Besucher werden von einer in neuem Glanz erstrahlenden Website begrüßt. Das kann als positiv wahrgenommen werden, sofern die neue Site benutzerfreundlich und optisch verbessert gestaltet wurde. Es kann wiederkehrende Besucher allerdings auch irritieren, weil sie ihre gewohnten Navigationswege aktualisieren müssen. Im Fall des Relaunches der Website der Hilfsorganisation Hoffnungszeichen ist der Vorher-Nachher-Vergleich in Abbildung 6.1 vs. Abbildung 6.2 extrem, aber sehr gut gelungen. Die Website sieht nach dem Hard-Relaunch modern aus, ist übersichtlich gestaltet, und die wichtigen Call-to-Action-Elemente, die zu Spenden aufrufen, werden durch die neue Akzentfarbe effektiv hervorgehoben.

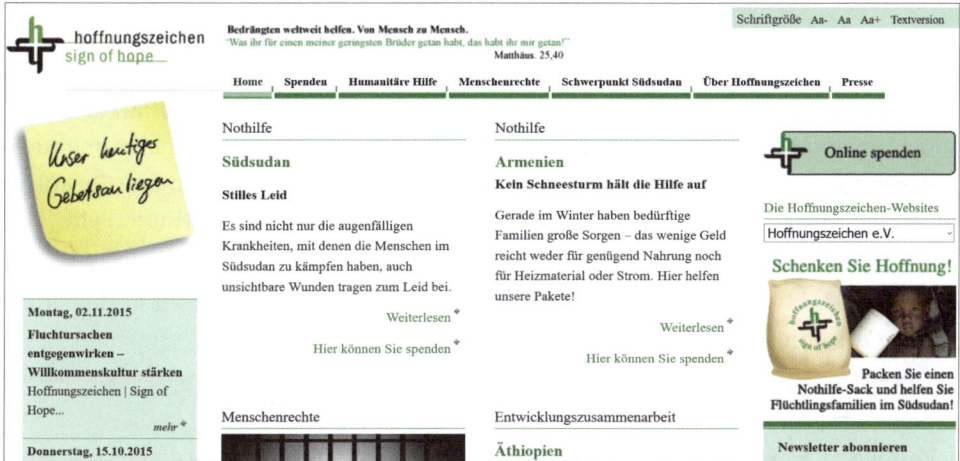

Abbildung 6.1 Die Website der Hilfsorganisation Hoffnungszeichen vor dem Relaunch (Quelle: Screenshot der Website aus dem Januar 2016 über das Internetarchiv »Wayback Machine« (Quelle: goo.gl/PtwRsH)

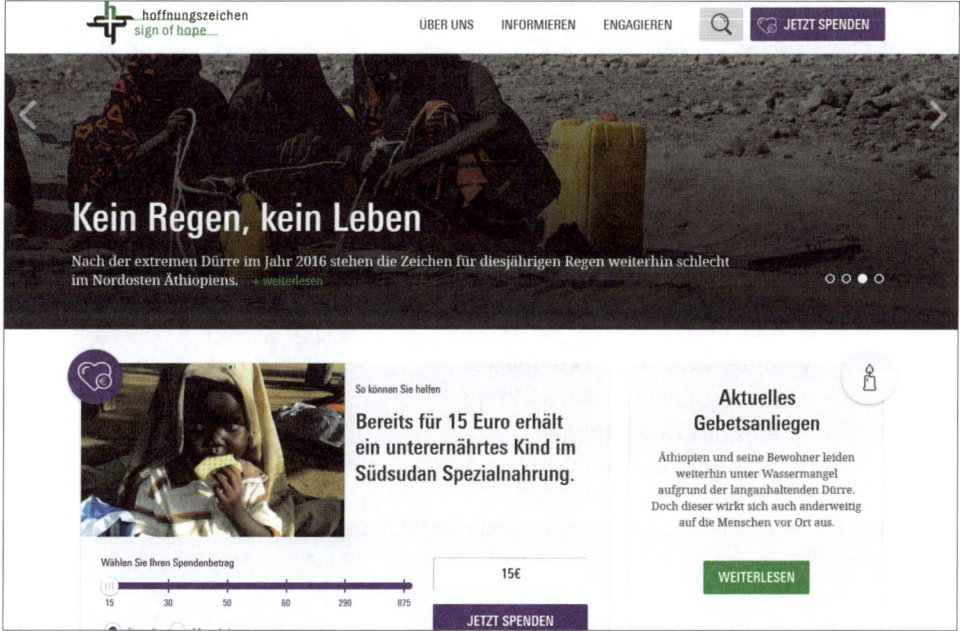

Abbildung 6.2 Relaunch der Website der Hilfsorganisation Hoffnungszeichen (Quelle: hoffnungszeichen.de)

Bei einem Soft-Relaunch werden nach und nach einzelne Elemente oder Bereiche überarbeitet oder hinzugefügt. Amazon oder booking.com sind bekannte Beispiele für dieses Vorgehen mit kurzzeitigen *A/B-Tests*. Dabei werden zwei Versionen einer Website erstellt und für einen festgelegten Zeitraum per Zufall variabel an die Website-Besucher ausgespielt. Nach Ablauf des Testzeitraums werden die Ergebnisse ausgewertet, und es wird geschaut, welche der beiden Versionen bei den Besuchern besser ankam. Beispielsweise wird dann diejenige Version ausgewählt, auf der mehr Buchungen abgeschlossen wurden. Daraus ergibt sich eine stetige inkrementelle Revision der Website. Streng genommen handelt es sich bei einem Soft-Relaunch also eigentlich gar nicht um einen Relaunch, sondern um eine kontinuierliche Weiterentwicklung der Website in allen Bereichen.

Soft- und Hard-Relaunches haben beide ihre Vor- und Nachteile, die wir in Tabelle 6.2 für Sie zusammengestellt haben.

	Soft-Relaunch	Hard-Relaunch
Vorteile	▶ kurzfristige Verbesserungen möglich ▶ Wiedererkennung bei regelmäßigen Besuchern bleibt. ▶ Integration von A/B-Tests möglich für stetige, zielgerichtete Optimierungen	▶ großes Potenzial durch vollständigen Neustart ▶ gezielte Disruption mit Wow-Effekt möglich ▶ einfacher Projektablauf, bei dem das gesamte Projekt geplant und in kleinere Phasen aufgeteilt werden kann
Nachteile	▶ Kleine Anpassungen haben selten einen Wow-Faktor. ▶ dauerhafter Aufwand (Budget, Zeit, Expertise) notwendig, in Summe aufwendiger als ein Hard-Relaunch ▶ unter Umständen komplexer Projektablauf, wenn mehrere einzelne Anpassungen veröffentlich werden sollen	▶ großer einmaliger Aufwand (Budget, Arbeitszeit, Expertise) ▶ langer Prozess von Planung bis Fertigstellung ▶ Ergebnisse aus A/B-Tests können nur gesammelt integriert werden.

Tabelle 6.2 Vor- und Nachteile von Soft- und Hard-Relaunches

Herausforderung: Kontinuierliche Weiterentwicklung

Im KMU-Umfeld (kleine und mittelständische Unternehmen) gelingt ein kontinuierliches Arbeiten und Weiterentwickeln einer Website in der Praxis recht selten. Hierfür werden eben auch ein ständiges Budget und vor allem die Ressourcen bei den Mitarbeitern auf Kundenseite benötigt. Vor allem an Letzterem scheitert die kontinuierliche Entwicklung dann in der Praxis, wenn kein Fulltime-Job dafür freigegeben wird.

6.4   Besonderheiten für die Relaunch-Konzeption

Obwohl Sie bei der Konzeption eines Relaunches nicht bei null anfangen müssen, weil Sie ja bereits vorhandene Inhalte und Website-Bausteine haben, entsprechen die Konzeptionsschritte für ein Redesign oder einen Relaunch größtenteils denen der Neukonzeption einer Website. Wir empfehlen für einen gelungenen Neustart, dass Sie zunächst einmal so tun, als würden Sie eine neue Website konzipieren und die verschiedenen Konzeptionsschritte in diesem Buch ebenso befolgen. So erhalten Sie einen frischen Blick auf Ihr Website-Projekt und erstellen in der Regel ein wesentlich besseres Konzept. Wo im Verlauf des Buches für den Relaunch besondere Hinweise und zusätzliche Schritte gelten, die auf dem Bestehenden aufbauen, wird explizit darauf hingewiesen. An dieser Stelle sollen zunächst die wichtigsten Schritte und Prozesse vorgestellt werden, die Sie in der Relaunch-Konzeption durchführen sollten. Diese werden dann in den entsprechenden späteren Kapiteln mitsamt ihrer Anwendung bei einem Relaunch ausführlicher behandelt.

6.4.1   Webanalyse und SEO-Audit

Gibt es bereits eine existierende Website, auf der *Tracking-Tools* wie *Google Analytics* oder *Piwik* zur Analyse der Website und des Besucherverkehrs eingerichtet sind, können Sie die statistischen Daten für die Relaunch-Konzeption auswerten und nutzen. Die Webanalyse und ein SEO-Audit untersuchen Performance und den Erfolg der Website mittels verschiedener Messwerte. Aus den Ergebnissen lassen sich wichtige Optimierungshinweise ableiten, die Sie dann zur Konzeption und Umsetzung nutzen können. In Kapitel 20, »Besucher auf die Website bringen und Erfolg messen – SEO, SEA und Webanalyse«, werden wir Ihnen diese Analysen genauer vorstellen. Wichtige Schlussfolgerungen aus den Daten für den Relaunch werden dort in Abschnitt 20.4, »Suchmaschinenfreundlicher Relaunch«, ebenfalls erörtert.

6.4.2   Zielgruppenanalyse bzw. Nutzerstatistiken

Auch demografische Informationen über die Besucher einer vorhandenen Website lassen sich mittels Tracking-Tools erheben und auswerten. Da Sie mit einer vorhandenen Website ja eine Vielzahl von Daten über Ihre Besucher erheben, nutzen Sie diese auch, um Ihre Zielgruppe besser zu verstehen und Ihre Zielgruppenansprache gezielter auszurichten. Wie Sie dabei vorgehen können, wird Ihnen Kapitel 8, »Analysieren und definieren Sie Ihre Zielgruppen«, und in Abschnitt 8.7, »Relaunch: Nutzung von Tracking-Daten für die Zielgruppenanalyse«, im Speziellen zeigen.

6.4.3   Content-Audit

Bei einem Relaunch ist es in der Regel vor allem inhaltlich nicht notwendig, bei null anzufangen. Untersuchen Sie Ihre komplette Website, und bewerten Sie, welche Inhalte noch aktuell sind und welche Sie überarbeiten oder löschen sollten. Oft können die vorhandenen Inhalte mit leichten Anpassungen weitergenutzt werden. Wie Sie bei einem solchen Content-Audit vorgehen, zeigt Ihnen Abschnitt 19.5. Durch Analysen und qualitative Auswertungen der Inhalte aus Tracking-Tools erhalten Sie Aufschluss darüber, welche Webseiten oder Beiträge Ihre Besucher interessieren. Beträge oder Seiten, die oft angeklickt wurden, auf denen Ihre Besucher länger verweilt haben, oder solche, die oft auf anderen Seiten verlinkt oder über Social Media geteilt wurden – das sind die Inhalte, die Sie definitiv übernehmen sollten.

Mit den Analysetools, die wir Ihnen in Kapitel 19, »Kommunizieren Sie mit unwiderstehlichem Content«, und 20, »Besucher auf die Website bringen und Erfolg messen – SEO, SEA und Webanalyse«, vorstellen, können Sie sogar die häufigsten Klickpfade durch Ihre Website auswerten, die Ihnen zeigen, wie sich Ihre Besucher durch Ihre Website bewegen. So erhalten Sie einen Einblick in die Informationsstrukturen, die für Ihre Besucher nachvollziehbar oder weniger gut sind. Diese Erkenntnisse können Sie nutzen, um Ihre Website-Struktur zu optimieren. Wie Sie Ihre Website strukturell aufbauen, finden Sie in Kapitel 12, »Wie Sie eine benutzerorientierte Makro-Informationsarchitektur aufbauen«. In Abschnitt 12.6, »Relaunch: Bestandsaufnahme, Content-Audit und Datenanalyse«, gehen wir speziell auf die Anpassung der Struktur beim Relaunch ein.

6.4.4   Content-Übertragung

Wenn Sie Ihre Inhalte evaluiert haben, bleibt noch zu prüfen, ob Sie diejenigen Inhalte, die Sie 1 : 1 übernehmen möchten, automatisiert von der alten auf die neue Website übertragen können. In manchen Fällen ist das gut möglich, bei einem Wechsel des Content-Management-Systems (CMS) allerdings, wie beispielsweise von

WordPress zu TYPO3, ist das oft leider nur schwer möglich. In dem Fall müssen Sie Ihren Content manuell übertragen. Wie Sie Ihre Übertragungsphase planen und umsetzen, zeigt Ihnen Abschnitt 19.5, »Relaunch: Content-Audit und Content-Kuration«. Nach dem Relaunch sollten geänderte oder nicht mehr vorhandene URLs auf passende Inhalte auf der neuen Website weitergeleitet werden. Was Sie beim Weiterleitungsmanagement beachten müssen, verraten wir Ihnen in Abschnitt 20.4, »Suchmaschinenfreundlicher Relaunch«.

6.4.5 Usability- und User-Experience-Tests

Umfassende Usability-Tests können im Rahmen der Relaunch-Konzeption sehr aufschlussreich sein. Sie zeigen Ihnen, ob die Seiten und Interaktionselemente Ihres Webauftritts für Ihre Besucher gut bedienbar sind und ermöglichen die Ableitung von Verbesserungen für die neue Website. Die Themen Usability und User Experience (UX) werden in Abschnitt 17.2 eingeführt. Zudem werden Sie dort wie auch in Abschnitt 22.6 einige Methoden für das Usability-Testing kennenlernen, die Sie im Rahmen der Relaunch-Konzeption, aber auch für laufende Optimierungen nutzen können.

6.4.6 Relaunch mit Domain-Wechsel

In manchen Fällen wird mit der Überarbeitung einer Website auch ein *Domain-Wechsel* vorgenommen. Manchmal geschieht das freiwillig, meistens wird er jedoch aus unternehmerischen Gründen erforderlich. Werden beispielsweise zwei Marken zusammengelegt und sollen durch eine gemeinsame Website vertreten werden, müssen die Inhalte zweier Websites auf eine gemeinsame (neue oder eine der beiden bestehenden) Domain migriert werden.

Grundsätzlich sollte ein Domain-Wechsel jedoch sehr gut überlegt sein. Um genau zu sein, empfehlen wir Ihnen, einen Domain-Wechsel nur dann vorzunehmen, wenn er unvermeidbar ist. Ist ein Wechsel nicht absolut notwendig, behalten Sie bitte Ihre bestehende Domain bei. Google verwendet das Alter einer Domain aufgrund der damit einhergehenden Bewährtheit und des Vertrauens als Ranking-Kriterium. Außerdem werden auch eingehende Links auf die Domain gewertet. Eine Seite, die bereits Bestand hat, rankt also immer besser, als dieselbe Website auf einer frisch registrierten Domain. Hinzu kommt, dass sich die Besucher an die Domain gewöhnt haben. Ist ein Domain-Wechsel allerdings notwendig, gibt es verschiedene Mittel, den Relaunch geschmeidig durchzuführen, wie beispielsweise ein gutes Weiterleitungsmanagement (siehe Abschnitt 20.4, »Suchmaschinenfreundlicher Relaunch«).

Kapitel 7

Eine gut durchdachte Strategie ist die halbe Miete

Welche strategischen Überlegungen sollten Sie anstellen, die dann in die Website-Erstellung einfließen? Es geht darum, dass Sie sich als Anbieter positionieren und sich und Ihren Besuchern klarmachen, was Sie mit Ihrer Website erreichen wollen.

Ein gut ausgearbeitetes Unternehmenskonzept ist nicht nur für die Erstellung einer Website relevant, sondern beginnt bereits bei der Planung der gesamten Unternehmung. Auf der entsprechenden Internetpräsenz zeigt sich allerdings sehr deutlich, ob das Konzept stimmig und klar formuliert wurde. Die grundlegende Frage ist: Welches Ziel verfolgen Sie mit Ihrer Website, und in welchem Verhältnis steht sie zu Ihrem Unternehmen (siehe Abbildung 7.1)? Welche Visionen und Werte sollen präsentiert werden? Wie setzen Sie Ihre Strategie und die operativen Maßnahmen zur Zielerreichung auf Ihrer Website um? Möchten Sie mit Ihrer Website das Unternehmensprofil vollständig oder nur teilweise abbilden? Oder soll sie möglicherweise einen ganz eigenständigen Teilbereich des Portfolios darstellen?

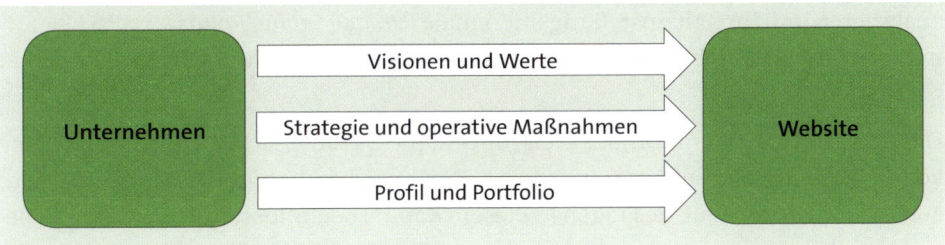

Abbildung 7.1 Faktoren zur Bestimmung des Verhältnisses zwischen einem Unternehmen und der dazugehörigen Website

Ihre Website kann Ihr Unternehmen in allen drei Aspekten repräsentieren, muss sie allerdings nicht zwangsläufig. Es ist auch denkbar, dass die Website einen ergänzenden Zweig des Unternehmens darstellt. So bildet sie lediglich einen Ausschnitt aus dem Portfolio ab und wird mit einer spezialisierten Strategie betrieben. Um eine gute Strategie für Ihre Website zu entwickeln, definieren Sie die Grundpfeiler Ihrer Website (siehe auch Abbildung 7.2). Um Sie bei dieser Aufgabe zu unterstützen, haben wir in den folgenden Abschnitten sowie im nächsten Kapitel einen Fragenkatalog für Sie zusammengestellt. Gehen Sie diesen für Ihre Website oder die Website Ihrer Kunden durch.

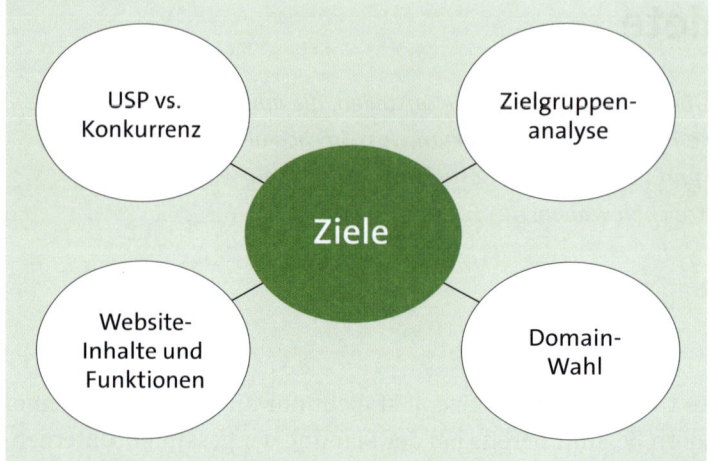

Abbildung 7.2 Strategische Grundsteine für eine erfolgreiche Website

Dazu gehört als Erstes ein Fragebogen zum großen Warum und den Zielen Ihrer Website (siehe Abschnitt 7.1). Des Weiteren sollten Sie entscheiden, welche Themen und Inhalte Sie auf Ihrer Website präsentieren möchten (siehe Abschnitt 7.2) und welche Funktionen auf der Website implementiert werden sollen, d. h., was die Website-Besucher auf der Website tun können und sollen. Damit Ihre Website nicht im Website-Brei Ihrer Branche verschwimmt, grenzen Sie sich ab, indem Sie Ihre Konkurrenz analysieren und Ihre Alleinstellungsmerkmale (*Unique Selling Points – USPs*) klar formulieren (siehe Abschnitt 7.3). Nur so können Sie den Mehrwert für Ihre Besucher herausstellen.

Die Analyse und Definition der Zielgruppen, die Sie ansprechen möchten, ist eine komplexere Angelegenheit, mit der sich Kapitel 8 beschäftigt. Dieser Schritt wird auch die Antworten auf die Fragen in diesem Kapitel beeinflussen, denn Sie konzipieren die Website ja für Ihre Zielgruppen. Wir empfehlen Ihnen daher, dass Sie zunächst die Fragen aus den folgenden Abschnitten für Ihre Website durcharbeiten und sich anschließend Ihren Zielgruppen widmen. Kehren Sie dann im Anschluss an Ihre Zielgruppenbestimmung zu Ihren Antworten auf die Fragen in diesem Kapitel zurück. Sicher gibt es einige Aspekte, die Sie dann mithilfe Ihrer *Zielgruppenanalyse* etwas besser an Ihre Besucher anpassen können. Schließlich sollten Sie auch klären, welche Domain Sie im Fall einer Neukonzeption oder eines Relaunches mit Domain-Umzug wählen möchten, denn der Domain-Name ist für den Erfolg einer Website nicht unerheblich (siehe Abschnitt 7.4).

Jetzt sind Sie gefragt: Die Fragebögen, die Sie in den folgenden Abschnitten sehen werden, enthalten keine rhetorischen Fragen. Es sind echte Fragen, die Ihnen Klarheit verschaffen werden. Nehmen Sie sich also ruhig die Zeit, sie für Ihre eigene Website oder mit Ihren Kunden zusammen für deren Website zu beantworten. Wir werden in den späteren Kapiteln darauf zurückkommen. All die Analysen, Definitionen und Reflexionen aus diesem und dem nächsten Kapitel werden Sie später in den Aufbau Ihrer Informationsarchitektur einfließen lassen. Je bewusster Sie sich Ihre strategische Position machen, desto klarer können Sie sie mit Ihrer Website kommunizieren.

7.1 Das Warum ist entscheidend – Ziele und Zweck der Website definieren

Der Journalist und Unternehmensberater Simon Sinek entwarf das Konzept des *Golden Circles* (siehe Abbildung 7.3). Im Kern steckt die Frage, mit der seiner – und unserer – Meinung nach jede Unternehmung, die Kunden begeistern möchte, beginnen sollte: Warum?

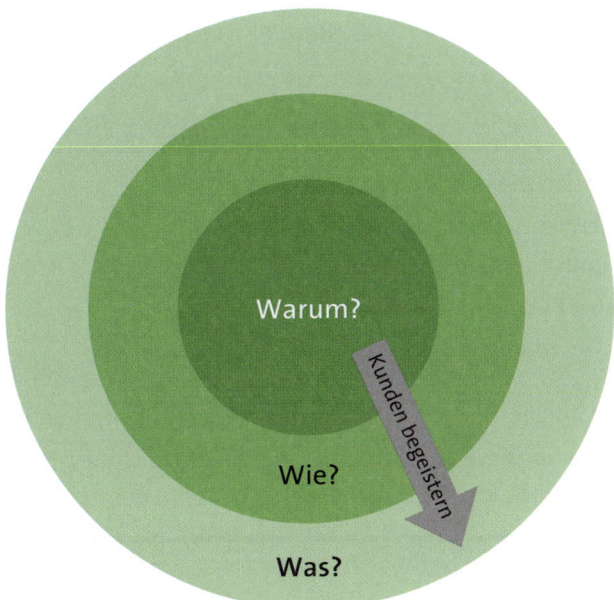

Abbildung 7.3 Der Golden Circle nach Simon Sinek

Nach Sinek lassen sich Menschen nicht primär von Produkten, sondern von der dahinterliegenden »Mission« eines Unternehmens überzeugen. Um Ihre Kunden zu begeistern, konzipieren Sie Ihre Website am besten von innen nach außen. Beginnen Sie mit der zentralen Frage nach dem Warum, und formulieren Sie Ihr *Mission Statement*:

- ▶ Warum tun Sie, was Sie tun?
- ▶ Warum wollen Sie die Website erstellen?

Für die Unternehmen, die beispielsweise die oben vorgestellten Projektmanagement-Tools herstellen, wie z. B. Trello, könnte ein solches Mission Statement lauten:

> *»Wir möchten, dass Projekte besser organisiert werden und Teams effizienter zusammenarbeiten können.«*

Wir empfehlen Ihnen allerdings, hier etwas konkreter zu werden:

- ▶ Was wollen Sie mit der Website erreichen?

Der wichtigste Schritt ist also, Ihre eigene Motivation zu hinterfragen und klare Ziele zu formulieren, bevor Sie sich überhaupt Gedanken darüber machen sollten, was Sie präsentieren wollen und in welcher Form Sie Ihre Ziele realisieren könnten. Fragen zu Ihren Zielen und einige weitere Fragen haben wir für Sie in einem Fragebogen am Ende dieses Abschnitts zusammengestellt. Doch damit Sie diese präziser beantworten können, haben wir noch einige Anmerkungen zur Zieldefinition.

Was die grundlegenden Unternehmensziele angeht, wird gemeinhin zwischen strategischen und operativen Zielen unterschieden. Als *strategische Ziele* bezeichnet man die großen, übergeordneten Website- und Unternehmensziele. Man spricht auch von *Makrozielen*.

Beispiele für strategische Website-Ziele

- ▶ Umsatz und Gewinn über die Website erzielen
- ▶ die eigene Marke und Reputation aufbauen und stärken
- ▶ das Unternehmen im digitalen Raum sichtbar machen
- ▶ über relevante Themen des Unternehmens bzw. Anbieters informieren

---

Operative Ziele sind einzelne Unterziele, die zur Erreichung der Makroziele führen. Es handelt sich dabei meist um klar umrissene, praktische Aufgaben und messbare Schritte. Daher werden sie auch *Mikroziele* genannt.

Beispiele für operative Website-Ziele

- ▶ Leads generieren
- ▶ ein neues Produkt gezielt bewerben
- ▶ Produkte verkaufen
- ▶ Backlinks generieren

Bei der Zieldefinition kommt es nicht nur auf die Ziele selbst und Ihre Motivation an, sondern auch darauf, dass Sie so konkret und präzise wie möglich formulieren, wie

Sie diese erreichen möchten. Ein interessantes Prinzip kommt aus dem Management und kann sehr gut auf Website-Ziele angewandt werden: Ob Ihre Ziele hinreichend definiert sind, können Sie mit dem folgenden *S.M.A.R.T.-Prinzip* (ursprünglich von Doran 1981) überprüfen.

S.M.A.R.T.-Ziele formulieren

▶ **S**pecific: Sind Ihre Ziele spezifisch, präzise, konkret formuliert?

▶ **M**easurable: Sind Ihre Ziele messbar im Hinblick auf Qualität, Quantität, Budget, Zeit?

▶ **A**ttainable: Sind Ihre Ziele mit den gegebenen Fähigkeiten des Ausführenden erreichbar?

▶ **R**ealistic: Sind Ihre Ziele mit den verfügbaren Ressourcen (Budget, Zeit, Aufwand) realistisch durchführbar?

▶ **T**ime-bound: Ist ein konkreter Zeitrahmen für die Zielerreichung definiert (terminiert)?

Ein Beispiel für ein nicht SMARTes Ziel:

Irgendwann (nicht terminiert) will ich so viel (nicht messbar) verkaufen, dass ich ins Ausland (unspezifisch) expandiere (realistisch? erreichbar?).

Ein Beispiel für ein SMARTes Ziel:

Die Verkäufe (Conversions) auf der Seite mustermann.de (spezifisch) bis Ende Mai (terminiert) um 2 Prozent steigern (messbar). Aufgrund der aktuellen Tendenzen und der Marktsituation ist dieses Ziel als realistisch einzustufen (erreichbar). Das Ziel ist mit dem vorhandenen Team und dem Budget durchführbar (realistisch).

Eine klare Zieldefinition ist aus unternehmerischer Sicht wichtig, um mit dem verfügbaren Budget kosteneffizient zu arbeiten. Gleiches gilt auch für das wohl wichtigste Marketingmedium der heutigen Zeit, die Website, und für alle Maßnahmen, die mit deren Konzeption, Umsetzung und Betrieb zusammenhängen. Auch hier helfen klare Vorstellungen und Ziele dabei, die Website konsistent und prägnant zu gestalten. Nur mit klaren Ziel- bzw. Erfolgskriterien, die konkret und S.M.A.R.T definiert werden, kann eine erfolgreiche Website betrieben und eine effektive Erfolgskontrolle durchgeführt werden.

In der folgenden Fragebogen-Checkliste finden Sie die zentralen Fragen, die Sie nun für Ihre Zieldefinition beantworten können.

Fragebogen-Checkliste: Website-Ziele

▶ Was ist die Mission des Unternehmens?

▶ Was ist das große Warum? Warum tun Sie, was Sie tun?

► Was sind Sinn und Zweck der Website?

► Warum haben Sie die Website als Kommunikationsmedium gewählt?

► Was sind Ihre Kommunikationsziele für die Website?

► Was wollen Sie mit der Website erreichen? Was soll durch die Präsentation des Unternehmens im World Wide Web erreicht werden?

► Was sind Ihre strategischen Ziele?

► Was sind Ihre operativen Ziele?

► Wie verfolgen Sie Ihre Ziele (S.M.A.R.T.-Prinzip)?

► Wie soll die Website zur Erreichung der Ziele eingesetzt werden?

7.2   Was bieten Sie auf Ihrer Website an und was können Ihre Besucher damit tun? USP, Thema und Inhalt einer Website

Neben dem großen Warum und dem Wie sollten der Themenschwerpunkt und das besondere Angebot Ihrer Webpräsenz beim Betreten der Startseite klar erkennbar sein. Arbeiten Sie heraus, was die *Unique Selling Points* (*Alleinstellungsmerkmale*, kurz *USPs*) Ihres Unternehmens, Ihres Angebots und der Website sind, denn diese müssen Sie Ihren Besuchern so klar wie möglich kommunizieren. Definieren Sie Ihren speziellen Themenbereich, und grenzen Sie ihn ab, damit Ihre Besucher wissen, was es auf Ihrer Website gibt und was nicht. Fokussieren Sie sich auf die Kerninhalte, und vermeiden Sie Detailinformationen, die nur verwirren und keinen nennenswerten Mehrwert bieten. Eine Fragebogen-Checkliste hierzu finden Sie im Folgenden. Nehmen Sie sich für diese Aufgabe Zeit, denn es sind keine leichten Fragen. Sie sind allerdings wichtig, denn sie bestimmen zusammen mit Ihrer Zielgruppendefinition, wie Sie eine benutzerorientierte Informationsarchitektur aufbauen. Um diese wird es in Kapitel 12 gehen.

Fragebogen-Checkliste: Thema, Inhalte, Funktionen, USPs

► Was soll auf der Website präsentiert werden?

► Was sind Ihre Alleinstellungsmerkmale, die USPs, die Sie auf Ihrer Website präsentieren möchten?

► Soll der Fokus auf der Präsentation des Produkts liegen oder auf dem Unternehmen und dem Team?

► Welche großen Hauptthemen sollen auf der Website abgebildet werden?

► Welche spezielleren Themen soll es geben?

► Wie werden die Inhalte angeboten?

► Was sollte im Vordergrund stehen, was eher im Hintergrund?

> ▶ Soll die Website national oder international ausgerichtet sein?
>
> ▶ Was kann der Besucher auf der Website tun? Wird der Besucher »nur« informiert oder soll er eine Conversion durchführen, wie Kontaktaufnahme, Bestellung, Anmeldung?
>
> ▶ Welche zusätzlichen Angebote und Themen gibt es (z. B. Serviceleistungen)?

Sie merken: Website-Konzeption hat an dieser Stelle auch eine Menge mit Unternehmensentwicklung zu tun. Das ist auch ganz logisch: Wenn Sie nicht genau wissen, was Ihre USPs sind, dann können Sie die auch nicht kommunizieren, weder auf Ihrer Website noch an anderer Stelle.

7.3   »Immer zweimal mehr als du« – Markt und Wettbewerber analysieren

Beim Nachbarn spicken ist verpönt? Solange Sie nicht »wörtlich abschreiben«, ist es sogar notwendig! Seien Sie gewiss, dass sich die meisten Ihrer Mitbewerber Ihren Webauftritt ganz genau anschauen werden. Warum sollten Sie das also nicht ebenso tun? Heutzutage ist der Großteil der Informationen über ein Unternehmen öffentlich sichtbar. Es gibt einige wichtige Aspekte, die Sie aus der Analyse Ihrer Mitbewerber für die Konzeption Ihrer eigenen Website lernen können. Der Blick auf Ihre Konkurrenz-Websites aus User-Sicht kann Ihnen Aspekte aufzeigen, die Sie bei der Erstellung Ihrer eigenen Website vermeiden, nutzen oder verbessern können.

Praxistipp: Wettbewerbs-Benchmark aus Besuchersicht

Versetzen Sie sich in die Lage eines Website-Besuchers hinein: Selten schaut man sich nur die Website eines einzelnen Anbieters an. Meistens besucht man mehrere Websites von miteinander konkurrierenden Unternehmen. Daher sollten Sie das ebenfalls tun – schauen Sie sich die anderen Websites aus Besuchersicht an. Was bieten sie? Wie sprechen sie Besucher an? Welche Informationen werden in welcher Struktur gegeben? Gibt es vielleicht ganz relevante Informationen, die bei Ihnen (noch) fehlen?

Das Angebot Ihrer Konkurrenz und die Ausgestaltung auf der Website kann vor allem im Hinblick auf Ihren eigenen USP erhellend sein: Ein Vergleich zeigt, wie Sie Ihre besonderen Qualitäten noch klarer formulieren und von Ihrer Konkurrenz abgrenzen können. Inhalte oder Gestaltungselemente, die Ihnen positiv auffallen, können als Inspirationsquelle für die eigene Website dienen. Einerseits können Sie sich darüber informieren, was die gängigen Branchenstandards sind, wie umfangreich die Websites Ihrer Konkurrenz sind. Diese einzuhalten kann sinnvoll sein, um durch Zugehörigkeit zur Branche einen professionellen Eindruck zu machen und das Vertrauen der Besucher zu fördern. Unter Umständen können Sie mit einer eher schlanken Website in einer sonst sehr üppigen Branche sonst untergehen. Aber auch ein Bruch mit Branchenstandards ist eine mögliche Konsequenz aus der Betrachtung Ihrer Mitbewerber. Solche Entscheidungen gegen den Strom sollten bewusst und mit Bedacht getroffen werden. Passt es zu Ihrer Marke? Erzielen Sie wirklich einen Wow-Effekt, oder verwirren Sie Ihre Besucher nur?

Inhaltlich können Sie die Websites Ihrer Mitbewerber im Hinblick auf den eingestellten Content analysieren. Sie können sich anschauen, ob beispielsweise besonders viele Videos oder andere Medien verwendet werden. Außerdem wäre es interessant herauszufinden, ob die Seiten inhaltlich statisch, wie eine Art umfangreiche Visitenkarte, im WWW platziert sind oder ob und wie Ihre Wettbewerber kontinuierlich neuen Content bereitstellen.

Sie können also eine Art *Reverse Engineering* mit den Merkmalen betreiben, die Ihnen positiv auffallen. Auch für diesen Eckpfeiler der Website-Konzeption haben wir eine Fragebogen-Checkliste zu Themen entwickelt, die Sie nun recherchieren und beantworten können.

Fragebogen-Checkliste: Wettbewerber und Branche

▶ Was sind die Branchenstandards zur Website-Gestaltung?

▶ Wie ist der Umfang der Wettbewerber-Websites?

▶ Wie bereiten Ihre Wettbewerber die Website-Inhalte auf?

▶ Welche Produkte und Dienstleistungen werden dort angeboten?

▶ Was sind deren USPs, und wie können Sie Ihre eigenen USPs besser abgrenzen und hervorheben?

▶ Wird der Content kontinuierlich erweitert und aktualisiert, oder handelt es sich eher um statische Websites?

▶ Wie sind die Ansprache und die Tonalität der Texte?

▶ Welche Sprache und welches Niveau verwenden die Texte?

▶ Wie und zu welchem Zweck werden Medien eingesetzt?

▶ Was ist besonders gut gelungen? Was weniger gut?

▶ Was ist aus Besucherperspektive ansprechend und besucherorientiert gestaltet? Was weniger?

▶ Im E-Commerce: Wie sind die Preise und Lieferbedingungen?

Kopieren Sie die Websites Ihrer Marktbegleiter nicht, denn es geht doch letztlich darum, besser als der Wettbewerb zu sein – im Internet ist die Konkurrenz nur einen Klick weit entfernt. Aber orientieren Sie sich an ihnen, denn die Besucher Ihrer Website tun es auch und erwarten dadurch gewisse Branchenstandards.

7.4   Mit der richtigen Domain zur erfolgreichen Website

Nomen est omen – diese Redensart gilt auch für Websites. Nicht nur die Struktur und die Inhalte Ihrer Website sind wichtige Erfolgsfaktoren. Auch die Wahl des Domain-Namens und seiner Bestandteile kann einen entscheidenden Einfluss auf den Erfolg Ihrer Website ausüben.

7.4.1   Die Qual der Wahl der Top-Level-Domain

Die erste strategische Entscheidung bezüglich des Domain-Namens ist die, welche *Top-Level-Domain* (*TDL*) gewählt wird. Ist der Sitz Ihres Unternehmens in Deutschland oder einem anderen Land verortet? Wählen Sie als Endung das Länderkürzel bzw. die entsprechende länderspezifische TDL (engl. *country-code TDLs* oder *cc TDLs*), z. B. *.de* für Deutschland. Länderkürzel schaffen Vertrauen bei den Besuchern. Ist das Unternehmen international ausgerichtet, lohnt es sich, die allgemeine TDL *.com* (oder *.org* für NGOs) auszuwählen. Aktuell im Kommen sind auch speziellere lokale TDLs für stadtgebundene Website-Betreiber, wie beispielsweise *.cologne* oder *.berlin*. Ob sich diese allerdings durchsetzen werden, ist noch nicht absehbar. Bislang sind die Besucher eher die klassischen TLDs gewohnt und sprechen diesen mehr Vertrauen zu.

7.4.2   Der richtige Domain-Name

Die Wahl des Domain-Namens selbst ist einerseits abhängig vom Firmennamen, dem angebotenen Produkt und weiteren Marken- und Branding-Überlegungen. Idealerweise entspricht der Domain-Name dem Firmennamen oder dem eigenen Namen des Website-Betreibers, wenn es sich um eine/n Einzelunternehmer/in handelt. Für Firmen, die keine starke Markenbildung betreiben können, kann es sich lohnen, das Haupt-Keyword, für das das Unternehmen gefunden werden möchte, mit in den Domain-Namen aufzunehmen, wie beispielsweise *frisoer-schneider.de*. Früher bedeutete eine solche *Exact Match Domain* (oder *EMD*) aufgrund des verwendeten Haupt-Keywords sogar einen Vorteil für die Platzierung in den Suchergebnissen von Google. Leider wurden EMDs oft in Form von *Keyword-Stuffing* missbraucht. Seit dem EMD-Update von Google aus dem Jahr 2012 wurde dieser Vorteil stark reduziert. Des Weiteren gibt es einige formalstrategische Aspekte, die Sie bedenken sollten, wenn Sie einen Domain-Namen wählen.

Domain-Namen sollten die folgenden Bedingungen erfüllen:

▶ leicht sprech- und lesbar sowie gut zu merken

▶ keine Umlaute (vor allem bei internationalen Websites)

▶ keine Sonderzeichen (Ausnahme: Bindestrich)

> ▶ keine Leerzeichen
>
> ▶ idealerweise weniger als 15 Zeichen
>
> ▶ maximale Länge: 63 Zeichen
>
> ▶ minimale Länge: für *.de*-Domains ein Zeichen (Buchstabe oder Zahl),
>   für *.eu*-Domains zwei Zeichen, für *.com*-, *.net*-, *.org*-Domains drei Zeichen

Wählen Sie Ihren Domain-Namen nicht zu kompliziert oder zu lang, denn Ihre Besucher sollten ihn sich merken und schnell eingeben können. Machen Sie am besten den Telefontest: Wenn Sie den Domain-Namen aussprechen – etwa am Telefon –, sollte er möglichst schnell richtig verstanden werden. Theoretisch ist es möglich, ein einziges Zeichen für den Domain-Namen zu wählen. Allerdings gibt es natürlich umso weniger Domains, je kürzer die Domain-Namen sind, und die vorhandenen, wie beispielsweise *x.de*, sind vergeben oder gehören jemandem, der Sie zu horrenden Preisen verkaufen möchte.

Es ist sinnvoll, alternative Schreibweisen der Domain – wie auch Ihren gewünschten Domain-Namen mit anderen TDLs – zu reservieren. Beispiele hierfür sind Domains mit Bindestrich, falls Ihr Domain-Name aus mehreren Wörtern besteht und keine Bindestriche nutzt. Auch Umlaute (ö und oe usw.) sollten Sie bedenken. Sie können außerdem Ihren Domain-Namen mit Tippfehlern suchen und überprüfen, ob diese frei sind. Wenn Ihre Domain beispielsweise *friseurmueller.de* lautet, gibt es folgende Domains, die dazu recht ähnlich klingen:

▶ *friseur-mueller.de*

▶ *frisör-mueller.de*

▶ *friseurmuller.de*

Es ist eine Überlegung wert, diese gegebenenfalls gleich mit zu registrieren, bevor es ein anderer tut und Sie durch Tippfehler oder Andersschreibweisen wichtigen Traffic verlieren. Gleiches gilt auch, wenn Sie, akut oder in Zukunft, einen Markt außerhalb Deutschlands betreten möchten. In dem Fall sollten Sie neben der TLD *.de* auch die TDL *.com* ebenfalls registrieren. Es gibt nämlich zahlreiche Unternehmen, die gezielt nach neu registrierten Domains suchen, benachbarte oder ähnliche Domains aufkaufen und Ihnen so wertvollen Traffic abluchsen könnten. Sollten die unmittelbar benachbarten Domains nicht frei sein, sollten Sie überlegen, ob Sie nicht lieber auf einen anderen Domain-Namen setzen, um Traffic-Verlust durch Verwechslung zu vermeiden.

In der heutigen Zeit ist es aufgrund der Weite des WWW ein großes Problem, dass die meisten Domain-Namen bereits vergeben sind. Ob Ihr Wunsch-Domain-Name noch verfügbar ist, können Sie für *.de*-Domains einfach bei der deutschen Registrierungsstelle für Domains, *DENIC*, nachschauen (siehe Abbildung 7.4).

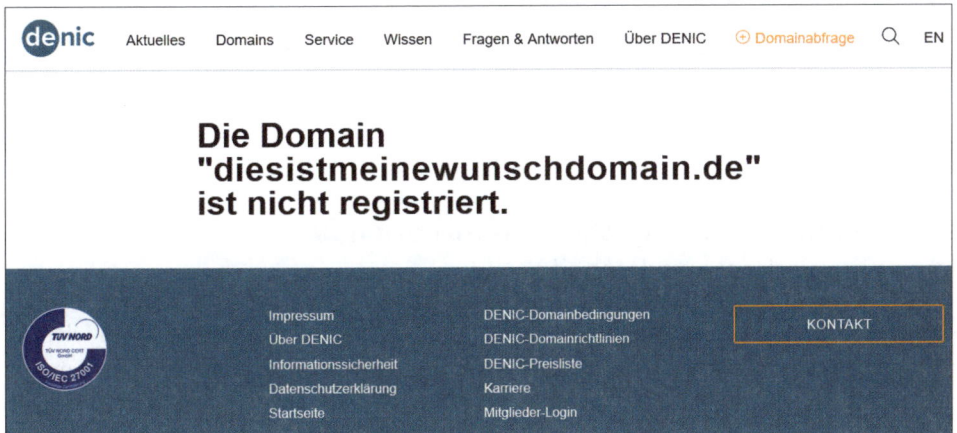

Abbildung 7.4 Domain-Abfrage mit denic.de

Ist Ihre Wunsch-Domain schon besetzt, bleibt Ihnen noch die Möglichkeit, Sie dem Anbieter abzukaufen. Das geht beispielsweise bei *sedo.com*. Dabei handelt es sich um eine von vielen Plattformen, die Domains quasi wie bei eBay vertreiben bzw. eine Verkaufsplattform für Domain-Namen anbieten.

Praxistipp: Domains kaufen

Wir werden häufig gefragt, ob ein Unternehmen eine bestimmte Domain kaufen soll. Hier werden Preise gehandelt zwischen wenigen hundert bis mehreren tausend Euro und mehr. Der Preis für eine Domain bestimmt sich immer nach dem Bedarf des Anfragenden. Es gibt keine allgemeingültigen Regeln. Wichtig ist nur: Verhandeln Sie. Meist lässt sich eine Domain noch ein gutes Stück im Preis drücken. Gerade kurze und generische Domains werden Sie allerdings immer teuer bezahlen müssen. Zur Not fragen Sie vorher einen Experten, der auch die Qualität zum Beispiel in Bezug auf die Suchmaschinenoptimierung bewerten kann. Häufig sind Domains für Google schon »verbrannt«, weil der Vorbesitzer es mit der Optimierung übertrieben hat.

7.4.3   Relaunch: Domain-Wechsel zum Neustart

Es gibt diverse Argumente für und wider einen Domain-Wechsel beim Relaunch einer Site. Wenn es sich vermeiden lässt, sollte ein Domain-Wechsel umgangen werden. Das Bestandsalter von Websites hat einen wesentlichen positiven Einfluss auf das Ranking der Website in den Google-Suchergebnissen. Manchmal ist ein Wechsel aber unumgänglich – etwa bei einem Namenswechsel, einer Fusion oder anderen »äußeren« Faktoren. Sollte es also notwendig sein, einen Domain-Wechsel durchzuführen, gibt es die Möglichkeit, mit einem sorgfältig durchgeführten Redirect-

Management (siehe Abschnitt 20.4, »Suchmaschinenfreundlicher Relaunch«) die SEO-Einbußen so gering wie möglich zu halten. Außerdem sollte dieser Wechsel bzw. die »Adressänderung« in der *Google Search Console* (siehe folgender Abschnitt) eingetragen werden.

7.5   Relaunch: Strategische Re-Konzeption für eine verbesserte Website

Die strategische Konzeptionsphase ist auch bei einem Relaunch ungemein wichtig. Nutzen Sie diesen »Reboot«, um Ihre Strategie zu hinterfragen und zu aktualisieren. Durch die Anpassung der strategischen Eckpfeiler Ihrer Website legen Sie den Grundstein für eine verbesserte, optimierte Version Ihrer Website. Diese Schritte für die strategische Re-Konzeption beim Relaunch entsprechen im Wesentlichen den Schritten, die in diesem Kapitel bereits für die Neukonzeption besprochen wurden. Die Fragebogen-Checklisten aus Abschnitt 7.1 bis Abschnitt 7.3 können Sie beim Relaunch ebenfalls anwenden, um Ihre Positionierung zu überprüfen und zu überdenken. Zusätzlich sollten Sie noch einige ergänzende relaunch-spezifische Fragen für sich beantworten.

> **Fragebogen-Checkliste: Strategische Re-Konzeption (Relaunch)**
> ▸ Stimmt das große Warum bzw. das *Mission Statement* nach wie vor, oder gibt es neue Motivationen für die Unternehmung und die Website?
> ▸ Haben sich die Unternehmens- und Website-Ziele verändert?
> ▸ Sind die USPs, die auf der Website präsentiert werden, noch gültig, oder haben sich neue herauskristallisiert?
> ▸ Sind die Inhalte noch aktuell, oder hat sich das Portfolio möglicherweise verschoben?
> ▸ Welche Inhalte sind bislang bei den Besuchern besonders erfolgreich?
> ▸ Was können Ihre Besucher auf Ihrer Website tun, welche Conversions gibt es?
> ▸ Wie schneidet Ihre Website im Vergleich zur Konkurrenz ab, was die Platzierung in den Suchmaschinenergebnissen angeht?

Kapitel 8

Analysieren und definieren Sie Ihre Zielgruppen

Wer ist das Publikum für Ihre Website? Der Website-Besucher, für den Sie die Website überhaupt erstellen, sollte klar definiert werden, damit Sie ihn direkt ansprechen können.

8

Websites sind ein Kommunikationsmedium, dessen zugrunde liegenden Prinzipien wir Ihnen in Kapitel 3, »Websites sprechen – die Website als Kommunikationsmedium«, vorgestellt haben. Als Sender der Kommunikationsbotschaft sollten Sie als Website-Betreiber eine genaue Vorstellung von Ihren Empfängern haben. In diesem Kapitel stellen wir Ihnen mehrere Möglichkeiten der Zielgruppenanalyse und -definition vor (siehe Tabelle 8.1) und geben Ihnen einige hilfreiche und schnell umzusetzende Tipps zur Berücksichtigung in Ihrem Website-Konzept. Diese verschiedenen Ansätze sind nicht komplementär, sondern stellen verschiedene Ebenen dar, auf denen Sie Ihre »Wunsch«-Besucher immer genauer bestimmen können. Wozu das gut ist? Nun, je klarer Sie für sich formulieren, wer und wie Ihre Zielgruppen sind, desto besser und gezielter können Sie sie ansprechen.

Zielgruppeneigenschaften, die fokussiert werden	Ansatz
Art der Website-Benutzung	User-Typen/Nutzergruppen
Suchproblem, pragmatischer Bedarf	Bedarfsgruppen
allgemeine Personendaten	Demografische Personengruppen
menschliche Bedürfnisse, zugrunde liegende Motivation	Motivationsgruppen
ganzheitlicher Ansatz: Kombination aller Aspekte zzgl. Marktforschungsdaten	Personas

Tabelle 8.1 Verschiedene Ansätze zur Zielgruppenbestimmung

Grundsätzlich gibt es natürlich die Möglichkeit, eine Website gar nicht an eine bestimmte Zielgruppe anzupassen, sondern sie für jedermann bzw. die größtmögliche Anzahl von Besuchern gestalten zu wollen. Das ist aber in der Regel nicht empfehlenswert, denn durch den Versuch, es allen Benutzern recht zu machen, entsteht im wahrsten Sinne des Wortes bestenfalls eine durchschnittliche Website, mit der niemand wirklich begeistert wird. In Branchen, die Produkte anbieten, die jedem bekannt sind, kann eine rein produktorientierte Website-Struktur für die Besucher unter Umständen zumindest gut nutzbar sein – selbst wenn das begeisternde Besuchserlebnis ausbleibt. Sucht ein Webuser beispielsweise nach einem Computer und gelangt auf eine Website, die in »PC-Systeme«, »Laptops« oder »Tablets« unterteilt ist, wird er höchstwahrscheinlich keine Probleme haben, in der richtigen Produktkategorie nach dem passenden Gerät zu suchen. Dennoch verhilft selbst in diesem Fall eine leichte Kundenorientierung, z. B. durch eine nutzerorientierte Filterfunktion nach Einsatzzwecken oder durch einen digitalen Einkaufsberater für weniger Fachkundige zu einem besseren Nutzererlebnis.

Betrachten Sie den Website-Besucher primär als Benutzer Ihrer Website, können Sie je nach Suchverhalten verschiedene *Nutzergruppen* oder *User-Typen* unterscheiden. Diese Perspektive ermöglicht die Konzeption benutzertauglicher Websites. Gehen Sie noch einen Schritt weiter, und betrachten Sie Ihre Website-Besucher noch genauer, können Sie sie basierend auf demografischen Daten analysieren (siehe 8.2). Noch einen Schritt weiter geht die Segmentierung von Zielgruppen anhand ihrer Suchmotivationen oder -ziele, Bedürfnisse und/oder Ziele in *Bedarfs*- oder *Motivationsgruppen* (siehe 8.3 und 8.4).

Im Marketing hat sich in den letzten Jahren ein Ansatz etabliert, der die bisher genannten Ebenen integriert und mit Ergebnissen aus Marktforschungsdaten kombiniert. Anhand sogenannter *Personas* (Singular: *Persona*), also fiktiver, typischer Zielgruppenvertreter, werden nicht nur Website-, sondern jedwede Art von Marketingkonzepten erstellt (siehe Abschnitt 8.5). Hilfreiche Marktforschungsdaten, die Sie auch für die vorherigen Ansätze nutzen können, erhalten Sie aus Studien zur Internetnutzung und verwandter Themen von verschiedensten Statistik- und Marktforschungsinstitutionen, wie z. B.:

- Online-Studien von ARD/ZDF:
  ard-zdf-onlinestudie.de

- Statistisches Bundesamt:
  destatis.de/DE/Publikationen/Thematisch/EinkommenKonsumLebensbedingungen/PrivateHaushalte/PrivateHaushalteIKT.html

- Bundesverband Digitale Wirtschaft (BVDW):
  *bvdw.org/der-bvdw/studien-statistiken/digitale-wirtschaft/digitale-nutzung-in-der-dach-region.html*Statistik-Portal Statista (teilweise kostenpflichtig):
  de.statista.com/statistik/kategorien/kategorie/21/themen/191/branche/demographie-nutzung/

- Google Consumer Barometer:
  consumerbarometer.com/en/

Im Rahmen der Persona-Entwicklung wird auch die »Reise« der Zielgruppen mit einem Produkt oder auf einer Website nachvollzogen und eine sogenannte *Customer Journey Map* erstellt (siehe Abschnitt 8.6), die als Grundlage für Marketingmaßnahmen dient. All diese verschiedenen Ansätze werden in den folgenden Abschnitten vorgestellt.

8.1   User-Typen unterscheiden

Auf der Ebene ihres Suchverhaltens lassen sich vorranging drei Typen von Website-Nutzern unterscheiden: der *Browser*, der *Sucher* und der *Researcher* (siehe Tabelle 8.2). Die Charakterisierung des User-Typs ist jedoch nicht zwangsläufig eine permanente. Sie kann zwar durch das grundsätzliche persönliche Surfverhalten von Personen definiert werden. Allerdings ist das Suchverhalten meist situativ durch das Suchziel, die Komplexität des Themas oder sonstige (auch temporäre) Umstände bedingt. In der Praxis stoßen Sie daher häufig auf Mischformen. Ein Sucher kann also zwischenzeitlich zum Browser werden und danach wieder in den Suchermodus zurückspringen.

User-Typ	Verhalten
Sucher	spezifische Suche ▶ Hat eine klare Vorstellung von seinem Suchziel. ▶ Sucht gezielt und fokussiert. ▶ Ist ergebnisorientiert.
Browser	explorative Suche ▶ Hat bestenfalls eine vage Vorstellung von seinem Suchziel. ▶ Tastet sich heran, sucht assoziativ, lässt sich gerne berieseln, überraschen und inspirieren, stöbert in den dargebotenen Informationen. ▶ Ist eher erlebnisorientiert.
Researcher	exhaustive Suche ▶ Hat keine klare Vorstellung von seinem Suchziel, hat aber Zeit und die Motivation für eine umfassende Recherche. ▶ Sucht umfassende, fundierte Informationen; sammelt dargebotene Inhalte.

Tabelle 8.2 Drei User-Typen

8.1.1 Der Sucher

Der *Sucher* besucht eine Website mit einem recht spezifisch formulierten Anliegen. Stellen Sie sich vor, Sie möchten das neue Smartphone von Samsung kaufen und suchen über eine Suchmaschine einen Onlineshop für Elektronik. Sie wählen das erstbeste Ergebnis aus und landen auf der Website eines Elektronik-Händlers. Auf der Website angekommen, verschaffen Sie sich einen schnellen Überblick und spähen dabei direkt nach der Suchfunktion, denn Sie wissen ja genau, was Sie suchen. Sie geben direkt den Namen des Smartphones als Suchbegriff in das Suchfeld ein und scannen die Suchergebnisse zielorientiert nach dem gewünschten Produkt. Als Sucher mit einer genauen Vorstellung davon, was Sie wollen, lassen Sie sich nicht gerne ablenken und sind per se eher ungeduldig. Überraschende, unkonventionelle Elemente, übermäßige Spielereien oder zwischengeschobene Werbung nerven Sie eher. Passen die Ergebnisse nicht genau zu Ihrer Suche, ignorieren Sie diese, und das Risiko, dass Sie die Website wieder verlassen und eine andere Website suchen, weil Sie nicht fündig wurden, ist sehr hoch.

Dieses User-Verhalten kann mit einer generellen Denk- und Vorgehensweise zusammenhängen. Manche Menschen wissen grundsätzlich ganz genau, was sie suchen und bevorzugen den direkten Weg – ohne Umwege oder Schnörkel. Ebenso kann es aber auch einfach situativ bedingt sein, dass ein Webuser eine *gezielte Suche* anwendet. Sucht jemand beispielsweise die Einwohnerzahl von Köln, wird er nicht erst lange browsen, um die Antwort zu finden, sondern in einer Suchmaschine oder in die Suchfunktion einer Website gezielte Suchbegriffe wie »Einwohnerzahl Köln« eingeben. Eine gezielte, gut funktionierende Suche und übersichtliche Suchergebnisse führen sie in dem Fall schneller zum Ziel.

8.1.2 Der Browser

Der *Browser* hat natürlich auch ein Suchziel, das er auf einer Website erreichen will. Dieses kann jedoch unter Umständen weniger festgelegt oder konkret sein. Typische Browser-Typen sind im Allgemeinen etwas flexibler und geduldiger. Um das vorherige Beispiel wieder aufzugreifen: Wenn ein Webuser ein neues Smartphone sucht, aber noch keine genaue Vorstellung davon hat, was es alles an neuen Geräten gibt, durchforstet er die Website des Elektronik-Händlers nicht über die Suchfunktion. Er stöbert lieber ein wenig auf der Website herum und ist offen dafür, verschiedene passende Optionen zu finden. Er schaut sich nach dem Betreten des Onlineshops erst einmal um. Er versucht, einen guten Überblick zu gewinnen, und browst anschließend durch die Kategorien, bis er im Bereich für Smartphones landet. Er lässt sich dabei eher intuitiv leiten und ist offen dafür, was die Website zu bieten hat. Der Browser ist meist neugierig und lässt sich gerne inspirieren. Auch überraschende Elemente findet er spannend, denn er weiß ein interessantes Besuchererlebnis auf der Website zu schätzen. Er ist zudem offen für Ablenkungen, die zu seiner Suchanfrage passen. Lächelt ihn bereits auf der Startseite oder in einem Werbe-Popup ein gutes Angebot an, lässt er sich gerne ablenken und folgt dem Angebot, um es genauer unter die Lupe zu nehmen.

Dieses Nutzerverhalten entspricht eher einer *explorativen Suche*. Dabei hat ein Besucher keine klare Vorstellung von dem Thema und auch keine eindeutige Erwartung an die »richtige« Antwort auf die Suchanfrage – möglicherweise ist selbst die Suchanfrage etwas vage. Vielmehr tastet sich der Suchende an sein Suchziel heran und lässt sich assoziativ durch die Informationen führen, bis er eine Antwort findet, die ihm richtig erscheint. Sucht jemand beispielsweise mit wenigen Vorkenntnissen erste Informationen über Lebensversicherungen, kann er noch keine gezielten Suchbegriffe eingeben. Vielmehr wird er versuchen, sich assoziativ durch die Informationen durchzuarbeiten und erst einmal mehr über das Thema zu erfahren. Durch dieses Vorgehen kann er seine Suchanfrage immer weiter präzisieren.

8.1.3   Der Researcher

Der *Researcher* ist auf der Suche nach umfassenden Informationen. Er betrachtet sein Suchziel und auch die Inhalte einzelner Websites ganzheitlicher. Er versucht, ein zuverlässiges Gesamtbild zu gewinnen. Dabei werden Themen intensiv recherchiert und passende Inhalte sorgfältig durchgearbeitet, um gegebenenfalls abschließend die beste Antwort auszuwählen. Man kann hier von einer *exhaustiven Suche* sprechen, die wesentlich zeitaufwendiger ist als die beiden vorherigen Herangehensweisen. Angenommen, Ina, die Studentin aus Kapitel 2, »Website trifft auf Gehirn: Warum es sich lohnt, den Besucher zu verstehen und seine Perspektive in der Website-Konzeption zu berücksichtigen«, die für ein Filmmusik-Referat recherchiert, steht nicht unter Zeitdruck. In dem Fall wird sie Website-Inhalte zum Thema Filmmusik weitaus intensiver betrachten. Sie wird sich einen umfassenden Überblick über das Gesamtthema verschaffen, bevor sie die Inhalte für ihr Spezialthema auswählt. Unser Computerkäufer Stefan würde einen Research-Ansatz wählen, wenn er detaillierte Informationen über die perfekten PC-Komponenten für bestimmte Einsatzzwecke recherchieren wollte. Dabei würde er nicht nur browsen und nach dem (erst)besten Gesamtpaket suchen, sondern eine umfassende Recherche der einzelnen Bausteine in Angriff nehmen, um die besten Komponenten zu finden, die der Markt hergibt.

Website-Quick-Tipps für die drei User-Typen

Im Idealfall bedient Ihre Website alle User-Typen. Darüber hinaus gibt es aber auch noch einige Aspekte und Tipps, die wir Ihnen zur Berücksichtigung der jeweiligen User-Typen in Ihrem Website-Konzept – vor allem für die Startseite – an die Hand geben wollen.

Website-Quick-Tipps für den Sucher

- **Suche**: eine unmittelbar erkennbare, gut funktionierende Suchfunktion
- **Übersichtlichkeit**: strukturell und optisch gut aufbereitete Suchergebnisse und Inhalte
- **Filter**: sinnvolle, gut funktionierende Filterfunktionen für die Suchergebnisse, um schneller zum Ziel zu kommen

Website-Quick-Tipps für den Browser und den Researcher

- **Navigation**: ein übersichtliches Menü
- **Kategorien**: eine sinnvolle, übersichtliche Kategorienaufteilung
- **Verführung**: interessante, relevante, ansprechend gestaltete Beispielprodukte/-informationen
- **Vergleiche**: Eine übersichtliche Vergleichsfunktion ist vor allem auf Webshops mit technisch komplexeren Produkten ein gutes Mittel für unentschlossene Browser.

8.2   Demografische Personengruppen definieren

Je nachdem, was Sie auf Ihrer Website anbieten, können Sie auch demografische Eigenschaften zur Unterscheidung von Zielgruppen einsetzen. Diese Eigenschaften umfassen meist recht große Gruppen und sind wenig spezifisch. Hier gibt es viele Möglichkeiten, wie beispielsweise:

- Alter, Geschlecht
- Familie, Lebenszyklus
- Beruf, Rolle
- Nationalität, Sprachen

Webshops können die angebotenen Produkte oder Produktgruppen nach Geschlechter- und/oder Alterskategorien anbieten, wie z. B. Bekleidungs-Webshops Angebote für Damen vs. Herren vs. Kinder bereitstellen. Angenommen, eine Website-Besucherin ist zum Shoppen auf diversen E-Commerce-Websites »unterwegs«. Sucht sie eine Jacke, wird sie nicht alle Suchergebnisse durchsehen wollen, um eine passende Jacke zu finden. Die Unterscheidung bzw. Auswahlmöglichkeit zwischen Damen- und Herrenjacken setzt sie beim Besuch eines Webshops voraus.

Der Nachteil an einer rein demografischen Definition und Segmentierung der Website-Besucher ist, dass Menschen, die in diesen Eigenschaften übereinstimmen, dennoch sehr verschieden sein können. Sie können sich in vielen wirtschaftlich relevanten psychologischen Merkmalen wesentlich unterscheiden. Beispielsweise treffen die Merkmale »weiblich, Ende 50, deutsch, beruflich erfolgreich, verheiratet mit Kindern« gleichermaßen auf Ursula von der Leyen wie auch auf Sängerin Nena zu. Aber eine gemeinsame Ansprache für die beiden recht unterschiedlichen Frauen zu finden, dürfte ein schwieriges Unterfangen sein. Daher sollten Sie demografische Daten zwar durchaus nutzen, aber im Idealfall mit anderen Merkmalen kombinieren.

8.3 Bedarfsgruppen identifizieren

In der Marketingbranche wird gelegentlich zwischen *Zielgruppen* und *Bedarfsgruppen* unterschieden. Zielgruppe wird meist für die anvisierten Personengruppen von Outbound-Marketing-Maßnahmen verwendet. Der Gegenbegriff dazu ist Bedarfsgruppe für Inbound-Marketing-Maßnahmen. Dieser Begriff fokussiert den Bedarf des Kunden. Der Ansatz geht vom potenziellen Kunden aus statt auf ihn zu: Um seinen Bedarf zu sättigen, sucht der Besucher selbst durch »Ziehen« relevanter Angebote.

Kundengruppen ihrem Bedarf entsprechend zu definieren und zu differenzieren ist also neben dem Suchverhalten und den demografischen Eigenschaften eine weitere Möglichkeit der Zielgruppenbestimmung. Dieser Ansatz ist vor allem für E-Commerce-Websites und Dienstleister relevant. Dabei geht es primär um die pragmatischen Gründe, derentwegen ein Webuser eine Website besucht. Diese können beispielsweise durch einen vorliegenden Mangel, z. B. durch ein akut aufgetretenes Problem, begründet sein. Der Beispiel-Webuser Stefan hat Bedarf an einem neuen Computer, da der alte Computer seines Sohnes kürzlich kaputtgegangen ist:

▶ Akut aufgetretenes Problem: Technikversagen

▶ Mangel: ein funktionierender PC

▶ Bedarf: ein PC zum Surfen, Spielen, Musik aufnehmen, Hausaufgaben erledigen

Stefan wird in einem entsprechenden Computer-E-Shop nach einem geeigneten Gerät suchen, das seinen Bedarf bzw. den seines Sohnes deckt. Ist die Mission einer Website, den Bedarf ihrer Zielgruppen zu erfüllen, sollte sie die verschiedenen möglichen Bedarfe auch entsprechend widerspiegeln.

8.4 Motivationsgruppen erfassen

Eine etwas umfassendere Sicht auf den Website-Besucher bietet die Analyse bzw. Definition von *Motivationsgruppen*. Dabei wird nicht nur der pragmatische Bedarf an einem Produkt, einer Dienstleistung oder Informationen berücksichtigt. Vielmehr werden neben den Suchmotivationen auch die grundsätzlichen psychologischen Motivationen und Bedürfnisse mitbetrachtet, die hinter der rein praktischen

Bedarfssättigung stehen können. Bereits in Kapitel 1, »Vom Sinn und Unsinn einer Website«, wurde erörtert, inwiefern Websites nicht nur passiv rezipiert werden, sondern ein Handlungsmedium sind, mit dem die verschiedensten Alltagsziele erreicht werden können. Potenzielle Bedürfnisse oder Motivationen eines Website-Besuchers wurden in Kapitel 2, »Website trifft auf Gehirn: Warum es sich lohnt, den Besucher zu verstehen und seine Perspektive in der Website-Konzeption zu berücksichtigen«, besprochen. Hier können Sie sie nutzen, um Ihre Zielgruppen zu bestimmen.

Auf Ihrer Website müssen Sie diese Bedürfnisse nicht zwangsläufig einzeln abbilden, da sie auch als Handlungsmotivatoren nicht zwangsläufig einzeln auftreten. Sie können sie auch in kombinierter Form integrieren. Wichtig ist aber, dass Sie sich als Website-Betreiber bewusst machen, welche Bedürfnisse Sie mit Ihrem speziellen Angebot ansprechen und befriedigen wollen und ob Sie für unterschiedliche Motivationsgruppen unterschiedliche Website-Elemente konzipieren müssen, um das zu erreichen. Im Folgenden zeigen wir Ihnen für einige Beispielbedürfnisse und Suchmotivationen die passenden Quick-Tipps zur Umsetzung auf Ihrer Website.

Website-Quick-Tipps für unterschiedliche Motivationen

Information: ausführliche Produktinformationen

Hilfe: FAQs, Forum, diverse Kontaktfunktionen

Zeitersparnis, Bequemlichkeit: Lieferung, Express-Liefermöglichkeiten

Gewinn, Ersparnis: Schnäppchen- und Sale-Bereich bereits im Menü

Mitteilsamkeit: Social-Media-Sharing-Optionen und -Buttons

Sicherheit: Trust-Elemente, Verschlüsselung des Login-Bereichs, einen transparenten Kaufprozess etc.

Ein Computer-Webshop, wie ihn unser Beispielkunde Stefan besucht, sollte ebenfalls Motivationsgruppen mit unterschiedlichen Bedürfnissen ansprechen. Beispielsweise könnten die Motivationsgruppen hier so aussehen:

▶ *Der sparsame Online-Käufer* möchte schnell einen neuen Rechner ohne viele Zusatzoptionen für einen günstigen Preis kaufen (Zeitersparnis, Bequemlichkeit, Gewinn).

▶ *Der anspruchsvolle Online-Käufer* möchte sich umfassend informieren, einen neuen Rechner mit allen besten Optionen, die zur Verfügung stehen.

▶ *Der Live-Käufer* möchte sich online vorinformieren, abschließend jedoch ins Ladengeschäft gehen und dort kaufen, weil ihm Onlineshops nicht vertrauenswürdig erscheinen.

▶ *Der Support-Suchende* hat bereits ein Produkt gekauft, hat weitere Fragen oder ein Problem.

▶ *Der Technikblogger/Affiliate* berichtet regelmäßig über neueste Trends und teilt aktuelle Angebote auf seinem Blog und den Social-Media-Kanälen.

▶ *Werbe- und Geschäftspartner* wie Presse- und andere Medienunternehmen, in denen das Unternehmen Marketing betreiben kann, oder Partner, mit denen das Unternehmen geschäftlich kooperiert. Diese Personengruppen suchen – wie auch Blogger/Affiliates – wahrscheinlich eine Kontaktmöglichkeit, um eine Kooperation anzufragen

Die Bedürfnisse und Besuchsmotivationen zu berücksichtigen ist besonders wichtig, da sie das Website-Besuchsverhalten ebenso steuern wie jedes andere menschliche Verhalten. Gleichzeitig bleibt aber zu bedenken, dass nicht zwangsläufig jeder Besucher in eine der Motivationsgruppen fällt und manche wiederum möglicherweise von mehreren Bedürfnissen und Suchmotivationen geleitet werden.

8.5   Personas erstellen

Der *Persona*-Ansatz geht gewissermaßen über all die zuvor vorgestellten Ansätze hinaus. Eine Persona ist ein fiktiver, aber realitätsnaher Zielgruppenstellvertreter, eine Art Prototyp für eine homogene Gruppe von Website-Nutzern bzw. -Kunden. Sie dient als Leitfigur für Online-Marketing-Kampagnen und Website-Gestaltung. Der Persona-Begriff stammt ursprünglich von Cooper[1] und wurde für die Softwareentwicklung speziell im Bereich *Interaction Design* konzipiert. *User-Personas* sollten Entwickler dabei inspirieren, Benutzeroberflächen anhand lebensnaher Charaktere benutzerfreundlicher zu gestalten.

In der Website-Konzeption ermöglicht eine detaillierte Ausarbeitung der Personas eine greifbare Vorstellung vom Website-Besucher. Auf der Basis verschiedener empirischer Daten aus Beobachtung, Umfragen oder Interviews mit potenziellen oder tatsächlichen Zielkunden werden Beispielprofile prototypischer Nutzer oder Käufer erstellt. Diese können durchaus auch an reale Personen angelehnt sein. Bei der Relaunch-Konzeption können Sie auch statistische Auswertungen von Nutzerdaten der bestehenden Website hinzuziehen (siehe Abschnitt 8.7).

Es gibt eine Reihe verschiedener Definitionskriterien, die Sie zur Erstellung einer Persona nutzen können (siehe Abbildung 8.1). Typischerweise bekommt eine Persona mindestens:

▶ einen Namen

▶ ein Foto, um sie zu visualisieren und greifbarer zu machen

Je nach Zweck und Branche werden weitere Merkmale und Eigenschaften hinzugefügt.

---

1   Cooper, Alan, The inmates are running the asylum. Indianapolis: Sams 1999.

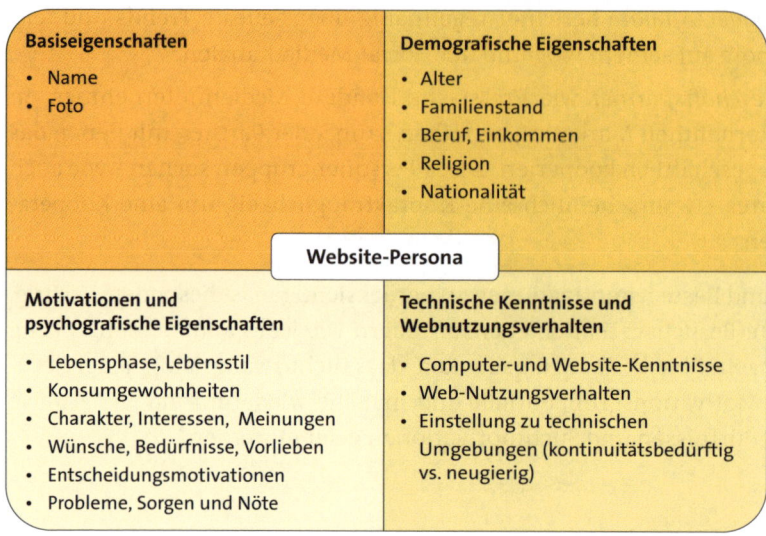

Abbildung 8.1 Definitionskriterien für die Erstellung einer Website-Persona

Eine solch umfassende Definition der Zielgruppe ist zwar etwas aufwendiger, allerdings kann die Website durch das tiefere Verständnis wesentlich präziser konzipiert und gestaltet werden. Wichtig ist dabei, dass Sie die Persona immer im Hinblick auf Ihre Website und die damit verbundenen Ziele definieren. Konzentrieren Sie sich auf die für Ihre Website relevanten Aspekte der Persona. Stefan, unser Beispiel-Webuser auf Computersuche, könnte für eine Website, die Computer und -zubehör vertreibt, oder für ein Portal, das zum Thema Computertechnik informiert, durchaus als Persona-Beispiel benutzt werden. Mithilfe einer Vorlage haben wir das *Persona-Konzept* in Abbildung 8.2 erstellt.

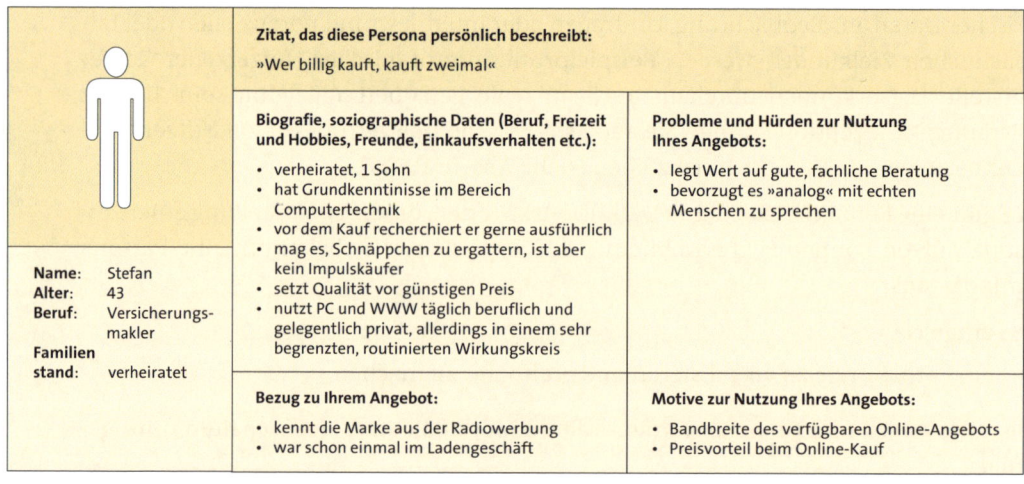

Abbildung 8.2 Beispiel-Persona Stefan für die Website-Konzeption eines Computer-Webshops

Es gibt auch einige sehr hilfreiche Online-Tools zur Erstellung von Personas:

▶ *makemypersona.com/*

▶ *xtensio.com/user-persona/*

Egal, welches Hilfstool Sie verwenden, am wichtigsten ist Ihre Vision der Zielkunden, für die Sie die Website konzipieren. Wie könnte ein typischer Besucher Ihrer Website aussehen?

Nehmen Sie die bisherigen Kriterien zur Zielgruppenanalyse zusammen, lässt sich eine recht umfassende Zielgruppenbeschreibung erstellen. Damit Sie die wichtigsten Fragen für sich oder Ihre Kunden beantworten können, haben wir auch zur Zielgruppenbestimmung eine Fragebogen-Checkliste für Sie erstellt.

8

Fragebogen-Checkliste: Zielgruppen bestimmen

▶ Wer sind Ihre Zielgruppen? Wer sind Ihre Hauptzielgruppen? Welche weiteren Personengruppen könnten Informationen auf Ihrer Website suchen?

▶ Welche User-Typen erwarten Sie auf Ihrer Website (Sucher, Browser, Researcher)? Welche User-Typen möchten Sie bedienen?

▶ Welche technischen Kenntnisse erwarten Sie bei Ihren Zielgruppen? Wie sehen die Computer- und Website-Kenntnisse Ihrer Zielgruppen aus? Wie routiniert sind Ihre Zielgruppen im Umgang mit Websites?

▶ Welche Gestaltung bevorzugen sie – eher sachlich, funktional, schnörkellos, direkt oder eher aufwendig, verspielt, überraschend, mit besonderen Extras?

▶ Welche demografischen Merkmale haben Ihre Zielgruppen (Alter, Geschlecht, Nationalität, Sprachen, Beruf, Rolle, Familie)?

▶ In welcher Lebensphase befinden sie sich? Welchen Lebensstil haben sie? Welche Konsumgewohnheiten haben sie?

▶ Welche Interessen haben Ihre Zielgruppen? Welchen Bedarf haben sie? Was brauchen sie? Was suchen sie? Welche Bedürfnisse, welche Handlungsmotivationen haben sie?

▶ Was weiß ein potenzieller Besucher über Ihr Thema, Ihr Angebot, Ihr Produkt? Welches mentale Modell haben Ihre Zielgruppen von Ihrem Angebot? Welchen Kenntnisstand hat Ihre Zielgruppe? Ist es eine stark spezialisierte Zielgruppe? Gibt es Fachwissen, das Sie voraussetzen können?

▶ Von welchen Gedanken und Emotionen werden die Suche nach Ihrem Thema und der Besuch Ihrer Website begleitet? Welche Reiz-Reaktionsmuster wird Ihre Zielgruppe am ehesten bei der Auseinandersetzung mit Ihrem Thema und beim Besuch Ihrer Website mitbringen? Mit welchen Vorurteilen könnten Ihnen Ihre Zielgruppen begegnen?

▶ Welches innere Bild haben potenzielle Website-Besucher von Ihrem Unternehmen? Welche Einstellung haben Ihre Zielgruppen zu Ihrem Unternehmen?

▶ Welcher Art soll die Beziehung zu Ihren Zielgruppen sein? Wie möchten Sie die Zielgruppen ansprechen, und wie möchten Sie damit die Beziehung gestalten?

▶ Welche Ansprache passt zu Ihren Zielgruppen? Möchten Sie sie siezen oder duzen?

▶ Welche Sprache und welche Tonalität möchten Sie verwenden (sachlich, fachlich, spezialisiert, nüchtern, informativ, für jeden verständlich, locker, kumpelhaft, emotional, humorvoll ...)?

Egal, für welche Form der Zielgruppendefinition Sie sich entscheiden – Sie sollten eine Zielgruppe vor Augen haben, wenn Sie eine Website konzeptionieren. Die meisten Websites und Konzeptionsprojekte, die wir von anderen übernommen haben, sind deswegen nicht gut gelaufen, weil keine klare Zielgruppendefinition in irgendeiner Form durchgeführt wurde.

8.6   Die Customer Journey

Warum kommen Besucher auf Ihre Website? Wie läuft Ihr Website-Besuch genau ab? Was können Sie tun, um Besucher auf Ihre Website zu holen und sie zur Conversion zu führen? Im Marketing gibt es diverse Prinzipien und Modelle, die versprechen, zu einem Erfolg von Werbekampagnen zu führen. Das klassische *AIDA-Modell* ist das wohl bekannteste von ihnen. Das Akronym steht für **A**ttention **I**nterest **D**esire **A**ction (siehe Abbildung 8.3).

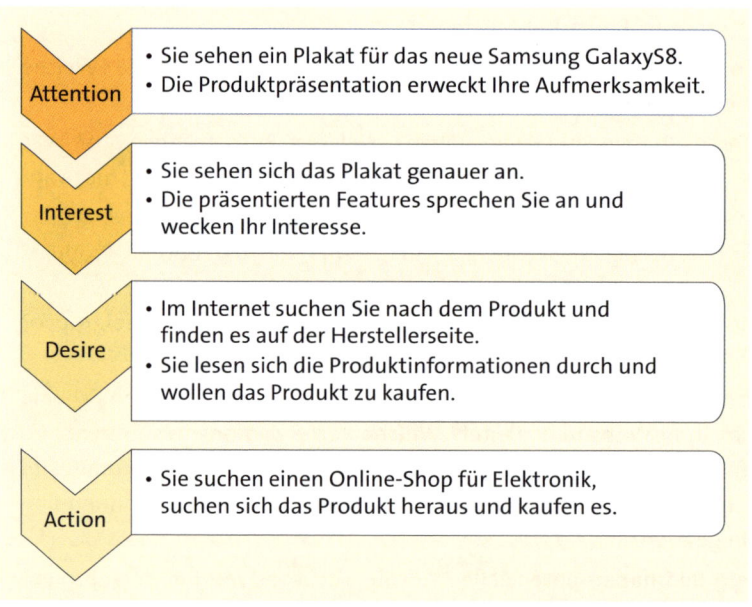

Abbildung 8.3 Das AIDA-Modell

Es besagt, dass durch mehrere sukzessive Phasen, die der Kunde durchläuft, Aufmerksamkeit, Interesse und Wunsch nach einem Produkt geweckt und eine Kaufhandlung erzielt werden kann.

Eine Erweiterung im Sinne eines eher dialogorientierten Verständnisses der Kundenbeziehung bietet das Modell der *Customer Journey*. In diesem Modell stehen der Weg des Kunden zur Kaufentscheidung und seine Berührungspunkte (*Touchpoints*) mit dem Produkt, der Dienstleistung oder der Marke im Fokus. In Form einer *Customer Journey Map* wird anhand von Zielgruppenvertreterbeispielen (z. B. einer Persona, siehe Abschnitt 8.5) die gesamte Reise des Kunden vom Erstkontakt bis hin zur abschließenden Handlung, wie z. B. dem Kauf eines Produkts, visualisiert. Beginnend mit einem Problemfall oder einem Ereignis, das den Kunden zu seiner Suchanfrage bewegt, findet die Reise auf verschiedenen Ebenen statt. Die Website-Konzeption entlang der Customer Journey setzt ein gutes Verständnis der Zielgruppen, ihrer Bedürfnisse und Motivationen sowie ihres Suchverhaltens auf Websites voraus. Auch die Emotionen und Gedanken, die Ihre potenziellen Besucher beim Besuch Ihrer Website begleiten, sollten Sie nicht außer Acht lassen. Machen Sie sich auch klar, in welchem emotionalen Zustand sich Ihre Besucher befinden und wie Sie darauf einwirken können. Sucht ein Webuser beispielsweise panisch nach Informationen zu einem Hautausschlag, können Sie als Betreiber einer Website, die entsprechende Salben vertreibt, Ihre Besucher durch eine sachliche, beruhigende Ansprache und verständliche Erklärungen der wichtigsten Handlungsoptionen abholen.

Machen Sie sich die Schritte bewusst, die Ihre Zielgruppen auf der Suche nach einer Antwort oder einem Produkt im Internet durchlaufen. Erstellen Sie eine Customer Journey Map, die diese Schritte visualisiert. So fällt es Ihnen leichter, die Website dahingehend zu konzipieren und zu optimieren, Ihre Zielgruppen an den richtigen Touchpoints abzuholen und mit ihnen zu interagieren. Entlang der Customer Journey können Sie verschiedene Aspekte der Zielgruppe betrachten, wie Sie in Tabelle 8.3 sehen.

Einflussfaktoren der Customer Journey	Interaktion zw. Besucher und Website
Suchmotivationen und -ziele	▸ Problem lösen, Frage beantworten ▸ Bedürfnisse befriedigen ▸ Heutzutage vielleicht sogar teilweise keine? Im mobilen Zeitalter surfen Webuser häufig auch aus Langeweile. ▸ Webuser folgen eher dem Prinzip Finden statt Suchen.

Tabelle 8.3 Aspekte und Ebenen der Customer Journey

Einflussfaktoren der Customer Journey	Interaktion zw. Besucher und Website
Gedanken und Emotionen	▶ abwägen von Argumenten, Vor- und Nachteilen und Einwänden ▶ überzeugt, beruhigt oder zweifelnd, verunsichert, fehlendes Vertrauen, Social Proof ▶ überfordert, überdrüssig, genervt, z. B. von zu viel Information (wie AGB), komplizierten Bestellvorgängen ▶ gelangweilt, z. B. von Content, Prozessen
Ereignisse und Handlungen	▶ Problem, einschneidendes Erlebnis, Fragestellung ▶ suchen, recherchieren, vergleichen, bewerten ▶ entscheiden und durchführen, z. B. kaufen ▶ ausprobieren, anwenden, Meinung bilden, weiterempfehlen und gegebenenfalls nachkaufen
Hindernisse	▶ Gestaltung und Wirkung der Website, ablenkende Elemente ▶ zu komplizierter, langwieriger, unübersichtlicher Bestellvorgang ▶ komplizierte Textwüsten wie AGB ▶ Systemfehler auf Website, z. B. während des Bestellvorgangs, während oder nach Eingabe der Daten
Touchpoints für Sie als Website-Betreiber	▶ Bedürfnis erkennen oder Bewusstsein und Bedürfnis erzeugen durch eine gute Startseite, Landingpages ▶ ganzheitliche Betrachtung von Suchproblemen durch informatives Content Marketing, wie Ratgebertexte etc. ▶ Vorteile zeigen, verführen, schrittweise überzeugen durch *Conversion Funnel* (siehe unten) ▶ Handlungsoptionen bereitstellen durch optimierte Calls-to-Action ▶ gute User Experience durch Design, Usability, Content

Tabelle 8.3 Aspekte und Ebenen der Customer Journey (Forts.)

Eine Customer Journey Map bildet den gesamten Kundenprozess ab. Auf dieser Karte sind verschiedene Ereignisse und damit einhergehende Überlegungen, Entscheidungen und Handlungen verzeichnet, die ein potenzieller Kunde durchlaufen könnte. Abbildung 8.4 skizziert eine vereinfachte Customer Journey Map für den Beispielkunden Stefan beim Computerkauf.

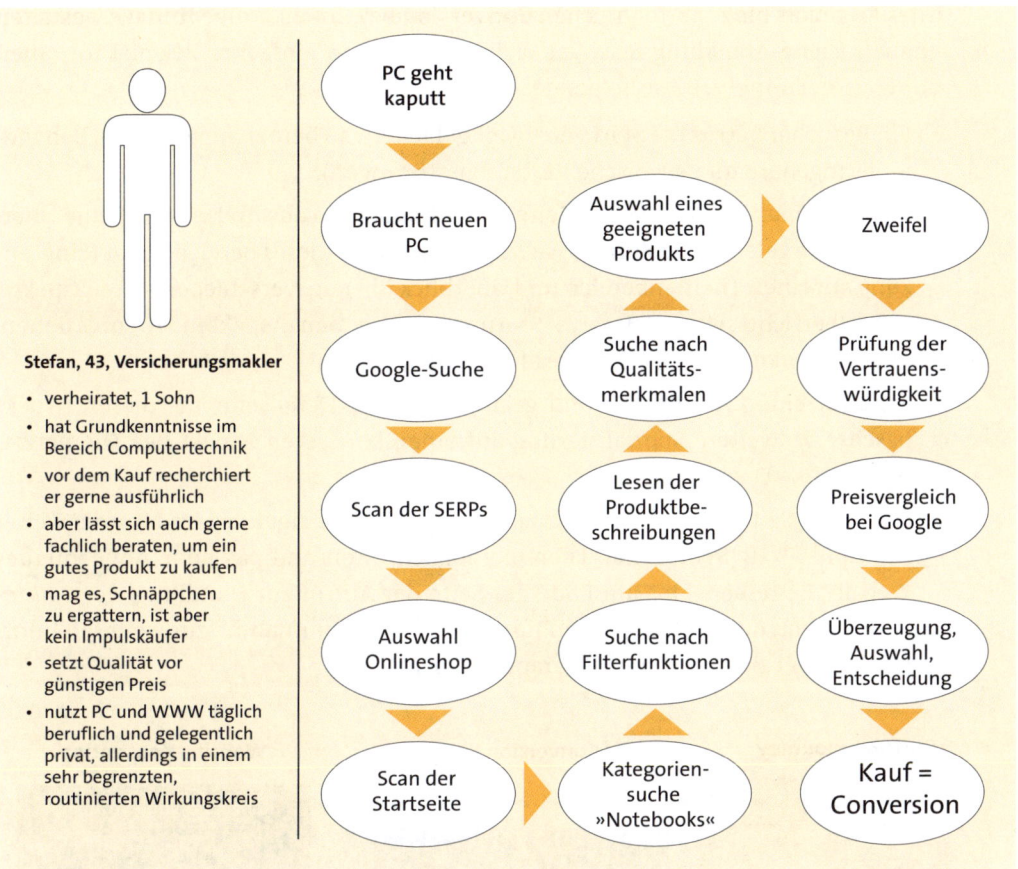

Abbildung 8.4 Vereinfachtes Beispiel einer Customer Journey Map für den Beispielkunden Stefan beim Kauf eines Computers

Durch Berücksichtigung der Customer Journey können Sie in der strategischen Konzeptionsphase wesentlich präziser definieren, wo Ihre Website Ihre Besucher abholen kann und sollte. Sie können die Touchpoints definieren, die Ihre Website nutzen kann, um Ihre Zielgruppen auf Ihre Website zu ziehen, sie zu halten und sie Schritt für Schritt zu einer Conversion zu (ver)führen. Diejenigen Schritte der Map, in der Sie die Möglichkeit haben, mit Ihren Interessenten zu interagieren, also die Touchpoints, können Sie durch gezielte Marketingmaßnahmen beeinflussen. Die Gesamtheit der Touchpoints und der dazugehörigen Maßnahmen werden in einem sogenannten *Customer Journey Funnel* oder *Conversion Funnel* (engl. *funnel* bedeutet »Trichter«) optimiert. Ein Conversion Funnel ist eine trichterförmige Zuspitzung der Argumentationskette, die den Besucher Schritt für Schritt zur gewünschten Conversion leitet und ihn letztlich überzeugt. Ein Conversion Funnel greift also die einzelnen Touchpoints auf, die Sie auf Ihrer Website für Ihre Kunden von der Entdeckung

Ihres Angebots bis zur erfolgreichen Conversion bzw. auch darüber hinaus, gestalten können (siehe Abbildung 8.5). Auf Websites wäre ein einfaches Beispiel für einen Conversion Funnel z. B. das folgende:

▶ Ein Besucher betritt die Startseite (weit gefächertes Themenangebot, z. B. Behandlungsangebote für psychische Verhaltensstörungen).

▶ Er wählt einen Teilbereich der Seite in der Navigation aus und wird auf eine Übersichtsseite geleitet, die ihm die wichtigsten Aspekte dieses Bereichs zeigt (Eingrenzung auf einen Themenbereich und Überblick über die verschiedenen Teilaspekte, z. B. Übersichtsseite »Affektive Störungen« mit den Aspekten »Depressionen, Manie, bipolare Störung, weitere affektive Störungen«).

▶ Er wählt einen Aspekt aus und gelangt auf eine Detailseite, die diesen Aspekt beschreibt (weitere Spezialisierung auf einen konkreten Aspekt des Themenbereichs, z. B. »Depression«).

▶ Auf dieser Seite werden die wichtigsten Argumente aufgeführt und immer weiter zugespitzt (z. B. Symptome, Therapiemöglichkeiten und passende Angebote des Website-Betreibers), bis am Ende der Seite der Aufruf zur Handlung, der *Call-to-Action* steht, der zur Conversion führt (z. B. Kontaktaufnahme zur weiteren Information oder Buchung eines Therapieplatzes).

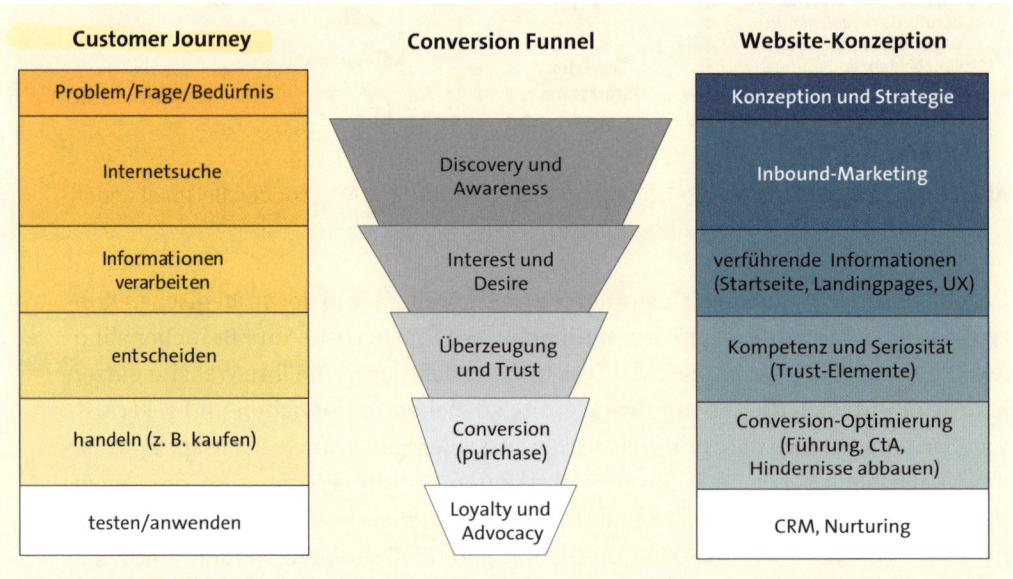

Abbildung 8.5 Website-Konzeption entlang der Customer Journey im Sinne des Conversion-Funnels

Auf diese Weise können Sie Ihr gesamtes Website-Konzept aufbauen. Gestalten Sie nicht nur eine thematisch gut aufbereitete Website-Struktur, sondern gestalten Sie

Customer Journeys: Überlegen Sie sich, welche möglichen Customer Journeys Ihre Besucher je nach Suchproblem, Bedürfnis oder Nutzertyp auf Ihrer Website durchlaufen könnten, und gestalten Sie diese trichterförmig. Spitzen Sie sie auf die beabsichtigten Conversions zu. Die Customer Journey beginnt aber nicht erst mit dem Betreten der Website. Für den Besucher beginnt sie auch nicht zwangsläufig erst mit seinem Suchproblem und der Eingabe seiner Suchanfrage in den Suchschlitz der Suchmaschine. Customer Journeys sind komplex geworden, sie sind nicht mehr linear, sondern können parallel verschiedene Medien, Kanäle und Interaktionen mit einem Angebot umfassen. Darauf müssen Sie sowohl Ihre Website als auch Ihre gesamte Online-Marketing-Strategie einstellen (siehe Kapitel 20, »Besucher auf die Website bringen und Erfolg messen – SEO, SEA und Webanalyse«).

Entlang der Customer Journey unserer Beispiel-Persona Stefan (siehe Abbildung 8.4) zeigen sich viele Optionen, die bei der Konzeption des Computer-Webshops umgesetzt werden könnten. Bereits zu Beginn ist beispielsweise gute Suchmaschinenoptimierung wichtig, damit die Website in den *SERPs* (engl. *Search Engine Result Pages*, Suchergebnisseiten) von Stefans Google-Suche auftaucht. Auf der Startseite oder Landingpage angekommen, zieht ein Webshop mit guten Inhalten und passenden Angeboten seine Aufmerksamkeit an. Eine gut verlinkte Kategorienauswahl und eine gut sichtbare und leicht verwendbare Filterfunktion bieten neben einem übersichtlichen, aber interessanten Design sowie zügiger Seitenladezeit eine angenehme User Experience. Auf Produktseiten helfen Stefan, der gerne intensiv recherchiert und auf Qualität achtet, gut strukturierte Produktinformationen und Erläuterungen zu einzelnen Komponenten eines PCs. Um fachkundige User mit solchen Informationen nicht zu langweilen könnten sie per Klick aus- und wieder eingeklappt werden. Ist Stefan von einem Produkt überzeugt, sollte ihn ein gut platzierter Call-to-Action zur Kaufentscheidung bringen. Will er sich vorher versichern, ob die Website vertrauenswürdig ist, helfen ihm z. B. im Footer immer sichtbar eingeblendete Trust-Siegel, sowie Icons der bekanntesten sicheren Zahlungsmethoden. Hat er beschlossen, den Kauf durchzuführen, sollte der Kaufprozess in wenigen übersichtlichen Schritten verlaufen und durch entsprechendes Feedback nach jedem durchgeführten Schritt ein Gefühl der Sicherheit vermitteln. Ziel ist es, die einzelnen Schritte, Denkprozesse und Handlungen des Besuchers zu verstehen und vorauszusagen. Diese Schritte können dann in der Konzeption auf die Website übertragen werden, so dass sie für den Besucher intuitiv – fast schon natürlich – aufeinander aufbauen.

8.7   Relaunch: Nutzung von Tracking-Daten für die Zielgruppenanalyse

Sofern ein Tracking-Tool wie *Google Analytics* (oder auch Alternativen wie *Piwik*) in Ihre bestehende Website implementiert wurde, können Sie verschiedene Daten über die Website-Besucher auswerten und analysieren. Falls Sie Google Analytics noch gar nicht kennen, blättern Sie einmal vor zu Kapitel 20, »Besucher auf die Website bringen und Erfolg messen – SEO, SEA und Webanalyse«. Dort stellen wir Google Analytics etwas genauer vor. Wenn Sie Google Analytics bereits nutzen, können Sie hier einige Hinweise finden, wie Sie Daten über Ihre Zielgruppen daraus ablesen können. Sie können demografische Daten sowie Interessen- und Nutzungsdaten betrachten. Abbildung 8.6 zeigt eine Auswahl der verfügbaren Nutzerdaten aus Google Analytics. Die Auswertungen umfassen unter anderem den Standort (oben links), das ALTER (unten links), das GESCHLECHT (oben rechts) sowie die jeweilige INTERESSENKATEGORIE (unten rechts).

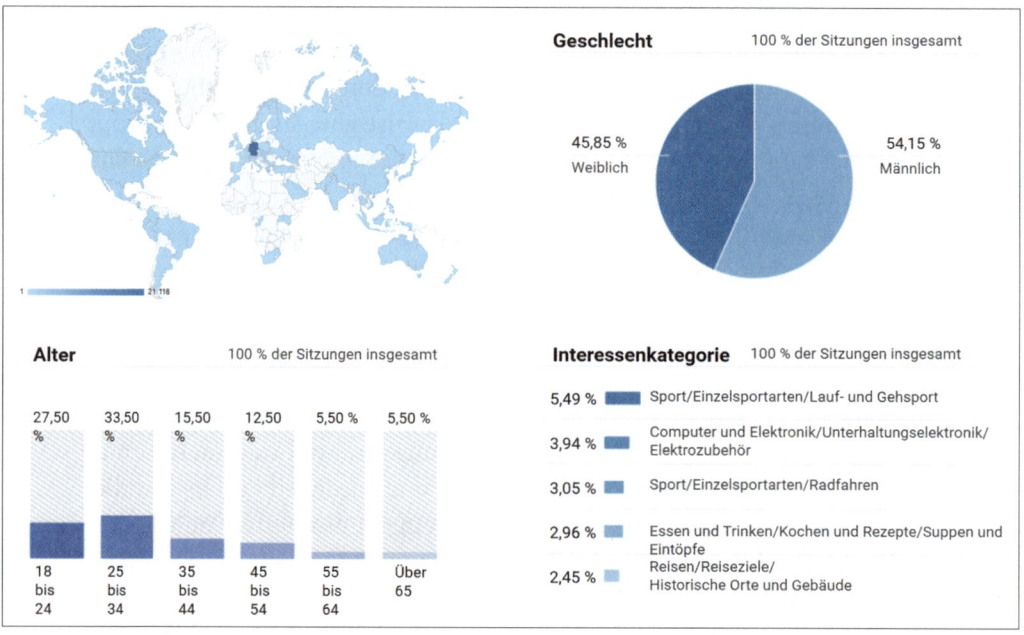

Abbildung 8.6 Zielgruppenauswertung mit Google Analytics

Anhand dieser Daten können Sie die demografische Komponente Ihrer Zielgruppen (siehe Abschnitt 8.2) eingrenzen und Ihre Website dahingehend anpassen. Sie können über die Interessen Ihrer Besucher aber auch Rückschlüsse auf diejenigen Themenbereiche ziehen, die Ihre Besucher ansprechen und die für sie relevant sind, sofern es in das Konzept Ihrer Website passt.

Wenn Sie diese Daten darüber hinaus auch noch mit Daten aus der Webanalyse kombinieren (siehe Kapitel 20, »Besucher auf die Website bringen und Erfolg messen – SEO, SEA und Webanalyse«), können Sie beispielsweise untersuchen, ob Ihre bestehende Website bei bestimmten Altersgruppen erfolgreicher ist als bei anderen. Daraus können Sie ableiten, auf welche Gruppen Sie Ihre Inhalte noch gezielter ausrichten sollten – sofern das Ergebnis Ihrer anvisierten Altersgruppe entspricht.

Oder aber Sie erkennen, dass Sie Ihr Website-Angebot besser anpassen müssen, um diejenigen gewünschten Altersgruppen, die Ihre Website bislang noch nicht anspricht, zu erreichen. Sofern Sie auch Social-Media-Plattformen in Verbindung mit Ihrer Website nutzen, können Sie auch in Ihren Konten bei Facebook & Co. Alters-, Standorts- und Sprachdaten auswerten und Ihre Zielgruppenbestimmung ergänzen.

Praxistipp: Zielgruppeninteressen aus Website-Bewegungen ableiten

Spannend wird es dann, wenn Sie noch einen Schritt tiefer gehen. Schauen Sie sich dafür genau an, wie die Customer Journey bei Ihren Besuchern derzeit verläuft. Wenn Sie mehrere Produkte oder Dienstleistungen parallel auf Ihrer Website anbieten, schauen Sie nach, welche am häufigsten und welche am wenigsten angeschaut werden. Diese Bewegungsdaten zeigen am Ende nichts anderes als die Interessen Ihrer Zielgruppe. Damit lassen sich dann wiederum Rückschlüsse ziehen, welche Detailinteressen bestehen, und Sie können somit gezieltere Personas bilden.

Nutzen Sie alle Daten allerdings mit Vorsicht, denn Google zeigt keine einzelnen Datensätze an. Vielmehr sind die Daten oftmals zusammengefasst, hochgerechnet oder geschätzt. Für eine Annäherung und Eingrenzung können Sie sie aber durchaus nutzen.

TEIL III

WEBSITE-STRUKTUR KONZIPIEREN

Kapitel 9
Vorüberlegungen zur Website-Struktur

Wie sieht eine ideale Website-Struktur aus? Sie erfahren in diesem Kapitel, wie Sie die richtigen Überlegungen zu Ihrer Website-Struktur anstellen und eine ideale Informationsarchitektur entwickeln.

Nachdem Sie die strategischen Konzeptionsphasen durchlaufen haben, ist in den folgenden Schritten die Struktur oder *Informationsarchitektur* Ihrer Website dran. Eine Website aufzubauen ist ein vielschichtiger Konzeptions- und Gestaltungsprozess. Alle Überlegungen dieses Kapiteln gelten ebenso bei der Konzeption eines Relaunches, daher wird es in diesem Kapitel keinen eigenen Relaunch-Abschnitt geben.

Zunächst ist es wichtig, dass Sie Ihren Zielen entsprechend festlegen, mit welchen Funktionen Ihre Website bestückt werden soll (siehe Abschnitt 9.1). Als Zweites stellen wir Ihnen verschiedene Website-Typen nach Einsatzzweck vor und beleuchten ihre wesentlichen Eigenschaften und Unterschiede (siehe Abschnitt 9.1). Grundlegende Ansätze zur Tiefenstruktur Ihrer Website, also ob breite oder tiefe Website-Strukturen vorzuziehen sind, finden Sie in Abschnitt 9.2. Zu den Grundüberlegungen im Rahmen dieses Kapitels gehören auch die Möglichkeiten, mit denen Sie verschiedene Sprachversionen in eine Website integrieren können (siehe Abschnitt 9.3). Abschließend vergleichen wir die Vor- und Nachteile der beiden strukturell unterschiedlichen Website-Strukturen *Onepager* vs. *Multipager* (siehe Abschnitt 9.4).

9.1   Was soll Ihre Website alles können? Verschiedene Website-Typen und ihre Besonderheiten

Von der kommunikativen Aufgabe Ihrer Website hängt die jeweilige Struktur ab. Das Mindeste, das eine Website unabhängig davon immer haben sollte, sind:

▶ eine *Startseite*

▶ einen sogenannten *Legal-Bereich*, der Kontaktinformationen des Betreibers sowie *Impressum* und *Datenschutzinformationen* enthält, da laut §5 *Telemediengesetz* diese Angaben verpflichtend sind

Alle weiteren Elemente sind optional. Je nach Unternehmen, Ziel, Zielgruppe, Thema/Produkt, Branche, Präferenzen usw. gehören zu den wichtigsten Elementen:

▶ Ihre Website-Inhalte

▶ verschiedene Kontaktmöglichkeiten

▶ eine *Suchfunktion* für Ihre Besucher

Im Web haben sich verschiedene Typen von Websites etabliert, die auch als Muster in den Köpfen der Besucher existieren. Von Unternehmens-Websites über Blogs bis hin zu Portalen oder Foren gibt es zahlreiche, mittlerweile typische Ausprägungen und vielfältige Mischformen. Websites bedienen sich im Aufbau häufig der Metapher realer (Geschäfts-)Interaktionen. Wenn Sie in ein Geschäft gehen, werden Sie in der Regel von den interessantesten Angeboten empfangen, und eventuell finden Sie auch diverse Schilder oder Wegweiser, die Ihnen die Abteilungen anzeigen. Die Startseite einer Website bzw. eines Onlineshops funktioniert ähnlich: Der Besucher wird mit einem besonderen Aufmacher willkommen geheißen. Die Navigation einer Website weist den Weg zu den wichtigsten Kategorien. Wie ein Besucher durch ein Geschäft bummelt, kann er online auch durch das Sortiment eines Webshops browsen und sich »umsehen«. Wenn ein Besucher ein Produkt kaufen möchte, legt er es in den »Warenkorb« und geht damit zur »Kasse«. Durch die metaphorische Übertragung von realen Elementen und Interaktionen, wie beispielsweise vom Kaufhaus auf den Onlineshop, erleichtern Websites den Besuchern die intuitive Bedienung, weil Sie die physische Erfahrungswelt simulieren.

Ähnlich dem Verhältnis Kaufhaus und Onlineshop ersetzen auch Video-on-Demand-Websites Videotheken. Künstler-Websites bilden die Ausstellung der Werke in einer »Galerie« ab. Soziale Medien bieten »(Chat-)Räume« zum »Treffen« und »Plaudern«, zum Austausch von Vorlieben, Erlebnissen und Erinnerungen und ersetzen häufig Fotoalben oder Diashows. Sie ähneln Cafés, Kneipen, Wohnzimmern oder anderen physikalischen Begegnungsstätten und bringen viele Funktionalitäten mit, die reale soziale Interaktionen virtuell abbilden.

Praxistipp: Metaphern für Kundengespräche nutzen

Hier und da berät man in einer Agentur Kunden, die nicht so sattelfest in der Konzeption von Websites sind. Wir nutzen bei mindshape bei diesen Gelegenheiten häufig Kaufhausmetaphern und vergleichen die Kunden-Website damit. Ein Kaufhauskunde kommt in die Eingangshalle (Startseite), orientiert sich an der Navigation (Beschilderung an der Rolltreppe), wählt dann das entsprechende Stockwerk (Website-Bereich) und sollte dort immer tiefer und tiefer in die Warenangebote (Klicks durch Website-Bereich) bis zur Kasse (Kontaktformular bzw. Warenkorb) geleitet werden.

Diese Übertragung physischer Strukturen auf digitale Informationsumgebungen wie Websites muss aber nicht zwangsläufig eine Ortsmetapher sein. Es gibt viele Websites, die Informationen und Wissen bündeln, etwa enzyklopädisches Wissen, wie z. B. Wikipedia, Rezepteseiten und ähnliche Portale es zur Verfügung stellen oder katalogische Informationen. In der Gestaltung solcher Websites bedienen sich Informationsarchitekten eher einer Buch- oder Printmedienmetapher. Oft gibt es Elemente, die Inhaltsverzeichnissen oder Glossaren entsprechen, um den Nutzern Orientierung zu bieten. Auch Unternehmens-Websites und die Websites von Dienstleistern übernehmen die Aufgabe von Prospekten und Visitenkarten. Sie sehen, Websites können die verschiedensten Einsatzzwecke haben. Daher wird auch jede Website ihrem Zweck entsprechend gestaltet und mit den jeweils relevanten Funktionalitäten ausgestattet. Abbildung 9.1 zeigt einige Beispiele verschiedener Website-Typen.

Abbildung 9.1 Unterschiedliche Website-Typen: Blog (affenblog.de), Verzeichnis (deutsches-krankenhaus-verzeichnis.de), Forum (android-hilfe.de), Marken-Website (rolex.com/de), Produkt-Website (apple.com/de/iphone), Webapplikation (verivox.de), Informationsportal (informationsportal.de), Kundenportal (1und1.de), Webshop (amazon.de), Microsite (urwhatupost.com), Kampagnen-Website (thefemalelead.com/the-campaign), Suchmaschine (google.com), Unternehmens-Website (dpdhl.com/de)

Sie fragen sich jetzt vielleicht: Warum ist der Website-Typ überhaupt relevant? In der realen, physischen Welt gibt es auch bestimmte Gebäudetypen, die für spezifische Interaktionen erbaut werden und daher strukturelle Gemeinsamkeiten aufweisen. Durch diese werden sie von den Besuchern erkannt, und diese wissen durch ihre

Erfahrung mit einem bestimmten Gebäudetyp, was sie dort tun und wie sie sich durch das Gebäude bewegen können. Beispielsweise sind Kirchen – wenn auch stilistisch unterschiedlich – strukturell sehr ähnlich aufgebaut. Mit ihrer Struktur geht auch eine ganz bestimmte Art der Interaktion einher, die jeder, der eine Kirche sieht und betritt, kennt und erwartet. Diese Typologien ermöglichen es dem Besucher, leicht zu finden, was er sucht, und zu tun, weswegen er gekommen ist. Letztendlich vereinfachen solche Muster den menschlichen Alltag enorm.

Auch in der virtuellen Welt gibt es diese Muster in Form von Website-Typen. Sie erleichtern den Zugang und die Interaktion, mit der ein Website-Besucher sein Suchziel erreichen kann. Wenn ein Website-Betreiber für seine Website, die einen bestimmten Zweck erfüllen soll, nicht den passenden strukturell-funktionalen Typ auswählt, kann das zu einem völligen Misserfolg der Website führen. Für Sie bedeutet das in der Folge, dass Sie den passenden Typ bei der Konzeption wählen müssen.

Stellen Sie sich vor, Amazon würde seine Produkte auf einer Website verkaufen wollen, die nicht als Onlineshop, sondern als Blog konzipiert ist. Als Besucher würden Sie nur sehr umständlich finden, was Sie suchen. Tabelle 9.1 bietet eine Übersicht über die wichtigsten Website-Typen und stellt in je drei Punkten ihre Funktion, ihren Fokus sowie ihre strukturellen Besonderheiten vor.

Website-Typ	Eigenschaften
Suchmaschine	▸ Dient der Suche nach »richtigen« Websites. ▸ Fokus auf der Suchfunktion ▸ Suchmaske mit dahinterliegender Datenbank, kaum bis kein eigener Content
Corporate Website/ Unternehmens-Website	▸ Dient der Selbstpräsentation und Imagebildung. ▸ Fokus auf der (fachlichen und personalen) Unternehmensstruktur
Digitale Visitenkarte	▸ Dient allein der Präsentation von Kontaktmöglichkeiten. ▸ statisch, nur wenig Content
Portfolio-Website	▸ Dient der Präsentation von Objekten desselben Typs, z. B. Fotografien. ▸ Fokus auf den Objekten und Kollektionen ▸ meist in Form von (Bild-)Galerien

Tabelle 9.1 Website-Typen, ihre Eigenschaften und Einsatzzwecke

Website-Typ	Eigenschaften
Produkt-Website	▸ Dient der Präsentation von Produktinformationen. ▸ Fokus auf Produkten und Features ▸ Integriert häufig Kontakt- oder Webshop-Funktionalitäten.
Webshop	▸ Dient dem Verkauf von Produkten. ▸ Fokus auf Einkaufserlebnis ▸ Anmelde-/Login-Funktion, Warenkorb- und Bezahlfunktion, Empfehlungen und Kundenbewertungen
Kampagnen-Website	▸ Dient der Bekanntmachung und Verbreitung von Kampagnen, häufig aus dem Non-Profit-Bereich und für einen »guten Zweck«. ▸ Fokus auf dem Thema und dem Aufruf zur Unterstützung ▸ Call-to-Action
Informationsportal	▸ Dient der Präsentation enzyklopädischen Wissens (z. B. Wikis). ▸ Fokus auf den Inhalten und ihrer Systematik ▸ Suchfunktion (zweitwichtigste Eigenschaft)
(Kunden-)Portal	▸ Dient dem Angebot von Dienstleistungen und Services. ▸ Fokus auf Kundenservice ▸ Anmelde-/Login-Funktion, geschlossener Bereich mit Benutzerverwaltung
Webverzeichnis	▸ Dient der Auflistung von Websites einer Branche, daher meist branchenspezifisch. ▸ Fokus auf Quantität ▸ alphabetische Sortierung, Suchfunktion
Webapplikation	▸ Dient als Softwareangebot der Direktanwendung. Fokus auf Anwendung durch den Nutzer ▸ Anmelde-/Login-Funktion, geschlossener Bereich mit Benutzerverwaltung

Tabelle 9.1 Website-Typen, ihre Eigenschaften und Einsatzzwecke (Forts.)

9

Website-Typ	Eigenschaften
Forum	▸ Dient dem Support von Usern für User, oft in andere Website-Typen integriert. ▸ Fokus auf Austausch und Diskussion von Beiträgen (Fragen, Antworten) ▸ Kommentarfunktionen sind essenziell, Anmelde-/Login-Funktion ebenso.
Microsite	▸ Dient als kompakte Informationsquelle. ▸ meist Nebenangebot ▸ Fokus auf einem einzelnen, in sich geschlossenen Thema oder Produkt
Blog	▸ chronologische Darstellung aktueller Inhalte ▸ dynamisch wachsender/wechselnder Content ▸ kann in anderen Seitentyp integriert sein (z. B. Unternehmens-Website) ▸ Kategorie- und Tag-Funktionen

Tabelle 9.1 Website-Typen, ihre Eigenschaften und Einsatzzwecke (Forts.)

Die Möglichkeiten für den Einsatz und die Gestaltung von Websites sind heutzutage unendlich. Im Vordergrund sollten dabei immer die Usability und eine gute User Experience (UX) stehen, die je nach Website-Typ und -Zweck anders sein kann, darf und sollte. Oftmals gibt es auch Mischtypen oder mehrere parallel verwendete Typen, die miteinander verknüpft werden. Beispielsweise haben Unternehmens-Websites häufig ein angegliedertes Blog, manche Onlineshops oder Portale haben ein dazugehöriges Forum usw. Wählen Sie das, was für Ihre Website-Ziele und Ihre Zielgruppe am besten geeignet ist. Schauen Sie auch hier bei den Wettbewerbern nach, welche Typen diese verwenden. Sie haben sich bei der Erstellung ja sicherlich auch Gedanken gemacht. Aber auch ein Blick auf branchenfremde Websites kann nicht schaden, denn dort finden Sie möglicherweise Ideen und Inspirationen, die auch für Ihre Branche funktionieren könnten.

Durch die wachsende Erfahrung der Webuser mit verschiedenen Typen von Websites – auch innerhalb bestimmter Branchen – haben sich gewisse Standards etabliert, an die sich auch Ihre Zielgruppen gewöhnt haben. Einige dieser Standards sollten Sie daher einhalten, um Ihre Besucher nicht zu verwirren (wir zeigen Ihnen in diesem Buch, welche das sind), wiederum andere etablierte Prinzipien, sollten Sie ruhig mal hinterfragen.

9.2   Breit angelegt oder tief gebohrt? Vor- und Nachteile breiter vs. tiefer Seitenstrukturen

In den meisten Fällen hat eine Website ein zentrales Grundelement, nämlich die Startseite. Das gesamte Informationsangebot einer Website wird auf einzelnen Seiten präsentiert, die sich in einer Art Baumstruktur von der Homepage aus verzweigen. Je nach Thema können sich sehr komplexe Strukturen für eine Website ergeben, und je nach Website-Konzept kann ein solcher Seitenbaum viele »Äste« und Ebenen umfassen. Genau hier setzt eine der wichtigsten Konzeptionsfragen an, die Sie sich beantworten sollten: Gehen Sie strukturell in die Tiefe und verschachteln die Unterseiten entsprechend? Oder stellen Sie die Website breit auf, und erstellen Sie nur wenige Ebenen? Abbildung 9.2 zeigt zum Vergleich jeweils eine flache und eine tiefe Website-Struktur.

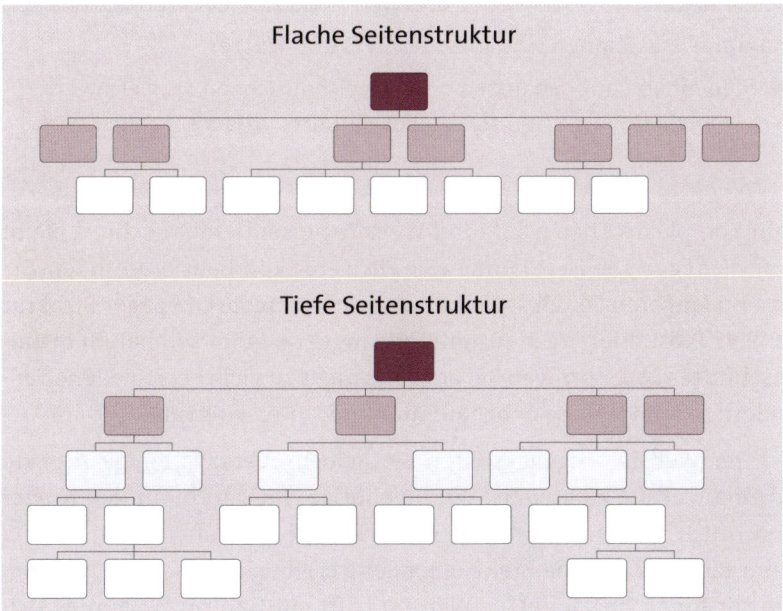

Abbildung 9.2 Flache vs. tiefe Website-Strukturen

Man könnte behaupten, es sei Geschmackssache, aber es gibt zwei Faktoren, die hier entscheidend sind: Sowohl aus Usability- als auch aus Sicht der Suchmaschinenoptimierung ist es sinnvoller, Websites möglichst flach zu halten. Was die Tiefe der hierarchischen Struktur mit der Usability zu tun hat? Für Ihre Besucher ist es wichtig, alle relevanten Inhalte Ihrer Website über möglichst wenige Klicks zu erreichen. Beispielsweise haben Webshops üblicherweise drei Ebenen:

- die *Homepage* oder *Startseite*
- *Kategorienseiten*
- *Produktseiten*

Durch eine flache Struktur gelangen Webuser schneller zu ihrem Suchziel. Sie behalten den Überblick und können sich durch die kürzeren URLs wesentlich besser auf Ihrer Website orientieren. Außerdem eignen sich kürzere URLs auch besser für das Bookmarking und die Anzeige in den *SERPs* (engl. *Search Engine Result Pages*, Suchmaschinen-Ergebnisseiten). Aus SEO-Sicht sind flachere Website-Strukturen besser geeignet, da sie für die Suchmaschinen-Robots leichter zu crawlen, also auszulesen, und zu analysieren sind. Zudem werden höher liegende Inhalte tendenziell auch besser bewertet. Dies sind aber natürlich nur Richtwerte, deren Umsetzbarkeit von Ihrem Thema abhängt.

> **Praxistipp: Maximal drei Ebenen sind ideal für SEO und Nutzer**
>
> Laut Google werden Inhalte auf den ersten drei Verzeichnisebenen als gleichwertig behandelt (*www.domain.de/eins/zwei/drei/*). Alles darunter wird als weniger wichtig erachtet.

Wenn Sie ein sehr komplexes Thema auf Ihrer Website präsentieren möchten, bleibt eine gewisse Tiefe nicht aus. Die Tiefe können Sie ein wenig kompensieren, indem Sie mit gut aufgebauten längeren Seiten arbeiten – angelehnt an die Onepager-Struktur (siehe Abschnitt 9.4). Präsentieren Sie zusammenhängende Inhaltseinheiten in einzelnen Seitenabschnitten. Aber bringen Sie pro Seite nicht zu viele verschiedene Teilaspekte ein, sondern teilen Sie diese lieber auf mehrere Unterseiten auf.

Was die Breite Ihrer Website angeht, sollten Sie jedoch ebenfalls einige Aspekte bedenken. Wird eine Website zu breit, ist die zugehörige Navigation für den Nutzer ebenso unübersichtlich und schwer bedienbar, wie eine zu tiefe, verschachtelte Struktur. Ein guter Richtwert für die Breite einer Seite ergibt sich aus den Chunking-Richtwerten, die wir Ihnen in Kapitel 2, »Website trifft auf Gehirn: Warum es sich lohnt, den Besucher zu verstehen und seine Perspektive in der Website-Konzeption zu berücksichtigen«, vorgestellt haben. Wie Sie dort gesehen haben, verarbeitet das Kurzzeitgedächtnis Informationen in Chunks, also in Stücken oder kleinen Paketen. Dabei ergab die Miller'sche Zahl, *sieben plus/minus zwei*, dass fünf bis neun Chunks offenbar der optimale Mittelwert für die Menge von Informationseinheiten ist, die der Mensch auf einen Blick erkennen und das Kurzzeitgedächtnis auf einmal verarbeiten kann. Für die Breitenstruktur Ihrer Website können Sie also ableiten, dass ca. fünf bis neun Hauptmenüpunkte in der Navigation, also die entsprechende Anzahl an Themenschwerpunkten auf der Website, ideal sind. Alles darüber hinaus ist schwer greifbar und unübersichtlich – wobei wir sogar empfehlen, die neun nicht auszureizen, sondern die Hauptnavigation eher auf maximal sieben Menüpunkte zu beschränken. Ihre Website nicht zu tief zu verschachteln ist letzten Endes auch für die mobile Nutzung wichtig. Diesen und weitere Aspekte des mobilen Zeitalters werden wir im folgenden Kapitel betrachten.

Zusammenfassend sollten Sie folgende Dinge beachten:

▶ Gestalten Sie Ihren Seitenstrukturbaum tendenziell eher flach und breit als tief.

▶ Konzipieren Sie allerdings nicht mehr als neun Hauptaspekte bzw. Menüpunkte.

▶ Um auch die Navigation hierarchisch flach zu halten, arbeiten Sie tiefer liegende Seiten – etwa ab der dritten oder vierten Ebene – über Verlinkungen im Inhaltsbereich höherer Ebenen ein.

9.3   Wie Sie mehrere Sprachversionen einer Website unter einen Hut bekommen

Mehrsprachige Websites zu erstellen ist kein einfacher Schritt im Prozess der Website-Erstellung. Vielmehr sind Mehrsprachigkeit und Internationalität wichtige Aspekte, die Sie bereits in der Konzeptionsphase berücksichtigen sollten. Wenn Ihr Unternehmen international auftreten soll, ist mindestens die englische Sprachversion Ihrer Website unumgänglich. Aber auch wenn Ihre Website nicht unmittelbar internationale Besucher ansprechen soll, Sie in der DACH-Region aber viele englischsprachige Kunden erwarten, sollten Sie über eine englische Version Ihrer Website nachdenken.

Praxistipp: Unterschätzen Sie den Aufwand von mehrsprachigen Sites nicht!

Unterschätzen Sie bitte nicht, welchen Aufwand eine weitere Sprachversion Ihrer Website mit sich bringt. Es erfordert nicht nur für die Konzeptions- und Umsetzungsphase viel Zeit, Arbeitskraft und Budget, sondern auch darüber hinaus. Natürlich müssen beim Launch Ihrer Website alle Inhalte übersetzt sein, inklusive aller Textinhalte. Anschließend müssen Sie aber weiterhin sicherstellen, dass auch alle folgenden, stetig aktualisierten Inhalte, wie News, neue Produktbeschreibungen etc., fortführend übersetzt werden. Können Sie das nicht selbst übernehmen, müssen Sie es auslagern, was erhebliche Kosten für die Übersetzungen nach sich ziehen wird.

Sollten Sie dennoch eine Übersetzung Ihrer Website in irgendeiner Form benötigen, gibt es mehrere Möglichkeiten, Mehrsprachigkeit zu konzipieren und umzusetzen: Sie können einerseits eine Voll- oder Teilübersetzung Ihrer Website erstellen, die der Struktur der Hauptversion folgt. Alternativ gibt es die Möglichkeit, eine kleinere Version der Website mit einer abgespeckten Struktur und den wichtigsten Elementen in der Fremdsprache zu erstellen.

Mehrere Sprachversionen einer Website können auch durchaus vollständig separat auf entsprechenden länderspezifischen Domains erstellt werden. Beispielsweise gab es früher die englische Haupt-Website *apple.com* und daneben unter vielen anderen die deutsche Sprachversion unter *apple.de*. Somit waren die deutsche und die englische Website vollständig voneinander getrennt. Später brachte Apple alle Sprachversionen auf die ».com«-Haupt-Website zurück, also beispielsweise *apple.com/de/* für die deutsche Website. Die Sprachversionen auf getrennten Domains zu belassen kann unter Umständen für große internationale Unternehmen sinnvoll sein, die für verschiedene Länder stark variierende Inhalte präsentieren wollen und die Websites daher trennen möchten.

Ist das nicht der Fall, sollten Sie die verschiedenen Sprachversionen auf einer Domain präsentieren. Aus SEO-Gründen hat das den Vorteil, dass die Pluspunkte, die Sie durch die Anzahl und Qualität der Links bei den Suchmaschinen gewinnen, nicht auf verschiedene Domains verteilt werden, sondern in einer Domain gebündelt werden. Wie Sie die Sprachversionen auf Ihrer Website unterbringen, hängt von der Ausrichtung Ihres Unternehmens ab. Ist Ihr Unternehmen primär international ausgerichtet, wählen Sie eine *.com*-Domain, und bringen Sie die verschiedenen Sprachversionen, darunter auch die deutsche, auf dieser Domain unter. Dann hätten Sie also beispielsweise unter *domain.com/de/* die deutsche Sprachversion, unter *domain.com/en/* die englische und bei Bedarf auch weitere Sprachen nach dem gleichen Prinzip.

Zur strukturellen Darstellung mehrerer Sprachversionen auf einer Domain gibt es wiederum zwei Ansätze, den *One-Tree-Ansatz* und den *Two-Tree-Ansatz*. Sollen ausnahmslos alle Inhalte 1 : 1 übersetzt werden, wählen Sie den One-Tree-Ansatz. Dabei wird ein einziger Seitenbaum angelegt, der für beide Sprachversionen verwendet wird. Die äquivalenten Sprachinhalte der Fremdsprache liegen dann wie eine Transparentfolie auf demselben Baum auf. Somit können Ihre Besucher auch auf einzelnen Seiten jederzeit die Sprache umschalten. Diese Variante erfordert vor allem bei größeren Websites allerdings eine intensive Umsetzungsphase, da die URLs für alle Unterseiten Ihrer Website übersetzt und mit der jeweils entsprechenden URL der anderssprachigen Variante bidirektional verknüpft werden müssen.

Wenn nicht alle Unterseiten eine Entsprechung in einer anderen Sprache haben oder Sie aus technischen Gründen nicht alle Seiten 1 : 1 abbilden können, können Sie auch die Two-Tree-Variante wählen. Dabei werden für zwei verschiedene Sprachen zwei verschiedene Seitenstrukturbäume angelegt. Auch die Navigation kommt hierbei in zwei Varianten vor. Wählt der Besucher in diesem Fall eine andere Sprachversion aus, wird er zum anderen Strukturbaum – und damit meist zur Startseite – umgeleitet und muss sich dort durch das jeweilige Menü bewegen.

Für die Suchmaschinenoptimierung sollten Sie in puncto Mehrsprachigkeit einige weitere Dinge beachten. Da Google die Sprachversion automatisch erkennt, ist es nicht mehr notwendig, die Sprachversion (und das Land) einer Website im Quellcode jeder Seite mithilfe sogenannter *Language-Tags* zu deklarieren. Für die User-Agents in Browsern ist dieses Tag dennoch hilfreich, um die gewünschte Sprachversion leichter zu erkennen und die passende abzurufen (siehe Abbildung 9.3). Damit Google die Spracherkennung zuverlässig durchführen kann, ist es wichtig, dass Sie pro URL nur eine Sprache verwenden. Möchten Sie in einen deutschen Text beispielsweise einen englischen Abschnitt einfügen, lagern Sie ihn lieber auf eine Unterseite aus und verlinken ihn mittels eines Content-Links. Zum anderen sollten Sie die Mehrsprachigkeit nicht nur für die Besucher, sondern auch für Suchmaschinen bidirektional auszeichnen, damit diese wissen, wo die entsprechenden Inhalte der jeweils anderen Sprachen zu finden sind. Das gelingt mit dem *Markup-Attribut* (auch *HTML-Meta-Element*) `hreflang` unter Zusatz von `rel="alternate"` (z. B. für Englisch `hreflang="en"`) und Angabe der entsprechenden sprachspezifischen URLs (siehe Abbildung 9.3). Diese Auszeichnung muss allerdings bidirektional auf beiden Sprachversionen einer Unterseite eingefügt werden, da Google das Element sonst nicht anerkennt. Haben Sie beispielsweise die Sprachversionen Deutsch und Englisch, so muss auf beiden sich entsprechenden Unterseiten bzw. URLs jeweils die Auszeichnung und Verlinkung zur dazugehörigen anderssprachigen Seite eingefügt sein. So erkennt Google, dass es sich um zwei zusammengehörige Seiten verschiedener Sprachvarianten handelt. Wenn Sie mehr als zwei Sprachversionen integrieren möchten, so brauchen Sie eine entsprechende reziproke Dreierkette.

- **HTML-Link-Element im Header:** Fügen Sie im HTML-Abschnitt `<head>` von
  http://www.example.com/ ein `Link`-Element hinzu, das auf die spanische Version der
  Webseite unter http://es.example.com/ verweist. Das sieht dann so aus:
  ```
  <link rel="alternate" hreflang="es" href="http://es.example.com/"
  />
  ```
- **HTTP-Header:** Falls Sie Dateien veröffentlichen, die nicht im HTML-Format, sondern zum
  Beispiel als PDF gespeichert sind, können Sie einen HTTP-Header verwenden, um eine
  alternative Sprachversion einer URL anzugeben:
  ```
  Link: <http://es.example.com/>; rel="alternate"; hreflang="es"
  ```
  Um mehrere hreflang-Werte im Link-HTTP-Header anzugeben, trennen Sie die Werte wie
  folgt durch Kommas:
  ```
  Link: <http://es.example.com/>; rel="alternate"; hreflang="es",
  <http://de.example.com/>; rel="alternate"; hreflang="de"
  ```
- **Sitemap:** Statt mittels Markup können Sie Informationen über Sprachversionen in einer
  Sitemap einreichen.

Abbildung 9.3 Google-Empfehlungen zur Markierung der Website-Sprache(n) im Quellcode (Quelle: goo.gl/2fFvQp)

Wenn Sie ein *Content-Management-System* (*CMS*, siehe Abschnitt 16.3, »Statische vs. dynamische Websites programmieren«) zur Erstellung Ihrer Website nutzen – was wir dringend empfehlen –, wird diese Auszeichnung im Falle einer 1:1-Übersetzung nach entsprechender Einrichtung automatisch vom System für Sie erstellt. Wenn Sie kein CMS nutzen, ist die Auszeichnung allerdings sehr aufwendig, da Sie sie für jede Sprachversion und jede Seite einzeln manuell eingetragen müssen.

Die Quintessenz dieses Abschnitts ist, dass es nicht gerade eine Randaufgabe ist, eine mehrsprachige Website zu erstellen. Der Aufwand einer Übersetzung sollte also durch die zu erwartenden fremdsprachigen Besucher gerechtfertigt sein. Wenn Sie fremdsprachige Zielgruppen haben, gehen Sie Ihre geplanten Inhalte durch, und überlegen Sie, welche Inhalte Sie übersetzen möchten und ob es gegebenenfalls auch unterschiedliche Inhalte geben soll. Aus diesen Überlegungen ergibt sich dann, ob Sie für Ihre Website-Struktur einen One- oder Two-Tree-Ansatz verwenden. Achten Sie bei der Umsetzung darauf, dass Sie pro Unterseite nur eine Sprache verwenden, damit die Suchmaschinen die Spracherkennung zuverlässig durchführen können. Wie Sie sehen, handelt es sich bei diesen Fragen um hochgradig individuelle Einzelfallentscheidungen. Dennoch sind die Sprachwahl und der Umgang mit mehreren Sprachversionen ein wichtiger Konzeptionsschritt und ein Aspekt, den Sie beim Entwurf Ihrer Website-Struktur auf jeden Fall mitbedenken sollten.

9.4 Wann ist ein Onepager sinnvoll und wann der klassische Multipager?

Die klassische Website besteht üblicherweise aus einer *Startseite* oder *Homepage* und mehreren Unterseiten, die über die Navigation erreichbar sind. *Onepager* (auch *One Page Websites* bzw. *Single Page Websites*) sind Websites, deren Inhalte auf einer einzigen langen Seite mit einer einzigen URL untergebracht sind. Sie präsentieren meist sehr konzentrierte, sorgfältig strukturierte Informationen zu einem kleineren oder spezialisierten Themenbereich. Im Gegensatz zu klassischen Websites (auch *Multi Page Websites* oder *Multipager*), deren Inhalte auf mehreren Unterseiten verteilt sind, werden die Elemente auf einem Onepager untereinander angelegt. Der Website-Besucher nimmt die Inhalte durch Scrollen sukzessive in der vom Betreiber beabsichtigten Reihenfolge auf. Onepager erzählen durch diese »Salamitaktik« meist eine Geschichte (im übertragenen oder wörtlichen Sinn). Digitales *Storytelling* ist ein beliebtes Marketingstilmittel, mit dem Sie Ihre Besucher auf einer emotionalen Ebene ansprechen können. Anhand aufeinanderfolgender Content-Elemente werden Besucher von oben nach unten durch die Geschichte geführt. Sie können ihre Aufmerksamkeit nach und nach gezielt auf bestimmte Teilaspekte lenken. Mehr zum Storytelling in Ihrem Content erfahren Sie in Kapitel 19, »Kommunizieren Sie mit unwiderstehlichem Content«. Onepager bieten durch ihre »einseitige« Struktur viel fortlaufenden Raum, um eine Story aufzubauen.

Auf einem Onepager lassen sich die Inhalte – und auch die Elemente einer Story – im Sinne des Conversion Funnels, den wir Ihnen in Abschnitt 8.6, »Die Customer Journey«, vorgestellt haben, aufbauen. So können Sie Ihre Inhalte gezielt und schrittweise auf das gewünschte Conversion-Ziel und die entsprechende Handlungsempfehlung (*Call-to-Action*) – beispielsweise Download eines Whitepapers oder Kauf eines Produkts – zuspitzen. Aber auch für kreative Projekte und soziale Kampagnen werden Onepager häufig verwendet. Zwei sehenswerte Beispiele für kreatives Storytelling im Onepage-Design finden Sie unter *onepager.de* (einen Ausschnitt daraus zeigt Abbildung 9.4) oder *atterwasch.net/*.

Eine Mischvariante sind sogenannte *Microsites* (auch *Mikro-Websites* genannt) im Onepage-Design. Microsites sind vergleichbar mit Sonderbeilagen in Zeitschriften zu einem speziellen Teilbereich eines Themas oder Unternehmens. Sie können, müssen aber nicht in eine Multipager-Website integriert werden. Sie werden meist auf eine gesonderte Domain oder Subdomain ausgelagert und für besondere Marketingkampagnen eingesetzt. Dies eignet sich vor allem im Zuge neuer und/oder exklusiver Produkte, wenn das (neue) Branding betont und von der Hauptmarke abgehoben werden soll.

Häufig werden Onepager auch als Landingpages eingesetzt, die sich innerhalb einer Multipager-Architektur befinden. Sie sind meist etwas umfangreicher als herkömmliche Landingpages und erlauben so eine ausgereiftere, holistischere Argumentationsführung. Durch eine Trichteroptimierung gelingen häufig höhere Conversion Rates. Auch auf größeren Multipager-Websites wird die Onepager-Struktur gelegentlich für spezielle Unterseiten verwendet, um den Besucher beispielsweise auf Verteilerseiten schrittweise und illustrativ durch die Produktwelt eines Herstellers zu steuern. Sehen Sie sich beispielsweise die Mac-Verteilerseite von Apple an (siehe Abbildung 9.5), bemerken Sie, dass der Website-Besucher Schritt für Schritt durch die Computerwelt des Herstellers geleitet wird – von den Geräten über diverses Zubehör bis hin zu Apps. Solche längeren, holistischeren Seiten sehen wir immer häufiger im Web, da sie aus SEO-Sicht häufig besser funktionieren und auch für Webuser angenehmer sind.

Meist wird auf Onepagern im Kopfbereich eine Navigationsleiste verwendet. Die verlinkten Menüpunkte führen hier allerdings nicht auf Unterseiten mit eigenen URLs, sondern zu einzelnen Content-Abschnitten derselben Seite, die durch sogenannte *Sprungmarken* markiert werden.

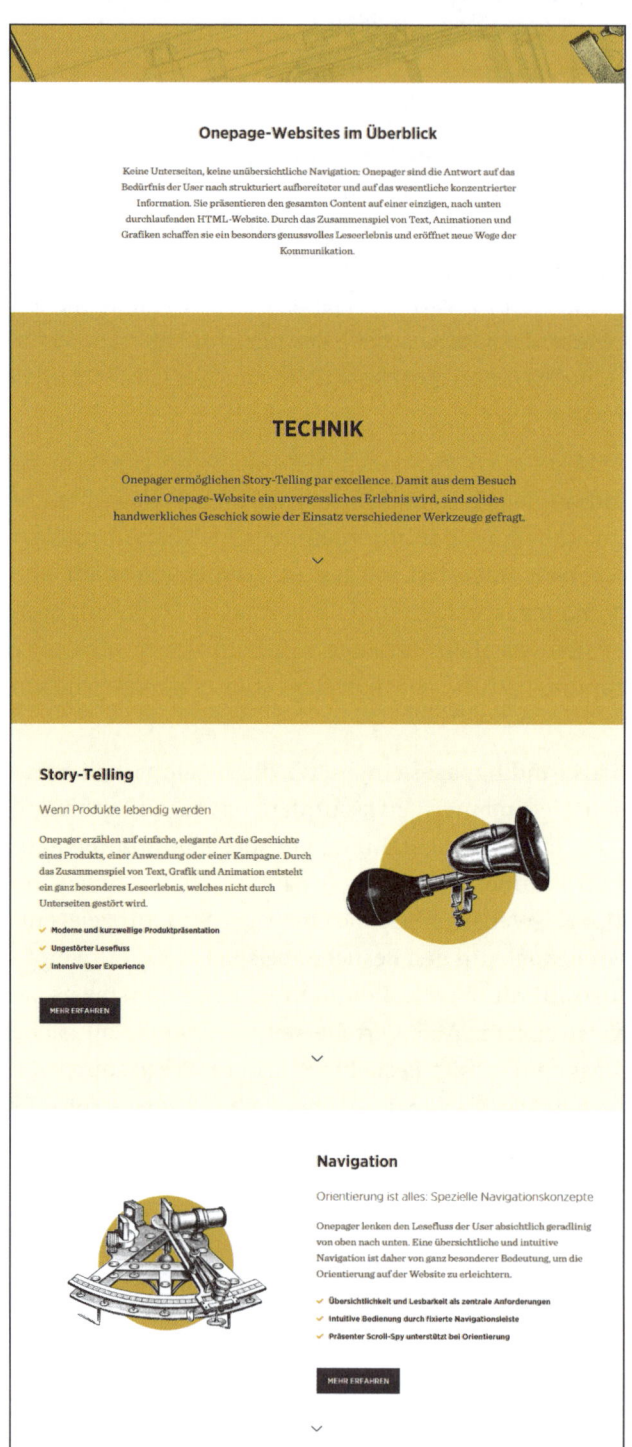

Abbildung 9.4 Ein Onepager über Onepager (Quelle: onepager.de, Ausschnitt)

Abbildung 9.5 Verteilerseite im Stil eines Onepagers (Quelle: apple.com/de/mac/)

Für den mobilen Website-Besuch birgt diese Gestaltung einige Vorteile, da mobile User normalerweise lieber scrollen als klicken. Bei längeren Onepagern besteht allerdings die Gefahr, dass Ihre Besucher beim ewigen Scrollen den Überblick verlieren. Außerdem sollten Sie bedenken, dass Sie einen Onepager im Hinblick auf die Ladezeit wesentlich stärker optimieren müssen, da das Laden inhaltlich längerer Seiten in der Regel auch einfach länger dauert. Im Vergleich dazu wird ein Multipager Seite für Seite geladen. Auch aus SEO-Gesichtspunkten sind Onepager problematisch, da sie nur eine einzige URL haben, auf der alle Inhalte sitzen. So können Sie schwerer mehrere Keywords zur Suchmaschinenoptimierung einsetzen, und für Google ist die Domain auch nicht so »groß«.

Darüber hinaus eignen sich Onepager nicht ideal dazu, umfangreiche Themen darzustellen. Da nur eine einzige Seite zur Verfügung steht, können Sie auf einem Onepager häufig komplexere Themen weder sinnvoll strukturieren noch mit den notwendigen Details abbilden. Die Wirkung eines Onepagers hängt somit vom Einsatzzweck und dem Umfang des präsentierten Themas ab. Daher empfehlen wir meistens Kunden wie auch Ihnen jetzt – mit Ausnahme spezieller Anwendungsfälle, wie wir sie oben beschrieben haben –, Ihre Website als Multipager zu gestalten: Durch geschickte Benutzerführung und ein gutes Navigationssystem können Sie Ihre Besucher zu den einzelnen Themenbereichen auf gesonderten Unterseiten leiten, anstatt ihn auf einer »Kann-alles-Seite« zu verlieren.

Praxistipp: Aus der Multipager-Webtracking-Analyse schlau werden

Häufig wird bei der Wahl des Website-Typs und der Struktur nur an die konzeptionellen Bedingungen gedacht. Ein wichtiger Aspekt ist allerdings auch die Fähigkeit, anhand der Webanalysedaten die Bewegungen der Besucher auf einer Website-Struktur zu analysieren. Wenn eine Website gut strukturiert ist, lassen sich recht schnell Interessenschwerpunkte der Besucher erkennen. Wenn deutlich häufiger eine Dienstleistung A angeschaut wird als B, obwohl die Präsentation gleich ist, dann würde man vielleicht eher Dienstleistung A bei einer Optimierung in den Fokus rücken. Das alles gelingt mit einem Multipager mit verschiedenen URLs meist einfacher. Es ist zwar technisch mit einem Onepager ebenso möglich, aber letztendlich sind die verschiedenen Scrolltiefen und Fenstergrößen so unterschiedlich, dass die Daten erfahrungsgemäß nicht so tauglich sind.

Wie wir Ihnen oben am Bespiel der Verteilerseite von Apple gezeigt haben, müssen Sie dabei auf das Potenzial eines Onepagers nicht vollständig verzichten. Die längere und holistischere Struktur von Onepagern können Sie ja trotzdem für bestimmte Unterseiten adaptieren.

Tabelle 9.2 vergleicht die wichtigsten Vor- und Nachteile, die One- vs. Multipage-Websites mit sich bringen.

	Onepager(-Struktur)	Multipager
Einsatzzwecke	▶ sehr kleine Websites ▶ Produkt-Launch und Branding ▶ LandingpageMicrositeVerteilerseiten	▶ alle
Vorteile	▶ Storytelling-Struktur ▶ mehr Conversions durch Trichteroptimierung (Conversion Funnel)Infinite Scrolling, optimal für mobile Nutzung	▶ für beliebig komplexe Themen geeignet ▶ übersichtliche Struktur ▶ SEO und Tracking für jede Unterseite möglich ▶ Besucher ist freier, weniger gesteuert.
Nachteile	▶ nicht für komplexere Themen geeignet ▶ SEO ist weniger tief greifend möglich, da nur eine einzige URL. ▶ Tracking erschwert, da Absprungpunkte nicht unmittelbar messbar ▶ unter Umständen lange Ladezeit durch zu viele Inhalte auf einer einzelnen Seite/URL	▶ mobil: eventuell Ladezeitverzögerung und geringfügig schlechtere Usability durch Klick auf Unterseiten statt Scrolling

Tabelle 9.2 Vor- und Nachteile von One- und Multipagern

Alles in allem können Sie für die Konzeption Ihrer Website also folgende Richtwerte anwenden: Möchten Sie eine Website für ein einzelnes Produkt oder eine singuläre Dienstleistung erstellen, beispielsweise im Rahmen einer Marketingkampagne für eine Produktneuheit oder eine Sonderveranstaltung, dann nutzen Sie das Stortytelling- und Conversion-Potenzial eines Onepagers. Für alle anderen Einsatzzwecke wählen Sie lieber einen Multipager, und optimieren Sie einzelne Wege durch Ihre Website im Sinne des Conversion Funnels. Das bringt Ihnen sowohl aus struktureller wie auch aus Usability- und SEO-Sicht wichtige Vorteile, da Sie das Thema in jeder Hinsicht wesentlich besser aufbereiten können. Bei Bedarf können Sie einzelne Unterseiten oder argumentationsreiche Landingpages immer noch als Onepager strukturieren und in Ihren Multipager integrieren.

Kapitel 10
Website-Konzeption im mobilen Zeitalter

Der Vormarsch der verschiedensten mobilen Geräte hat auch auf Websites und ihre Gestaltung einen erheblichen Einfluss. Welche Standards sich in diesem Bereich etabliert haben, verraten wir Ihnen in diesem Kapitel.

Wir leben in einer Zeit, in der ca. 80 % der deutschen Bevölkerung ein Smartphone besitzen und es für Internetaktivitäten verwenden. Viele haben zusätzlich auch noch ein Tablet. Viele alltägliche Aufgaben und Tätigkeiten, die früher zu Hause am stationären Rechner oder Laptop erledigt wurden, wie Online-Banking und -Shopping, E-Mails abrufen oder Chatten können mühelos und überall mit dem Smartphone erledigt werden. Mehr als 60 % der gesamten Internetnutzung und ca. 30 % der Webseitenaufrufe erfolgen heutzutage mobil über Smartphones und Tablets, Tendenz steigend. Bei immer mehr Websites übersteigen die Zugriffe über mobile Geräte die Desktop-Zugriffe. Für Sie als Website-Architekt hat diese Entwicklung weitreichende Folgen. Bei der Konzeption einer Website ist sie nicht nur in Bezug auf das Design und die Gestaltung der Website-Elemente wichtig, sondern auch für die gesamte Konzeption der Informationsarchitektur.

Haben Sie schon einmal versucht, auf dem Smartphone eine *statisch* designte, nicht mobil optimierte Website aufzurufen? Ein Beispiel dafür sehen Sie in Abbildung 10.1. Die Struktur und Gestaltung der Website ist auf allen Geräten gleich – und zwar im wörtlichen Sinne: *Statische Websites* passen sich nicht an kleinere Displays an, sondern werden als Ganzes verkleinert, um sie in voller Breite auf dem kleinen Smartphone-Bildschirm darstellen zu können.

Wenn Sie dann versuchen, den Text in gefühlter Schriftgröße 3 pt zu lesen oder es sogar wagen, einen der Navigationslinks auswählen zu wollen, ist es vorprogrammiert, dass Sie mit Ihren noch so zierlichen Fingern nicht den gewünschten Link treffen, sondern einen willkürlichen anderen. Sie müssten erst das Fenster größer zoomen, sofern das überhaupt möglich ist, wobei Sie vermutlich zufällig und ungewollt einen der winzigen Links antippen – eine ärgerliche Endlosschleife und ein äußerst unspaßiges Nutzererlebnis. Stellen Sie sich jetzt noch vor, dass die besuchte Seite auch noch vor animierten Objekten im oberen Bereich nur so strotzt. Was am

PC vielleicht ganz schick aussah, lässt Sie im Smartphone-Browser 8 bis 10 Sekunden warten, bis Sie endlich den Text lesen können, der im unteren Bereich der Seite liegt und erst nach den Spielereien geladen wird. Da vergeht Ihnen sicher auch die Lust, dieses Website-Erlebnis fortzuführen, und Sie suchen sich eine andere Website zu Ihrer Suchanfrage.

Abbildung 10.1 Statisches Webdesign (Quelle: hpwilli.de/antiquariat/)

Wie der Informationsfluss auf einer Website als Ganzes und auf einzelnen Seiten wahrgenommen und erlebt wird, hängt stark von dem Endgerät ab, das der Besucher für den Website-Aufruf verwendet. Um eine erfolgreiche Website zu betreiben, bedeutet das, dass Sie die Informationsarchitektur noch aufwendiger konzipieren müssen. Sie können es nicht mehr umgehen, Ihre Website einer Nutzung über verschiedene Bildschirmgrößen anzupassen und sie für mobile Nutzergewohnheiten zu optimieren. Sie verspielen sonst einen großen Teil der Usability und verlieren auf diese Weise wichtige Besucher, die die optimierten Websites Ihrer Wettbewerber bevorzugen werden.

Da die mobile Nutzung von Websites auf dem Vormarsch ist, hat auch Google darauf reagiert und angekündigt, mittelfristig seinen Algorithmus dahingehend anzupassen, dass über kurz oder lang Websites, die keine mobile Ansicht haben, schlechter ranken werden. Der Trend im Webdesign geht sogar noch weiter durch den Ansatz, Websites *Mobile First* zu entwickeln. Das bedeutet, dass zuerst die Version für Smartphones und Tablets konzipiert und entworfen wird, bevor diese Ansicht dann an größere Displays angepasst wird.

Zur mobilen Optimierung gehören im Wesentlichen vier Aspekte, auf die wir in den nächsten Abschnitten näher eingehen werden. Erstens brauchen Sie ein *responsives Webdesign* oder zumindest eine mobile Variante Ihrer Website (siehe Abschnitt 10.1). Ihre Website muss die Inhalte automatisch den verschiedenen Displaygrößen (z. B. Smartphone, Tablet, PC) und Orientierungen (hoch bzw. quer) anpassen. Zweitens gibt es einige Dinge in Bezug auf die *mobile Navigation* zu beachten (siehe Abschnitt 10.2). Die Notwendigkeit einer mobilen Ansicht mit entsprechend übersichtlicher Navigation stellt vor allem komplexe Websites vor große Herausforderungen. Drittens unterscheidet sich die mobile Website-Nutzung nicht nur in Bezug auf die Größe des darstellenden Mediums. Vielmehr gibt seit dem Aufkommen der touchfähigen Geräte ein verändertes Nutzerverhalten (siehe Abschnitt 10.3). Daraus ergeben sich komplexere Anforderungen an die Bedienbarkeit einer Website als noch vor zehn Jahren, als Websites vorrangig mit der Maus am PC besucht wurden. Viertens hängen die Usability und die User Experience (UX) auch stark mit der *mobilen Performance*, also vor allem den Ladezeiten Ihrer Website zusammen (siehe Abschnitt 10.4).

10.1 Websites, die sich automatisch anpassen – responsives Design

Mit Aufkommen der Smartphones und Tablets mit unterschiedlichsten Displaygrößen und -formaten ist der Konzeptions- und Designaufwand von Websites erheblich gestiegen. Desktop-Computer verwenden meist das Querformat, daher werden Elemente hier in ein bis mehreren Spalten über die entsprechende Fensterbreite angelegt. Smartphones besitzen diese Breite nicht. Sie kommen in der Regel im Hochformat daher und sind wesentlich kleiner als Computerbildschirme. Die Web- und UX-Designer der Internetbranche haben auf den damals aufkommenden Trend der mobilen Website-Nutzung reagiert, und es haben sich flexible Designs als Standard entwickelt: *adaptives* und *responsives* Design. Was die beiden unterscheidet, verraten wir Ihnen gleich. Das zugrunde liegende Prinzip ist jedoch bei beiden recht ähnlich.

Im Webdesign wird heute meist mit sogenannten *Gestaltungsrastern (Grids)* gearbeitet. Diese sind wie eine Art Grundgerüst, an denen die Website-Elemente ausgerichtet werden. Sie sind die moderne, flexible Variante der Gestaltungstabellen, die früher verwendet wurden, um Inhalte beispielsweise in mehreren Spalten anzulegen. In der Regel arbeiten Webentwickler mit sogenannten *Frameworks*. Diese enthalten Gestaltungsvorlagen für verschiedene Website-Elemente. Einige Frameworks geben lediglich ein CSS-Raster vor, um ein aufgeräumtes Webdesign zu erstellen. Andere stellen neben dem Grid-System alle auf CSS und HTML basierenden Elemente zur Verfügung, die Webentwickler zur Website-Erstellung nutzen können, wie Typografie und Navigationselemente – sogar mit Interaktionen wie Dropdowns und vielen mehr. Durch die Arbeit mit solchen Vorlagen können konsistente, professionelle Designs entwickelt werden.

10

Ein beliebtes freies Framework, das wir auch in unserer Agentur verwenden, ist *Bootstrap* (*getbootstrap.com*). Bootstrap zählt zu den Frameworks, die ein großes Vorlagen-Repertoire an CSS- und HTML-Elementen bieten. Was das *Grid-System* angeht, verwendet Bootstrap standardmäßig ein Zwölfer-Grid, d. h. ein Layout, das auf zwölf Rasterspalten basiert. Dieses gibt dem Webgestalter die nötige Flexibilität, denn die zwölf Spalten lassen sich sehr gut für ein-, zwei-, drei-, oder auch mehrspaltige Layouts nutzen (siehe Abbildung 10.2).

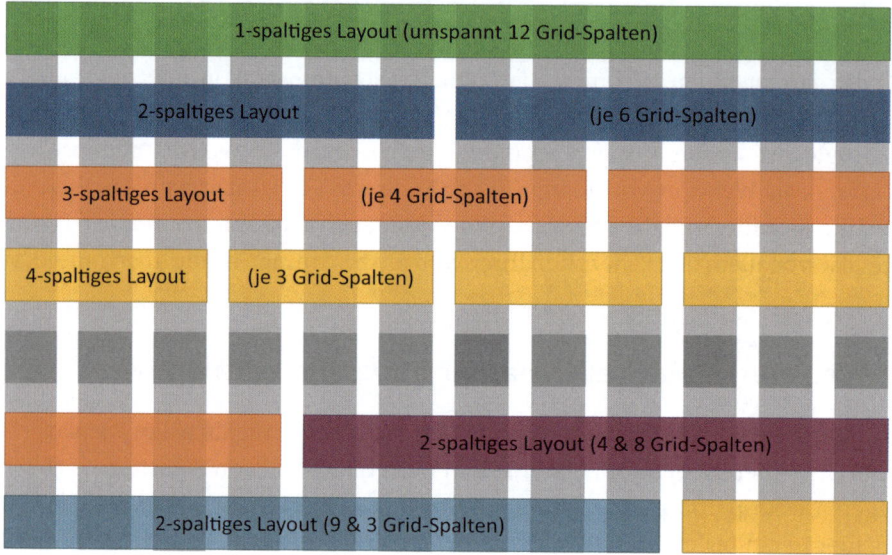

Abbildung 10.2 Zwölfer-Grid-System im CSS-Framework Bootstrap

Im responsiven Webdesign sind die Rastergrößen nicht mehr absolut und fest, sondern relativ und flexibel und passen sich so dem jeweiligen Displayformat an. Zudem sind die Rasterzellen meist nicht nur in der Größe, sondern auch in der Anordnung flexibel. Während statische Websites als starres Website-Dokument mit einer festen Breite in ihrer Gesamtheit an die verschiedenen Browser übermittelt werden, übermitteln adaptive und responsive Websites die einzelnen Website-Elemente in Abhängigkeit von dem verwendeten Endgerät. Das bedeutet, dass Websites so designt und programmiert werden, dass die Inhaltselemente auf Smartphones, Tablets, Desktop-Computern oder Fernsehgeräten unterschiedlich aufgebaut und angeordnet werden. Das schaffen sie mittels sogenannter *CSS-Media Queries*: Adaptive und responsive Websites fragen nach Aufruf der Webadresse durch einen Browser-Client zunächst die gerätespezifischen Eigenschaften des Website-Besuchers ab. Entscheidend sind hier meist folgende Eigenschaften des Clients:

- die Größe des *View Ports*, also des Anzeigenbereichs
- die Größe und Auflösung des Displays
- die Orientierung des Displays

Je nach Antwort des Clients wird bei der Ausgabe der Website-Dokumente das Layout entsprechend angepasst. So können, ungeachtet des verwendeten Geräts, die Benutzerfreundlichkeit für den Betrachter und eine optimierte Darstellung der Website-Inhalte gewährleistet werden (siehe Abbildung 10.3). Hierbei handelt es sich aber nicht um eine rein grafische, das Design betreffende Herangehensweise, sondern auch um eine strukturelle Frage nach einer guten Informationsarchitektur.

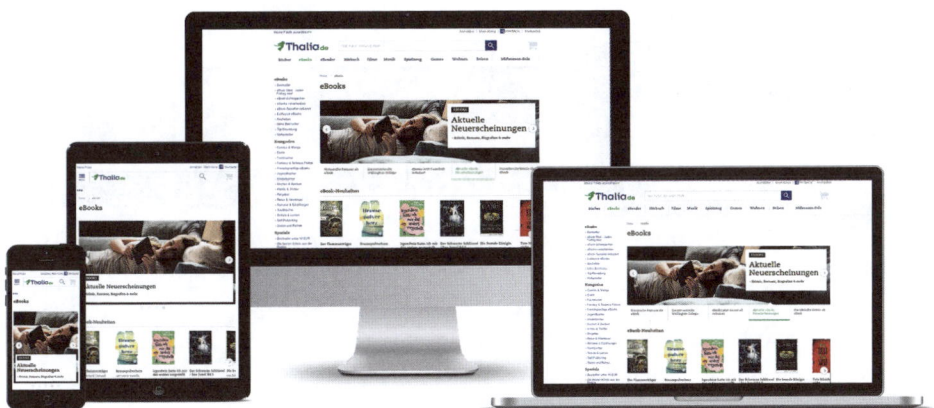

Abbildung 10.3 Responsives Webdesign – ein Layout, das sich anpasst
(Quelle: thalia.de/ebooks)

Adaptive Websites haben ein starres (engl. *fixed*) Layout mit einer festen Breite der Rasterzellen. Diese werden jedoch in mehreren Versionen für eine begrenzte Anzahl verschiedener Ausgabeoptionen angelegt. In der Regel werden Ansichten für je ein konkretes Ausgabemedium entwickelt, darunter meist eine Desktop-, eine Tablet- und eine Smartphone-Version. Je Ergebnis der Abfrage nach dem verwendeten Ausgabegerät wird das entsprechende Website-Layout ausgegeben. In der Regel werden die mobilen Versionen für das jeweils etablierte iPhone (Smartphone-Ansicht) und iPad (Tablet-Ansicht) optimiert und auf allen anderen Geräten der gleichen Kategorie ausgespielt. So erhalten Sie beispielsweise auch auf einem Samsung Galaxy die exakte Ansicht, die ursprünglich beispielsweise für das iPhone entwickelt wurde. Das ist natürlich wesentlich aufwendiger als ein starres Design zu verwenden, zumal Sie die Inhalte auch auf verschiedene Displayorientierungen derselben Geräte anpassen müssen.

Responsive Websites haben ein flüssiges (engl. *fluid* oder *elastic*) Layout mit einer Breite, die in Prozent angegeben und relativ zur Fensterbreite des Browsers skaliert wird. Sie sind nicht für bestimmte Ausgabegeräte optimiert, sondern verändern sich mit jeder Größenänderung des Viewports. Die Darstellung wird für jeden Viewport flexibel und bestmöglich optimiert, egal, ob der Besucher ein großes Samsung-Smartphone oder ein kleines iPhone 5 verwendet oder ob er das jeweilige Gerät im Hoch- oder Querformat bedient (siehe Abbildung 10.4).

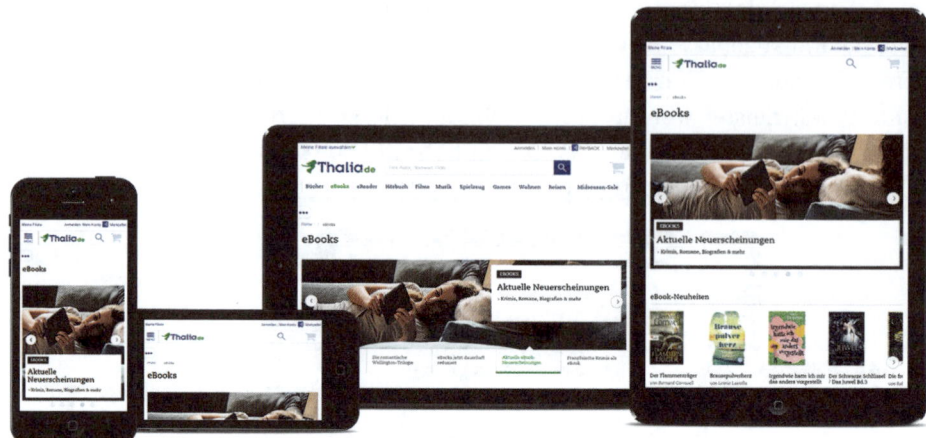

Abbildung 10.4 Responsives Design im Hoch- und Querformat mobiler Geräte

Die Website in Abbildung 10.5 zeigt – im Original animiert – eindrucksvoll, was responsives Webdesign wirklich bedeutet.

Abbildung 10.5 »This Is Responsive.« – Screenshot der Animation auf der Website
bradfrost.github.io/this-is-responsive/

Responsive Websites sind so programmiert, dass sie mit flexiblen Inhalten den verfügbaren Raum des verwendeten Viewports optimal nutzen. Der Fokus liegt nicht
auf den Ausgabemedien und ihren Abmessungen, sondern auf der optimalen Informationsarchitektur und dem passenden, idealen Design. Bei adaptiven Websites
bricht das Layout an bestimmten Punkten um, nämlich an den vordefinierten View-
port-Breiten für beispielsweise Tablets im Quer- und Hochformat und Handys im
Quer- und Hochformat. Diese Punkte nennt man *Breakpoints*. So werden Elemente,
die in der Desktop-Version mehrspaltig nebeneinander dargestellt werden, auf
Smartphones meist einspaltig untereinander ausgerichtet. Auch responsive Web-

sites nutzen Breakpoints, allerdings etwas anders als adaptive Websites. Während adaptive Websites eine begrenzte Anzahl an Breakpoints – entsprechend den Anzeigemedien, für die die Websites optimiert sind – festlegen, arbeiten responsive Websites mit wesentlich mehr Breakpoints, die sich eher an der optimalen Darstellung der einzelnen Elemente orientieren.

Die flexiblen Elemente werden für die entsprechende Displaybreite des Ausgabemediums passend skaliert. Wenn Elemente ab einer bestimmten Displaybreite nicht mehr optimal dargestellt werden können, werden sie an bestimmten Breakpoints umbrochen und neu strukturiert. Wird der Viewport beispielsweise so klein, dass die Darstellung der vollen, horizontalen Navigationsleiste nicht mehr sinnvoll ist (meist ab der Größe eines Tablets im Hochformat), sollten Sie an dem entsprechenden Punkt einen Breakpoint definieren. So wechselt das Layout dann zu einer Navigationsvariante, die für die mobile Darstellung optimiert ist und beispielsweise Icons statt Text oder die Hamburger-Navigation (siehe Abschnitt 15.1.10, »Mobile Navigation«) verwendet (siehe auch die beiden iPad-Ansichten in Abbildung 10.4). Die Darstellung und die *Breakpoints* müssen letztendlich dem Content entsprechend konzipiert und festgelegt werden – ganz nach dem Motto »form follows function«.

10

> **Praxistipp: Erfinden Sie das Rad nicht neu**
>
> Es bestehen etablierte HTML-CSS-Frameworks, die eine schnelle responsive Entwicklung durch vordefinierte Strukturen ermöglichen. Twitter Bootstrap und das Foundation-Framework sind zwei beliebte Beispiele. Damit geht die Entwicklung von responsiven Templates nicht nur flott von der Hand. Die Frameworks garantieren auch eine gute Browserabdeckung, so dass Sie nicht mehr jede Eigenheit des Internet Explorers und anderer Browser auf diversen Endgeräten selbst aufwendig testen müssen.

Probieren Sie es doch selbst einmal aus. Rufen Sie an Ihrem PC eine responsive Website auf, wie beispielsweise *chip.de*. Greifen Sie sich mit dem Mauszeiger eine Ecke Ihres Browserfensters und verkleinern Sie das Fenster langsam in seiner Breite. Dabei werden Sie unweigerlich an verschiedenen Viewport-Größen »vorbeikommen«, wie beispielsweise eines Tablets im Querformat, dann im Hochformat und anschließend eines Smartphones im Querformat, dann im Hochformat. Sie werden sehen, dass sich das Layout und die Elemente auf der Webseite flüssig und flexibel mit verändern und relativ zur abnehmenden Breite des Browserfensters skaliert und umorganisiert werden. So bleiben sie verfügbar, fallen also nicht aus dem zugänglichen Bereich heraus, und sind nach wie vor gut bedienbar.

Nehmen Sie hingegen eine adaptive Website, wie beispielsweise *foodsense.is*, sehen Sie beim Verkleinern härtere Umbrüche, an denen das Layout schlagartig zur nächstkleineren Version umspringt. Die Elemente werden nicht flüssig verändert und umgeordnet, sondern das Layout springt an bestimmten vordefinierten Fensterbreiten automatisch auf die entsprechend definierte nächste Layoutansicht um. Die verschiedenen Versionen sind jeweils auf ein konkretes Ausgabemedium optimiert, so dass die Elemente für diese oder ähnlich große Medien sehr benutzerfreundlich sind. Auf sehr viel kleineren oder größeren Displays derselben Gerätekategorie dürften User mit der Website Probleme bekommen. Unter *liquidapsive.com* können Sie sich schematischere Simulationen des adaptiven und responsiven Webdesigns ansehen.

Tabelle 10.1 fasst die Vor- und Nachteile der beiden Layouttypen zusammen.

	Adaptive Websites	**Responsive Websites**
Vorteile	▶ weniger aufwendig als responsive Websites durch eine beschränkte Anzahl von Ansichten ▶ adaptive Ansichten gut präsentierbar	▶ flexibel und nachhaltig auch für zukünftige Geräte ▶ effiziente Darstellung von Inhalten statt Fokus auf einzelnen Geräten
Nachteile	▶ fixe Ansichten für aktuelle Geräte schafft bei Entwicklung neuer Geräte erneuten Designaufwand	▶ erheblicher Designaufwand ▶ responsive Ansichten nur eingeschränkt präsentierbar

Tabelle 10.1 Adaptive vs. responsive Websites

Adaptive Layouts sind natürlich wesentlich sinnvoller als ein einziges starres Website-Layout für alle Ausgabegeräte. Dennoch sind sie nicht optimal: Beispielsweise könnte die für das iPhone optimale Version auf einem wesentlich kleineren oder erheblich größeren Smartphone eines anderen Herstellers möglicherweise zu Fehldarstellungen führen. Sie könnten natürlich eine Vielzahl von Ansichten für alle aktuell verfügbaren Geräte erstellen, um so die Benutzererfahrung gerätespezifisch zu optimieren. Das wäre allerdings höchst aufwendig und aufgrund der rasanten Entwicklung immer neuer Geräte auch nachhaltig keine gute Idee.

Responsive Websites sind in dieser Hinsicht natürlich prinzipiell nachhaltiger, da sie nicht an eine beschränkte Anzahl oder aktuell verfügbare Ausgabegeräte angepasst sind. Vielmehr sind sie auf die optimale, effizienteste Darstellung der Informationen fokussiert und passen sich flüssig an jegliches Displayformat an. Das macht responsive Websites wesentlich zukunftstauglicher als adaptive. Die Kehrseite der Medaille ist natürlich, dass responsive Websites aufgrund ihrer Flexibilität in Design und technischer Umsetzung auch wesentlich aufwendiger sind. Bereits die Konzeption responsiver Websites ist wesentlich zeitintensiver als der Entwurf adaptiver Websites. Für adaptive Websites lässt sich ohne Weiteres je eine Ansicht für die verschiedenen Ausgabetypen skizzieren, wie beispielsweise Desktop, iPad und iPhone. Somit können Sie Ihren Kunden recht einfach einen Eindruck von dem angestrebten Layout vermitteln. Ein Website-Entwurf, der responsiv, also flüssig, auf Veränderungen des Ausgabemediums reagiert, ist nicht ohne Weiteres in einem einfachen Modell präsentierbar. Meist ist dafür bereits ein ausgereifter Prototyp notwendig, dessen Produktion jedoch sehr zeitaufwendig ist. Auch die Informationsarchitektur muss wesentlich präziser konzipiert werden, damit die Inhalte stets optimal strukturiert dargestellt werden.

Letztendlich geht es bei der Konzeption des Layouts um die bestmögliche Darstellung der Inhalte für den User. In jedem Fall ist eine Zusammenarbeit zwischen Design-, Konzeptions- und Entwicklungsabteilung notwendig. Strukturell gesehen müssen Sie sich genau überlegen, wie Sie die Inhalte anordnen, wo Sie die Breakpoints setzen und was abhängig von den Breakpoints mit Ihren Website-Elementen geschehen soll. Es lohnt sich, die Anordnung Ihrer Inhalte für verschiedene Displaygrößen zu durchdenken, auch wenn das aufwendiger ist, als einfach ein Design-Template, also eine Vorlage, zu verwenden, das mit Ihren Inhalten tut, was es möchte. Sie sollten Templates immer an Ihre Inhalte anpassen, um sie bestmöglich zur Geltung zu bringen – und nicht umgekehrt. Testen Sie das Template mit verschiedenen Displaygrößen, prüfen Sie, wie und in welcher Reihenfolge die Elemente umgeordnet werden.

Gestalten Sie die mobilen Ansichten so, dass die wichtigsten Funktionen und Inhalte auf der Startseite verfügbar sind und weniger relevante Elemente keinen unnötigen Platz verschwenden. Während auf Desktop-Ansichten große Bilder, Icons und sonstige illustrative Elemente einen guten Eindruck machen können, lohnt es sich in der Smartphone-Ansicht vielleicht, sie aufgrund des Platzmangels wegzulassen, wenn sie weniger relevant sind, oder erheblich zu verkleinern, um Raum für den wirklich wichtigen Content zu schaffen.

Auch Textinhalte können Sie responsiv darstellen, damit sie auf Smartphone- oder Tablet-Displays nicht nur flüssig angepasst, sondern gegebenenfalls auch in gekürzten Versionen präsentiert werden. Umgekehrt gibt es aber auch bestimmte Inhalte, die nur auf Mobilgeräten wirklich nützlich sind. Beispielsweise ist geolokalisierter Content vorrangig auf Smartphones und Tablets sinnvoll, denn auf diesen Geräten kann das integrierte GPS zur Navigation mit entsprechenden Apps, wie beispielsweise Google Maps, verwendet werden. Auch Funktionen, die die Kamera eines mobilen Geräts nutzen, wie beispielsweise Barcode-Scanner, sind mobil sinnvoll, auf der Desktop-Version aber meist nicht nutzbar. Allgemein sollten Sie genau überlegen, welche Inhalte Ihrer Website am wichtigsten sind, denn diesen Elementen sollten Sie den begrenzten Platz mobiler Displays vorrangig einräumen. Doch nicht nur die Inhalte müssen für mobile Geräte mitgestaltet werden. Auch die Navigationsmöglichkeiten sind auf Smartphone-Ansichten im wahrsten Sinne des Wortes durch den (nicht) verfügbaren Platz begrenzt.

10

10.2   Mobile Navigation mit Orientierungsproblemen

Auf responsiven Websites wird natürlich auch die Navigation responsiv gestaltet. Unterschreitet ein Display einen festgelegten Breakpoint, wird nicht nur der Inhalt, sondern auch das Hauptmenü umgestaltet. Damit soll dem Benutzer ermöglicht werden, die Navigation mit dem Finger präzise bedienen zu können. In der mobilen Version – speziell für Smartphones und die Hochkantansicht auf Tablets – hat es sich etabliert, die Navigation *off canvas*, also außerhalb des tatsächlichen Website-Bereichs zu bringen. Dabei wird meist lediglich ein Menü-Icon auf der Website selbst platziert, das beim Antippen das Hauptmenü einblendet (siehe Abbildung 10.6 und mehr Varianten in Abschnitt 15.1.10, »Mobile Navigation«). Meist werden drei horizontal gestapelte Linien, der sogenannte *Hamburger*, als Symbol verwendet.

Praxistipp: Ist ein Hamburger-Symbol auf der Desktop-Ansicht sinnvoll?

Immer mehr Websites machen ihre Hauptnavigation auch auf dem Desktop nicht mehr direkt sichtbar, sondern verstecken sie hinter dem Hamburger-Symbol. Wir halten davon offen gestanden recht wenig. Man hat genug Platz auf dem Desktop, und man zwingt den Besucher zu einem unnötigen ersten Klick, um überhaupt die Navigation zu öffnen. Zudem verschenkt man, da sich das Menü meist wieder einklappt, auch die Orientierungsfunktion der Hauptnavigation – also die Antwort auf die Frage: »Wo befinde ich mich gerade?«

Abbildung 10.6 Mobile Off-Canvas-Navigation (Quelle: adobe.com/de/)

Die geschrumpfte Darstellungsfläche auf kleinen Displays wurde damit durchaus kreativ gelöst, denn die Navigation ist auf diese Weise wesentlich besser bedienbar, als winzige Menüpunkte einer geschrumpften Navigationsleiste zu treffen. Navigation hat aber nicht nur eine Wegweiserfunktion. Webuser orientieren sich auch mithilfe einer guten Navigation, die die Website-Struktur anzeigt. Den wenigen verfügbaren Platz einer mobilen Ansicht aber so zu nutzen, dass die mobile Website dem Besucher eine ähnlich gute Orientierung bietet wie die Desktop-Version, ist eine große Herausforderung und meist nicht in der gleichen Weise möglich. Da die Navigation nicht mehr permanent im sichtbaren Bereich zu sehen ist, fehlen auch die Hinweise auf die aktuelle Position innerhalb der Website-Struktur.

Sie sehen, die Website hierarchisch möglichst flach zu gestalten, also kurze Wege zu den verschiedenen Webseiten bereitzustellen (siehe Abschnitt 9.2, »Breit angelegt oder tief gebohrt? Vor- und Nachteile breiter vs. tiefer Seitenstrukturen«), ist auch für das mobile Benutzererlebnis überaus wichtig. Welche Aspekte bei der Konzeption der mobilen Navigation darüber hinaus wichtig sind, stellen wir Ihnen in Kapitel 15, »Wo bin ich und wie komme ich woandershin? Navigation, Links und URLs«, und spezieller in Abschnitt 15.1.10 vor.

10.3   Navigation, Mouseover und Klick vs. Touch – Verwendungsmodalität berücksichtigen

Responsive Website-Gestaltung bedeutet nicht nur, ein flüssiges Layout zu entwickeln, dass sich flexibel an die Displayeigenschaften anpasst. Auch die Eingabe- und Nutzungsmethode muss je nach Ausgabegerät angepasst werden. Einer der wichtigsten Faktoren ist die veränderte Nutzung von Websites via Touchscreens in Smartphones und Tablets. Smartphone-Nutzer bedienen Websites mit Gesten wie Tippen (*Tap*), Wischen (*Swipe*) und dem Zwei-Finger-Zoom (*Pinch & Zoom*). Darüber hinaus hat Apple mit seinem 3D-Touch-Feature die Messlatte wieder um einiges erhöht und damit auch die Möglichkeiten im Webdesign erweitert. Touchscreens werden spätestens seit der Entwicklung von Hybridgeräten, also Tablet-PCs wie dem Microsoft Surface, mittlerweile sogar bei Laptops und Netbooks immer häufiger eingesetzt und verändern die Interaktion zwischen Besucher und Website erheblich. Geräte mit Touchscreens erfordern andere Nutzergesten als herkömmliche PCs, die per Maus bedient werden.

Der Finger, meist der Daumen, ersetzt auf Touchscreens den Mauszeiger. Das kann er allerdings nicht 1 : 1. Die Bedienung der Websites mit dem Finger macht aus Designperspektive einerseits größere Klickflächen notwendig, damit sie nicht nur mit dem Mauszeiger, sondern auch mit dem Finger eines Nutzers präzise bedient werden können. Andererseits gibt es aber die Wisch- und Zoom-Funktionen, die Sie im Design Ihrer Website umsetzen müssen, während die Hover- bzw. Mouseover-Funktionen entfallen.

10.4   Technik und mobile Performance

Obwohl die meisten Smartphone-Nutzer auch einen entsprechenden Internettarif buchen, entsprechen die verfügbaren Bandbreiten der verschiedenen Anbieter und Tarife nicht zwangsläufig der Geschwindigkeit und der unbegrenzten Flatrate, die (V)DSL-Anschlüsse zu Hause bieten. Mit immer neueren und schnelleren Funknetztechnologien wie *LTE* (*Long Term Evolution*) mit mittlerweile über 80 % Abdeckung in Deutschland gibt es zwar sogar unterwegs schnellere Geschwindigkeiten als zu Hause. Allerdings sind die theoretisch verfügbaren Bandbreiten in der Praxis nicht für jeden Smartphone- oder Tablet-Besitzer zwangsläufig nutzbar. Das kann durch den gewählten Tarif ohne LTE, durch schlechten Empfang oder aufgebrauchtes Datenvolumen bedingt sein. Umso wichtiger ist es, dass Sie Ihre Website auch in technischer Hinsicht so optimieren, dass die wichtigsten Elemente, also in der Regel der Textinhalt, schneller geladen werden als der dekorative Rest. Dies lässt sich technisch durch *Lazy Loading* oder *asynchrones Laden* umsetzen. Nutzen Sie außerdem für kleinere Displays kleinere, stärker komprimierte Bilder und Videos. Letztere sollten Sie in einem Format implementieren, das auf allen Endgeräten abgespielt werden kann. Sieht der Besucher beim Abspielversuch eines Videos eine Fehlermeldung, sucht er sich wahrscheinlich eine andere Website, auf der er das Video sehen kann.

Auch im Hinblick auf die verwendeten Technologien sollten Sie beachten, dass nicht alle Endgeräte alle für Websites verwendeten Technologien unterstützen. Allgemein ist es ratsam, dass Sie – zumindest – die mobile Ansicht möglichst schlank halten, um Ladezeitprobleme bei fehlender Bandbreite zu minimieren. Aus dem Grund hat Google auch das AMP-Format entwickelt. Im Grunde handelt es sich hier um ein stark reduziertes HTML/XML-Gerüst, bei dem nur ganz grundlegende Strukturen zur Verfügung stehen. Wenn Sie aber eine wirklich mobil-optimierte »normale« Website-Programmierung durchführen, erreichen Sie quasi das Gleiche, ohne auf das proprietäre Format zu setzen.

Wie Sie sehen, sind aus der mobilen Nutzung von Websites eine Reihe neuer Aspekte und Herausforderungen für die Website-Konzeption erwachsen. Ein gutes Prinzip, an das Sie sich halten können, ist, dass Sie sich immer in den Nutzer hineinversetzen und sich zuallererst überlegen, was der Nutzer auf Ihrer Website sowohl in der Desktop- als auch in der mobilen Version braucht. Diese Aspekte sollten Sie zuerst konzipieren. Verwenden Sie unbedingt ein responsives Design, das sich an die verschiedenen Displayeigenschaften anpassen kann. So ermöglichen Sie Ihrer Zielgruppe den Zugang zu Ihrer Website – unabhängig von ihrer jeweiligen Ausstattung, wie z. B. Gerät, Tarif, Empfang etc. Gestalten Sie die wichtigsten Elemente so, dass sie unabhängig vom verwendeten Endgerät schnell geladen werden können und direkt zugänglich sind. Stellen Sie außerdem durch die Gestaltung der Interaktionselemente sicher, dass Ihre Besucher sie bequem und intuitiv nutzen können. Alles Weitere können Sie anschließend, wenn der Kern steht und gut funktioniert, nach Bedarf hinzufügen und gestalten.

Kapitel 11

Was Sie beim Aufbau der Informationsarchitektur grundlegend beachten sollten

Die Informationsarchitektur ist das konzeptionelle Grundgerüst Ihrer Website. Wenn das nicht gut durchdacht ist, verhält es sich wie mit einem Haus, das auf Sand gebaut ist: Es ist instabil und funktioniert einfach nicht. In diesem Kapitel zeigen wir Ihnen, was die Informationsarchitektur alles leisten kann – und was sie leisten sollte.

11

Wie Sie in Teil I, »Achtung, Websites kommunizieren«, erfahren haben, sind Websites ein Kommunikationsmedium, das verschiedenste Informationen kommunizieren kann. Dabei werden Informationen aber in den seltensten Fällen als undefinierbare Haufen willkürlich online geworfen. Vielmehr haben sie eine bestimmte Struktur oder Architektur, über die die Informationen transportiert werden. Der Begriff *Informationsarchitektur* (auch kurz IA) wird in verschiedenen Kontexten der Website-Konzeption und -Umsetzung genutzt. Allerdings wird er in der Praxis sehr unterschiedlich verwendet.

Die IA ist ein System, mit dem Sie Informationen anhand verschiedener Kriterien auf verschiedenen Ebenen organisieren können. Im Grunde geht es dabei um verschiedene Seitentypen, die Relationen zwischen ihnen und ihre Kommunikationsfunktion. Aus Sicht des Besuchers geht es um den Informationsfluss, über den er sein Suchziel erreichen kann. Die Inhaltselemente, die Struktur sowie die Navigation, die den Besucher durch Ihre Website führen, müssen ihn seinem Suchziel zumindest näherbringen und ihn begeistern, um ihn auf Ihrer Website zu halten. Bevor Sie in den nächsten Kapiteln mit dem Aufbau einer guten Informationsarchitektur beginnen, erfahren Sie in den folgenden Abschnitten, was Ihnen das Konzept der *Informationsarchitektur* eigentlich bringt (siehe Abschnitt 11.1) und was Sie dabei grundsätzlich beachten müssen (siehe Abschnitt 11.2). Wir zeigen Ihnen, auf welchen Ebenen Sie Ihre Website strukturieren (siehe Abschnitt 11.3) und den Informationsfluss steuern können (siehe Abschnitt 11.4) und was eine gelungene Informationsarchitektur für Ihre Besucher leisten kann und muss (siehe Abschnitt 11.5).

11.1   Was Informationsarchitekten »bauen«

Informationsarchitekten entwerfen und bauen virtuelle *Informationsräume* für eine bestimmte Zielgruppe. Etwas konkreter bedeutet das, dass sie das Informationsangebot, das auf einer Website präsentiert werden soll, gliedern und organisieren. Sie bereiten die Struktur vor, die dann von Designern in Form des *User Interface* (UI) oder der *Benutzeroberfläche* umgesetzt wird. Zwei Aspekte sind hier wesentlich:

1. Die Informationsarchitektur und das User Interface sind nicht dasselbe. Die IA ist im Gegensatz zum UI nicht unmittelbar für den Besucher sichtbar.

2. Die IA liefert die Informationen und Prioritäten für das UI und nicht umgekehrt. Nur so können funktionierende Websites entstehen und nicht einfach nur »schöne« Websites – ganz nach dem Bauhausprinzip »form follows function«.

In der Konzeptionsphase der Website-Struktur ist es Ihre Kernaufgabe, die Informationen Ihrer Website so aufzubereiten, dass Ihre Zielgruppe sie erstens findet und sie zweitens versteht. Um diese Aufgabe zu erfüllen, gibt es verschiedene Schritte, die wir Ihnen in Kapitel 12, »Wie Sie eine benutzerorientierte Makro-Informationsarchitektur aufbauen«, vorstellen werden. In diesem Kapitel geht es zunächst einmal darum, zu verstehen, was die Informationsarchitektur alles beinhaltet.

11.2   Informationsquellen, die Sie beim Aufbau der Informationsarchitektur berücksichtigen müssen

Ihre Website ist eingebunden in ein System, bestehend aus Ihnen und Ihrem Unternehmen, Ihrer Branche, Ihren Wettbewerbern und nicht zuletzt Ihren Website-Besuchern. Es gibt daher eine Reihe wichtiger Vorüberlegungen und Informationsquellen, die Sie bei der Konzeption berücksichtigen sollten:

▶ Informationen über Ihr Produkt, Ihre Dienstleistung, Ihr Unternehmen, die für die Website relevant sind

▶ im Falle eines Relaunches den vorhandenen Content Ihrer alten Website

▶ Ihre Branche sowie Ihre unmittelbare Konkurrenz

▶ den Website-Typ, der in Ihrer Branche Standard ist und der zum Zweck und Ziel Ihrer Website passt

▶ Ihre Zielgruppen, die Ihre Website betreten werden, sowie deren Interessen, Motivationen und Suchanfragen

▶ Erkenntnisse aus Tests und Studien zur optimalen Gestaltung der Benutzeroberfläche Ihrer Website (Usability- und User-Experience-[UX-]Tests)

▶ SEO-Kriterien, um die Website so zu platzieren, dass sie von der Zielgruppe auch gut gefunden wird

Unter Berücksichtigung all dieser Faktoren entwerfen Sie eine Website, die möglichst allen Ansprüchen gerecht wird. Aber keine Sorge, diese Faktoren sind nur Leitpfosten, damit Sie sich nicht in die völlig falsche Richtung bewegen. Die konkrete Ausgestaltung obliegt dann vollkommen Ihnen und birgt ausreichend Raum für Individualität, Kreativität und Innovation. Der wichtigste Faktor ist, dass Sie vor allem Ihre Besucher bei der Konzeption niemals aus den Augen verlieren.

11.3   Konzipieren Sie Ihre Website-Struktur auf Makro- und Mikroebene

Sie haben mehrere Ebenen, auf denen Sie Struktur und Fluss der Informationen auf Ihrer Website gestalten können: Sie können die Informationsarchitektur auf *Makro-* und *Mikroebene* konzipieren. Die *Makro-Informationsarchitektur* bezeichnet die grobe Struktur der gesamten Website – also die Seitentypen wie *Startseite*, *Verteilerseite* oder *Detailseite* und wie diese untereinander angeordnet sind. Dabei wird das Gesamtthema in einzelne leicht erfassbare Einheiten unterteilt und erhält eine kohärente Struktur durch gezielte Verknüpfungen zusammenhängender Inhalte.

Das Prinzip, Informationen in verdaulichen Häppchen zu präsentieren, das Chunking, haben Sie bereits in Kapitel 2, »Website trifft auf Gehirn: Warum es sich lohnt, den Besucher zu verstehen und seine Perspektive in der Website-Konzeption zu berücksichtigen«, kennengelernt. Beim Aufbau der Seitenstruktur unterteilen Sie Ihr Thema in mehrere große Bereiche. Bieten Sie beispielsweise Bekleidung an, können Sie Ihre Website in verschiedene Bereiche unterteilen, wie Zielgruppen (Damen, Herren), verschiedene Produktbereiche (Oberteile, Hosen, Schuhe) oder nach sonstigen Kriterien, wie beispielsweise Farben etc. Darüber hinaus ist es auch aus SEO-Sicht vorteilhaft, Informationen zu Paketen zusammenzuschnüren und die Verknüpfung zwischen einzelnen Schwerpunkten durch Verlinkungen herzustellen. Beispielsweise wären die drei Bereiche *Damenbekleidung* und *Herrenbekleidung* Ihres Onlineshops zwei solcher Pakete. Diese strukturierte Herangehensweise, Themenpakete zu konzipieren und sie untereinander durch Verlinkungen zu verbinden, nennt sich *Siloing* und wird in Abschnitt 13.4 besprochen. Welche Schritte beim Aufbau der Makro-Informationsarchitektur außerdem zu beachten sind, zeigen Ihnen Kapitel 12, »Wie Sie eine benutzerorientierte Makro-Informationsarchitektur aufbauen«, und Kapitel 13, »Wie Sie mit Keywords Ihre Makro-Informationsarchitektur optimieren – für Besucher und Suchmaschinen«.

Danach kümmern Sie sich um die *Mikrokonzeption*. Bei der *Mikro-Informationsarchitektur* beschäftigt man sich mit der Ausgestaltung der einzelnen Seitentypen bzw. Seiten, also welche Informationen sich wo auf einer einzelnen Seite befinden. Dabei geht es darum, dass Sie die einzelnen Inhalte einer Seite in sinnvolle Abschnitte unterteilen und gut – in der Regel trichterförmig im Sinne des *Conversion Funnels* (siehe Abschnitt 8.6, »Die Customer Journey«) – aufeinander aufbauen. Damit führen Sie Ihre Besucher Schritt für Schritt gezielt in Richtung der beabsichtigten Conversion, die gleichermaßen Ihre Website-Ziele wie auch das Suchziel Ihrer Besucher erfüllen wird. Die Mikro-Informationsarchitektur der verschiedenen Seitentypen wird je nach Funktion unterschiedlich konzipiert. Wie Sie bei der Mikrokonzeption Ihrer Seitentypen vorgehen können, erfahren Sie in Kapitel 14, »Wie Sie Seitentypen und Seitenbereiche sinnvoll einsetzen – Mikro-Informationsarchitektur konzipieren«.

11.4   Informationsarchitektur als verbindendes System von Inhalt und Funktion

Die Inhalte und Informationen auf Websites sind (idealerweise) in verschiedenen Systemen verpackt, denn die Informationen, die Sie präsentieren möchten, verpacken Sie in einzelne Einheiten, die Sie Ihren Besuchern zugänglich machen müssen. Dabei gibt es das inhaltliche und das funktionale System, also *was* Sie präsentieren und *wie* Sie es präsentieren. Diese beiden Systeme sind eng miteinander verbunden. Das *inhaltliche System* umfasst die logisch-thematische Aufbereitung der Informationen. Etwas konkreter formuliert umfasst dieses System Ihren gesamten Content, also das Thema und die Unterthemen Ihrer Website sowie die Relationen zwischen ihnen. Sie sollten sich daher die folgenden Fragen stellen und vielleicht sogar schriftlich beantworten – im Verlaufe der nächsten Kapitel sollten Sie Ihre Antworten aber immer wieder hinterfragen und aktualisieren:

► Wie gliedern Sie das Website-Thema?

► Was fokussieren Sie?

► Wie tief gehen Sie in der entsprechenden Thematik Ihrer Website? Wie weit oder eng fassen Sie das Thema?

► Wie abstrakt oder konkret formulieren Sie es?

► Welche Bausteine präsentieren Sie? Welche Aspekte lassen Sie aus?

Das *funktionale System* bildet die Infrastruktur, mit der Sie das inhaltliche System für Ihre Besucher zugänglich machen. Hier gibt es drei Teilsysteme (siehe Abbildung 11.1), die allesamt von Ihren Besuchern genutzt werden, um sich auf Ihrer Website zu ihrem Suchziel zu bewegen:

► das *Organisationssystem*

► das *Navigationssystem*

► das *Suchsystem* (optional)

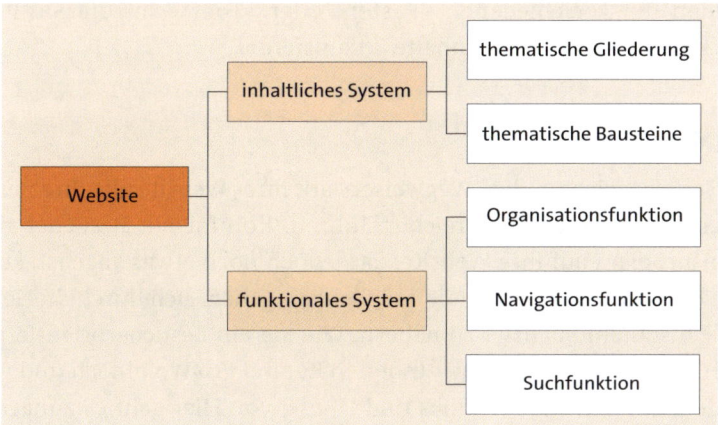

Abbildung 11.1 Verschiedene Systeme und Funktionen Ihrer Informationsarchitektur

11.4.1   Das Organisationssystem

Das *Organisationssystem* bezeichnet das zugrunde liegende Gerüst, das die Einteilung und Struktur Ihrer Inhalte vornimmt. Das Organisationssystem bestimmt, von welcher Art Ihre Inhalte sind. Dazu gehören die oben eingeführten Makro- und Mikroeinheiten der Informationsarchitektur:

▶ Die *Makro-Informationsarchitektur* bezeichnet die thematische Unterteilung Ihres Website-Themas. Dabei ergeben sich verschiedene Website-Bereiche. Das Thema Versicherungen könnte beispielsweise in diese verschiedenen Themenbereiche unterteilt werden:

– Haus und Recht

– Kfz

– Gesundheitsvorsorge

– Risiko und Vorsorge

▶ Die *Mikro-Informationsarchitektur* bezieht sich auf die kleineren Strukturen Ihrer Website:

– verschiedene strukturelle Webseitentypen, wie Startseite, Verteilerseite, Detailseite

– verschiedene Webseitenbereiche, wie z. B. Hauptbereich, Kopfbereich, Fußbereich, Seitenleiste

– verschiedene Webseitenelemente, wie Texte, Bilder, Slider, Teaser-Elemente etc.

Ebenfalls zum Organisationssystem dazu gehören diejenigen Mittel, mit denen Sie Elemente der gleichen Art markieren und sie von andersartigen Elementen unterscheiden können, etwa Kategorien, Tags und andere strukturelle Elemente. All diese

Komponenten bilden die verschiedenen »Raster« oder »Töpfe«, in die Sie Ihre Inhalte einpflegen können und die Ihre Inhalte organisieren.

11.4.2   Das Navigationssystem

Das *Navigationssystem* bezeichnet die »Wegweiser« auf Ihrer Website, die Ihre Besucher zu den verschiedenen Website-Bereichen führen. Kommt ein Besucher mit einem Informationsproblem auf Ihre Website, das jedoch noch etwas vage ist, können Sie ihm durch eine gute Navigation die Möglichkeit geben, sich durch die Seite zu bewegen und sich seinem Suchziel zu nähern. Wie Sie ein besucherorientiertes Navigationssystem konzipieren, stellen wir Ihnen in Kapitel 15, »Wo bin ich und wie komme ich woandershin? Navigation, Links und URLs«, vor. Hier geht es zunächst einmal darum, zu verstehen, wie die verschiedenen funktionalen Elemente mit den inhaltlichen zusammenarbeiten.

Das Navigationssystem hängt eng mit dem Organisationssystem zusammen. In der Regel bildet das Navigationssystem die strukturellen Einheiten des Organisationssystems, also der thematischen Makrostruktur, ab. Die Makrostruktur des Themas Versicherungen, die wir oben erstellt haben, können in der primären Hauptnavigation als entsprechende Menüpunkte abgebildet werden. So wird die zugrunde liegende thematische Makrostruktur auf der Website sichtbar und für Besucher zugänglich gemacht.

Die Verwendung der strukturellen Einheiten der Mikro- und Makro-Informationsarchitektur als Wegweiser muss aber nicht zwangsläufig als Hauptnavigation oder überhaupt im Verhältnis 1 : 1 geschehen. Oft gibt es viele verschiedene Möglichkeiten, Themen und Informationen zu strukturieren und zu kategorisieren. Wenn Sie beispielsweise einen Onlineshop für Bekleidung konzipieren, können Sie die Produkte nach Kundengruppe bzw. Geschlecht aufteilen, also die beiden Kategorien Damenbekleidung und Herrenbekleidung. Sie können die Produkte ebenfalls nach Produktgruppen kategorisieren, wie z. B. Oberteile, Hosen, Röcke, Schuhe, oder nach Jahreszeiten, wie z. B. Wintermode, Sommermode, Übergangsmode. Diese Kategorisierungen sind an sich alle sinnvolle Unterteilungen des Themas Bekleidung und lassen sich problemlos gleichzeitig vornehmen: Sie können einen Pullover gleichzeitig als Oberteil, Herrenmode, Wintermode etc. kategorisieren. Hier müssen Sie auswählen, welche der möglichen Themenkategorien für Ihre Zielgruppen am sinnvollsten sind. Diese sollten Sie als primäre Hauptnavigation und damit als Grundstruktur Ihrer Website abbilden.

Themenkategorien können auch als *facettierte Navigation* (siehe Abschnitt 15.1.3) umgesetzt werden, die ja ebenfalls eine Navigationsfunktion haben: Durch die Aktivierung eines Filters wird der Besucher zu Ergebnissen gebracht, die einer gemeinsamen Kategorie angehören, die durch den Filter angewählt werden. Das Prinzip ist ähnlich wie beim Klick auf einen Menüpunkt in der Hauptnavigation.

Theoretisch gäbe es auch die Möglichkeit, keine der Kategorien in der Navigation abzubilden: Sie könnten in der Navigation einfach nur die Punkte Bekleidung, Unternehmensphilosophie und Kontakt anlegen. Das ist natürlich nicht sehr sinnvoll und auch nicht benutzerorientiert. Dieses kleine Beispiel sollte an dieser Stelle allerdings zeigen, dass die Verknüpfung von Organisationssystem und Navigationssystem bzw. Struktur und Navigation, weder eine unmittelbare noch eine selbstverständliche ist. Es gibt viele verschiedene Möglichkeiten, Inhalte zu kategorisieren. Welche davon Sie in der Navigation abbilden, sollten Sie ebenfalls mit Bedacht auswählen.

11.4.3   Das Suchsystem

Das *Suchsystem* wiederum bezeichnet eine optionale Zusatzfunktion, die die Inhalte Ihrer Website für Ihre Besucher zugänglich macht. Sie hängt ebenfalls mit der Organisationsstruktur zusammen. Kommt ein Website-Besucher mit einem spezifischen Informationsproblem auf Ihre Website, können Sie ihm die Möglichkeit geben, dieses direkt zu lösen. Am besten gelingt das durch eine gute Suchfunktion, die ihn auf dem schnellsten Weg zum Suchziel führt. Suchfunktionen sind für größere Websites ratsam, die viele Informationseinheiten oder Produkte präsentieren. Auf kleineren Websites können Sie auf eine Suchfunktion verzichten, denn sie macht meist mehr Arbeit, als dass sie Nutzen bringt. Wenn Sie eine Suchfunktion integrieren möchten, nutzen Sie alle Kategorien und Strukturen, alle verschiedenen Ebenen, auf denen Sie Ihr Thema kategorisiert haben, und die Labels, mit denen Sie Ihre Inhalte organisieren. So ermöglichen Sie Ihren Besuchern nicht nur, nach einzelnen Informationen und Inhalten zu suchen, sondern auch nach Informationskategorien, wie beispielsweise für unser Versicherungsbeispiel:

- ▶ Gesundheitsvorsorgeoptionen
- ▶ Krankenversicherungen
- ▶ private Krankenversicherungen

Funktioniert eine vorhandene Suchfunktion nämlich nicht oder gibt sie keine passenden Suchergebnisse aus, wird der Besucher Ihre Website wieder verlassen und stattdessen die Suchmaschine befragen. Dass er danach wieder auf der entsprechend passenden Unterseite Ihrer Website landet, ist dann doch unwahrscheinlich.

Die Navigations- und die Suchfunktion Ihrer Website sind die zentralen Zugangspunkte zum Organisationssystem und letztlich zu Ihren Inhalten. Diese Systeme sind jedoch nicht nur in Bezug auf diejenigen Besucher, die Ihre Website betreten, enorm wichtig. Suchmaschinen analysieren nicht nur Ihre Inhalte sondern auch alle strukturellen Elemente Ihrer Website und nutzen diese, um die Relevanz Ihrer Web-

11

site für eine bestimmte Suchanfrage zu bewerten. Somit ist die Informationsarchitektur auch für die Suchmaschinenoptimierung von zentraler Bedeutung – und dadurch auch für diejenigen Besucher, die Ihre Website noch nicht kennen.

11.5   Entwerfen Sie die Informationsarchitektur Ihrer Website aus Sicht Ihrer Besucher

In Kapitel 2, »Website trifft auf Gehirn: Warum es sich lohnt, den Besucher zu verstehen und seine Perspektive in der Website-Konzeption zu berücksichtigen«, haben Sie die Perspektive des Website-Besuchers eingenommen und ein Gefühl dafür bekommen, welche kognitiven Ressourcen und Prozesse beim Website-Besuch beteiligt sind. Beim Aufbau der Informationsarchitektur sollten Sie daher auch die Nutzungs- und Navigationsanforderungen sowie den Wissensstand Ihrer Zielgruppen berücksichtigen.

11.5.1   Top-down, bottom-up oder beides? Wie Ihre Besucher an Ihre Website herangehen

Aus Sicht Ihrer Besucher gibt es zwei Herangehensweisen, sich auf einer Website zu bewegen, sobald sie »betreten« wird: den Top-down- und den Bottom-up-Ansatz.

Den *Top-down-Ansatz* wenden Besucher auf der gesamten Website an, aber hauptsächlich bei Ankunft auf der Startseite. Der Website-Besucher analysiert die Website mit folgenden Fragen:

▶ Wo bin ich?

▶ Was gibt es hier alles?

▶ Wo finde ich in dem Ganzen das Puzzleteil, das ich suche?

Bei diesen Fragen unterstützen ihn im Idealfall die zuvor besprochenen Systeme: Das Organisationssystem hilft ihm dabei zu verstehen, was es auf der Website alles zu sehen gibt und wie die Inhalte strukturiert sind. Die Navigationssysteme sagen ihm, wo er sich befindet, und begleiten ihn sicher durch die verschiedenen Bereiche der Website bis hin zu dem gesuchten Puzzlestück, ohne dass er sich unterwegs verirrt. Die Suchfunktion hilft ihm, bei einer konkreteren Fragestellung eine passende Abkürzung zum gesuchten Puzzlestück zu finden.

Der *Bottom-up-Ansatz* wird meist bei Ankunft auf Unterseiten oder Landingpages angewandt. Dabei stellt sich der Besucher folgende Fragen:

▶ Wo bin ich?

▶ Was gibt es hier Besonderes?

▶ Wie komme ich aus diesem kleinen Puzzleteil zu anderen oder zum Gesamtbild (der Startseite)?

Auch bei diesen Fragen helfen das Organisations- und das Navigationssystem Ihrer Website. Es gibt diverse Möglichkeiten, dem Besucher zu signalisieren, wo er sich befindet, und ihm verschiedene Wegweiser bereitzustellen, die ihn in der Seitenstruktur weiter hinauf oder hinunter oder auf die Startseite begleiten. Lassen Sie die Website mit dem Besucher sprechen, ihm sagen, wo er ist, was es dort gibt und wo es langgeht oder langgehen könnte. Das erreichen Sie durch klare, besucherorientierte Benennung der Navigationsoptionen. Geben Sie ihm verschiedene Navigationsmöglichkeiten, aber verwirren Sie ihn nicht.

Ein gelungenes Beispiel für den Einsatz verschiedener Wegweiser finden Sie in Abbildung 11.2 auf einer Unterseite von *ebay.de*. Angenommen, ein Webuser gelangt nicht über die Startseite, sondern über eine Suchergebnisseite zum Suchbegriff »Tablet Computer« bei Google auf diese Landingpage.

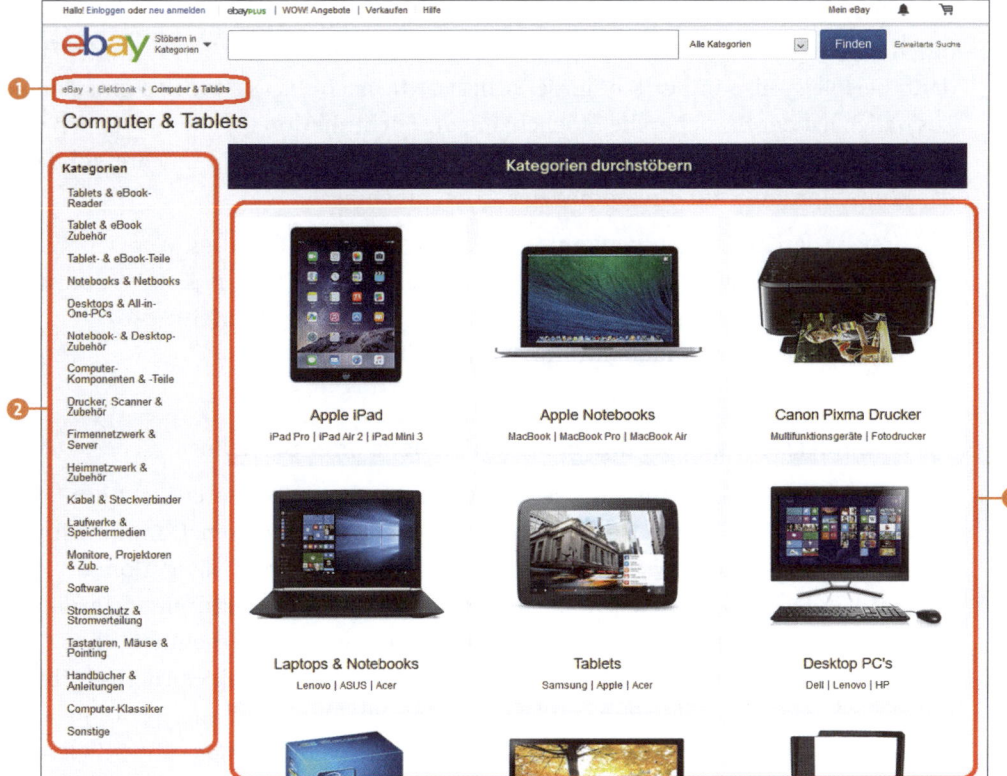

Abbildung 11.2 Gelungener Einsatz verschiedener Wegweiser bei eBay (Quelle: ebay.de/rpp/computer-tablets)

Auf der Suche nach einem Tablet sieht er sich auf der Seite erst einmal um und stellt fest, dass es hier verschiedene Computer und Tablets gibt. Die Kachelansicht der Verteilerseite ❸ zeigt ihm die wichtigsten Kategorien mit Produktbeispielen an. Zusätzlich sind am linken Rand ❷ die speziellen Unterkategorien dieser Produktsparte zu finden. auf einen Blick sieht der Besucher, dass er hier fündig wird, und klickt die Kachel TABLETS an, um ein passendes Produkt zu finden (top-down).

Wenn derselbe Besucher diesen Link als Lesezeichen speichert und ihn eines anderen Tages anwählt, weil er auf der Suche nach einem neuen Handy ist, wird er feststellen, dass er hier, auf der Tablet-Seite, nicht weiterkommt. Er wird sich nach einer Möglichkeit umsehen, in der Seitenstruktur wieder nach oben zu gehen (bottom-up), um einen anderen Zweig zu den »verwandten« Produkten, den Smartphones, zu finden. Es ist absoluter Standard, dass das Logo einer Website den Besucher zur Startseite zurückführt. Besucherfreundlicher ist es, wenn er sich nicht erst wieder durch alle Oberkategorien wühlen müsste, wenn er sich doch passenderweise bereits in der Elektronik-Kategorie befindet. Die sogenannte *Breadcrumb-Navigation* im oberen Bereich ❶ zeigt ihm, wie viele Schritte er im Seitenbaum fortgeschritten ist. Sie hilft durch die Verlinkungen auch dabei, den Weg schrittweise nach oben zu finden, um dann beispielsweise in der Kategorie ELEKTRONIK nach SMARTPHONES zu suchen. Zusätzlich hat der Besucher die Möglichkeit, die Suchfunktion im oberen Bereich der Website zu nutzen, wenn er nicht durch die Abteilungen browsen möchte, sondern das Wunschprodukt auf direktem Weg suchen möchte.

Die drei in der Abbildung genannten Elemente (❶–❸) dienen als Wegweiser zur Orientierung und zur Navigation gleichermaßen. Genaueres zur Konzeption und Nutzung verschiedener Navigationselemente finden Sie in Kapitel 15, »Wo bin ich und wie komme ich woandershin? Navigation, Links und URLs«.

11.5.2   Berücksichtigen Sie die mentalen Modelle Ihrer Besucher

Die Informationsarchitektur aus User-Sicht zu konzipieren bedeutet nicht nur, dass Sie formale Herangehensweise Ihrer Zielgruppe verstehen müssen. Damit die funktionalen Systeme von Ihren Besuchern zur Orientierung und Navigation effektiv genutzt werden können, sollten Sie auch die inhaltlichen Strukturen an Ihre Zielgruppe anpassen. Natürlich soll die Website auch Sie als Unternehmen, Ihre Produkte, Ihre fachliche Expertise abbilden. Aber zur Aufbereitung eines Themas gibt es immer mehrere Möglichkeiten, und Sie werden gut damit fahren, wenn Sie sich bemühen, die Denkweise – man spricht auch von *mentalen Modellen* – Ihrer Zielgruppen mindestens genauso stark in die Konzeption der Informationsarchitektur einzubeziehen, denn nur so erreichen Sie sie auch.

Warum das vielleicht sogar wichtiger ist, als Ihre eigene Position auf Ihrer Website akkurat abzubilden? Sind Sie auch schon einmal auf der Website Ihrer Stadtverwaltung gelandet und haben nach einem Ansprechpartner oder Formular gesucht, von dem Sie nicht genau wussten, wie es heißt? Und sind Sie dann im Dschungel des Amtsjargons und fachlicher Untergliederung in verschiedenste exotische »Dezernate ABC« oder »Referate XYZ« daran verzweifelt, zu finden, was Sie suchten? Die Stadtverwaltung München etwa präsentiert ihre Referate zwar persönlich und ansprechend mit einem Bild der jeweiligen Leitung (siehe Abbildung 11.3). Wenn Sie sich aber ummelden wollten, weil Sie frisch nach München gezogen sind, wüssten Sie auf Anhieb, dass diese Angelegenheit zum Kreisverwaltungsreferat gehört?

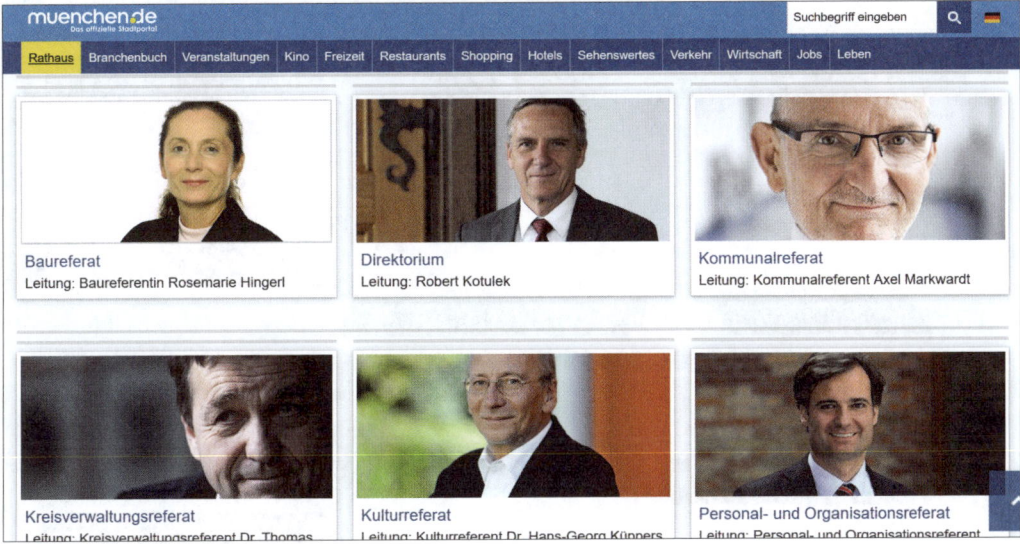

Abbildung 11.3 Nett aufgemachte, aber benutzerunfreundlich präsentierte Inhalte auf der Website der Stadtverwaltung München (muenchen.de/rathaus/stadtverwaltung.html)

Hätte sich der Informationsarchitekt ebenjenes Amtes Gedanken über die Zielgruppe, deren mentale Modelle, Kenntnisstand und Herangehensweise gemacht, hätten Sie Ihr Suchziel problemlos erreicht. Damit Sie Ihre Website besucherorientiert konzipieren können, haben Sie in Kapitel 8, »Analysieren und definieren Sie Ihre Zielgruppen«, einige Möglichkeiten und eine Checkliste an die Hand bekommen, Ihre Zielgruppen kennenzulernen. Sie können nun Ihre Zielgruppenanalyse, die Sie anhand der Fragebogen-Checkliste und der Persona-Vorlage (siehe Abschnitt 8.5) erarbeitet haben, zur Konzeption der Informationsarchitektur zur Hand nehmen. Die Informationsarchitektur Ihrer Website an Ihre Zielgruppen anzupassen ermöglicht es Ihren Zielgruppen, mit ihrem eigenen mentalen Modell und dem Wissen zu Ihrem Website-Thema einen leichten und schnellen Zugang zu Ihren Inhalten zu finden. Präsentieren Sie das Thema nicht aus einer rein sachlich-fachlichen Perspektive, sondern berücksichtigen Sie den Kenntnisstand und die Wissensstrukturen Ihrer

Zielgruppe. Genauer bedeutet das, dass Sie im Extremfall auch ein hoch spezialisiertes Thema einer nicht sachkundigen Zielgruppe zugänglich machen müssen.

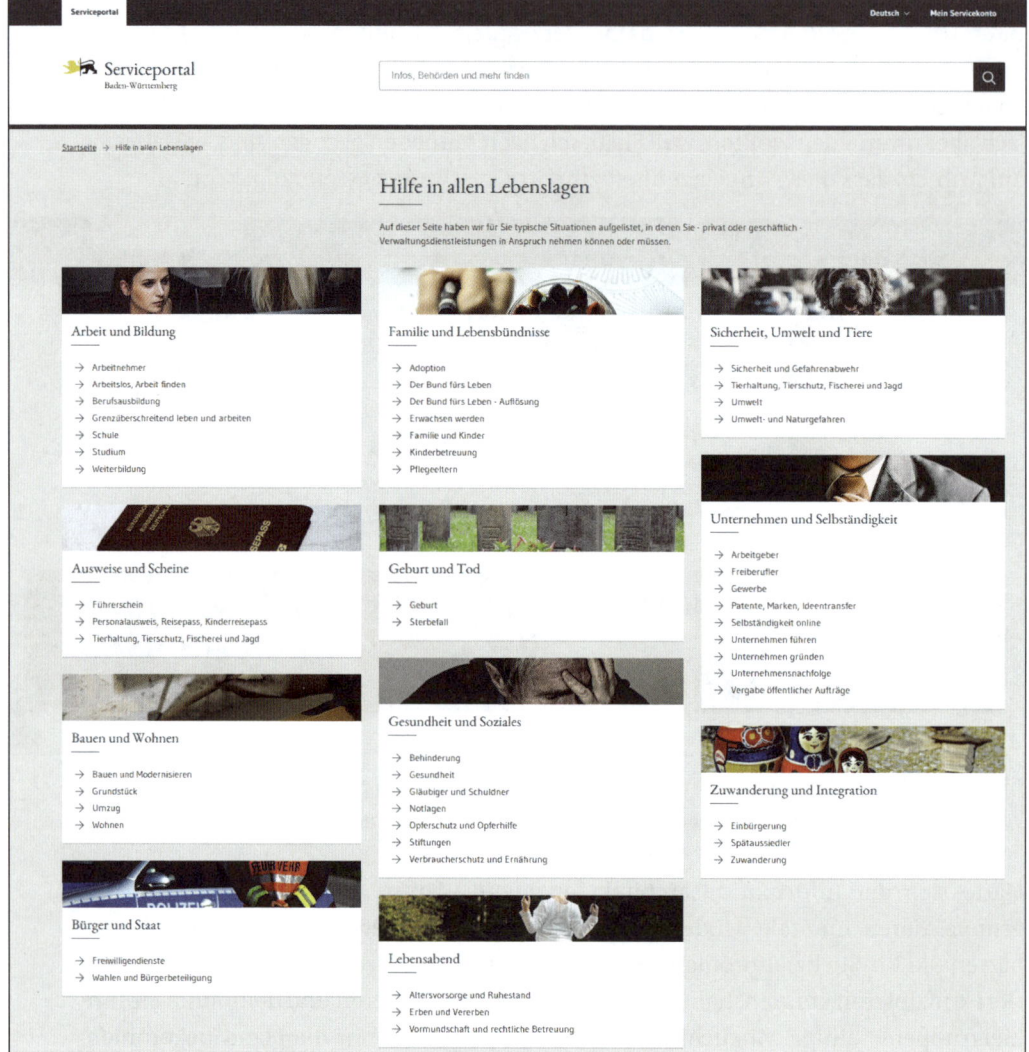

Abbildung 11.4 Lebenslagenprinzip auf behördlichen Serviceportalen, hier für Baden-Württemberg (service-bw.de)

Um beim obigen Beispiel einer Stadtverwaltung zu bleiben, wäre es doch wesentlich einfacher für Sie als Besucher, wenn Sie nicht die Fachabteilungen durchforsten müssten und die dargebotenen Informationen zunächst googeln müssen, um sie zu verstehen. Sie würden wesentlich effektiver finden, was Sie suchen, wenn Ihnen anstelle des komplexen Apparats der Stadtverwaltung eher typische Lebenssituationen oder Aufgaben zur Auswahl angeboten würden, mit denen Sie direkt etwas anfangen können. Auswahlmöglichkeiten wie »Ich möchte heiraten«, »Ich muss mich arbeitslos melden«, »Ich möchte meine Briefwahlunterlagen beantragen« passen zu konkreten Lebenssituationen und Suchmotivationen der Zielgruppen einer Stadtverwaltungs-Website.

Für solche Fälle bietet das *Lebenslagenprinzip* einen guten Ansatz. Dieses Prinzip wurde vor allem für Websites von Behörden entwickelt, um den Bürgern den Zugang zu – in einer bestimmten Lebenslage wie Heirat, Geburt, Arbeitslosigkeit notwendigen – Dienstleistungen und Formularen zu erleichtern (siehe Abbildung 11.4).

Das Lebenslagenprinzip lässt sich aber mit Gewinn auch für nicht behördliche Websites adaptieren und stellt im Grunde eine erweiterte Berücksichtigung Ihrer Zielgruppenanalyse und der Customer Journey dar. Damit holen Sie Ihre Besucher direkt bei einem Problem ab und geleiten sie mittels ihnen bekannter Informationen zum entsprechenden Fachbereich Ihrer Website. Das wirkt sich unmittelbar auf die Usability und auch auf die User Experience Ihrer Website aus. Der Besucher fühlt sich verstanden, findet spielend leicht, was er sucht, und Sie haben Ihr – oder zumindest eines Ihrer – Website-Ziel(e) erreicht. Überlegen Sie doch einmal selbst: Als Website-Besucher lassen Sie sich doch auch eher auf einer Website zu einem Call-to-Action bewegen, deren Besuch für Sie leicht und effektiv vonstattengeht, als auf einer Website, an der Sie verzweifeln und wo Sie aufgeben möchten.

11.5.3   Informationsarchitektur entlang der Customer Journey

In Abschnitt 8.6, »Die Customer Journey«, haben Sie den *Conversion Funnel* kennengelernt. Zur kurzen Erinnerung: Dabei handelt es sich um ein Modell, das die verschiedenen Marketing-Touchpoints aufzeigt, die ein Unternehmen entlang der Customer Journey seiner Kunden hat. Die Customer Journey umfasst die verschiedenen Stufen, die Ihre Besucher im Kontakt mit Ihrem Website-Angebot durchlaufen – und das in der Regel bereits vor dem Betreten der Website. Dieses Modell bzw. dessen einzelne Punkte lassen sich auch auf Ihre Website übertragen (siehe Abbildung 11.5). Damit die Journey Ihrer Zielgruppen überhaupt auf Ihre Website führt und dort bis zum Ende, der Conversion, weiter verläuft, sind die Anpassung der Inhalte an deren mentale Modelle und die besucherorientierte Gestaltung der Infrastruktur absolut notwendig. Sie können die Touchpoints durch verschiedene Website-Elemente und Eigenschaften auf Makro- und Mikroebene trichterförmig gestalten, um Ihre Zielgruppe bestmöglich anzusprechen. Zu einer guten Makro-Informationsarchitektur gehören beispielsweise eine gute Themenstruktur und der Einsatz der verschiedenen Seitentypen zur Präsentation des Contents sowie eine gute Navigations- und Linkstruktur. Zu einer guten Mikro-Informationsarchitektur gehört eine gute Seitenstruktur und ein trichterförmiger Informationsfluss im Sinne des Conversion Funnels, der zu einem optimierten Call-to-Action führt. Wie Sie all diese Elemente der Informationsarchitektur aufbauen, stellen wir Ihnen in den nächsten Kapiteln vor.

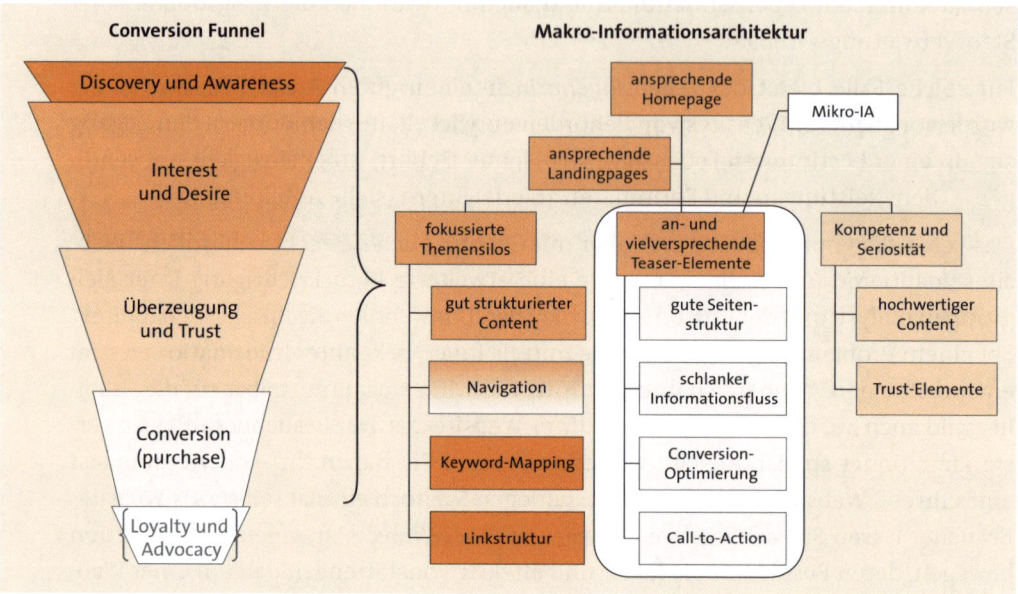

Abbildung 11.5 Kriterien für eine gelungene Informationsarchitektur auf Makroebene gemäß dem Conversion Funnel

Überlegen Sie genau, in welchem Bereich Ihrer Website Sie welche Zielgruppen bedienen können und in welcher Informationstiefe Sie die Bereiche präsentieren wollen. Wenn Sie mit dem Aufbau der Informationsarchitektur beginnen, dann sollten Ihnen die Antworten auf die Fragen nach Ihren Zielgruppen spätestens jetzt klar sein. Falls Sie Ihre Zielgruppen bis jetzt noch nicht bestimmt haben, dann lesen Sie in den vorherigen Kapiteln noch mal nach, und gehen Sie erst weiter, wenn Sie die Antworten klar vor Augen haben. Sonst besteht die große Gefahr, dass Sie Ihre Website an Ihrer Zielgruppe vorbei entwickeln – und damit ist das Projekt schon im Vorhinein zum Scheitern verurteilt! Wie Sie zunächst an den Aufbau einer Makrostruktur herangehen, zeigen Ihnen die beiden folgenden Kapitel, bevor es an die Mikrokonzeption geht.

Kapitel 12

Wie Sie eine benutzerorientierte Makro-Informationsarchitektur aufbauen

Wie sieht der Aufbau einer Informationsarchitektur im Detail aus?
Die verschiedenen Kriterien und Arbeitsschritte, die dazugehören,
werden Ihnen hier vorgestellt.

12

Nachdem die Vorüberlegungen zur Website-Struktur in den vergangenen drei Kapiteln ausreichend erörtert wurden, geht es jetzt ans Werk: Sie erfahren in diesem sowie in den folgenden drei Kapiteln, welche Schritte zum Aufbau einer optimalen Informationsarchitektur gehören. In der Übersicht handelt es sich um folgende Schritte:

▶ Makro-Informationsarchitektur (Kapitel 12, 13 und 15):
  – thematische Bestandsaufnahme in Ihrem Unternehmen (Kapitel 12)
  – Branchen- und Wettbewerbsanalyse (Kapitel 12)
  – Content-Audit und Datenanalyse beim Relaunch (Kapitel 12)
  – Keyword-Recherche und Keyword-Mapping (Kapitel 13)
  – Website-Thema strukturieren und Siloing (Kapitel 13)
  – Navigation gezielt einsetzen und Linkstruktur optimieren (Kapitel 15)
▶ Mikro-Informationsarchitektur (Kapitel 14):
  – Seitentypen sinnvoll einsetzen
  – Inhalte auf Ihren Seiten und Seitentypen optimal anordnen

Los geht es mit einer Bestandsaufnahme bei Ihnen selbst als Website-Betreiber und den Themen, die Sie auf die Website bringen möchten.

12.1   Thematische Bestandsaufnahme beim Website-Betreiber

Um das Thema für eine Website aufzubereiten, sollten Sie als ersten Schritt eine Bestandsaufnahme bei sich selbst bzw. beim Website-Betreiber (in spe) machen. Hier laufen die Aspekte der strategischen Konzeption und Zielgruppenanalyse (siehe

Kapitel 7, »Eine gut durchdachte Strategie ist die halbe Miete«, und Kapitel 8, »Analysieren und definieren Sie Ihre Zielgruppen«) zusammen. Die Fragebogen-Checklisten, die Sie dort bearbeitet und beantwortet haben, können Sie hier nun einsetzen. Relevant in diesem Schritt sind die zentralen Schwerpunkte und Strukturen Ihres Unternehmens. Dazu gehören:

▶ die Themen, die präsentiert werden

▶ die Dienstleistungen oder Produkte, die angeboten werden

▶ Unternehmensstrukturen und USPs

▶ die Website-Ziele

▶ die Ergebnisse der Zielgruppenanalyse

Die Ergebnisse aus dieser Bestandsaufnahme können Sie für eine erste Skizze der Informationsarchitektur verwenden (siehe Abbildung 12.1).

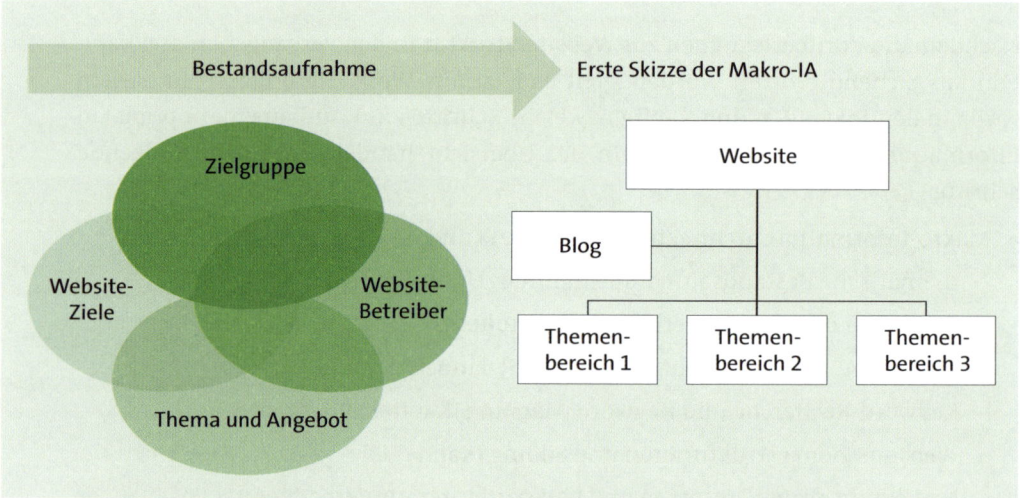

Abbildung 12.1 Schritt eins bei der Konzeption der Informationsarchitektur: Bestandsaufnahme beim Unternehmen und Aufbereitung des Themas

Zur Veranschaulichung soll uns ein fiktives Website-Projekt für das fiktive Start-up MEDA dienen, das Bekleidung aus nachhaltiger Produktion verkaufen möchte. Stellen Sie sich vor, ein junges Unternehmerteam, Mel und David – MEDA, kommt in Ihre Agentur und beauftragt Sie mit der Konzeption einer Website mit integriertem Webshop. In der ersten Phase der strategischen Konzeption und einem Bestandsaufnahmegespräch können Sie bereits einige wichtige Fragen klären, die Ihnen helfen werden, eine geeignete Informationsarchitektur zu entwerfen. Im Folgenden haben wir einen beispielhaften Fragenkatalog zur Bestandsaufnahme bei MEDA ausgefüllt.

Bestandsaufnahme MEDA

Welche Zielgruppen sollen bedient werden?

- Menschen, denen Mode unter dem Aspekt der Nachhaltigkeit wichtig ist
- modisch interessierte »Ökos«
- Frauen, Männer im Alter zwischen 28 und 45 Jahren und Kinder ab 3 Jahren

Wie ist die Unternehmensstruktur? Was sind die Werte? Was sind die USPs?

- Start-up-Unternehmen im Zweierteam »Mel & David«
- Entwurf der Kollektionen durch die beiden Inhaber und drei Mitarbeiter
- Nachhaltigkeit und Fair-Trade-Philosophie: faire, nachhaltige Produktion der Kollektionen und Bezug der Rohstoffe aus ökologischem Fair-Trade-Anbau

Welche Produkte werden angeboten?

- modische Bekleidung unter dem Aspekt der Nachhaltigkeit (»Hip & Fairtrade statt grauem Öko-Brei«)
- Oberbekleidung, Unterwäsche, Schuhe, Accessoires

Was weiß die Zielgruppe über Nachhaltigkeit, Fair Trade, Bio etc.?

- Teils nur Grundkenntnisse, vertrauen da aber auf Erwähnung der entsprechenden Stichworte und gegebenenfalls auf Siegel und Zertifizierungen
- Teils tiefer gehendes Wissen über nachhaltige Herstellung und Gütesiegel, Zertifizierungen für *Nachhaltigkeit*, *Bio*, *Fair Trade*

Wozu dient die Website und welcher Website-Typ soll umgesetzt werden?

- Präsentation des Labels und des Unternehmens MEDA; Verkauf der Produkte
- Mischung aus Onlineshop und Unternehmens-/Branding-Website
- zunächst nur für den deutschen Markt, aber skalierbar mit Option auf eine englische Sprachversion

Welche Serviceleistungen werden angeboten?

- kostenfreie Lieferung und Rückversand
- Bestellservice auch im Ladengeschäft bei Nicht-Verfügbarkeit vor Ort
- Stilberatung per Foto oder vor Ort im Ladengeschäft

Welche zusätzlichen relevanten Angebote und Themen gibt es?

- regelmäßiger Sale auslaufender Kollektionen
- Rabattdaueraktion Alt-gegen-neu-Recycling

Aus den Ergebnissen der Bestandsaufnahme können Sie im nächsten Schritt ein erstes Grobkonzept der Makroarchitektur entwerfen (siehe nächster Abschnitt).

12.2   Erstes Grobkonzept der Informationsarchitektur

Um ein Grobkonzept Ihrer Informationsarchitektur zu entwerfen, gibt es mehrere Herangehensweisen, die meist zu Beginn der Konzeptionsphase eingesetzt werden. Eine Methode ist angelehnt an das *Rapid Prototyping* aus der Industrie, bei dem Musterbauteile schnell und einfach aus vorhandenen Daten erstellt werden. Zu Beginn wird ein Muster erstellt und dann in mehreren Tagen oder mithilfe verschiedener Teams überarbeitet und verbessert. Dieses Verfahren können Sie auch für Ihre Website verwenden. Welches konkrete Werkzeug Sie hierfür verwenden, ist nicht festgelegt. Sie können Stift und Papier, Zeichentools, Mindmap-Tools, Word oder Excel verwenden.

Im Folgenden sehen Sie die Entwicklung des Grobkonzepts für das oben eingeführte Öko-Bekleidungslabel MEDA. Wichtig ist, dass Sie zunächst einmal, aufbauend auf der Bestandsaufnahme aus dem vorigen Abschnitt, die wichtigsten Website-Bereiche erfassen. Nach qualitativer Auswertung der Daten aus dem vorherigen Schritt lassen sich für MEDA zunächst drei Produktkategorien entsprechend den Zielgruppen – Damenbekleidung, Herrenbekleidung, Kinderbekleidung – definieren. Diese bilden die drei Kernbereiche der Website. Da MEDA nicht einfach nur modische Massenware oder Ware anderer Labels anbieten wird, ist ein weiterer wichtiger Faktor, der über die Website kommuniziert werden muss, die Unternehmensphilosophie inklusive des nachhaltigen Produktionsprozesses. Das ist der wichtigste Unique Selling Point (USP) von MEDA: modische und gleichzeitig nachhaltig und fair produzierte Bekleidung anzubieten. Daher sollte dieser ethisch-ökologische Aspekt auf jeden Fall ebenfalls als zentraler Teil der Informationsarchitektur auf der Website abgebildet werden. Dieser ließe sich entweder als sachlich-informativer Baustein Nachhaltigkeit unterbringen oder aber auch im Rahmen eines allgemeineren Bausteines Unternehmensphilosophie.

Die Relevanz dieser Hintergrundinformationen ergibt sich aus der Analyse der Zielgruppe im Vorfeld. Dabei handelt es sich um eine Zielgruppe, die Mode nicht nur massenweise konsumiert. Vielmehr möchte sie hinter die Kulissen blicken und bewusster, hochwertiger und rundum fairer einkaufen. Zudem interessieren sich Kunden dieser Zielgruppen meist auch für die Gesichter eines Labels, mit deren Philosophie sie sich identifizieren können. Daher sollten für die MEDA-Website auch die Personen hinter dem Unternehmen in diesem Bereich der Informationsarchitektur präsentiert werden. Um die großen Bereiche abzubilden und ein wenig mit der Themenstruktur zu spielen, beginnen Sie doch einfach mit einer ganz simplen Skizze auf Papier, wie in Abbildung 12.2. Sie muss nicht besonders schick sein, bringt aber trotzdem gut die Grobstruktur zu Papier, die Sie im Kopf haben.

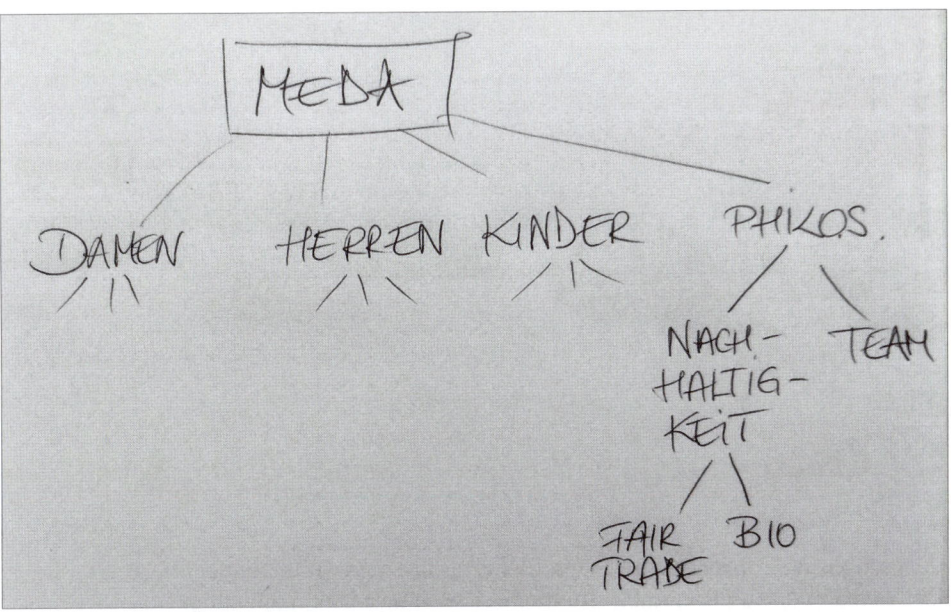

Abbildung 12.2 Einfache Skizze des Grobkonzepts der Makro-Informationsarchitektur für die MEDA-Website

Anschließend können Sie sie natürlich in einem Format Ihrer Wahl digitalisieren und dann Schritt für Schritt erweitern oder anpassen. Hierfür können Sie Microsoft Excel nutzen, wenn Sie gerne damit arbeiten, wie in Abbildung 12.3.

MEDA											
Damen			Herren			Kinder			Philosophie		
Oberteile	Unterteile	Schuhe	Oberteile	Hosen	Schuhe	Oberteile	Unterteile	Schuhe	Nachhaltigkeit		Team
									Fairtrade	Produktion	

Abbildung 12.3 Grobkonzept der Makro-Informationsarchitektur für die MEDA-Website in Excel

Sie können auch Mindmap-Software oder andere Tools verwenden, mit der Sie das Grobkonzept visualisieren. Mindmap-Tools, wie beispielsweise Edraw Mindmap (*de.edrawsoft.com/freemind.php*, siehe Abbildung 12.4), haben den Vorteil, dass sie sehr leicht zu bedienen sind und die Verbindungen zwischen den Themen-Bullets automatisch generieren. Da Sie in solchen Tools auch mit Farben arbeiten können, können Sie sich eine sehr gute Übersicht erstellen und diese dann in späteren Konzeptionsschritten erweitern und anpassen.

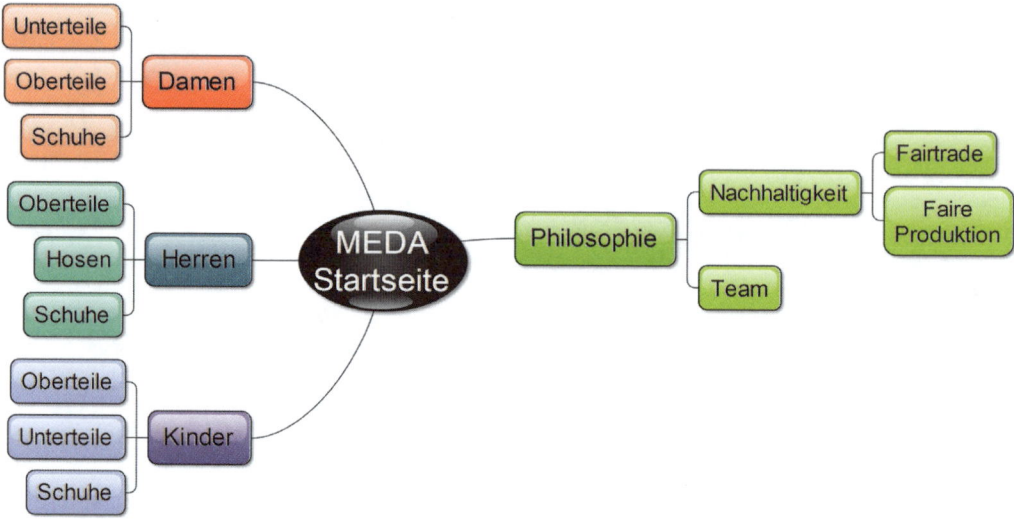

Abbildung 12.4 Grobkonzept-Mindmap der Informationsarchitektur der MEDA-Website nach erfolgter Bestandsaufnahme (mit Edraw Freemind Mindmap)

Entscheidend ist, dass Sie nicht allein vor sich hin konzipieren, sondern sich sowohl die Zeit als auch den Input von Kollegen hinzunehmen, um eine ausgewogene Makro-Informationsarchitektur zu entwerfen. Durch die verschiedenen Durchläufe über mehrere Tage oder mehrere Personen oder Teams können Sie ein anfangs noch vages Konzept effektiv verbessern und verfeinern.

Außerdem können Sie hier schon einmal damit beginnen, die wichtigsten Begriffe für die spätere Keyword-Analyse und das Keyword-Mapping (siehe Abschnitte 13.2 und 13.3) zu extrahieren, denn Sie wissen ja: Um in den Suchmaschinen gefunden zu werden, brauchen Sie die richtigen Themen, die den Suchbegriffen Ihrer Zielgruppen entsprechen.

12.3   Thematische Recherche und Wettbewerbsanalyse: Warum es okay ist, bei der Konkurrenz zu spicken

Sind Bestandsaufnahme und vorläufige Informationsarchitektur erstellt, geht es an die etwas ausführlichere Recherche des Themas. Je nach zeitlichem Budget können Sie mit einer Internetrecherche zum Thema beginnen, um einen tieferen Einblick in die Materie zu bekommen. Mit einem vertieften Hintergrundwissen lässt sich die Informationsarchitektur wesentlich fundierter konzipieren. Ist Ihr Budget jedoch etwas knapper bemessen, können Sie auch direkt mit der Analyse der Websites Ihrer Wettbewerber aus der Branche beginnen. So können Sie Branchenstandards inhaltlicher und struktureller Natur ableiten, die Sie für Ihr Website-Konzept adaptieren oder zumindest bedenken sollten. Die Informationsarchitektur der Konkurrenz kann Ihnen einen guten Ausgangspunkt liefern, um Ihre eigene Website-Struktur zu modifizieren. Sie sollten sich allerdings nicht blind darauf verlassen, dass Ihre Wettbewerber wissen, wie sie eine gelungene Informationsarchitektur bauen, denn es gibt viele schlechte Websites mit grauenhafter Informationsarchitektur im World Wide Web. Betrachten Sie die Konkurrenz-Websites also immer kritisch, denn bei der Recherche sind Sie ja Besucher der Websites und können Ihre eigene User Experience (UX) beobachten und auswerten:

- ▶ Was fällt Ihnen als Besucher beim Betreten der Startseiten und beim Browsen durch die Websites auf?
- ▶ Was finden Sie gelungen, was nicht und warum?
- ▶ Wie bereiten Ihre Wettbewerber das Thema auf?
- ▶ Worin unterscheiden sie sich voneinander und von Ihrem bisherigen Website-Konzept?
- ▶ Welche Produkt- oder Dienstleistungskategorien bietet die Konkurrenz an, und mit welchen Stichworten werden sie benannt?
- ▶ Gibt es Aspekte, die Sie für Ihre Website noch nicht bedacht haben, die Ihnen jedoch wichtig erscheinen?

Als Beispiel eines Wettbewerbers für das fiktive Website-Projekt MEDA dient hier die Website des Labels ARMEDANGELS (*armedangels.de*, siehe Abbildung 12.5). Beim Betreten der recht schlicht gehaltenen Website sehen Sie drei Menüpunkte, d. h. drei Website-Bereiche.

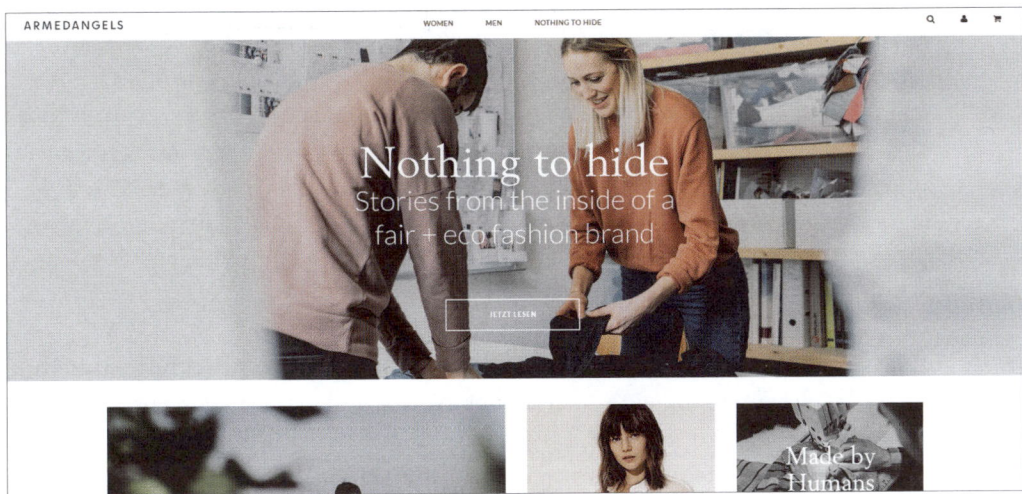

Abbildung 12.5 Die Branchenkonkurrenz von MEDA (Quelle: armedangels.de)

Zwei davon beziehen sich auf die beiden Produktkategorien WOMEN und MEN, d. h. Damen- und Herrenbekleidung. Der dritte Menüpunkt ist mit NOTHING TO HIDE betitelt. Darunter finden sich Informationen zu den Materialien und der Produktion der angebotenen Bekleidungsartikel. Der Website-Typ ist eine Mischung aus Webshop und Branding-Site für das Label. Des Weiteren gibt es Verlinkungen zur Suchfunktion, dem Kundenkonto sowie dem Warenkorb. Die bis zu diesem Punkt geplante Informationsarchitektur für MEDA ähnelt der dieses Wettbewerbers – bis auf die geplante Kategorie der Kinderbekleidung. Je nach Ergebnis der Analyse weiterer Konkurrenten könnte diese Kategorie sogar einen der USPs von MEDA ausmachen. Solche Informationen sind in der Regel aber bereits vorhanden, zumal die Wettbewerbsanalyse Teil des Businessplans ist, der zur Gründung eines Unternehmens erarbeitet wird. Sollten Sie eine Website für Ihre Kunden erstellen, können Sie diese Information vom Unternehmen selbst erfragen. Durch diesen Schritt, die thematische Wettbewerbsanalyse, können Sie gegebenenfalls weitere Themen finden, die Ihr Website-Konzept ergänzen und optimieren.

Zur ergänzenden Recherche, aber auch für den späteren Schritt der *Keyword-Recherche* (siehe Abschnitt 13.2.1) können Sie auch die Wettbewerbs-Websites bereits in diesem Schritt auf die verwendeten Keywords hin untersuchen. Sammeln Sie so viele passende Begriffe rund um Ihr Website-Thema, wie Sie finden können. Dann haben Sie später eine gute Auswahl, aus der Sie die besten Begriffe als Keywords nutzen können.

> **Praxistipp: Screaming Frog für die Wettbewerbsanalyse nutzen**
>
> Um herauszufinden, welche Stichworte Ihre Wettbewerber zu SEO-Zwecken verwenden, können Sie den Screaming Frog SEO Spider (*screamingfrog.co.uk*) verwenden. Das Tool crawlt die Seiten jeder beliebigen Website. Bis zu 500 URLs pro Domain lassen sich sogar kostenlos analysieren. Im Ergebnis sehen Sie die wichtigsten SEO-Elemente für jede gecrawlte URL, also für jede analysierte Unterseite. Wesentlich für diesen Rechercheschritt ist die Auflistung der Elemente PAGE TITLES, META-DESCRIPTION, TITLE und H1. All diese Elemente verraten Ihnen, welche Themen der Website-Betreiber für relevant und erwähnenswert erachtet hat. Vor allem auf gut optimierten Websites finden Sie so auch die wichtigsten Keywords und können daraus neue Themenschwerpunkte für sich generieren.

Für das Website-Konzeptionsbeispiel MEDA aus dem vorigen Abschnitt wurde mit dem Tool Screaming Frog eine Analyse des Wettbewerbers *armedangels.de* erstellt, die in Abbildung 12.6 zu sehen ist. Die Analyse zeigt die gecrawlten URLs der Domain und die entsprechenden SEO-Informationen, die Sie für Excel exportieren können. Hierfür sollten Sie zunächst den FILTER auf HTML stellen, um Bilder und sonstige

Detailelemente auszublenden. Aus den einzelnen Spalten können Sie dann eine Reihe wichtiger Begriffe extrahieren, wie beispielsweise:

{*nachhaltige Materialien, faire Produktion, fair produziert, garantiert nachhaltig, organic, Global Organic Textile Standard, GOTS, zeitloses Design, Damenmode, Herrenmode, Tencell, Lyocell*} sowie diverse Bezeichnungen für Kleidungsstücke.

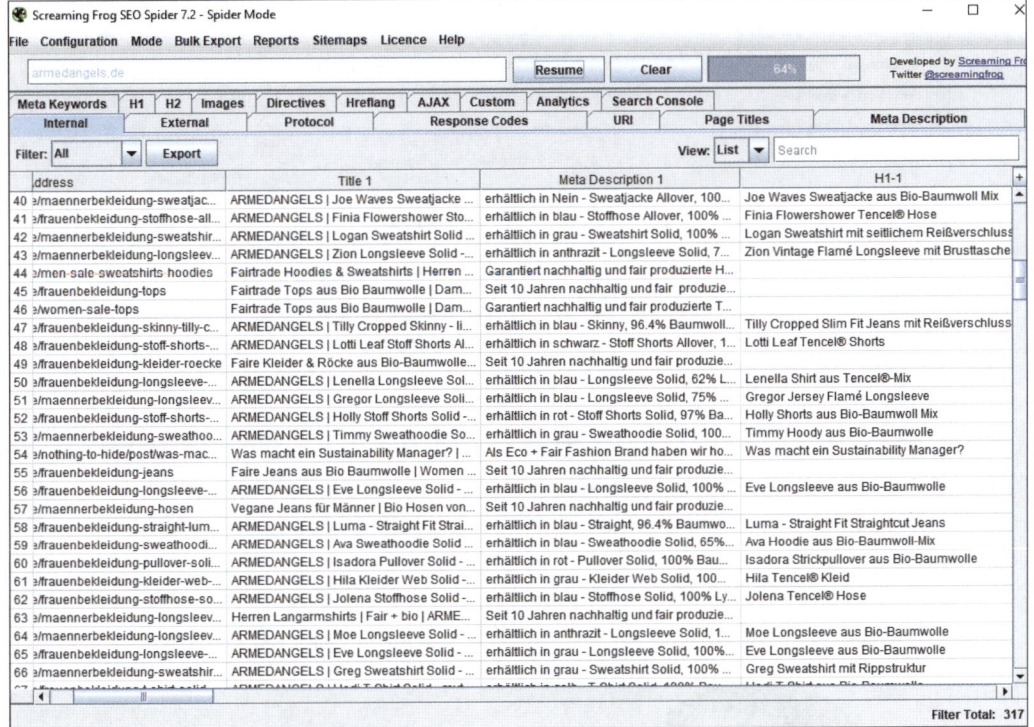

Abbildung 12.6 Software-Screenshot aus dem Tool Screaming Frog SEO Spider für die Website armedangels.de

Um Rankings einer Domain bei Google bewerten zu können, verwenden Sie z. B. die Sistrix Toolbox (sistrix.de, siehe Abbildung 12.7). Dieses Tool zeigt viele Keywords an, für die eine Website und ihre Unterseiten ranken. Mit dem Ergebnis können Sie ebenfalls Ihre Begriffsliste erweitern. Dieser Schritt lohnt sich allerdings nur bei solchen Mitbewerbern, die eine gute Suchmaschinenoptimierung haben. Aus der Beispielanalyse in Abbildung 12.7 lassen sich weitere Begriffe für MEDA extrahieren, wie beispielsweise: {*ökolabel kleidung, bio-klamotten, bio baumwolle, ...*}

Durch diese Rechercheschritte erhalten Sie zusätzliche wichtige thematische Aspekte, mit denen Sie Ihre vorläufige Informationsarchitektur modifizieren und anpassen können (siehe Abbildung 12.8).

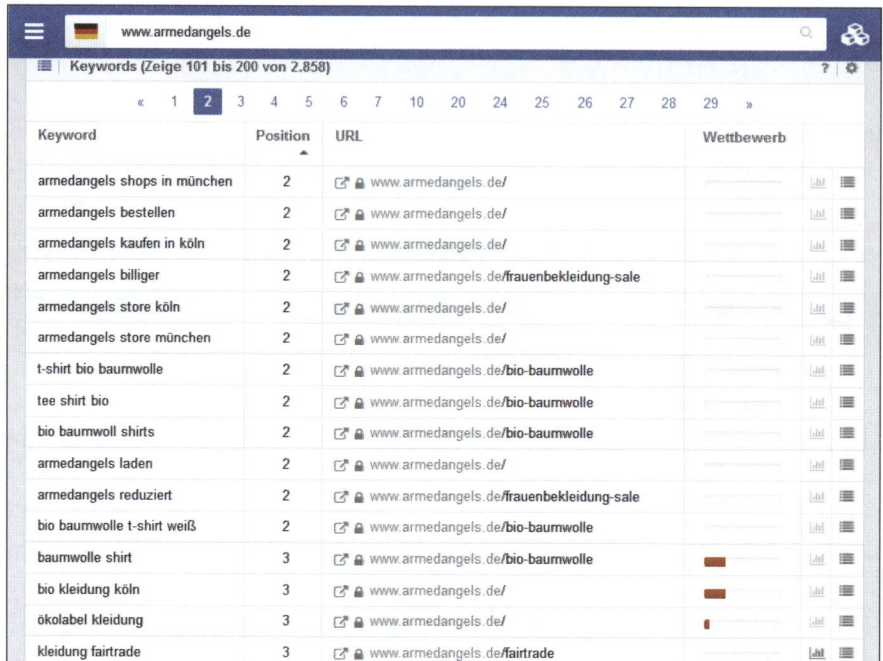

Abbildung 12.7 Screenshot aus dem SEO-Modul Sistrix Toolbox für die Website der MEDA-Konkurrenz armedangels.de (Quelle: sistrix.de)

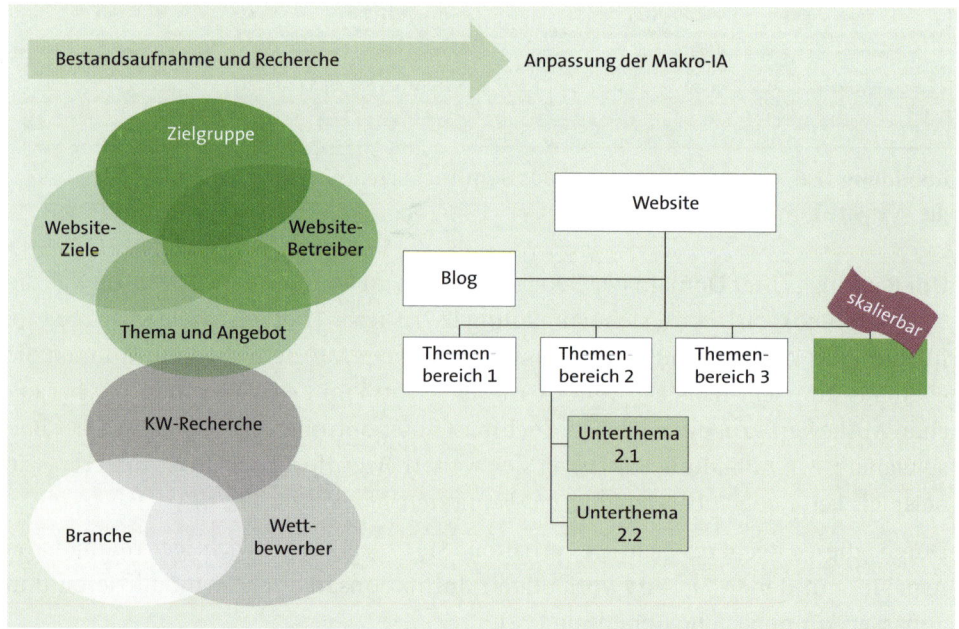

Abbildung 12.8 Schritt zwei in der Konzeption der Informationsarchitektur: Recherche von Branche, Wettbewerbern sowie Keywords und Anpassung der Informationsarchitektur

Die Recherche kann neue Teilbereiche eröffnen, die Sie vorher vielleicht für hintergründig und weniger relevant gehalten haben. Für MEDA lässt sich aus der Analyse beispielsweise ableiten, dass eine Unterseite mit den Zertifizierungsprozessen für Produktion und Materialien eine sinnvolle Ergänzung zur Unternehmensphilosophie im Bereich Nachhaltigkeit wäre.

12.4   Card Sorting als hilfreiche Methode zum Aufbau und zur Überprüfung der Makro-Informationsarchitektur

Das *Card Sorting* ist eine Methode, die Sie im Anfangsstadium der Konzeptionsphase verwenden können. Bei dieser Methode werden Testkandidaten ausgewählt, mit deren Hilfe Sie Erkenntnisse darüber gewinnen, welche mentalen Modelle Ihre potenziellen Besucher zu Ihrem Website-Thema und Ihrem Angebot haben. Wenn Sie damit beginnen, die Makro-Informationsarchitektur aufzubauen, hilft Ihnen diese Methode dabei, Ihr Konzept besucherorientiert zu verfeinern. Der Punkt des Ganzen ist, dass Sie möglichst neutrale, unbefangene Zweitmeinungen einholen, um sich gegen Ihre eigene Betriebsblindheit zu wappnen.

Card Sorting ist relativ einfach und schnell durchführbar. Sie brauchen physikalische Karteikarten und einen Tisch, außerdem Trello, eines der Projektmanagement-Tools, die wir Ihnen in Kapitel 5, »Gute Organisation ist der Schlüssel zum Erfolg – Projektmanagement«, vorgestellt haben, oder aber eines der zahlreichen Card-Sorting-Online-Tools, wie beispielsweise OptimalSort (*optimalworkshop.com/optimalsort*). Zur Veranschaulichung anhand des fiktiven Website-Projekts MEDA haben wir die Darstellung in OptimalSort gewählt. Das sieht nicht nur gut und übersichtlich aus, sondern bringt auch einige Analysevorteile mit sich, wie Sie später noch sehen werden.

Bei der Durchführung dieser Methode gehen Sie wie folgt vor. Schreiben Sie alle Website-Inhalte, die Sie planen, auf einzelne Karteikarten, die Sie unsortiert auf dem Tisch auslegen. Alternativ legen Sie sie als unsortierte Liste in einem Online-Tool an, wie in Abbildung 12.9. Lassen Sie Ihre geplanten Oberkategorien bzw. Navigationspunkte weg, beschränken Sie sich auf Ihre Produkte, Ihre Dienstleistungen und Ihre sonstigen geplanten Inhalte. In unserem Beispiel sind wir nicht so feinkörnig vorgegangen, einzelne konkrete Produkte zu notieren, da es im Fall eines Onlineshops einfach eine zu große Menge wäre. In diesem Fall reichen die etwas allgemeineren Begriffe wie Damen-Shirts und Damen-Blusen, anstelle einzelner Produktnamen wie »Damen V-Neck-Top Mel, violett, Größe S«. Eine so detaillierte Darstellung würde im Card Sorting keinen Mehrwert bringen.

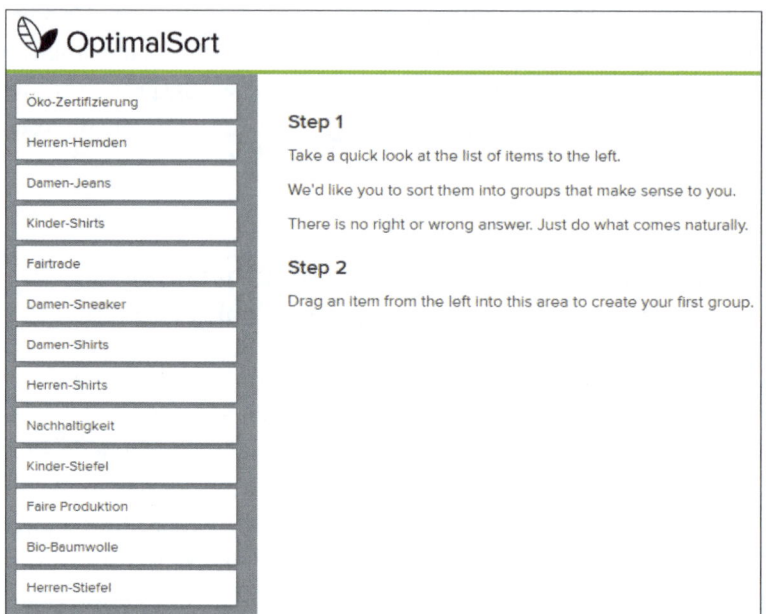

Abbildung 12.9 Unsortierte Liste aller relevanten Inhalte für MEDA in OptimalSort
(Quelle: optimalworkshop.com/optimalsort)

Nun bitten Sie Ihre Testpersonen, diese Karten nach eigenem Gutdünken zu sortieren und zu gruppieren. Ihre Testpersonen können so viele Themengruppen bilden, wie sie möchten, und können eine ganz freie, intuitive Wahl treffen. Dieser Vorgang entwickelt sich dann wahrscheinlich in etwa so wie in Abbildung 12.10.

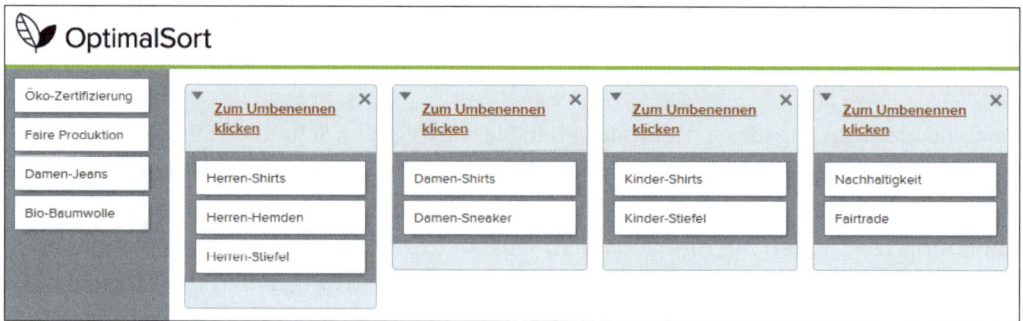

Abbildung 12.10 Gruppierung der Inhalte beim Card Sorting (Quelle: optimalworkshop.com/optimalsort)

Wenn alle Karten verteilt und gruppiert sind, bitten Sie Ihre Testpersonen, den Gruppen einen Oberbegriff zuzuweisen, den Sie für passend halten (siehe Abbildung 12.11). Fragen Sie Ihre Testpersonen ruhig nach einer Begründung für die Sortierung der Karten und die Benennung der Gruppen.

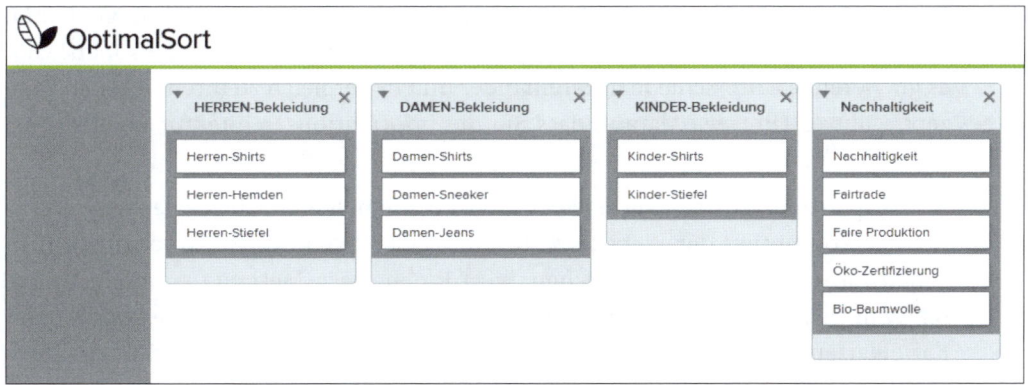

Abbildung 12.11 Benennung der Gruppen beim Card Sorting (Quelle: optimalwork-shop.com/optimalsort)

Wenn alle Testpersonen mit dem Card Sorting fertig sind, werten Sie die Ergebnisse Ihrer Testpersonen aus. In OptimalSort haben Sie die Möglichkeit, die Testergebnisse automatisch auswerten zu lassen (siehe Abbildung 12.12).

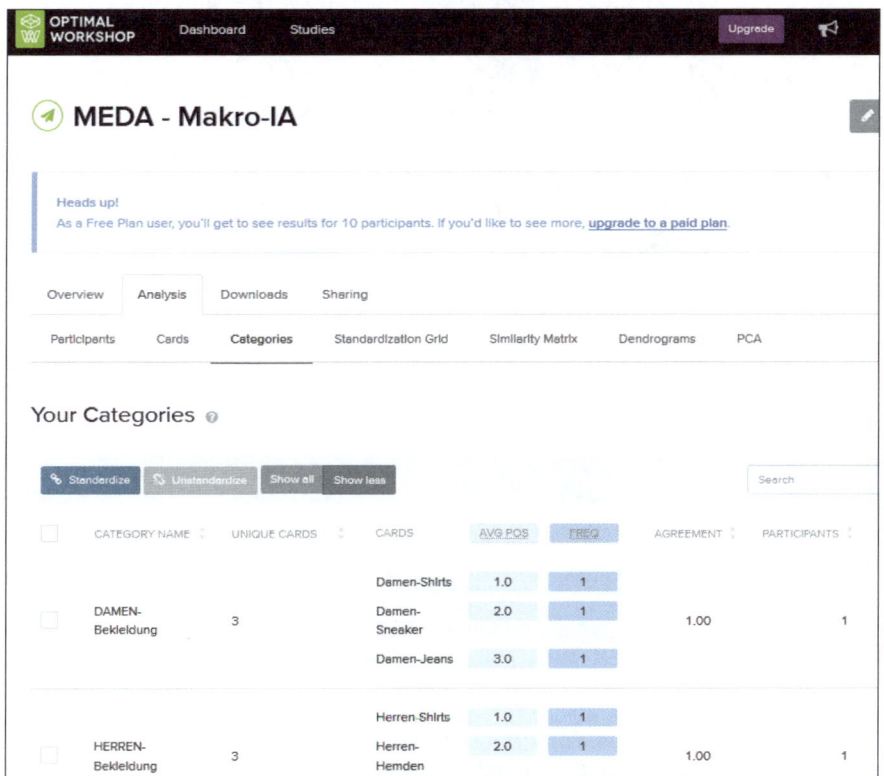

Abbildung 12.12 Analyse- und Auswertungsfunktion in OptimalSort
(Quelle: optimalworkshop.com/optimalsort)

Vergleichen Sie die von den Testpersonen aufgebaute Struktur mit Ihrer geplanten Informationsarchitektur. Wo ist der gemeinsame Nenner Ihrer Testpersonen? Gibt es gravierende Unterschiede untereinander und in Vergleich zu Ihrem eigenen Konzept? Gibt es Hinweise darauf, dass Sie die Informationsarchitektur noch einmal überarbeiten sollten?

Als Testpersonen können Sie jede beliebige Person befragen, die idealerweise nichts mit der Konzeption der Website zu tun hat. Selbst wenn Ihre Testpersonen nicht genau Ihrer Zielgruppe entsprechen, wird Ihnen diese Methode zumindest neue Blickwinkel auf Ihre Website eröffnen. Falls Sie nicht mit einer Software, sondern mit Karteikarten oder Post-its arbeiten, sollten Sie das Ergebnis des Card Sortings auch einfach abfotografieren (siehe Abbildung 12.13).

Abbildung 12.13 Fotografie eines analogen Card-Sorting-Ergebnisses (Post-its auf Whiteboard)

Zudem können Sie die Kommentare der Testpersonen auf einem Zettel oder Notebook mitschreiben – ein Video eignet sich weniger, da Sie dies nachträglich immer wieder linear anschauen müssten. Wie Sie sehen, ist das Card Sorting eine einfache

Methode, die schnell mit einer Handvoll Testpersonen durchgeführt ist. Probieren Sie sie doch einfach einmal aus.

12.5   Erstes Feinkonzept der Makro-Informationsarchitektur

Aus den Ergebnissen der bisherigen Konzeptionsschritte können Sie nun ein Feinkonzept für die Makrostruktur Ihrer Website erstellen. Dabei geht es nicht nur um die verschiedenen Themen- und Unterthemen, sondern um die gesamte hierarchische Struktur Ihrer Website. In Abbildung 12.14 sehen Sie ein Beispiel für ein Feinkonzept der MEDA-Website. Es handelt sich um eine Verfeinerung des zuvor erstellten Grobkonzepts in optisch aufbereiteter Form. Eine zweite, für spätere Konzeptionsschritte wichtige Variante zeigen wir Ihnen im Anschluss an das folgende Beispiel.

Aus Platzgründen haben wir uns in diesem Rahmen natürlich mit einer verhältnismäßig grobkörnigen Ansicht des Feinkonzepts begnügt, die natürlich nicht alle Unterseiten enthalten kann. Aber zur Illustration reicht sie dennoch aus. Sie sehen drei der zuvor im Grobkonzept definierten, großen Themenbereiche DAMENBEKLEIDUNG, HERRENBEKLEIDUNG und die PHILOSOPHIE. Auch wenn es nicht ganz optimal ist, haben wir die Kinderabteilung der Übersichtlichkeit und Lesbarkeit halber in unserem Feinkonzept ausgeklammert.

Abbildung 12.14 Erstes Feinkonzept für die MEDA-Website als Strukturbaum

Innerhalb der drei Bereiche finden Sie jeweils weitere Unterthemen zu den beiden Zielgruppenkategorien Damen- und Herrenbekleidung sowie zum Themenkomplex Philosophie. Farblich unterschieden werden in dieser Version des Feinkonzepts die verschiedenen Hierarchieebenen, auf denen sich die einzelnen Unterthemen bzw. Unterseiten der Website befinden. Die Startseite in Abbildung 12.14 (grün) könnte man als Ebene »null« bezeichnen, denn sie bildet gewissermaßen den Mantel, der alle Seiten umspannt. Die obersten Kategorien (lila) bilden dann die erste Ebene, die etwas allgemeineren Produktkategorien (blau) bilden die zweite Ebene und die spezielleren Produktkategorien (gelb) bilden die dritte Ebene. Unter der dritten Ebene wären dann im Weiteren die einzelnen Produkte angeordnet.

Da Sie im nächsten Kapitel die erarbeitete Informationsarchitektur mit passenden Keywords verknüpfen werden, empfehlen wir Ihnen, zusätzlich eine Seitenübersicht in Excel zu erstellen. Diese enthält die gesamte hierarchische Struktur Ihrer Website inklusive aller Unterseiten als Liste. Diese können Sie für die weiteren Konzeptionsschritte, die wir Ihnen in den nächsten Kapiteln vorstellen, weiterbenutzen. Eine vereinfachte Ansicht der Sitemap für die MEDA-Website finden Sie in Abbildung 12.15.

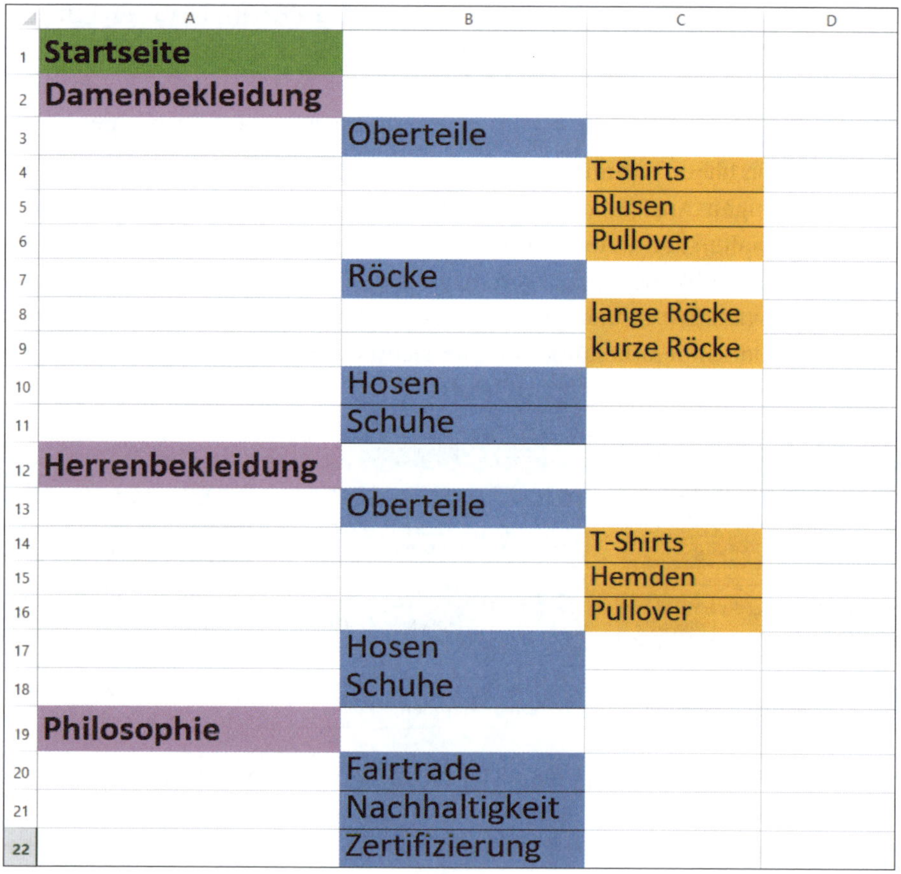

	A	B	C	D
1	**Startseite**			
2	**Damenbekleidung**			
3		Oberteile		
4			T-Shirts	
5			Blusen	
6			Pullover	
7		Röcke		
8			lange Röcke	
9			kurze Röcke	
10		Hosen		
11		Schuhe		
12	**Herrenbekleidung**			
13		Oberteile		
14			T-Shirts	
15			Hemden	
16			Pullover	
17		Hosen		
18		Schuhe		
19	**Philosophie**			
20		Fairtrade		
21		Nachhaltigkeit		
22		Zertifizierung		

Abbildung 12.15 Erstes Feinkonzept für die MEDA-Website als Liste in Excel

Wie Sie die großen Themenbereiche Ihrer Informationsarchitektur auch aus Suchmaschinensicht optimieren, zeigen wir Ihnen in Abschnitt 13.4. Dort wird es um das sogenannte *Siloing* gehen, bei dem die Unterseiten aus den jeweiligen Themenbereichen durch eine bestimmte Verlinkungsstruktur zu *Themensilos* verbunden und optimiert werden.

12.6   Relaunch: Bestandsaufnahme, Content-Audit und Datenanalyse

Bei einem Relaunch muss man bezüglich der Informationsarchitektur häufig nicht bei null beginnen. Wir empfehlen dennoch, die bestehende Struktur gründlich zu hinterfragen und sie unter verschiedenen Gesichtspunkten zu überprüfen. Wichtige Fragen, die bei der Analyse bestehender Inhalte geklärt werden sollten, finden Sie in der Fragebogen-Checkliste.

Fragebogen-Checkliste: Makro-Informationsarchitektur beim Relaunch

▶ Wie ist die Informationsarchitektur auf der Website?
Welche Schwerpunkte gibt es?

▶ Deckt die Website alle für das Unternehmen relevanten Themen ab?

▶ Repräsentieren die Inhalte das Unternehmen oder Angebot des Website-Betreibers in adäquater Weise?

▶ Ist die Informationsarchitektur besucherorientiert?

▶ Welche Informationspfade durch die Website werden am häufigsten genutzt?

▶ Welche Themenbereiche kommen bei den Besuchern gut an?
Welche Website-Bereiche werden besonders häufig besucht?

Zur Beantwortung dieser Fragen gibt es zwei Methoden, die sich sehr gut ergänzen.

12.6.1   Qualitative Analyse der alten Inhalte

Eine qualitative, manuelle Analyse begutachtet die Informationsarchitektur unter inhaltlich-logisch-strukturellen Gesichtspunkten aus Betreiber- und aus Besuchersicht. Dabei untersuchen Sie die bestehende Informationsarchitektur im Hinblick darauf, ob der Content in gute Themenblöcke gegliedert ist und ob das Thema ausreichend abgedeckt wird. Führen Sie dazu eine Bestandsaufnahme im Unternehmen durch. Diese hilft Ihnen, die strategischen Aspekte und die gewünschte inhaltliche Ausrichtung zu benennen. So können Sie die Website daraufhin überprüfen, ob die abgebildeten Strukturen (noch) zum Unternehmen und Ihrem Angebot passen. Überprüfen Sie auch, ob der Content immer noch die Ziele, die Werte und das Image Ihres Unternehmens als Website-Betreiber widerspiegeln.

Überprüfen Sie die Website aber auch daraufhin, ob Sie aus Besuchersicht logisch und verständlich ist. Hier kann es gegebenenfalls auch Sinn machen, Testpersonen einzubinden, denn als Website-Betreiber oder -Konzepter weiß man oft nicht hundertprozentig, wie Endnutzer die Website erfahren, oder ist gewissermaßen in seiner »Fachidiotensicht« gefangen. Um einen Einblick in die Besucherperspektive zu erhalten, können Sie eine Guerilla-Testrunde mit der oben vorgestellten Card-Sorting-Methode durchführen.

Diese beiden Schritte ergeben in den meisten Fällen, dass die Informationsarchitektur mindestens optimiert oder aber komplett überarbeitet werden sollte. Die Notwendigkeit der Überarbeitung kann sich einerseits daraus ergeben, dass sich Strukturen oder das Portfolio des Unternehmens geändert haben und in der bestehenden Website-Struktur nicht adäquat abgebildet werden. Andererseits erleben wir in der Praxis oft den Fall, dass die bestehende Website-Struktur von Grund auf einfach nicht passt oder – was viel gravierender ist – überhaupt nicht besucherorientiert ausgearbeitet ist.

12.6.2   Quantitative Analyse der alten Inhalte

Mithilfe verschiedener Tools wie Google Search Console oder Google Analytics können Sie analysieren, welche Inhalte für Ihre Besucher besonders interessant sind. Wir stellen Ihnen die Tools und Ihre Verwendung in Kapitel 20, »Besucher auf die Website bringen und Erfolg messen – SEO, SEA und Webanalyse«, vor. Die verschiedenen Messwerte und Metriken, wie Klicks, Seitenaufrufe, Verweildauer, Absprungraten, Likes, Backlinks und das Ranking einzelner Seiten und Keywords geben Aufschluss darüber, welche Themen und Themenbereiche bei Ihren bisherigen Besuchern besonders gut ankommen. Themenbereiche, die besonders beliebt sind, sollten Sie unbedingt in der Informationsarchitektur der neuen Website belassen. Besuchsschwache Themen sollten Sie gründlich umstrukturieren und überarbeiten. Außerdem können die Verhaltensflussdiagramme in Google Analytics (siehe Abschnitt 20.3, »Webanalyse – wie Sie den Erfolg Ihrer Website messen«) sehr gut dazu verwendet werden, die stärksten und schwächsten Website-Bereiche Ihrer Website herauszufinden. So können Sie sehen, welchen Informationsfluss die Website-Besucher benötigen, und können diesen gegebenenfalls optimieren und verkürzen.

> **Praxistipp: Passenden Analysezeitraum wählen**
>
> Welchen Zeitraum wählt man idealerweise für die Analyse? Eine Woche? Einen Monat? Ein Jahr? Mehrere Jahre? Hier gibt es keine feste Regel. Etabliert hat sich der Zeitraum eines Jahres – denn dieses beinhaltet einerseits saisonale Rahmenbedingungen, Ferien, Feiertage und gibt andererseits ausreichend Datenpunkte. Beachten Sie allerdings, dass der Zeitraum dann kürzer sein sollte, wenn es wesentliche Veränderungen auf dem Markt oder bei Ihren Produkten bzw. Dienstleistungen gab. Auch zwischenzeitliche Änderungen Ihrer Website, wie z. B. das Löschen eines gesamten Bereichs, sollten Sie mitberücksichtigen. Hier haben Sie sicherlich (demnächst) eine gute Dokumentation über solche Dinge, damit Sie sich nach einem Jahr noch daran erinnern.

Kapitel 13

Wie Sie mit Keywords Ihre Makro-Informationsarchitektur optimieren – für Besucher und Suchmaschinen

Nachdem Sie im vorigen Kapitel den thematischen Aufbau kennengelernt haben, gilt es in diesem Kapitel, die Informationsarchitektur mithilfe geeigneter Keywords zu optimieren.

Der Aufbauprozess der Informationsarchitektur ist ein Tandem aus thematischer Gestaltung – basierend auf den zuvor durchgeführten Rechercheschritten – einerseits und einer guten Keyword-Strategie andererseits. SEO ist in den meisten Fällen ein elementarer Bestandteil einer guten Website-Konzeption. Und gute SEO beginnt idealerweise gleich bei der Planung der Informationsarchitektur. Aus Ihrer Bestandsaufnahme im Unternehmen, der weiteren Themenrecherche sowie der Wettbewerbsanalyse haben Sie bisher bereits eine Grobstruktur für Ihr Website-Thema entworfen, die Sie anschließend verfeinert haben. Die zweite Ebene der Informationsarchitektur, die Sie nun konzipieren werden, entsteht aus der *Keyword-Recherche* und dem *Keyword-Mapping* auf die Seiten Ihres Webauftritts. Damit Ihre Zielgruppe Ihre gut strukturierte Website überhaupt findet, ist es wichtig, sie von Grund auf mit der richtigen Keyword-Strategie zu optimieren. Die Begriffe, die Suchende in den Suchschlitz von Google eingeben, sind die relevanten *Keywords*, auf die Sie Ihre Website optimieren sollten. Durch die Analyse von Suchmaschinenanfragen zu Ihrem Themenbereich gewinnen Sie außerdem auch tiefer greifende Erkenntnisse über die mentalen Modelle Ihrer Zielgruppen. Diese können Sie dann sehr gut zur weiteren Verfeinerung Ihrer Informationsarchitektur nutzen. Finalisieren Sie Ihre Website-Struktur daher erst nach der erfolgten Keyword-Recherche.

Leider wird dieser grundlegende Aspekt in der Praxis viel zu selten berücksichtigt. Oft wird viel zu sehr aus Unternehmersicht gedacht, und die eingesetzten Keywords werden nicht daraufhin überprüft, ob es sich tatsächlich um Begriffe handelt, die die Zielgruppe benutzt.

13

> **Praxistipp: Vielleicht mal mit der Keyword-Recherche beginnen?**
>
> Bei uns in der Agentur wird häufig »umgekehrt« vorgegangen: Die Informationsarchitektur wird mit einer Keyword-Recherche begonnen. Sie dient gewissermaßen als »Marktforschung«. Aus den datenbasiert ausgewählten Begriffen werden Themen-Cluster gebildet, und aus diesen bauen unsere Website-Konzepter die Informationsarchitektur auf. Dieses Vorgehen hat unter anderem den Vorteil, dass so wirklich nur relevante, also gesuchte, Themenaspekte auf die Website gebracht werden und die Website größtmöglich auf die Zielgruppen zugeschnitten wird.

Verlassen Sie sich also nicht darauf, zu wissen, was Ihre Kunden wollen. Nutzen Sie die technischen Möglichkeiten, die sich Ihnen bieten, um es tatsächlich herauszufinden, und überlegen Sie sich eine gute Keyword-Strategie. Das Vorgehen, das wir Ihnen in diesem Kapitel vorstellen, besteht aus mehreren Schritten. Sie beginnen mit einer Keyword-Recherche (siehe Abschnitt 13.2). Dazu gehört, dass Sie wichtige Begriffe sammeln und weitere Begriffskombinationen finden oder generieren, die mit Ihrem Thema zu tun haben. Die gefundenen Begriffe unterziehen Sie einer Suchvolumenanalyse, um zu überprüfen, ob und wie oft sie auch tatsächlich gesucht werden. Nach Bewertung und Auswahl der passenden Keywords »mappen« Sie sie auf die einzelnen URLs Ihrer Informationsarchitektur (siehe Abschnitt 13.3) und erhalten so eine suchmaschinenoptimierte Seitenstruktur. Durch Verfahren des *Siloings*, das die suchmaschinenoptimierte Struktur und Vernetzung von Themenblöcken beschreibt (siehe Abschnitt 13.4), fügen Sie der Informationsarchitektur eine weitere Ebene hinzu, die Ihre Website für Ihre Besucher optimiert. Im ersten Abschnitt dieses Kapitels, 13.1, stellen wir Ihnen zunächst einmal die wichtigsten Gütekriterien für gute Keywords vor. Diese können Sie dann zur Bewertung Ihrer gesammelten Begriffe im Prozess der Keyword-Recherche verwenden.

13.1   Was macht ein gutes Keyword aus?

Die Keyword-Recherche ist ein wichtiger Schritt, um herauszufinden, ob Ihre eigene Sprechweise über Ihr Thema und die Bezeichnungen für Ihre Produkte oder Dienstleistungen auch dem entsprechen, was Ihre Zielgruppen suchen, wenn Sie das Web durchforsten. Somit bildet die Recherche der richtigen Schlüsselwörter aus Besucherperspektive und Entwicklung einer passenden Keyword-Strategie bereits in dieser Konzeptionsphase eine der Kernaufgaben. Doch was macht einen Begriff zu einem guten Keyword? In Sebastian Erlhofers Handbuch »Suchmaschinen-Optimierung« werden drei Gütekriterien für gute Keywords eingeführt:

▶ **Themen-Adäquatheit**: Mit den optimalen Keywords erfassen Sie die Kernaspekte Ihrer Website und der Unterseiten. Sie sollten so aussagekräftig und thematisch passend sein, dass sie die Erwartungen der Besucher erfüllen.

- **Nutzungspotenzial**: Thematisch adäquate Begriffe eignen sich erst dann als Keywords, wenn sie auch tatsächlich (häufig) in Suchanfragen verwendet werden und sich somit im aktiven Wortschatz der Suchenden befinden.

- **Quantitative und qualitative Mitbewerberstärke**: Ein Keyword ist umso geeigneter und mit weniger Aufwand zur Optimierung verwendbar, je weniger umkämpft es ist. Im Wettbewerb um das Ranking zu einem bestimmten Keyword spielt allerdings neben der Quantität der Wettbewerber eine ebenso große Rolle, wie die Qualität der Wettbewerber-Websites und Ihrer SEO-Strategie ist.

Auch einige formale Kriterien sollten Sie bei der Keyword-Suche beachten. Groß- und Kleinschreibung ist für Keywords nicht relevant. Wichtiger ist abzuwägen, ob Sie die Begriffe in Einzahl oder Mehrzahl verwenden sollten. Obwohl Suchmaschinen-Crawler die Wortstämme analysieren und verschiedene Wortformen zusammenfassen, könnte die Wahl des richtigen Numerus (Singular oder Plural) aufgrund unterschiedlicher *Suchintentionen* oder *Nutzerabsichten* (*User Intent*) den entscheidenden Vorteil bringen. Ein Beispiel ist die Verwendung des Keywords »Hotel«. Bei der Überlegung, ob Sie eher »Hotel« oder doch lieber »Hotels« verwenden sollen, denken Sie sich in Ihre Zielgruppen hinein. Die meisten Besucher suchen im Internet meist nach »Hotel« + Ort, daher sollten Sie eher den Singular »Hotel« als Keyword verwenden anstelle des Plurals. Finden Sie heraus, nach welcher Wortform Ihre Zielgruppe eher sucht.

Halten Sie zusammengesetzte Wörter und Wortkombinationen getrennt, denn die meisten Suchenden geben auch Teile längerer Suchbegriffe einzeln, Wort für Wort ein. Besonders bei komplexeren zusammengesetzten Substantiven und Fremdwörtern werden die Teilwörter einzeln hintereinander eingegeben. Das geschieht meist deshalb, weil es so leichter zu überblicken ist, ob sie ihre Suchanfrage korrekt eingetippt haben. Auch möglich ist eine bei Suchmaschinenoptimierern gängige Praktik, Wortkombinationen mit Bindestrich zu verwenden, anstatt sie zusammen oder gänzlich getrennt zu schreiben. Das hat den Vorteil, dass Sie z. B. bei Verwendung von »Online-Marketing« als Keyword sowohl für die beiden Teilbegriffe »Online« und »Marketing« einzeln wie auch für die Kombination in den Suchergebnissen gelistet werden.

Der erste Schritt auf dem Weg zu den optimalen Keywords, die alle drei oben genannten Gütekriterien erfüllen, ist das Sammeln von Begriffen, die sich als potenzielle Keywords eignen. Es gibt verschiedene Arten von Suchbegriffen, die wir Ihnen in den beiden folgenden Abschnitten vorstellen. Auf Websites verwendete Keywords stimmen idealerweise mit den von Webusern in ihren Suchanfragen verwendeten Suchbegriffen überein. Man könnte von zwei Seiten derselben Medaille sprechen. Daher verwenden wir im Folgenden durchgehend den Begriff Keywords für beide Aspekte.

13

13.1.1   Keyword-Typen nach Suchintention

Sie können Keywords je nach *Suchintention* der Zielgruppen klassifizieren (siehe Abbildung 13.1).

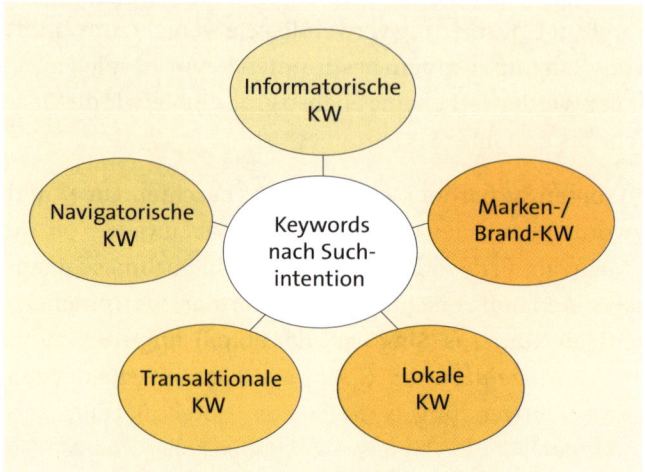

Abbildung 13.1 Keyword-Typen nach Suchintention

Die erste Gruppe von Keywords sind *informatorische* oder *informationsgetriebene Keywords*. Suchanfragen, die informatorische Keywords enthalten, werden von dem jeweiligen Informationsbedarf getrieben, wie beispielsweise die Suche nach allgemeinen Informationen, Fakten und Definitionen oder – etwas pragmatischer – nach einer Anleitung oder einem Ratgeber zu einem Thema. Einige Beispiele finden Sie in Tabelle 13.1.

Suchanfrage	Suchintention
»sarkastisch Definition«	die Definition von »sarkastisch« finden
»wie backe ich Pfannkuchen mit Blaubeeren«	eine Anleitung, ein Rezept für Blaubeerpfannkuchen finden
»Hausstaub Allergie«	Suche nach allgemeinen Informationen zum Thema »Hausstaub-Allergie« oder nach einer möglichen Problemlösung für Allergiker

Tabelle 13.1 Beispiele für informationsgetriebene Suchanfragen

Informationen und Wissen über ein bestimmtes Thema zu sammeln kann in vielen Fällen das finale Suchziel sein. Häufig werden solche Suchen allerdings ganz zu

Beginn einer weiter gehenden Online-Recherche durchgeführt, um sich einen ersten Überblick zu verschaffen. Der Einsatz informatorischer Keywords auf Ihrer Website bringt vielleicht nicht unmittelbar Besucher, die zu einer Conversion bereit sind, und zahlende Kundschaft, jedoch können Sie sie über qualitativ guten informatorischen Content indirekt anziehen.

Die zweite Gruppe von Keywords bilden die *Brand-* oder *Marken-Keywords*. Wie der Name bereits vermuten lässt, handelt es sich dabei um Keywords, die einen Marken-namen beispielsweise für ein Produkt oder ein Unternehmen enthalten.

Suchanfrage	Suchintention
»Microsoft Surface Pro 4«	Informationen über ein bestimmtes Produkt bzw. Marke finden
»Ergo Versicherung«	Informationen über ein Unternehmen (Brand) finden

Tabelle 13.2 Beispiele für Suchanfragen nach konkreten Marken und Brands

Bei Brand-Suchanfragen wie z. B. in Tabelle 13.2 suchen Webuser zunächst einmal nach näheren Informationen über eine Marke, mit der Sie durch Online- oder Off-line-Marketing-Kampagnen in Kontakt gekommen sind. Tatsächlich ist es so, dass, selbst wenn Webuser den Besuch der entsprechenden Brand-Website beabsichtigen, sie tendenziell eher den Google-Suchschlitz verwenden, anstatt die URL in die Adres-szeile einzutippen. Das liegt daran, dass es oft vielfältige Möglichkeiten gibt, Domain-Namen zu schreiben oder sie die Seiten einer bestimmten Tochter-Marke aufrufen möchten. Der Weg über die Google-Suche führt oft schneller ans Ziel. Die Suchinten-tion kann aber auch sein, über diese Keywords nach unabhängigen Informationen über die Marke, das Unternehmen oder ein Produkt auf anderen Websites zu suchen.

Ähnlich werden auch *navigatorische Keywords* eingesetzt. Da Website-interne Such-funktionen lange Zeit nicht besonders zuverlässig funktionierten, tippen viele Webuser sogar gezielte Suchanfragen nach speziellen Produkten in Suchmaschinen ein, wie beispielsweise »Amazon Damen Stiefel rot«. Somit müssen sie nicht erst ris-kieren, auf der entsprechenden Website eine schlechte Suchfunktion benutzen oder durch die gesamte Website navigieren zu müssen, sondern erreichen meist bereits durch einen Klick die gesuchte Produktkategorie.

Transaktionale Keywords werden für Suchanfragen verwendet, hinter denen eine Handlungsabsicht steht. Dabei gibt es verschiedene Ausprägungen einer möglichen Handlung. Das erste Beispiel in Tabelle 13.3 beinhaltet die Absicht, eine Download-Aktion durchzuführen, jedoch ohne direkten wirtschaftlichen Hintergrund.

13

Suchanfrage	Suchintention
»pdf download mindex-studie«	nicht kommerzielle Transaktion: eine Datei herunterladen
»Damenschuhe rot kaufen«	kommerzielle Transaktion: Suche nach einem Produkt mit der Absicht, ein passendes zu kaufen
»Preisvergleich Iphone«	kommerzielle Transaktion: Preise für ein Produkt vergleichen, um das beste Angebot zum Kauf zu finden

Tabelle 13.3 Beispiele für transaktionsgetriebene Suchanfragen

Die beiden anderen Beispiele gehören zu einer Untergruppe transaktionaler Suchanfragen, den *kommerziellen Suchanfragen* bzw. *Keywords*. Diesen Suchintentionen liegt eine konkrete Kaufabsicht zugrunde. Häufig werden kommerzielle Suchanfragen auch als *Money-Keywords* bezeichnet. Allerdings sind nicht alle Money-Keywords transaktionale bzw. kommerzielle Keywords. Ein Teil der Money-Keywords kurbelt zwar das Geschäft des Website-Betreibers an, aber ihnen liegt keine Handlungsabsicht zugrunde. So zählt beispielsweise »Pannenhilfe« als Money-Keyword für den Pannendienst ADAC, es handelt sich aber nicht um ein kommerzielles Keyword, dem eine »konkrete Kaufabsicht« zugrunde liegt.

Die letzte Gruppe bilden die *lokalen* oder *regionalen Keywords*. Dabei handelt es sich um Keywords, die eine Ortsbezeichnung oder einen Standort enthalten, wie die Beispiele in Tabelle 13.4.

Suchanfrage	Suchintention
»indisches Restaurant Köln«	Suche nach einem Unternehmen in einem bestimmten Ort (muss nicht der Standort sein)
»wo finde ich die nächste Packstation?«	Suche nach einem Unternehmen oder Produkt in der Nähe des Besucherstandortes

Tabelle 13.4 Beispiele für lokale Suchanfragen

Bei solchen Suchanfragen ist die Suchintention ganz klar praktischer Art, nämlich ein Produkt, eine Dienstleistung oder ein Unternehmen in der Nähe des Users oder an einem Wunschort zu finden. Bei der Auswahl der Suchergebnisse durch die Suchmaschine werden meist die Standortdaten des Webusers über den Browser abgefragt und einbezogen, um regional passende Suchanfragen zu präsentieren.

Sie fragen sich nun sicher, welche dieser Suchintentionen Ihre Website idealerweise erfüllen soll, um erfolgreich zu sein? Eine pauschale Antwort gibt es nicht, aber im

Grunde fahren Sie gut damit, wenn Sie aus allen Gruppen Keywords auswählen – sofern Sie für Ihr spezielles Website-Thema sinnvoll sind – und Ihrer Website passende Unterseiten hinzufügen. So können Sie auf mehreren Kanälen Traffic generieren und setzen nicht nur auf ein Pferd.

13.1.2   Keyword-Typen nach Allgemeinheitsgrad und Traffic: Verschiedene Keyword-Strategien

Es gibt allerdings noch eine weitere Dimension, um Keywords zu unterteilen: die Einteilung nach Allgemeinheitsgrad bzw. Spezifizität in Kombination mit dem Suchvolumen. Daraus ergeben sich die drei Gruppen Shorttail-, Midtail- und Longtail-Keywords. Die allgemeinsten aller Suchbegriffe bezeichnet man als *Shorttail-* oder *Shorthead-Keywords* oder auch als *generische Keywords*. Diese beziehen sich meist nicht auf spezifische Produkte oder Dienstleistungen, sondern allgemeiner auf Oberkategorien oder sonstige größere Themenbereiche, wie beispielsweise »Toaster«, »Zahnzusatzversicherung« oder »Website-Konzeption«.

Durch ihren hohen Allgemeinheitsgrad haben generische Keywords in der Regel ein sehr hohes Suchvolumen. Da sie starken *Traffic* (Besucherverkehr) generieren, können Sie mit Shorttail-Keywords also viele verschiedene Suchanfragen abgreifen. Das führt allerdings nicht zwangsläufig zu entsprechend vielen Conversions oder *Leads* (Anbahnung von Conversions), da Shorttail-Keywords von vielen Website-Betreibern genutzt werden und somit wesentlich stärker umkämpft sind als spezifischere Suchbegriffe. Zudem kommt es durch die Vielfalt der Suchanfragen, die sich hinter generischen Suchbegriffen verbergen können, im gleichen Zuge zu einem großen Streuverlust: Je allgemeiner die Begriffe, desto größer die Bandbreite der Themen und Aspekte, die damit bezeichnet werden können. Das führt häufig zu einem Mismatch der Suchintention der Webuser und dem für ein und dasselbe Keyword optimierten Angebot der gefundenen Webseite. Passen die Inhalte nicht zur Suchanfrage, springen Besucher direkt wieder ab – häufig betragen die Absprungraten sogar über 50 %.

Longtail-Keywords kommen vom Englischen *long tail*, was so viel bedeutet wie »langer Schwanz«. Dabei handelt es sich um Suchbegriffe, die meist aus mehreren Begriffen bestehen und somit spezifischer sind. Dadurch beziehen sie sich eher auf Detail- oder Nischenanfragen und grenzen das Suchproblem des Webusers relativ genau ein. Zudem sind laut einer Studie von MOZ (*moz.com/blog/illustrating-the-long-tail*, siehe auch Abbildung 13.2) ca. 70 % aller verwendeten Suchbegriffe Longtail-Keywords. Daher kommt die zweite Bedeutung des Namens »Longtail« in diesem Zusammenhang: Der flache Ausläufer der Kurve zur Rechten ist sehr lang, er ähnelt dem Schwanz einer Eidechse.

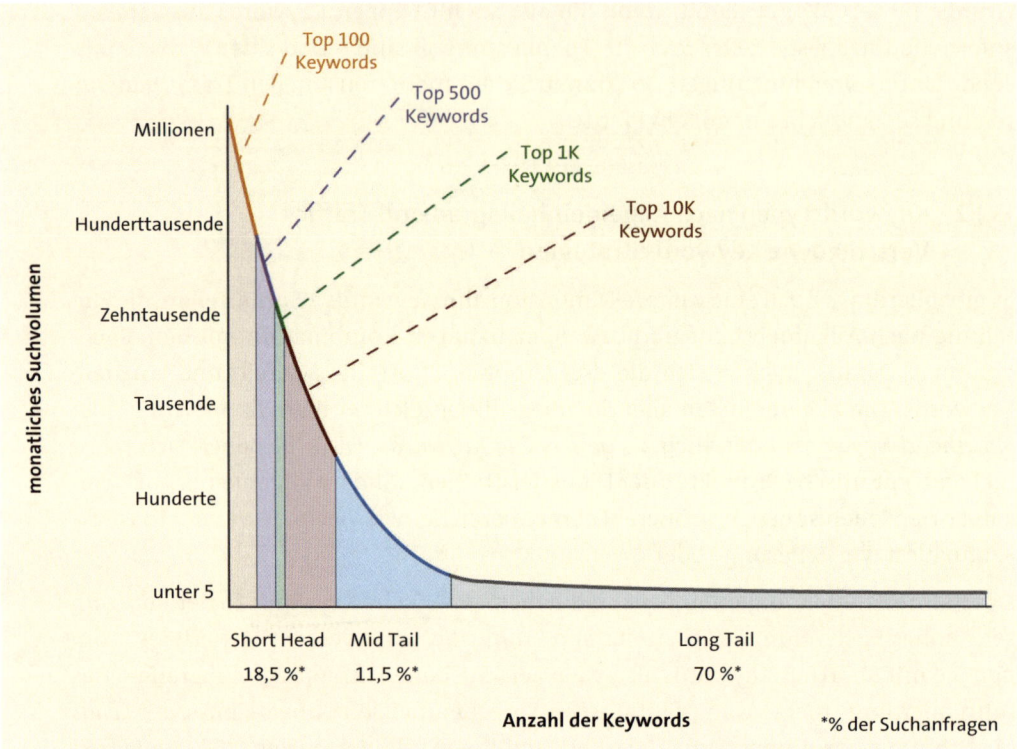

Abbildung 13.2 Monatliche Suchanfragen pro Keyword-Typ (Quelle: moz.com/blog/
illustrating-the-long-tail, modifiziert)

Longtail-Keywords haben zwar ein geringeres Suchvolumen, allerdings sind sowohl
die Konkurrenz als auch der Streuverlust wesentlich geringer, da die damit verbundenen Suchintentionen wesentlich homogener und genauer sind. Nutzen Sie Longtail-Keywords, die zu Ihren Inhalten passen, ist die Wahrscheinlichkeit sehr hoch,
dass Ihre Webseiten relativ genau zu den spezifischen Suchanfragen mit denselben
Keywords passen. So minimieren Sie den Streuverlust und erhöhen die Wahrscheinlichkeit von Leads und Conversions. Verzichten Sie auf die Longtail-Strategie, ent-
geht Ihnen der größte Teil conversion-starker Suchanfragen. Wollen Sie eine starke
Longtail-Strategie fahren, bedeutet das allerdings, dass Sie sehr viele Content-Seiten
produzieren müssen, um die vielen spezifischen Suchanfragen zu bedienen. Besonders bei Onlineshops mit vielen Nischenprodukten und anderen Websites, denen
Datenbank-Content zugrunde liegt, bietet sich diese Strategie an. Sie brauchen ohnehin für jedes Produkt oder Objekt eine Detailseite, wie beispielsweise Onlineshops
für Bekleidung. Die Detailseiten lassen sich mit den passenden Longtail-Keywords,
wie »Damen Jeans mit Rüschen aus Bio-Baumwolle« optimieren.

Zu Bedenken ist allerdings, dass eine gewisse Bekanntheit des Angebots und der entsprechenden Begrifflichkeiten bei Ihren Zielgruppen bestehen sollte. Bringen Sie ein vollständig innovatives Nischenprodukt auf den Markt, haben Sie in den Suchmaschinen sicher keine große Konkurrenz und alle potenziellen Suchanfragen mehr oder weniger für sich. Wenn allerdings Ihr Nischenprodukt so innovativ und neu ist, dass es niemand kennt, gibt es sehr wahrscheinlich auch keine passenden Suchanfragen. Hier müssen Sie über andere Strategien mit bekannten Themen und Keywords zunächst einmal ein Bewusstsein für Ihre Nische schaffen.

Bei Content-Websites, die eher Dienstleistungen oder Informationen anbieten, ist diese Strategie zur Optimierung oftmals viel zu aufwendig. Sie müssten sehr viele Seiten und entsprechende Massen neuen Contents für jedes spezifische Longtail-Keyword produzieren. Stattdessen bietet es sich an, thematisch passende Longtail-Begriffe einfach im Content unterbringen, während Sie etwas allgemeinere Keywords, z. B. *Midtail-Keywords*, als Haupt-Keyword zur Suchmaschinenoptimierung verwenden.

Midtail-Keywords bilden die dritte Gruppe von Keywords, die zwischen Shorttail- und Longtail-Keywords liegen. Sie bestehen meist aus mehr als nur einem Wort, sind also etwas spezifischer als generische Shorttail-Keywords, sind dadurch allerdings auch traffic-schwächer als diese. Im Gegensatz zu den längeren, spezifischeren Longtail-Keywords erzeugen sie aber immer noch viel Traffic, da sie nicht ganz so enge Nischen bezeichnen. Diese Keyword-Gruppe kommt für Webuser meist im zweiten Schritt einer Suchanfrage zum Tragen. Stellen Sie sich vor, Sie möchten Ihre Website professionell für Suchmaschinen optimieren lassen und suchen bei Google nach Hilfe. Vielleicht beginnen Sie mit der generischen Suchanfrage »Webkonzeption«. Die Ergebnisliste wird lang und recht heterogen ausfallen: Sie zeigt Ihnen wahrscheinlich Definitionen, Anleitungen, Ratgeber, Dienstleistungen, Bücher, Videos und viele weitere Ergebnisse an. Die professionelle Konzeptionsdienstleistung, die Sie eigentlich suchen, wird vielleicht nicht direkt in den oberen Rängen zu finden sein. Daher verfeinern Sie im zweiten Schritt Ihre Suche und geben »Webkonzeption Agentur« ein. Da Sie gerne vor Ort persönlich mit jemandem sprechen möchten, ergänzen Sie auch den Ort: »Webkonzeption Agentur Köln«. Diese verfeinerten Suchanfragen, in denen meist Midtail-Keywords verwendet werden, bezeichnet man als *Refinement-Queries*.

Die Midtail-Strategie birgt gute Möglichkeiten für die Optimierung Ihrer Webseiten. Midtail-Keywords sind nicht so spezifisch wie Longtail-Begriffe, so dass Sie nicht untragbar viele Content-Unterseiten produzieren müssen. Gleichzeitig umschreiben sie aber Ihr Angebot etwas detaillierter als Shorthead-Begriffe. Dadurch müssen Sie

13

in den Rankings nicht mit den Massen an Konkurrenten um die generischen Keywords buhlen, bekommen aber dennoch eine gute Portion Traffic ab. Besucher, die über Midtail-Keywords auf Ihre Website kommen, haben bereits eine spezifischere Suchintention und ein etwas klarer umrissenes Suchziel. Die Wahrscheinlichkeit, dass sie auf Ihrer Seite auch finden, was sie suchen, ist daher wesentlich höher als bei generischen Longtail-Keywords.

Praxistipp: Welche Keyword-Strategie für Sie die richtige ist

Welche der drei Strategien Sie letztendlich verwenden, hängt von Ihrer Website, Ihrer Branche und den entsprechenden Metriken und Analyseergebnissen ab. In den meisten Fällen werden Sie mit einer ausgewogenen Mischstrategie gut fahren, denn auch das Budget ist ein relevanter Faktor: Generische Suchbegriffe erfordern meist ein höheres Budget, um in den Rankings weit oben zu landen, da sie hart umkämpft sind. Die Optimierung mit Longtail-Begriffen erfordert etwas mehr Zeit, da viele Seiten erstellt werden müssen. Grundsätzlich können wir Ihnen als groben Richtwert empfehlen, eine Strategie mit 20 % Shorthead-Keywords zu wählen, die eher langfristig optimiert werden, und 80 % Mid- und Longtail-Keywords, die auch eine Aussicht auf für SEO-Verhältnisse kurzfristige Erfolge (also in ca. sechs bis zwölf Monaten) aufweisen.

13.2   Finden Sie die richtigen Worte: Keyword-Recherche und Auswahl guter Keywords

Nachdem die unterschiedlichen Keyword-Typen etwas klarer geworden sind, können Sie nun mit der praktischen Umsetzung Ihrer Keyword-Strategie beginnen. Das Vorgehen, das wir bei mindshape erfolgreich anwenden, besteht aus zwei Phasen: einer *Keyword-Recherche* und dem anschließenden *Keyword-Mapping*. Was sich dahinter verbirgt, zeigen Ihnen die folgenden beiden Abschnitte.

13.2.1   Eine Keyword-Recherche durchführen

Die Phase der Keyword-Recherche besteht aus mehreren Schritten (siehe Abbildung 13.3). Dazu gehört die Sammlung potenzieller Suchbegriffe sowie die Analyse und anschließende begründete Auswahl der besten Keywords, die in der nächsten Phase zum Keyword-Mapping verwendet werden. Die Keyword-Recherche können Sie gut in Microsoft Excel oder einem ähnlichen Tabellenkalkulationsprogramm durchführen. Diese bieten ausreichend Platz sowie hilfreiche Filter- und Sortierfunktionen, die Ihnen die Arbeit erleichtern.

Der wichtigste Aspekt ist hierbei, dass Sie sich von der Vorstellung lösen, schon zu wissen, wonach Ihre Zielgruppe sucht. Die intensive und professionelle Beschäftigung mit jedwedem Thema führt leider häufig dazu, dass die nötige Distanz fehlt, um den Kenntnisstand, die Eigenschaften und Suchbegriffe der Zielgruppe korrekt einzuschätzen. Da gute Keywords solche sind, die sich im aktiven Wortschatz Ihrer Zielgruppe befinden, beziehen Sie in diesen Schritt nicht nur eine rein thematische Recherche, sondern auch die Erkenntnisse aus Ihrer Zielgruppenanalyse mit ein.

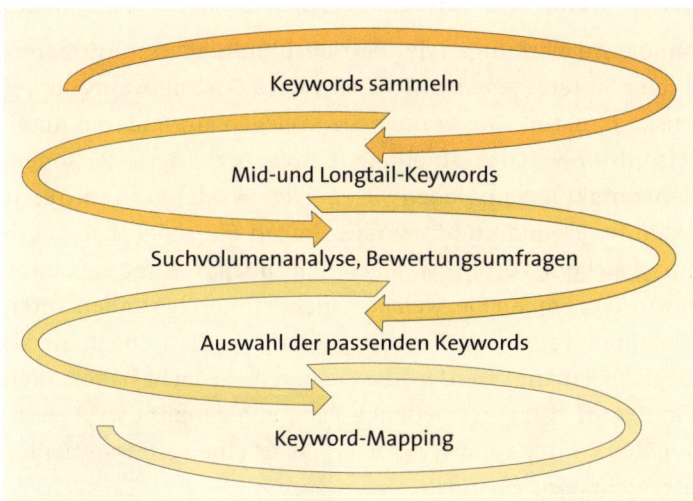

Abbildung 13.3 Der Prozess auf dem Weg zu einer fundierten Keyword-Strategie

Thematische Recherche, Brainstorming, Synonyme

Aus den Bestandsaufnahmen, der thematischen Recherche, der Wettbewerbsanalyse und einem eventuellen Content-Audit haben Sie sicher bereits eine lange Liste an Begriffen gesammelt. Wichtig sind hierbei Fachtermini und Synonyme für die Themenbereiche, die Sie in Ihrem Feinkonzept entworfen haben. Durch Assoziationsketten fallen Ihnen womöglich noch weitere Begriffe ein, die Sie in den vorherigen Rechercheschritten noch nicht erfasst haben. Ist der Brainstorming-Motor erst einmal angesprungen, werden Ihnen im Laufe des Tages sicher auch noch weitere Begriffe einfallen. Schreiben Sie alle auf, aussortieren können Sie sie später immer noch. Sammeln Sie Begriffe verschiedener Allgemeinheitsstufen, übergeordnete Kategorie- oder Gattungsbegriffe, aber auch ganz spezifische Bezeichnungen, sofern es sich bei Ihrem Angebot um bereits bekannte Produkte, Dienstleistungen oder Informationen handelt.

Sammeln Sie auch verwandte Begriffe und Synonyme. Der Google-Algorithmus erkennt nämlich seit einigen Updates auch semantische Suchfelder und kann somit nicht nur exakt, sondern auch semantisch passende Suchergebnisse anzeigen. Zudem erlauben Synonyme eine etwas gehaltvollere und natürlichere Texterstellung (siehe hierzu Kapitel 19, »Kommunizieren Sie mit unwiderstehlichem Content«), ohne das genaue Keyword unnatürlich häufig verwenden zu müssen. Mithilfe diverser Thesauri, wie beispielsweise _openthesaurus.de_, können Sie nach Synonymen und semantisch verwandten Begriffen suchen. Open Thesaurus bietet sogar eine Programmierschnittstelle (API) an, mit der sich die Synonymsuche automatisieren lässt. Diese verwenden wir bei mindshape häufig für größere Keyword-Recherchen.

Ein wichtiger Aspekt, um die Auswirkungen der Betriebsblindheit zu minimieren, ist eine Umfrage bei Unbeteiligten – ebenso wie beim Card Sorting während des Aufbaus der Informationsarchitektur. Hier können Sie Kollegen aus anderen Abteilungen, wie beispielsweise Ihrer Vertriebsabteilung, befragen, da diese Personengruppen direkten Kundenkontakt haben. Haben Sie ein kleines oder gar kein Team, wenden Sie sich an Bekannte, Freunde und Familie. Fragen Sie möglichst unterschiedliche Personen, mit welchen Wörtern sie nach den Inhalten Ihrer geplanten Internetpräsenz suchen würden. Fragen Sie, welche Aspekte Ihnen besonders interessant und relevant erscheinen. Falls neue Begriffe genannt werden, fügen Sie sie Ihrer Liste hinzu. Falls Begriffe genannt werden, die Sie bereits bedacht haben, markieren Sie sie. Je öfter ein Begriff von verschiedenen Personen genannt wird, desto wichtiger wird er in Ihrem Keyword-Mapping, denn das liefert einen Hinweis darauf, dass es sich um geeignete Suchbegriffe handelt.

Die gesammelten Begriffe können Sie dann in Ihrem Tabellentool zunächst einmal vorsortieren und anschließend weiterverarbeiten. Gibt es bestimmte Kategorien, in die sie sich einordnen lassen? Clustern Sie die Begriffe nach semantischen Kategorien, wie:

► Produkte und Produktgruppen

► Dienstleistungen und Dienstleistungsgruppen

► Marke, Brand

► USPs

► Attribute (lokale, informatorische, transaktionale, navigatorische)

Die Tabelle in Abbildung 13.4 zeigt den Screenshot einer Beispielrecherche in Excel für unser Ökolabel MEDA. In die Tabelle sind einerseits die Brainstorming-Ergebnisse eingeflossen, andererseits auch die Ergebnisse aus der Wettbewerbsanalyse mit dem Screaming Frog SEO Spider und der Sistrix Toolbox aus Abschnitt 12.3, »Thematische Recherche und Wettbewerbsanalyse: Warum es okay ist, bei der Konkurrenz zu spicken«. Je nach Thema, Unternehmensstruktur und Website-Zielen kann Ihr Ergebnis natürlich stark variieren.

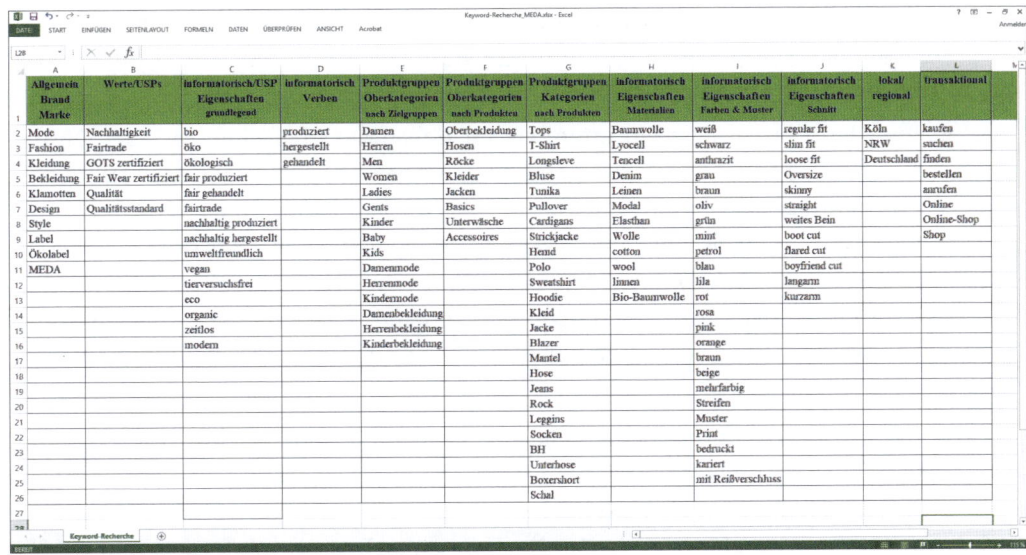

Allgemein Brand Marke	Werte/USPs	informatorisch/USP Eigenschaften grundlegend	informatorisch Verben	Produktgruppen Oberkategorien nach Zielgruppen	Produktgruppen Oberkategorien nach Produkten	Produktgruppen Kategorien nach Produkten	informatorisch Eigenschaften Materialien	informatorisch Eigenschaften Farben & Muster	informatorisch Eigenschaften Schnitt	lokal/ regional	transactional
Mode	Nachhaltigkeit	bio	produziert	Damen	Oberbekleidung	Tops	Baumwolle	weiß	regular fit	Köln	kaufen
Fashion	Fairtrade	öko	hergestellt	Herren	Hosen	T-Shirt	Lyocell	schwarz	slim fit	NRW	suchen
Kleidung	GOTS zertifiziert	ökologisch	gehandelt	Men	Röcke	Longsleve	Tencell	anthrazit	loose fit	Deutschland	finden
Bekleidung	Fair Wear zertifiziert	fair produziert		Women	Kleider	Bluse	Denim	grau	Oversize		bestellen
Klamotten	Qualität	fair gehandelt		Ladies	Jacken	Tunika	Leinen	braun	skinny		anrufen
Design	Qualitätsstandard	fairtrade		Gents	Basics	Pullover	Modal	oliv	straight		Online
Style		nachhaltig produziert		Kinder	Unterwäsche	Cardigans	Elasthan	grün	weites Bein		Online-Shop
Label		nachhaltig hergestellt		Baby	Accessoires	Strickjacke	Wolle	mint	boot cut		Shop
Ökolabel		umweltfreundlich		Kids		Hemd	cotton	petrol	flared cut		
MEDA		vegan		Damenmode		Polo	wool	blau	boyfriend cut		
		tierversuchsfrei		Herrenmode		Sweatshirt	linnen	lila	langarm		
		eco		Kindermode		Hoodie	Bio-Baumwolle	rot	kurzarm		
		organic		Damenbekleidung		Kleid		rosa			
		zeitlos		Herrenbekleidung		Jacke		pink			
		modern		Kinderbekleidung		Blazer		orange			
						Mantel		braun			
						Hose		beige			
						Jeans		mehrfarbig			
						Rock		Streifen			
						Leggins		Muster			
						Socken		Print			
						BH		bedruckt			
						Unterhose		kariert			
						Boxershort		mit Reißverschluss			
						Schal					

Abbildung 13.4 Beispielhafte Keyword-Recherche für das fiktive Website-Projekt MEDA

Suchbegriffe aus Sicht der Zielgruppe

Versuchen Sie, die Suchintention Ihrer Zielgruppe, ihre Bedarfe, ihre Motivationen und weitere Eigenschaften nachzuvollziehen und ihre Suchbegriffe zu antizipieren. Rekapitulieren Sie ihre Customer Journey (siehe Abschnitt 8.6) noch einmal, denn diese wird Ihnen bewusst machen, dass Suchende je nach Phase und Kenntnisstand unterschiedliche Suchbegriffe verwenden. In der Anfangsphase (*Awareness*), in der ein potenzieller Kunde seinen ersten Touchpoint mit Ihrem Angebot hat, wird er eher informations- oder markengetriebene Keywords verwenden. Wecken Sie sein Interesse und den Wunsch, Ihr Angebot zu kaufen oder zu buchen, durch gute informatorische Keywords und interessante, informative Landingpages.

Für das Label MEDA könnte ein Szenario so aussehen: Eine ökologisch interessierte Konsumentin braucht ein paar neue Kleidungsstücke, weiß aber nicht, ob es für Sie bezahlbare, moderne Fair-Trade- oder Bio-Kleidung gibt und worin genau der Unterschied zu »normaler« Kleidung besteht. Sie gibt zunächst einmal Suchanfragen nach allgemeinen Informationen über Bio-Baumwolle ein, da sie herausfinden möchte, was sie besser macht als herkömmliche Baumwolle. Haben Sie informative Content-Seiten im Angebot, die auf Keywords wie »Bio-Baumwolle« oder »Fairtrade Baumwolle« gemappt sind, können Sie die Suchende auf Ihre Seite holen. Wecken Sie nun mit qualitativ gutem Inhalt ihr Interesse, bleibt sie womöglich auf Ihrer Website, navigiert zur Startseite und beginnt, in Ihrem Sortiment zu stöbern. Auch möglich ist, dass sie trotz geweckten Interesses wieder die Suchmaschine aufruft und aus Bequemlichkeit lieber dort mit Begriffen sucht wie »Kleidung Bio-Baumwolle«, »Damenbekleidung Fairtrade Baumwolle« oder vielleicht auch »Fairtrade Baum-

13

233

wolle Kleid bestellen«. Neben den informationslastigen Unterseiten sollten Sie also auch auf transaktionelle oder kommerzielle Keywords hin optimierte Unterseiten haben, die kaufwilligen Traffic anziehen.

Ebenso denkbar ist, dass ein interessierter Consumer über eine On- oder Offline-Kampagne von dem Label MEDA gehört hat. Bei gewecktem Interesse wird er bei seiner Suchanfrage eher Brand- oder Marken-Keywords oder Kombinationen dieser mit weiteren informatorischen oder vielleicht auch regionalen Keywords verwenden, etwa »MEDA Öko-Label« oder »Bio-Kleidung MEDA Köln«. Sie sehen, es ist wichtig, dass Sie sich in Ihre Zielgruppe hineinversetzen und sich aus deren Perspektive überlegen, welche Suchintention sie haben könnte und wie sie diese auf Ihrer Website erfüllen können.

Wie umfangreich und detailliert Sie die Keyword-Recherche durchführen, hängt ganz von Ihrem Budget und der verfügbaren Zeit ab. In der Agenturpraxis gibt es keine einheitliche Vorgehensweise, jeder Suchmaschinenoptimierer hat eine leicht abweichende Vorgehensweise, manche stützen sich stärker auf Tools und Zahlen, andere bevorzugen einen kreativen Ansatz. Ideal wäre es außerdem, wenn Sie die Keyword-Recherche nicht allein durchführen, sondern mithilfe eines möglichst heterogenen Teams. Verschiedene Ansätze, Ansichten und Beschäftigungsbereiche ermöglichen eine breiter gefächerte Auswahl potenzieller Suchbegriffe.

Generierung von Mid- und Longtail-Keywords

Beim Großteil der bisher gesammelten Kandidaten handelt es sich höchstwahrscheinlich um Shorthead-Begriffe. Das sind Begriffe, die aus einem einzigen Wort bestehen, wie beispielsweise »Schuh«. Wie Sie bereits im vorigen Abschnitt gesehen haben, weisen Shorthead-Keywords einen hohen Allgemeinheitsgrad und ein hohes Suchvolumen auf. Verwenden Sie diese auf Ihrer Website, muss sich Ihre Website gegen zahlreiche Website-Konkurrenten behaupten. Um qualifizierte Besucher auf Ihre Website zu ziehen und die Konkurrenz sowie Ihre Absprungraten zu minimieren, sollten Sie Mid- und Longtail-Begriffe sammeln.

Durch die richtige Wahl passgenauer Mid- und Longtail-Keywords können Sie die Suchanfragen noch gezielter auf Ihre Website lenken, denn wie Sie oben erfahren haben, gilt für Webuser: je spezifischer die Suchanfrage, desto genauer das Suchergebnis. Für Ihre Website gilt im Umkehrschluss: Je spezifischer Ihre Keywords sind, desto besser passen Sie zu gezielten Suchanfragen – und desto höher ist die Wahrscheinlichkeit, dass Besucher, die auf Ihrer Website landen, auch tatsächlich zu Kunden werden.

Nutzen Sie Ihre sortierten Begriffslisten, um Wortkombinationen zu erstellen. Sie können Ihre vorhandenen, sortierten Begriffslisten manuell per Excel kombinieren oder ein Tool verwenden, das die Aufgabe für Sie übernimmt. Mit dem kostenfreien Tool mergewords (*mergewords.com*) können Sie Keywords spaltenweise automatisiert kombinieren und das Ergebnis beispielsweise in Ihre Excel-Datei übertragen. Abbildung 13.5 zeigt einen Ausschnitt aus einer möglichen Mid- und Longtail-Keyword-Generierung für das fiktive Öko-Label MEDA. Sie können einfach per Copy & Paste zwei oder drei Listen von Begriffen kombinieren und das gesamte Prozedere auch wiederholen und die Begriffe somit schachteln: Sie können die Ergebnisliste eines Durchgangs (unten) einfach in eines der oberen Felder einfügen und sie mit einer weiteren Liste in einem zweiten Feld kombinieren. Das Tool erlaubt es, die Trennzeichen auszuwählen, um Ihnen die Übertragung in Excel oder in ein anderes Programm zu erleichtern.

Abbildung 13.5 Begriffe kombinieren mit dem Tool mergewords (mergewords.com)

Falls Sie das Gefühl haben, damit noch nicht genügend gute Longtail-Keywords gefunden zu haben, können Sie auch weitere Tools benutzen, um Mid- und Longtail-Keywords zu generieren. Hypersuggest (*hypersuggest.com*) wertet Suchanfragen aus Google Suggest, Google Shopping sowie YouTube aus und gibt diese als Keyword-Liste aus. Durch Eingabe eines zentralen Begriffs können Sie diverse Wortkombinationen gewinnen, um Ihre Liste zu ergänzen. Sie können aussuchen, ob Sie die gesuchten Begriffe nach links oder rechts oder in beide Richtungen erweitern möchten, da das Tool auch eine *Reverse-Suggest*-Funktion hat. In Abbildung 13.6 haben wir den Begriff »Fairtrade Kleidung« eingegeben und ihn in beide Richtungen erweitert.

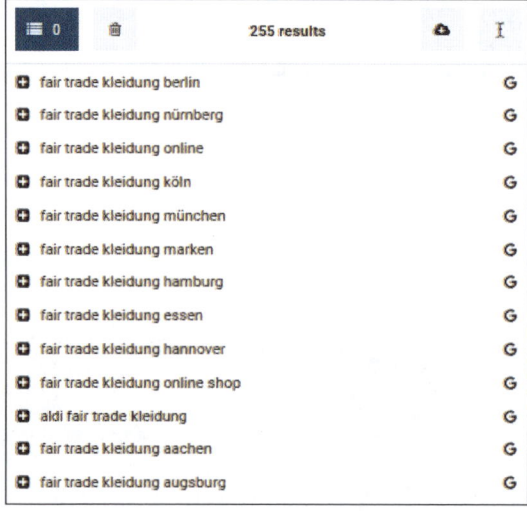

Abbildung 13.6 Keyword-Recherche mit dem Tool Hypersuggest (hypersuggest.com)

Seit einiger Zeit enthält es sogar ein W-Fragen-Tool, da Google mittlerweile auch W-Fragen interpretieren kann. So können Sie ermitteln, welche typischen Fragen Suchende zu Ihren zentralen Keywords haben. Hier lohnt es sich, die entsprechend passenden Fragen in Texten Ihrer Content-Seiten unterzubringen, um das Ranking zu verbessern.

Eine weitere Quelle für Keyword-Ideen ist der Keyword-Planer von Google AdWords. Um ihn zu nutzen, benötigen Sie ein Google-AdWords-Konto, da das Tool eigentlich für die Erstellung bezahlter Werbeanzeigen im Bereich der Suchmaschinenwerbung (SEA, siehe Kapitel 20, »Besucher auf die Website bringen und Erfolg messen – SEO, SEA und Webanalyse«) gedacht ist. Sie können die Recherche allerdings auch ohne Schaltung einer kostenpflichtigen Kampagne durchführen. Da der Keyword-Planer in diesem Aspekt ähnlich funktioniert wie Hypersuggest und Sie darüber hinaus auch eine ungefähre Einschätzung des Suchvolumens erhalten, mit dem Sie die Keywords bewerten können, stellen wir Ihnen das Tool erst im nächsten Abschnitt vor. Mit den beiden genannten automatisierten Verfahren erhalten Sie relativ lange Listen von Keywords. Sie sollten diese Listen aber noch einmal manuell durchgehen, um Begriffskombinationen auszuschließen, die gar nicht zu Ihrem Website-Thema passen.

13.2.2   Die richtigen Keywords auswählen

Natürlich hängt die Wahl der Begriffe, die sich als Keywords für Ihre Website eignen, von Ihrem Thema, Ihrer Branche, Ihrem Branding und der Sprache ab, die Sie verwenden möchten. Darüber hinaus ist es aber noch wichtiger, zu prüfen, ob die Begriffe, die Sie selbst wichtig finden, auch tatsächlich von den Suchmaschinenbenutzern gesucht werden. Damit die Nutzer Ihre Website und Ihre Inhalte auch finden können, müssen Sie nun aus der großen Sammlung an Keywords diejenigen auswählen, die die Gütekriterien für optimale Keywords erfüllen. Dabei handelt es sich um Begriffe, die Ihre Website und die Unterseiten möglichst adäquat benennen, Begriffe, mit denen Sie am besten gefunden werden und mit denen Sie sich gegen die Wettbewerber durchsetzen können. In diesem Abschnitt zeigen wir Ihnen, wie Sie mit einer Suchvolumenanalyse sowie Umfragen herausfinden, wonach Ihre Zielgruppen suchen.

Das Suchvolumen können Sie mit dem Keyword-Planer in Google AdWords analysieren (siehe Abbildung 13.7). Das Tool gibt für jeden Begriff die entsprechenden Suchanfragen in einem zuvor ausgewählten Zeitraum aus.

Wählen Sie einen Zeitraum von mindestens zwölf Monaten, um saisonale Effekte herauszufiltern und die Suchanfragen dennoch aktuell zu halten – dieser Zeitraum ist standardmäßig ausgewählt. Möchten Sie Ihre Website vor allem für regionale Suchanfragen optimieren, wählen Sie als Region beispielsweise »Deutschland« oder bestimmte detailliertere Ortsangaben aus.

Praxistipp: Vertrauen Sie dem Keyword-Planer nicht blind

Sie sollten die Ergebnisse des Keyword-Planers mit Vorsicht genießen, da sie zum einen nicht ganz aktuell und zum anderen durch Google gefiltert, gemittelt und hochgerechnet sind: Die Angaben sind – selbst wenn Sie AdWords aktiv betreiben – nur eine sehr grobe Einordnung und entsprechen keineswegs den exakten Suchvolumina. Abweichungen von 200 % sind völlig normal.

Zudem sollte nicht unerwähnt bleiben, dass die Daten für Keywords in der Regel sehr stark zusammengefasst werden. Ein weiterer Haken daran ist, dass Sie lediglich 700 Keywords pro Suchvorgang eingeben können. Hier lohnen sich im Vorfeld also eine Vorauswahl und der Ausschluss unsinniger Kombinationen, falls Sie weit über der Maximalanzahl liegen.

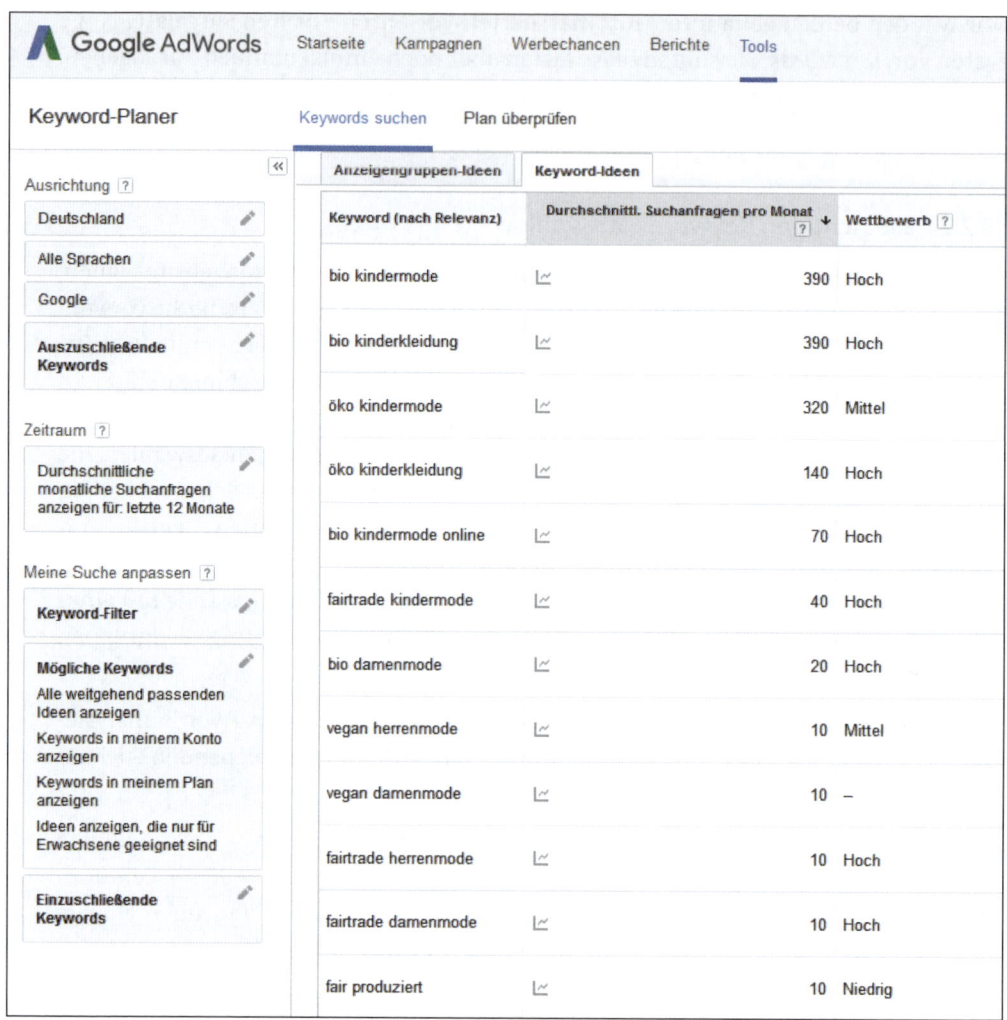

Abbildung 13.7 Suchvolumenanalyse und Wettbewerbsdichte im Keyword-Planer von Google AdWords (Quelle: adwords.google.com)

Sie können die Daten aus dem Keyword-Planer als Excel-Datei exportieren und weiterverarbeiten. Der erste Schritt ist dabei, Begriffe ohne Suchvolumen zu bereinigen, denn es macht natürlich keinen Sinn, Keywords einzusetzen, nach denen niemand sucht. In diesem Schritt reduziert sich die Anzahl der Begriffe meist ganz erheblich. Der Keyword-Planer zeigt Ihnen auch die *Wettbewerbsstärke* für jeden Suchbegriff an. Diese gilt zwar eigentlich für bezahlte Anzeigen in Google AdWords, also nicht unmittelbar für die organischen Rankings. Allerdings liefert Ihnen der Wert, der zwischen 0 und 1 angegeben wird, dennoch einen ungefähren Hinweis darauf, wie sehr ein Begriff umkämpft ist: Je höher der Wert in Google AdWords, desto mehr Wettbewerber gibt es sehr wahrscheinlich auch in der organischen Suche. Auch der geschätzte *CPC-Wert* (*Cost per Click*, in der Abbildung nicht sichtbar) gibt einen Hinweis darauf, wie viele Wettbewerber für ein Keyword bieten. Oft gibt es für bestimmte Longtail-Keywords ein geringes Suchvolumen, aber einen hohen CPC-Wert, der Ihnen zeigt, dass bereits mehrere Wettbewerber auf diese Strategie setzen. Mit Tools, wie Sistrix Toolbox, können Sie sich ergänzend noch einmal anschauen, für welche Keywords Ihre Wettbewerber ranken. Diesen Schritt haben Sie bereits in Abschnitt 12.3, »Thematische Recherche und Wettbewerbsanalyse: Warum es okay ist, bei der Konkurrenz zu spicken«, durchgeführt. Zur Einschätzung und Auswahl der Keywords für Ihre eigene Website erweisen sich die dort durchgeführten Analysen ebenfalls als sehr nützlich.

Da, wie bereits eingangs erwähnt, die Google-Suchvolumenanalyse eher einen Richtwert zeigt und nicht als genaue Metrik verwendbar ist, sollten Sie sich nicht allein darauf verlassen. Lassen Sie die verbleibenden Keywords auch noch von möglichst unabhängigen, unterschiedlichen Personen überprüfen. Sie können Ihre Liste mit Bekannten, Freunden, Kollegen durchsprechen und die Tauglichkeit der gesammelten Begriffe bewerten lassen. Auch online lässt sich so eine Umfrage durchführen und Sie erreichen zeiteffizient wesentlich mehr Personen. Hierzu können Sie die kostenlosen Tools wie Survey Monkey & Co. nutzen, die wir Ihnen in Kapitel 8, »Analysieren und definieren Sie Ihre Zielgruppen«, vorgestellt haben. Eine Auswertung solcher Umfragen zeigt Ihnen, welche Begriffe aus Nutzersicht besser und welche weniger geeignet sind.

Haben Sie eine bereinigte Liste potenzieller Keyword-Kandidaten? Dann sollten Sie die verbleibenden Begriffe erneut kategorisieren und clustern. Sie können Kategorien aus der anfänglichen Keyword-Recherche verwenden und das erarbeitete Feinkonzept der Informationsarchitektur hinzuziehen, denn letztlich wird es ja darum gehen, die Informationsarchitektur und die Ergebnisse der Keyword-Recherche zusammenzuführen. Erinnern Sie sich an Gütekriterien für gute Keywords, die wir zu Beginn dieses Abschnitts eingeführt haben. Klopfen Sie diese Kriterien für jedes Keyword ab, und wählen Sie die besten Kandidaten aus. Wenn Sie darunter Begriffe für relevante Teilaspekte finden, die Sie aber noch nicht bedacht haben, passen Sie Ihre Informationsarchitektur an. Die Integration der thematischen Website-Struktur und der ausgewählten Keywords erläutern wir im nächsten Abschnitt.

13.3   Keyword-Mapping: Weisen Sie Ihrer Informations- architektur die passenden Keywords zu

Haben Sie eine gute Keyword-Auswahl erarbeitet, führen Sie sie mit der Website-Struktur zusammen. Verfeinern Sie die zuvor gruppierten Keyword-Cluster, und passen Sie sie den großen Themenbereichen Ihrer Website an. Innerhalb der Cluster können Sie nun die Begriffe nach Wichtigkeit und Güte sortieren. Nehmen Sie Ihr Feinkonzept, also Ihren Strukturbaum und Ihre Excel-Seitenliste zur Hand, die Sie in Abschnitt 12.5, »Erstes Feinkonzept der Makro-Informationsarchitektur«, erstellt haben. Nutzen Sie die Feinkonzept-Ansicht, die Ihnen die beste Übersicht bietet und mit der Sie am besten arbeiten können. Manche bevorzugen den bunten Seitenbaum aus Abbildung 12.14, andere die tabellarische Sitemap in Excel aus Abbildung 12.15. Verteilen Sie dabei die wichtigsten und besten Keywords an die wichtigsten Seiten Ihrer Website. Beginnen Sie bei den Oberkategorien, und arbeiten Sie sich weiter durch die Unterseiten, bis Sie die gesamte Seitenstruktur mit Keywords versehen haben. Dieses Verfahren nennt sich *Keyword-Mapping*.

Früher wurde nach dem 1:1-Prinzip jede Seite für ein einziges spezielles Keyword optimiert. Das lag daran, dass die Suchmaschinen-Crawler nach *dem* Keyword einer Seite gesucht haben und nicht in der Lage waren, den semantischen oder thematischen Kontext zu berücksichtigen. Mittlerweile besteht das Keyword-Mapping aber in der Zuordnung eines Keyword-Clusters zu einer Unterseite. Genauer bedeutet dies, dass Sie ein Haupt-Keyword und mehrere sekundäre Keywords auf eine Seite mappen. Sekundäre Keywords sind Synonyme und thematisch verwandte Begriffe zu einem Haupt-Keyword.

Beispielsweise können Sie sowohl »Fairtrade Kleidung« als auch »nachhaltige Kleidung kaufen« auf eine Seite mappen. Als Primär-Keyword würden Sie dann »Fairtrade Kleidung« und als Sekundär-Keyword »Fairtrade Kleidung kaufen« auswählen usw. Je nach Thema und Ressourcen des Projekts kann es auch mehrere Sekundär-Keywords geben. Wie Sie geeignete sekundäre Keywords erhalten, die Sie dann in Ihren Texten verwenden, zeigen wir Ihnen in Kapitel 19, »Kommunizieren Sie mit unwiderstehlichem Content«.

Hier geht es zunächst einmal darum, wie Sie Keywords bereits als Teil der Konzeption in eine von Grund auf suchmaschinenoptimierte Informationsarchitektur einbeziehen. Konzentrieren Sie sich in diesem Schritt primär auf die Zuweisung der Haupt-Keywords. Vergeben Sie jedes Keyword nur einmal als Primär-Keyword. In Abbildung 13.8 haben wir das Excel-Feinkonzept aus Abschnitt 12.5 verwendet, um das Keyword-Mapping durchzuführen. Wie Sie in unserem kleinen Ausschnitt des fiktiven Keyword-Mappings sehen, können die Primär-Keywords, je nach Themensilo – auch bei ähnlichen Oberkategorien wie Damen und Herren – unterschiedlich ausfallen. Wenn das Keyword »fair produzierte Herren Hose« besser ist als »Herren Hosen aus Bio-Baumwolle«, obwohl es sich mit der gleichen Longtail-Kombination bei den Damenhosen genau umgekehrt verhält, dann nutzen Sie immer das bessere Keyword. Unterdrücken Sie den Drang, alles hundertprozentig einheitlich gestalten zu wollen. Das jeweils schwächere Keyword können Sie immer noch als Sekundär-Keyword verwenden.

Themensilos	Unterkategorie	Produkt-kategorie	Primär KW	Sekundär KWs
Startseite			Fair Trade Kleidung	Online Shop für Fair Trade Kleidung, MEDA, Fair Trade Mode, Mode aus Bio Baumwolle kaufen, nachhaltige Mode, online bestellen
Damenbekleidung			Damen Bekleidung Fair Trade	Damenbekleidung aus Bio Baumwolle, Online Shop Frauenbekleidung
	Oberteile		fair produzierte Damen Oberbekleidung	Damen Oberbekleidung aus Bio Baumwolle, Eco Fashion Online Shop
		T-Shirts	Damen T-Shirt aus Bio-Baumwolle	fair produzierte Damen-T-Shirts, Eco Fashion
		Blusen	Damen Bluse Fair Trade	fair produzierte Damen Bluse, Damen Bluse aus Bio Baumwolle
		Pullover	Damen Pullover aus Bio-Wolle	fair produzierte Damen Pullover, Bio Wolle aus ökologisch nachhaltiger Produktion
	Röcke		Damen Rock Fair Trade	fair produzierte Damen Röcke, Damen Röcke aus Bio Baumwolle bestellen
	Hosen		Damen Hosen aus Bio-Baumwolle	fair produzierte Damen Hosen, nachhaltige Materialien
	Schuhe		Damen Schuhe vegan	fair produzierte Damenschuhe, Damenschuhe aus nachhaltigen Materialien
Herrenbekleidung			Herren Bekleidung Fair Trade	Herren Bekleidung Online Shop, Herren Bekleidung aus Bio Baumwolle
	Oberteile		fair produzierte Herren Oberbekleidung	fair produzierte Herren Oberbekleidung, nachhaltige Materialien
		T-Shirts	Herren T-Shirt aus Bio-Baumwolle	fair produzierte Herren T-Shirts, Eco Fashion Online Shop
		Hemden	Herren Hemd aus Bio-Baumwolle	fair produzierte Herren Hemden bestellen, nachhaltige Materialien
		Pullover	Herren Pullover aus Bio-Wolle	fair produzierte Woll-Pullover für Herren, nachhaltig produzierte Bio Wolle
	Hosen		fair produzierte Herren Hose	Herren Hose aus Bio Baumwolle, nachhaltige Produktion
	Schuhe		Herren Schuhe vegan	fair produzierte Herren Schuhe, Herren Schuhe aus nachhaltige Materialien
Philosophie			MEDA Fair Trade Mode	nachhaltig produziert, Qualität, Umweltbewusstsein
	Fairtrade		Fair Trade Kleidung	nachhaltige Produktion, faire Arbeitsbedingungen, keine Kinderarbeit
	Nachhaltigkeit		Nachhaltigkeit	Öko, eco, organic, nachhaltige Materialien, Baumwolle aus biologischem Anbau
	Zertifizierung		Qualitätsstandards	GOTS- Zertifiziert, Global Organic Textile Standard, nachwachsende Rohstoffe

Abbildung 13.8 Beispiel eines potenziellen Keyword-Mappings für die MEDA-Website

Überprüfen Sie Ihre Keyword-Liste daraufhin, ob es noch weitere Keywords gibt, die Sie in Ihrer Informationsarchitektur noch nicht berücksichtigt haben. Wenn gute Keywords übrig sind, die nicht als Unterseite in Ihrer Website-Struktur vorgesehen sind, passen Sie Ihr Konzept an. Erweitern Sie Ihre Informationsarchitektur, indem Sie das Keyword und das dazugehörige Unterthema aufnehmen. Machen Sie nicht den Fehler, gute Keywords und das Potenzial, das sie aufgrund ihrer Güte bergen, zu verschenken. Bleiben immer noch wichtige Begriffe übrig, die sich keinem Bereich Ihrer Informationsarchitektur zuordnen lassen, erstellen Sie für diese eine gesonderte Seite, die Sie später z. B. aus dem Content verlinken können.

Das Keyword-Mapping bildet die Grundlage für gutes SEO in formaler und inhaltlicher Hinsicht, denn damit erleichtern Sie es den Suchmaschinen-Algorithmen, die Keywords eindeutig erkennen und ranken zu können. Das Mapping dient aber gleichermaßen Ihren Besuchern als Zugang zu Ihren Inhalten. Wie bei der Keyword-Recherche sollten Sie daher auch bei der Zuordnung der Keywords die Suchintention Ihrer Zielgruppen berücksichtigen. Das bedeutet, dass Sie auf Unterseiten, die einen primär informatorischen Inhalt haben, z. B. Ratgeberseiten wie »Herstellung von Fairtrade Kleidung«, kein transaktionelles bzw. kommerzielles Keyword wie »Fairtrade Kleidung kaufen« mappen und umgekehrt. Wird nämlich ein Besucher mit Kaufabsicht auf der Suche nach einem Produkt auf eine Ihrer Ratgeberseiten geleitet, wird er durch den Mismatch verwirrt sein. Wenn eine Seite, die auf ein kommerzielles Keyword optimiert ist, keinerlei Kaufhandlung ermöglicht, passt die Seite nicht zum Keyword-Typ und auch nicht zur Suchintention des Besuchers, der über das Keyword auf der Seite gelandet ist. So ist vorprogrammiert, dass der Besucher die Seite und damit sehr wahrscheinlich auch Ihre gesamte Website wieder verlässt und ein anderes Suchergebnis aus der Suchmaschine auswählt, das besser zu seiner Suchanfrage und Suchintention passt. Beachten Sie beim Mapping von Seiteninhalt und Keyword also immer die Suchintention. Wie Sie das Ergebnis dieses Kapitels, also die zugewiesenen Keywords, zur Optimierung der entsprechenden Seiten einsetzen, erfahren Sie in Kapitel 19, »Kommunizieren Sie mit unwiderstehlichem Content«, und in Kapitel 20, »Besucher auf die Website bringen und Erfolg messen – SEO, SEA und Webanalyse«, vor allem in Abschnitt 20.1, »SEO – wie Ihre Besucher Sie im WWW finden«.

> **Praxistipp: Denken Sie ruhig ein bisschen größer**
>
> Ein Aspekt wurde bislang noch nicht angesprochen, die Skalierbarkeit einer Website. Konzipieren Sie Ihre Informationsarchitektur so, dass Sie Platz für Ergänzungen haben, wenn sich Ihr Vorhaben vergrößert oder um weitere Themen oder vielleicht sogar Innovationen erweitert. Haben Sie schon Zukunftspläne, die Sie aber zum aktuellen Zeitpunkt noch nicht mit auf die Website bringen möchten? Planen Sie sie mit in die Informationsarchitektur Ihrer Website ein. So können Sie beizeiten auf diesen leeren Slot zurückgreifen und Ihn mit den neuen Inhalten füllen.

Haben Sie Ihre Informationsarchitektur fertiggestellt, können Sie einen weiteren Schritt zur Überprüfung durchführen. In diesem späten Schritt der Konzeption helfen Ihnen diese Methoden, Ihr Website-Konzept, Ihre Informationsarchitektur, ein letztes Mal durch potenzielle User auf Usability und Verständlichkeit hin checken zu lassen. Methoden, die sich hierfür besonders gut eignen, sind beispielsweise das *Tree Testing*, *Fokusgruppen* und viele weitere. Eine gute Übersicht über verschiedenen Methoden, die Sie für Usability und weitere Tests Ihrer Website anwenden können, finden Sie im »Praxisbuch Usability und UX« von Meyer und Jacobsen (2017).

13.4   Wie Sie Informationen in suchmaschinenfreundlichen Paketen anbieten – Siloing

Steht Ihre gesamte Informationsarchitektur inklusive Keyword-Mapping solide, haben Sie sinnvolle, besucherorientierte Teilthemenpakete konzipiert. Im Online-Marketing spricht man dabei auch von *Themensilos*. Ihre Themensilos haben verschiedene Ebenen bzw. Verzweigungen nach unten, d. h. zu Unterseiten, die in der Regel thematisch immer spezifischer und feinkörniger werden. Das *Siloing* besteht dabei natürlich aus der thematischen Verbindung der Unterthemen untereinander innerhalb eines Silos. Das »richtige« Siloing im Online-Marketing geht jedoch noch einen Schritt weiter, denn Silos zeichnen sich auch durch eine ganz spezielle Art der Verlinkung aus. Es handelt sich dabei um eine Methode, die Website unter SEO-Gesichtspunkten zu optimieren.

Dabei wird nicht einfach jede Unterseite kreuz und quer durch die Website mit anderen oder allen anderen Unterseiten verlinkt. Die Verlinkung fokussiert sich auf die Unterseiten innerhalb der Silos. Sie bildet dabei die thematischen Zusammenhänge ab und grenzt sie von den anderen Teilbereichen des Gesamtthemas ab. Diese Vorgehensweise ist aber nicht nur aus Suchmaschinensicht optimal. Auch aus Usability-Sicht hilft das Siloing dem User, in einem von ihm gewählten Themenbereich zu bleiben – wie in einem Geschäft, in dem er in einzelne Abteilungen geschickt wird und sich dort innerhalb einer bestimmten Themenwelt bewegen kann, ohne sich aus Versehen in andere Bereiche zu »verlaufen«.

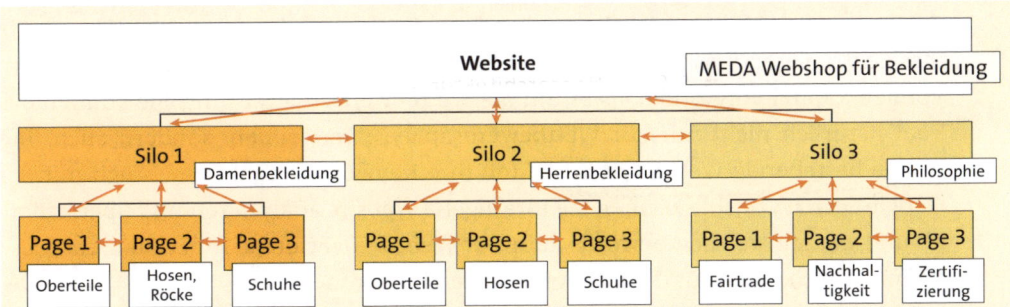

Abbildung 13.9 Das Prinzip des Siloings am Beispiel des Ökolabels MEDA

Innerhalb der Silos werden die Unterseiten stark miteinander verlinkt. In Abbildung 13.9 sind das die Verlinkungen zwischen den Oberkategorien wie »Damenbekleidung« zu den Unterkategorien wie »Hosen, Röcke«, »Oberteile« etc. und von dort zu den entsprechenden Produktseiten. Die verschiedenen Silos einer Website werden nur auf der obersten Ebene miteinander verlinkt. In Abbildung 13.9 sind das die Verlinkungen zwischen den Oberkategorien »Damenbekleidung«, »Herrenbekleidung«, »Philosophie«. Die Verlinkung zu »Philosophie« besteht dabei nicht nur von der Oberkategorie »Herrenbekleidung« aus – wie aus technischen Gründen in Abbildung 13.9 eingezeichnet –, sondern auch von der Oberkategorie »Damenbekleidung«. Von der Startseite wird ebenfalls nur auf die Oberseiten der Silos verlinkt, in dem Beispiel aus Abbildung 13.9 also auf die Oberkategorienseiten »Damenbekleidung«, »Herrenbekleidung«, »Philosophie«. Es wird auf Verlinkungen weiter unten liegender Ebenen aus verschiedenen Silos verzichtet. Das macht in den meisten Fällen auch für den User Sinn. Denn wenn sich ein Besucher im Themensilo »Herrenbekleidung« auf den Unterseiten für Herrenschuhe bewegt, wird er schwerlich einen Link, also eine Direktverbindung, zu Damenschuhen oder Röcken benötigen.

Siloing ist ein Vorgehen, das unter anderem zum Zweck der Suchmaschinenoptimierung entwickelt wurde. Es soll den *Linkjuice-Flow* optimieren und die wichtigsten Seiten einer Webpräsenz für das Google-Ranking zu stärken. Was genau sich hinter den

Begriffen Linkstruktur, Linkpower und Linkjuice-Flow verbirgt, finden Sie in Kapitel 20, »Besucher auf die Website bringen und Erfolg messen – SEO, SEA und Webanalyse«, heraus.

13.5   Relaunch: Anpassung der Informationsarchitektur

Im Falle eines Relaunches haben Sie, wie im vorigen Kapitel bereits besprochen wurde, Inhalte, eine Struktur und Analysedaten, auf die Sie zurückgreifen können. Sie können die oben beschriebene Keyword-Sammlung mit den Keywords beginnen, die Sie bereits auf Ihrer Website verwenden. Mit verschiedenen Mitteln können Sie diese extrahieren. Das Tool Screaming Frog SEO Spider haben wir Ihnen bereits im vorigen Kapitel vorgestellt, als es um die Wettbewerbsanalyse ging. Sie können das Tool natürlich nicht nur zur Wettbewerbsanalyse verwenden, sondern auch Ihre eigene bestehende Website crawlen und Ihre Keywords extrahieren. Auch mit der Google Search Console können Sie Ihre eigene Website analysieren und überprüfen, ob und wie gut welche Keywords auf Ihrer Website bei Google funktionieren. Diese können Sie ebenfalls für die Keyword-Recherche sammeln.

Praxistipp: Alte Rankings bei Relaunch nicht übersehen

Nehmen Sie sich viel und ausführlich Zeit, um aktuelle Rankings herauszufinden. Die Google Search Console ist hier unabdingbar. Wenn Sie das nicht tun, werden Sie viele Rankings und Keywords nicht mit in die Relaunch-Konzeption übernehmen. Das Resultat? Sie verlieren nach dem Relaunch Rankings und damit auch Besucher über Google.

Nehmen Sie die Keywords, die sich aus diesen Methoden ergeben, in Ihre Keyword-Analyseliste auf, und bewerten Sie sie unter den gleichen Gesichtspunkten, wie zuvor beschrieben. Sie können Sie ebenfalls für eine Recherche von Mid- und Longtail-Keywords verwenden. Alle weiteren Schritte entsprechen den oben besprochenen.

Fragebogen-Checkliste: Mikro-Informationsarchitektur beim Relaunch

▶ Wie werden Keywords in der Informationsarchitektur eingesetzt?

▶ Welche relevanten Keyword-Rankings gibt es bereits?

▶ Decken die Inhalte alle relevanten Themenbereiche und Keywords ab? Fehlen wichtige Aspekte?

Kapitel 14

Wie Sie Seitentypen und Seitenbereiche sinnvoll einsetzen – Mikro-Informationsarchitektur konzipieren

Nachdem Ihre Makrostruktur nun steht, erfahren Sie in diesem Kapitel, wie Sie die Mikro-Informationsarchitektur konzipieren können. Damit Sie Website-Inhalte auf Seitenebene gut aufbereiten können, stellen wir Ihnen verschiedene Seitentypen vor und zeigen, wie Sie die Seitenbereiche einzelner Unterseiten optimal nutzen.

14

Erinnern Sie sich noch an die Kaufhausmetapher? Wenn Sie ein Kaufhaus betreten, gibt es darin verschiedene Elemente, die Ihr Einkaufserlebnis mitgestalten. Das Kaufhaus besteht ja nicht nur aus einer Halle, in der ein Haufen verschiedener Produkte herumliegt. Vielmehr ist es ein geordnetes System mit einer Infrastruktur, die die Produkte zugänglich macht. Dazu gehören einerseits die verschiedenen Bereiche und Abteilungen, die die Produkte nach Kategorien abgrenzen, sowie Laufwege, die für die Besucher gut zugänglich sind. Andererseits gehören dazu auch ganz konkrete Elemente, wie beispielsweise Einrichtungsgegenstände zur Aufbewahrung und Präsentation der Produkte, etwa Regale, Tische, Kleiderständer etc. Außerdem umfasst die Infrastruktur auch die gesamte Beschilderung, also die Kennzeichnung der Abteilungen, Kategorien und Marken sowie Wegweiser zu ebendiesen. Eine Kasse und Umkleidekabinen dürfen natürlich auch nicht fehlen. Ein Informationsschalter und ein VIP-Bereich sind zusätzliche Serviceleistungen, die Ihr Einkaufserlebnis abrunden.

Ähnlich verhält es sich auch mit Websites. Wenn Sie Ihren Besuchern ein gutes Besuchererlebnis bieten wollen, müssen Sie Ihre Inhalte, also Ihre Produkte, Dienstleistungen oder Ihre Unternehmenspräsentation, ebenfalls in ein geordnetes System mit einer guten Infrastruktur verpacken. Genau dafür haben Sie dieses Buch in die Hand genommen und sind bisher in diesem Vorhaben schon sehr weit gekommen. Bevor es an die optische Gestaltung und den Ausbau der konkreten Inhalte Ihrer Website geht, ist es wichtig, dass Sie auch die Mikro-Informationsarchitektur konzipieren. In Abschnitt 14.1 stellen wir Ihnen zehn konkrete Seitentypen vor, die Sie in Ihre Website integrieren können. Ergänzend dazu besprechen wir in Abschnitt 14.2, wie einzelne Seiten aufgebaut sind und wie Sie die Seitenbereiche nutzen können.

14.1   Verschiedene Seitentypen sinnvoll nutzen

In diesem Abschnitt lernen Sie die wichtigsten Seitentypen kennen, die Sie in Ihre Website integrieren können. Wie Sie sehen werden, sind die Grenzen zwischen den verschiedenen Seitentypen nicht starr. Oftmals werden die verschiedenartigen Inhalts- und Seitentypen zu Mischformen kombiniert. Dadurch kann die Mikro-Seitenarchitektur einer Seite aufgelockert werden.

14.1.1   Der »Haupteingang« Ihrer Website ist das Aushängeschild Ihrer Unternehmung – die Startseite

Die *Startseite* oder *Homepage* einer Website ist eine der wichtigsten Seiten der gesamten Internetpräsenz. Sie ist zwar nicht immer die erste Seite, die ein Besucher betritt, aber dennoch wird jeder Besucher irgendwann auf die Startseite gelangen wollen, um einen Gesamteindruck zu bekommen. Die Startseite sollte dem Besucher natürlich vermitteln, was er auf der Website findet. Das können Sie strukturell über »normale« Content-Elemente tun, indem Sie dem Besucher durch ansprechende Textelemente und ausdrucksstarke Bilder zeigen, was Sie zu bieten haben. Auf der Startseite des Segelratgebers segeln360 (siehe Abbildung 14.1) finden Sie verschiedene Informationsbausteine aus Text und Bild, die Ihnen einen guten Überblick darüber geben, was Sie auf der Internetpräsenz erwartet. In den meisten Fällen wird die Startseite als kombinierte Content-Index-Seite konzipiert. Die Content-Elemente werden um zusätzliche Teaser-Elemente ergänzt, die den Besucher zu den wichtigsten oder interessantesten Inhalten der Website leiten. Auch die Inhaltsseite in Abbildung 14.1 enthält kleinere Indexelemente: Innerhalb der Textbeiträge sind weitere Informationen durch Verlinkung auf die entsprechenden Detailseiten verknüpft.

Es ist auch möglich, die Startseite weitgehend mit Indices zu gestalten und die Besucher mit Teaser-Elementen direkt zu den spannendsten Inhalten zu geleiten. Vor allem bei Onlineshops ist dieses Vorgehen besonders beliebt: Die Startseite des Kaufhauses Breuninger (*breuninger.de*, siehe Abbildung 14.2) verwendet eine Auswahl verschiedener, ansprechend und bildreich gestalteter Teaser-Elemente. Diese zeigen aktuelle Trends aus verschiedenen Kategorien des gesamten Portfolios sowie ausgewählte »Must-have«-Produkte (ganz unten). Auf manchen Startseiten finden Sie auch Formularelemente, wie beispielsweise das Anmeldeformular oder den Login zum Kundenbereich oder zur Benutzeroberfläche der Webanwendung einer SaaS-Website (SaaS – Software as a Service).

Abbildung 14.1 Die Startseite von segeln360 im Stil einer Inhaltsseite mit zusätzlichen Indexelementen (Quelle: segeln360.de)

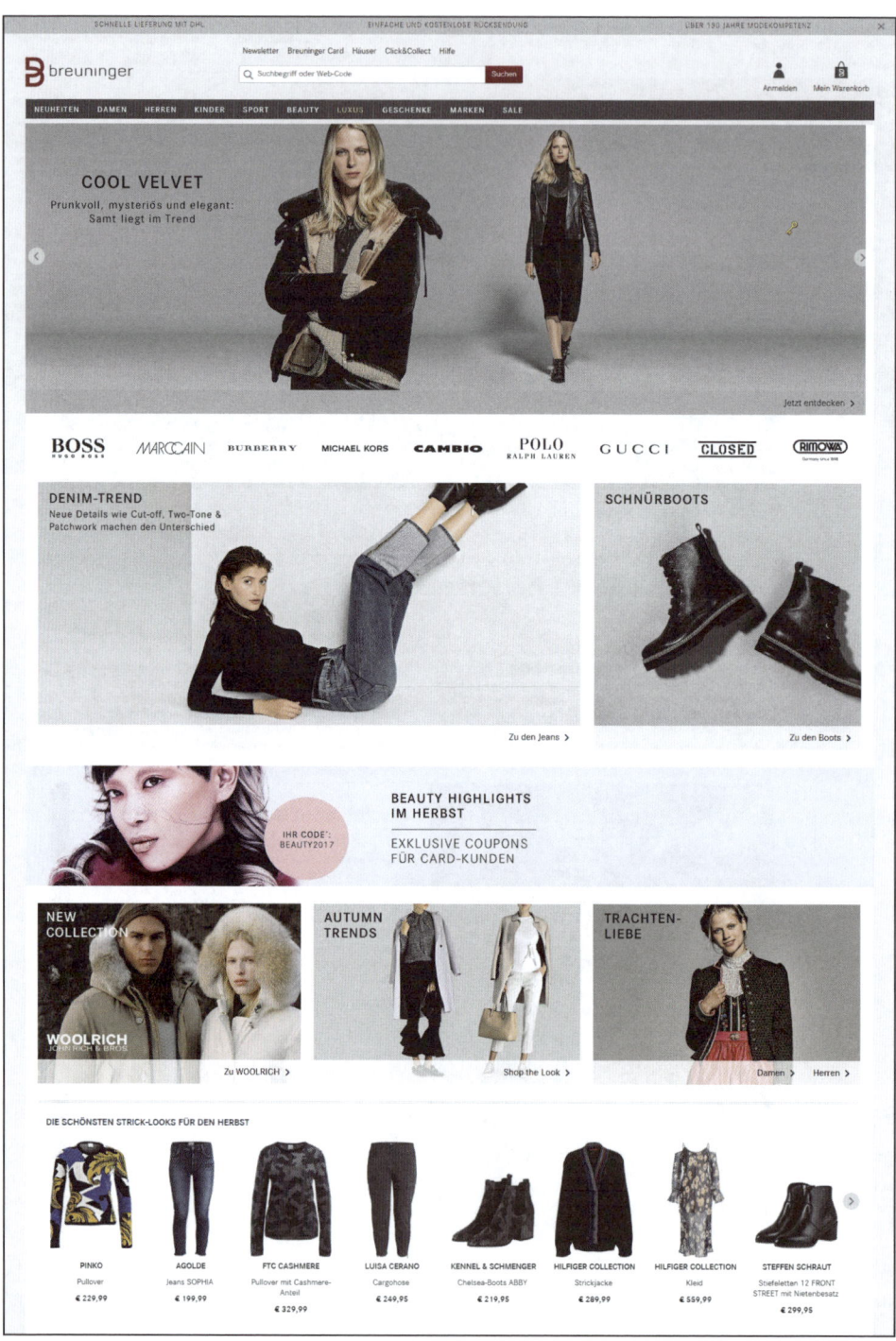

Abbildung 14.2 Startseite im Stil einer Indexseite, die mit verschiedenen, ansprechend gestalteten Bild-Teasern lockt (Quelle: breuninger.de)

Wie Sie die Startseite gestalten, hängt natürlich von Zweck, Ziel und Branche Ihrer Website ab. In jedem Fall aber sollten Sie die Power einer guten Startseite nicht unterschätzen. Ihre Homepage muss dem Besucher innerhalb der ersten Sekunden einen guten ersten Eindruck vermitteln. Außerdem sollten Sie dem Besucher schnell einen klaren, prägnanten und interessanten Einblick in Ihr Angebot geben. Sonst sind der Absprung und die Rückkehr zur Suchergebnisliste vorprogrammiert.

14.1.2 Die Landingpage

Landingpages sind conversion-optimierte Seiten. Meist als Zielseite von Marketingkampagnen eingesetzt, verfolgen und fokussieren sie ein spezielles Ziel. Sie wecken das Interesse eines Besuchers durch eine markante Botschaft. Sie sind meist so gestaltet, dass sie klar und deutlich ein Angebot formulieren und zu einer Handlung animieren. Mit einer guten Landingpage schaffen Sie es im Idealfall, Besuchern eine überzeugende Minitour durch ein Thema oder ein Produktangebot zu kredenzen und sie zu Kunden zu machen. Die Wirkung von Landingpages beruht auf den relevantesten Aspekten und schlagenden Argumenten sowie auf der Abwesenheit ablenkender Informationen und unnötiger Details. Die Einsatzmöglichkeiten sind vielfältig. Landingpages können beispielsweise als Zielseiten zur Lead-Generierung, zur Buchung von Dienstleistungen oder zum Verkauf von Produkten verwendet werden. Aber auch experimentellere Nutzungsszenarien gibt es oft, wie Zielseiten zur Marktforschung oder dem Testen neuer Produktideen oder Marketingkampagnen. Auch AdWords-Kampagnen, also bezahlte Suchmaschinenwerbung, nutzen Landingpages (siehe Abschnitt 20.2, »SEA – wie Sie mit bezahlter Suchmaschinenwerbung mehr Kunden erreichen«).

14

> **Praxistipp: Integrieren Sie Landingpages in die Informationsarchitektur**
> Landingpages funktionieren noch besser, wenn sie navigierbar und sichtbar in die gesamte Website-Struktur integriert werden und keine Inseln darstellen.

Die Struktur und Gestaltung von Landingpages kann so vielfältig sein wie die Struktur von Startseiten. Landingpages sind aus Benutzersicht im Grunde auch eine Art Startseite, da sie als Zielseiten von Suchergebnissen in den Suchmaschinen oder von anderen Marketingkampagnen aus aufgerufen werden. Somit sind sie für viele Webnutzer das spezialisierte Einstiegstor zu einer Website. Je nach Ziel der Landingpage können Sie sie eher im Sinne einer Verteilerseite, einer Detail- oder Produktseite oder sogar als etwas umfangreichere Seite im Onepager-Stil einbinden.

Abbildung 14.3 Landingpage im Rahmen einer AdWords-Anzeige für ein neues Produkt im Stil einer Microsite mit einer Navigation, die in die Gesamt-Website eingebunden ist (Quelle: samsung.com/de/smartphones/galaxy-s8/)

In Abbildung 14.3 sehen Sie die Landingpage für eine AdWords-Kampagne für ein Smartphone-Modell von Samsung. Die Landingpage ist in die Website des Herstellers Samsung eingebunden, von ihrer Struktur her aber eine Microsite mit mehreren eigenen Menüpunkten, hinter denen sich jeweils verschiedene Inhaltsseiten verbergen. Die Inhaltsseiten sind informationsreich, jedoch sehr konzentriert und dem *Conversion Funnel* entsprechend trichteroptimiert. Es werden an verschiedenen Stellen Call-to-Action-Buttons verwendet, die den Besucher zur Vorbestellung des Produkts animieren sollen. Diese sind zentrale Elemente einer jeden Landingpage. Sie sind sozusagen das Tüpfelchen auf dem »i«, das Ihre Besucher final überzeugen muss. Wie Sie Ihre Landingpage und vor allem den Call-to-Action für mehr Conversions optimieren, zeigen wir Ihnen in Kapitel 22, »Aus Besuchern Kunden machen – optimieren Sie die Conversion Rate«.

Landingpages können vielfältig eingesetzt werden: Sie können einem hochspezialisierten Zweck dienen, wie oben bereits angesprochen. Auch als Zielseiten für Verlinkungen in Social-Media-Plattformen können sie dabei helfen, den weitergeleiteten Besucher nicht direkt mit der Hauptseite zu erschlagen. Ähnlich können Sie aber auch als Einstiegshilfe in eine umfangreiche Website – sozusagen als Metaseite – erstellt werden. So können die komplexen Inhalte zusammengefasst und kurz vorgestellt werden, um dem Besucher den Zugang zur Website etwas zu erleichtern.

14.1.3   Die Verteilerseite als Kategorienübersicht

Nicht nur als Teaser-Startseite können Sie eine *Verteilerseite* verwenden. Vor allem bei größeren Websites mit einem breitgefächerten Portfolio, die nicht alle Kategorien im Menü unterbringen können, werden Verteilerseiten auf tieferen Ebenen dazu verwendet, den Besucher durch das Angebot zu navigieren. Im Gegensatz zur Hauptnavigation, die Sie schlank und übersichtlich halten sollten, können Sie auf Verteilerseiten ruhig ein paar Kategorien mehr unterbringen.

Amazon z. B. arbeitet mit Verteilerseiten auf verschiedenen Ebenen, um das Browsen durch das immens große Produktangebot zu erleichtern, sofern der Besucher sich nicht direkt der Suchfunktion bedient. Um beispielsweise zur Kategorie HANDYS zu browsen und dabei herumzustöbern, was es noch so auf der Website gibt, kann sich der Besucher durch Kategorienseiten verschiedener Ebenen immer weiter durch das Produktangebot klicken. Bei Ankunft auf der Startseite und einem Klick auf ALLE KATEGORIEN (siehe Abbildung 14.4, links) gelangt der Besucher auf eine – im Vergleich zur restlichen Gestaltung der Website – nicht sehr ansprechende, aber sehr detaillierte Verteilerseite. Diese listet alle Ober- und Unterkategorien des Produktangebots von Amazon auf. Beim weiteren Klick auf die Oberkategorie ELEKTRONIK & FOTO gelangt der Besucher zu einer weiteren Verteilerseite, die alle Produktkategorien dieser Kategorie auflistet (siehe Abbildung 14.4, mittig). Bei wiederum einem weiteren Klick, gelangt der Besucher schließlich auf die Übersichtsseite für Handys, von wo aus er weiter sein Wunschprodukt suchen kann (siehe Abbildung 14.4, rechts). Wahlweise hätte er natürlich auch von der ersten Verteilerseite (siehe Abbildung 14.4, links) direkt auf die Kategorie Handys klicken können und wäre dann direkt bei der Übersichtsseite für Handys gelandet (siehe Abbildung 14.4, rechts).

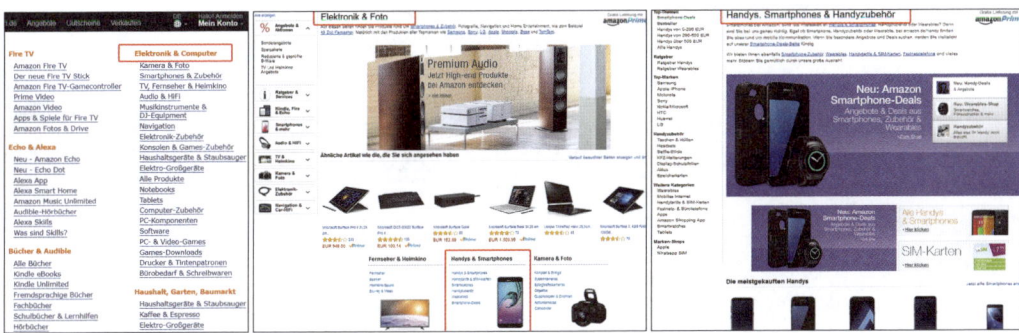

Abbildung 14.4 Einsatz von Verteilerseiten als Navigationshilfe beim Browsen durch das Produktangebot von Amazon (Quelle: amazon.de/gp/site-directory/ref=nav_shopall_btn)

14.1.4   Die Produkt- oder Detailseite

Landet ein Website-Besucher nach dem Durchforsten der Verteilerseiten auf einer *Detailseite* (im Fall von Onlineshops auch *Produktseite* oder *Produktdetailseite*, PDS), erwartet er dort Informationen und konkrete Inhalte statt – wie auf Verteilerseiten – primär Verweise und Teaser zu Inhalten. Detailseiten können Sie dazu verwenden, Ihre Produkte oder Detailaspekte zu präsentieren. Hier gilt es, alle relevanten Details übersichtlich und ansprechend zu präsentieren. Verzichten Sie auf unnütze Informationen, aber geben Sie gegebenenfalls etwas Kontext, und verweisen Sie auf verwandte Themenaspekte innerhalb des gleichen Silos. Das Verweisen auf verwandte Themen können Sie durch entsprechende Indexelemente, also verlinkte Elemente wie Textlinks oder Teaser-Boxen erreichen. Somit zeigt sich, dass die Seitentypen keine starren Regeln kennen. Vielmehr gibt es auch hier – wie in den meisten Bereichen – zahlreiche Mischformen. Abbildung 14.5 zeigt zwei Beispiele für die Anwendung von Inhaltsseiten. Links, im Fall des Alnatura-Onlineshops, wird die Detailseite mit tabellarisch aufbereiteten Produktinformationen gestaltet. Rechts werden Detailinformationen für das Unterthema Gepäck im Rahmen der Website segeln360 als Fließtexte mit Bildern präsentiert.

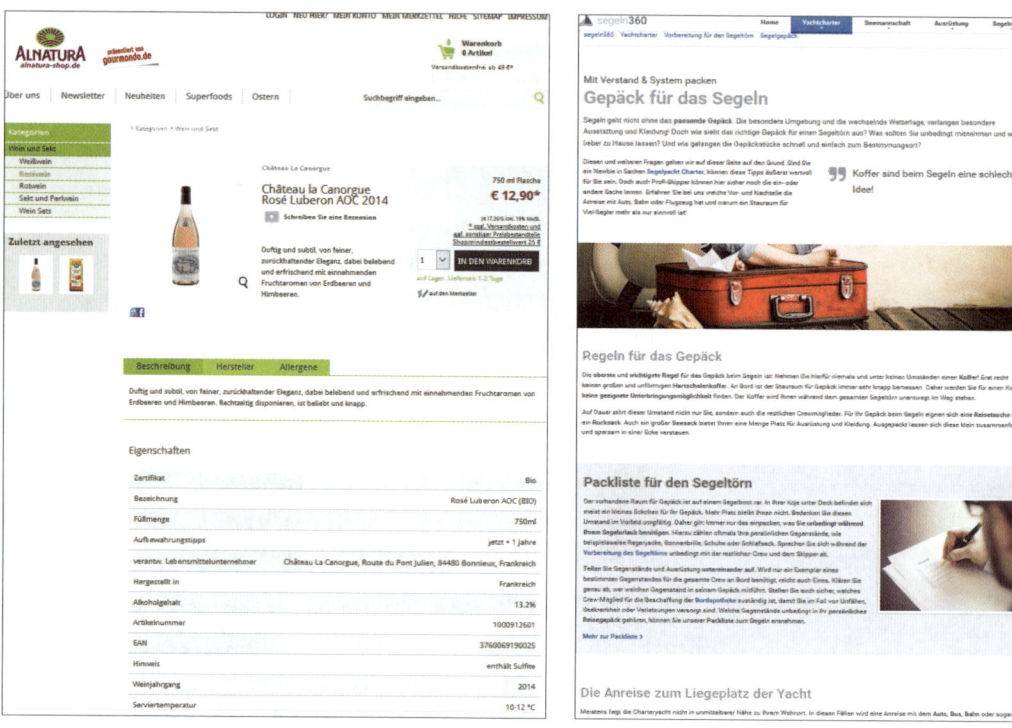

Abbildung 14.5 Zwei Beispiele für Inhaltsseiten, die ein Produkt (links) oder thematische Details (rechts) ausführlich präsentieren und vorstellen. (Quellen: links: goo.gl/zebLpW, rechts: goo.gl/dIHB2u)

In der Regel möchten Website-Betreiber den Besucher durch den Informationsfluss immer weiter in die Website hineintreiben, bis er auf einer Produktdetailseite landet. Im Idealfall führen Sie den Informationsfluss zu den Detailseiten hin so gut, dass Ihre Website-Besucher hier genau das finden, was sie suchen, und somit direkt handeln (kaufen, downloaden, Sie kontaktieren). Erinnern Sie sich in diesem Zusammenhang noch an die Customer Journey und den Conversion Funnel aus Kapitel 8, »Analysieren und definieren Sie Ihre Zielgruppen«? In Abbildung 14.6 haben wir den Einsatz der verschiedenen Seitentypen auf die beiden zielgruppenorientierten Modelle abgebildet.

Folgen Sie mit Ihrem Informationsfluss der Customer Journey, und berücksichtigen Sie dabei die Suchintention Ihrer Besucher. Kommt ein Besucher auf Ihre Startseite oder Landingpage, zeigen Sie Ihm, was Sie im Angebot haben. Wählt er einen Teilbereich aus, wecken Sie sein Interesse und seinen Wunsch nach »mehr« durch eine ansprechende Verteilerseite, die ihm zu seiner Suche passende Optionen bietet.

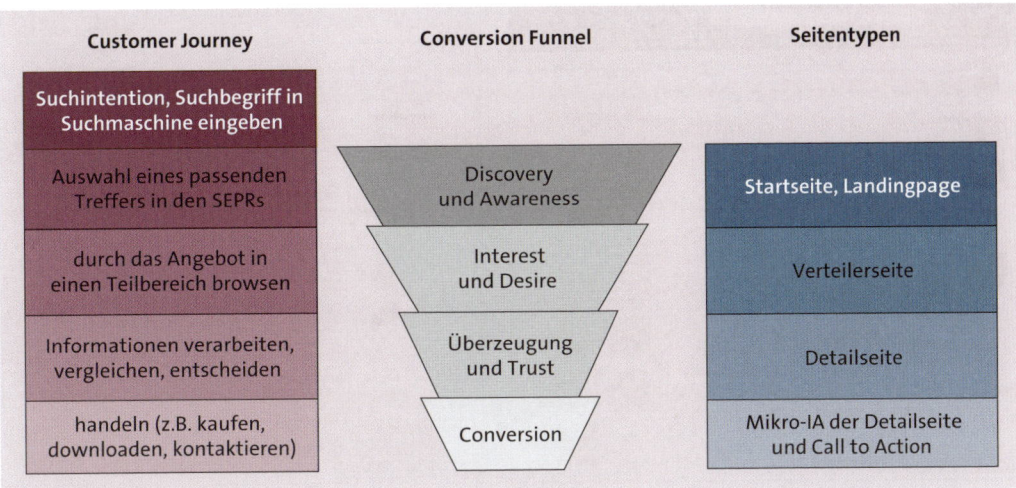

Abbildung 14.6 Der Einsatz von Seitentypen entsprechend Customer Journey und Conversion Funnel

Wählt er wiederum ein Objekt oder Produkt aus und gelangt auf dessen Detailseite, geben Sie Ihm Vertrauen, Sicherheit und überzeugen Sie ihn durch Ihre Expertise. Bauen Sie auch die Mikroarchitektur Ihrer Produkt- oder Detailseiten so auf, dass Sie dem Besucher Ihr Produkt oder Thema Schritt für Schritt schmackhaft machen. Nutzen Sie verschiedene Abschnitte dazu, um eine umfassende, »runde« Präsentation der Produktvorteile zu ermöglichen, und führen Sie ihn mit aufeinander aufbauenden, immer weiter überzeugenden Argumenten zum Ziel. Das Ziel ist bestenfalls eine Conversion für Sie und die Lösung des Suchproblems für Ihren Besucher.

Natürlich muss und kann diese Relation nicht für alle Websites generell und auch nicht für jeden Weg durch eine Website gültig sein. Aber besonders für conversionrelevante Websites sollten Sie dieses Modell im Hinterkopf behalten.

14.1.5   Die Warenkorb- und Check-out-Seite für Onlineshops

Möchten Sie einen Onlineshop konzipieren, dürfen ein *Warenkorb* und die damit verknüpfte *Check-out-Seite* nicht fehlen. Der Warenkorb entspricht meist der Struktur von Indexseiten. Die ausgewählten Produkte werden als Liste oder Kacheln angezeigt und können per Klick auf die jeweiligen Detailseiten führen (siehe auch Abbildung 14.7, links). Es sind also keine konkreten Inhalte selbst auf einer Warenkorbseite abgelegt, sondern nur die Verknüpfungen mit entsprechenden *Ankerelementen*. Zusätzlich werden auf der Warenkorbseite oft weitere, passende Produktvorschläge ebenfalls durch Indexelemente unterbreitet, um den Kunden zu weiteren Käufen zu animieren. Shopsysteme wie Shopware, Magento oder Oxid erstellen diese Ansichten weitgehend automatisch.

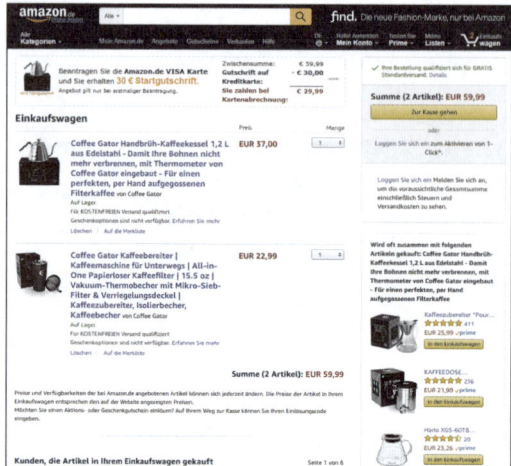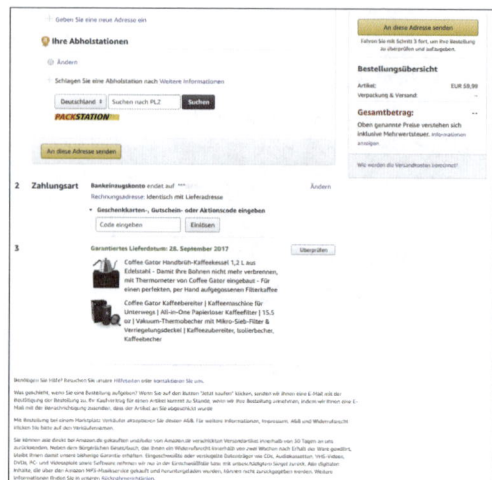

Abbildung 14.7 Warenkorb- (links) und Check-out-Seite (rechts) bei Amazon
(Quelle: amazon.de)

Aus dem Warenkorb heraus kann der Kunde den Kauf abschließen und wird durch einen Check-out-Prozess begleitet, der meist aus mehreren, formularartig gestalteten Schritten besteht. Aus Usability-Gründen sollten diese Schritte nach dem erfolgten Login bis zum Abschluss des Kaufs maximal drei Schritte umfassen. Haben Sie nicht auch schon einmal im Bestellprozess den Kauf abgebrochen, weil von Ihnen über vier bis fünf Seiten verteilt diverseste Informationen abgefragt wurden und Sie an den Punkt gelangten, an dem Sie einfach keine Lust mehr hatten, den Kauf abzuschließen?

Auch wenn Sie einen kleinen Shop planen – spicken darf man gern auch mal bei den Großen, denn die haben komplette Teams, die sich nur um »Details« wie den Warenkorb kümmern. Amazon (siehe Abbildung 14.7, rechts) gestaltet seine Check-out-Seite sehr minimalistisch und schlank. Es sind nur die relevanten Informationen, die für den Kauf notwendig sind, sichtbar. Ein Paradebeispiel ist Amazon auch in Bezug auf die Transparenz und User Experience (UX) im Check-out-Prozess. Der Besucher sieht genau, aus welchen drei Schritten der Prozess besteht, in welchem Stadium er sich jeweils befindet und welches die nächsten Schritte sind. Dadurch wird ihm die Unsicherheit genommen und seine Fortsetzungserwartungen werden erfüllt. Nichts auf der Webseite lenkt ihn dabei ab, seinen Kauf abzuschließen. Erst nach erfolgter Bestellung, werden wieder weitere Produktvorschläge unterbreitet, um den Kunden zu einem weiteren Kauf zu animieren.

Je mehr Schritte und somit Zwischenseiten Sie einbauen, desto höher die Wahrscheinlichkeit, dass der Kunde es sich anders überlegt und nicht kauft. Wie Sie Ihren Warenkorb und den Check-out-Prozess für erfolgreiche Conversions optimieren, erfahren Sie in Kapitel 22, »Aus Besuchern Kunden machen – optimieren Sie die Conversion Rate«.

14.1.6   Die Registrierungs- und Login-Seite

Eine der klassischen Formularseiten ist die *Registrierungs-* und *Login-Seite*. Diese kann den Zugang zum Kundenbereich in einem Onlineshop wie in Abbildung 14.8 oder auch zu einer Webanwendung, einem Forum oder anderen Seiten mit einem geschlossenen Nutzerbereich bereitstellen.

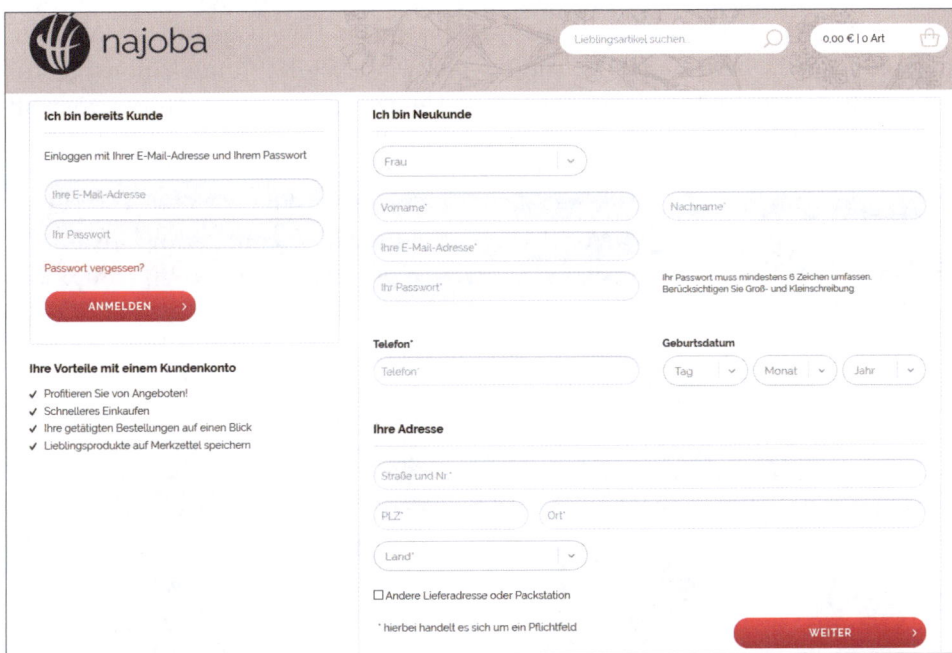

Abbildung 14.8 Die klassische Formularseite: Login (links) und Registrierungsformular (rechts) auf der Startseite eines Onlineshops (Quelle: najoba.de)

Der Besucher gibt seine Login-Daten ein – sofern er zuvor bereits ein Benutzer- oder Kundenkonto angelegt hat. Ist das nicht der Fall, kann er durch die Eingabe verschiedener personenbezogener Daten eines anlegen.

14.1.7   Die »Über uns«- oder Teamseite

Auf der »Über uns«-Seite ist Platz für die Vorstellung Ihres Unternehmens und, sofern vorhanden, Ihres Teams. Diese Seiten sind meist als Inhaltsseiten gestaltet, die je nach Branche, Größe des Unternehmens und Website-Ziel größer oder schlanker ausfallen können. Es ist aber auch denkbar, die Unternehmensseite als Verteilerseite zu gestalten. Die Teaser-Elemente, wie beispielsweise Fotos oder Fotos mit Text, könnten zu Detailseiten verlinkt werden, auf denen ausführlichere Beschreibungen zu den einzelnen Mitarbeitern oder zu unterschiedlichen Features Ihres Unternehmens präsentiert werden.

14

Nutzen Sie in jedem Fall irgendeine Form von Selbstpräsentation. Erzählen Sie etwas über Ihr Unternehmen oder über sich selbst. Halten Sie dabei aber keinen Monolog über Ihre eigene Großartigkeit, sondern verdeutlichen Sie den Website-Besuchern in jedem Satz, welchen Mehrwert Ihr Unternehmen, Ihr Team und Ihr Informationsangebot auf der Website für ihn bereithält. Präsentieren Sie Ihr Team mit freundlichen, authentischen Bildern. Website-Besucher und Kunden sind neugierig auf die Menschen hinter einer Website oder einem Unternehmen. Geben Sie Ihrem Unternehmen ein Gesicht bzw. Gesichter, wie beispielsweise die Kommunikationsagentur Echtzeit in Abbildung 14.9, die mit ein wenig Humor sogar die Büro-Hunde vorstellt (in dem Ausschnitt sehen Sie nur einen von beiden).

Abbildung 14.9 Es ist wichtig, Ihr Unternehmen zu präsentieren und ihm ein Gesicht zu geben, wie es hier beispielsweise die Kommunikationsagentur Echtzeit tut (Quelle: echtzeit.de/team).

Schauen Sie sich bei der Konkurrenz in Ihrer Branche um, und gestalten Sie Ihre Unternehmensseite entsprechend. Je nach Branche kann es unterschiedliche Arten

geben, was als ansprechend und angemessen gilt. Nicht in jeder Branche ist es beispielsweise angemessen, die Unternehmenspräsentation mit Humor oder übermä-
ßig kreativ zu gestalten.

14.1.8 Die Kontaktseite

Die Kontaktseite ist eine der wichtigsten Schnittstellen, über die Sie dem Website-
Besucher ermöglichen, mit Ihnen in Kontakt zu treten. Üblicherweise als Formularseite gestaltet, bietet Sie mehrere Eingabefelder, in die der Besucher seine Kontaktdaten sowie eine Nachricht eingeben kann (siehe Abbildung 14.10).

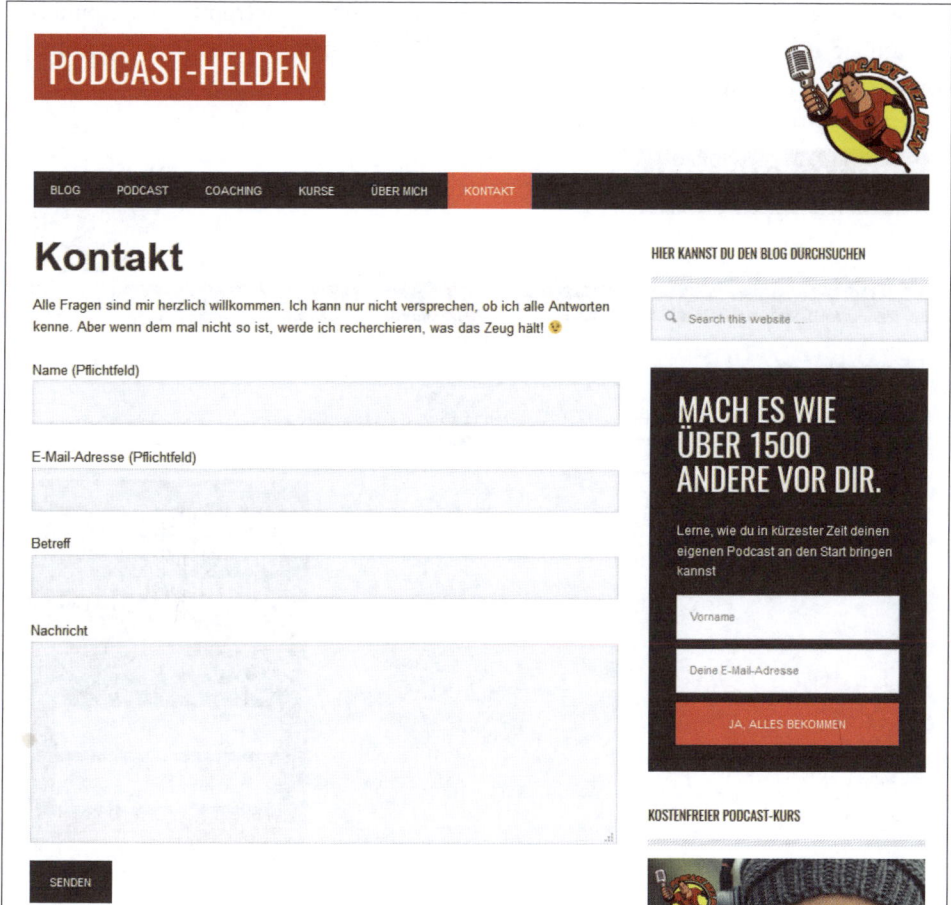

Abbildung 14.10 Kontaktformular (Quelle: podcast-helden.de/kontakt/)

Die Wirkung des Kontaktformulars sollten Sie nicht unterschätzen. Hier gibt es viel
unterschwelliges Potenzial, dem Besucher ein gutes oder schlechtes Gefühl zu vermitteln. Dieses Potenzial liegt in der Gestaltung des Formulars als Ganzes sowie

insbesondere in der Anordnung, Größe und Funktionalität der verschiedenen Eingabefelder. Beschränken Sie die Pflichteingaben, wie die Website in Abbildung 14.10, auf ein Minimum. Verschrecken Sie Ihre interessierten Besucher nicht durch unnötige Abfrage persönlicher Daten. Gestalten Sie das Nachrichtenfeld ausreichend groß, denn das suggeriert, dass Sie auch daran interessiert sind, dass der Besucher dort etwas für Sie hineinschreibt. Mickrige Nachrichtenfelder sind nicht sehr einladend, denn sie kommen – meist unbeabsichtigt – mit dem Subtext daher: »Besucher, fass dich kurz oder lass es sein!« Sie könnten ebenfalls überlegen, ob es für die Kommunikation nicht zuträglicher wäre, wenn Sie die übliche Reihenfolge einfach einmal umkehren.

Wie wirkt das überarbeitete Kontaktformular des Website-Betreibers in Abbildung 14.11 auf Sie, wenn Sie zuerst *Ihre* Mitteilung eintippen dürfen, bevor Sie *seine* Abfrage von persönlichen Daten beantworten?

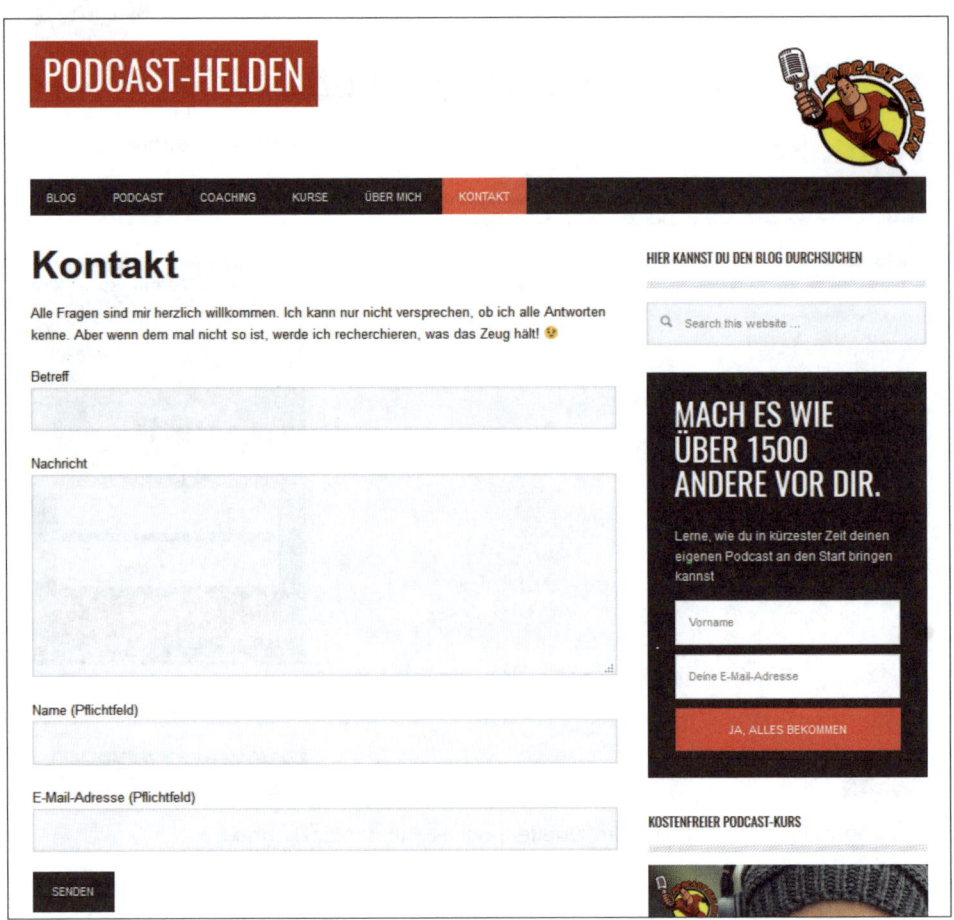

Abbildung 14.11 Eine andere Version des gleichen Kontaktformulars (eigene Überarbeitung, mit freundlicher Genehmigung von G. Schönwälder)

14.1.9   Die 404-Fehlerseite

Die 404-Seite ist in den meisten Fällen eine sehr minimalistische Seite. Es gibt theoretisch allerdings eine ganze Bandbreite an Gestaltungsmöglichkeiten, die jedoch nicht jeder Website-Betreiber nutzt. Sie können die Fehlerseite lediglich mit einer kurzen Information bestücken wie »Hier gibt's nichts«, »Fehler« oder sogar nur »404«, alles schon mal irgendwo gesehen. Doch was denken Sie, wie eine solch kryptische 404-Seite auf Ihre Besucher wirkt? Wenn die Seite keinerlei weitere Information enthält, werden sie das Gefühl haben, selbst etwas falsch gemacht zu haben. Wahrscheinlicher noch ist, dass sie davon ausgehen, dass es auf dieser Website offensichtlich tatsächlich nichts gibt. Da sie aus der Sackgasse nirgendwo mehr hinkommen, werden sie die Website verlassen.

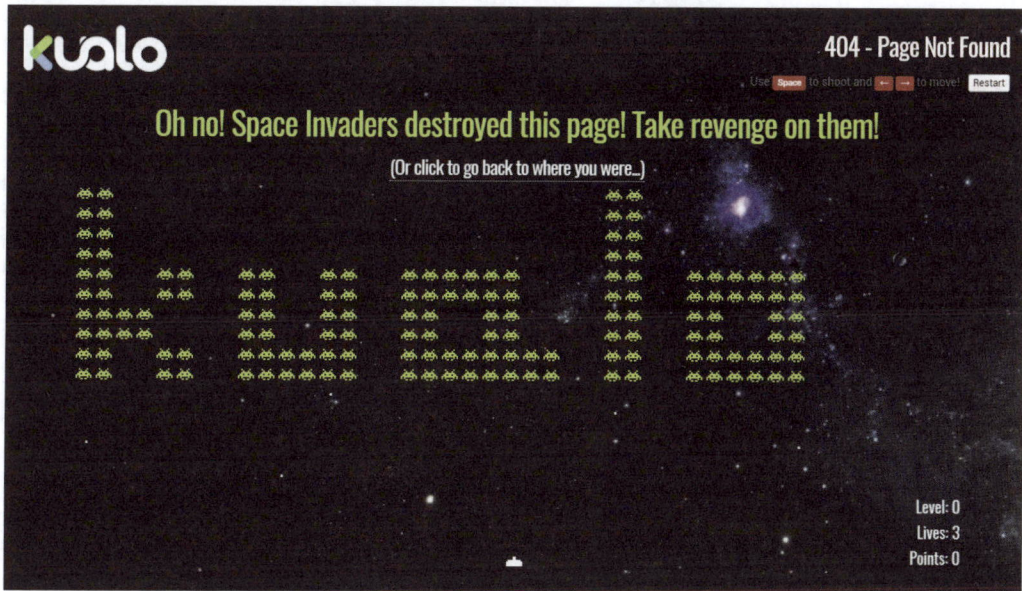

Abbildung 14.12 Beispiel für eine 404-Fehlerseite (Quelle: kualo.com)

Der erste Schritt wäre also, die kryptische Botschaft etwas zu spezifizieren, dem Besucher beispielsweise mitzuteilen, dass er offenbar einen kaputten Link gefunden hat. Der zweite Schritt ist die Bereitstellung von Möglichkeiten zur Problemlösung. Links zur Startseite oder sogar die Darstellung des vollständigen Menüs der Website, wie auch eine Kontaktmöglichkeit sind immer eine große Hilfe. Auch denkbar wäre, einige Verlinkungen zu den wichtigsten Themen der Website zum Wiedereinstieg anzubieten. Und zu guter Letzt können Sie auch eine Fehlerseite individualisieren und einen fehlgeleiteten Kunden mit Humor positiv stimmen. Die beiden Beispiele in Abbildung 14.13 zeigen, dass sich mit einer Prise Humor und den wichtigsten Informationen auch eine Sackgasse nicht wie das Ende der Welt/Website anfühlen muss.

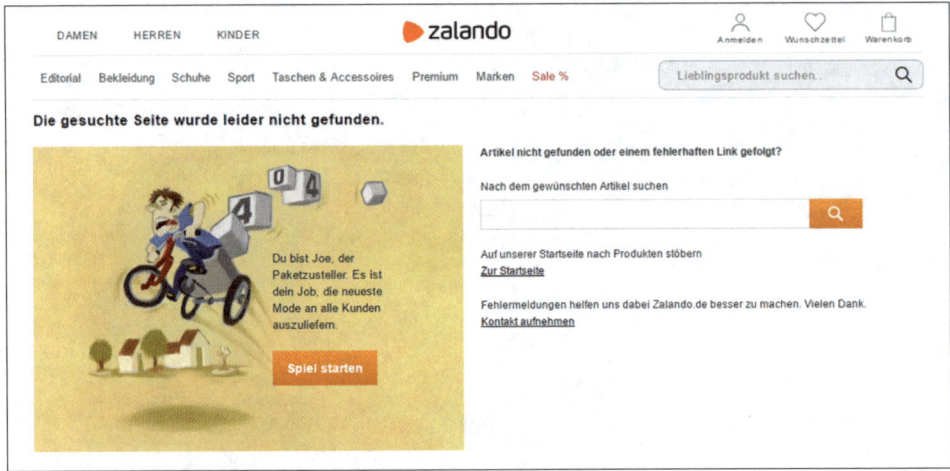

Abbildung 14.13 Zwei Beispiele für gelungene 404-Fehlerseiten. Mit hilfreichen Links zur Startseite, einem Kontaktangebot und einer Prise Humor finden Website-Besucher den Weg zurück zur Website (Quelle: oben: lottohelden.de/404, unten: zalando.de/404).

14.1.10   Impressum und Datenschutz

Die beiden Seiten, die das Impressum und die Datenschutzbestimmungen enthalten, sind üblicherweise reine Inhaltsseiten, die größtenteils aus juristischem Text bestehen, und sollten idealerweise durch Verlinkungen von jeder Seite einer Internetpräsenz mit einem Klick erreichbar sein. Das *Impressum* (oder *Webimpressum*) enthält gemäß dem *Telemediengesetz* (TMG) Informationen zum Anbieter einer Website. Zwar gilt die Impressumspflicht prinzipiell für alle »geschäftsmäßigen Teledienste«, jedoch betrifft es letzten Endes auch private Websites ohne Gewinnabsicht, wenn sie längerfristig bestehen sollen, da sie – obwohl nicht »gewerbsmäßig« – als »geschäftsmäßig« angesehen werden. Es gibt im WWW eine Reihe von Impressumsgeneratoren, wie beispielsweise *e-recht24.de/impressum-generator.html*, die Ihnen die relevanten Punkte zusammenstellen. Falls Sie sich zusätzlich absichern möchten, fragen Sie am besten einen Fachanwalt für Medienrecht. Ein Beispiel für eine Impressumsseite finden Sie in Abbildung 14.14.

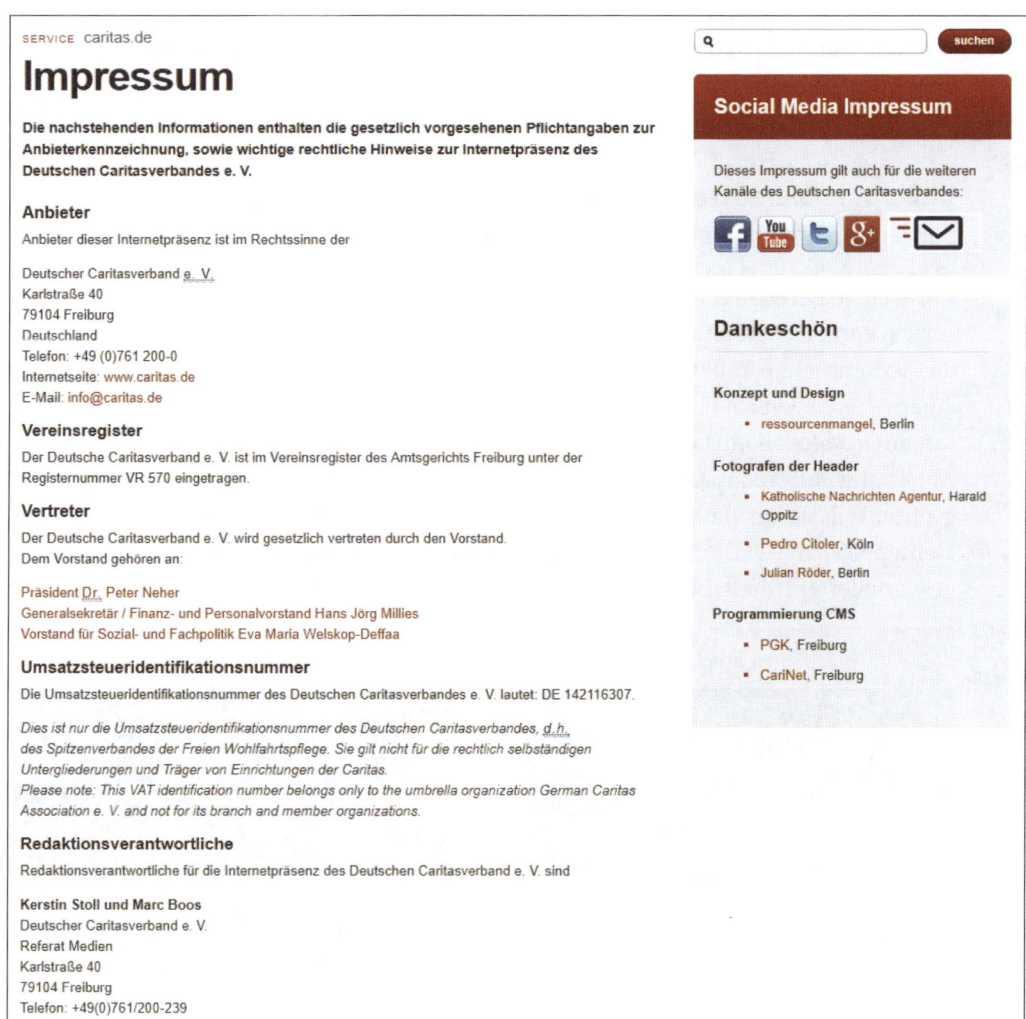

Abbildung 14.14 Impressumsseite des Caritasverbandes (Quelle: caritas.de/impressum)

Die Datenschutzinformationen sind wichtig, da Sie verpflichtet sind, dem Besucher offenzulegen, welche Daten durch Ihre Website erhoben werden. Selbst wenn Sie keine Funktion zur Lead-Generierung in Ihre Website integrieren möchten, so gibt es zahlreiche andere Funktionen Ihrer Website, die Daten sammeln, verarbeiten und gegebenenfalls weiterleiten können, wie beispielsweise Google Analytics oder Social-

Media-Buttons. Sie haben als Betreiber die Pflicht, den Besucher darüber aufzuklären, wie mit seinen Daten umgegangen wird, und ihm die Möglichkeit einzuräumen, der Sammlung von Daten zu widersprechen (*Opt-out*, siehe Abschnitt 20.3, »Webanalyse – wie Sie den Erfolg Ihrer Website messen«). Hier sollten Sie in eine gründliche rechtliche Recherche oder Beratung investieren, da Sie sich sonst leicht in juristische Grauzonen begeben können. Da diese Seiten eher dazu dienen, Sie abzusichern, erfordern Sie außer korrekten und rechtlich abgesicherten Angaben keinerlei besondere Mikrostruktur.

14.2   Wie Sie einzelne Seitenbereiche benutzerorientiert konzipieren

Aus welche Bereichen ist eine einzelne Seite aufgebaut, und wie können Sie sie nutzen? Wenn Sie sich eine einzelne Webseite anschauen, besteht sie in der Regel aus drei wesentlichen Teilen (siehe Abbildung 14.15, links): dem *Kopfbereich* oder *Header*, einem *Inhaltsbereich* oder *Body* und dem *Fußbereich* oder *Footer*. Oft wird auch noch mit einer *Seitenspalte* oder *Sidebar* auf der linken oder rechten Seite gearbeitet (siehe Abbildung 14.15, rechts). Dass die Seitenspalte nicht mehr so häufig genutzt wird, liegt größtenteils daran, dass in der mobilen Nutzung von Websites einspaltige Seiten auf kleinen Displays wesentlich benutzerfreundlicher sind als ein durch die Seitenleiste geschmälerter Inhaltsbereich.

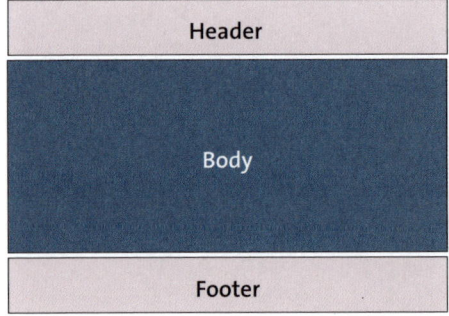 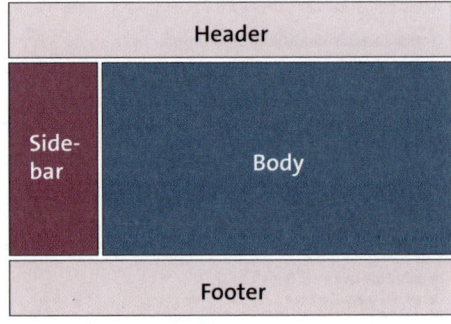

Abbildung 14.15 Schematische Darstellung der Kernbereiche einer einzelnen Webseite

Diese drei Bereiche haben unterschiedliche Kommunikationsfunktionen, die Webuser aus Ihrer langjährigen Erfahrung mit Websites aller Art kennen. Durch unzählige Website-Sessions haben sie bestimmte mentale Modelle vom grundsätzlichen Aufbau einzelner Webseiten und ihrer Benutzung entwickelt. Daraus ergeben sich recht spezifische Erwartungen an die Platzierung von Inhalts- und Funktionselementen in den verschiedenen Seitenbereichen. Wenn Sie diese Erwartungen in Ihrer Konzeption umsetzen und zusätzlich die variablen Elemente besucherorientiert konzipieren, erleichtern Sie Ihren Besuchern die Nutzung Ihrer Website. In den folgenden drei Abschnitten zeigen wir Ihnen, welche Elemente typischerweise in den verschiedenen Seitenbereichen zu finden sind und was ihre jeweilige Kommunikationsfunktion ist.

14.2.1   Der Header

Der *Header* ist gewissermaßen das Aushängeschild und der Wegweiser für die einzelne Seite, aber auch für die gesamte Website. Er macht den Großteil des Gesamteindrucks aus, unabhängig davon, wie gut die Inhalte der Website im Body-Bereich auch sein mögen. Im Header finden Sie meist das Firmenlogo – ähnlich einem Firmen- oder Geschäftsschild – und diejenigen Funktionselemente der Website, die für einen schnellen Zugriff unmittelbar verfügbar sein sollen. Diese Elemente sind meist *sitewide*, also auf allen Unterseiten einer Website, zu finden. Dazu gehören:

▶ die Hauptnavigation nebst diversen weiteren Navigationselementen

▶ Kontaktmöglichkeiten

Und sofern vorhanden:

▶ der Login-Bereich

▶ der Warenkorb und eventuelle Merklisten im E-Commerce

Zudem enthält der Header meist zusätzlich zum Logo das *Keyvisual* einer Website. Dabei handelt es sich um ein – meist prominent platziertes – Bild, dass das gesamte Unternehmens-, Produkt- oder Marketingkonzept in einem einzigen Schlüsselelement verkörpern soll. Aktuell sind als Key-Visuals häufig solche Bilder zu finden, die den gesamten anfänglich sichtbaren Bereich (engl. *above the fold*) einer Website – vor allem auf der Startseite – ausfüllen. Sie werden dazu genutzt, den Charakter der Website zu visualisieren und durch die emotionale Wirkung auf den Besucher einen ganz bestimmten Eindruck von der Website und dem Unternehmen zu vermitteln.

14.2.2   Der Body und die Sidebar

Gelegentlich enthält auch die *Sidebar* Navigationselemente. Heutzutage ist es allerdings meist nicht mehr die Hauptnavigation, sondern in der Regel eine eventuell vorhandene Subnavigation als Ergänzung zum Hauptmenü im Header-Bereich.

Im *Haupt-* oder *Body-Bereich* wird der eigentliche Content der Website platziert, der ganz unterschiedlicher Art sein kann. Hier gibt es je nach Seitentyp vielfältige Möglichkeiten, Inhalte zu präsentieren, wie beispielsweise in Form von Text, Medien, Formularen usw., aber auch in Form von Navigationselementen. Das sind meist Varianten der oben genannten Indexelemente, wie z. B. Teaser-Boxen. Einige haben wir

14

Ihnen teilweise bereits in den vorigen Abschnitten aufgezeigt und viele weitere Gestaltungstipps folgen: Vor allem in Kapitel 19, »Kommunizieren Sie mit unwiderstehlichem Content«, gehen wir näher auf die Content-Gestaltung im Hauptbereich ein, daher bleiben unsere Ausführungen zum Body-Bereich in diesem Kapitel so kurz und knackig.

14.2.3   Der Footer

Der *Footer* bildete früher als wortwörtliche Fußzeile den Abschluss einer Webseite, in der meist lediglich das Copyright angegeben wurde (siehe Abbildung 14.16) – ähnlich dem »Made in …«-Stempel bei Produkten aller Art.

Abbildung 14.16 Minimalversion eines Footers (Quelle: xshock.de)

Bestenfalls waren noch die obligatorischen rechtlichen Informationen wie Impressum und Datenschutzrichtlinien zu finden, aber dem Footer wurde kaum eine Kommunikationsfunktion zugewiesen. Immer noch wird er häufig viel zu stiefmütterlich behandelt, obwohl er einiges an kommunikativem Potenzial birgt, was auf diese Weise verschenkt wird. Stellen Sie sich vor, dass eine Besucherin eine der Seiten Ihrer Webpräsenz liest und – weil sie die Inhalte sehr spannend und ansprechend findet – an das Ende der Seite gelangt. Wie sinnvoll erscheint es, dass der Informationsfluss an dieser Stelle erst einmal zu Ende ist, dass sie wieder nach oben scrollen und sich überlegen muss, wo sie als Nächstes weitermacht?

Wäre es nicht viel benutzerorientierter, ihr am Ende der Seite einige Möglichkeiten zu bieten, mit denen sie ihr Website-Erlebnis auf der Website fortsetzen kann? Wäre es nicht vielleicht förderlich für die User Experience, ihr einige Werkzeuge bereitzustellen, um weitere, passende Inhalte zu erkunden, den Standort Ihrer Filiale zu finden, mit Ihnen Kontakt aufzunehmen, den Beitrag über soziale Medien zu teilen etc.? Mit einem gut aufgebauten Footer gestalten Sie das Website-Erlebnis für Ihre Besucher deutlich angenehmer und flüssiger. Zudem haben Sie als Betreiber die Möglichkeit, den Besucher durch den geschickten Einsatz ausgewählter Informationen zu steuern. Lassen Sie es nicht einfach verpuffen, dass ein Besucher es tatsächlich bis ans Ende einer Seite geschafft hat. Sorgen Sie dafür, dass das Ende der Seite nicht das Ende der Interaktion oder – noch schlimmer – das Ende des Website-Besuchs ist.

Genau solche Überlegungen haben dazu geführt, dass sich der Footer immer mehr zu einer Art nützlichem Werkzeugkasten zur erweiterten Kommunikation mit dem Besucher etabliert. Wenn Sie Ihre Besucher dazu einladen möchten, mit Ihnen Kontakt aufzunehmen oder Sie zu besuchen, positionieren Sie zumindest Ihre vollständigen Kontaktdaten – und vielleicht sogar einen Ausschnitt aus Google Maps – im Footer. Neben der *Kontaktfunktion* haben Footer aber meist noch drei weitere Kommunikationsfunktionen (siehe Abbildung 14.17).

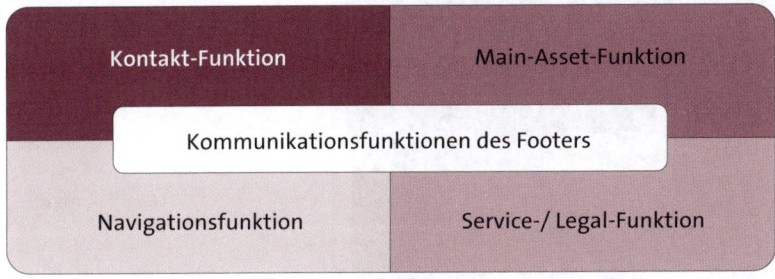

Abbildung 14.17 Vier Kommunikationsfunktionen des Footers

Eine *Main-Asset-Funktion* bietet Abkürzungen zu den Kompetenzen eines Unternehmens, die nicht zwangsläufig zum zentralen Website-Angebot gehören, aber dennoch wichtige Zusatzangebote kommunizieren. Einige Website-Betreiber nutzen in dieser Funktion den Footer auch dazu, um noch einmal die wichtigsten USPs zu präsentieren oder in prägnanter Weise an diese zu erinnern. Abbildung 14.18 zeigt einen überaus opulent gestalteten Footer (die Abbildung zeigt ausschließlich den Footer, d. h., alles in der Abbildung Sichtbare ist tatsächlich nur der Footer).

Außerdem werden im Footer oft diverse thematisch gruppierte *Navigationsoptionen* angeboten. Website-Betreiber können dort zusätzliche Themenbereiche für Randzielgruppen unterbringen, ohne dass die Hauptstruktur der Website überladen wird und damit die Hauptzielgruppen irritiert. Daneben sind diverse *Servicefunktionen* und -leistungen, wie Versand, Bezahlmöglichkeiten, gelegentlich auch die Sprach- und Länderwahl im Footer zu finden. Sie könnten Ihre Besucher auch auf passende Sonderaktionen aufmerksam machen – aber blenden Sie ihn nicht mit willkürlichen Werbebannern.

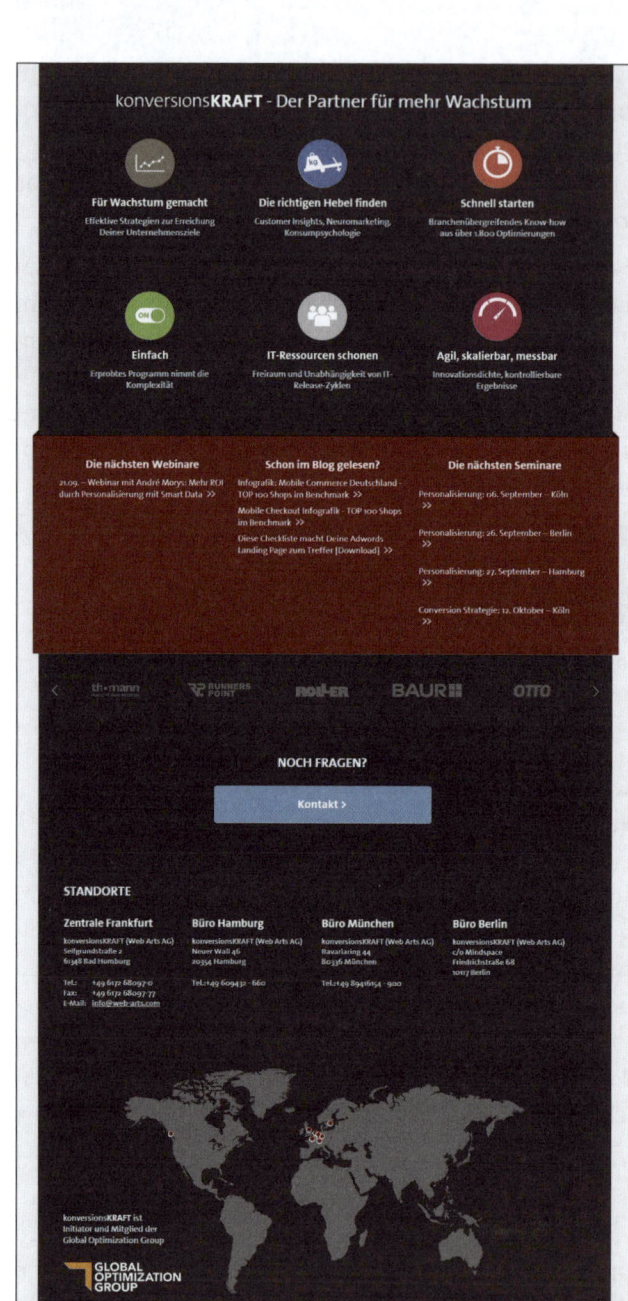

Abbildung 14.18 Opulente Version eines Footers inklusive USPs und Seminarangeboten (Quelle: konversionskraft.de)

Mit diesen Kommunikationswerkzeugen können Besucher Ihre »Website-Journey« direkt fortführen und mit der Website interagieren. Wählen Sie die Inhalte, die Sie im

Footer präsentieren, sorgfältig aus, und überlegen Sie genau, welchen Mehrwert diese ergänzenden Informationen für den Besucher haben. Ihnen als Betreiber bringt das natürlich den Vorteil, dass Ihre Besucher unter Umständen direkt einem Call-to-Action folgen (Newsletter abonnieren, Kontakt aufnehmen, ...) oder zunächst einmal auf Ihrer Website bleiben und zu weiteren Inhalten geführt werden, die dann letztendlich zur Conversion führen können.

Wir möchten Ihnen noch einige abschließende Gestaltungshinweise für den Footer an die Hand geben. Betrachten und gestalten Sie den Umfang des Footers immer in Relation zum Content-Bereich Ihrer Website und der Unterseiten. Auch wenn wir Ihnen die Wichtigkeit eines gut gestalteten Footers dargelegt haben, sollte der Footer-Bereich inhaltlich und optisch nicht den Body-Bereich überstrahlen, wie das beispielhafte Schema in Abbildung 14.19 links zeigt. Der Body-Bereich sollte in der Regel proportional immer den größten Anteil an der gesamten Seite einnehmen, denn schließlich sollen die Hauptinhalte auch im Hauptbereich Ihrer Webseiten liegen. Wenn Sie planen, viele eher kurze Unterseiten zu erstellen, wählen Sie für den Footer nur die wichtigsten Informationen aus, wie beispielsweise im rechten Schema aus Abbildung 14.19.

14

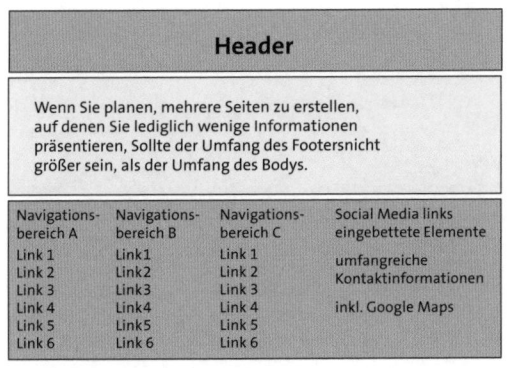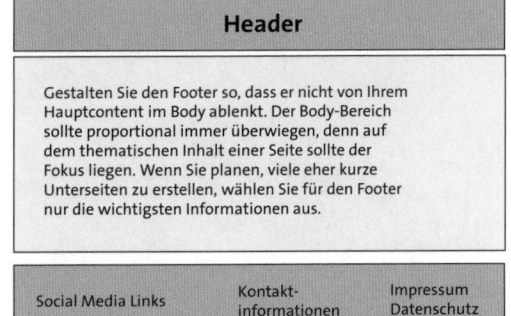

Abbildung 14.19 Schema zur unausgewogenen (links) und ausgewogenen (rechts) Relation zwischen Footer und Body

Praxistipp: Footer sitewide, bereichsweit oder seitenspezifisch einsetzen

Die Platzierung von Elementen im Footer kann *sitewide*, *bereichsweit* oder *seitenspezifisch* erfolgen: Wenn Sie hauptsächlich allgemeingültige Funktionen platzieren möchten, die leicht zugänglich sein sollen, nutzen Sie einen *Sitewide*-Footer. Das bedeutet, dass der Footer auf jeder Unterseite in der gleichen Form vorhanden ist. Wenn Sie eher spezifische, tief im Seitenbaum gelegene oder zusätzliche Informationen nur innerhalb bestimmter Website-Bereiche im Footer verlinken möchten, können Sie mit spezialisierten Footern arbeiten. Diese können Sie für jeden Bereich oder sogar für einzelne Seiten gesondert mit entsprechenden Informationen füttern.

Wir haben sicherlich nicht alle möglichen Seitentypen vorgestellt. Viele Seitentypen in der freien Wildbahn sind auch Mischexemplare. Startseite, Verteilerseiten und Produktdetailseiten sind sicherlich die zentralen und wichtigen Typen, die Sie immer auf dem Schirm haben sollten.

Was machen Sie nun mit den verschiedenen Seitentypen? Ganz einfach, Sie nehmen sich Ihre Informationsarchitektur und bestimmen für jede Seite bzw. URL den passenden Seitentyp. Das können Sie farbig markieren, mit Symbolen oder Abkürzungen – ganz wie Ihnen beliebt. Wichtig ist, dass Sie die kommunikativen Funktionen bestimmen, indem Sie den Seitentyp festlegen. Später werden wir Ihnen dann noch verraten, wie Sie etwa mit Wireframes genau bestimmen, wie die inhaltliche Anordnung innerhalb der Seitentypensein sollte. Doch zunächst sollten Sie sich damit beschäftigen, wie man den Besucher von Seite zu Seite lenkt.

Kapitel 15

Wo bin ich und wie komme ich woandershin? Navigation, Links und URLs

Wie machen Sie die Informationsarchitektur für Ihre Besucher zugänglich? Wir stellen Ihnen die wichtigsten Bausteine vor, damit Sie ein gutes Navigationskonzept erstellen.

In den vergangenen Kapiteln haben Sie die Informationsarchitektur Ihrer Website aufgebaut: Sie haben die Inhalte in sinnvolle Themensilos eingeteilt, haben die richtigen Keywords ausgewählt, damit Ihre Zielgruppen Sie über die Suchmaschinen finden können, und haben die gesamte Feinstruktur Ihrer Website durchgeplant. Um Besuchern die Informationsarchitektur zugänglich zu machen, müssen Sie als Nächstes ein Wegweisersystem erstellen.

Im oberen Bereich einer Website finden Sie den wichtigsten Wegweiser durch die Website, das *Hauptmenü*, auch *Hauptnavigation* oder *primäre Navigation* genannt. Diesem können Ihre Besucher einerseits entnehmen, welche Themenbereiche und Informationen es auf der Website gibt, und andererseits, wie sie dorthin gelangen. Daneben gibt es auf jeder Website zahlreiche weitere Navigationselemente, die wir Ihnen in Abschnitt 15.1 vorstellen werden.

Navigationssysteme haben zwei wesentliche Funktionen:

1. Sie sollten Ihren Besuchern ermöglichen, Ihre Inhalte anzusteuern: Navigationselemente zeichnen sich durch Ihre Linkfunktionalität aus. Sie sind durch Hyperlinks mit bestimmten Zielseiten verknüpft und geleiten die Besucher dorthin: Der Klick auf das Label des Navigationselements »transportiert« Sie zum gewünschten Website-Bereich oder einer gewünschten Seite. Durch Interaktion mit dem Navigationssystem bewegen sich Ihre Besucher also durch Ihre gesamte Website – und unter Umständen sogar darüber hinaus.

2. Die zweite Funktion der Navigation ist, Ihren Besuchern die Orientierung auf Ihrer Website zu gewährleisten. Mit einem guten Navigationssystem helfen Sie Ihren Besuchern dabei, sich auf Ihrer Website jederzeit zu orientieren und sich souverän durch Ihre Webseite zu bewegen, ohne sich zu »verlaufen«.

15

Wie Sie für Ihre Besucher ein gutes Navigationssystem konzipieren, das beide Funktionen erfüllt, zeigen wir Ihnen in diesem Kapitel. Um das zu schaffen, ist auch in diesem Schritt eine besucherorientierte Herangehensweise der Schlüssel zu einem guten Navigationskonzept. In Kapitel 2, »Website trifft auf Gehirn: Warum es sich lohnt, den Besucher zu verstehen und seine Perspektive in der Website-Konzeption zu berücksichtigen«, haben Sie bereits erfahren, dass Webuser mit bestimmten Erwartungen an den Website-Besuch herangehen. Sie haben bestimmte Positions-, Funktions- und Fortsetzungserwartungen an Websites und die Interaktionsprozesse, die sie mit ihnen durchführen können. Die Konzepte und Konventionen für die Navigation, die je nach Ausgestaltung eine optimal benutzbare Website ermöglichen, lernen Sie in Abschnitt 15.1 und 15.3 kennen. In Abschnitt 15.4 zeigen wir Ihnen die zehn wichtigsten Regeln für ein gutes Navigationssystem, damit Sie Ihrer Zielgruppe ein müheloses und gleichzeitig zielführendes Besuchserlebnis bescheren. Bei der Konzeption des Navigationssystems werden Ihre Informationseinheiten auch mit passenden Begriffen, sogenannten *Labels*, versehen. Diese Labels – in der Regel handelt es sich dabei um die zuvor gemappten Keywords – helfen Ihren Besuchern gleichermaßen, Ihre Themenbereiche zu identifizieren und sie voneinander zu unterscheiden. Genaueres zum *Wording*, also zur Benennung von Navigationselementen, finden Sie in Abschnitt 15.2. Die URL-Struktur ist ein weiterer Wegweiser, mit dem sich Ihre Besucher orientieren können – sofern Sie sie ebenfalls »sprechen« lassen. Wie Sie das schaffen, zeigt Ihnen Abschnitt 15.5.

15.1 Navigationstypen – Möglichkeiten über Möglichkeiten guter Wegweiser

Diverse Studien haben gezeigt, dass die meisten Menschen lieber die Navigation verwenden als die Suchfunktion. Das hängt zum einen damit zusammen, dass es für sie bequemer und kognitiv weniger aufwendig ist, einen Link anzuklicken, als über die Suchfunktion zu gehen, sich passende Suchbegriffe zu überlegen und diese einzutippen – es sei denn, sie suchen nach einer ganz spezifischen Information oder einem Produkt. Zum anderen sind Suchfunktionen erfahrungsgemäß nicht gerade berühmt dafür, genau das auszuwerfen, was der zielstrebige Website-Besucher sucht.

Dieses Kapitel fokussiert die Konzeption einer guten Navigationsstruktur, die Ihre Besucher intuitiv zu ihrem Ziel führt. Es gibt einige wichtige, grundlegende Voraussetzungen für ein gutes, benutzerorientiertes Navigationssystem:

▶ Der User sollte die Navigation leicht und intuitiv bedienen können.

▶ Der User sollte über die Navigation die Informationen finden, die er sucht.

▶ Der User sollte jederzeit sicher entscheiden können, was sein nächster Schritt ist.

In den folgenden Abschnitten stellen wir Ihnen verschiedene Bausteine vor, die Sie für das Navigationssystem auf Ihrer Website einsetzen können, und erklären Ihnen, was Sie bei der Verwendung dieser Bausteine jeweils beachten sollten. Wir gehen allerdings noch nicht auf die spezielleren Gestaltungsmöglichkeiten ein, die Sie bei den einzelnen Bausteinen zur Verfügung haben, denn diese lernen Sie in Abschnitt 15.3 kennen. Wir besprechen hier zunächst, worin sich die verschiedenen Navigationsbausteine unterscheiden, welche Funktionen sie haben und wofür sie genutzt werden können.

15.1.1   Hauptnavigation – primäre, sekundäre und tertiäre Website-Ebenen

Die Hauptnavigation ermöglicht dem Besucher den Zugang zu den wichtigsten Hauptbereichen Ihrer Website. Sie zählt zusammen mit dem Logo zu den sogenannten *globalen* oder *Sitewide*-Navigationselementen, da sie auf jeder Seite einer Website in der exakt gleichen Form und Funktionsgestaltung vorhanden ist – und wenn sie es nicht ist, *sollte* sie es sein. Im Gegensatz dazu werden einige der Navigationselemente in den nächsten Abschnitten *lokaler* Art sein, da sie nur auf Teilen der Website, also auf ausgewählten Seiten, vorhanden und auch in ihrer Funktionalität spezifischer sind.

Den Zugang zu den wichtigsten Themenbereichen Ihrer Website ermöglichen Sie dem Besucher in erster Linie durch Verlinkung dieser Bereiche bzw. der Unterseiten mit den zugehörigen Labels im Hauptmenü. Wichtig ist dabei, dass die verwendeten Labels die jeweiligen Themenbereiche eindeutig identifizieren und von den anderen unterscheiden. Navigationslinks werden umso eher angeklickt, je klarer die verschiedenen Themenbereiche benannt und voneinander unterscheidbar sind. Wenn ein Besucher Menüpunkte in der obersten Ebene der Hauptnavigation sieht, die zu ähnlich sind, wird er nicht direkt wissen, wo er sein Informationsziel verfolgen soll. Dann müsste er sich gegebenenfalls unnötig umständlich durchklicken, um dann herauszufinden, dass er zu Beginn den falschen Bereich ausgewählt hat.

Wenn Sie den bisherigen Schritten gefolgt sind und Ihre Website-Struktur sorgfältig aufgebaut haben, sollte es eigentlich nicht passieren, dass Ihre Themensilos zu ähnlich oder sogar verwechselbar geraten. Wenn das doch der Fall sein sollte, sollten Sie vielleicht zunächst einmal einen Schritt zurückgehen und die Website-Struktur überarbeiten.

Abbildung 15.1 zeigt eine einfache Hauptnavigation auf der Website eines Cafés. Sie ist schlicht gehalten und enthält nur die wichtigsten Punkte, die einen Café-Besucher interessieren könnten – zuvorderst die Startseite Aktuelles samt Adresse, Öffnungszeiten und aktuellen Specials sowie die Getränke- und Speisenkarte unter Speisen & Getränke an zweiter Stelle. Das sind für den Besucher die wichtigsten Informationen, und er findet sie direkt mithilfe der Hauptnavigation.

15

Abbildung 15.1 Eine einfache, besucherorientierte Hauptnavigation
(Quelle: cafehueftgold.de)

Flache vs. hierarchische Hauptnavigation

Je nach Größe der Website haben Sie die Möglichkeit, eine flache Hauptnavigation mit nur einer Ebene zu erstellen, die lediglich die Hauptbereiche Ihrer Website abbildet (siehe auch Abbildung 15.1). Bei einer größeren Website können Sie mit einem *hierarchischen Menü* bzw. einer *Multilevel-Navigation* mehrere Ebenen Ihrer Informationsarchitektur abbilden. Lassen Sie die Menge des Contents die Konzeption der Hauptnavigation bestimmen, wie viele Ebenen sie enthält und in welcher Form Sie sie dann umsetzen. Grundsätzlich kann mit wenig Content ein sparsameres Menü wie in Abbildung 15.1 mit nur einer Ebene ausreichen, um dem Besucher eine gute Übersicht über die Website-Inhalte zu bieten. Haben Sie viel Content anzubieten, wie beispielsweise eine große Produktpalette auf einer E-Commerce-Website, ist ein komplexeres Hauptnavigationssystem notwendig, um dem Besucher Orientierung und die Möglichkeit zu bieten, sich effektiv durch Ihre Website zu bewegen.

Die Hauptnavigation bei Zalando (siehe Abbildung 15.2) besteht zunächst aus zwei horizontalen Hauptnavigationselementen. Die primäre Navigation leitet die Besucher gemäß ihrer Zielgruppenzugehörigkeit zu einer der Produktgruppen für Damen, Herren, Kinder. In diesem Fall würde eine Besucherin in Shopping-Laune auf den Menüpunkt Damen klicken, um zur Produktpalette für Damen zu gelangen. Die sekundäre Navigationskomponente, die bereits auf der Startseite vorhanden ist, aber auch auf der zielgruppenspezifischen Unterseite als Hauptnavigation dient, ist die Navigation nach Produktkategorie. Diese gibt dem Besucher die Möglichkeit, bei einem speziellen Interesse oder Bedarf gezielt eine der Produktkategorien anzuwählen, wie beispielsweise Bekleidung. Bereits beim Hovern klappt sich dann eine weitere Ebene dieses Navigationselements, ein *Dropdown-Menü*, herunter. Dieses ist eine Form des *Megamenüs* (siehe Abschnitt 15.3, »Umsetzung und visuelle Gestaltung der Navigationselemente«) und umfasst wiederum detailliertere Produktkategorien sowie spezifischere Besucherinteressen, wie beispielsweise eine Navigation nach Anlass oder Saison.

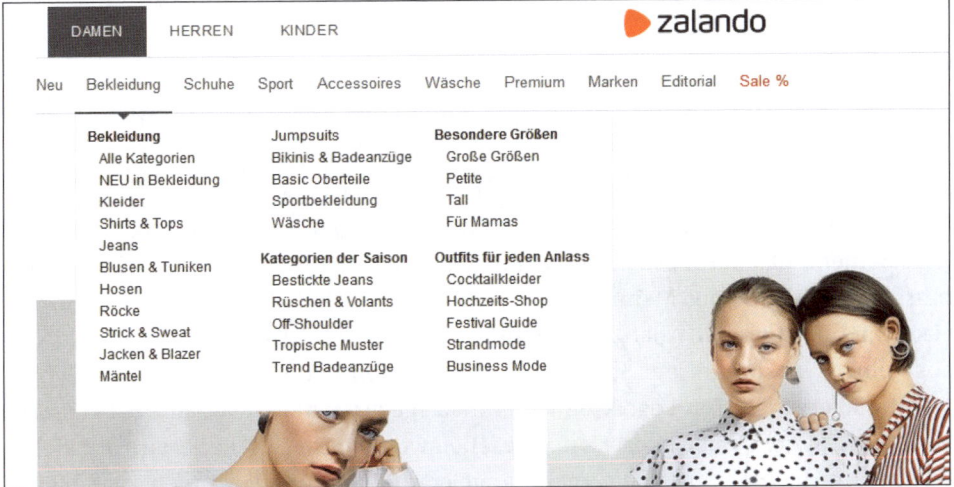

Abbildung 15.2 Hauptnavigation mit drei Ebenen (Quelle: zalando.de)

Mehr als drei Ebenen sollten Sie allerdings nicht in ein Navigationselement packen, da es sonst überladen und unübersichtlich wird. Haben Sie viel Content anzubieten und eine tiefe Seitenstruktur, können Sie sich weiterer Navigationskomponenten bedienen, die das Hauptmenü ergänzen.

Anzahl der Navigationspunkte im Hauptmenü

Wie viele Menüpunkte sollte die Hauptnavigation bzw. sollten Navigationselemente im Allgemeinen aufweisen? Die beiden Websites aus den Abbildungen Abbildung 15.1 und Abbildung 15.2 zeigen hier ja sehr unterschiedliche Ausprägungen eines Hauptmenüs. Nun, die Frage lässt sich nicht pauschal beantworten. Dennoch gibt es einige Richtwerte, die Sie in den vergangenen Kapiteln bereits kennengelernt haben. Die Navigationsstruktur bildet natürlich in erster Linie die zuvor konzipierte Informationsarchitektur bzw. die obersten ein bis drei Ebenen Ihres Seitenbaumes ab. Was die Anzahl der Menüpunkte in der Hauptnavigation anbelangt, gilt natürlich analog zur Konzeption der Informationsarchitektur genauso die Regel sieben plus/minus zwei aus Kapitel 2, »Website trifft auf Gehirn: Warum es sich lohnt, den Besucher zu verstehen und seine Perspektive in der Website-Konzeption zu berücksichtigen«. Ihre Hauptnavigation sollte beispielsweise nicht mehr als maximal neun Menüpunkte umfassen, und wie wir Ihnen bereits beim Aufbau der Informationsarchitektur nahegelegt haben – selbst neun sind im Grunde schon zu viele. Unserer Erfahrung nach sind fünf bis sieben Menüpunkte für Website-Besucher noch sehr gut überschaubar und angenehm in der Benutzung. Ein Tipp an dieser Stelle, dessen Umsetzung Sie auch in Abbildung 15.5 sehen werden: Vertikale Navigationslisten können etwas mehr Menüpunkte vertragen als horizontale, was Sie beispielsweise für die Subkategorien bzw. die Unterpunkte in Ihrer Hauptnavigation nutzen können.

Startseite in der Hauptnavigation

Ob Sie die Startseite als eigenen Menüpunkt übernehmen, ist Ihnen überlassen. Theoretisch bildet die Startseite eine eigene Ebene über den Hauptkategorien bzw. einen Mantel um die gesamte Website. Daher gehört sie streng genommen nicht mit in die Menüleiste. Die Startseite einer Website ist aber, wie auch Ihre Hauptbereiche, ein Kernelement, das den Besuchern so gut wie möglich zugänglich gemacht werden muss. Daher wurde der Menüpunkt HOME traditionell als Navigationselement ins Hauptmenü eingereiht. Allerdings gehört es heutzutage ebenfalls zum Standard, das Logo einer Website mit der Startseite zu verknüpfen – was jeder Besucher auch so kennt und erwartet. Das Logo könnte demnach gewissermaßen als eine Art zusätzliches Element der Hauptnavigation angesehen werden. Die Startseite wird auf vielen Websites nicht mehr im Hauptmenü angelegt. Wir empfehlen Ihnen, den Menüpunkt HOME in die Hauptnavigation aufzunehmen, sofern Ihre Menügestaltung den Platz hergibt, und ihn wegzulassen, wenn Sie, wie z. B. im Fall der mobilen Navigation, Platz sparen müssen.

Besucherorientierte Reihenfolge

Was die Reihenfolge der Menüpunkte angeht, sollten Sie sie an den Interessen Ihrer Besucher orientieren. Präsentieren Sie nicht Ihr Unternehmen zuerst und erst anschließend Ihr Leistungsangebot, wie z. B. *Home // Firmengeschichte // Team // Anfahrt // Angebote.* Besuchen Sie beispielsweise auf der Suche nach Rechtsbeistand die Website einer Anwaltskanzlei, wird es Sie wahrscheinlich als Erstes interessieren, ob das entsprechende Rechtsgebiet in dieser Kanzlei vertreten ist. Können Sie als interessierter Besucher einen annähernd passenden Menüpunkt in der Hauptnavigation der Website in Abbildung 15.3 entdecken?

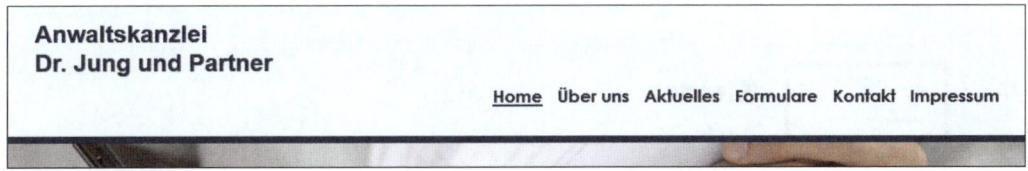

Abbildung 15.3 Betreiberorientierte Anordnung in der Hauptnavigation
(Quelle: anwaltskanzlei-jung.de)

Ihre Website-Besucher interessieren sich in erster Linie für das, was Sie für sie anzubieten haben, und erst in zweiter für Ihr Unternehmen, Ihre Geschichte und das Team. Reihen Sie die Themen von links nach rechts entsprechend der Relevanz für Ihre Besucher auf: *Home // Produkte // Serviceleistungen // Anfahrt // Über uns.* Wenn Sie beispielsweise auf der Suche nach Foto-Workshops die Website eines Fotostudios wie in Abbildung 15.4 besuchen und direkt an zweiter Stelle in der Hauptnavigation fündig werden, anstatt zuerst über Unternehmensgeschichten, News und sonstige Dinge zu stolpern, kommen Sie als Besucher Ihrem Suchziel auf direkterem Weg näher.

Abbildung 15.4 Besucherorientierte Anordnung in der Hauptnavigation
(Quelle: fotostudio-1.com)

15.1.2 Lokale Subnavigation

Wenn Sie mehrere Ebenen abbilden möchten, ohne die primäre Navigation zu überladen, können Sie eine zusätzliche Subnavigation integrieren. Diese ist meist nicht global, sondern lokal: Sie enthält nicht auf allen Unterseiten einer Website die gleichen Funktionen. Vielmehr werden dort zusätzliche Menüpunkte der dritten, vierten und gegebenenfalls weiterer Ebenen eines speziellen Themensilos genutzt. Zalando verwendet beispielsweise eine solche Subnavigation in der Seitenleiste (siehe Abbildung 15.5, rot markiert). In diesem vertikalen Submenü werden die Produkte mittels Navigation zu zwei weiteren Ebenen bzw. Unterkategorien zugänglich gemacht. Zusätzlich zeigen wir Ihnen in Abschnitt 15.1.7, wie Sie über eine sogenannte *Content-Navigation* tiefere Ebenen zugänglich machen.

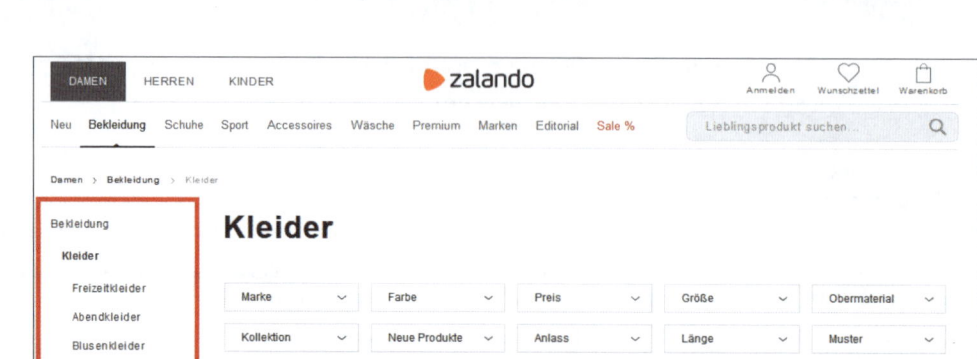

Abbildung 15.5 Die dritte und vierte Ebene der Hauptnavigation in der Seitenleiste bei Zalando (Quelle: zalando.de/damenbekleidung-kleider/)

15.1.3   Facettierte Navigation – eine besondere Form der Navigation bei großen Produktpaletten

Haben Sie als Website-Betreiber – vor allem im E-Commerce – eine große Ange-botspalette, gibt es eine weitere Komponente, die dem Besucher als Navigation zu ausgewählten Inhalten dient, auch wenn sie nicht unmittelbar als solche erkennbar ist: Häufig wird die Hauptnavigation durch eine sogenannte lokale *facettierte Navigation* ergänzt. Hierbei handelt es sich um ein Filter- und Sortiersystem, das in der Seitenleiste oder im Content-Bereich implementiert wird. Mittels verschiedener Regler oder Dropdown-Elemente kann der Website-Besucher seine Suche eingrenzen und somit zu einer kleineren, spezifischeren Informationsmenge navigieren, um nach seinem Suchziel Ausschau zu halten. Da der Besucher so aber die URL nicht ver-lässt, handelt es sich auch nicht um eine Navigation im klassischen Sinne. In Abbil-dung 15.5 sehen Sie eine solche facettierte Navigation in Form von zehn Dropdown-Filterelementen. Sie wurde unmittelbar unter der Hauptnavigation und über den ersten Produkten platziert und ist somit direkt vom Besucher nutzbar, um spezifi-schere Inhalte anzusteuern.

15.1.4   Breadcrumb-Navigation

Erinnern Sie sich an Hänsel und Gretel, die auf dem Weg in den Wald Brotkrumen (engl. *breadcrump*) ausstreuten, um den Weg zurück nach Hause zu finden? Auch auf Websites mit einer hierarchischen Seitenstruktur wird dieses Prinzip verwendet und entsprechend *Breadcrumb-Navigation* genannt, die dem Besucher als Orientierung dienen soll. Gelegentlich wird diese Art der Navigation auch *Rootline* genannt. Sie bildet Schritt für Schritt den Weg ab, den der Besucher zu einer tiefer liegenden Seite im Strukturbaum durchlaufen hat (siehe Abbildung 15.6). Breadcrumbs verfolgen allerdings nur einen Zweig durch die verschiedenen Ebenen des Seitenbaumes und nicht den gesamten Verlauf des Website-Besuchs. Sie sind ebenfalls hilfreich, wenn ein Besucher über eine Landingpage zu einem Suchergebnis aus Google auf Ihrer Website landet. In dem Fall hilft sie ihm, seine Position auf der Website zu erkennen.

Abbildung 15.6 Breadcrumbs zur Anzeige der Position im Seitenbaum einer Website (Quelle: ui-patterns.com/patterns/Breadcrumbs)

Da Breadcrumbs ihrerseits verlinkte Wegweiser sind, können Sie ebenfalls zur Navigation genutzt werden, obwohl ihre Hauptfunktion die Orientierung und nicht primär die Navigation ist. Sie können allerdings nicht die Hauptnavigation ersetzen, da sie ja auf jeder Seite nur die jeweils direkt darüberliegenden Seiten anzeigen und nicht die übrigen Themenbereiche. Meist finden Sie Breadcrumbs unter dem Hauptmenü oder unter einem eventuellen Headerbild und der Seitenüberschrift, aber dennoch über dem Content angeordnet. Damit Ihre Besucher sie effektiv nutzen können, sollten Breadcrumbs die Seitenhierarchie entlang eines Zweiges samt *allen* darüberliegenden Ebenen akkurat abbilden. Werden Ebenen übersprungen, verwirrt das die Besucher nur. Der Sinn und Nutzen von Breadcrumbs besteht ja darin, dass Besucher schrittweise eine Ebene höher gehen können, um gegebenenfalls einen anderen Zweig auszuwählen.

> **Praxistipp: Breadcrumb für SEO nutzen**
>
> Obwohl nicht jeder Website-Besucher eine Breadcrumb-Navigation aktiv nutzt, ist sie zur Einordnung und Lokalisierung der aktuellen Seite sehr hilfreich. Breadcrumbs nehmen nicht viel Platz ein und sollten daher auf einer guten Website nicht fehlen. Im Übrigen können sie auch für Suchmaschinen semantisch ausgezeichnet werden (siehe Kapitel 20, »Besucher auf die Website bringen und Erfolg messen – SEO, SEA und Webanalyse«). Durch die genaue Abbildung der hierarchischen Seitenabfolge helfen Sie den Suchmaschinen dabei, die Navigation wie auch die Website-Struktur besser zu erfassen und somit relevante Inhalte besser zu finden.

15.1.5   Meta-Navigation

Es gibt einige Website-Elemente, die nicht in die Hauptnavigation gehören, weil Sie keine zentralen Themenbereiche der Website darstellen, sondern website-übergreifende Elemente sind. Dabei handelt es sich um inhaltlich-funktionale Konstanten der Website, die permanent zugriffsbereit sein sollten. Die sogenannte *Meta-Navigation* ist daher, wie auch die Hauptnavigation, als globales Element auf allen Seiten einer Webpräsenz zu finden. Das Impressum, die Datenschutzseite, die Sprachwahl, Login-Funktionen sowie Kontaktmöglichkeiten und Verknüpfungen zu den sozialen Netzwerken werden meist in einem eigenen Navigationsbereich im Kopfbereich der Website positioniert. Ein Beispiel sehen Sie auf der Website von ver.di in Abbildung 15.7, rot umrandet.

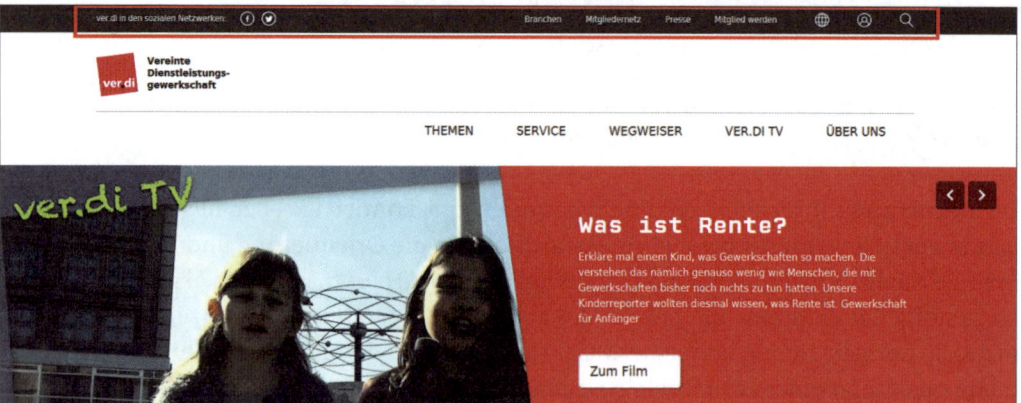

Abbildung 15.7 Meta-Navigation im Kopfbereich der Website von ver.di (Quelle: verdi.de)

Auch im Fußbereich der Website kann eine (zusätzliche) Meta-Navigation eingefügt werden. Im Fall der Website von ver.di gibt es gleich zwei Meta-Navigationen. Diejenige im Kopfbereich (siehe Abbildung 15.7) bietet allerhand Kontakt- und Vernetzungsfunktionalitäten, während diejenige im Fußbereich (siehe Abbildung 15.8) zwar auch einige Kontaktfunktionen bietet, aber insgesamt eher auf rechtlich-organisatorische Website-Elemente fokussiert ist. Mehr zur Footer-Navigation finden Sie in Abschnitt 15.1.6.

Einige optische Gestaltungsaspekte zu den Navigationskomponenten werden in Abschnitt 15.3 besprochen. Da die Meta-Navigation viele wichtige funktionale Elemente enthalten kann, die für die Besucher überaus wichtig sein können, möchten wir Ihnen hier dennoch zeigen, warum es wichtig ist, diese Elemente gut sichtbar zu gestalten. Vor allem funktionale Meta-Elemente, die zum Kundenbereich gehören, sollten Sie nicht verstecken, sondern prominent im Kopfbereich integrieren. Das Beispiel in Abbildung 15.9 zeigt die Website der VR-Bank Altötting-Mühldorf. Eine der Hauptzielgruppen dieser Bank sind sehr wahrscheinlich Kunden, die ihre Online-Banking-Geschäfte erledigen möchten. Ein Besucher der Seite wird wahrscheinlich nach einem Login-Bereich suchen oder zumindest nach dem Stichwort »Online-Banking«. Beim schnellen Scannen der Seite sieht er im Hauptmenü einen Menüpunkt

ONLINE BANKING. Dieser Bereich ist allerdings in der Reihenfolge der Menüpunkte der Hauptnavigation recht weit hinten gelegen. Im Gegensatz dazu folgt die Unternehmensbeschreibung am Anfang der Hauptnavigation unmittelbar auf den Newsbereich. Hier ließe sich die Hauptnavigation aus Besuchersicht optimieren (siehe Abschnitt 15.1.1), indem die beiden Menüpunkte einfach vertauscht würden.

Abbildung 15.8 Meta-Navigation im Fußbereich der Website von ver.di (Quelle: verdi.de)

Nun zum Meta-Navigationsaspekt, der eine der Hauptzielgruppen interessieren dürfte: Obwohl der Besucher den Bereich ONLINE BANKING auswählt und sich daraufhin im Unterbereich ONLINE BANKING befindet (in Abbildung 15.9 ist der Menüpunkt in der Hauptmenüleiste rot markiert), muss er erneut die Login-Funktion suchen.

Nach einigem Suchen wird er am oberen rechten Rand der Seite fündig. Der Link mit dem Ankertext ZUGANG ONLINE BANKING sollte ihn endlich zum Login führen. Dieses Meta-Navigationselement war bereits auf der Startseite verfügbar. Allerdings ist es so unscheinbar gestaltet, dass es leicht übersehen wird. Um also zum Online-Banking zu gelangen, muss der gewillte Online-Banking-Kunde erst noch einen zusätzlichen Klick tätigen, um dann endlich den Login-Bereich zu finden und seine Bankgeschäfte online erledigen zu können.

Die Moral dieser Beschreibung ist: Wenn Sie einen Kundenbereich mit Login oder ähnlich wichtigen Funktionen planen, die für einen Großteil Ihrer Besucher relevant ist, platzieren Sie die zugehörigen Meta-Navigationselemente (Login, Warenkorb, Wunschliste etc.) gut sichtbar in den Kopf der Website.

Abbildung 15.9 Optimierungsbedürftige Meta-Navigation: verstecktes Login
(Quelle: rv-direkt.de/online-banking)

15.1.6   Footer-Navigation

Die *Footer-Navigation* am unteren Ende einer Webseite ist im Web in verschiedenen
Ausprägungen zu finden. Wie Ihnen Abschnitt 14.2.3 gezeigt hat, birgt der Footer eine
Menge Potenzial, und Website-Betreiber platzieren ganz unterschiedliche Elemente
darin. Es stellt sich hier die Frage, welche Funktionen und Inhalte sollten hier idealerweise verlinkt werden? Was sind aus Sicht der Besucher sinnvolle Navigationselemente im Fußbereich der Website?

Häufig finden Sie im Footer die *Legal-Funktionen* (siehe Abschnitt 14.2.3) wie Impressum, Datenschutz, gegebenenfalls AGB und *Kontaktfunktionen* (siehe Abbildung
15.10, rot umrandet). Daneben gibt es häufig auch eine einfache oder etwas komplexere Meta-Navigation. Im unteren Beispiel werden hier Links zu Registrierung und
Login wiederholt.

Viele Website-Betreiber integrieren auch thematische *Navigationsfunktionen* zu
wichtigen Unterseiten. Es bleibt die Frage, welche Website-Inhalte an dieser Stelle für
den Besucher sinnvoll sind. Oft werden die Top-Seiten einer Website in der Footer-

Navigation aufgegriffen, also Seiten, die der Betreiber einer Website für »top« hält. Auf anderen Websites finden Sie eine vollständige oder teilweise Wiederholung der Hauptnavigation. Eine bessere Alternative zu einer betreiberorientierten Redundanz ist, zentrale Nutzerinteressen in der Footer-Navigation abzubilden. Überlegen Sie sich, was für Ihre – gegebenenfalls verschiedenen – Zielgruppen wertvolle Inhalte sind, die durch die Hauptnavigation nicht oder nur umständlich erreichbar sind. Erstellen Sie in der Footer-Navigation direkte Links zu den entsprechenden Seiten. Ergänzend zum Hauptmenü für die Hauptzielgruppen geschieht häufig auch die Ansprache von Randzielgruppen eines Unternehmens über den Footer. Beispielsweise finden Presse, Kooperations- und Geschäftspartner im Footer häufig Links, die spezielle Informationen für diese Personengruppen bereitstellen.

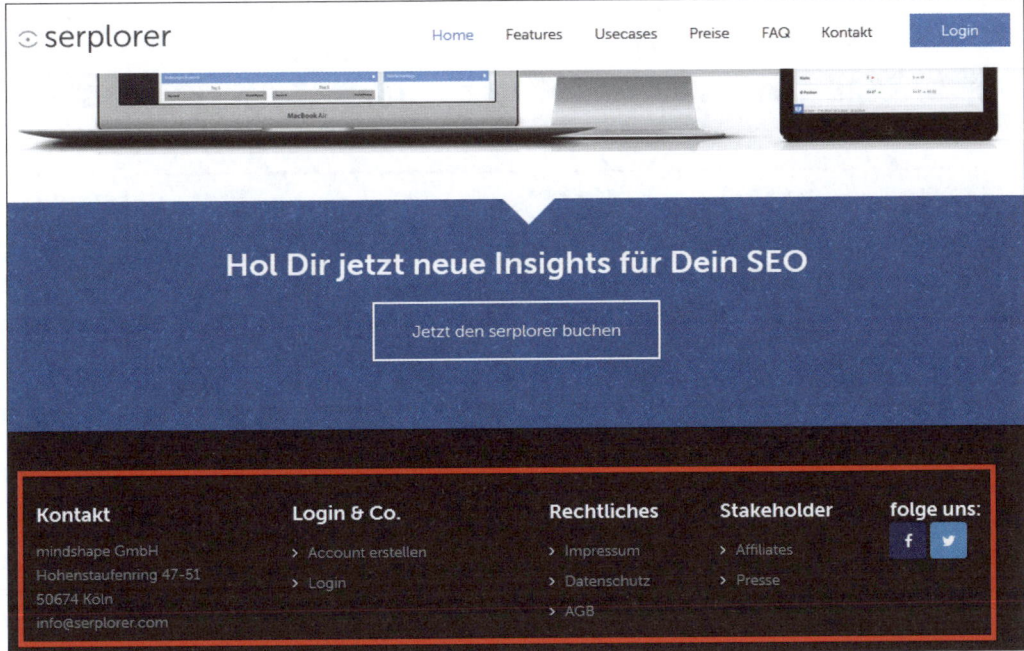

Abbildung 15.10 Footer-Navigation als Meta-Navigation (serplorer.de)

Vielfach verlinken Website-Betreiber auch *Servicefunktionen* (siehe Abschnitt 14.2.3) und wichtige Asset-Funktionen im Footer. Letztere meist tiefer im Seitenstrukturbaum liegende Angebote, wie beispielsweise Whitepaper, Studien und andere Download-Materialien, sind beliebte Verknüpfungen und überaus sinnvolle direkte Navigationsangebote für den Footer. Auch die Integration von »aufgabenzentrierten« Navigationselementen ist hier denkbar, wenn es zu Ihrem Angebot und Ihrer Zielgruppe passt. Gibt es bestimmte Aufgaben, die einige Ihrer Besucher auf Ihrer Website häufig erledigen, die jedoch nicht den Hauptfokus der Website bilden sollen? Im Footer können Sie aufgabenspezifische Links unterbringen, wie beispielsweise

»Hilfe bekommen«, »Kundenservice kontaktieren«, »Bedienungsanleitungen abrufen« etc. Im Footer von Apple (siehe Abbildung 15.11) finden Sie gleich mehrere Navigationsbereiche. Zum einen gibt es eine Meta-Navigation, die die Legal-Funktionen umfasst ❷. Zum anderen gibt es mehrere Navigationsfunktionen, die verschiedene Zielgruppen und Besucherinteressen erfassen ❶: Produkte, Servicefunktionen rund um den Einkauf, Account-Verwaltungsoptionen, Hintergrundinformationen über das Unternehmen sowie Geschäftskooperationen oder Bildungsangebote. Durch die Unterbringung dieser verschiedenartigen Aspekte im Footer statt im Hauptmenü sind sie direkt zugänglich, aber verwässern das cleane Hauptmenü und den Hauptfokus der Website nicht, der eindeutig auf den Produkten und ihrer aufwendigen Präsentation liegt. Der Fokus auf den Produkten wird hier auch durch die Wiederholung des Hauptmenüs und die Ergänzung um einige zusätzliche Punkte auf der linken Seite des Footers deutlich.

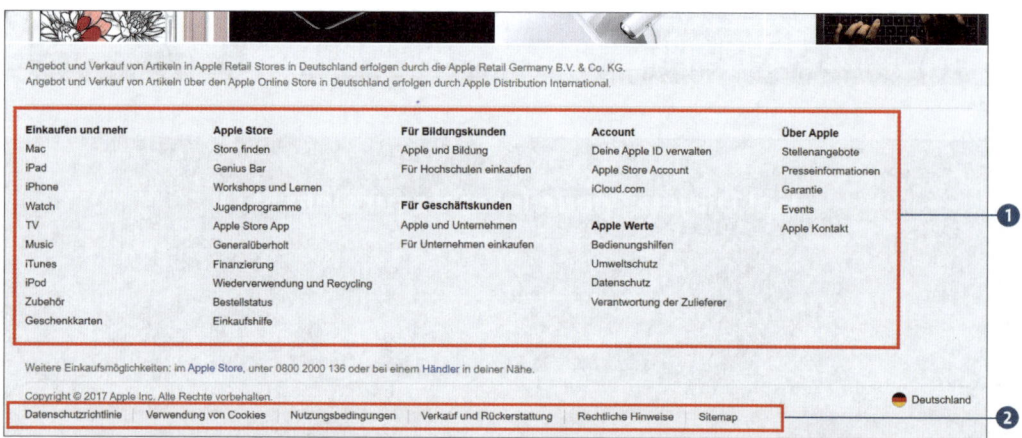

Abbildung 15.11 Umfangreiche Footer-Navigation bei Apple (Quelle: apple.com/de/)

Praxistipp: Lassen Sie Ihre Besucher am Seitenende nicht allein

Wenn sich ein Besucher die Mühe macht, die Seite bis zum Ende zu betrachten und die Inhalte zu lesen, wäre es dann nicht unheimlich nützlich, am Ende der Seite direkt Kontakt aufnehmen zu können, um mehr zu erfahren? Falls es eine Branding-Seite ist, wäre es doch ebenso hilfreich, am Ende einer ansprechenden Präsentation eine Verknüpfung zum Onlineshop, zum Kundencenter oder zu einer Storesuche zu finden? Bauen Sie im Footer oder zumindest direkt darüber eine Fortsetzung ein. Ein Kontakt, ein Link zum Onlineshop oder auch einfach weiterführende Informationen – wichtig ist, dass Sie die Besucher am Ende der Seite nicht allein stehen lassen, sondern Fortführungsangebote machen, idealerweise solche, die die Besucher immer weiter in Richtung Lead oder Kauf führen.

15.1.7 Content-Navigation

Das Navigationssystem umspannt die Unterseiten Ihrer Website nicht nur in Form von Navigationselementen im Kopf, Fuß- oder Seitenbereich. Vielmehr durchzieht es die gesamte Website bis hin zum Body-Bereich. Unter *Content-Navigation* versteht man Navigationselemente, die im Hauptbereich einer Website platziert werden. Diese sind in aller Regel lokaler Art, das heißt, sie tauchen seiten- und content-spezifisch auf. Oft nutzen Website-Betreiber sie auf höheren Ebenen der Website-Struktur, um dem Besucher eine Art Abkürzung zu tiefer in der Website-Struktur verborgenen Inhalten anzubieten, ohne die Hauptnavigation zu überladen.

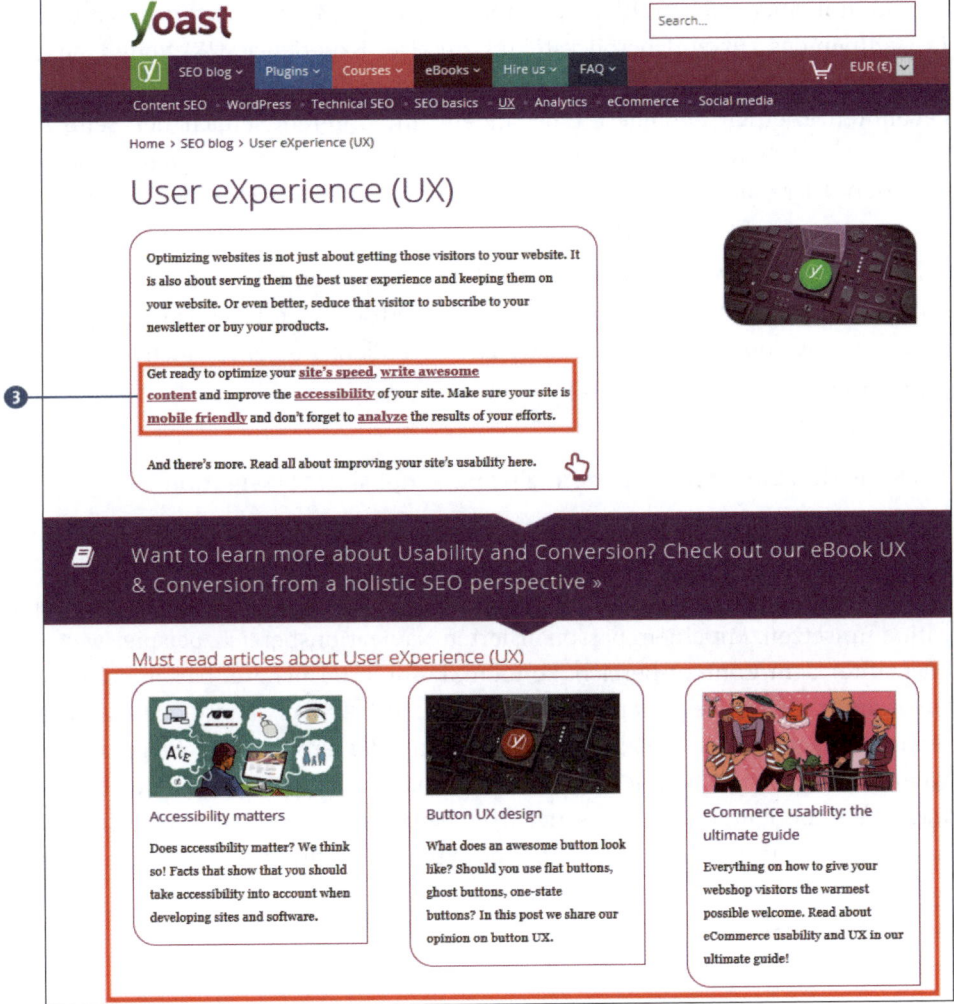

Abbildung 15.12 Content-Navigation in zwei Ausprägungen (Quelle: yoast.com/cat/usability)

Eine Content-Navigation können Sie in Form von einfachen Links im Text oder in Form von Teaser-Elementen aus Text und Bild verwenden. Ein klassisches Einsatzgebiet für Content-Navigationselemente sind Teaser-Elemente auf Verteilerseiten (siehe Abschnitt 14.1.3). Auch Inhalte, die bereits im Hauptmenü zu finden sind, können in Form von Teaser-Elementen etwas ausführlicher umschrieben werden. Sie können diese Redundanz nutzen, um dem noch unsicheren Besucher zu einer Navigationsentscheidung zu verhelfen. Die Content-Navigation muss aber nicht zwangsläufig in die Tiefe einer Seite führen. Sie kann auch thematisch navigieren, indem zu einem Thema oder Produkt weitere passende Seiten verlinkt werden. Im Blogartikel auf der Website von Yoast (siehe Abbildung 15.12) sehen Sie gleich zwei Möglichkeiten, um mit einer solchen thematisch motivierten Content-Navigation zu arbeiten: Im Rahmen des kurzen Überblickstextes zur User Experience (UX) finden Sie eine Reihe passender Textlinks ❸, die zu den entsprechenden Unterseiten führen, die die genannten Themen detaillierter behandeln. Im unteren Bereich der Seite sind zusätzlich drei thematisch passende Teaser-Kästchen als Content-Navigationsoption integriert. Diese bieten dem Besucher wiederum weiter gehende ergänzende Informationen zum gefundenen Thema.

Durch eine gute Content-Navigation wird also die Präsentation eines Themas oder Produkts schrittweise intensiviert. Im nächsten Abschnitt erfahren Sie, einige Möglichkeiten, die Content-Navigation dazu zu verwenden, um dem Besucher personalisierte Produkte oder Themen vorzuschlagen.

15.1.8   Bieten Sie Ihren Besuchern eine personalisierte Navigation

Der Trend in der Website-Konzeption und im Marketing allgemein geht hin zu personalisiertem Content. Personalisierte Inhalte können ein gutes Mittel sein, um User- und Betreiber-Interessen zu kombinieren. Diesen Trend können Sie auch in der Navigation umsetzen. Mit einem personalisierten Navigationsbereich, beispielsweise im oder unter dem Content-Bereich, können Sie Ihren Besuchern, basierend auf den zuvor angesehenen Beiträgen oder gekauften Artikeln, verwandte oder weiterführende Beiträge (wie in Abbildung 15.12 unten) oder Produktvorschläge anbieten. Wenn Sie bei Amazon beispielsweise ein Produkt auswählen und es in den Einkaufswagen legen, erhalten Sie auf der nächsten Seite eine auf diesem Produktinteresse basierende Navigation zu passenden Produkten. Diese funktioniert wie eine personalisierte Verteilerseite, die Ihnen Produkte vorschlägt, die zu dem ausgewählten Artikel passen (siehe Abbildung 15.13).

Abbildung 15.13 Personalisierte Content-Navigation bei Amazon, basierend auf der Produktauswahl des Besuchers

Indem Sie personalisierte Navigationsvorschläge in den Content einbauen, kann der Besucher Ihren Content basierend auf seinen persönlichen Interessen erschließen, und Sie können gezielt wichtige Inhalte an den Mann oder die Frau bringen. Wenn Sie nicht genügend Inhalte haben, die sich gezielt personalisieren lassen, schlagen Sie zuletzt angesehene Inhalte vor, und bieten Sie Ihren Besuchern so eine Abkürzung, falls Sie die Inhalte noch einmal betrachten wollen. Die am wenigsten persönliche, aber einfachste Möglichkeit, die Nutzerinteressen in die Navigation einzubeziehen, ist in Form von allgemeinen Empfehlungen, basierend auf einer Auswertung der allgemein beliebtesten Inhalte.

15.1.9 Weitere Navigationselemente

Es gibt noch einige weitere Navigationselemente, die nicht unbedingt direkt als solche erkannt werden. Zu diesen gehört beispielsweise die *Suchfunktion* einer Website. Meist als Suchfeld und/oder Lupensymbol dargestellt, bietet die Suchfunktion die Möglichkeit, nach bestimmten Inhalten zu suchen und direkt zu diesen zu navigieren – so sie denn in den Suchergebnissen auftauchen.

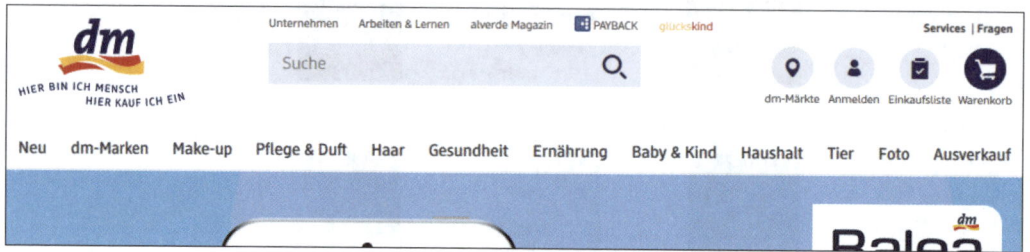

Abbildung 15.14 Suchnavigation im Bereich der Meta-Navigation bei dm (Quelle: dm.de)

Die Suchfunktion finden Sie auf Websites meist entweder im Kopfbereich als Teil oder unter der Meta-Navigation (siehe Abbildung 15.14) oder auch in einer Reihe mit der Hauptnavigation (siehe Abbildung 15.15).

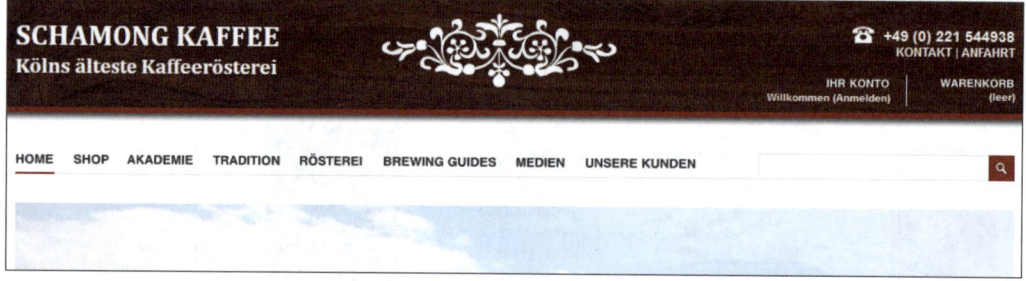

Abbildung 15.15 Suchnavigation im Bereich der Hauptnavigation (Quelle: kaffeeroester.de)

Ein weiteres Navigationselement ist die *Paginierung* mit den dazugehörigen Vor- und Zurück-Links. Diese kennen Sie sicher aus der »mehrseitigen« Darstellung längerer Artikel oder langer Listen von Einzelelementen, wie beispielsweise auf Trefferseiten zu Suchanfragen – sowohl auf Websites als auch in Suchmaschinen. Die Vor- und Zurück-Elemente werden meist als Buttons in Pfeilform oder als Textlinks mit dem Ankertext »vor« und »zurück« oder Ähnliches gestaltet. Sehen Sie sich beispielsweise einen längeren Artikel auf »Zeit Online« an (siehe Abbildung 15.16), so finden Sie eine Paginierung des Artikels ❸, die ihrerseits auch zur Navigation genutzt werden kann, indem Sie auf Seite »2« klicken.

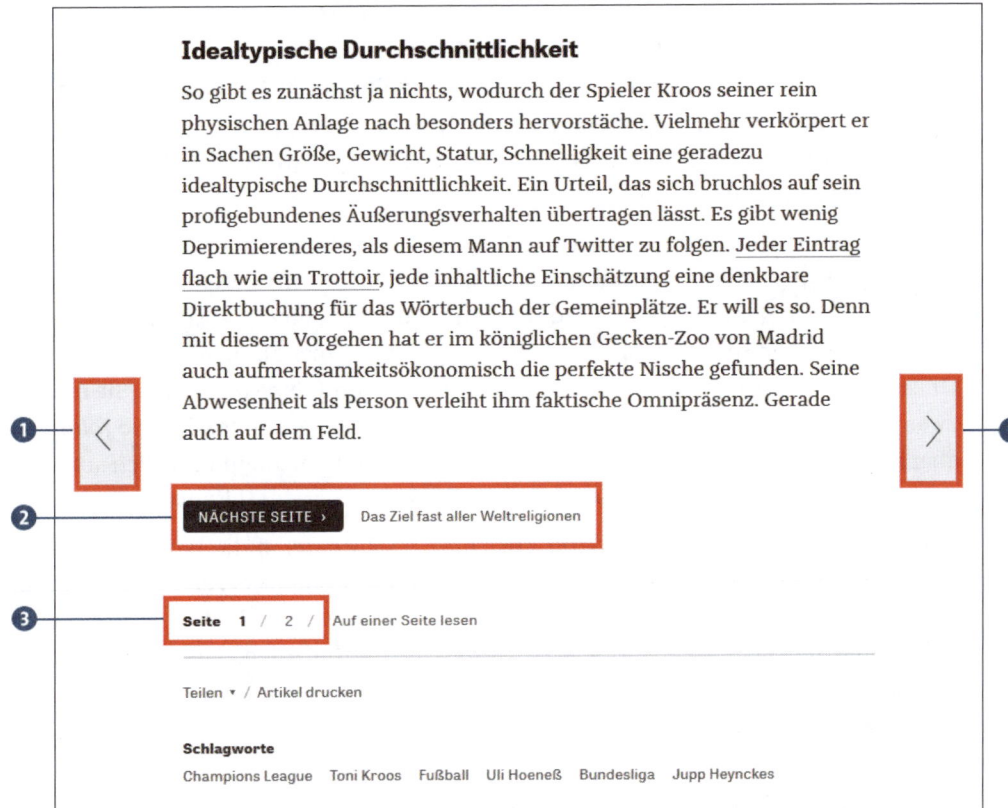

Abbildung 15.16 Paginierung sowie Vor- und Zurück-Buttons bei »Zeit Online«
(Quelle: zeit.de/sport/2017-05/toni-kroos-real-madrid-champions-league)

Zusätzlich finden Sie einen dazugehörigen Button mit der Aufschrift NÄCHSTE SEITE und dem dazugehörigen Untertitel der zweiten Seite als Textlink ❷, mit dem Sie ebenfalls die nächste Seite ansteuern können. Und wenn Sie nicht nur die Artikelseite vorwärtsblättern möchten, sondern den nächsten oder vorherigen Artikel lesen möchten, helfen Ihnen die Pfeil-Buttons am Rand der Seite weiter ❶.

15.1.10 Mobile Navigation

Wie Sie in Kapitel 10, »Website-Konzeption im mobilen Zeitalter«, erfahren haben, nimmt die mobile Website-Nutzung stetig zu. Das responsive Webdesign ist der Standardansatz, nach dem Websites heutzutage konzipiert und design werden (siehe Abschnitt 10.1). Noch einmal zur Auffrischung: Das Layout responsiver Websites basiert auf einem *Raster* oder *Grid*, auf dem die Seitenelemente angelegt werden. Entlang dieses Rasters werden bestimmte Breakpoints definiert, an denen die Inhalte umgeordnet, umbrochen und gegebenenfalls umgestaltet werden, wenn sie auf einem kleineren Display dargestellt werden müssen. Das gilt natürlich auch für die Navigationselemente. Auf dem Handy fehlt die Mouseover-Funktion. Da sich vor allem Megamenüs auf Desktop-Ansichten meist durch die Mouseover-Aktion des Besuchers ausklappen, muss der Zugang zu solchen Navigationselementen auf mobilen Ansichten anders gestaltet werden, wie beispielsweise durch eine Touch-Aktion seitens des Besuchers.

Die wohl größte Herausforderung birgt der offensichtlichste Unterschied, den mobile Geräte – im speziellen Smartphones und kleine Tablets – im Vergleich zu Desktop-Geräten mitbringen: die Displaygröße. Wenn Sie eine kleine Website mit lediglich drei bis vier Menüpunkten und ein bis zwei Ebenen planen, wird die responsive Umsetzung als permanente Menüleiste keine großen Probleme darstellen. Sie nimmt zwar ein wenig Platz im direkt sichtbaren Bereich der Website (*above the fold*) ein, aber bei wenigen Menüpunkten hält sich das in Grenzen und dient natürlich auch der Zugänglichkeit. So behält der Besucher den Überblick über die Seitenstruktur.

Eine solche – wie meist für Desktop-Ansichten – sichtbare, in die Website-Struktur integrierte Navigation funktioniert allerdings nur bei einer begrenzten Anzahl an Menüpunkten. Um nicht vom Hauptinhalt der Website abzulenken, müsste eine umfangreichere Hauptnavigation so stark geschrumpft werden, dass sie nur schwer mit dem Finger anwählbar oder schlecht erkennbar wäre. Das ist allerdings keine sinnvolle Option.

Wie also können Sie eine komplexe Informationsarchitektur auf einem kleinen Smartphone-Display zugänglich machen? Da die Navigation nicht nur eine Navigationsfunktion, sondern auch eine Orientierungsfunktion hat, besteht die Hauptaufgabe darin, die verschiedenen Ebenen einer Website in der Navigation so gut wie möglich unterzubringen. Die Navigationskonzeption für ein vergleichsweise kleines Display bewegt sich dabei zwischen zwei Polen: Der Besucher sollte die Website-Inhalte über eine Navigation ansteuern können, die gleichzeitig zugänglich und platzeffizient ist, um ihn nicht von den Hauptinhalten abzulenken. Es gibt den Ansatz, in den beiden Modalitäten (mobil vs. Desktop) unterschiedliche Informationsarchitekturen abzubilden. So werden mobil oft andere oder abgespeckte Inhalte angezeigt. Wir empfehlen allerdings, die Struktur mobil vs. Desktop analog zu halten und lediglich die Art der Menüdarstellung anzupassen. Das ist für alle Beteiligten – Betreiber, Redakteure und Besucher – sinnvoller, weniger aufwendig und intuitiver bedienbar.

Um auf umfangreicheren Seiten navigieren zu können und dennoch die Inhalte in den Fokus zu rücken, gibt es aber auch den Ansatz, die Navigation *off canvas* zu bringen. Dabei ist das komplette Menü oder der Großteil davon nicht unmittelbar sichtbar, sondern versteckt sich hinter einem Menü-Button. Es gibt mehrere Möglichkeiten, die sich zur Umsetzung eines Off-Canvas-Menüs etabliert haben. Das sognannte Hamburger-Menü wurde in seinen Anfängen von Usability-Experten eher verschmäht, da nicht alle User es als Menüzugriffssymbol verstanden hatten. Allerdings hat sich das Hamburger-Menü mittlerweile durchgesetzt und gehört seit längerer Zeit zum Standard für die mobile Navigation, zumal sich auch die User daran gewöhnt haben. Oft wird es auch mit dem Label Menü ❶ kombiniert, um die Usability zu erhöhen ❷. Beim Tippen auf den Menü-Button klappt sich das Hauptmenü von oben nach unten aus oder wird von der Seite eingefahren.

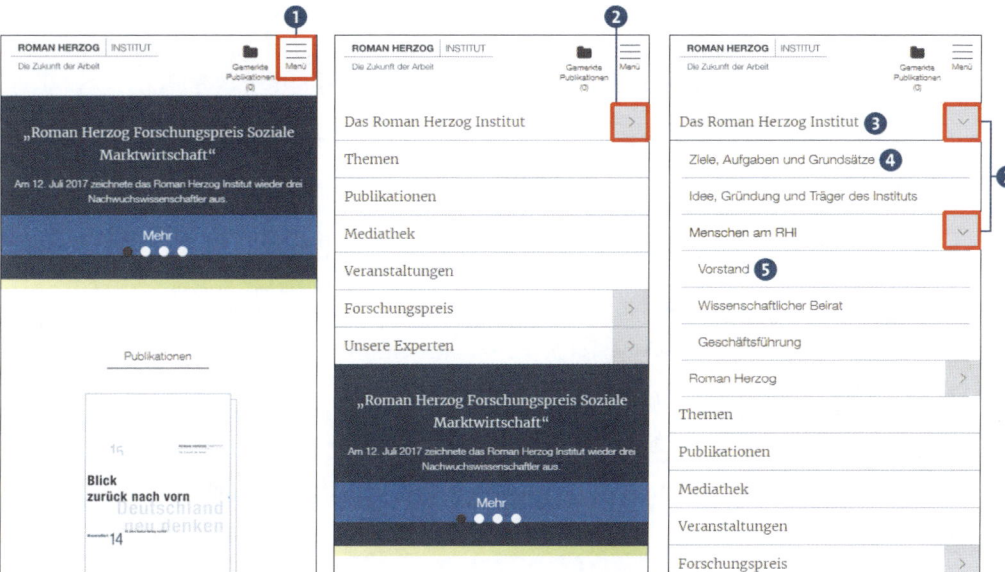

Abbildung 15.17 Off-Canvas-Navigation mit Hamburger-Icon und »Menü«-Label (Quelle: romanherzoginstitut.de/)

Je nach Größe und Struktur Ihrer Website müssen Sie entscheiden, ob und wie Sie tiefere Ebenen der Website-Struktur in der mobilen Navigation zugänglich machen. In den meisten Fällen wird die erste Ebene der Website im Hauptmenü angezeigt, es gibt aber auch bei der mobilen Navigation die Möglichkeit, mehrere Ebenen abzubilden. Die Website des Roman Herzog Instituts integriert gleich drei Ebenen im Hauptmenü. Durch Pfeile wird jeweils die zweite und dritte Ebene ❶–❸ ausgeklappt. Zur besseren Übersicht sind die Schriftgrößen an die Ebenenhierarchie angepasst: Ebene zwei ❹ nutzt einen kleineren Font als Ebene eins ❸, und Ebene drei ❺ wiederum nutzt einen kleineren Font als Ebene zwei.

Anders löst Thalia in der mobilen Ansicht die Navigation der tieferen Ebenen. Zusätzlich zur Off-Canvas-Hauptnavigation mit Hamburger-Icon stellt die Thalia-Website Ihren Besuchern auf einer gewählten Unterseite eine Subnavigation zur Verfügung, die auf den gewählten Bereich spezialisiert ist. Mit dieser kann er die tieferen Ebenen und weiteren Unterkategorien der Produktsparte EBOOKS ansteuern (siehe Abbildung 15.18 rechts). Diese versteckt sich hinter einem Icon mit drei Punkten, ähnlich

15

dem Hamburger-Icon. Dieses Symbol kennen Smartphone-User bereits seit einiger Zeit als Icon »Weitere Optionen« in diversen Apps – zwar vertikal angeordnet, aber dennoch unverkennbar.

Die Orientierungsfunktion ist auch in der mobilen Navigation für Ihre Besucher ein überaus sinnvolles Detail, das Sie nicht vernachlässigen sollten. Thalia macht es vor: Sobald Sie eine der Produktkategorien über das Hauptmenü auswählen, sehen nicht nur an der Überschrift der Seite, sondern auch an der grünen Hervorhebung im Hauptmenü, in welchem Website-Bereich Sie sich befinden (siehe Abbildung 15.18 links und mittig zur Kategorie EBOOKS).

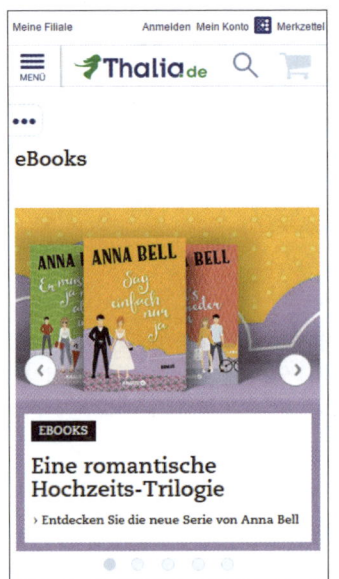  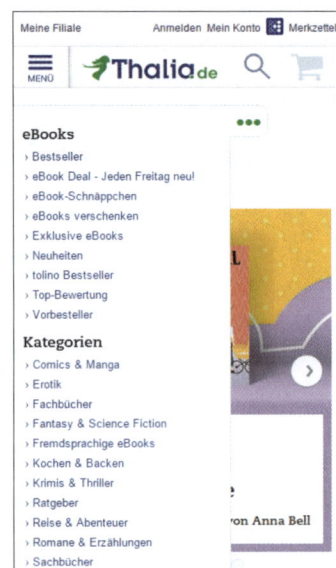

Abbildung 15.18 Sekundäre Navigation in der mobilen Ansicht (Quelle: www.thalia.de/shop/ebooks/)

Die Orientierung auf diese Weise ist zwar nicht so unmittelbar, wie es immer sichtbare Breadcrumbs auf der Desktop-Version vermitteln können. Jedoch ist es ein guter Kompromiss, die Position zumindest in der platzsparenden Off-Canvas-Navigation zu markieren.

15.1.11   Wie viel Navigation verträgt eine Website?

Kann eine Website zu viele Navigationsfunktionalitäten haben? Wenn sie übersichtlich und funktional gestaltet sind, so dass sie einen Mehrwert an Usability mit sich bringen, lautet die Antwort nein. Es gibt gute Gründe für den Einsatz verschiedener Wege zum gleichen Ziel. Beispielsweise kann die Zielgruppenanalyse ergeben, dass die Website-Inhalte von verschiedenen Besuchertypen erreicht werden müssen, die

– je nach User-Typ, Suchmotivation oder Phase der Customer Journey – ganz unterschiedliche Herangehensweisen haben. Dabei kann es vorkommen, dass Navigationselemente redundant sind, also ähnliche oder gleiche Navigationsziele bedienen. Dass Elemente redundant sind, bedeutet aber nicht zwangsläufig, dass eines von zweien oder mehreren überflüssig ist.

Im Folgenden haben wir ein Beispiel herausgegriffen, das veranschaulicht, wie umfangreich ein Navigationskonzept sein kann. Es handelt sich dabei die Website von Zalando, die bereits in den vergangenen Abschnitten als Beispiel gedient hat.

Wir haben dieses Beispiel gewählt, weil die Website ihren Besuchern das riesige Website-Angebot durch ein komplexes, teilweise auch redundantes, aber überaus benutzerfreundliches Navigationssystem zugänglich macht. Abbildung 15.19 zeigt eine Art »Collage« der verschiedenen Komponenten auf einer einzelnen Seite von Zalando. Wir mussten einen großen – hier nicht relevanten – Teil des Bodys auslassen, um alle Elemente in einer einzigen Abbildung zeigen zu können. Wir gehen die einzelnen Navigationskomponenten durch und zeigen Ihnen, wie diese im Gesamtsystem zusammenwirken. So bekommen Sie ein Gefühl dafür, wie gut verschiedene Navigationskomponenten zusammenarbeiten können, um dem Nutzer einen bequemen Zugang zu den Website-Inhalten zu ermöglichen.

Im oberen Teil des Kopfbereichs finden Sie zwei Komponenten der Meta-Navigation, oben links (1) die wichtigsten Kundenserviceleistungen HILFE & KONTAKT und oben rechts (2) die wichtigsten Funktionen des Onlineshops, auf die der Kunde zugreifen können muss, den Login bzw. das Kundenkonto, die Wunschliste sowie den Warenkorb. Direkt darunter ist zudem gut sichtbar die Suchfunktion (3) zu finden.

Die beiden Hauptmenükomponenten nach Zielgruppe ❹ und Produktkategorie ❺ sind links oben im Header zu finden. Beim Klick auf eine der Produktkategorien ❺ öffnet sich ein Megasubmenü mit den nächsttieferen Ebenen der Website ❻. Ein Submenü, das die Produkte weiter spezialisiert, findet sich in der Seitenleiste ❼. Zusätzlich zur Markierung der Position innerhalb der Seitenstruktur durch Unterstreichung der Hauptkategorie im Hauptmenü sowie Fettung im Submenü der Sidebar kann sich der Kunde durch die Breadcrumb-Navigation ❽ orientieren und gegebenenfalls schrittweise im Seitenbaum nach oben navigieren.

Im Body-Bereich finden Sie dann zwei weitere Elemente, die wir hier in Klammern gesetzt haben, weil sie zwar vom Besucher zum Ansteuern bestimmter Inhalte verwendet, aber gemeinhin nicht als klassische Navigationselemente bezeichnet werden: Es handelt sich zum einen um eine zusätzliche facettierte Navigationsmöglichkeit in Form eines Filterpanels mit zehn Auswahlkategorien ❾. In diesem kann der Kunde seine Suche immer weiter eingrenzen und somit zu einem spezifischeren Produktbereich navigieren. Ergänzt wird dieses zum anderen durch eine Sortiermöglichkeit ❿, mit der der Kunde entscheiden kann, zu welchen Produkten er zuerst geleitet werden möchte. Die Produktpräsentation auf einer Verteilerseite wie dieser dient als

Content-Navigation ⑪ in Form von Teasern aus Bild + Produktname, denn der Kunde kann per Klick auf die Teaser zur Detailseite eines ausgewählten Produkts navigieren. Am unteren Ende der Seite finden Sie eine Paginierung mit dazugehörigen Pfeilen zur Navigation ⑫.

①	Meta-Navigation: Hilfe und Kontakt
②	Meta-Navigation: Kundentools
③	Suchfunktion
④	Primäre Hauptnavigation
⑤	Sekundäre Hauptnavigation
⑥	Submenü: Megamenü
⑦	Submenü: Seitenleiste
⑧	Breadcrumbs
⑨	(Facettierte Navigation: Filter)
⑩	(Facettierte Navigation: Sortierfunktion)
⑪	Content-Navigation
⑫	Paginierung + Pfeilnavigation
⑬	Footer Navigation
ⓐ+ⓑ	Call-to-Action
ⓒ	Serviceleistungen
ⓓ	Sprach- und Länderwahl
ⓔ+ⓕ	zusätzliche Services für Rand-zielgruppen
ⓖ	Trust-Elemente
ⓗ	Top-Seiten-Navigation
ⓘ	Social-Media-Services
ⓙ	mobile Services

Abbildung 15.19 Das komplexe Navigationssystem von Zalando
(Quelle der Collage-Elemente: zalando.de/damenbekleidung-kleider/)

Die Footer-Navigation ⑬ ist sehr umfangreich gestaltet. Sie enthält zunächst zwei Call-to-Actions (ⓐ, ⓑ), die dem Besucher unmittelbare Interaktionsmöglichkeiten geben. Auch diese können gewissermaßen als Navigationsmöglichkeit angesehen werden, denn es sind Elemente, die eine Entscheidung und eine Klickhandlung erfordern, die den Kunden gewissermaßen zum Extra-Service ⓐ oder dem Newsletter ⓐ–ⓒ navigieren lassen. Zahlungs- und Lieferservices ⓒ mit entsprechender Verlinkung der Dienste sind darunter angeordnet. Als weiteres Meta-Navigationselement wurde die

Sprach- und Länderwahl **d** im Footer platziert. Legal-Funktionen und B2B-Seiten **e** sowie weitere Kundenserviceleistungen **f** und Trust-Siegel **g** lassen sich ebenfalls im Footer ansteuern. Als ergänzende inhaltliche Navigation zu weiteren Produktgruppen **h** finden sich zwei Navigationselemente zu den Top-Marken und -Kategorien des Onlineshops. Den Abschluss bilden Social-Media- **i** und mobile Services **j**.

Die Navigationselemente **1**–**13** und einige Elemente aus dem Footer in anderer Anordnung sind global bzw. sitewide, also auf allen Seiten des Onlineshops, zu finden. Alle anderen Elemente, wie auch der gezeigte Footer, werden auf allen Seiten, die keine Produktdetailseiten sind, verwendet. Auf Produktdetailseiten wird ein eigener, schlankerer Footer eingesetzt. Zusätzlich gibt es auf Produktdetailseiten weitere Navigationselemente, die auf den Übersichtsseiten nicht zu finden sind, wie beispielsweise die personalisierte Navigation (siehe Abbildung 15.20). Dabei handelt es sich um Teaser-Elemente, die Produktvorschläge enthalten, die auf der aktuellen Produktauswahl basieren, etwa Produkte, die als Alternative oder Ergänzung zum ausgewählten Produkt angeboten werden.

Abbildung 15.20 Komplexe Multinavigation bei Zalando – hier die personalisierte Navigation (Quelle: zalando.de)

Sie sehen also, wie komplex ein Navigationssystem sein kann. In Bezug auf die Quantität der Navigationselemente ist das wichtigste Prinzip für Ihre eigenen Website: So viel wie nötig, so wenig wie möglich. Wenn Sie mehrere Elemente in Ihr Navigationskonzept integrieren möchten, die ähnliche Navigationsfunktionen oder -ziele haben, wägen Sie immer ab:

► Wo ist der jeweilige Mehrwert einer Funktionsgleichheit bzw. redundanter Elemente?

► Nutzen die verschiedenen Wege zum gleichen Ziel vielleicht jeweils den verschiedenen User-Typen?

► Werden je nach Suchmotivation unterschiedliche Navigationselemente bevorzugt?

Überlegen Sie sorgfältig, welche Navigationselemente Sie einsetzen möchten und wie Sie diese besonders besucherfreundlich gestalten möchten, um die User Experience zu verbessern. Verzichten Sie im Gegenzug auf unnötig redundante Elemente, die das Navigationskonzept unübersichtlich machen. Investieren Sie etwas Zeit in ein gutes Navigationskonzept, denn es wirkt sich unmittelbar auf den Erfolg Ihrer Website aus: Neben einer gelungenen Informationsarchitektur – samt Keyword-Mapping zur Suchmaschinenoptimierung – ist ein gut ausgearbeitetes Navigationssystem, das die Informationsarchitektur mühelos und intuitiv zugänglich macht, die wichtigste Komponente erfolgreicher Websites.

15.2   Das richtige Wording für Ihre Navigation

Um Ihr Navigationskonzept benutzerorientiert zu gestalten, ist auch die Wahl der richtigen Begriffe essenziell. In diesem Abschnitt geht es um das *Wording* Ihrer Navigation, also wie Sie Ihre Navigation betiteln. Besucher antizipieren die Website-Inhalte auf Basis der verwendeten Labels, vor allem in der Hauptnavigation. Somit sollten Sie Begriffe verwenden, die die richtigen Erwartungen bezüglich der dahinterliegenden Website-Bereiche und Themen hervorrufen.

Bereits im Prozess der Konzeption der Informationsarchitektur und den anschließenden Schritten der Keyword-Recherche und des Keyword-Mappings haben Sie die passenden Keywords für Ihre Webseiten ausgewählt und auf Ihre Website-Struktur gemappt. Die Keywords werden Sie in einem späteren Schritt (siehe Teil V, »Besucher auf die Website bringen«) dazu verwenden, Ihre Seitendaten und -inhalte für Suchmaschinen zu optimieren. Sie sind aber auch in diesem Konzeptionsschritt für die Navigation wichtig. Die Navigation dient primär dem Nutzer, daher sollte sie so eindeutig und intuitiv funktionieren wie möglich. Die Navigation ist nicht der Ort für witzige Wortspiele. Verwenden Sie einfache, eindeutige Labels, indem Sie mit den zugewiesenen Keywords Ihre Website-Bereiche klar benennen und sie voneinander abgrenzen.

Um dem Besucher das Scannen und Lesen Ihrer Hauptnavigationselemente zu erleichtern, empfehlen wir Ihnen, den Menüpunkten ein ähnliches semantisches und visuelles Gewicht zu geben: Wenn Sie mehrere Bereiche unter einem Menüpunkt subsumieren und Ihren Menüpunkten Labels aus zwei Begriffen vergeben möchten, so sollten Sie das für alle Menüpunkte konsistent tun. Haben Sie beispielsweise die folgende Hauptnavigation

{Home // Leistungen // Produkte // Tipps & Infos // Kontakt & Anfahrt //
Unsere Firmengeschichte}

empfehlen wir, die beiden Punkte »Leistungen« und »Produkte« ebenfalls mit je zwei Begriffen zu benennen, um ein Gleichgewicht zu den letzten drei Menüpunkten herzustellen:

{Home // Leistungen & Service // Produkte & Lösungen // Tipps & Infos //
Kontakt & Anfahrt // Unsere Firmengeschichte}

Ist das nicht möglich, könnten Sie auch die zweigliedrigen Menüpunkte verschlanken, wie beispielsweise:

{Home // Leistungen // Produkte // Tipps // Kontakt // Firmengeschichte}

So entsteht ein harmonisches Wortbild in der Hauptnavigation, und durch den gleichmäßigen Rhythmus beim Lesen der Menüpunkte findet der Besucher leichter, was er sucht.

Ein ungemein wichtiger SEO- und Usability-Aspekt in Bezug auf das Wording in der Navigation, aber auch global für die gesamte Website ist *Konsistenz*. Nutzen Sie auf allen Ebenen dieselben – nicht nur ähnliche – Begriffe: Wenn Sie einen Hauptnavigationspunkt »Leistungen & Service« nennen, dann verwenden Sie genau dieses Keyword auch auf der entsprechend verlinkten Seite selbst, auf der der Besucher beim Auswählen des Hauptmenüpunktes landet: im Seitentitel, in der Hauptüberschrift und in den Inhalten usw. (siehe Kapitel 20, »Besucher auf die Website bringen und Erfolg messen – SEO, SEA und Webanalyse«). Vermeiden Sie verwirrte Besucher, die auf den Menüpunkt »Leistungen & Service« klicken, um dann auf einer Unterseite mit dem Titel »Portfolio« zu landen und unsicher zu sein, ob sie denn richtig geklickt haben. Inkonsistenz in der Benennung ist einer der häufigsten Usability- und SEO-Fehler, und Sie können ihn leicht vermeiden.

Praxistipp: Wählen Sie das Wording mit Bedacht

Vor allem auf den Navigationsbereichen, die immer sichtbar sind, sollten Sie das Wording mit Bedacht wählen. Meist folgt die URL-Struktur in der ersten Ebene auch diesem Wording, was für UX und SEO relevant ist. Nehmen Sie sich daher etwas Zeit, testen Sie verschiedene Varianten, und befragen Sie unbeteiligte Dritte. Wir haben häufig erlebt, dass hier zu schnell entschieden wurde oder man sich zu früh mit einer guten, aber eben nicht sehr guten Variante zufrieden gegeben hat.

Es gibt einige Begriffe, die typisch für bestimmte Website-Typen sind, wie beispielsweise »Warenkorb« und »Wunschzettel« für Onlineshops. Zwar werden gelegentlich auch Variationen dieser Begriffe verwendet, wie »Einkaufstüte« oder »Einkaufswagen«, aber »Warenkorb« ist mittlerweile das standardmäßig verwendete und auch erwartete Label für diesen Menüpunkt. Konzipieren Sie eine Website für einen Onlineshop? Dann halten Sie sich an die Konventionen, und nutzen Sie den Begriff »Warenkorb«. Machen Sie es Ihren Nutzern leicht.

Auch in der Content-Navigation sollten Sie eindeutig sprechende Ankertexte verwenden. Wollen Sie Seiten aus dem Content anderer Seiten verlinken, nutzen Sie einen Ankertext, der das entsprechende Keyword der verlinkten Seite enthält. Verschenken Sie diesen wichtigen SEO-Punkt nicht, indem Sie – wie es immer noch häufig gemacht wird – nur das nichtssagende, nicht suchmaschinentaugliche »mehr ...« oder »hier« verwenden. Denn damit weiß auch der Besucher nicht genau, was ihn beim Klick auf den Link erwartet. Nutzen Sie Ankertexte aber konsistent, so dass sie die richtigen Erwartungen hervorrufen.

15.3   Umsetzung und visuelle Gestaltung der Navigationselemente

Es gibt eine Vielzahl gängiger Möglichkeiten, die Navigationselemente zu positionieren und zu gestalten. Die Navigation ist allerdings nicht unbedingt der Ort, um Ihrer gestalterischen Kreativität freien Lauf zu lassen. Hier sollte die Usability immer im Vordergrund stehen. Daher sollten Sie sich wie auch im Wording an die gängigen Standards halten, um Ihre Besucher nicht zu verwirren. Gestalten Sie Navigationselemente klar und eindeutig. Nutzen Sie ein responsives Layout, und optimieren Sie die Navigation für alle gängigen Geräte. Vermeiden Sie Funktionen, die ausschließlich durch Hover- bzw. Mouseover-Aktionen ausgelöst werden, denn mobile Besucher können diese nicht erreichen.

Selbstverständlich sollte Ihre Hauptnavigation ein globales Website-Element sein, also auf jeder Unterseite verfügbar und gleich sein. Sie möchten ja, dass Ihre Besucher sich von jeder beliebigen Seite zu jeder beliebigen anderen Seite bewegen können. Wir empfehlen außerdem, die Hauptnavigation als sogenanntes *Sticky Menu* zu gestalten. Das bedeutet, dass sie im Kopfbereich der Website »kleben« bleibt und auch beim Scrollen nach unten stets zu sehen und bedienbar ist. Das verbessert vor allem auf längeren Seiten die Usability. Damit sie nicht zu viel Platz im sichtbaren Bereich einnimmt, können Sie sie beim Scrollen in eine schmalere Version bringen.

Begleiten Sie diese Veränderungen mit kleinen Animationen, die das Schrumpfen des Menüs visualisieren, da Ihre Besucher sonst womöglich verwirrt sind. Die Animationen sollten ca. 200–300 ms dauern. Das ist eine gute Zeit, um dem User einen geschmeidigen Übergang zu bieten. Es ist aber gleichzeitig schnell genug, um ihm nicht das Gefühl der Kontrolle zu nehmen, indem er den Eindruck hat, dass die Seite sich verselbstständigt.

Wenn Sie ein Hauptmenü konzipieren, das sich erst durch Interaktion mit dem Nutzer in irgendeiner Form öffnet oder erweitert – als *Dropdown*, *Slider*, *Overlay* –, dann nutzen Sie ebenfalls Animationen, um den Erweiterungsprozess zu simulieren und zu begleiten. Das gilt für alle Möglichkeiten solcher erweiterbarer Menüs, seien es Elemente, die sich öffnen, sich ausklappen oder stufenartig erweitern. Gestalten Sie den Menübereich außerdem so, dass es sich gut vom Hauptinhalt der Website abhebt. Um einen Ebeneneffekt zu erreichen, nutzen Sie Rahmen, Schatten und Farbe.

Angelehnt an die Darstellung des Menüs auf mobilen Geräten, wird das *Hamburger-Menü* gelegentlich auch auf Desktop-Ansichten eingesetzt. Somit versteckt sich das Menü hinter dem Hamburger-Icon und ist nicht unmittelbar auf der Website sichtbar. Spielt die Navigation für Ihre Website keine wichtige Rolle, können Sie das Menü auf diese Weise in den Hintergrund rücken. Das ist allerdings wirklich nur in Ausnahmefällen zu empfehlen. Ansonsten fehlt durch das versteckte Menü die Orientierungsfunktion, was wir in Abschnitt 15.1.10 bereits für mobile Ansichten als nachteilig diskutiert haben.

Setzen Sie außerdem in der Hauptnavigation visuelle Hinweise zur Orientierung ein, ähnlich dem »Sie sind hier« auf Stadtkarten oder an Infoständen: Markieren Sie die aktuelle Seite im Menü durch einen farblichen Akzent, durch Unterstreichung, Fettung oder ein anderes hervorhebendes Merkmal. Markieren Sie zumindest die Oberkategorie, und helfen Sie Ihren Besuchern dabei, sich auch auf tiefer liegenden Seiten orientieren zu können und mit einem Blick zu erkennen, in welchem Themensilo sie sich befinden.

Möchten Sie in der Navigation nicht nur mit Wort-Labels, sondern auch mit Icons arbeiten, nutzen Sie auch hier die gängigen Standards. So gilt die Lupe als Anzeiger für die Suchfunktion als Standard, das Häuschen oder Home-Icon für die Startseite, das Hamburger-Icon für Off-Canvas-Menüs, drei Punkte oder Pfeilbuttons für »mehr« oder »weiter« usw. Vermeiden Sie für wichtige Navigationselemente die alleinige Verwendung von Icons, ergänzen Sie sie durch ein passendes Label. Es hat sich gezeigt, dass die Kombination von Icon + Label die beste Usability ergibt. Wenn die beiden Elemente kongruent sind, transportieren sie die entsprechende Bedeutung auf mehreren Kanälen, also dem sprachlichen und dem bildlichen, und ermöglichen dem Besucher so eine intuitive, souveräne Entscheidung.

15

Machen Sie sich bewusst, dass Ihre Besucher gleich aussehende Elemente als gleichwertig ansehen. Formatieren Sie Elemente der gleichen Ebene entsprechend konsistent. Damit der Besucher die verschiedenen Ebenen unterscheiden kann, formatieren Sie Elemente verschiedener Ebenen unterschiedlich, und unterscheiden Sie sie durch Schriftgröße, Schriftauszeichnung (fett, kursiv, unterstrichen) oder Schriftfarbe. Formatieren Sie die Submenüpunkte, also die sekundären und eventuellen tertiären Menüpunkte, so dass sie gut von denen der obersten Ebene und voneinander unterscheidbar sind. Das hilft dem Besucher, auf einen Blick zu erkennen, wie tief er in Ihre Website eintaucht, wenn er auf einen Navigationslink klickt.

Außerdem sollten Sie bei der Konzeption eines Megamenüs überlegen, ob die Begriffe der obersten Ebenen innerhalb des Megamenüs echte verlinkte Menüpunkte, also Links zu Seiten der obersten Ebene, sein sollen. Alternativ gibt es nämlich auch die Möglichkeit, reine Überschriften ohne Linkfunktion, also Kategorienüberschriften, einzufügen. Diese fördern die Übersichtlichkeit Ihres Menüs, sind jedoch keine eigenen Menüpunkte und verlinken somit auch nicht auf eine eigene Seite. Im Beispiel von Zalando (siehe Abbildung 15.21) zeigt das eingeblendete Megamenü gefettete Überschriften z.B ❷ für die verschiedenen Produktgruppen, die der Besucher hier ansteuern kann. Diese sind ihrerseits keine echten Menüpunkte, da sie nicht mit entsprechenden Unterseiten verlinkt sind – obwohl die Überschrift »Bekleidung« ❷ in der darüberliegenden Ebene der Hauptnavigation ❶ sehr wohl einen klickbaren Menüpunkt mit der gleichen Bezeichnung darstellt. Um die Besucher aber nicht zu verwirren, wurde der Begriff Bekleidung im untersten Menülevel jedoch entsprechend seiner Funktion als Überschrift und nicht als Link verwendet, er dient lediglich – analog zu den anderen Überschriften – der besseren Übersicht.

Abbildung 15.21 Megamenü mit Überschriften zur besseren Übersicht (Quelle: zalando.de)

Sie können beide Möglichkeiten umsetzen, sollten dies aber konsistent tun. Ansonsten besteht die Gefahr, dass Sie Ihre Besucher damit verwirren, weil die nicht wissen, welche Hauptmenüpunkte klickbar sind und welche nicht.

15.4   Zehn Regeln für eine gelungene Navigation

Wir haben die zehn wichtigsten Prinzipien zusammengefasst, die eine Navigation ausmachen, die benutzerorientiert ist und hilft, sich effizient durch eine Website zu bewegen. Sie sollten sich stets daran halten, wenn Sie eine Navigation konzipieren.

Die zehn Regeln für eine gelungene Navigation

1. Halten Sie sich an gängige Standards und **Konventionen** – Navigation sollte für Ihre Besucher intuitiv sein und ist daher nicht der Ort für kreative Ideen.

2. Nutzen Sie **eindeutige** Labels – so können sich Ihre Besucher leicht für einen Themenbereich entscheiden.

3. Gestalten Sie Ihr Navigationssystem **konsistent** – verwirren Sie Ihre Besucher nicht.

4. Gestalten Sie Ihr Navigationssystem **ökonomisch** – so viel wie nötig, so wenig wie möglich.

5. Gestalten Sie Ihr Navigationssystem **redundant** – aber nur, wenn es Ihren Besuchern einen Mehrwert bietet.

6. Gestalten Sie Ihr Navigationssystem **übersichtlich** – so behalten Ihre Besucher den Überblick.

7. Gestalten Sie Ihr Navigationssystem **responsiv** – so funktioniert die Bedienung unabhängig vom verwendeten Gerät.

8. Gestalten Sie Ihr Navigationssystem **funktional** – so ein schickes Design ist nett, aber vermeiden Sie experimentelle Spielereien in der Navigation zugunsten der Usability.

9. Nutzen Sie das Potenzial eines **guten Footers** – so gestalten Sie eine fließende User Experience.

10. Nutzen Sie **Formatierungsmöglichkeiten** für hierarchische Menüs – so visualisieren Sie die Struktur vor allem in mobilen Menüs.

15.5   Benutzerorientierung mit einer guten URL-Struktur

Nicht nur die Navigationselemente auf einer Website bieten Ihren Besuchern Orientierung. Auch die URL-Struktur wird dazu benutzt, denn Sie bildet im Idealfall – ebenso wie die Navigation – die Website-Struktur ab. Die URL einer Seite besteht dabei aus Ihrem Domain-Namen, verschiedenen Verzeichnissen, in denen Ihre Website-Dokumente liegen, und den Dateinamen der jeweiligen Dokumente. Damit die Website-Struktur in der URL auch für den Nutzer erkennbar abgebildet wird, sollten Sie »sprechende« URLs verwenden: Das bedeutet zum einen, dass Ihre Website-Dokumente nicht *index.php?id=77* heißen sollten, sondern beispielsweise *rote-Schuhe.html*. Außerdem sollten Sie darauf achten, dass Sie Ihre Verzeichnisse eindeutig benennen, also eher */notebooks* und */website-konzeption* statt */produkte* oder */dienstleistungen*.

Nutzen Sie dazu sowohl für Ihre Verzeichnisse als auch für Ihre Webseitendokumente die Keywords, die Sie im Keyword-Mapping zugeordnet haben. Das ist ein guter Weg, einige SEO-Punkte abzugreifen, denn sie steigern das Ranking der Seiten erheblich. Google und andere Suchmaschinen bewerten das deshalb positiv, weil eine transparente Gestaltung der URL-Struktur für Ihre Besucher äußerst hilfreich ist. Allerdings sollten Sie sich bei Longtail-Keywords darauf beschränken, für Verzeichnisse nur einen Teil des Keywords zu nutzen, da die URLs sonst sehr unübersichtlich werden.

Achten Sie generell darauf, dass Ihre URLs nicht zu verschachtelt oder zu komplex werden. Bereits in den vergangenen Kapiteln haben wir Ihnen zu einer flachen Informationsarchitektur geraten. Das liegt daran, dass Google zwar alle Seiten einer Website crawlt, aber den höher liegenden mehr Bedeutung beimisst. Umgekehrt bedeutet das, dass die Relevanz von Website-Dokumenten mit zunehmender Einbettung in die Website-Struktur sinkt. Daher gilt für Sie: Je wichtiger eine Seite ist, desto höher sollte sie in der Website-Hierarchie stehen. Das gilt für die Informationsarchitektur und die URL-Struktur gleichermaßen.

Praxistipp: Kleinbuchstaben und keine Umlaute und Leerzeichen bei URLs

Beachten Sie, dass URLs idealerweise nur Kleinbuchstaben, keine Umlaute oder Leerzeichen enthalten sollten, damit Sie über alle Betriebssysteme, Browser und Suchmaschinen hinweg verarbeitbar sind.

TEIL IV

WEBSITE UMSETZEN UND GESTALTEN

Kapitel 16

Wie Sie Ihre Website technisch umsetzen und hosten – Server, HTML und CMS

Server ist nicht gleich Server. In diesem Kapitel erfahren Sie, worauf Sie achten müssen, um eine gute Website-Performance zu gewährleisten. Vom Server über die technische Umsetzung Ihrer Website bis hin zu optimierten Ladezeiten – auf die Gesamtkonfiguration kommt es an.

In diesem Kapitel geht es um die technische Infrastruktur Ihrer Website. Hierzu gehören die Serverausstattung und Ihr Website-»Erstellungssystem«. Dass Sie vieles heutzutage nicht mehr manuell er- und einstellen müssen, heißt natürlich nicht, dass Sie sich um nichts Technisches kümmern müssten – im Gegenteil. Es gibt große Unterschiede in der technischen Konfiguration des gesamten Website-Systemkomplexes. Als Entscheidungsgrundlage stellen wir Ihnen die wichtigsten Aspekte vor, damit Sie für sich das beste System auswählen können.

16.1   Server und technische Infrastruktur wohlüberlegt auswählen

Wenn Sie sich schon die Mühe machen, eine gute Website zu konzipieren und umzusetzen, sparen Sie bitte nicht bei der technischen Infrastruktur. Die Wahl des richtigen Servers sollten Sie nicht auf Basis der Hosting-Kosten treffen, sondern auf Grundlage der Anforderungen Ihrer Website. Grundsätzlich lohnt es sich heutzutage nicht mehr, einen eigenen physikalischen Serverrechner im Keller stehen zu haben. In den seltensten Fällen werden Sie über eine ausreichend schnelle, redundante Internetleitung verfügen, und bei Stromausfall wäre in der Regel auch Ihre Website außer Gefecht. Die allermeisten Unternehmen wählen daher ein *Server-Hosting*, also das Mieten von Serverkapazitäten, bei einem professionellen Hosting-Anbieter. Der Vorteil eines gehosteten Servers bei einem der größeren Anbieter in Deutschland ist, dass Sie eine direkte Anbindung an zentrale Internetknoten haben. Das macht die Server wesentlich schneller und sichert sie gegen Ausfälle. Bei den meisten Hosting-

Anbietern, angefangen bei Hetzner Online (*hetzner.de*) bis hin zu Strato (*strato.de*) finden Sie eine Vielfalt an Hosting-Angeboten.

Spätestens alle zwei bis drei Jahre oder wenn Sie einen Relaunch planen, lohnt es sich, die technische Infrastruktur zu prüfen und zu hinterfragen. Bekommen Sie für dasselbe Geld nicht vielleicht ein besseres, solideres und schnelleres Hosting-Paket? Investieren Sie diese Zeit, denn Sie kennen das sicher vom Kauf eines neuen Computers oder anderer technischer Hardware: Sie kaufen einen USB-Stick mit X GB Speicherplatz und nicht einmal ein halbes Jahr später sinken die Preise – und Sie erhalten oft den doppelten Speicherplatz zum gleichen Preis. Diesem Trend folgen auch die Preise für das Server-Hosting – also holen Sie das Beste für Ihre Website heraus.

> **Praxistipp: Hosting-Paket bzw. -Server alle zwei bis drei Jahre updaten**
>
> In unserer Agentur schauen wir alle zwei bis drei Jahre, inwieweit wir für Website-Projekte unserer Kunden die Serverinfrastruktur updaten bzw. wechseln können. Häufig gibt es für das gleiche Geld eine deutlich bessere Performance, und die Ladezeit wird für User und Google immer wichtiger. Das ist ein vergleichbar einfacher und günstiger Weg, die Ladezeit einer Website zu verbessern, ohne in die technische Optimierung der Website einsteigen zu müssen. Das können Sie immer noch machen, wenn ein Hardware-Upgrade nicht genug hergibt.

16.1.1   Verschiedene Möglichkeiten, Serverkapazitäten zu mieten

Grundsätzlich unterscheidet man drei verschiedene Möglichkeiten des Webhostings:

▸ **Shared Server (normales Webhosting)**: Hier mieten Sie einen Platz auf einem Server, den Sie sich mit vielen anderen teilen. Der Vorteil dieser Variante ist, dass es günstig ist. Für kleine Websites ohne hohe technische Ansprüche an die Ladezeit und bei wenigen Besuchern am Tag ist diese Option in Ordnung. Die Kosten liegen zwischen 5 und 20 €/Monat.

▸ **Dedicated Server**: In diesem Fall haben Sie einen kompletten physikalischen Rechner für sich. Was die Serversoftware angeht, haben Sie die Möglichkeit, die Software selbst einzupflegen (sogenannter *Root Server*), oder Sie lassen das den Hoster machen (sogenannter *Managed Server*). Wenn Sie viel Rechenpower für Ihre Website benötigen oder mehrere Websites betreiben, ist es besser die Serverkapazität nicht teilen zu müssen. Um eine Verlangsamung der Ladezeiten zu verhindern, sind Dedicated Server die beste Variante. Allerdings hat die Alleinherrschaft über einen gemieteten Server natürlich auch seinen Preis: Die Kosten liegen zwischen 30 und 300 €/Monat.

▶ **Virtual Server/Cloud**: Virtuelle Server (auch *vServer* genannt) bestehen nicht nur aus einem physikalischen Rechner, sondern einem ganzen *Rechnerverbund*, auf dem verschiedene *virtuelle Server* laufen. In einem vServer-Hosting-Paket können Sie einen virtuellen Server mieten. Diese Art von Server hat den entscheidenden Vorteil, dass er mit Ihren Anforderungen mitwachsen kann: Sie können mit einem kleineren vServer anfangen, wenn Sie Ihre Website erstmalig erstellen. Wenn Sie dann im Laufe der Zeit merken, dass seine Leistung nicht mehr ausreicht und er langsamer wird, weil Ihre Website mehr und mehr Besucher anzieht, können Sie zusätzliche virtuelle Rechnerressourcen dazubuchen. Diese können vom Anbieter einfach hinzugeschaltet werden, ohne dass Sie den Server wechseln müssen – denn es gibt ja keinen einzelnen physikalischen Serverrechner. vServer sind in den letzten Jahren stark im Kommen und werden sich über kurz oder lang sicherlich durchsetzen. Die Kosten variieren üblicherweise zwischen 5 und 100 €/Monat – je nachdem, wie groß Ihr vServer sein soll. Die Preise sind hier natürlich nach oben offen.

16.1.2   Die wichtigsten Features Ihrer technischen Infrastruktur

Unabhängig von Ihrer gewählten Serveroption sollten Sie darauf achten, dass Ihrem Server ausreichend Arbeitsspeicher/RAM zur Verfügung steht. Der genaue Bedarf hängt immer von dem Content-Management-System (CMS) und der Website sowie der Besucheranzahl ab. Vor allem bei großen Websites mit großen Datenbanken benötigen Sie viel Arbeitsspeicher. Da meist viele kleine Dateien geladen werden müssen, um eine Website auszuliefern, sind auch langsame Festplatten ein absoluter Klotz am Bein Ihrer Website. SSD-Festplatten werden zunehmend erschwinglicher. Achten Sie also darauf, für Ihre Serverlösung SSDs zu nutzen, oder wählen Sie einen Hosting-Anbieter, der SSDs einsetzt. Ihr Geschwindigkeitsvorteil liegt darin, dass keine drehenden Elemente verbaut werden, wie das bei herkömmlichen HDD-Festplatten der Fall ist. SSDs bringen Ihrer Website einen erheblichen Performance-Boost.

> **Praxistipp: Teure SSD-Platten**
>
> SSD-Platten sind noch recht teuer. Häufig gibt es derzeit daher Server mit gemischter Struktur: Das Betriebssystem und wichtige Dienste wie der Webserver laufen auf der schnellen SSD-Platte, während die Daten auf HDD-Platten liegen. Das ist sicherlich eine gute Mischlösung, sie wird sich aber im Zuge immer günstig werdender Hardware in ein paar Jahren überholt haben – dann wird sicherlich alles auf SSDs liegen.

Ihr Server besteht aus einer Hardwarekomponente, einem Host-Computer-System, einem Betriebssystem – meist Linux oder Unix – und der Webserversoftware. Diese

16

Software ist es, die Ihre auf dem Server gespeicherten Website-Verzeichnisse und Dokumente mittels verschiedenster Kommunikationsprotokolle an die Clients, also die anfragenden Webbrowser Ihrer Besucher, übermittelt (siehe Abschnitt 1.1, »Das World Wide Web – das größte Informations- und Datensystem«). Die am weitesten verbreitete Webserversoftware ist der quelloffene *Apache HTTP Server*. Dieser ist sehr flexibel konfigurierbar und daher bei vielen Hosting-Anbietern wie auch Website-Betreibern sehr beliebt. Stark im Kommen ist allerdings der ebenfalls quelloffene *NGINX*-Server. NGINX ist eine Webserversoftware, die sehr viel schneller und leistungsstärker ist und daher beispielsweise bei Online-Diensten wie Netflix oder Doodle eingesetzt wird. Sie können mit keinem der beiden Server etwas falsch machen, achten Sie aber darauf, dass einer von beiden bei Ihrem Hosting-Anbieter eingesetzt wird.

Praxistipp: Apache vs. NGINX

Der Apache-Webserver war und ist der Platzhirsch. Doch der NGINX-Server gewinnt durchaus mehr und mehr an Boden. Immer mehr Hoster bieten mittlerweile auch NGINX als Webserver an – manchmal inklusive entsprechender Optimierung auf Performance. Hier punktet der schlankere Webserver in der Tat. Wobei man festhalten muss, dass auch ein ordentlich eingerichteter Apache sicherlich nicht zu verachten ist. Das Einrichten und Tunen eines Webservers sollte allerdings keine Arbeit sein, die ein Konzeptioner macht. Hier benötigt es tief greifende technische Erfahrung und auch ein wenig Geduld – jeder Server und jede Website sind hier anders.

Sicherheit ist Trumpf – immer! Wir können Ihnen gar nicht eindringlich genug empfehlen, auf eine solide Backup-Möglichkeit zu achten, um Ihre Website abzusichern. Ihr Hosting-Paket sollte idealerweise eine tägliche und wöchentliche Backup-Funktion umfassen, so dass laufend aktualisierte Versionen Ihrer Website gesichert werden. Sollte dann einmal eine Festplatte ausfallen, ein Server kaputtgehen oder Ihre Website gehackt werden, können Sie sie aus dem Backup einer vorherigen Version wiederherstellen.

Letztlich werden über das Hosting-Paket meist auch noch die E-Mail-Konten eines Unternehmens gehostet, verwaltet und konfiguriert. Normale E-Mail-Anforderungen werden normalerweise von allen Hostern angeboten. Je nach Größe des Unternehmens können auch speziellere Anforderungen auftreten, wie z. B. die Notwendigkeit mehrerer hundert E-Mail-Adressen oder die Möglichkeit, den E-Mail-Konten größere Speicherkapazitäten zuzuweisen. Ist das der Fall, sollten Sie vorher unbedingt prüfen, ob diese von Ihrem Hoster unterstützt werden.

> **Praxistipp: E-Mail-Infrastruktur und Web-Infrastruktur trennen**
>
> Grundsätzlich ist es eine gute Idee, wenn Ihr Webserver nicht auch Ihr Mailserver ist.
> Fällt einer aus, sind Sie nicht mehr zu erreichen – weder über E-Mail noch (wenn man
> z. B. schauen möchte, wie Ihre Telefonnummer ist) per Website.

Handschriftliche Notiz am Rand: Webserver ↑↓ Mailserver getrennt!

16.1.3   Standort des Servers und Ausrichtung der Website

Sie sollten auch darauf achten, in welchem Land die Server Ihrer Hosting-Anbieter
stehen. Für Datenschutz gelten leider keine globalen Richtlinien, an die sich alle Länder halten müssen. Der Umgang mit personenbezogenen Daten ist in manchen Ländern lockerer, in anderen strenger geregelt. Deutschland hat relativ strenge Datenschutzbestimmungen, die personenbezogene Daten schützen, was den Server-
standort Deutschland zu einem Qualitätsmerkmal von Hosting-Anbietern macht.
HostEurope hostet seine Server beispielsweise in Strasbourg – in Frankreich gilt aber
nicht der deutsche Datenschutz. Unter Umständen kann die Nutzung im Ausland
befindlicher Server ungünstig sein, vor allem wenn Sie auf Ihrer Website mit Kundenkonten arbeiten. Wenn Sie persönliche Informationen oder Zahlungsdaten Ihrer
Website-Besucher erheben, werden diese in den Datenbanken Ihrer Website abgespeichert – und diese lägen dann ja auf den ausländischen Servern. Wir empfehlen
Ihnen, einen Hosting-Anbieter zu wählen, dessen Rechenzentren in Deutschland stehen, denn damit gelten für Ihre Website-Daten die deutschen Datenschutzbestimmungen.

Wenn Sie eine internationale Website betreiben und große Datenmengen, wie Bilder,
Videos und andere Assets weltweit übermitteln müssen, sollten Sie in Erwägung zie-
hen, ein sogenanntes *CDN* einzusetzen. Ein CDN (*Content Delivery Network*) ist ein
Netzwerk weltweit verteilter, leistungsfähiger Server, die über das Internet verbunden sind. Inhalte, die über ein CDN bereitgestellt werden, sind bei Abruf innerhalb
kürzester Zeit verfügbar, da sie auf verschiedenen Servern im CDN verteilt sind. Den
Nutzen eines CDNs können Sie sich so vorstellen: Sie betreiben eine internationale
Website, die auf einem deutschen Server gehostet wird. Nun ruft je eine Person aus
Deutschland, aus Japan und aus den USA Ihre Website auf. Die aufgerufene Seite enthält mehrere Ratgebervideos in HD-Qualität zu Ihrem Website-Angebot. Wenn Sie
diese von Ihrem eigenen Server ausspielen müssten (siehe Abbildung 16.1 links),
beeinträchtigt der gleichzeitige Abruf solch großer Website-Dateien durch mehrere
Benutzer die Server-Performance und damit auch die Ihrer Website. Außerdem

16

müssten die großen Datenmengen an die beiden Website-Besucher aus Übersee natürlich weite Strecken zurücklegen, was ebenfalls zu Ladezeitverzögerungen führen kann.

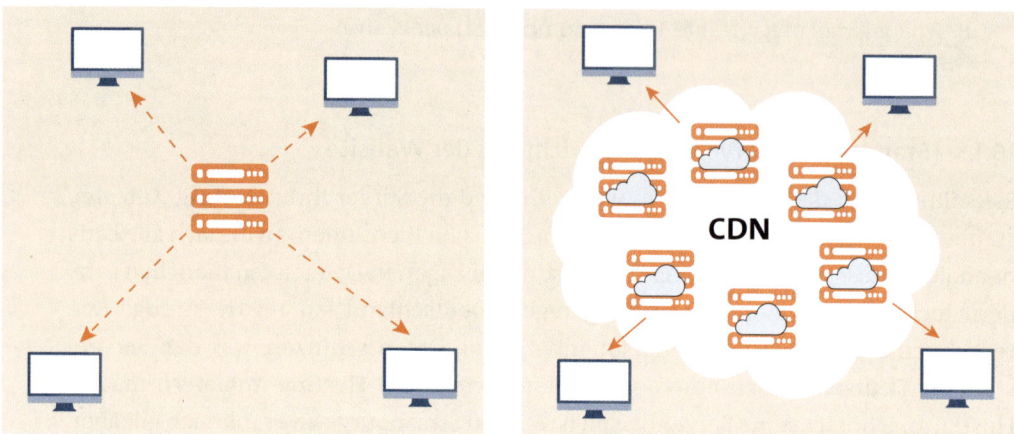

Abbildung 16.1 Ausspielung großer Website-Inhalte direkt vom eigenen Webserver (links) vs. über ein CDN (rechts)

Wenn Sie Ihre Videos hingegen über ein CDN auf der ganzen Welt verteilen, werden diese beim Aufruf von demjenigen CDN-Serverstandort ausgeliefert, der Ihren Website-Besuchern jeweils am nächsten ist (siehe Abbildung 16.1 rechts). Da sie nicht mehr vom eigenen Webserver ausgeliefert werden müssen, entlasten Sie Ihren Webserver und beschleunigen somit die Performance Ihrer Website erheblich. Cloudflare (*cloudflare.com*) ist hier ein beliebter Anbieter.

16.1.4   Relaunch: Server-Hosting-Upgrade oder Provider-Wechsel?

Wenn Sie Ihr Server-Hosting-Paket nicht nur (beim selben Anbieter) upgraden, sondern zu einem anderen Anbieter wechseln, müssen Sie Ihre Domain zum neuen Provider transferieren. Ein Domain-Umzug lässt sich per *Provider-Wechsel-Auftrag*, auch *KK-Auftrag* (**K**onnektivitäts**k**oordination) genannt, vornehmen. Hierzu beantragen Sie als Domain-Inhaber bei Ihrem bestehenden Provider ein Passwort für den Domain-Umzug, ein sogenanntes *AuthInfo*, das bei der zentralen Registrierungs- und Verwaltungsstelle für *.de*-Domains, DENIC, hinterlegt wird. Die AuthInfo teilen Sie Ihrem neuen Provider mit, der mit diesem Passwort über DENIC den Provider-Wechsel beantragt. Denken Sie daran, dass im Fall eines Wechsels des Hosting-Providers auch Ihre E-Mail-Adressen, wie z. B. *name@ihrewebsite.de* mit umziehen müssen. Weitere Informationen und Details finden Sie bei Ihrem Hoster und bei DENIC, unter *goo.gl/XPnOS5*.

16.2   Wie Sie mit ein paar kleinen Anpassungen Ihrer technischen Infrastruktur Ihre Ladezeiten optimieren

Die technische Infrastruktur bestimmt die Performance Ihrer Website maßgeblich, vor allem im Hinblick auf die Ladezeiten. Wie schnell Ihre Website geladen wird, hängt von vielen Faktoren ab – einige Stellschrauben, die vor allem das Hosting betreffen, können Sie beeinflussen, also warum sollten Sie sie nicht nutzen? Die wichtigsten Tipps haben wir für Sie in einer Checkliste zusammengestellt.

Checkliste für Ihren Performance-Boost

▶ **Pragmatischer Ansatz**: Alle zwei bis drei Jahre wird Serverhardware günstiger, d. h., Sie bekommen deutlich mehr Power für das gleiche Geld – und das spielgelt sich auch in Hosting-Preisen wieder. Aktualisieren Sie alle zwei bis drei Jahre Ihr Hosting-Paket – spätestens bei einem Relaunch.

▶ **Webserverwahl**: Nutzen Sie einen NGINX-Server, denn dieser ist in der Regel schneller als der Apache-Server.

▶ **http/2-Netzwerkprotokoll**: Verwenden Sie das Netzwerkprotokoll http/2 statt http/1.x, denn damit werden Websites bis zu 30 % schneller übertragen.

▶ **SSD-Festplatten**: Nutzen Sie SSD-Festplatten statt HDDs, denn die sind aufgrund ihrer Bauweise deutlich schneller.

▶ **Caching**: Aktivieren Sie die Caching-Funktion Ihres CMS (siehe Abschnitt 16.3.1).

▶ **Weiterleitungen**: Vor allem bei sehr vielen Weiterleitungsketten (> 50.000) in der .htaccess-Datei des weit verbreiteten Apache-Webservers sollten Sie aufräumen und nicht benötigte Ketten entfernen (siehe Abschnitt20.4.2, »301-Redirect-Management«).

Einen Ladezeit-Check und dazugehörige Optimierungsempfehlungen bietet Google mit seinen PageSpeed-Tools selbst an: *developers.google.com/speed/pagespeed/insights/*. Dort können Sie einfach Ihre Website-Adresse eingeben und sie testen lassen.

Praxistipp: Nutzen Sie Google PageSpeed Insights nur als Orientierung

Die Praxis zeigt, dass selbst sehr schnelle Websites bei dem Google-Tool keine volle Punktzahl erhalten. In der Branche ist es auch sehr umstritten mit den Vorschlägen zur Optimierung. Es dient aber auf jeden Fall einem ersten Eindruck – und bei langsamen Websites auch als gutes Mittel, um Kunden die Langsamkeit ihrer Website vor Augen zu führen, »wenn Google das schon sagt«.

16.3   Statische vs. dynamische Websites programmieren

Eine *statische Website* bedeutet, dass das HTML und alle Inhalte als fertige Dateien fest auf einem Server liegen. Früher wurden diese Dateien manuell in HTML geschrieben oder mit HTML-Editoren wie Dreamweaver als *WYSIWYG* erstellt. WYSIWIG steht für **w**hat **y**ou **s**ee **i**s **w**hat **y**ou **g**et und wird auch als *Echtbild-Darstellung* bezeichnet. Dieses anwenderfreundliche Eingabeprinzip ermöglicht es in entsprechenden Editoren, Inhalte in Form von Bausteinen anzulegen, anstatt sie als HTML-Code eingeben zu müssen. Mit beiden Methoden wurden früher die Website-Dateien genauso erstellt, wie sie nachher durch den Besucher zu sehen waren – und umgekehrt. Die fertigen Dateien wurden dann z. B. via FTP-Zugang auf den Server geladen. Das können Sie sich so vorstellen, als würden Sie ein Dokument in Word erstellen und es anschließend als PDF exportiert für andere auf Ihren Cloud-Speicherplatz hochladen. Wenn Sie etwas an Ihrer Website ändern wollten, mussten Sie die lokale Kopie des Dokuments auf Ihrem Rechner anpassen und sie erneut auf den Server hochladen.

Der Vorteil statischer Websites ist, dass sie sehr schnell an abrufende Browser-Clients ausgeliefert werden, weil sie ja bereits fix und fertig vorliegen. Der Nachteil ist, dass sie eben statisch sind, d. h. ein einziges, festes Format haben und sich auch nicht an verschiedene Ausgabegeräte anpassen können. Um etwas an der Website zu ändern, musste man immer den Webdesigner bitten, die Änderungen im HTML-Dokument einzupflegen. Außerdem musste man wiederkehrende Elemente, wie z. B. Navigation oder Footer, bei Änderung in jeder einzelnen Website-Datei manuell aktualisieren. Bei größeren Website-Projekten ist das ein riesiger Aufwand und ein höchst fehleranfälliger Prozess. Das führte bei statischen Websites häufig dazu, dass die Navigation auf manchen Unterseiten vergessen wurde und bestimmte Menüpunkte somit nicht erreichbar waren.

Anfang der 2000er kamen dann die *Content-Management-Systeme*, kurz *CMS*, auf. CMS sind Softwarelösungen, die auf dem Webserver installiert werden und dazu dienen, Website-Inhalte – Text und Multimedia – zu erstellen, zu bearbeiten und zu verwalten. *WordPress* als Open-Source-System ist bis heute eines der bekanntesten und meistverbreiteten CMS. In Europa ist vor allem aber auch *TYPO3* – ebenfalls ein Open-Source-System – ein häufig verwendetes CMS. *Drupal*, *Joomla!* oder *Contao* sind weitere Beispiele, die allerdings zum Teil eher in Übersee eine höhere Verbreitung haben.

16.3.1   Der Nutzen von Content-Management-Systemen

Die meisten modernen CMS bieten ein gesondertes *Backend* an, also eine Administratoroberfläche mit vielen Bearbeitungsfunktionen, die der Website-Besucher nicht sieht (siehe Abbildung 16.2 für WordPress und Abbildung 16.3 im nächsten Abschnitt für TYPO3). Die fertige Website, also die Besucheransicht, wird in diesem Zusammenhang *Frontend* genannt. Die Relation zwischen Front- und Backend können Sie sich vorstellen, wie die Theke einer Cocktailbar. Das Frontend ist die hübsche Vorderseite, die der bestellende Barbesucher sieht. Das Backend ist die Sicht des Bartenders, der unter der Theke allerhand »Werkzeug« griffbereit hat, mit dem er bunte, wohlschmeckende Cocktails herstellt. Im Backend wird der Content in Text- oder WYSIWYG-Editoren erstellt. Die eingegebenen Inhalte werden durch das CMS in Code übersetzt und in angebundenen Datenbanken gespeichert.

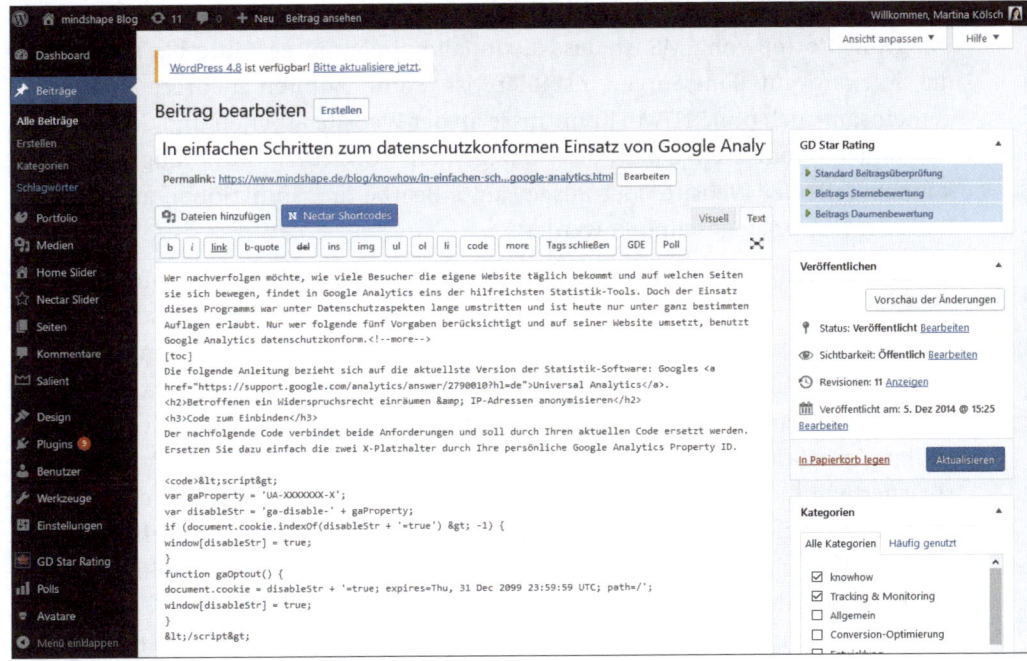

Abbildung 16.2 Das Backend im CMS WordPress

Es gibt allerdings auch einige CMS, bei denen die Trennung zwischen Back- und Frontend aufgehoben ist, z. B. *TYPO3 Neos*, eine Schwester des bewährten TYPO3-CMS. Wie in den übrigen CMS loggt sich ein Redakteur ein, sieht aber statt eines richtigen Backends das Frontend, also die Besucheransicht der Website. In dieser Frontend-Ansicht der Website kann ein Redakteur einzelne Elemente zum Bearbeiten auswählen. Mittels verschiedener Verwaltungswerkzeuge, die nach Auswahl eines Elements, wie beispielsweise einer Überschrift, eingeblendet werden, kann der Redakteur die Inhalte ändern und direkt sehen, wie Sie auf der fertigen Website aussehen. Von der Grundfunktionalität her funktionieren solche CMS allerdings genauso wie alle anderen:

In CMS werden Layout und Design vom Inhalt getrennt erstellt und gespeichert. Das ermöglicht es den Redakteuren, die Inhalte in vorgefertigte Bausteine einzupflegen, ohne sich um die Gestaltung kümmern zu müssen. Mediendateien und Hyperlinks können ebenfalls eingefügt werden. Auch den Aufbau »sprechender« URLs (siehe Abschnitt 15.5, »Benutzerorientierung mit einer guten URL-Struktur«) übernehmen die meisten CMS nach Voreinstellung automatisiert. CMS haben einen großen Funktionsumfang und lassen sich mittels verschiedenster Erweiterungen – sowohl für das Frontend als auch für das Backend – individuell anpassen. Solche Erweiterungen erlauben auch die Einbindung diverser interaktiver Website-Funktionen für Ihre Besucher, wie Kommentarfunktionen, Formulare etc.

Der große Vorteil von CMS ist, dass die Inhalte direkt online editierbar sind, sobald die Software auf dem Server installiert ist. Somit können mehrere Redakteure gemeinsam auch ohne HTML-Kenntnisse an der Website arbeiten und Content relativ einfach publizieren. Durch das Management von Nutzern und Zugriffsrechten können Teile der Website oder ausgewählte Bearbeitungsfunktionen auch je nach Rolle der Nutzer eingeschränkt werden.

Ein potenzieller Nachteil der Nutzung von CMS ist, dass sie höhere Anforderungen an den Webserver stellen. Das ist ihrer Eigenschaft geschuldet, *dynamische Websites* zu erzeugen. Das bedeutet, dass die HTML-Dokumente zunächst einmal aus den verschiedenen Einzelteilen (dynamisch) produziert werden müssen, da sie ja nicht statisch auf dem Server liegen. Stattdessen muss der HTML-Quellcode aus einem Design-Template und den verschiedenen in einer oder mehreren Datenbanken abgespeicherten Inhalten zunächst live erstellt und anschließend als Website-Dokument an den Client übermittelt werden – daher der Begriff *dynamische Website*. Da die Websites live erstellt werden und nicht statisch vorliegen, können vereinzelte Änderungen, aber auch laufend aktualisierte Informationen, wie z. B. Newsticker oder Wettervorhersagen, schnell erfasst werden. Zudem erlauben dynamische Websites die Einbindung interaktiver Funktionen wie Kommentare, Formulare und weitere Elemente, die statische Websites nicht ohne Weiteres aktualisieren können.

Um den oben genannten Nachteil zu umgehen, dass dynamische Websites den Server belasten und unter Umständen längere Ladezeiten beanspruchen, nutzen alle guten und beliebten CMS das Caching-Verfahren: Diese HTML-Berechnung findet nicht bei jeder Anfrage statt. Wird eine Webseite abgerufen, speichert das CMS die einmal live erstellten HTML-Dateien entweder in einer Cache-Datenbank oder auf der Festplatte des Servers. Von dort aus werden Sie dann bei weiteren Aufrufen ausgespielt. Das Server-Caching erlaubt einen noch schnelleren Zugriff auf die Website-Dateien. Die Neuberechnung des Cache und Aktualisierung der Website-Dokumente erfolgt dann – je nach Einstellung – entweder nach einer bestimmten, festgelegten Zeit oder wenn sich die Inhalte ändern. Wenn Sie dynamische Website-Elemente, etwa Kommentar-Funktionen, aktuelle Börsenkurse und Ähnliches, nutzen, sollten Sie diese Elemente vom Caching ausnehmen. Der Rest der Seite wird dann gecacht, die dynamischen Elemente werden aber immer neu aufgebaut – man spricht hier von teil-dynamischem Caching. Sie sollten immer darauf achten, die Cache-Funktion zu aktivieren und zu konfigurieren.

Ein weiterer – aber ebenfalls kontrollierbarer – Nachteil der Verwendung von CMS ist, dass die entsprechende Software auf dem Server zugänglich ist. Ohne regelmäßige Updates, die eventuelle Sicherheitslücken schließen, laufen Sie Gefahr, dass Ihre Website gehackt wird und fremde Inhalte wie Schadcode oder schädliche Links eingeschmuggelt werden, die sich dann von dort aus verbreiten. Häufig geschieht das nämlich auch ohne das Wissen der Website-Betreiber, wenn beispielsweise ein Bild auf einer Unterseite fremdverlinkt wird und zu einer Verkaufsseite für Viagra führt. Das ist wohl auch eine Form von Backlink-Generierung (siehe Abschnitt 20.1, »SEO – wie Ihre Besucher Sie im WWW finden«) – allerdings ist diese Methode natürlich illegal. Ein regelmäßiges Backup der Software ist also Pflicht für eine sichere Website.

> **Praxistipp: Halten Sie Ihr System up to date!**
>
> Wenn Sie ein CMS online einsetzen – und die meisten sind online –, dann halten Sie es auf jeden Fall aktuell! Ansonsten merken Sie es erst zu spät, wenn die Website gehackt wird und Viren oder illegale oder strafbare Nachrichten verbreitet. Im schlimmsten Fall wird die Website auch direkt von Google gesperrt, und selbst wenn Sie das Problem schnell beheben, bleibt die Site oft noch Tage und Wochen weiter gesperrt. Das kann dann für einen Onlineshop auch existenzbedrohend sein.

16.3.2 Die Wahl des passenden CMS

Wenn Sie sich nun fragen, welches CMS für Sie infrage kommt, können wir Ihnen keine einfache Antwort geben. Aber ganz gleich, welches CMS Sie auswählen, der wichtigste Ratschlag, den wir Ihnen geben können, ist, dass Sie überhaupt eines einsetzen: Wenn Sie nicht nur eine einfache »Visitenkarten«-Website, bestehend aus nur einer schlichten Seite mit nur wenig Inhalten, erstellen möchten – und davon gehen wir ganz stark aus, schließlich lesen Sie dieses Buch –, nutzen Sie ein CMS! Wenn Sie es regelmäßig updaten und das Caching richtig konfigurieren, gibt es eigentlich kein gutes Argument mehr gegen die Nutzung eines CMS. Damit haben Sie ein System, das Änderungen automatisch einheitlich für Sie umsetzt. So müssen Sie nicht riskieren, dass Ihre Seiten uneinheitlich aussehen.

Die Wahl des CMS hängt – wie alles andere – von Ihrem Unternehmen und Ihrer Website ab. Als besonders verbreitete CMS möchten wir Ihnen hier vor allem die beiden Systeme WordPress und TYPO3 gegenüberstellen. WordPress ist ursprünglich als Erstellungssoftware für Blogs entstanden und daher sehr leicht und intuitiv zu bedienen. Außerdem ist es relativ einfach und übersichtlich aus dem Backend konfigurierbar, da Sie viele – auch kostenlose – Erweiterungen nutzen können, mit denen Sie verschiedenste Aufgaben lösen können. Dadurch ist WordPress als System natürlich recht kostengünstig. Durch die weite Verbreitung gibt es eine schier unendliche Vielfalt an Vorlagen und Foren, in denen Sie Unterstützung von Gleichgesinnten erhalten können. Für einfache, kleinere Websites ist es durchaus ausreichend. Wenn Sie allerdings größere Websites mit einer komplexeren Informationsarchitektur erstellen möchten, zeigen sich die Schwächen von WordPress. Sie können viele Zusatzfunktionen per Klick über Plug-ins ergänzen. Wenn Sie allerdings zu viele integrieren und kombinieren, kann es passieren, dass Sie inkompatible Plug-ins erwischen, die Ihnen Probleme bereiten. Wenn Sie dann auch noch viele Seiten verwalten müssen, wird Ihr System immer langsamer und weniger stabil.

Für größere, komplexere Websites empfehlen wir Ihnen daher TYPO3. TYPO3 ist ein sehr solides, skalierbares System, das von Haus aus mit zahlreichen Grundfunktionen ausgestattet ist.

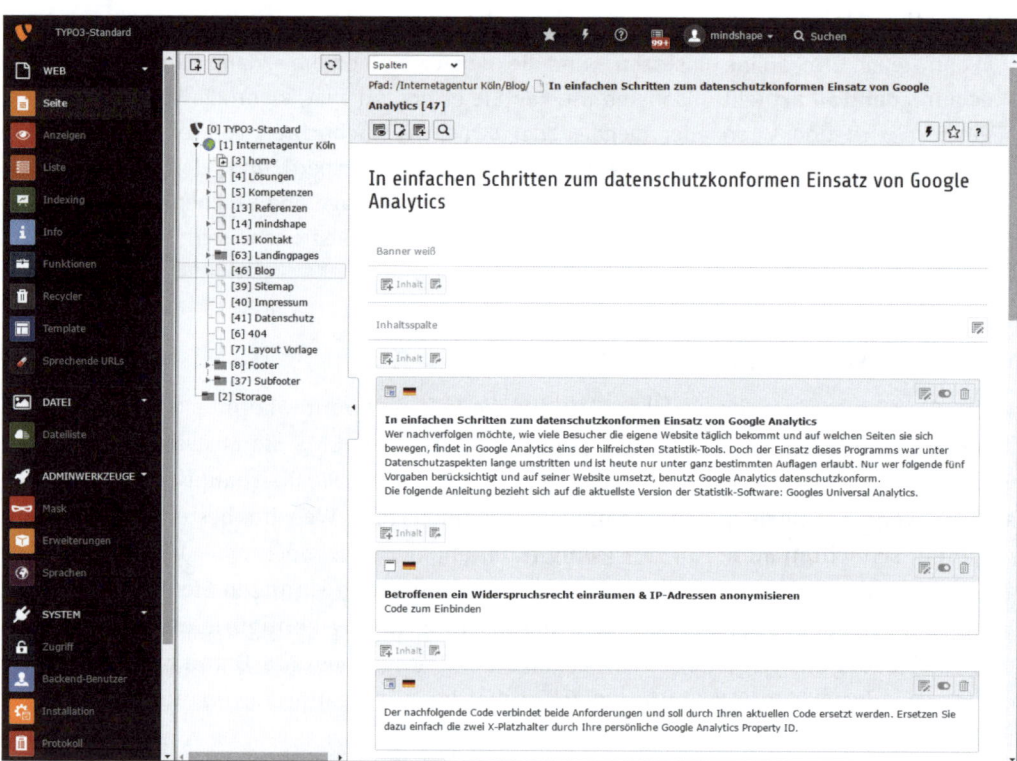

Abbildung 16.3 Das Backend im CMS TYPO3

TYPO3 enthält einen Seitenbaum, mit dem Sie umfangreiche Seitenstrukturen sehr gut überblicken und verwalten können (siehe Abbildung 16.3). Auch mehrsprachige Website-Projekte lassen sich sehr komfortabel erstellen. Bei der Gestaltung der einzelnen Webseiten haben Sie wesentlich flexiblere Gestaltungsmöglichkeiten, als

WordPress sie erlaubt. TYPO3 ist zwar etwas komplexer im Aufbau – und daher unter Umständen auch etwas kostenintensiver, wenn Sie es professionell konfigurieren lassen –, es bietet aber wesentlich mehr technische und gestalterische Möglichkeiten und bringt dabei eine größere Stabilität mit. Wenn Ihr Unternehmen wächst, kann TYPO3 mitwachsen und ist auf lange Sicht für größer geplante Websites nachhaltiger und rentabler. Wir haben in Tabelle 16.1 die beiden Systeme mit ihren Vor- und Nachteilen einander gegenübergestellt.

	WordPress	TYPO3
Einsatzzwecke	▸ kleinere Website-Projekte ▸ Blogs	▸ größere Website-Projekte ▸ Websites, die sich die Option auf Vergrößerung offen halten möchten
Vorteile	▸ Open Source ▸ intuitive Bedienung ▸ aus dem Backend konfigurierbar ▸ unendlich viele Vorlagen und Plug-ins ▸ große DIY-Community als Support-Netzwerk ▸ kostengünstig	▸ Open Source ▸ für beliebig komplexe Websites geeignet ▸ stabil auch bei größeren Projekten ▸ skalierbar ▸ Seitenbaum zur Visualisierung der Website-Struktur
Nachteile	▸ bei komplexeren Websites oft instabil ▸ Zu viele Plug-ins können das System instabil und langsam machen.	▸ Konfiguration komplexer ▸ dadurch kostenintensiver

Tabelle 16.1 Gegenüberstellung der beiden CMS WordPress und TYPO3

Wenn Sie einen Relaunch planen und immer noch kein CMS oder aber ein *proprietäres System* verwenden, möchten wir Ihnen nahelegen, zu einem der genannten CMS zu wechseln. Proprietäre Systeme sind solche, deren Code urheberrechtlich geschützt und herstellerspezifisch ist, im Gegensatz zu *freier Software*, deren Code Open Source ist. Mit einem proprietären System sind Sie bis zum nächsten Relaunch an den Anbieter gebunden. Es ist fraglich, ob sich diese neben den hier genannten hervorragenden freien Systemen langfristig halten können, um Ihnen den nötigen Support zu bieten. Agenturen arbeiten in den meisten Fällen mit einem der beiden Systeme TYPO3 oder WordPress, weil Sie damit auf ganzer Linie besser fahren.

16

> **Praxistipp: Wachstum mit einberechnen**
>
> Häufig wachsen eine Agentur und deren Kunden nicht gleich schnell. So entsteht auf einmal bei einem schnell wachsenden Kunden Bedarf, den eine kleinere Agentur nicht mehr abdecken kann. Oder eine Agentur wächst und ein Kunde wird auf einmal »zu klein«. In diesem Fall – und in vielen anderen – ist es gut, wenn Sie Ihre Website auf einem CMS installiert haben, das auch von anderen Agenturen betreut werden kann. Beachten Sie diesen Umstand bei der Wahl des geeigneten CMS.

16.3.3   Relaunch: Auf einem bestehenden System aufbauen?

Wenn Sie eine bestehende Website haben, die mit einem CMS erstellt wurde, haben Sie zwei Möglichkeiten für einen Relaunch:

▶ Sie nutzen die alte CMS-Installation weiter und überarbeiten es im Zuge eines Relaunches.

▶ Sie installieren eine frische CMS-Installation, d. h. eine neue Version desselben CMS, oder Sie wechseln das gesamte System.

Unabhängig davon, für welche Möglichkeit Sie sich entscheiden, gibt es einen grundlegenden Aspekt, den Sie für die Erstellung eines Relaunches beherzigen sollten:

Erstellen Sie Ihren Relaunch – ebenso wenig wie ein neues Website-Projekt – nicht offen im Web. Nutzen Sie ein separates, geschütztes Entwicklungssystem. Hierzu können Sie einen separaten Server verwenden, beispielsweise wenn Sie ein neues Hosting-Paket erworben haben, auf dem Sie den Relaunch parallel zu Ihrer bestehenden Website erstellen. Ihre alte Website soll ja bis zum Relaunch weiterhin für Ihre Besucher erreichbar sein – und zwar in ihrem alten Glanz und nicht als halbfertige Baustelle. Alternativ können Sie auch denselben Server nutzen und den Relaunch unter einer Subdomain erstellen. Wenn beispielsweise Ihre bestehende Website unter *www.ihrewebsite.de* erreichbar ist, erstellen Sie Ihre neue Website unter *www.neu.ihrewebsite.de*. Subdomains haben den Vorteil, dass Sie nicht registriert werden müssen, sondern einfach auf Ihrem Server erstellt werden können. Meist können Sie eine Subdomain im Kundenkonto Ihres Hosting-Anbieters einrichten, verwalten und jederzeit ohne großen Aufwand wieder entfernen. Dieses Entwicklungssystem sollten Sie bis zur Fertigstellung schützen. Wie Sie hierbei vorgehen, zeigen wir Ihnen in Abschnitt 21.1.

> **Praxistipp: Entwicklungssysteme immer schützen!**
>
> Wir haben es schon sehr häufig erlebt, dass ein Development- oder Relaunch-System parallel zur alten Website aus Versehen öffentlich erreichbar ist. Das Schlimme daran ist: Google indexiert die neue Domain und findet sie meist auch besser.

Schlimmstenfalls gehen dann Kontaktanfragen oder Einkäufe verloren, weil sie im Testsystem auflaufen. Um diesen Wirrwarr aufzulösen, benötigt man dann Monate und teilweise Jahre, bis der Google-Index wieder sauber ist. Daher schützen Sie die Entwicklungs- und Relaunch-Systeme über Passwörter oder IP-Sperren. Niemals darf ein Entwicklungssystem online frei erreichbar sein.

Wenn Sie mit Ihrem bisherigen CMS arbeiten möchten, erstellen Sie eine Kopie Ihrer bestehenden Website auf dem Entwicklungsserver. Mit einem bestehenden System haben Sie natürlich die Möglichkeit, das Design zu überarbeiten, um der Website neues Leben einzuhauchen, indem Sie ein neues Template erstellen oder erwerben. Sie können auch die Informationsarchitektur anpassen und Ihre Inhalte und die Struktur Ihrer Website überarbeiten. Hier sollten Sie allerdings immer bedenken, dass ein bestehendes System Layoutveränderungen nur in einem begrenzten Rahmen zulässt.

Wenn Sie mehr Flexibilität in der Überarbeitung benötigen, sollten Sie über eine frische Installation Ihres CMS nachdenken. So können Sie komplett bei null anfangen und Ihre Website nach Ihren Wünschen aufbauen und umsetzen. Hier wäre theoretisch der Punkt, an dem Sie darüber nachdenken sollten, ob Sie das bisherige CMS in einer neuen Installation weiternutzen möchten oder ob es vielleicht gute Gründe gibt, zu einem anderen zu wechseln. Wenn Ihre alte Website beispielsweise auf WordPress basiert, Sie aber für den Relaunch mehrere Domains in einem CMS unterbringen wollen, eine Anbindung an verschiedene, individuelle Schnittstellen planen sowie sieben Sprachen anbieten möchten, dann kann es ratsam sein, zu TYPO3 zu wechseln.

Eine Neuinstallation des bisherigen oder auch eines anderen CMS hat natürlich zunächst einmal den Nachteil, dass es kostenintensiver ist, das neue System zu konfigurieren und die nötigen Erweiterungen erneut zu erstellen und anzupassen. Selbst bei einer frischen Installation des gleichen CMS kommt es oft vor, dass komplexere, individuell für eine Website erstellte und an die CMS-Version angepasste Erweiterungen nicht einfach übernommen werden können. Oft haben CMS auch Schnittstellen, über die sie an Drittsysteme angebunden sind, wie z. B. Buchungssoftware oder spezielle Datenbanksysteme. Dann kann es ebenfalls vorkommen, dass diese Anbindung nicht ohne besonderen Zeit- und Kostenaufwand auf ein neues System übertragen werden kann. Der Wechsel des CMS ist nicht nur in der Erstellung kostenintensiver. Für Ihre Redakteure bedeutet ein neues System ein Umlernen und die Gewöhnung an eine neue Software. Sofern sie nicht schon vorher bekannt ist, ist der Übergangsprozess vergleichbar lernintensiv wie der Wechsel von einem Windows-PC auf einen Mac- oder einen Linux-Computer.

Für viele Website-Betreiber überwiegen aber die Vorteile und die vielen Möglichkeiten einer Neuinstallation, ganz nach dem Motto: »Wenn schon Relaunch, dann auch

16

richtig!« Natürlich geht das nur, sofern das Budget und die Kapazitäten vorhanden sind, sie umzusetzen. Ist das nicht der Fall, nutzen Sie, was Sie haben, und machen Sie das Beste daraus. Die konzeptionellen Schritte können Sie natürlich genauso in ein bestehendes System einarbeiten, wenn Sie seine Rahmenbedingungen beachten. Und auch das Design-Template können und sollten Sie austauschen und durch eine neue, »frische« Anmutung ersetzen, die der aktuellen Ästhetik (siehe Kapitel 18, »Designen Sie Ihre Website kommunikationsorientiert – Material Design und das Look & Feel«) entspricht.

16.4   Standardkonformes HTML und CSS verwenden

Wenn Sie eine Website erstellen, achten Sie darauf, Technologien zu verwenden, die dem aktuellen Standard entsprechen und eine weitläufige Unterstützung erfahren. Früher wurde zur Erstellung von Websites häufig Flash verwendet. Damit konnten aufwendige Animationen in die Website eingebunden oder auch die gesamte Website programmiert werden. Mittlerweile ist Flash quasi tot, denn es hat heute so gut wie keine praktische Verwendung mehr, und Adobe hat angekündigt, Flash 2020 einzustellen. Von Beginn seiner Einführung an wurde es seitens der »ganz Großen« der Branche verschmäht: Apple hat das Format nie unterstützt, und auch bei Google war es äußerst unbeliebt, da Flash-Inhalte von Suchmaschinen nicht analysiert werden können.

Heute werden und sollten alle Websites in HTML und CSS programmiert werden – idealerweise in den neusten Versionen HTML5 und CSS3, denn sie bieten viele Gestaltungsmöglichkeiten und können von allen aktuellen Browsern dargestellt werden. HTML5 und CSS3 bieten beispielsweise zahlreiche Animationsmöglichkeiten – wie früher mittels Flash – und noch viele weitere Vorteile. Gezielte Animationen sind erst seit CSS3 möglich. Sie zeigen eine Zustandsveränderung eines Elements an, wie beispielsweise normaler Button vs. gedrückter Button. Diese sind vor allem für den Besucher sinnvoll, denn sie visualisieren, dass sich für ihn etwas ändert. In Abbildung 16.4 sehen Sie ein verspieltes Beispiel für eine Animation, die die Umschaltung zwischen zwei Zuständen (links und rechts) anzeigt. Aber auch Pfadanimationen, interaktive Spiele – auch in 3D – und viele weitere moderne und zeitgemäße Umsetzungen lassen sich mit HTML5 und CSS3 erreichen.

Mit HTML/CSS können Sie Ihre Website in jedem Sinne des Wortes barrierefrei erstellen. Früher wurden HTML-Tabellen genutzt, um linke Spalte, rechte Spalte und den Hauptbereich in der Mitte zu layouten. Das war noch die Zeit nicht responsiver Websites (siehe Kapitel 10, »Website-Konzeption im mobilen Zeitalter«). Heute ist responsives Webdesign selbstverständlich und wird je nach Zielgruppe sogar *Mobile*

First entwickelt. Dabei wird zunächst das Layout für mobile Geräte angelegt und von dort aus für Desktops angepasst.

 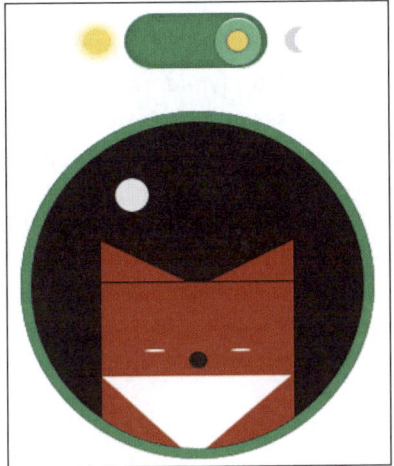

Abbildung 16.4 CSS3-Animation (Quelle: goo.gl/52e37F)

Praxistipp: Barrierefreies HTML

Echte Barrierefreiheit ist praktisch schwer zu erreichen. Um alle Kriterien zu erfüllen, müssen zum Beispiel alle Videos transkribiert werden. Die Grundlage bilden die Web Content Accessibility Guidelines (WCAG 2.0), die technikneutral Barrierefreiheit formulieren und beschreiben. Details finden Sie unter *w3.org/Translations/WCAG20-de/*.

In der Praxis hat sich bewährt, zumindest die Stufe »barrierearm« zu erreichen. Damit können meist auch z. B. Sehbehinderte gut Websites wahrnehmen. Aber es geht bei der Barrierefreiheit nicht immer nur um Handicaps: Auch ein Nutzer eines kleines Displays erfreut sich einer barrierearmen oder -freien Website, weil diese Darstellung einen angenehmen Website-Besuch ermöglicht. Eine zumindest barrierearme Website ist also definitiv Pflicht heutzutage.

Wenn Sie ein CMS einsetzen, müssen Sie ein Design- und Layout-Template verwenden, das dann gemeinsam mit den erstellten Inhalten in die HTML-Dateien einfließt. Ein Template für Ihr CMS können Sie selbst entwickeln, wenn Sie die nötigen Kenntnisse mitbringen. Eine sehr weit verbreitete Alternative ist die Nutzung eines vorhandenen HTML-Templates, die kostengünstig oder sogar kostenfrei erhältlich sind. Solche Templates enthalten viele Bausteine und sind für viele Websites sehr gut geeignet. Auch im Backend von WordPress gibt es einen Zugang zu zahlreichen Templates, die Sie sogar »auf Klick« direkt installieren können. Für komplexere CMS, wie z. B. TYPO3, können Sie ein fertiges HTML-Kauf-Template auch »zerlegen« und dann in TYPO3 als Template integrieren. So können Ihre Redakteure die einzelnen Inhaltselemente beliebig unter- und nebeneinander verarbeiten und lebendigere Webseiten bauen.

Ob der HTML-Code Ihres Website-Templates letztlich standardkonform ist, können Sie mit dem W3C-Validator (*validator.w3.org/*) testen. Dabei geht es weder im Bereich SEO noch in der Browseransicht darum, 100 % valide zu sein, denn sowohl Browser als auch Crawler sind sehr fehlertolerant. Ihr Template-Code sollte allerdings keine schweren oder kritischen Fehler enthalten.

Kapitel 17

Die wichtigsten Grundlagen kluger Designentscheidungen – Wahrnehmungsprinzipien, User Experience und Usability

Es gibt sie – Regeln für gut wahrnehmbare Designs! Sie lernen hier die wichtigsten Prinzipien zur Wahrnehmung von Websites. Auf der Basis dieser Ansätze werden Sie klügere Designentscheidungen treffen und somit bessere Websites für Ihre Besucher gestalten.

Bevor es an die Konzeption von Design und Layout Ihrer Website geht, haben wir einige Aspekte für Sie zusammengestellt, damit Sie begründete Gestaltungsentscheidungen treffen können. Designs sollten nicht nur aus rein ästhetischen Aspekten entstehen, sondern auch aus bewussten wahrnehmungspsychologischen Entscheidungen heraus. Der wichtigste Leitsatz für diese Phase der Website-Erstellung ist wie für alle bisherigen Phasen: Begreifen Sie Ihre Website als Marketing- und Kommunikationsinstrument im Sinne eines Sender-Empfänger-Systems. Dabei geht es darum, dass Sie sich in den Empfänger, also Ihre Zielgruppen, hineinversetzen und Ihre Kommunikationsbotschaft so verpacken, dass sie sie klar und deutlich verstehen. Kreieren Sie also keine schicke, pompöse Hochglanz-Website, mit der Sie sich oder Ihr Unternehmen in aller Pracht vorstellen, die in ihrer Bedienung aber kompliziert und wenig intuitiv ist. Verpassen Sie Ihrer Informationsarchitektur eine rundum gelungene, besucherorientierte Benutzeroberfläche (*User Interface*). Sie erinnern sich: Form follows function. Lassen Sie die Funktionen Ihrer Website das Design und die Gestaltung wichtiger Elemente bestimmen, bevor Sie sich um rein ästhetische Designfragen kümmern. Wir sprechen uns natürlich nicht grundsätzlich gegen ein ästhetisches Design Ihrer Website aus, denn ein funktionales *und* attraktives Design ist das Optimum bei der Gestaltung Ihres Webauftritts. Es geht vielmehr darum, das richtige Maß bzw. ein Gleichgewicht zwischen Funktionalität und Benutzerorientierung auf der einen Seite sowie Design und ästhetisch-stilvoller Gestaltung auf der anderen Seite zu finden.

17

Praxistipp: Die passende Agentur

Bei der Agenturwahl sollten Sie immer auf deren Entstehungsgeschichte und Ausrichtung achten. Wählen Sie eine eher designorientierte Werbeagentur, dann erhalten Sie meist eine ohne Frage schicke Website, vielleicht auch frech und definitiv optisch innovativ. Online-Marketing-Aspekte werden aber meist nur bedingt berücksichtigt. Bei sogenannten Inbound-Agenturen (oder auch Internetagenturen, Webagenturen oder Digital-Agenturen) liegt der Fokus meist beim Online-Marketing einer Website. Hier kommt auch mal ein gutes, innovatives Design oft zu kurz oder muss extern eingekauft werden. Natürlich gibt es auch Agenturen, die beide Welten miteinander verbinden. Machen Sie sich also genaue Gedanken darüber, welchen Partner Sie für Ihre Website über die nächsten Jahre benötigen. Budgets spielen unserer Erfahrung nach dabei zunächst weniger eine Rolle – eine falsche Partnerwahl kostet so oder so unnötig mehr.

Um ein gutes, funktionales Design zu entwerfen, brauchen Sie ein gutes Verständnis davon, wie Ihre Besucher Websites wahrnehmen. Wenn Sie diese Prinzipien erkennen, können Sie sie bei der Gestaltung Ihrer Website und der verschiedenen Kommunikationselemente nutzen (siehe Abschnitt 17.1). Sie können die Aufmerksamkeit Ihrer Besucher gezielt auf diejenigen Aspekte lenken, mit denen Sie die gewünschten Erfolge erzielen. Ergänzend dazu stellen wir Ihnen in Abschnitt 17.2 das Konzept der *User Experience* (kurz *UX*) und *Usability* vor. Dazu gehört, dass Sie Ihren Besuchern die Benutzung Ihrer Website erleichtern, indem Sie ihre Bedienbarkeit benutzerorientiert optimieren. Wie Sie Ihr Designkonzept entwickeln und die Entwicklungsstadien mit verschiedenen Tools visualisieren können, zeigen wir Ihnen abschließend in Abschnitt 17.3.

17.1   Wahrnehmungsprinzipien und wie Sie sie bei der Website-Gestaltung integrieren können

In diesem Abschnitt stellen wir Ihnen einige wichtige Prinzipien der menschlichen Wahrnehmung vor, die jeder Webuser mitbringt. Bereits in Kapitel 2, »Website trifft auf Gehirn: Warum es sich lohnt, den Besucher zu verstehen und seine Perspektive in der Website-Konzeption zu berücksichtigen«, haben Sie erfahren, dass der Mensch bestimmte Denk- und Aufmerksamkeitsmodi anwendet, wenn er die Welt wahrnimmt und diese Eindrücke verarbeitet. Bei der Verarbeitung jeglicher Informationen gibt es ein zugrunde liegendes Prinzip, die Mustererkennung, das die menschliche Wahrnehmung prägt: Unser Gehirn ist darauf ausgelegt, in allem Strukturen und Zusammenhänge zu erkennen. Auf Websites werden hierzu räumliche und visuelle Wahrnehmungsprinzipien angewandt, mit denen die Webuser bewerten, welche Informationen wichtig sind, und entscheiden, wie sie mit der Website interagieren können und möchten.

Teilweise beruhen diese Prinzipien – teils auch bekannt als *Gestaltprinzipien* – auf der Grundausstattung der menschlichen Kognition und teilweise auf individuellen Erfahrungen. Das Gehirn erkennt und analysiert dargebotene Informationen automatisch. Es erkennt sowohl Unterschiede und Hierarchien als auch zusammengehörige Elemente – wie Sie sehen werden, teilweise auch dort, wo gar keine direkten Zusammenhänge vorhanden sind.

Bei der Gestaltung einer Website geht es also nicht nur darum, einzelne Elemente hübsch zu gestalten. Wesentlich entscheidender ist, dass Sie Relationen zwischen Elementen gestalten. Designen Sie die Website-Elemente so, dass dem Webuser unmissverständlich klar wird, zu welchen anderen Elementen sie gehören und von welchen sie sich unterscheiden sollen: Durch Einhaltung oder gezielten Bruch der folgenden Wahrnehmungsprinzipien verbinden Sie Elemente oder heben einzelne Elemente hervor. An dieser Stelle dienen die Wahrnehmungsprinzipien vornehmlich als Grundlage für die optische Gestaltung Ihrer Website. Sie lassen sich jedoch leicht abstrahieren und zur Gestaltung anderer Elemente adaptieren, wie beispielsweise Content- und Textstruktur, sprachliche Formulierungen, Medien etc.

17.1.1   Nähe

Räumliche Nähe wird als Zusammengehörigkeit interpretiert: Elemente, die näher beieinander platziert werden, werden als eine Gruppe oder sogar als ein Ganzes angesehen. In Abbildung 17.1 werden die meisten von Ihnen statt 50 Quadraten wahrscheinlich eher je fünf Quer- (links) und Längsstreifen (rechts) oder auch je fünf Balken (links) und fünf Säulen (rechts) sehen.

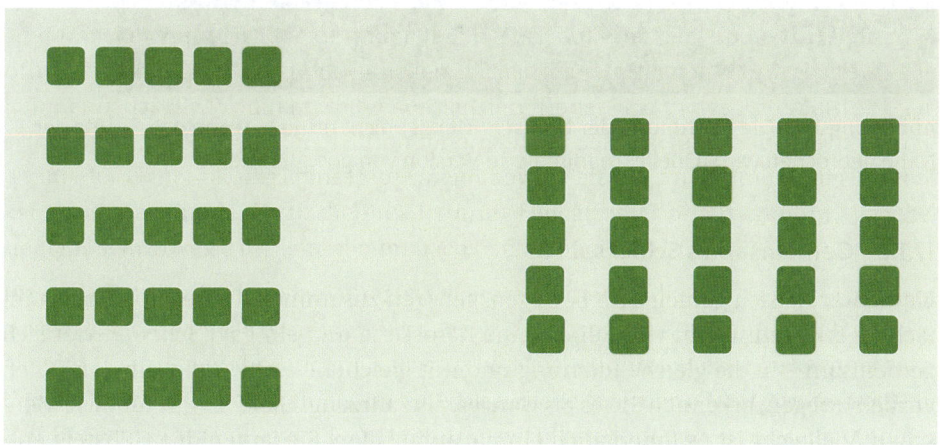

Abbildung 17.1 Das Wahrnehmungsprinzip der Nähe

Auf Websites können Sie das Prinzip der Nähe auch anwenden. Gruppieren Sie zusammengehörige Elemente auch räumlich näher beieinander, und positionieren

Sie Elemente, die nicht zusammen verarbeitet werden sollen, weiter voneinander entfernt. Achten Sie beispielsweise darauf, dass Sie bei Übersichten, etwa Ergebnislisten oder Artikel-Teasern, die Überschrift, den Preis, Absätze oder ähnliche dazugehörige Elemente näher an das Objekt rücken, zu dem sie gehören, als an das Objekt oder den Text, der vorausgeht. Anordnungen wie in Abbildung 17.2 sind ein häufiger Fehler im Webdesign und verwirren die Besucher, da sie die Überschriften den Abschnitten nicht zuverlässig zuordnen können.

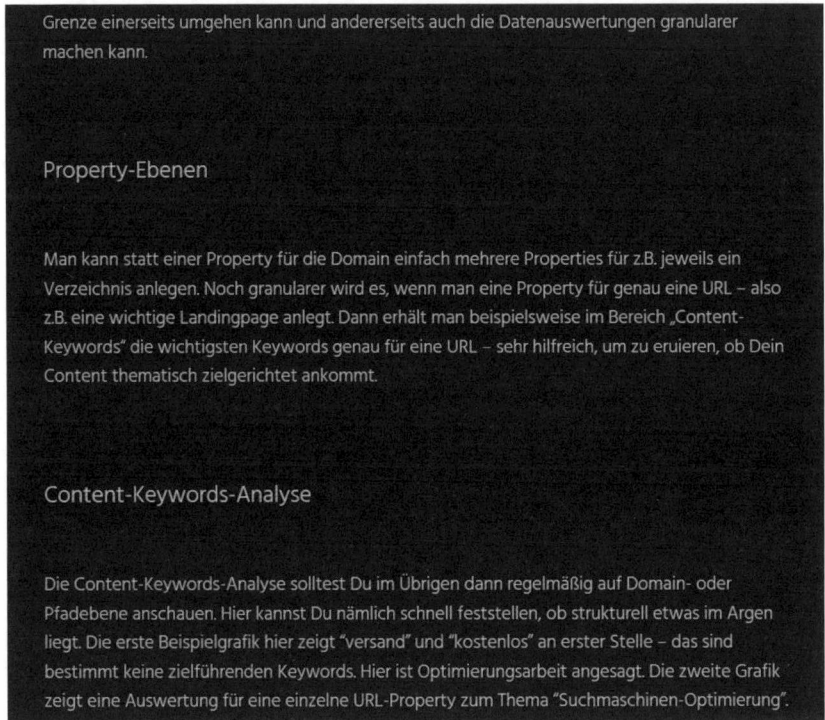

Abbildung 17.2 Die Zuordnung der Überschriften ist nicht intuitiv, wenn das Gesetz der Nähe gebrochen wird (Quelle: manipulierte Version von goo.gl/vzLRSp)

17.1.2   Gemeinsames Schicksal

Elemente, die sich gemeinsam bewegen, gehören zusammen. Dieses Prinzip ist einfach zu erklären: Wenn vier Reifen, eine Karosserie und ein Paar Scheinwerfer sich gemeinsam – in die gleiche Richtung und mit gleicher Geschwindigkeit – an Ihnen vorbeibewegen, erkennen Sie es als Ganzes, als Fahrzeug. Gleiches gilt für zwei Menschen. Vielleicht ist es Ihnen auch einmal aufgefallen: Sie laufen den Gehsteig entlang und sehen zwei Menschen an Ihnen vorbeigehen. Sie gehen im gleichen Tempo und nebeneinander. Sie gehen automatisch davon aus, dass es sich um ein Paar oder zumindest Bekannte handelt – bis einer von den beiden kurz darauf etwas schneller geht und an dem anderen vorbeizieht oder abbiegt.

Auf Websites können Sie dieses Prinzip für zusammengehörige Elemente nutzen, indem Sie sie durch Animationen gemeinsam bewegen. Wenn Sie z. B. dem Benutzer ein Feedback über den Klick des Buttons »In den Warenkorb« geben möchten und gleichzeitig eine kleine Zahl im Warenkorbsymbol einblenden, erkennt der Besucher den Zusammenhang, und das Feedback auf seine Interaktion wird verstärkt. Ähnliches gilt etwa für Bilder-Slider. Die sollten sich auch samt den dort platzierten Inhaltselementen alle in die gleiche Richtung bewegen – oder eben nicht, wenn Sie besondere Aufmerksamkeit erzielen möchten!

17.1.3   Gleichheit/Ähnlichkeit

Ähnlichkeit oder Gleichheit wird ebenfalls als Zusammengehörigkeit interpretiert. Elemente, die gleich aussehen, also die gleiche Form, Farbe und/oder Größe haben, gehören zusammen. Wenn Sie sich die drei Objektgruppen in Abbildung 17.3 ansehen, erkennen Sie links drei Dreiecke inmitten von Vierecken. Sie werden diese beiden Formen – Dreiecke vs. Vierecke – automatisch getrennt gruppieren. In der Mitte sehen Sie drei grüne Objekte inmitten von schwarzen Objekten. Sie werden hier wahrscheinlich intuitiv zwei farblich getrennte Objektkategorien gruppieren. Dass in der Mitte immer noch drei Dreiecke inmitten von Vierecken zu sehen sind, wird von der Farbwirkung übertüncht, da Farbe eine stärkere Signalwirkung hat als Form. Ganz rechts schließlich sehen Sie Objekte, die sich in Form, Farbe und Größe unterscheiden. Welche Gruppen würden Sie bilden?

Abbildung 17.3 Das Prinzip der Ähnlichkeit/Gleichheit

Unser Tipp ist, dass Sie – wie wir – wahrscheinlich zunächst zwei Farbgruppen, Grün und Schwarz, gebildet und innerhalb der schwarzen Objekte nach Größe, wie z. B. klein, mittel, groß, gruppiert haben, bevor Sie auf die Form achten.

Bei der Gestaltung Ihrer Website können Sie dieses Prinzip ebenfalls anwenden, um visuelle Hierarchien zu bilden. Ihre Besucher werden bei gleich gestalteten Elementen ebenso davon ausgehen, dass sie die gleiche Funktion ausführen. Elemente, die dieselbe Aufgabe haben, wie beispielsweise Hauptmenüpunkte in der Navigation, Links oder Buttons, sollten daher gleich gestaltet werden (Farbe, Größe und Form).

Umgekehrt gilt ebenfalls, dass Elemente, die unterschiedliche Funktionen haben, auch unterschiedlich aussehen sollten. Ein Button sollte wie ein Button aussehen und nicht wie ein einfacher Link – und umgekehrt.

In Abbildung 17.4 sehen Sie verschiedene Funktionselemente auf der Website des Notizbuch-Tools *Evernote*. Grundsätzlich sind erst einmal alle Aktionselemente, wie der Play-Button, der ein Video startet, sowie Buttons zum Registrieren, in der gleichen Farbe gestaltet, nämlich grün. So weiß der Besucher, dass sie die gleiche Eigenschaft haben, nämlich klickbar zu sein. Somit schließen die Besucher ebenfalls darauf, dass sich hinter den Buttons die Aktionsmöglichkeit verbirgt, die durch die Aufschrift oder das bekannte Pfeilsymbol identifiziert wird.

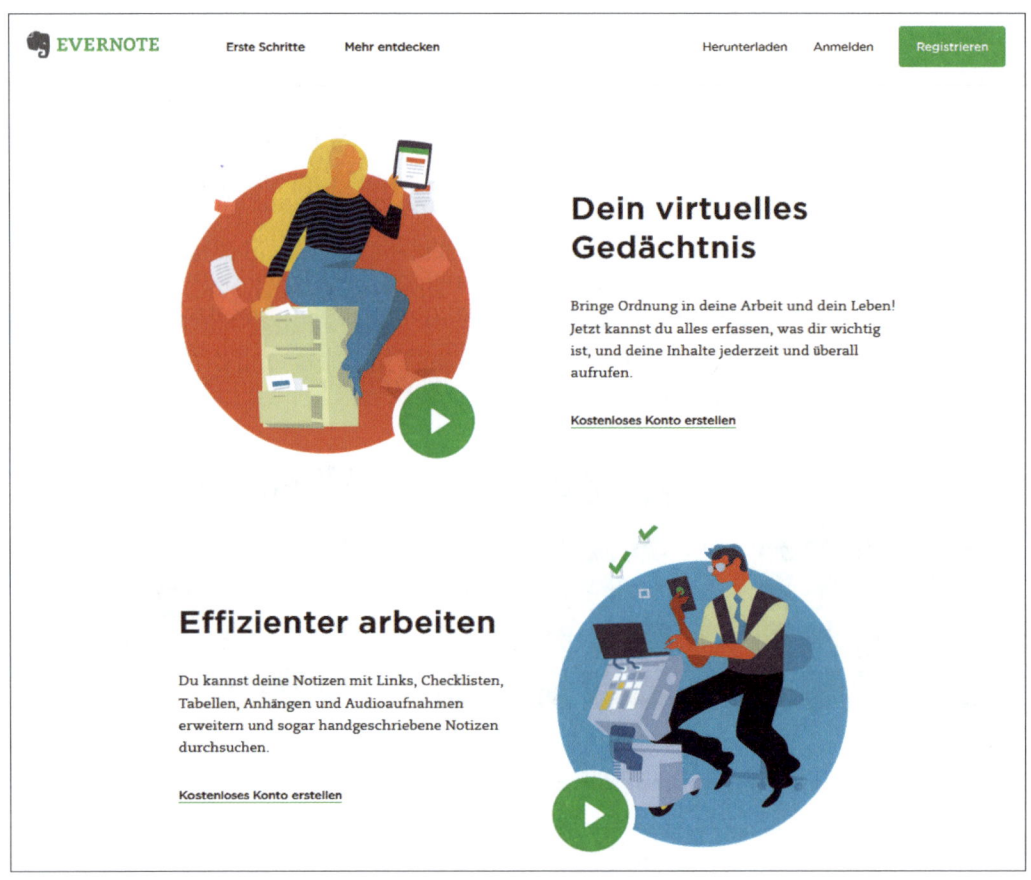

Abbildung 17.4 Das Gesetz der Gleichheit – gleiche Funktionen sehen gleich aus (Quelle: evernote.com/intl/de/).

Die Play-Buttons, die alle die Funktion haben, Videos abzuspielen, sind wiederum in der gleichen Form und Größe gestaltet. Durch diese Gleichheit in der Gestaltung weiß der Besucher, dass diese Buttons dieselbe Funktion auslösen.

Stellen Sie sich vor, der untere Play-Button wäre bei gleicher Funktion eckig, doppelt so groß und enthielte die Aufschrift »Abspielen« wie der obere. Würden Sie als Besucher davon ausgehen, dass beide Buttons dasselbe tun, nämlich ein Video abspielen? Wahrscheinlich wären Sie zunächst einmal verwirrt und würden zögern, einen der beiden zu klicken. Das kostet Sie als Besucher Zeit und Hirnschmalz, die Sie sicher nicht aufgrund inkonsistenten Designs ein zweites Mal verschwenden würden.

Da der »Registrieren«-Button im Gegensatz dazu eckig geformt ist und kein Pfeilsymbol zeigt, weiß der Besucher, dass er eine andere Funktion erfüllt.

17.1.4   Geschlossenheit

Das Gehirn bevorzugt geschlossene Objekte oder Gruppen, da Einheiten auf diese Weise leichter erkannt werden können. Geschlossenheit suggeriert also wie Nähe und Gleichheit ebenfalls Zusammengehörigkeit. Das Gehirn hat durch diese Präferenz sogar die Fähigkeit, eventuelle Lücken zu ergänzen, um Geschlossenheit zu erreichen, wie Sie in Abbildung 17.5 sehen. Ihr Gehirn ergänzt automatisch die fehlenden Stücke zu einem zusammengehörigen Objekt, einem Stern. Hier zeigt sich, dass die Prinzipien durch unsere Erfahrung erweitert werden, da wir Objekte, die wir kennen, schneller erkennen als unbekannte.

Abbildung 17.5 Das Prinzip der Geschlossenheit

Umgekehrt besagt dieses Prinzip auch, dass Menschen es bevorzugen, die Abgrenzungen von und zwischen Elementen direkt zu erkennen. Auf diesem Prinzip beruht das Kacheldesign, das häufig auf Blogs oder Magazinen verwendet wird. Die Abgrenzung durch Karten oder Rahmen, in denen die Inhalte eingefasst sind, zeigt die Geschlossenheit eines Website-Elements, das der Besucher somit zuverlässig von anderen Elementen unterscheiden kann (siehe Abbildung 17.6).

Abbildung 17.6 Das Prinzip der Geschlossenheit in Form eines Kachel- oder Kartendesigns (Quelle: ugsmag.com)

Sie können dieses Prinzip auch für andere Elemente nutzen, die zusammengehören, wie beispielsweise Formulare, Social-Media-Buttons, die Sie gruppieren, oder auch kleinere Login-Felder. Zeigen Sie die Grenzen der Formularfelder durch Rahmen an, damit sie als solche erkennbar sind. Fehlende Markierungen der Felder mögen zwar einer modernen, minimalistischen Ästhetik entsprechen, verwirren die Besucher aber eher.

17.1.5 Kontinuität

Ein wichtiges Prinzip, das Sie bereits in Kapitel 2, »Website trifft auf Gehirn: Warum es sich lohnt, den Besucher zu verstehen und seine Perspektive in der Website-Konzeption zu berücksichtigen«, kennengelernt haben, ist das Prinzip der Kontinuität oder Fortsetzungserwartung. Aufgrund seiner Erfahrung hat der Mensch bei der Interaktion mit anderen Menschen oder Medien die Erwartung der Kontinuität, vor allem wenn Sinneinheiten nicht geschlossen sind. Wenn Objekte, Texte, Gespräche nicht abgeschlossen sind, antizipiert der Mensch, dass sie weitergeführt werden, bis sie in sich abgeschlossen sind. Hier spricht man von der *Fortsetzungserwartung*. In Abbildung 17.7 sehen Sie auf der linken Seite ein Objekt, das Sie sicher als Stern identifizieren, auch wenn auf der Bildfläche kein vollständiger Stern zu sehen ist. Sie erwarten aber, dass der Stern im nicht sichtbaren Bereich vervollständigt wird und ergänzen so die Figur zu einem Stern – dies könnte man auch mit dem Prinzip der Geschlossenheit erklären, die beiden Prinzipien sind im Grunde verschiedene Blickwinkel auf das gleiche Phänomen.

Abbildung 17.7 Das Prinzip der Kontinuität

Für Texte und Gespräche gilt das Gleiche. Wenn Sie den kurzen Beispieltext in Abbildung 17.7 rechts anschauen und lesen, werden Sie ihn, obwohl Teile komplett fehlen und die letzte Zeile nur halb sichtbar ist, automatisch ergänzen zu »... dass er im nicht sichtbaren Bereich fortgeführt wird« oder »... dass er im nicht sichtbaren Bereich weitergeht«. Dass er auch auf der rechten Seite leicht angeschnitten ist, so dass der Buchstabe »g« in »Erfahrung« nicht vollständig ist und dadurch auch das anschließende Komma fehlt, nehmen Sie wahrscheinlich nicht einmal wahr. Ihr Gehirn ergänzt den Text automatisch. Das geschieht aufgrund Ihrer Erfahrung und der Fortsetzungserwartung unwillkürlich, ganz ohne Ihr aktives Zutun.

Auf Websites gilt dieses Prinzip besonders stark in der Navigation und Verlinkung auf Websites. Wenn ein Besucher auf einen Link oder einen Menüpunkt mit einem bestimmten Ankertext klickt, erwartet er auch eben das auf der folgenden Seite zu finden, was der Linktext auf der vorherigen Seite ihm versprochen hat. Er erwartet, dass sein Website-Besuch auf eine bestimmte Weise fortgesetzt wird. Wird die Erwartung nicht erfüllt, ist der Besucher zumindest überrascht, wenn nicht sogar verwirrt. Klickt ein Besucher beispielsweise auf den Menüpunkt »Portfolio« im Hauptmenü einer Künstler-Website, erwartet er, auf eine Unterseite derselben Website zu gelangen, die das Portfolio präsentiert. Öffnet sich beim Klick allerdings ein neues Browserfenster, das den Besucher zu einer neuen Domain und einer völlig anderen Website führt, wie in Abbildung 17.8 ein Klick auf BLOG, ist er zunächst irritiert, da er plötzlich, ohne Vorwarnung und unfreiwillig die zuvor von ihm gewählte Website verlassen muss.

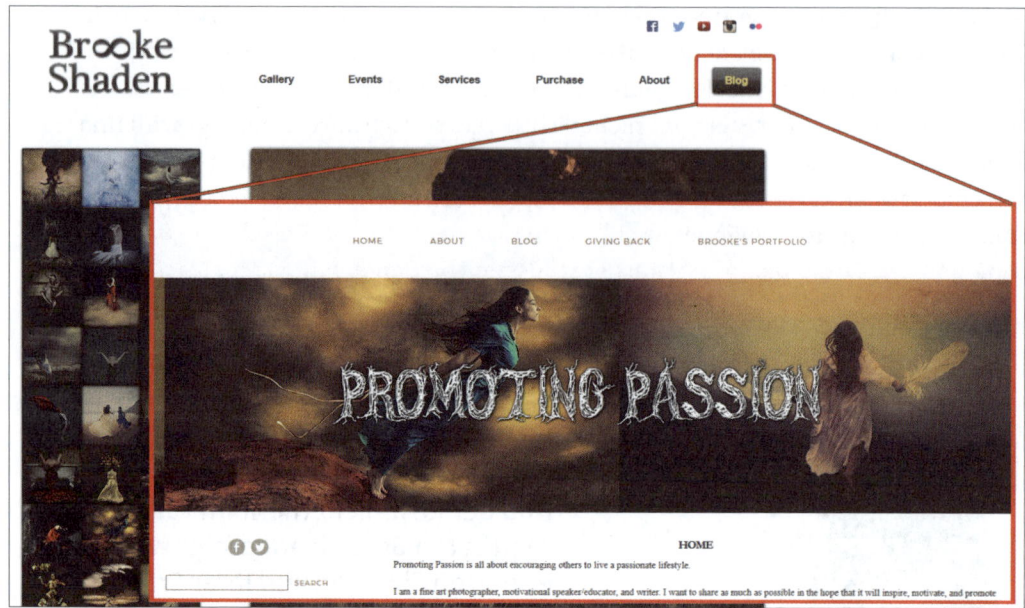

Abbildung 17.8 Bruch des Kontinuitätsprinzips (Quellen: brookeshaden.com, promotingpassion.com)

Der Hauptmenüpunkt BLOG in der ursprünglichen Website (siehe Abbildung 17.8 im Hintergrund) suggeriert, dass es sich um ein in die Website eingebettetes Blog handelt. Beim Klick wird der Besucher allerdings in einem neuen Browserfenster auf eine neue Website geleitet. Diese trägt einen ganz anderen Titel, als der Ankertext »Blog« im Hauptmenü der ersten Website suggeriert, nämlich »Promoting Passion« (siehe Abbildung 17.8 im rechten Vordergrund). Darüber hinaus landet der Besucher auch nicht auf einer Website des Typs *Blog*, sondern erst einmal auf einer »normalen« Startseite dieser neuen Website. Als Besucher ist es verwirrend, ganz ohne Ankündigung eine Website in der Website aufgerufen zu haben. Hätte der Menüpunkt in der Hauptnavigation der ersten Website zumindest den Titel »Promoting Passion« der zweiten Website getragen, wäre die Verwirrung zumindest ein Stück weit gemildert.

Aber auch im kleineren, dezenteren Rahmen können Sie das Prinzip der Kontinuität und Fortsetzungserwartung nutzen. Manche Website-Betreiber setzen auf der Startseite beispielsweise auf die »Begrüßung« durch ein großes vollflächiges Header-Foto *above the fold*, also im unmittelbar sichtbaren Bereich des Browserfensters, und wenige sonstige Informationen (siehe Abbildung 17.9). Die eigentlichen Informationen befinden sich *below the fold*, sie werden also erst durch das Scrollen sichtbar. Setzt der Betreiber nun einen kleinen Pfeil auf das Bild in die Mitte der Website, wird dem Besucher wesentlich schneller klar, dass die Website hier nicht zu Ende ist, sondern es in Pfeilrichtung weitergeht.

Abbildung 17.9 Die Fortsetzungserwartung wird durch einen Pfeil above the fold geweckt (Quelle: dreamingwithjeff.com/).

Auch Teaser funktionieren nach dem Kontinuitätsprinzip: Sie versprechen durch den Text- und/oder Bild-Teaser wie – idealerweise – auch durch einen »sprechenden« Ankertext genug, um dem Besucher klarzumachen, dass es weitergeht, und um ihn genau darauf neugierig zu machen.

17.1.6   Figur-Grund-Prinzip

Das Figur-Grund-Prinzip ist ein altes Prinzip aus der Kunst. Dabei geht es darum, dass der Mensch bei der Wahrnehmung zwischen wichtigen Elementen im Vordergrund und unwichtigen Elementen im Hintergrund unterscheidet. Das kann entweder durch Position erreicht werden, indem beispielsweise auf Fotos vordergründige Objekte auch tatsächlich im Vordergrund abgebildet sind oder sich durch Schärfe oder Farb- und Helligkeitskontrast vom Hintergrund abheben. Diese Unterscheidung ist jedoch nicht immer eindeutig gegeben, vor allem dann nicht, wenn nur ein einziges der genannten Unterscheidungsmerkmale verwendet wird.

Kontrast oder Position unterscheiden Objekte ja zunächst einmal nur voneinander, zeigen aber nicht unmittelbar an, was – im wörtlichen und im übertragenen Sinn – vorder- oder hintergründig ist. Optische Täuschungen, wie in Abbildung 17.10, kennen Sie sicher bereits. Was sehen Sie als Figur, was als Hintergrund?

Abbildung 17.10 Das Figur-Grund-Prinzip – was ist Vorder-, was Hintergrund, hell oder dunkel, Vase oder zwei Gesichter, die sich anschauen?

Für die Gestaltung von Websites gilt dieses Prinzip auch. Stellen Sie sich vor, dass Ihre Website aus mehreren Ebenen besteht, auf denen die verschiedenen Elemente übereinandergelegt werden. Welche Elemente befinden sich auf welcher Ebene, welche Elemente liegen auf welchen anderen Elementen auf? Welche Elemente werden als vordergründig und wichtig erkannt? Wenn sich Elemente nicht ausreichend vom Hintergrund abheben, sind sie schwerer erkennbar und können leicht übersehen werden, wie in Abbildung 17.11.

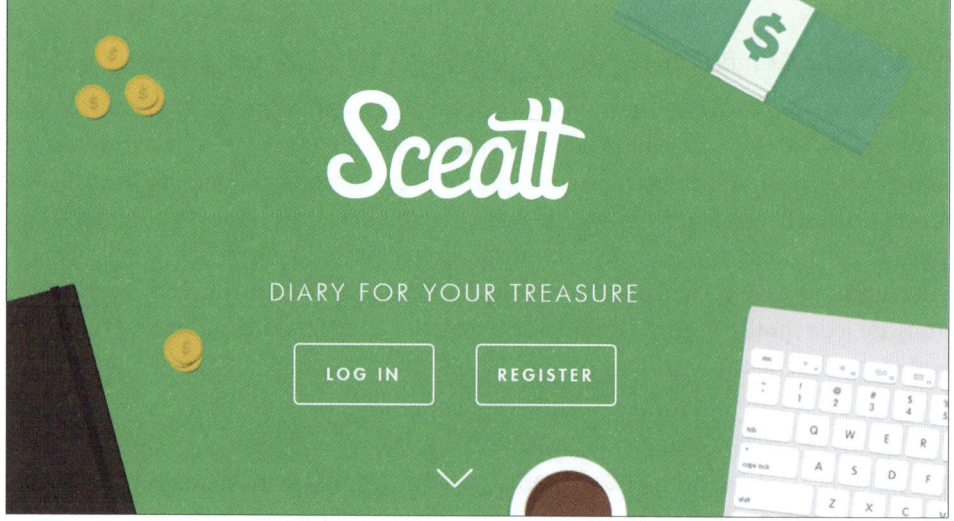

Abbildung 17.11 Einfache Rahmen als Buttons (Quelle: sceatt.co)

Die Buttons sind lediglich einfache Rahmen und unterscheiden sich farblich überhaupt nicht von dem grünen Hintergrund. Durch die zusätzlichen auffälligeren Dekoelemente sind sie nicht so prominent, wie sie es sein könnten, wenn sie mit einer Akzentfarbe ausgefüllt wären.

Häufig werden vollflächige Bilder im gesamten sichtbaren Bereich einer Website genutzt (siehe auch Abschnitt 18.4.1 zum Stichwort »Hero Image«), auf denen dann Textelemente und meist sogar das Menü aufliegen. Wenn Sie als Besucher eine solche Startseite aufrufen, kann dieses Mittel, das Spiel mit dem Figur-Grund-Prinzip, aber auch einen spannenden, kommunikativen Effekt erzielen. Wenn Sie sich die Startseite des Möbel-Labels in Abbildung 17.12 ansehen, sehen Sie beim ersten Betrachten das große Foto, auf dem Möbel und Mads Mikkelsen, ein bekannter Schauspieler, abgebildet sind. Das Foto erscheint auf den ersten Blick als vordergründig, da es durch die Abbildung eines Gesichts unmittelbar die Aufmerksamkeit anzieht. Der Text – der Call-to-Action in der Mitte des Bildes und vor allem das Hauptmenü im oberen Teil – fällt erst auf den zweiten Blick auf.

Abbildung 17.12 Spiel mit dem Figur-Grund-Prinzip (Quelle: boconcept.com/de-de/)

Der Website-Betreiber nutzt damit eine starke Bildersprache, um den Website-Besucher willkommen zu heißen und eine bestimmte emotionale Wirkung zu erzielen. Erst auf den zweiten Blick sieht der Besucher den Call-to-Action und die Menüleiste, die auf dem Bild aufliegen und somit die eigentlichen optischen Vordergrund-Objekte sind. Beim Scrollen, also wenn der Besucher auf der Seite bereits angekommen und bereit ist, die Inhalte zu durchforsten, wird die Menüleiste weiß unterlegt (siehe Abbildung 17.13). Sie erhält einen eigenen Hintergrund vor dem Hintergrundbild, so dass sie sich stärker abhebt und gut – vordergründig – sichtbar ist. Mit diesem Design führt der Website-Betreiber den Blick und auch die Website-Erfahrung des Besuchers gezielt und effektiv.

Abbildung 17.13 Nutzung des Figur-Grund-Prinzips zur Hervorhebung des Menüs beim Scrollen (Quelle: boconcept.com/de-de/)

17.1.7 Symmetrie

Der Mensch bevorzugt Symmetrie. Das könnten wir im Grunde als generisches Statement stehen lassen, denn dieses Prinzip zieht sich durch viele Lebensbereiche, von denen das ästhetische Empfinden bei visuellen Medien nur eines ist. Daher ist es wenig verwunderlich, dass die Website-Gestaltung heute im Browserfenster zentrierte oder vollflächige Websites bevorzugt.

Abbildung 17.14 Bruch des Prinzips der Symmetrie (Quelle: kirsten-controls.de)

Gibt es Leerräume, werden die in der Regel auf beide Seitenbereiche der Website symmetrisch verteilt. Linkszentrierte Website-Beispiele wie in Abbildung 17.14 sind selten geworden. Um das Symmetrie-Empfinden nicht zu stören, konzipieren Sie ein ausgewogenes *optisches Gewicht*. Das meint, dass Sie nicht mehrere gewichtige Elemente, wie z. B. ein Gesicht, eine Produktbeschreibung und den Call-To-Action, alle auf der linken Seite platzieren und das Erscheinungsbild damit nach rechts »kippen« lassen, wie in Abbildung 17.15 links. Nutzen Sie ein Bild, das Sie links platzieren oder das an sich linkslastig ist? Legen Sie den Text und einen Call to Action doch eher auf die rechte Seite, wie in Abbildung 17.15 rechts. So wirkt das Gesamtbild ausgeglichener und harmonischer.

Abbildung 17.15 Das Prinzip der Symmetrie in Form des »Bildgewichts« (Bildquelle: goo.gl/Y43yKH)

Was die Textformatierung Ihrer Inhalte angeht, sollten Sie das Prinzip der Symmetrie allerdings nicht zu konsequent befolgen. Setzen Sie nicht auf zentrierte Texte, denn durch die beidseitig »ausgefransten« Seitenränder lässt sich die Folgezeile nicht so leicht finden. Somit sind zentrierte Texte schlechter zu lesen. Auch das Bedürfnis, den Blocksatz zu nutzen, um Ihr Symmetrie-Empfinden zu besänftigen, sollten Sie unterdrücken. Im Web ist der Textsatz schon allein aufgrund der Responsivität nicht so leicht zu kontrollieren wie in Printmedien, denn es entstehen teils große Lücken, die wiederum die Lesbarkeit stören. Linksbündige Texte sind für das Web ideal (siehe Abschnitt 18.3, »Kommunizieren Sie mit einem passenden Look & Feel: Eine augengefällige Typografie«).

17.1.8   Farbe und Helligkeit

Mithilfe von Farbe können Sie einerseits die Zusammengehörigkeit von Elementen markieren, aber besonders auch einzelne Elemente hervorheben. Farbe und Farbwirkung ist ein komplexeres Thema, denn es gibt viele Einflussfaktoren, auf die wir weiter unten eingehen werden. Zunächst kann es allerdings sein, dass Ihre Farbwahl bei der Farbgestaltung einer neu zu erstellenden Website an bestimmte Bedingungen geknüpft ist.

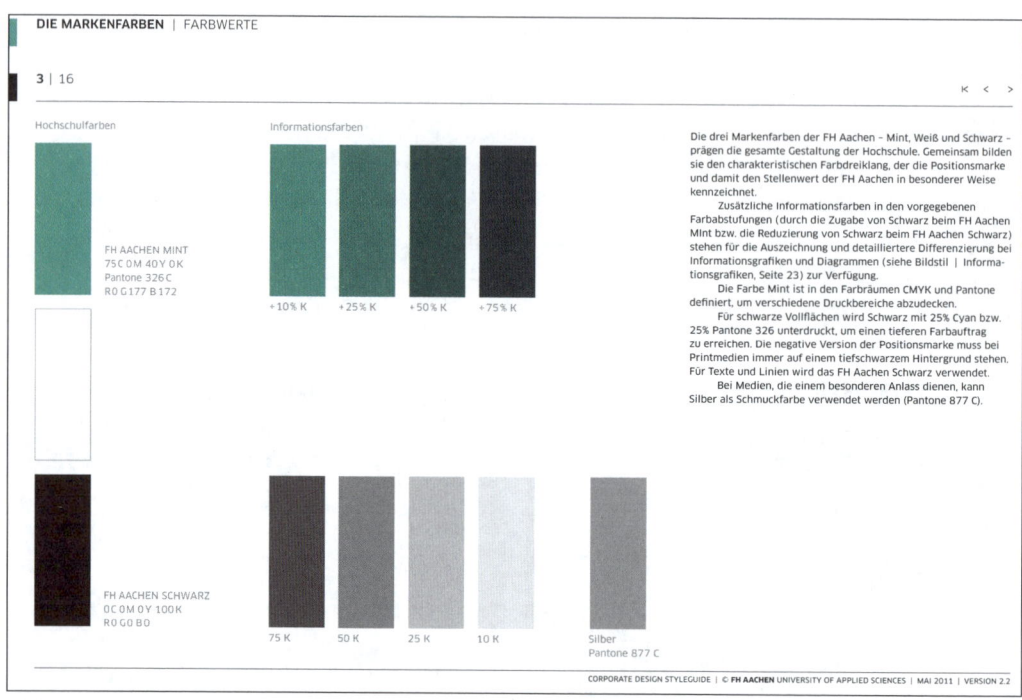

Abbildung 17.16 Ausschnitt zum Thema Farbe aus dem Style-Guide der FH Aachen (Quelle: goo.gl/Je4hLt)

Beispielsweise gibt es in größeren Unternehmen meist ein sogenanntes *Corporate Design* (kurz *CD*), also ein Gestaltungsschema, das Farben, Logo, Bildsprache, Typografie und weitere Gestaltungsbereiche eines Unternehmens festlegt. Die Richtlinien werden in Form eines mehr oder weniger umfangreichen *Corporate Design Manuals* (auch *Style-Guide*) dokumentiert, das dann als Gestaltungsleitfaden dient. In Abbildung 17.16 sehen Sie einen Auszug aus dem Style-Guide der FH Aachen. Darin werden neben Vorgaben zur Typografie, zu Bildern, Layout für verschiedenste Medien und vieles mehr auch Guidelines für die Verwendung von Farben festgehalten.

Haben Sie ein solches CD-Manual zu befolgen, sind Sie im Farbkonzept der Website an dieses gebunden. Zu den dekorativen Aspekten, die Sie mit Farbe gestalten können, kommen aber noch funktionale Aspekte hinzu, für die CD-Manuals meist ebenfalls Vorgaben besitzen. In Abbildung 17.17 sehen Sie die Umsetzung des Style-Guides der FH Aachen auf der Website.

Abbildung 17.17 Umsetzung des Style-Guides auf der Website der FH Aachen (Quelle: fh-aachen.de/downloads/)

Die vorgegebene Akzentfarbe findet sich an der linken Seite im Logo als reines Dekoelement, das die Marke repräsentiert. Im Download-Bereich werden drei Zielgruppen angesprochen: STUDIENINTERESSIERTE, STUDIERENDE und BESCHÄFTIGTE. Die zielgruppenspezifischen Bereiche werden durch drei Tabs abgebildet. Die Akzentfarbe dient dem Besucher als Orientierung, denn sie wechselt nach Klick von Schwarz auf die Akzentfarbe und zeigt an, in welchem Tab sich der Besucher befindet (hier STU-

DIERENDE). Außerdem wird sie zusammen mit Unterstreichung dazu verwendet, Links zu markieren – also Elemente, mit denen der Besucher interagieren kann.

Selbst wenn es in Ihrem Fall kein konkretes CD-Manual geben sollte, werden Sie oder Ihre Kunden für die zu erstellende Website wahrscheinlich zumindest ein grobes Farbkonzept im Auge haben, an das Sie sich mehr oder weniger halten werden.

Im Folgenden haben wir, ergänzend zu den zuvor genannten Wahrnehmungsprinzipien, einige Prinzipien zur Farbwahrnehmung zusammengestellt. Diese sind ebenso wichtig für Ihre Besucher bei der Wahrnehmung von Relationen und Wichtigkeitshierarchien. Es gibt eine Reihe von Farbhierarchien, die der menschlichen Wahrnehmung innewohnen, das heißt, dass bestimmte Farben oder Farbkombinationen die Aufmerksamkeit stärker anziehen als andere. Diese Effekte können Sie zur Aufmerksamkeitslenkung nutzen. Die wichtigsten haben wir in Abbildung 17.18 für Sie zusammengestellt.

	Farbe vor Graustufen
	reine Farben vor Mischfarben
	intensive Farben vor weniger gesättigten
	warme Farben vor kalten Farben
	Kontrastfarben vor harmonischen Farben
	Buntheit vor einzelnen Farben

Abbildung 17.18 Aufmerksamkeitswirkung verschiedener Farben

Neben der Farbwahrnehmung, also der Fähigkeit, Farben zu erkennen und zu unterscheiden, und der Farbwirkung als Aufmerksamkeitslenker gibt es eine Reihe weiterer Faktoren, die die Farbwirkung beeinflussen. Die meisten Menschen haben eine Präferenz für eine oder mehrere bestimmte Farben und »mögen« andere Farben wiederum nicht. Das variiert von Mensch zu Mensch und ist nicht universell gültig. Oft assoziieren wir Farben auch mit bestimmten Alltagsobjekten. Beispielsweise sind bei uns Briefkästen und die Post gelb, Stoppschilder sind rot, Natur wird meist mit dem Grün von Baumkronen assoziiert, der Himmel ist mit der Farbe Hellblau verknüpft – auch wenn wir hierzulande vermutlich statistisch gesehen häufiger einen grauen Himmel erleben. Farben wird zudem eine psychologische Wirkung zugesprochen: So gelten warme Farben wie Rot und Gelb als anregend, während kühle Farben wie Blau und Grün als beruhigend empfunden werden.

Mit einigen Farben wird schließlich auch eine bestimmte Farbsymbolik assoziiert:

▶ Rot gilt als Warnzeichen für Gefahr, steht aber auch für Leidenschaft und Liebe.

▶ Grün steht für Hoffnung.

▶ Blau steht für Ruhe, Harmonie, Zufriedenheit.

▶ Weiß steht für Reinheit, Tugend und Unschuld.

▶ Gelb steht für Freude.

Hier gibt es allerdings kulturelle Unterschiede. Beispielsweise ist Weiß ist in unseren Breitengraden die Farbe, die Reinheit, Tugend, Unschuld symbolisiert. In asiatischen Ländern wie China und Japan steht sie hingegen für Tod und Trauer. So codieren viele Farben unterschiedliche Bedeutungen, die Sie als Website-Betreiber zumindest dann bedenken sollten, wenn Sie eine internationale Website konzipieren.

Wie können Sie Farbe denn nun trotz all der genannten Faktoren einsetzen? Grundsätzlich empfehlen wir, Farbe sparsam einzusetzen, damit sie als gezielter *Eye-Catcher* wirkt. Fünf Farben auf einer Website sind schon zu viele, denn Farbe sollte als Akzent eingesetzt werden, um wichtige Details hervorzuheben. Wenn Sie mehr als drei Farben einsetzen, nivelliert sich die Aufmerksamkeitswirkung der einzelnen Akzente. Wir werden Ihnen das Material Design von Google im nächsten Kapitel etwas genauer vorstellen. Die Guidelines umfassen auch eine Reihe von Richtlinien zum Einsatz von Farbe (siehe Abbildung 17.19), die wir Ihnen an dieser Stelle kurz zeigen werden.

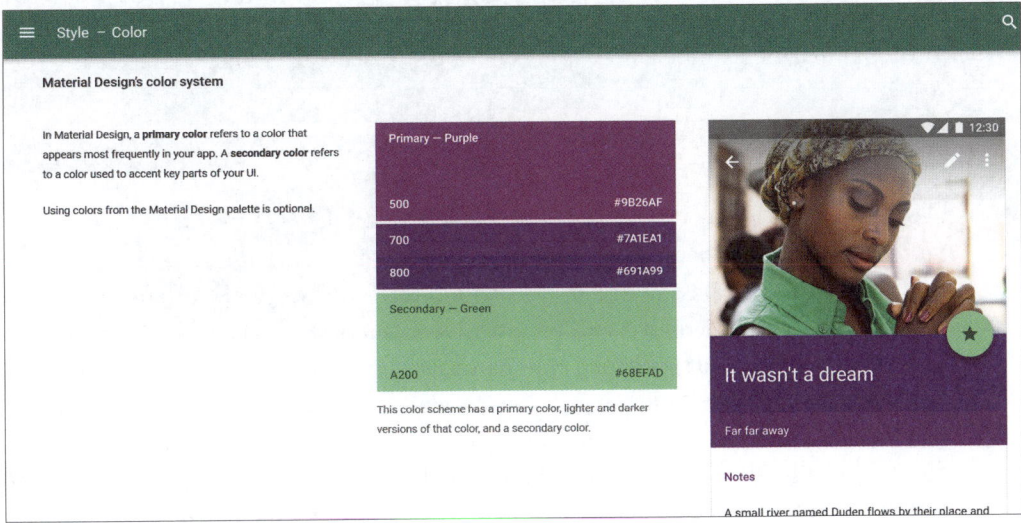

Abbildung 17.19 Google-Guidelines zur Farbgestaltung im Material Design
(Quelle: goo.gl/VwbL2G)

Die oberste Richtlinie sind kräftige Farben auf neutralem Hintergrund in Kombination mit kräftigen Helligkeitskontrasten. Hierbei ist aber zu beachten, dass kräftige Farben nicht mit grellen Farben zu verwechseln sind. Voll gesättigte Primärfarben werden selten verwendet, da sie bei der Betrachtung fast unangenehm sind. Außerdem bedeutet das Prinzip, dass die Anzahl der Farben auf zwei beschränkt wird – eine Primärfarbe und eine Sekundär- bzw. Akzentfarbe. Von diesen Farben können Sie mehrere Abstufungen einsetzen. Das Prinzip ist recht einfach, denn die Primärfarbe ist die grundsätzliche Hauptfarbe Ihrer Website, die das Erscheinungsbild prägt. Die Sekundärfarbe ist die Akzentfarbe, mit der Sie einzelne Schlüsselelemente Ihrer Website, wie Links, Buttons, Fortschrittsbalken, Überschriften etc., hervorheben können. Diese sollten Sie etwas heller, kräftiger und leuchtender wählen als die Primärfarbe, dafür aber wesentlich sparsamer einsetzen, damit ihre Akzentwirkung erhalten bleibt. Wenn Sie unsicher sind, welche Farben Sie verwenden und kombinieren können, nutzen Sie doch eines der zahlreichen Tools, die Ihnen passende Farbkombinationen zur Auswahl anbieten. Basierend auf Ihrer Auswahl errechnen die Tools die passenden Abstufungen der Grundfarbe und zeigen Ihnen eine Vorschau an. Eines dieser Tools finden Sie in Abbildung 17.20. Sie können zwei Farben auswählen, und daraus errechnet Ihnen das Tool eine gesamte Farbpalette mit passenden Abstufungen (rechts unten). Eine Vorschau des Ganzen erhalten Sie im Preview-Bereich rechts.

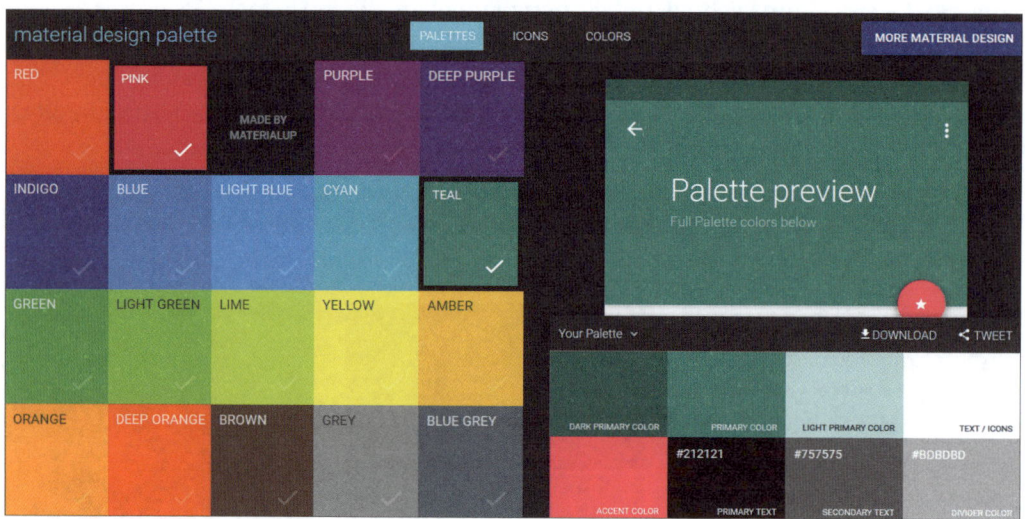

Abbildung 17.20 Tool zur Erstellung einer Farbpalette im Sinne des Material Designs (Quelle: materialpalette.com/)

Sie erhalten direkt die Hexadezimal-Codes der Farben, die Sie in Ihrem Template bzw. Ihrem Content-Management-System (CMS) nutzen können. Spielen Sie doch ein wenig herum, und schauen Sie, welche Farbkombination für Sie funktioniert. Wenn Sie ein etwas komplexeres Farbkonzept brauchen, ist das Adobe Color Wheel (siehe Abbildung 17.21) vielleicht etwas für Sie. Dort können Sie mithilfe voreingestellter Regler verschiedene Farbkombinationen – von monochromatisch über trichromatisch bis hin zu komplementär – generieren, die stets miteinander harmonieren.

Durch Verschieben eines Reglers werden die anderen Regler zu den jeweils passenden Ergänzungsfarben mit verschoben.

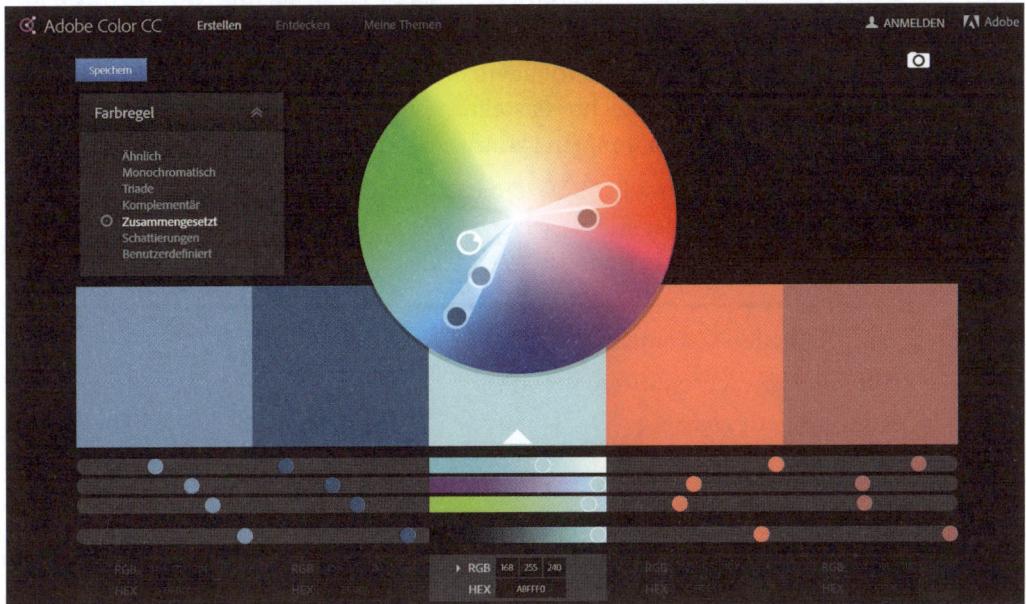

Abbildung 17.21 Adobe Color Wheel zur Komposition von Farben (Quelle: color.adobe.com/
de/create/color-wheel/)

Ein besonderer Aspekt, den Sie beachten sollten, betrifft das Zusammenspiel von
Text und Hintergrund. Achten Sie hier auf ausreichenden Kontrast, damit die Schrift
gut und mühelos lesbar ist. Dabei kann es sich um Helligkeitskontraste handeln, wie
im ersten Beispiel in Abbildung 17.22. Wenn Sie einen dunklen Hintergrund wählen,
ist eine weiße oder pastellfarbene Schrift gut geeignet, die Lesbarkeit zu erleichtern.

Abbildung 17.22 Helligkeits- und Farbkontraste zwischen Text und Hintergrund mit
unterschiedlicher Lesbarkeit

Weiße oder pastellfarbene Schrift auf hellen Hintergründen ist nur schwer lesbar. Ist
der Kontrast zwischen Schrift und Hintergrund nämlich zu schwach, erschwert es
das Lesen des Textes, wie im zweiten und vierten Beispiel in Abbildung 17.22. Dunk-
lere Schriftfarben eignen sich nur bei wesentlich dunkleren Hintergründen, wie im
dritten Beispiel in Abbildung 17.22: Dunkelgrün auf Schwarz. Eine Text-Hintergrund-
Gestaltung, die weder ausreichend Farb- noch Helligkeitskontraste aufweist, ist nicht
geeignet. Außerdem sollten Sie extreme Farbkontraste hochgesättigter Farben

grundsätzlich vermeiden, denn sie sind für die Augen eines Lesers unangenehm. Die Buchstaben beginnen förmlich zu »flimmern«, wie im letzten Beispiel in Abbildung 17.22. Roter Text auf grünem Hintergrund tut den Augen weh und ist nur schwer lesbar. Der blau-gelbe Kontrast im vorletzten Beispiel in Abbildung 17.22 funktioniert hingegen recht gut, das liegt aber vor allem daran, dass beide Farben nicht voll gesättigt sind. Nutzen Sie lieber leichte Pastelltöne für den Hintergrund, wenn Sie den Text in einer kräftigen oder dunklen Farbe gestalten möchten oder umgekehrt.

Sie sehen, auch bei der Farbwahl für Text und Hintergrund gilt gleichermaßen »weniger ist mehr« wie auch »mehr ist mehr«: Setzen Sie Farbe sparsam ein, aber was auch immer Sie wählen, wählen Sie starke Kontraste. Vermeiden Sie aber den Rot-Grün-Kontrast.

Nützliche Quellen auf einen Blick
- *material.io/guidelines/style/color.html*
- *materialpalette.com/*
- *color.adobe.com/de/create/color-wheel/*
- *material.io/color/*

17.1.9   Zehn ultimative Tipps, wie Sie die Wahrnehmungsprinzipien für Ihre Website einsetzen

Um die Wahrnehmungsprinzipien noch einmal zu bündeln, haben wir hier zehn Anwendungsempfehlungen für Ihre Website zusammengestellt:

1. Vermeiden Sie unkontrollierte Buntheit! Sie ermüdet das Auge und wirkt ebenso, als würden Sie alles, was Sie sagen, schreien, nämlich: überwältigend – und das nicht im positiven Sinne des Wortes.

2. Nutzen Sie keine voll gesättigten Farben, auffällige Muster oder ausdrucksstarke, scharfe Bilder als Website-Hintergrund. Der Hintergrund sollte im wahrsten Sinne hintergründig sein, also unauffällig, unscharf und in neutralen, gedeckten Farben.

3. Nutzen Sie Farbakzente als Eye-Catcher, aber setzen Sie Farbe sparsam als Akzent ein – wie die Betonung beim Sprechen. Betonen Sie einzelne Elemente, wie Sie auch bestimmte wichtige Wörter betonen würden, um Sie hervorzuheben.

4. Nutzen Sie ausreichende Helligkeits- und Farbkontraste für Hintergrund und Schrift im Vordergrund, aber vermeiden Sie die Kombination voll gesättigter Kontrastfarben, wie Rot und Grün, denn das tut den Augen weh.

5. Nutzen Sie Farb- und Größen-Kontraste für Wichtigkeitshierarchien: Gestalten Sie Wichtiges groß und/oder farbig intensiv, Unwichtiges eher klein und farblich unauffällig.

6. Seien Sie konsistent und konsequent in der Gestaltung. Inkonsistenzen verwirren nur. Wenn Sie z. B. bestimmte Farben, Größen und/oder Formen für bestimmte Funktionen einsetzen, sollten Sie diese einheitlich halten: Wählen Sie für jede Funktion eine eigene und konsequente Farbcodierung, Größe und/oder Form. Alles andere verwirrt nur. Das entspricht auch dem Gesetz der Gleichheit, denn Ihre Besucher denken: Gleiche Gestaltung bedeutet gleiche Funktion.

7. Nutzen Sie die Position von Elementen, um Relationen herzustellen und die Aufmerksamkeit zu lenken. Rücken Sie zusammengehörige Elemente näher zusammen als nicht zusammengehörige.

8. Grenzen Sie nicht zusammengehörige Elemente optisch voneinander ab – auch sehr subtile Grenzen wirken.

9. Sorgen Sie für visuellen Ausgleich, kreieren Sie ein ausgewogenes, optisches Gewicht auf Ihren Seiten.

10. Möchten Sie an bestimmten Stellen einen bestimmten Effekt erzielen oder sogar die Erwartungen aufbrechen, indem Sie eines oder mehrere der Wahrnehmungsprinzipien brechen? Im Marketing und im Design spricht man von *Disruption*. Fällen Sie solche Konzeptionsentscheidungen sparsam und mit Bedacht und im Bewusstsein der Konsequenzen.

17.1.10   Sieben Dinge, die Sie außerdem noch über die Wahrnehmung von Websites wissen sollten

Ergänzend zu den Wahrnehmungsprinzipien aus den letzten Abschnitten, haben wir noch einige Wahrnehmungsphänomene in Bezug auf Websites für Sie zusammengestellt. Diese geben Ihnen ebenfalls nützliche Entscheidungsgrundlagen für ein besucherorientiertes Design Ihrer Website:

1. **Banner-Blindness**: Es gab eine Zeit, in der Websites in schreienden Farben gestaltet und mit Werbebannern nur so zugepflastert wurden (siehe Abschnitt 18.1.1, »Eine ganz kurze Geschichte des Webdesigns«), um die Aufmerksamkeit der Besucher anzuziehen. Dabei handelte es sich meist um große, bunte, oft blinkende oder anderweitig flash-animierte Bereiche – wie ein grelles, blinkendes »Sie haben gewonnen!« – im oberen oder rechten Seitenbereich. Das lenkte die Webuser zunächst vom Website-Inhalt ab. Somit war die Mission der Bannerbetreiber anfangs erfolgreich im Sinne der Aufmerksamkeitsgewinnung. Auf Dauer brachten diese Banner aber einen Abnutzungseffekt mit sich: Website-Besucher gewöhnten sich mit der Zeit an die Platzierung solcher grellen Elemente und blendeten sie unbewusst einfach aus. Dieses Phänomen ist bekannt als *Banner-Blindness*. Es hat zur Folge, dass vor allem kastenartig gestaltete Informationen, die in der rechten Seitenspalte oder im Kopfbereich liegen, von Webusern kaum beach-

tet werden. Vermeiden Sie es daher, wichtige Informationen oder Call-to-Actions zu weit rechts zu platzieren, denn dort gehen sie unter.

2. **Eye-Catcher**: Trotz der Banner-Blindness reagieren Menschen evolutionär bedingt immer noch auf bestimmte *Eye-Catcher*. Dazu gehören vor allem Bewegung und Gesichter. Sich bewegende Objekte ziehen automatisch die Aufmerksamkeit auf sich, selbst wenn sie im peripheren Gesichtsfeld vorbeihuschen. Eine noch stärkere Aufmerksamkeitswirkung haben allerding menschliche Gesichter. Menschen sind soziale Wesen, daher achten sie unwillkürlich auf Gesichter und fokussieren dabei vor allem die Augen. Zahlreiche Studien belegen, dass sogar Babys deutlich stärker auf Gesichter als auf alle anderen visuellen Reize reagieren. Nutzen Sie auf Ihren Webseiten Bilder, auf denen Menschen abgebildet sind, wenn Sie die Aufmerksamkeit lenken möchten.

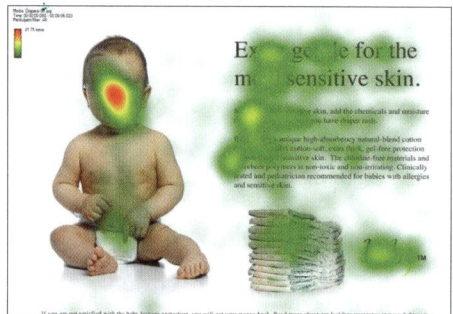 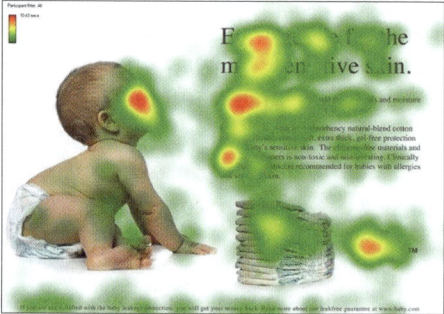

Abbildung 17.23 Die Blickrichtung einer abgebildeten Person lenkt den Blick des Betrachters in die gleiche Richtung (Quelle: blog.kissmetrics.com/eye-tracking-studies/).

Abbildung 17.23 beispielsweise zeigt das Ergebnis einer Eye-Tracking-Studie. Diese zeigte, dass die Blickrichtung abgebildeter Menschen die Aufmerksamkeit in die gleiche Richtung lenken kann. Die Bereiche, auf die der Blick der abgebildeten Person gerichtet ist, werden viel stärker fokussiert (rechts) als ohne diesen Aufmerksamkeitslenker (links).

3. **Bequemlichkeit**: Studien haben ergeben, dass die Länge der Mauswege und die Größe der Bedienelemente für Webuser dazu beitragen, die Zufriedenheit mit einer Website und der User Experience zu bewerten. Setzen Sie für Effektivität und Leichtigkeit kurze Mauswege und große Bedienelemente ein. Beachten Sie auch, wo Sie die wichtigen Bedienelemente in mobilen Ansichten platzieren, damit auch Smartphone-User, die das Gerät einhändig mit der rechten Hand bedienen, sie mit dem rechten Daumen gut erreichen.

4. **F-Muster**: Bereits in Abschnitt 2.2, »Schwebende vs. fokussierende Aufmerksamkeit, Scannen vs. Lesen«, haben wir Ihnen einige Eye-Tracking-Studien vorgestellt, die ergaben, dass Websites und Suchergebnisse in einer Art F-Muster betrachtet und gescannt werden. Dieses Muster können Sie ebenfalls für die gezielte Platzie-

rung Ihrer Informationen verwenden. Wichtiges sollte weit oben oder links platziert werden, weniger Wichtiges eher rechts – das ergänzt den Effekt der Banner-Blindness.

5. **Emotionalität**: Im Allgemeinen werden Entscheidungen nie rein rational getroffen. Wie wir Ihnen in Abschnitt 2.5 gezeigt haben, spielen psychologische Reiz-Reaktionsmuster eine wichtige Rolle. Menschen reagieren auch auf Elemente Ihrer Website mit unterschiedlichen Emotionen. Gestalten Sie Ihre Website clean und aufgeräumt, um Ruhe zu suggerieren. Vermeiden Sie Überforderung durch »schreiende« Elemente wie Banner. Erwecken Sie positive Emotionen durch die Auswahl aussagekräftiger Bilder (siehe Abschnitt 18.4).

6. **Hick's Gesetz**: Je mehr Optionen Sie Ihren Besuchern bieten, desto schwerer machen Sie ihnen die Entscheidung. Es hat sich gezeigt, dass das alte Motto »Weniger ist mehr« auch in der Website-Konzeption seinen Platz hat. Dieses Gesetz gilt für die Konzeption der Informations- und Navigationsarchitektur ebenso wie für die optische Gestaltung. Daher kommen auch die Farbgestaltungsprinzipien des Material Designs. Wenn Sie nur zwei Farben einsetzen, gibt es keinen visuellen Konkurrenzkampf und Ihre Besucher können die Informationen effektiver verarbeiten und sich schneller entscheiden. Gestalten Sie auch Ihr Layout möglichst minimalistisch: Präsentieren Sie nicht 22 Teaser auf der Startseite, sondern beschränken Sie die Anzahl von Optionen auf einige wenige, die gezielt die Aufmerksamkeit interessierter Besucher wecken. Machen Sie es Ihren Besuchern optisch leicht, sich schnell zu entscheiden!

7. **Metaphern**: Menschen finden leichter den Zugang zu Neuem, wenn es über bereits Bekanntes vermittelt wird. Websites haben grundsätzlich bestimmte metaphorische Elemente, die Phänomene des analogen Lebens abbilden. Vor allem im mobilen Bereich haben Sie viele Möglichkeiten, reale Interaktionen mittels Animationen zu imitieren. Lassen Sie Ihre Besucher das Menü in den Sichtbereich »hineinziehen«, Bilder zur Seite »schieben« oder Schalter und Slider »bewegen«. Somit kreieren Sie eine Website, die Ihre Besucher intuitiv zu nutzen wissen.

17.2   User Experience und Usability: Gestalten Sie effektive, zufriedenstellende und angenehme Websites für Ihre Besucher

Wenn Sie Ihre Website für Ihre Besucher gestalten, geht es darum, ein entscheidungs- und handlungsfreundliches Design zu kreieren. Wie wir bereits an verschiedenen Stellen in diesem Buch betont haben, heißt das, dass Ihre Besucher die Website leicht, effizient und effektiv nutzen können und dabei ein rundum positives Besuchserlebnis erfahren. Hier setzen die beiden Konzepte *Usability* und *User Experience* (kurz *UX*) an. In diesem Abschnitt zeigen wir Ihnen, was sich genau hinter diesen beiden Begriffen verbirgt und wie Sie durch die Anwendung der wichtigsten, standardisierten Usability-Kriterien sowie einiger einfacher Tipps die User Experience und Usability Ihrer Website verbessern können.

17.2.1 Definitionen, Normen und was diese mit Ihrer Website zu tun haben

Die beiden Konzepte User Experience und Usability wurden unter anderem in der Norm EN ISO 9241 als internationaler Standard für die Mensch-Computer-Interaktion definiert. Dabei ging es ursprünglich darum, die Büroarbeit und später speziell die Arbeit am Computer ergonomischer, effektiver und leichter zu gestalten, um gesundheitliche Schäden zu vermeiden. Für Websites sind dabei zwei Teile der Norm besonders wichtig: 9241-11 zur Usability und 9241-210 zur User Experience. Auf Websites angewandt, lassen sich die beiden Begriffe wie folgt definieren:

▶ **User Experience** bezeichnet die gesamte Nutzererfahrung bzw. das Nutzererlebnis des Website-Besuchers mit der Website und dem gesamten Kontext, in den sie eingebettet ist, dem Unternehmen sowie dem präsentierten Produkt oder der Dienstleistung. Dabei beschränkt sich die UX nicht nur auf den Website-Besuch, sondern beinhaltet auch die Erfahrungen im Vorfeld und im Nachgang an diesen. Das Ziel einer guten UX ist, dass der Besucher den Website-Besuch und den gesamten Interaktionsprozess als positiv, reizvoll und höchst angenehm erlebt und dass er bei der Benutzung der Website im besten Falle Spaß, mindestens aber nicht keinen Spaß hat.

▶ **Usability** bezeichnet einen Teilbereich der UX, die konkrete *Gebrauchstauglichkeit* einer Benutzeroberfläche (*User Interface*). Alternative Übersetzungen der Usability sind im allgemeinen Sprachgebrauch auch *Benutzerfreundlichkeit* und *Benutzbarkeit*. Dabei geht es speziell um die eigentliche Benutzung und den Aspekt, wie effektiv, effizient und zufriedenstellend der Besucher seine Suchziele auf der Website erreichen kann. Das Ziel einer guten Usability ist es also, dem Besucher die Benutzung der Website so leicht und mühelos wie möglich zu machen.

Abbildung 17.24 zeigt die verschiedenen Kriterien der UX, die eine Website – wie jede andere digitale Anwendung – erfüllen sollte. Nehmen Sie sich diese Kriterien zur Hand, wenn Sie das Design Ihrer Website entwerfen, und klopfen Sie jede grundlegende Design- oder Layoutentscheidung und jedes wichtige Element daraufhin ab, ob es die Kriterien erfüllt. Sie sehen in Abbildung 17.24, dass die UX Anteile hat, die Sie bereits in vergangenen Kapiteln bei der Konzeption berücksichtigt haben, wie die *Markenerfahrung* (*Brand Experience*) und die *Nützlichkeit* (*Utility*). Die Markenerfahrung haben Sie gestaltet, indem Sie einen guten ersten Eindruck, Ihre Mission, Ihre Ziele, Ihre Beziehung zu Ihren Besuchern und vertrauensbildende Elemente konzipiert haben. Die Nützlichkeit für Ihre Besucher haben Sie bei der Konzeption Ihrer Informationsarchitektur auch ausreichend bedacht. Auf diese gehen wir hier nicht näher ein. Was die *Gefälligkeit* (*Desirability*) angeht, so betrifft sie das *Look & Feel*, die Anmutung, Ihrer Website. Diese eher ästhetisch orientierten Designaspekte behandelt das nächste Kapitel – jedoch immer unter Berücksichtigung der Usability (Gebrauchstauglichkeit, Benutzerfreundlichkeit), auf die wir im Folgenden näher eingehen werden.

Abbildung 17.24 Komponenten der User Experience
(übersetzte Version, Quelle des Originals: neospot.se/usability-vs-user-experience/)

Für die Usability einer Website werden folgende Eigenschaften empfohlen:

▶ **Selbstbeschreibungsfähig**: Die Website sowie ihre funktionalen Elemente, mit denen der User interagieren kann, sollten so gestaltet sein, dass er unmittelbar und unmissverständlich versteht, wie er sie benutzen soll. Beschriften Sie Buttons und Links mit »sprechenden« Texten, nicht nur mit allgemeinen Ausdrücken, die unpräzise Erwartungen erlauben. Fügen Sie erklärende und moderierende Beschreibungen hinzu, wenn es sich um komplexere Vorgänge handelt.

▶ **Steuerbar**: Der User sollte die Website selbstständig steuern können. Das bedeutet, dass die Funktionen auch das tun, was sie suggerieren, und die besuchte Seite sich nicht »verselbstständigt«. Gerade auf Spam-Seiten passiert es, dass, wenn ein Besucher auf einen Button oder Link klickt, die Website plötzlich Dinge tut, mit denen er nicht rechnet – und die er in der Regel schon gar nicht beabsichtigt. Aber auch auf normalen Seiten passiert so etwas gelegentlich in ähnlicher Form. Vermeiden Sie es, dass eine Aktion des Users gleich mehrere Funktionen auslöst, die Sie vorher nicht klar als solche deklariert haben. Wenn Sie beispielsweise Daten in einem Formular abfragen, sollten Sie ihm die Möglichkeit geben, diese in einem nächsten Schritt zu kontrollieren und gegebenenfalls zu korrigieren. Wenn der

Klick auf einen unspezifisch betitelten OK-Button nämlich stattdessen die Daten direkt absendet und Sie Ihrem Besucher dann auch noch in einem Rutsch mitteilen, dass er jetzt – durch den Klick auf den OK-Button – direkt eine Waschmaschine gekauft hat, nehmen Sie ihm das Gefühl der Kontrolle – und das mag niemand. Der Besucher sollte entscheiden, was auf der Website passiert, nicht die Website und auch nicht Sie als Betreiber. Die Website sollte lediglich Möglichkeiten bieten, die der Besucher dann selbstbestimmt nutzen kann.

▶ **Erwartungskonform:** Dieser Aspekt geht mit den beiden vorherigen Eigenschaften Hand in Hand. Halten Sie, was Sie versprechen, erfüllen Sie die Fortsetzungserwartung Ihrer Besucher. Interaktionen des Besuchers sollten den erwarteten Effekt haben. Wenn ein Besucher ein Formular ausfüllt und auf SENDEN oder Ähnliches klickt, sollte das Formular auch gesendet werden. Wenn nichts passiert, irritieren Sie den Besucher und nehmen ihm ebenfalls das Gefühl der Kontrolle. Gleiches gilt auch für Links. Links sollten die Fortsetzungserwartung erfüllen, die der Ankertext hervorruft. Jeder Bruch zuvor geschürter Erwartungen irritiert Ihre Besucher oder gibt ihnen, wie fehlende Steuerbarkeit, das Gefühl fehlender Kontrolle und Selbstbestimmung.

▶ **Fehlertolerant:** Ihre Website-Besucher sind Menschen, und Menschen machen Fehler. Ihre Website sollte Fehler erlauben und dem Besucher die Möglichkeit geben, diese zu korrigieren. Dazu gehört einerseits, dass es – vor allem bei wichtigen Interaktionen wie dem Ausfüllen von Formularen oder Bestellvorgängen – die Option der eigenen Überprüfung gibt. Hierzu eignet es sich, wenn Sie einen Zwischenschritt zur Bestätigung von Eingaben einbauen. Wenn ein Besucher beispielsweise ein Anmeldeformular ausfüllt und auf den abschließenden Button klickt, leiten Sie ihn zu einer Übersichtsseite, die seine Eingaben noch einmal übersichtlich anzeigt. Bieten Sie ihm mit einer Zurück- oder Bearbeiten-Funktion die Möglichkeit, seine Angaben zu korrigieren. Außerdem hilft auch die automatische Überprüfung der Eingaben und direktes, präzises und klares Feedback bereits während der Eingabe dem Besucher dabei, fehlerhafte oder fehlende Angaben schnell zu finden.

▶ **Individualisierbar:** Diese Eigenschaft, wie auch die nächste, können nicht für alle Websites generalisiert werden. Für User Interfaces ist die Individualisierbarkeit im Allgemeinen sinnvoll, damit ein Nutzer sich seine persönliche Arbeitsumgebung gestalten kann. Aber Websites sind nicht im ganz klassischen Sinne User Interfaces, die der Besucher nach seinen Vorlieben gestalten kann – oder sollte.Für Websites, die Applikationen anbieten, lässt sich diese Eigenschaft allerdings gut umsetzen. Erlauben Sie dem Benutzer, Funktionen auf seiner Benutzeroberfläche individuell anzuordnen, und räumen Sie ihm die Möglichkeit ein, das Erscheinungsbild – zumindest im kleinen Rahmen – anzupassen. Auch in Webshops lässt sich diese Eigenschaft zum Teil umsetzen, indem Sie differenzierte Filtermöglichkeiten und verschiedene Produktansichten ermöglichen.

▶ **Lernförderlich**: Jede Website ist anders. Auch wenn Sie sich genau an die Konventionen für Funktionen und Interaktionselemente halten, unterscheidet sich Ihre Website mehr oder weniger von anderen der gleichen Art. Das bedeutet für den Besucher, dass er sich auf Ihre spezielle Website einstellen und lernen muss, mit ihr umzugehen. Eine lernförderliche Website im Sinne der Usability ist so gestaltet, dass der Besucher mühelos und schnell lernt, was er auf Ihrer Website tun kann, wie er mit Ihrer Website interagieren kann, wo er welche Funktionen findet und wie er diese effektiv nutzt. Damit das gegeben ist, sollten Sie Funktionselemente über die Website hinweg konsistent halten, da der Lerneffekt sonst ausbleibt, was den Benutzer frustriert.

Stellen Sie sich vor, der Besucher kommt auf die Startseite eines Fotolabors, auf der er sich registrieren möchte, um Fotos auszudrucken. Er findet dazu einen grünen Button mit der Aufschrift REGISTRIEREN im oberen linken Kopfbereich der Startseite neben dem Button EINLOGGEN. Er meldet sich erfolgreich im Kundenbereich an und gibt seine Fotoarbeiten in Druck. Er hat direkt bei seinem ersten Besuch gelernt, dass das Kundenkonto durch einen Button oben rechts für ihn erreichbar ist.

Eines anderen Tages sucht er über Google nach einer Möglichkeit, Tassen bedrucken zu lassen, die er verschenken möchte. Er wählt aus den Suchergebnissen das Fotolabor aus, das er bereits kennt. Er freut sich, dass er bereits ein Kundenkonto hat und den Auftrag bei dem gleichen Dienstleister einreichen kann. Auf der Landingpage für Tassendruck sucht er, wie er es bei seinem ersten Besuch gelernt hat, nach dem Anmelde-Button im oberen linken Kopfbereich der Seite. Er kann ihn dort aber nicht finden. Nach längerem Suchen findet er ihn im Footer. Auch wenn der Besucher sein Suchziel letztendlich erreicht und die Aufgabe, die er auf der Website erfüllen wollte, erledigen konnte, sind hier die Usability und die Effizienz zu bemängeln. Konsistenz und erläuternde Beschreibungen erfüllen in der Regel den Lernförderlichkeitsaspekt.

Nützliche Quellen zu Usability und User Experience

▶ Meyer, Lorena; Jacobsen, Jens. *Praxisbuch Usability und UX. Was jeder wissen sollte, der Websites und Apps entwickelt*. Bonn: Rheinwerk Verlag 2017.

▶ Krug, Steve. *Don't Make Me Think, Revised: A Common Sense Approach to Web Usability*. New Riders 2014.

17.2.2   Websites benutzerorientiert optimieren mit Usability-Tests

Im Fachbereich Usability hat sich ein ganzer wissenschaftlicher Forschungszweig entwickelt, der sich mit der empirischen Untersuchung der Usability bei der Benutzung verschiedenster Anwendungen, darunter auch Websites, beschäftigt. Usability-Tests können im Labor oder als »Feldforschung« – sozusagen unter realen Bedingungen – durchgeführt werden. Dabei gibt es verschiedenste Methoden, wie moderierte und unmoderierte Beobachtung des Nutzerverhaltens, Umfragen, Diskussionsgruppen und viele mehr. Aber keine Sorge, wir wissen, dass solche Untersuchungen nicht kostenlos daherkommen, und wollen in diesem Abschnitt nicht darauf hinaus, dass Sie Ihr Website-Konzept hochwissenschaftlich untersuchen lassen. Dieser Bereich hat allerdings nicht nur für die jeweils untersuchten Websites einen hohen Nutzen, sondern auch für die Usability von Websites im Allgemeinen. Wenn Sie die veröffentlichten Artikel zu den Studien lesen – wie beispielsweise die der Nielsen Norman Group (*nngroup.com/articles/*), können Sie die Erkenntnisse auch auf Ihre eigene Website anwenden.

Was wir Ihnen in diesem Abschnitt aber hauptsächlich nahelegen möchten, ist, dass Sie Ihr Website-Konzept überhaupt testen. Es gibt einige Möglichkeiten, Ihr Website-Konzept oder eines der gestalterischen Entwicklungsstadien auch ohne großes Budget mit Versuchspersonen zu testen. Im Bereich *Usability Testing* hat sich der Begriff *Guerilla Usability Testing* etabliert. Dabei wird ein Usability-Test *quick and dirty* durchgeführt, denn das Motto hinter dieser Vorgehensweise lautet: *Ein Test mit einem beliebigen Test-User ist besser als keiner.* »Guerilla« deswegen, weil Sie keinen statistisch-korrekten empirischen Test durchführen, in dem Sie alle Faktoren und Variablen penibel kontrollieren und überwachen. Vielmehr fokussieren solche Tests die schnelle und budgetschonende Durchführung.

Die Idee stammt von Designer Martin Belam, der die Methode in etwa wie folgt definiert:

> »*[Guerilla Usability Testing is] the art of pouncing on lone people in cafes and public spaces, [then] quickly filming them whilst they use a website for a couple of minutes.*«[1]

Anstatt einsame Menschen im Café zu überfallen, könnten Sie bei Ihren Kollegen oder vielleicht auch in Ihrem persönlichen Umfeld anfangen. Aus jedem noch so kleinen Feedback einer dritten Person und aus jeder noch so kurzen Beobachtung des Nutzerverhaltens können Sie Verbesserungsmöglichkeiten für Ihre Website ableiten. Je weniger die Testpersonen mit Ihrem Website-Projekt zu tun haben, desto unbefangener sind sie und desto aussagekräftiger ist das Ergebnis.

Eine Testmethode, das Card Sorting, haben wir Ihnen bereits in Abschnitt 12.4 vorgestellt. Darin ging es darum, die von Ihnen konzipierte Informationsarchitektur zu testen. Im Rahmen des Card Sortings haben wir Ihnen empfohlen, den Test doch

---

1 Übersetzung: *Guerilla Usability Testing ist die Kunst, einzelne Leute in Cafés und auf öffentlichen Plätzen anzuspringen und sie dann schnell zu filmen, während sie für einige Minuten eine Website bedienen.*

mindestens mit unbeteiligten Kollegen oder Familienmitgliedern durchzuführen. Es ging darum, schnell und einfach zu überprüfen, ob das, was Sie oder Ihr Team konzipiert haben, auch dem mentalen Modell anderer Personen entspricht bzw. von diesen zumindest nachvollzogen werden kann.

Praxistipp: Fünf Test-User reichen meist

Für einen Usability-Test benötigen Sie in der Regel gar nicht viele Probanden. Schon bei fünf Personen werden Sie feststellen, dass sich die die meisten Usability-Probleme wiederholen und Sie damit die gravierenden Stolperstellen aufgedeckt haben. Sogar ein oder zwei Probanden sind an vielen Stellen schon besser als gar kein Usability-Test.

Ähnliche Guerilla-Usability-Tests können Sie in jedem Stadium der Website-Konzeption mit jeder verfügbaren Versuchsperson vor Ort durchführen. Sie setzen die rekrutierten Versuchsteilnehmer vor Ihren entsprechenden Entwurf – das kann eine Skizze oder schon der fertig programmierte Website-Entwurf sein (siehe Abschnitt 17.3, »Verschiedene Entwicklungsstadien zum optimalen Layout und Design«) – und lassen sie die Website erkunden. Sie können der Versuchsperson dabei völlig freie Hand lassen, damit sie sich auf der Website umsieht und Ihnen ihre Eindrücke schildert. Alternativ können Sie sie zu bestimmten Elementen befragen oder ihr Anweisungen geben, die sie ausführen soll. Oder geben Sie ihr doch eine Aufgabe, die sie selbstständig lösen soll. Wenn Sie beispielsweise eine Informations-Website für europäische Reiseziele konzipieren, lassen Sie die Teilnehmer Informationen über eine bestimmte Stadt finden.

Damit Sie Ihre Beobachtungen leichter dokumentieren, auswerten und vergleichen können, empfehlen wir die Videoaufnahme der Versuchspersonen mit einer Kamera. Eine solche Aufnahme können Sie theoretisch sogar mit einer Handykamera durchführen. Nehmen Sie den Website-Entwurf ins Bild und die Kommentare der Versuchsperson dazu als Video auf. Wenn Sie einen Website-Entwurf haben, den die Versuchsperson am Computer nutzen kann, gibt es einige gute Softwarelösungen zur Bildschirmaufzeichnung:

▶ Camtasia (kostenpflichtig, *techsmith.de/camtasia.html*)

▶ eLecta (kostenlos, *screenrecordings.com/*)

▶ CamStudio (kostenlos, Open Source, *camstudio.org/*)

Solche Tools zeichnen alles oder Teile dessen auf, was auf dem Bildschirm passiert. Das kostenpflichtige Tool bietet etwas umfangreichere, professionelle Funktionen an. Für einfache Usability-Tests reichen die kostenlosen Tools allerdings völlig aus. Außerdem bringen all diese Tools auch die Möglichkeit mit, über ein Mikrofon begleitende Kommentare aufzunehmen. Warum das wichtig ist? Wir empfehlen Ihnen, Ihre Versuchspersonen bereits während der Bedienung der Website oder der Betrachtung eines Entwurfs – wie auch beim Card Sorting – laut denken zu lassen. Das heißt, dass sie alles, was sie tun und was ihnen während der Benutzung auffällt, für Sie hörbar kommentieren. So bekommen Sie direktes Feedback, mit dem Sie arbeiten können. Mit solch einfachen Tests erhalten Sie wertvolle Hinweise auf eventuelle Schwachstellen, die Sie selbst womöglich übersehen, und können diese direkt verbessern.

Es gibt auch die Möglichkeit, Websites im Live-Betrieb quantitativ zu testen. Das heißt, Sie testen eine Vielzahl von Versuchspersonen und werten die Ergebnisse statistisch aus. Hier haben sich sogenannte *A/B-Tests* etabliert. Dabei werden zwei unterschiedliche Varianten einer Website erstellt und ihre Benutzung mit zwei verschiedenen Personengruppen gegeneinander getestet und verglichen. A/B-Tests haben ihren Platz in der Conversion-Rate-Optimierung (CRO) gefunden: Die Usability von Websites hat einen großen Einfluss auf die Bereitschaft von Website-Besuchern zur Conversion. Außerdem lassen sich auch weitere conversion-relevante Faktoren mithilfe von A/B-Tests untersuchen und optimieren. Aus diesem Grund stellen wir Ihnen die A/B-Tests erst im letzten Kapitel vor, nämlich in Abschnitt 22.6.

17.3   Verschiedene Entwicklungsstadien zum optimalen Layout und Design

Bevor es an die konkrete Gestaltung Ihrer Website geht, möchten wir Ihnen hier einige Entwurfsmethoden an die Hand geben, die Sie in verschiedenen Stadien der Entwicklung nutzen können. In der Konzeption entwickeln Sie einerseits die verschiedenen Seitentypen, die Sie auf einer Website nutzen wollen, und planen die Mikro-Informationsarchitektur und das Layout für diese Seiten. Sie können natürlich immer, wie auch beim Aufbau der Mikro-Informationsarchitektur einzelner Webseiten, mit einer einfachen Skizze beginnen, um Ihre ersten Ideen festzuhalten. Im Webdesign nennt man sie *Scribbles* (engl. für Kritzeleien). Hier wollen wir Ihnen aber eher die späteren Entwurfsstadien vorstellen, die Sie auch einem Kunden zur Abnahme schicken würden.

Um das Layout einzelner Seiten und Seitentypen zu entwerfen, können Sie folgende drei Methoden verwenden:

- *Wireframes*
- *Mockups*
- *Prototypen*

Diese drei Entwicklungsstadien bauen aufeinander auf, werden aber nicht immer gleich definiert, zumal auch die Grenzen zwischen ihnen oft fließend sind. In der Praxis sind außerdem nicht immer alle Entwicklungsstadien vom Wireframe zum Prototypen notwendig oder überhaupt nutzbar. Welche der drei Stadien wir in unserer Agenturarbeit einsetzen, hängt vom jeweiligen Projektumfang, der Komplexität der

Website und den involvierten Personen ab. Dennoch sind sie – jede auf ihre Weise – nützliche Methoden, um das Layout und das Design einer Website bzw. verschiedener Seitentypen in unterschiedlichem Ausmaß zu visualisieren. Wenn Sie Usability-Tests durchführen, können Sie die Ergebnisse dieser drei Entwurfsmethoden mit Ihren Versuchspersonen ausprobieren und mithilfe ihres Feedbacks optimieren.

Bevor Sie allerdings mit der konkreten Konzeption der Seiten beginnen, sollten Sie sich zunächst Gedanken darüber machen, wie sich der User durch die Website bewegen soll/kann/wird. Hierzu haben sich sogenannte *User Flow Charts* oder *User Flow Maps* bewährt, die wir Ihnen im nächsten Abschnitt vorstellen werden.

17.3.1   User Flow Maps

User Flow Maps oder User Flow Charts sind Ablaufdiagramme, die schematisch den Weg oder mehrere mögliche Wege eines Users durch die Website skizzieren. Sie bilden also nicht die Strukturen, d. h. die Makro-Informationsarchitektur, ab, sondern die Prozesse, Stationen und Entscheidungen, die ein User durchläuft. Man könnte sagen, dass sie eine Art Weiterentwicklung der *Customer Journey Maps* sind, da sie sich speziell auf die Website beziehen, dabei aber meist den Weg mehrerer potenzieller User abbilden.

Solche User Flow Maps werden in vielen Bereichen des User-Interface-Designs verwendet, also bei Apps, Software und auch in der Website-Konzeption. Sie können ganz unterschiedlich aussehen und zur Visualisierung verschiedener Ebenen genutzt werden. User Flow Maps bilden im Wesentlichen folgende Elemente ab:

- Start-/Endpunkt
- Entscheidungen
- Elemente
- Verbindungen zwischen Elementen
- Prozesse und Abläufe

In der Website-Konzeption können Sie damit beispielsweise den Weg eines Users durch die Website abbilden. Zur Erstellung einer User Flow Map können Sie Mindmap-Software verwenden, wie wir Sie Ihnen in Abschnitt 12.2, »Erstes Grobkonzept der Informationsarchitektur«, zur Visualisierung der Makro-Informationsarchitektur gezeigt haben. Mithilfe von Mindmap-Knotenpunkten und Verbindungen können Sie ja nicht nur Strukturen und Zusammenhänge, sondern ebenso gut Abläufe abbilden. In Abbildung 17.25 haben wir *Moqup* (*moqup.com*) genutzt, um einen beispielhaften User Flow durch die MEDA-Website zu visualisieren. Diese Webapp ermöglicht Ihnen nicht nur die Erstellung einer User Flow Map, sondern auch die Entwicklung der nachfolgend vorgestellten Entwurfsmodelle (Wireframes & Co.). Die kostenfreie Version lässt zwar nur die Erstellung eines einzigen Projekts zu, aller-

17

dings bietet es sehr viele individualisierbare Vorlagen für Designelemente, so dass Sie sich richtig austoben können.

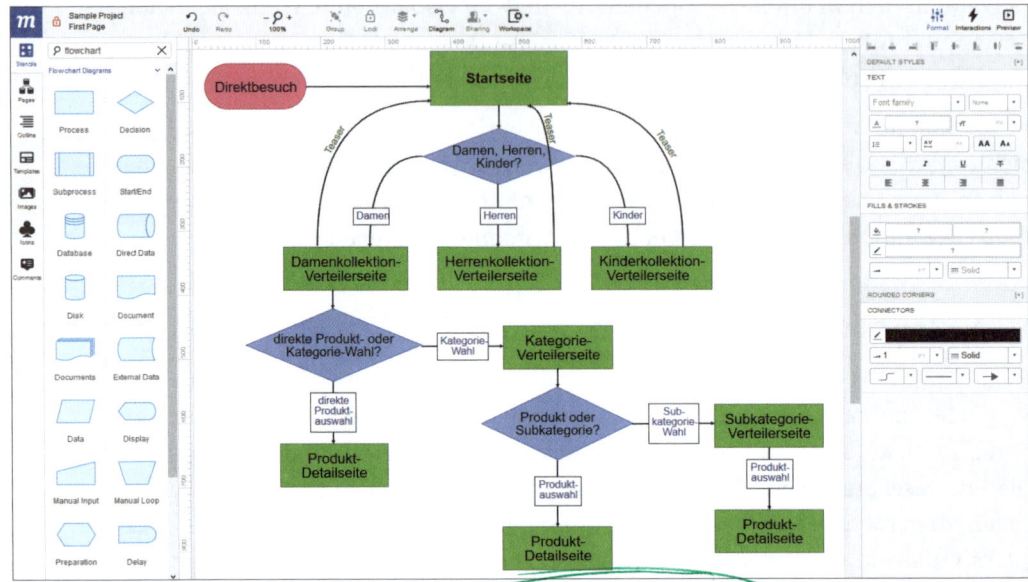

Abbildung 17.25 User Flow Map mit Moqup (moqup.com)

Alternativ oder ergänzend könnten Sie auch den psychologischen User Flow, also den Entscheidungsprozess vom Betreten der Website bis zur Conversion, visualisieren. Das hilft Ihnen, besser zu verstehen, wo und wie Sie relevante Informations-, Funktions- oder Trust-Elemente konzipieren sollten. Haben Sie sich klargemacht, welche Seitentypen und Elemente Sie für einen guten User Flow benötigen, können Sie mit der Ausgestaltung der Mikro-Informationsarchitekturen beginnen.

17.3.2   Wireframes

Wireframe bedeutet übersetzt »Drahtgestell« (auch »Drahtgittermodell«), er gibt wie ein ebensolches die grobe Form vor. In der Website-Konzeption skizziert ein Wireframe die wichtigsten Elemente und Funktionen einer Seite, sieht aber optisch noch nicht aus wie eine »richtige« Website. Mit folgenden Tools können Sie Wireframes erstellen:

▶ Moqup (siehe Abschnitt 17.3.1, kostenpflichtige Webapp, kostenlose Basisversion vorhanden, *moqup.com*)

▶ Balsamiq (kostenpflichtige Software, *balsamiq.com*)

▶ wireframe|cc (kostenpflichtige Webapp, kostenlose Basisversion vorhanden, *wireframe.cc*)

▶ Pencil (kostenlose Open-Source-Software, *github.com/prikhi/pencil*)

Es handelt sich meist um eine recht einfache Abbildung in Schwarzweiß oder Graustufen ohne jegliche Funktionalität (siehe Abbildung 17.26). Wireframes sind dann nützlich, wenn Sie Ihren Kunden beispielsweise zeigen möchten, wie das Layout der Startseite oder einer Verteilerseite geplant ist, ohne auf Designdetails achten oder eingehen zu müssen. Sie visualisieren damit eher inhaltliche Aspekte und deren Anordnung auf einer Seite als ästhetische Faktoren.

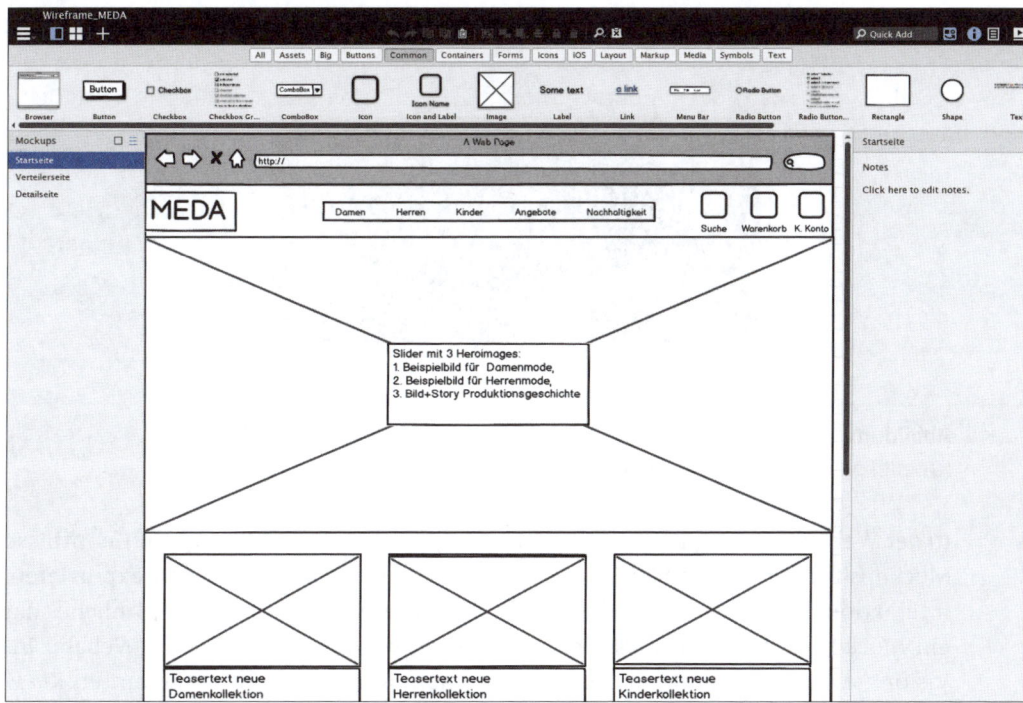

Abbildung 17.26 Software-Screenshot der Wireframe-Erstellung mit Balsamiq

In den meisten Tools können Sie die Entwürfe auch annotieren, also mit hilfreichen Zusatzkommentaren versehen. Das ist beispielsweise nützlich, wenn Sie solch einen Wireframe einem Kunden schicken möchten und entsprechende Hinweise für bestimmte Elemente mitliefern möchten. Wenn Sie den Wireframe etwas anschaulicher gestalten möchten, haben Sie auch die Möglichkeit, Bilder und Logos einzufügen.

17.3.3   Mockups

Mockups (engl. für Modell, Attrappe) sind Wireframes in der Hinsicht ähnlich, dass sie ebenfalls nur Bildentwürfe ohne jegliche Funktionalität sind. Es handelt sich um eine grafische Umsetzung des Wireframes, die ebenfalls das Layout abbildet, dieses aber auch optisch gestaltet. In einem Mockup sind Farbschema und Typografie bereits ausgesucht, Bilder, Logos, Icons und sonstige Medien sind eingefügt – im Grunde sind alle Elemente der betreffenden Webseite enthalten. Sie werden meist mit einem Bildbearbeitungsprogramm wie Adobe Photoshop erstellt und geben dem Website-Betreiber eine Idee vom tatsächlichen Aussehen seiner Website. Anstatt eines Bildbearbeitungsprogramms können Sie allerdings auch ein Tool wie Proto.io verwenden (*proto.io*, siehe Abbildung 17.27).

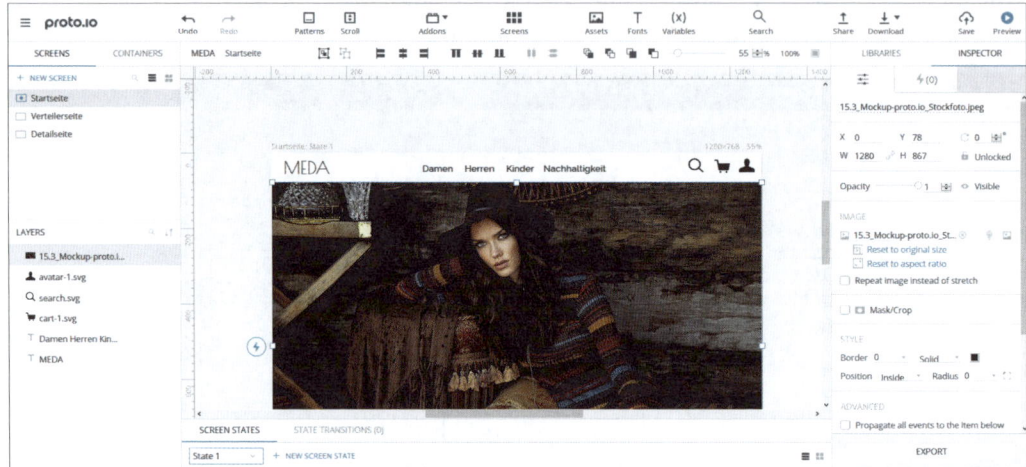

Abbildung 17.27 Webapp-Screenshot aus der Mockup-Erstellung mit Proto.io (Quelle: proto.io; Bildquelle: goo.gl/Qg5Fod)

In der Webanwendung können Sie ohne Programmier- oder Photoshop-Kenntnisse Mockups für verschiedenste Seitentypen erstellen und als Bilddateien exportieren. Interaktionsmöglichkeiten wie klickbare Elemente, Animationen oder Ähnliches hat ein Mockup nicht. Allerdings gibt es Software, wie beispielsweise die Webapp In-Vision (*invisionapp.com*), mit der Sie aus einem Mockup einen sogenannten *Klick-Dummy* erstellen können (siehe Abbildung 17.28).

Abbildung 17.28 Webapp-Screenshot aus der Klick-Dummy-Erstellung mit InVision (Quelle: invisionapp.com; Bildquelle: goo.gl/Qg5Fod)

Dazu können Sie Ihre zuvor erstellten Mockups – wie beispielsweise diejenigen für Startseite, Verteilerseite und Produktdetailseite aus Proto.io – hochladen. In der App haben Sie die Möglichkeit, Flächen auf dem Bild auszuwählen, die Sie dann »aktiv« schalten, also mit anderen Mockup-Bildern verlinken können. Klicken Sie dann z. B. auf die ausgewählte Fläche über dem Menüpunkt DAMEN, gelangen Sie auf das Mockup der Verteilerseite DAMEN, sofern Sie diese erstellt und verknüpft haben. Natürlich handelt es sich hierbei nur um eine Simulation der Funktionen, denn die ausgewählten Flächen und die Verknüpfungen stellen keine echten Verlinkungen oder Navigationselemente dar. Für eine etwas lebhaftere Präsentation der Website-Idee sind Mockups und Klick-Dummys allerdings gut geeignet.

17.3.4   Prototypen

Prototypen sind die höchste Evolutionsstufe Ihres Website-Entwurfs. Ein Prototyp ist meist eine fertige Version ausgewählter Webseiten eines Webauftritts, wie beispielsweise Startseite, Verteilerseite, Detailseite. Diese werden oft sogar in HTML erstellt. Dadurch können ebenfalls Interaktionen, etwa Verknüpfungen zwischen den einzelnen Seiten, angelegt werden. Diese entsprechen dann auch tatsächlich echten Funktionen, nämlich Links bzw. Navigationspunkten, da sie in HTML codiert sind. Auch das Design ist in einem Prototyp schon weitgehend festgelegt. Daher bilden Prototypen in der Regel – nach Abnahme durch den Website-Betreiber – die Grundlage für die Erstellung eines endgültigen HTML-Design-Templates, aus dem dann die »echte« Website entsteht. Da unser Beispielprototyp hier dem Mockup entspräche, haben wir auf eine Abbildung eines Prototyps verzichtet. Im nächsten Kapitel zeigen wir Ihnen, welche Elemente Sie bei der Umsetzung Ihres Website-Designs gestalten und wie Sie diese optimal einsetzen können.

17

Kapitel 18

Designen Sie Ihre Website kommunikationsorientiert – Material Design und das Look & Feel

Das vorige Kapitel hat deutlich gezeigt, wie Sie in der optischen Ge-
staltung Ihrer Website die Wahrnehmungsprinzipien Ihrer Besucher
berücksichtigen sollten. Nun geht es darum, ein besucherorientier-
tes, funktionales und gleichzeitig ästhetisches Design für Ihre Web-
site zu entwickeln.

Der erste optische Eindruck zählt – wie in jeder kommunikativen Situation gilt dieser Grundsatz zweifelsohne auch für Websites. Website-Besucher entscheiden innerhalb der ersten Millisekunden, ob Ihnen eine Website optisch zusagt oder nicht. Es gibt sogar Studien[1], die zeigen, dass Websites genau 50 ms Zeit haben, um einen guten Eindruck zu machen. Wenn das misslingt, ist eine Kurskorrektur schwierig. Ihr Design ist ebenso wichtig für eine positive Wirkung auf den ersten Blick, wie ein gepflegtes, adäquates Erscheinungsbild für den ersten Eindruck im Bewerbungsge-spräch. Gleichzeitig hat das vorige Kapitel Ihnen die Wichtigkeit eines benutzer-freundlichen Designs und einer rundum angenehmen Nutzererfahrung dargelegt. Daraus ergibt sich, dass Sie bei jeder Designentscheidung hinterfragen, ob Ihre Web-site noch funktional und gebrauchstauglich ist.

Außer Frage steht, dass Sie um ein responsives Layout nicht mehr herumkommen. Dieses haben wir Ihnen bereits in Kapitel 10, »Website-Konzeption im mobilen Zeit-alter«, ausführlich vorgestellt. Daher gehen wir in diesem Kapitel nicht weiter darauf ein. Wir empfehlen Ihnen aber, in jedem Fall bei der Erstellung oder der Auswahl eines Templates auf Responsivität zu achten, damit Ihre Inhalte auf allen Endgeräten passend angeordnet werden.

In diesem Kapitel wird es vorrangig um die visuellen Aspekte der Website als Kom-munikationsmittel gehen. Eine ganz kurze Übersicht über die großen Entwicklungs-schritte im Webdesign geben wir Ihnen im ersten Abschnitt. Anschließend stellen

---

1 Lindgaard, Gitte; Fernandes, Gary; Dudek, Cathy; M. Brown, Judith. (2006). Attention web desig-ners: You have 50 milliseconds to make a good first impression! *Behaviour and Information Tech-nology*, 25(2), 115-126. Behaviour & IT. 25. 115-126.

wir Ihnen in den Abschnitten 18.2 und 0 die beiden wichtigsten Elemente einer stimmigen Anmutung vor, Farbgestaltung und Typografie, und zeigen Ihnen, worauf Sie bei der Auswahl achten sollten. Gestaltungsempfehlungen für die wichtigsten Medienelemente erhalten Sie in den Abschnitten 18.4 und 18.5, und abgerundet wird das Kapitel von einer Checkliste zu den acht wesentlichen Eigenschaften Ihres Webdesigns in Abschnitt 18.6.

18.1   Designtrends, die Sie nicht umgehen können und sollten

Sie müssen nicht jeden Trend mitmachen, aber dennoch ist Ihre Website ein »Kind ihrer Zeit«. Das World Wide Web macht – wie die Mode, die Werbung und im Grunde jeder Lebensbereich, den Sie gestalten können – auch eine Art Evolution durch. Verschiedene Strömungen beeinflussen die Gestaltung. Manche entstehen aus einer funktionalen Motivation, andere aus rein ästhetischen Beweggründen, und wieder andere wollen in erster Linie eine Gegenbewegung zu einer bestehenden Strömung bilden. Gestaltungstrends sind aber nicht ausschließlich eine Frage des Designs. Letztlich ist die optische Gestaltung auch immer ein Ausdrucksmittel, ein Mittel zur Kommunikation und kann daher durch unterschiedliche Kommunikationsziele motiviert sein. Auch im Marketing kann man historisch eine Entwicklung in der kommunikativen Einstellung der Unternehmen zu ihren Zielgruppen und der Kundenansprache feststellen. Dort ging es ebenfalls von der unternehmens- und produktzentrierten Perspektive hin zu einer Fokussierung der Zielgruppen. Die Strömungen im Webdesign spiegeln diese Entwicklungen im Marketing, wie auch die allgemeinen ästhetischen Trends wider. Um aktuelle Trends zu verstehen, lohnt sich also immer ein kurzer Rückblick auf vergangene, um nachvollziehen zu können, wo aktuelle Trends herkommen, wie sie motiviert sind und warum sie funktionieren – oder eben auch nicht. Mit diesem Verständnis können Sie eine wesentlich bewusstere Entscheidung für oder wider einen Webdesigntrend treffen.

18.1.1   Eine ganz kurze Geschichte des Webdesigns

Vielleicht bringen Sie die Lebenserfahrung mit, sich noch an Websites aus den Anfängen des Webdesigns zu Beginn der 1990er Jahre zu erinnern? Sie waren zwar bereits in HTML geschrieben, sahen aber aus wie einfache, einspaltige Textdokumente, die durch Links miteinander verknüpft waren, denn die damaligen Browser konnten meist nur Text darstellen. Der repräsentative Charakter von Websites war damals noch kein großes Thema – und ihre Nutzung als Marketinginstrument erst recht nicht. Websites, wie die erste Website von 1991 in Abbildung 18.1, wurden vorrangig dazu genutzt, große Mengen von Informationen über das Internet auszutauschen.

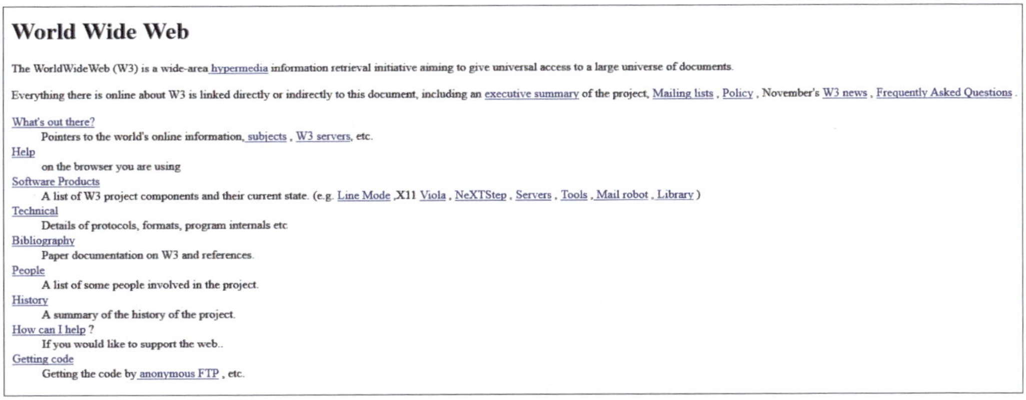
World Wide Web

The WorldWideWeb (W3) is a wide-area hypermedia information retrieval initiative aiming to give universal access to a large universe of documents.

Everything there is online about W3 is linked directly or indirectly to this document, including an executive summary of the project, Mailing lists , Policy , November's W3 news , Frequently Asked Questions .

What's out there?
Pointers to the world's online information, subjects , W3 servers, etc.
Help
on the browser you are using
Software Products
A list of W3 project components and their current state. (e.g. Line Mode ,X11 Viola , NeXTStep , Servers , Tools , Mail robot , Library)
Technical
Details of protocols, formats, program internals etc
Bibliography
Paper documentation on W3 and references.
People
A list of some people involved in the project.
History
A summary of the history of the project.
How can I help ?
If you would like to support the web..
Getting code
Getting the code by anonymous FTP , etc.

Abbildung 18.1 Die allererste Website von 1991 (Quelle: info.cern.ch)

Recht kurz darauf kam die Möglichkeit auf, mit Tabellen zu arbeiten, so war das WWW voller Websites im mehrspaltigen Design. Mitte der 1990er kamen dann die ersten Browser mit einer echten grafischen Benutzeroberfläche auf den Markt, z. B. der Netscape Navigator und der erste Internet Explorer. Diese konnten zum ersten Mal Farbe darstellen. Wie bei jedem aufkommenden Trend wird das Neue in seinen Anfängen überall genutzt. Nicht immer gibt es einen bestimmten Grund oder eine kommunikative Absicht. Oft ist die Ausschöpfung neuer, spannender Möglichkeiten einfach motiviert, quasi nach dem Motto »Because we can!«, also einfach deshalb, weil es endlich möglich ist. Neue technische Entwicklungen boten im Webdesign gefühlt unendlich viele Möglichkeiten, sich in der Gestaltung auf ganz neue Weise auszutoben. Die Browser konnten Farben darstellen, und damit wurde das WWW zu einem überladenen, grellen Website-Pool voller quietschbunter Websites, auf denen jedes Element in einer anderen, kräftigen Farbe erstrahlte.

Als mit der Zeit das kommerzielle Potenzial erkannt wurde, setzten immer mehr Unternehmen Websites als Werbetafel ein. Als 1996 Flash-Animationen entwickelt wurden, gab es kein Halten mehr: Websites blinkten und glitzerten den Besucher förmlich an, die Werbebanner buhlten überall um seine Aufmerksamkeit. In Abbildung 18.2 sehen Sie eine für die damalige Zeit, 1996, verhältnismäßig »dezente« Gestaltung der Website von Spiegel Online.

Praxistipp: Zeitreise für Websites

Im Internetarchiv »Wayback Machine« können Sie sich alte Versionen von Websites ansehen (*archive.org/web*).

Durch das Aufkommen der Stylesheet-Sprache CSS konnte der Inhalt von der äußeren Gestaltung getrennt werden. Dadurch wurde es leichter, Websites einen einheitlichen

Look zu verpassen. Durch die Einführung von JavaScript und die Unterstützung durch die meisten Browser Anfang der 2000er Jahre konnten komplexere, animierte Elemente wie Dropdown-Menüs gestaltet werden, ohne Flash zu nutzen. Es kamen immer bessere technische Möglichkeiten auf, um Medien wie Bilder und Videos in Websites zu integrieren. Der Fokus entwickelte sich von der überkommerzialisierten Nutzung von Websites weiter in Richtung Zielgruppenfokussierung und der Mission, gute Inhalte zu produzieren und zu verbreiten. Mit dem Web 2.0, dem Vormarsch der verschiedenen Social-Media-Kanäle und den mobilen Endgeräten wurde das Internet zunehmend interaktiver, und die Integration der Benutzer rückte immer weiter in den Fokus – diese Strömung hält sich bis heute.

Abbildung 18.2 Blinkend-buntes Webdesign auf der Website von Spiegel Online von 1996 (Quelle: Internetarchiv »Wayback Machine«, goo.gl/ReCAQp)

Das war nun natürlich ein sehr knapper Abriss der Geschichte des Webdesigns, aber die drei wichtigsten modernen Entwicklungen heben wir uns für den nächsten Abschnitt auf, denn sie beeinflussen das Webdesign bis heute.

18.1.2   Realistisches Design im Skeuomorphismus, minimalistisches Flat Design und Material Design als Kompromiss

Webdesigner begannen Anfang der 2000er Jahre immer häufiger mit Alltagsmetaphern zu arbeiten. Viele Elemente wurden an alltägliche Objekte angelehnt und mit Farben, Schatten und Animationen so realitätsnah wie möglich gestaltet. Diese Designrichtung nennt sich *Skeuomorphismus* und hat ihren Ursprung bereits in den Anfängen der Gestaltung von Computerbenutzeroberflächen. Bei der grafischen Gestaltung der Betriebssysteme von Apple und Windows wurde z. B. der Ort zum Ablegen und Löschen ungewollter Dokumente, der »Papierkorb«, auch tatsächlich wie einer gestaltet. Diese Alltagsmetapher unter vielen anderen sollte es dem Benutzer erleichtern, die Interaktionselemente als solche zu erkennen – und das gelang auch.

Im Webdesign wurden viele Gestaltungselemente dazu genutzt, die Interaktionen im User Interface so »real« und »naturnah« wie möglich abzubilden. Dazu zählen diverse Möglichkeiten, einen 3D-Effekt und Elemente »zum Anfassen« zu gestalten:

▶ Farbverläufe

▶ Lichteffekte

▶ Schlagschatten

▶ Verzierungen und Texturen

Beispielsweise sahen Buttons aus wie echte, drückbare Knöpfe oder Schalter. Teilweise gingen die »Schnörkel« aber auch über eine rein funktionale, metaphorische Gestaltung hinaus. So gab es Website-Hintergründe, die aussahen wie altes Papier oder barock gemusterte Tapeten, Uhren, die aussahen wie antike, analoge Taschenuhren, und Bilderalben, die die Bilder wie echte Fotos oder Polaroids darstellten. Man munkelt sogar, dass Steve Jobs seinerzeit die virtuelle Lederoptik der iPhone-Kalender-App iCal dem Leder seines Privatjets entsprechend designt haben soll (siehe Abbildung 18.3). Auf diese Weise wurden Websites teilweise recht aufwendig gestaltet und dadurch wiederum auch die Dateien sehr groß. Dadurch brauchten die Browser meist auch länger, um jedes einzelne Detailelement zu laden.

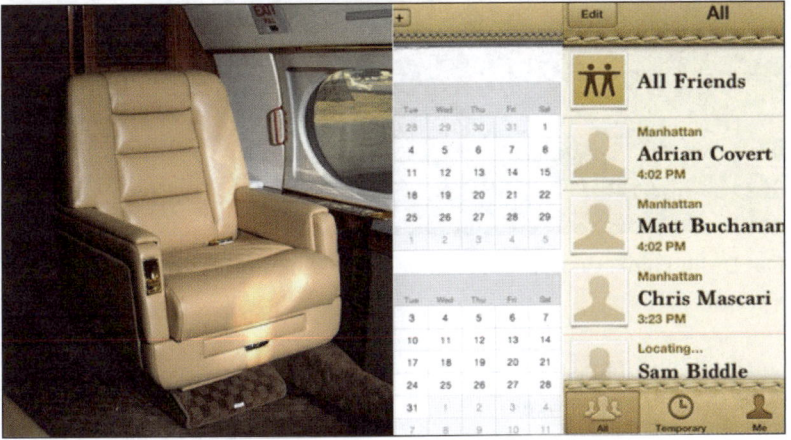

Abbildung 18.3 Skeuomorphismus in wahrsten Sinne des Wortes beim iCal (Quelle: goo.gl/W6TDES)

Anfang der 2010er kam dann die absolute Gegenbewegung auf, das *Flat Design* (siehe Abbildung 18.4 für einen illustrativen Vergleich). Und tatsächlich machte diese höchst minimalistische Art der Website-Gestaltung ihrem Namen alle Ehre, denn vor allem anderen ist Flat Design einfach flach. Flat Design schaffte jegliche Art von Alltagsmetapher ab, da sie für die heutigen *Digital Natives* als überflüssig angesehen wurde. Verzierungen, Texturen, reale oder räumliche Darstellung von Elementen mit Farbverläufen, Schlagschatten und Lichteffekten, die zuvor für eine realistische

Darstellung verwendet wurden, wurden vollständig aus dem Werkzeugkasten des Webdesigners entfernt.

Stattdessen fand eine Reduktion auf das Wesentliche statt – die Funktionalität. Der Leitsatz »Weniger ist mehr« wird wohl in keiner Strömung des Webdesigns so groß-geschrieben wie im Flat Design. Minimalismus und eine reduzierte, aber kräftig-grafische Ästhetik ist im Übrigen aber nicht nur im Webdesign seit einigen Jahren zu beobachten, sondern auch in der Mode, in der Wohnwelt und in vielen weiteren Lebensbereichen, in denen auf Schnörkel, Verspieltheit und unnötige Details weitgehend verzichtet wird.

Abbildung 18.4 Flat Design (links) vs. realistisches Design/Skeuomorphismus (rechts) (Quelle: goo.gl/N3ouiq)

Flat Design arbeitet mit einfachsten Gestaltungselementen, um Websites auf die wesentlichen Elemente zu beschränken:

► flache, einfache Interaktionselemente

► kräftige Farben als Akzent

► neutrale Hintergründe

► ausdrucksstarke Typografie

► Verzicht auf:

   – Licht- und Schatteneffekte

   – jegliche 3D-Effekte, etwa abgerundete Ecken und Kanten, Ebeneneffekte

   – irrelevante Details, reine Verzierungen, Schnörkel etc.

Buttons im Flat Design sehen nicht mehr aus wie Knöpfe und Schalter im realen All-tag. Sie sind reduziert zu farbigen Flächen oder teilweise sogar zu einfachen Rahmen mit entsprechender Beschriftung. Die minimalistische Gestaltung des Flat Designs erzeugt natürlich schlankere Website-Dokumente, getreu dem Motto: Nur eine schnell verfügbare Seite ist eine funktionale Seite! Dieser Usability-Vorteil ist natür-lich nicht von der Hand zu weisen und ein großer Pluspunkt für das Flat Design.

Obwohl der rigorose Minimalismus im Flat Design aus Usability-Gründen eingeführt wurde, brachte der vollständige Verzicht auf Farbverläufe, Schatten und andere Mit-tel, die einen räumlichen Effekt erzeugen, in vielen Fällen einen Usability-Nachteil. Website-Besucher können klickbare Objekte nicht mehr so leicht von nicht klickba-ren unterscheiden. In Abbildung 18.5 beispielsweise sehen Sie durch die minimalisti-sche und »flache« Darstellung sowie den ungünstigen Einsatz der Akzentfarbe die wichtigsten Interaktionselemente nicht: Der Button LAUNCH IT unten links ist kaum als solcher zu erkennen, da er lediglich durch einen grauen Kasten markiert wird. Ähnlich verhält es sich mit dem kleinen Formularfeld zur Newsletter-Anmeldung. Durch das schlichte weiße Feld, das sich kaum vom Hintergrund abhebt, ist es nur schwer zu erkennen. Die Akzentfarbe hebt die Icons hervor, obwohl sie funktional irrelevant sind, und treibt die Funktionselemente somit noch weiter in den Hinter-grund.

Abbildung 18.5 Interaktionselemente sind kaum als solche zu erkennen
(Quelle: builtbybuffalo.com/).

Vor allem ältere Menschen dürften mit einer solchen Website-Gestaltung ihre Pro-bleme haben, da durch die fehlenden visuellen Alltagsmetaphern die Bedienung nicht intuitiv ist. Nicht zuletzt aufgrund dieser Schwächen hat das Flat Design den Skeuo-morphismus nicht vollständig ablösen können. Es gibt nach wie vor Webdesigns aus beiden Strömungen. Aktuell lässt sich aber beobachten, dass der Webdesigntrend eher weggeht von einem strikten Flat Design mit übertriebenem, benutzerunfreund-lichem Minimalismus und auch weg von einem pompösen Skeuomorphismus mit aufwendigen, unnötigen und rein dekorativen Designdetails.

Stattdessen hat sich seit 2015 das sogenannte *Material Design*, auch *Flat 2.0* genannt, etabliert. Material Design wurde von Google entwickelt und seit seiner Einführung für die meisten Apps auf Android- und iOS-Smartphones übernommen. Aber auch auf Websites finden sich ebendiese Prinzipien wieder. Man könnte durchaus behaupten, Material Design vereine beide konkurrierenden Strömungen miteinander, was sich auch in der alternativen Bezeichnung *Skeuominimalismus* widerspiegelt. Das Grundprinzip ist funktionaler Minimalismus, kombiniert mit visuell unterstützenden Elementen, wo sie nötig sind. Material Design versucht – wie das Flat Design –, die Kernbotschaft und die Funktionalität einer Website durch Minimalismus in den Vordergrund zu stellen. Dazu nutzt es aber – wie der Skeuomorphismus – auch dezente Farbverläufe, Schatten- und Ebeneneffekte sowie funktionale Animationen, um die Usability zu verbessern. Damit nutzt es die Stärken beider Vorläufer und hebelt gleichzeitig ihre größten Schwächen aus.

In seinen Guidelines (siehe auch Abbildung 18.6) beschreibt Google die Grundlagen des Material Designs und stellt Richtlinien zur Gestaltung verschiedener Benutzeroberflächen zur Verfügung.

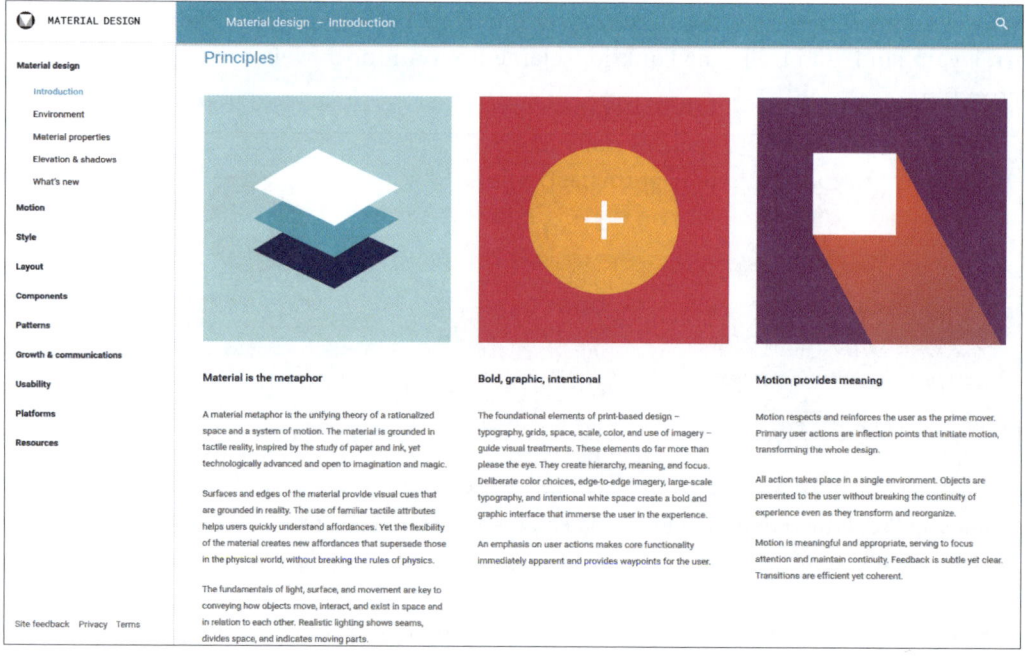

Abbildung 18.6 Google Guidelines zum Material Design (Quelle: material.io/guidelines)

Bereits in Abschnitt 17.1.8, »Farbe und Helligkeit«, haben wir Ihnen einige Hilfsmittel zur Farbwahl im Sinne des Material Designs vorgestellt. Die oben genannten Richtlinien umfassen aber auch viele andere Designbereiche und geben Ihnen hilfreiche Richtlinien für die Gestaltung verschiedenster Website-Elemente im Material Design an die Hand. Sehen Sie sich doch mal in den Guidelines um.

Material Design nutzt:

▶ klare, minimalistische Strukturen zur Fokussierung des Wesentlichen: Inhalt und Funktion

▶ cleane, grafische Farbgestaltung:

– kräftige Kontraste

– neutrale Farben für den Hintergrund

– kräftige Farben für das grundlegende Farbschema

– sparsam und funktional eingesetzte leuchtende Farben als Akzent

▶ Ebeneneffekte für eine bessere Usability durch Licht- und Schatteneffekte, Overlays, Karten und Kacheln

▶ ausdrucksstarke Typografie und Kombination verschiedenartiger Fonts

▶ funktionale, dezente Animationen zur Visualisierung von Prozessen

Das Gesamtbild ist geprägt von der Präsentation weniger, aber prägnanter Informationen. Große, aussagekräftige Bilder, die »wie zum Anfassen« erscheinen, in Kombination mit einem sparsamen, aber gezielten Spiel mit der Typografie verstärken die Wirkung. Die Website von Apple (siehe Abbildung 18.7) ist ein prominentes Beispiel für eine minimalistische Website, auf der klar und unmittelbar kommuniziert wird, worin Thema und Angebot bestehen. Die Strategie fokussiert die Produkte und stellt das Unternehmen in den Hintergrund.

Abbildung 18.7 Apples Website setzt auf Minimalismus und den Fokus auf das Produkt (Quelle: apple.com).

Tabelle 18.1 fasst die Vor- und Nachteile von Skeuomorphismus, Flat Design und Material Design noch einmal im Überblick zusammen.

	Skeuomorphismus	Flat Design	Material Design
Vorteile	▶ Alltagsmetaphern erleichtern Usern die intuitive Bedienung. ▶ gute Usability ▶ aufwendige Seiten mit Wow-Effekt	▶ Fokussierung auf das Wesentliche ▶ kurze Ladezeiten ▶ »moderner« Look	▶ Fokussierung auf das Wesentliche, die Inhalte und Funktionen ▶ verbesserte Usability ▶ »moderner« Look ▶ Wow-Wirkung durch große Bilder
Nachteile	▶ größere Website-Dokumente durch aufwendige, detaillierte Gestaltung ▶ längere Ladezeiten durch größere Website-Dokumente	▶ Cleanes, einfaches Design ist nicht jedermanns Geschmack. ▶ schlechte Usability: Funktionselemente schlecht erkennbar ▶ für ältere Menschen nicht intuitiv	▶ für ältere Menschen nach wie vor nicht intuitiv durch weitgehend fehlende Alltagsmetaphern
Beispiele	*goo.gl/z12ZLV*	*nest.com*	▶ *microsoft.com/de-de/* ▶ *developers.google.com*

Tabelle 18.1 Skeuomorphismus, Flat und Material Design im Überblick

18.1.3   Nutzen Sie Templates für ein konsistentes Look & Feel

Für ein konsistentes Design Ihrer gesamten Website – ob mit oder ohne Content-Management-System (CMS) – brauchen Sie ein *Template*. Templates sind Designvorlagen, die das Aussehen einer Webseite oder mehrerer Seitentypen vorgeben. Darin sind je nach Seitentyp, wie beispielsweise Startseite, Verteilerseite, Detailseite, die Grundbausteine Ihrer Website und ihre optische Gestaltung angelegt. Diese Vorlagen können dann von Ihren Redakteuren ausgewählt und zur Erstellung neuer Seiten und für die Eingabe neuer Inhalte verwendet werden.

Sie können Templates von Grund auf individuell erstellen (lassen) oder ein passendes Template kaufen. Es gibt zahlreiche Anbieter für kostengünstige oder sogar kostenfreie Templates mit verschiedensten Wirkungen.

Praxistipp: Quellen für fertige Templates

▶ *wrapbootstrap.com*

▶ *themeforest.net*

Wie wir Ihnen in Abschnitt 16.3, »Statische vs. dynamische Websites programmieren«, bereits verraten haben, können Sie – sofern Sie WordPress verwenden – auch bequem direkt aus dem Backend heraus ein Template auswählen, installieren und anschließend Ihren Bedürfnissen anpassen.

18.2   Kommunizieren Sie mit einem passenden Look & Feel: Die »richtige« Farbwahl

Wenn Sie ein Template gefunden haben, passen Sie die Farben sowie die Typografie entweder den vorgegebenen CD-Guidelines oder Ihrem persönlichen Geschmack an. Wenn Sie die Website für einen Kunden erstellen, gibt es in der Regel ja zumindest kleinere Richtwerte, an denen Sie sich orientieren können. Letzten Endes kann aber nur der Website-Betreiber selbst über die Farbwahl entscheiden. Wenn Sie an dieser Stelle knallharte Richtlinien von unserer Seite erwarten, für welche Branche, Produkte oder Website-Typen welche Farben am besten geeignet sind, müssen wir Sie leider enttäuschen. Obwohl wir Ihnen verraten können, dass der allgemeine Trend eher zu hellen Hintergründen geht (wie in Abbildung 18.8), heißt das ja nicht, dass es besser ist, wenn Sie mit dem Strom schwimmen, oder dass dunkle Hintergründe wie in Abbildung 18.9 weniger geeignet sind.

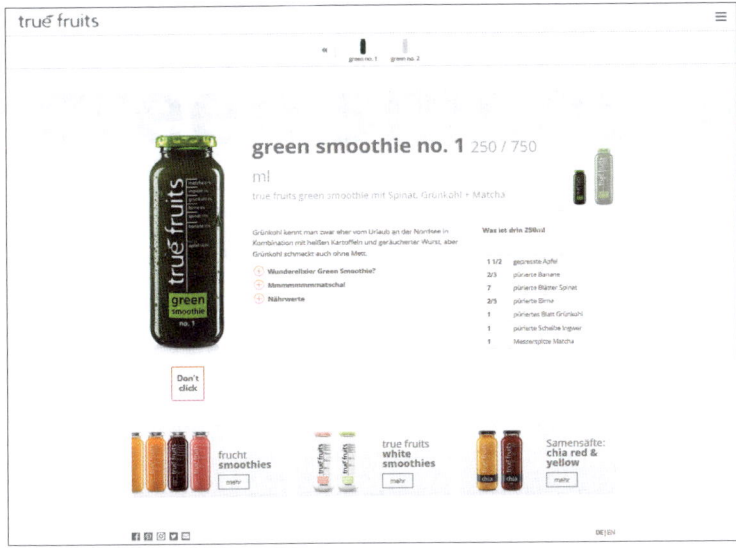

Abbildung 18.8 Website mit einer hellen Hintergrundfarbe (Quelle: true-fruits.com)

Abbildung 18.9 Website mit einer dunklen Hintergrundfarbe (Quelle: etchapps.com)

Die einzigen Tipps, die wir Ihnen zur Farbgestaltung geben können, sind diejenigen, die wir Ihnen in Abschnitt 17.1.8 zur Farbwahrnehmung und in Abschnitt 17.1.9 in den gesammelten Tipps zur Nutzung der Wahrnehmungsprinzipien angeraten haben. Diese beschränken sich im Grunde darauf, einen neutralen Hintergrund zu wählen – ob nun hell oder dunkel ist Ihnen überlassen – und zwei Farben Ihrer Wahl im Sinne des Material Designs: Die Primärfarbe bestimmt dabei zusammen mit der gewählten Typografie Ihren Look. Mit Farbakzenten in einer Sekundärfarbe heben Sie wichtige Elemente hervor. Ein gutes Template wendet in der Regel genau diese Vorgaben an, und Sie müssen nur noch die einzelnen Farben und die passende Typografie aussuchen.

Außerdem können wir Ihnen empfehlen, sich in Ihrer Branche umzusehen. Aber hier ist Vorsicht geboten, denn nur weil die Mehrheit Ihrer Konkurrenten etwas tut, heißt das noch lange nicht, dass sie es zu Recht und richtig tun.

18.3   Kommunizieren Sie mit einem passenden Look & Feel: Eine augengefällige Typografie

Nicht nur Ihre Inhalte selbst, sondern auch, wie Sie sie präsentieren, spielt eine große Rolle. Wenn Sie sich schon die Mühe machen, Texte auf Ihre Website zu bringen (wie Sie diese inhaltlich optimieren, zeigt Ihnen Kapitel 19, »Kommunizieren Sie mit unwiderstehlichem Content«), möchten Sie doch sicher auch, dass sie gelesen werden. Die Gestaltung der Typografie trägt wesentlich zu einem guten oder weniger guten ersten Eindruck bei. Die typografische Gestaltung Ihrer Texte sollte den Besucher zum Lesen einladen. Ist Ihre Schrift mickrig klein, zu blass oder schnörkelig und dadurch schwer lesbar, wühlen sich die meisten User nur dann durch Ihre Texte, wenn sie glauben, Sie hätten den heiligen Gral darin versteckt. Wenn Sie möchten, dass Ihre Texte in jedem Fall gelesen werden, sollten Sie auch bei der Typografie darauf achten, sie augen- und lesefreundlich zu gestalten. Natürlich möchten Sie oder Ihr Designer eine ausdrucksstarke, stilvolle und eine ästhetische Schrift auswählen. Gerade bei dieser Wahlentscheidung empfehlen wir aber, den Usability-Zeigefinger zu heben und zu überprüfen, ob die Schrift auch aus Besucher- und somit aus Lesersicht für Ihre Website geeignet ist.

Auch wenn es keine allgemeingültigen Wertangaben gibt, haben sich durch professionelle Erfahrungen, Befragungen und Studien einige Annäherungswerte etabliert. Ob ein Text aus Lesersicht gut lesbar ist, hängt im Wesentlichen von sieben Variablen ab, die eng miteinander verwoben sind.

18.3.1   Schriftklasse und Schriftart

Aus Textverarbeitungsprogrammen wie Microsoft Word kennen Sie sicher *Schriftarten* (auch *Zeichensatz*, engl. *Fonts*) wie »Times New Roman« oder »Arial«. Einer der wesentlichen Unterschiede zwischen diesen beiden Schriftklassen ist, dass »Times New Roman« eine sogenannte *Serifenschrift* ist, während »Arial« eine *serifenlose Schrift* ist (siehe Abbildung 18.10). In Printmedien werden Serifenschriften gerne genutzt, da es sich um Lesehilfen handelt: Serifen sind die kleinen Anhängsel an den Buchstabenenden. Sie lassen die Buchstaben schärfer erscheinen, und diese werden so leichter erfasst.

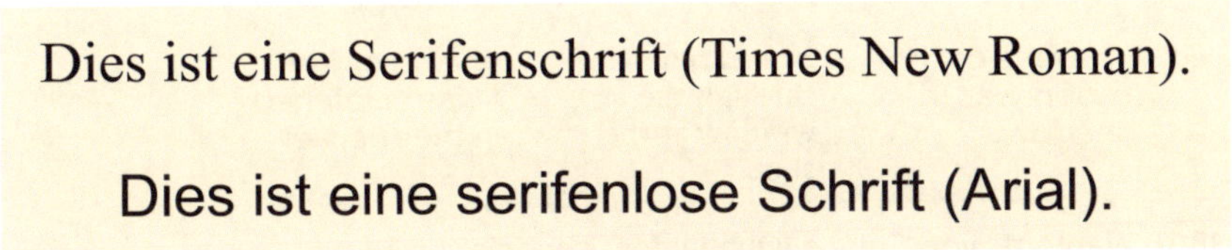

18

Dies ist eine Serifenschrift (Times New Roman).

Dies ist eine serifenlose Schrift (Arial).

Abbildung 18.10 Serifenschrift und serifenlose Schrift

Da Bildschirme gelegentlich immer noch eine geringere Auflösung haben als Papier, können ebendiese Serifen aber dazu führen, dass die Buchstaben weniger klar aussehen und vor allem bei kleinen Schriftgrößen oder schlankeren Fonts schwerer zu lesen sind. Lange Zeit wurde daher empfohlen, für Fließtexte serifenlose Schriften zu verwenden und Serifenschriften eher in Überschriften einzusetzen. Das hat sich mittlerweile mit den hochauflösenden Displays etwas geändert – spannenderweise wird diese Regel aber immer noch häufig beachtet.

Bei der Wahl der Schriftart haben Sie die Möglichkeit, Systemschriften eines Computers zu verwenden. Je nach Ausgabegerät, Betriebssystem oder Browser könnten diese allerdings unterschiedlich interpretiert werden. Daher hat sich in den letzten Jahren die Verwendung von *Webfonts* etabliert. Webfonts sind Fonts, die keine Systemschriften sind, sondern Fonts, die aus dem Web zur Verfügung stehen. Sie werden hauptsächlich für die Darstellung von Webtexten in Webbrowsern verwendet. Durch ihre speziellen Eigenschaften werden sie von den gängigen Browsern unterstützt und unabhängig vom Betriebssystem des Clients korrekt interpretiert – Ihre Texte sehen also auf jedem Endgerät so aus, wie Sie sie gestaltet haben. Ruft ein Browser eine Website auf, wird ein Webfont also nicht aus dem System des Clients geladen, sondern von einem externen Webserver. Es gibt viele lizenzfreie, aber auch lizenzpflichtige Webfonts, die Sie über diverse Schriftportale, wie beispielsweise Google Fonts (siehe Abbildung 18.11), oder von Schriftdesignern beziehen können.

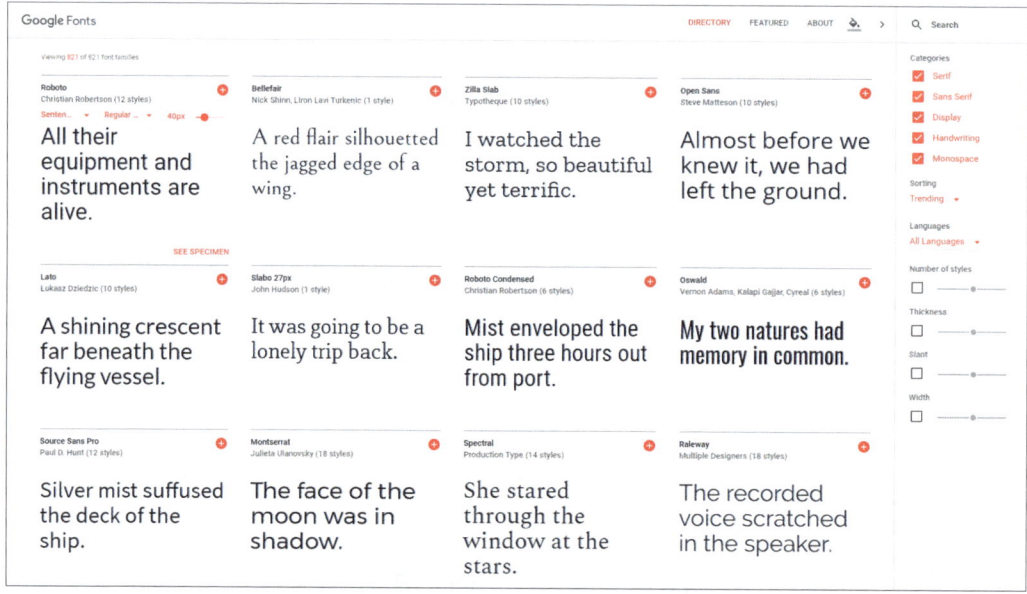

Abbildung 18.11 Webfonts von Google (Quelle: fonts.google.com)

Webfonts, die als Datei separat vorliegen, können Sie über die CSS-Fontface-Funktion in Ihre Website einbetten (mehr dazu unter *goo.gl/UkvJ8o*). Das geht mit Webfonts wie denen von Google zum Beispiel nicht – die müssen immer live eingebunden werden.

Welche Schriftart Sie nun letztendlich auswählen, ist – sofern Sie hierfür keine CD-Guidelines zu befolgen haben – tendenziell eher eine Geschmackssache. Passen rundere oder eckigere, schmalere oder bauchigere Fonts zur Marke und dem Unternehmen, die auf der Website repräsentiert werden sollen? Wenn Sie Webfonts nutzen, können Sie bei der Auswahl einer Schrift auch Tipps zu den jeweils beliebtesten Kombinationsmöglichkeiten mit anderen Fonts erhalten.

Praxistipp: Lizenzen beachten

Sie können nicht jede Schrift, die Sie auf Ihrem Mac- oder Windows-Rechner installiert haben, auch ohne Weiteres für Ihre Website nutzen. Schriftarten unterliegen bestimmten Lizenzrichtlinien, und so muss man häufig individuelle Schriften mit einer Weblizenz separat erwerben. Dann kann man sie als TTF-, WOFF-, EOT- und andere Formate als Webfont einbinden.

Einfach geht es natürlich mit Open-Source-Schriften oder eben Webfont-Anbietern wie *fonts.google.com*. Hier ist keine separate Lizenz nötig – was diese Dienste so beliebt macht.

18.3.2   Schriftgröße

Die Schriftgröße von Websites wird im CSS-Dokument festgelegt. Dabei lässt CSS sowohl absolute Werte in *Pixeln* (px) als auch relative Werte wie Prozentangaben oder *REM* zu. Es ist Ihre Aufgabe als Betreiber, in jeder Hinsicht für gute Lesbarkeit zu sorgen. Ruhen Sie sich nicht darauf aus, dass Ihre Besucher alle schon wissen, wie man zoomt und den Text eigenständig anpassen. Aber keine Sorge, die meisten guten Templates haben passende voreingestellte Schriftgrößen. Wenn Sie WordPress nutzen, können Sie diese außerdem in den Optionen des Templates anpassen – auch ganz ohne HTML-Kenntnisse.

Eine zu kleine Schrift, wie in Abbildung 18.12 links, ist überaus mühselig zu lesen und tut den Augen weh. Wählen Sie daher eine Schriftgröße von mindestens 12 px, wobei das schon der alleruntеrste akzeptable Wert ist. Browser stellen Text standardmäßig in 16 px dar, was auch der allgemeine Durchschnitt für gut lesbare Texte am Bildschirm ist. Diese Einstellung des Browsers kann und wird in der Regel von den Angaben im CSS-Dokument der Website überschrieben. Ein Fließtext mit mehr als 24 px ist allerdings übertrieben groß und höchstens in einer Branche sinnvoll, in der vorwiegend Menschen mit einer Sehbehinderung zur Leserschaft gehören. Wählen Sie nämlich einen großen Wert für Ihren Fließtext, enthält eine Zeile in der mobilen Ansicht möglicherweise nur noch eine Handvoll Wörter pro Zeile, was für den normalen Leser untragbar ist (siehe Abbildung 18.12 rechts).

Das ist auch einer der Gründe, warum sich die relativen Größenangaben etabliert haben. Damit wird die Typografie anpassungsfähig und lässt sich entsprechend der zoom- oder displaybedingten Content-Breite (Näheres zu dieser Variable siehe Abschnitt 18.3.4) anpassen. Durch die Anfrage eines Smartphone-Browsers wird die Schriftgröße relativ zur Breite des Contents verkleinert. Für Überschriften werden wiederum mindestens 20 px verwendet, in der Regel aber eher ca. 30 px. Je nach

Funktion einer Überschrift kann sie aber auch größer ausfallen, denn hier hängt die Schriftgröße eher von der gewünschten Wirkung ab, solange die Schriftgröße der Überschriften größer ist als die des Fließtextes.

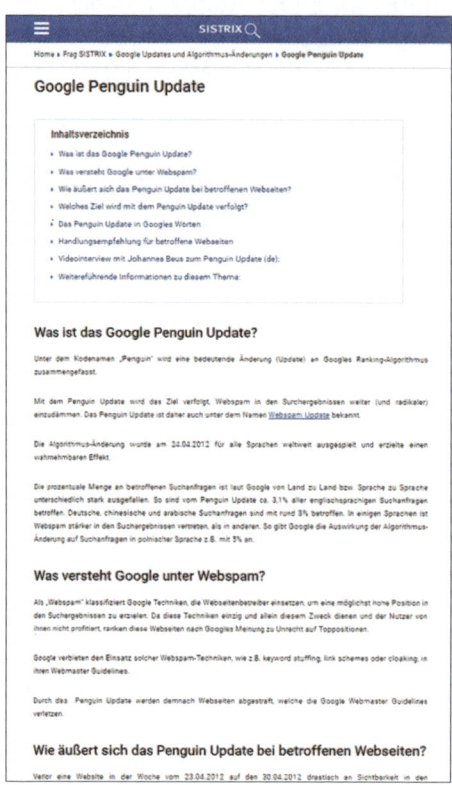

Abbildung 18.12 Eine zu kleine oder zu große Schrift ist mühselig zu lesen (Quelle: goo.gl/CC2nMC).

18.3.3   Zeichen pro Zeile (CPL, Characters per Line)

Die optimale Anzahl von Zeichen pro Zeile beträgt ca. 70 *CPL* (*Characters per Line*) mit einer Variation zwischen 50 bis 100 CPL – das entspricht übrigens in etwa der Satzbreite dieses Buches. Damit eine optimale CPL erhalten bleibt, können Sie die Schriftgröße je nach Breite des Contents bzw. der Displaygröße anpassen.

18.3.4   Zeilenlänge bzw. Breite des Contents

Auf einer responsiven Website wird die Größe der Container, die Text enthalten, an die Displaygröße angepasst. Somit ändern sich auch die Zeilenlängen abhängig von der verwendeten Displaygröße. Auf einem Desktop im 16:9-Format wird allerdings in den seltensten Fällen die volle Breite mit Text gefüllt. Das würde zu ellenlangen Zeilen führen, die schwer lesbar wären. Der Zeilenwechsel beim Zeilenumbruch führt bei zu langen Zeilen nämlich oft zu einer Verwechslung der Zeile beim Lesen.

In der Desktop-Ansicht sind für Standard-Content-Elemente, wie beispielsweise Blog-artikel, ca. 500 bis 800 Pixel üblich. In Abbildung 18.13 sehen Sie eine Zeilenlänge von 676 Pixeln, die hervorragend lesbar ist, ohne dass der Leser die Zeile beim Umbruch verwechselt. Die übrigen Pixel bis zum Rand des Displays werden meist mit Leer-raum gefüllt, der den Content »atmen« lässt, in der mobilen Ansicht aber meist weg-fällt. Die Zeilenlänge hängt aber auch von der verwendeten Schriftgröße ab. Wenn die Schrift größer wird, kann auch die Zeile länger werden und umgekehrt – solange die richtige CPL von ca. 70 eingehalten wird. Wenn Sie die Schriftgröße in Pixeln mit 25 multiplizieren, erhalten Sie einen guten Richtwert für die Zeilenlänge, damit die nicht zu gering wird.

Was ist das Google Penguin Update?

Unter dem Kodenamen „Penguin" wird eine bedeutende Änderung (Update) an Googles Ranking-Algorithmus zusammengefasst.

Mit dem Penguin Update wird das Ziel verfolgt, Webspam in den Surchergebnissen weiter (und radikaler) einzudämmen. Das Penguin Update ist daher auch unter dem Namen Webspam Update bekannt.

Die Algorithmus-Änderung wurde am 24.04.2012 für alle Sprachen weltweit ausgespielt und erzielte einen wahrnehmbaren Effekt.

Die prozentuale Menge an betroffenen Suchanfragen ist laut Google von Land zu Land bzw. Sprache zu Sprache unterschiedlich stark ausgefallen. So sind vom Penguin Update ca. 3,1% aller englischsprachigen Suchanfragen betroffen. Deutsche, chinesische und arabische Suchanfragen sind mit rund 3% betroffen. In einigen Sprachen ist Webspam stärker in den Suchergebnissen vertreten, als in anderen. So gibt Google die Auswirkung der Algorithmus-Änderung auf Suchanfragen in polnischer Sprache z.B. mit 5% an.

Was versteht Google unter Webspam?

Als „Webspam" klassifiziert Google Techniken, die Webseitenbetreiber einsetzen, um eine möglichst hohe Position in den Suchergebnissen zu erzielen. Da diese Techniken einzig und allein diesem Zweck dienen und der Nutzer von ihnen nicht profitiert, ranken diese Webseiten nach Googles Meinung zu Unrecht auf Toppositionen.

Google verbieten den Einsatz solcher Webspam-Techniken, wie z.B. keyword stuffing, link schemes oder cloaking, in ihren Webmaster Guidelines.

Durch das Penguin Update werden demnach Webseiten abgestraft, welche die Google Webmaster Guidelines verletzen.

Wie äußert sich das Penguin Update bei betroffenen Webseiten?

▸ Gibt es mehrere Penguin Updates?

▸ Übersicht Google Penguin Update Iterationen (Data-Refreshes)

▸ Warum spricht man beim Penguin Update auch vom Webspam Update?

Sprache wechseln

Abbildung 18.13 Die hier verwendete Content-Breite bzw. Zeilenlänge von 676 Pixeln ist am Desktop-Bildschirm angenehm zu lesen (Quelle: goo.gl/CC2nMC).

18

18.3.5   Zeilenabstand bzw. Zeilenhöhe

Wie oft in gedruckten Dokumenten hat sich eine Zeilenhöhe von ca. 1,5 Schriftgröße auch für Webtexte etabliert. Dieser Wert bezeichnet das Verhältnis von Zeilenhöhe in Pixeln zur Schriftgröße. Ein Zeilenabstand von 1,5 bezeichnet also die anderthalbfache Schriftgröße. Nutzen Sie einen zu kleinen oder zu großen Zeilenabstand in Relation zur Schriftgröße, ist der Text schwerer lesbar. Kommt der Leser am Ende einer Zeile an, springt er zum Anfang der nächsten Zeile. Wenn der Zeilenabstand zu groß oder zu klein ist, ist es schwieriger, die richtige nächste Zeile zu finden.

18.3.6   Linksbündige Textausrichtung

Die überwiegende Mehrheit der Websites gestalten Fließtexte linksbündig. Diese Textausrichtung passt auch mit den Studien über das Lesen von Websites zusammen, die wir Ihnen in Abschnitt 2.2, »Schwebende vs. fokussierende Aufmerksamkeit, Scannen vs. Lesen«, vorgestellt haben. Darin zeigt sich, dass Websites in einem F-Muster betrachtet und gescannt werden. Durch eine linksbündige Textausrichtung unterstützen Sie Ihre Leser dabei, Ihre Texte aufzunehmen. Wenn es sich allerdings um kürzere Texte handelt, die zentral auf der Website platziert werden, können Sie sie durchaus auch zentrieren. Nur bei längeren Texten empfiehlt es sich, die Lesegewohnheiten der Nutzer zu beachten.

Praxistipp: Längere und wichtige Texte nicht zentrieren

Oft werden Texte zentriert dargestellt, weil es schicker aussieht. Beim Zeilenwechsel springt das Auge des Lesers allerdings gern immer zu einer definierten Stelle nach vorne. Das ist bei zentrierten Texten nicht der Fall, da der linke Rand immer unterschiedlich ist. Das erschwert das Lesen unheimlich.

18.3.7   Kontrast

Sorgen Sie für ausreichenden Kontrast zwischen Schrift und Hintergrund. Diesen Aspekt haben wir bereits in Abschnitt 17.1.8, »Farbe und Helligkeit«, behandelt. Unter *etre.com/tools/colourcheck/* finden Sie ein hilfreiches Tool, in dem Sie die Hex-Werte Ihrer Wunschfarben für Text und Hintergrund angeben können, um zu prüfen, ob sie ausreichend kontrastieren. Leider ist das Tool nur auf Englisch verfügbar.

18.3.8   Einige Abschließende Tipps zur Gestaltung der Typografie

Im Folgenden haben wir einige Richtwerte zur Gestaltung der Typografie aus den letzten Abschnitten zusammengefasst.

Grobe Richtwerte und vorsichtige Faustformeln

► Schriftgröße für Fließtexte: ca. 16 px

► Überschriften: mindestens 30 px

► Zeilenabstand: 1,5-fache Schriftgröße

► Zeilenlänge: ca. 500 bis 800 px (25-fache Schriftgröße)

► serifenlose Schriften für Fließtext

► selbst gehostete Webfonts

► längere Fließtexte linksbündig

► ausreichender Kontrast zwischen Schrift und Hintergrund

Es gibt ein interessantes Tool, mit dem Sie die optimale Kombination von Schriftgröße, Zeilenhöhe, Zeilenlänge und CPL ausrechnen können. Dabei können Sie die Schriftgröße, Content-Breite oder CPL eingeben, und das Tool rechnet Ihnen die jeweils anderen Werte mit aus (siehe Abbildung 18.14).

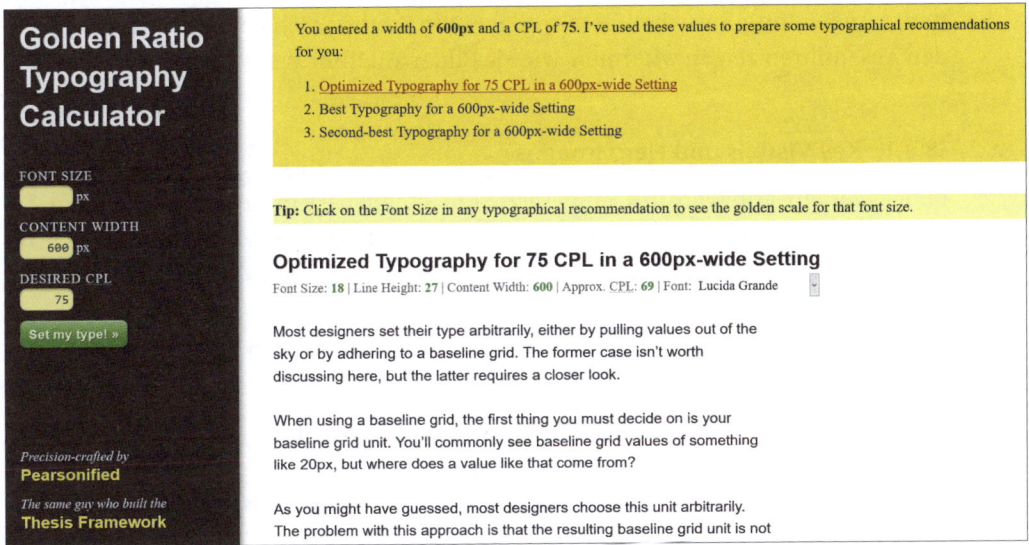

Abbildung 18.14 Der Typografie-Rechner von Pearsonified
(Quelle: pearsonified.com/typography/)

Probieren Sie es doch einmal aus. Spielen Sie mit den verschiedenen Werten, und sehen Sie selbst, wie sich die Lesbarkeit des Textes durch eine Veränderung der Werte mit ändert.

18.4   Kommunizieren Sie mit visuellen Mitteln: Bilder

Websites sind ja grundsätzlich primär visuelle Kommunikationsmedien. Durch die zahlreichen technischen Möglichkeiten stehen Ihnen auch auf Websites viele Kanäle zur Verfügung, um Ihre Kommunikationsbotschaft zu übermitteln – nutzen Sie sie auch! Je mehr Kanäle Sie ansprechen, desto besser und tiefer werden die Informationen verarbeitet. Texte enthalten meist die inhaltlichen Aspekte, während Sie mit visuellen Mitteln besondere Effekte erzielen können: Bilder können das Verständnis erleichtern und die Verarbeitung unterstützen, indem inhaltliche Aspekte grafisch oder fotografisch abgebildet werden. Zudem lockern sie Texte auf und bieten ein angenehmeres Website-Erlebnis.

Nutzen Sie Bilder, denn sie sind einer der wichtigen Schlüssel zur erfolgreichen Kommunikation. Die Redewendung »Ein Bild sagt mehr als tausend Worte« mag abgegriffen sein, das macht sie aber nicht minder zutreffend. Menschen sind stark visuell orientierte Wesen, daher sind bildhafte Reize auch so effektiv: Mit einem einzigen Bild können Sie ganze Geschichten erzählen, Emotionen transportieren, die Aufmerksamkeit Ihrer Besucher fesseln oder einen Kaufwunsch auslösen. In den folgenden Abschnitten zeigen wir Ihnen, wie Sie Bilder auf Ihrer Website einsetzen können.

18.4.1   Key Visuals und Hero Images

Bilder werden auf Websites eingesetzt, um einen bestimmten Eindruck, ein bestimmtes Image, eine bestimmte Emotion zu erzeugen. Im Marketing hat sich für solche Bildmittel der Begriff *Key Visual* etabliert. Key Visuals sind die visuellen Kernelemente, die Hauptbilder einer Website. Sie bestimmen, welchen ersten Eindruck eine Website macht. Sie visualisieren und repräsentieren den Charakter des Unternehmens, der Marke und des Webangebots.

Damit beeinflussen sie auch die User Experience der Besucher in erheblichem Maße. Um die gewünschte Wirkung zu erzielen, müssen die Key Visuals daher nicht nur zur Marke und zum Unternehmen, sondern auch zur Zielgruppe passen und entsprechend individuell erstellt werden. Zurzeit sind große, displayfüllende Header-Bilder gern genutzte Key Visuals auf Startseiten. Man nennt diese auch *Hero Images*. Oft erzählen sie sehr plakativ und wirkungsvoll eine Geschichte, vermitteln ein bestimmtes Lebensgefühl oder präsentieren ein Produkt in besonders ansprechender Form. Hero Images begrüßen den Besucher mit einem Wow-Effekt zunächst auf einer nonverbalen Ebene. Sie holen ihn gezielt zunächst unterbewusst und emotional ab, bevor er sich aktiv durch die Inhalte der Website bewegt. In Abbildung 18.15 sehen Sie beispielsweise das Hero-Image eines Eiscremeherstellers. Das überdimensionierte Bild gibt dem Besucher fast das Gefühl, das Produkt anfassen oder schmecken zu können.

Abbildung 18.15 Ein Hero Image, das den Besucher das Produkt fast schmecken lässt (Quelle: haagen-dazs.de/)

Sie sehen, die Key Visuals dürfen nicht leichtfertig ausgewählt werden, denn sie bleiben definitiv im Kopf Ihrer Besucher. Welches Image und welche Wirkung möchten Sie mit Ihren Key Visuals erzielen?

Praxistipp: Dateigröße und Ladezeit bei Hero Images beachten

Vor allem große Bilder benötigen viel Ladezeit. Daher sollten Sie gerade bei Hero Images darauf achten, dass diese mit einem professionellen Programm wie Photoshop möglichst klein in der Dateigröße gespeichert sind. Wählen Sie z. B. das JPEG-Format mit 80 % Qualität – das ist oft ausreichend, spart aber eine enorme Menge an Dateigröße und damit Ladezeit (mehr zum Thema Dateigröße und Ladezeit finden Sie in Abschnitt 18.4.4).

18.4.2   Content mit Bildern anreichern und auflockern

Ein weiteres Einsatzgebiet für Bildmaterial ist Ihr Content. Wenn Ihr Angebot Produkte umfasst, nutzen Sie Produktbilder, um Ihren Besuchern einen Eindruck von Ihrem Angebot zu vermitteln, wie es der Eishersteller in Abbildung 18.15 tut. Achten Sie auf eine professionelle Qualität der Aufnahmen. Menschen sind heutzutage gute Bilder gewohnt, und auch ein Nicht-Profi kann erkennen und beurteilen, ob ein Bild ausreichend scharf, gut belichtet und gut aufgebaut ist. Präsentieren Sie Ihre Produkte ansprechend, damit die Fotos in Ihren Website-Besuchern einen Kaufwunsch wecken. Wenn weder Sie selbst noch jemand aus Ihrem Team sachkundig genug ist, gute Fotos zu erstellen, sollten Sie einen Profi beauftragen, denn die Fotos Ihrer Website spielen eine große Rolle bei der Einschätzung der Professionalität Ihrer Website.

Auch Ihre Textbeiträge jeder Art können unterstützende Bilder gut vertragen. Sie können ein thematisch passendes Bild auswählen, das den thematischen Rahmen des Textbeitrags abbildet. Alles, was Sie visualisieren können, sollten Sie auch visualisieren – und sei es nur durch anekdotische, humorvolle oder eher dekorative Bilder, die zwar thematisch passend sind, aber keinen inhaltlichen Mehrwert bieten. Gerade Blogbeiträge nutzen häufig ein Bild direkt unter dem Titel eines Beitrags. Oft wird darin mit Humor, Metaphern oder schlichten Visualisierungen gearbeitet, die dem Besucher idealerweise auf einen Blick die Kernbotschaft eines Beitrags vermitteln, wie in Abbildung 18.16. Auch im Text platziert lockern Bilder Ihre Texte auf und machen das Leseerlebnis wesentlich angenehmer. Der Leser kann kurz seine Augen und seinen »Lesemotor« ausruhen, bevor er weiterliest. Vor allem am Bildschirm ist das ein überaus wichtiger Faktor, den Ihre Besucher schätzen werden. Hier können Sie durchaus auch mit Stockfotos arbeiten, wie z. B. von *pexels.com*, wo Sie zahlreiche gute und frei nutzbare Fotos finden können. Suchen Sie assoziativ, spielen Sie mit Metaphern, lockern Sie Ihren Content auf.

Abbildung 18.16 Bilder können über Metaphern das Begreifen des Inhalts erleichtern (Quelle: goo.gl/o4oeMw).

Wenn Sie komplexe Zusammenhänge beschreiben, bilden Sie diese doch in einem Diagramm oder einer *Infografik* ab. Infografiken bilden größere Zusammenhänge visuell ab. Meist arbeiten sie Informationen mit einer der folgenden Methoden auf:

► Diagramme für Daten

► Organigramme für Strukturen und Hierarchien

► schematische Diagramme für Abläufe

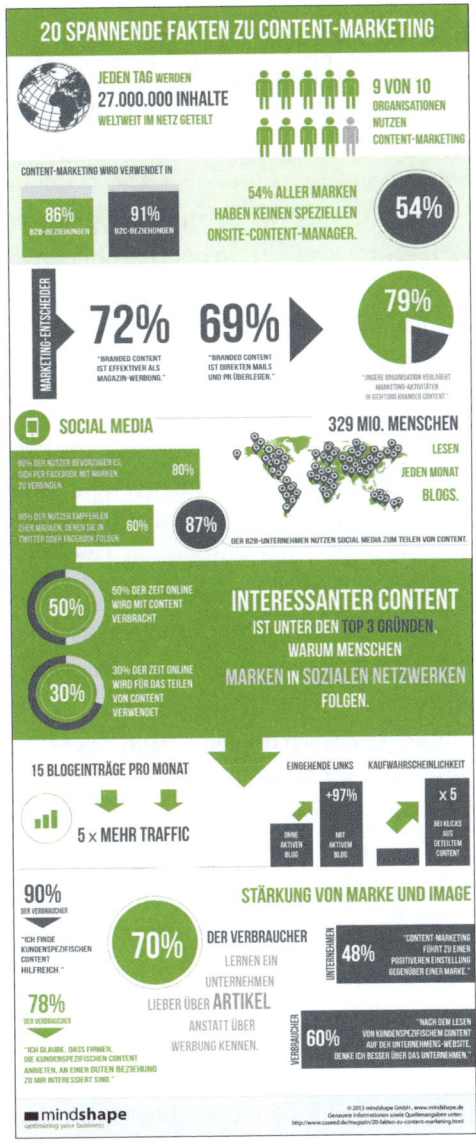

Abbildung 18.17 Eine Infografik kann einen Textbeitrag sogar ersetzen (Quelle: goo.gl/CwZ86T).

18

Als zusätzliches Element unterstützen sie die Verarbeitung der Inhalte Ihres Textbeitrags: Die Zusammenhänge werden tiefer verarbeitet und besser verstanden. Damit bieten Sie Ihren Besuchern einen echten Mehrwert. Infografiken können mitunter aber sogar so komplex sein, dass sie einen Textbeitrag vollständig ersetzen, wie z. B. in Abbildung 18.17.

18.4.3   Bildkomposition mit dem Goldenen Schnitt

Ein ästhetisches Prinzip für die Bildgestaltung ist der sogenannte *Goldene Schnitt*. Er wird in diversen Fachbereichen, wie Kunst, Architektur und vielen mehr, als Prinzip der idealen ästhetischen Proportionierung angesehen. Dabei geht es um das optimale Verhältnis zweier Maße a und b zueinander, das idealerweise 0,618 beträgt. Oft wird der goldene Schnitt vereinfacht als *Zwei-Drittel-Regel* umgesetzt. Der Goldene Schnitt kommt überall vor, so auch in der Natur. Beispielsweise sind die Augen in etwa im Goldenen Schnitt positioniert, also auf etwa zwei Dritteln der Gesichtslänge. Wenn Sie ein wenig recherchieren, werden Sie zahlreiche weitere Beispiele aus der Natur finden, die das Prinzip abbilden. Daher ist es nicht verwunderlich, dass der Goldene Schnitt von jedem Menschen unterbewusst als harmonisch und ästhetisch wohlgeformt angesehen wird.

Eines der klassischen Fotoformate, 2 : 3, entspricht in etwa dem goldenen Schnitt, da die Proportionen der Höhe zur Breite einem Verhältnis von 0,67 entsprechen. Auch bei der Bildkomposition wird das vordergründige Fotomotiv nicht in der Mitte platziert, da das in der Regel als langweilig oder unharmonisch empfunden wird. Harmonischer wirkt ein Bild, wenn Sie die Zwei-Drittel-Regel anwenden: Der Abstand des abgebildeten vordergründigen Objekts zum Bildrand beträgt dabei idealerweise entweder ein oder zwei Drittel der Gesamtbreite des Bildes. Das bedeutet, es wird in etwa auf der imaginären Linie zwischen zwei Dritteln der Seitenbreite positioniert. Sie können sich das so vorstellen: Ein Bild wird mittels je zwei senkrechter und zwei waagerechter Linien imaginär in neun Teile geschnitten, die gleich groß sind (siehe Abbildung 18.18). Die Linien und Schnittpunkte sind die Positionen, auf denen die zu fotografierenden Objekte idealerweise platziert werden.

Sehen Sie sich die beiden Bilder in Abbildung 18.19 an. Bei dem ersten Bild (links) ist das Fotomotiv, der Baum, mittig platziert, und auch der Horizont verläuft durch die Mitte des Bildes. Dadurch wirkt es etwas unbeholfen und nicht ganz »richtig« – auch wenn wir nicht ganz genau erfassen können, warum. Auf dem Bild (rechts) wurde von demselben Fotomotiv ein anderer Bildausschnitt gewählt, so dass die Zwei-Drittel-Regel befolgt wird: Der Baum befindet sich auf einer der vertikalen Drittel-Linien und der Horizont verläuft auf einer der horizontalen Drittel-Linien. Dadurch wirkt es wesentlich harmonischer, obwohl es sich um genau dasselbe Fotomotiv handelt wie auf dem linken Bild.

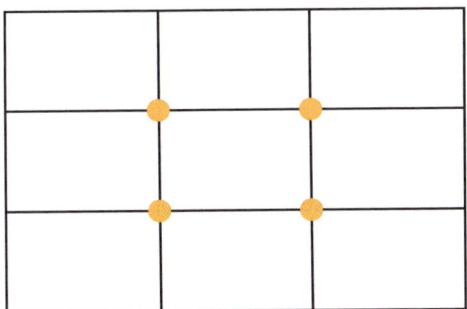

Abbildung 18.18 Drittel-Regel als Annäherung an den Goldenen Schnitt

Abbildung 18.19 Ein Bild, das im Goldenen Schnitt komponiert ist (rechts), wirkt harmonischer als eines, das zentriert ist (links) (Bildquelle: goo.gl/SYvYQm).

Wenn Sie Ihre Produkte selbst fotografieren möchten, probieren Sie es doch einfach einmal aus. Platzieren Sie Ihre Produkte im Goldenen Schnitt, und spielen Sie ein wenig mit der Anordnung. Sie werden sehen, dass Sie mit der Zeit ein gutes Auge für die richtige Bildkomposition entwickeln werden.

18.4.4   Bilder in der richtigen Größe

Wenn es um die technischen Details für die Arbeit mit Bildern geht, gibt es drei Aspekte, die für Sie als Website-Betreiber relevant sind:

- Dateiformat
- Bildgröße bzw. Pixelmaß und Bildqualität
- Dateigröße und Bildkompression

Es gibt verschiedene *Dateiformate* (auch *Bildformat* oder *Grafikformat* genannt), die Sie für Ihre Bilder verwenden können. Das gängigste Format ist *JPEG* (*Joint Photographic Experts Group*, auch *JPG*), daher empfehlen wir Ihnen, Bilder in diesem Format zu verwenden. Wenn Sie Bilder mit Transparenzeffekten, viel Text oder Comics nutzen wollen, bietet sich das *PNG*-Format (*Portable Network Graphics*) an. Wenn Sie wiederum Grafiken, wie beispielsweise Infografiken, erstellen, die unter Umständen stark vergrößert werden müssen, empfehlen wir, diese als Vektordateien zu erstellen. Vektordateien wie SVGs haben den Vorteil, dass sie verlustfrei vergrößert werden.

Praxistipp: Neue Bildformate wie WEBP nutzen?

Immer wieder werden neue Bildformate, wie z. B. *WEBP* (»weppy«) entwickelt. Einige Browser unterstützen diese dann – aber oftmals nicht alle. In der Praxis setzt man in den meisten Fällen auf die etablierten Dateiformate wie JPEG, PNG und mittlerweile SVG. Es ist davon auszugehen, dass sich auch andere Formate wie WEBP durchsetzen werden – aber meist sind das zunächst Randerscheinungen, mit denen man sich nur in speziellen (Optimierungs-)Fällen beschäftigen muss.

Die *Bildgröße* kann in verschiedenen Einheiten angegeben werden. Für Webbilder ist die Größe in Pixeln entscheidend. Wie viele Pixel Ihre Bilder in Höhe und Breite messen sollten, hängt davon ab, an welcher Stelle Ihrer Website und wie groß sie angezeigt werden sollen. Diese Angaben sind meist in Ihrem Template für die entsprechende Position festgelegt. Bilder, die Sie verwenden möchten, können Sie in Ihrem Content-Management-System (CMS) hochladen. Das CMS skaliert die Bilder anhand der Werte im Template automatisch proportional auf die passende Größe. Wenn Sie ein Bild z. B. als Hero Image über die gesamte Content- oder sogar die gesamte Seitenbreite präsentieren möchten, das wesentlich kleiner ist, als die Vorgabe des Templates, ist Vorsicht geboten. Das CMS skaliert das Bild durchaus auf die nötige Größe hoch. Allerdings haben Sie dadurch unter Umständen einen erheblichen Qualitätsverlust, da die vorhandenen Pixel gestreckt müssen werden, was das Bild je nach Ausgangsgröße unscharf oder breiig aussehen lässt, wie in Abbildung 18.20 rechts.

Abbildung 18.20 Ein Bild in der passenden Größe (links) im Vergleich zu einem Bild, das im Original wesentlich kleiner ist und hochskaliert wurde (rechts).

Schauen Sie also lieber vorher im Template nach, welche Größe für die gewünschte Bildposition angegeben ist. Ihr ausgewähltes Bild sollte ungefähr die dort angegebene Größe haben, damit es gut aussieht. Größer geht natürlich immer, wesentlich kleinere Pixelmaße sind allerdings nicht empfehlenswert.

Praxistipp: Mythos 72 dpi

Manchmal liest man noch, dass Bilder für das Web in 72 dpi abgespeichert werden sollen. Das ist ohnehin nie so ganz richtig gewesen – aber spätestens seit den verschiedenen Displaygrößen und Pixelauflösungen mit 4K und *Retina-Displays* spielt das keine Rolle mehr. Letztlich hängt die Wahl davon ab, wie groß ein Bild auf einer Website dargestellt werden soll. Für das Web ist einzig die Pixelbreite und -höhe relevant.

Damit Ihre Bilder keine Ladezeitverzögerung verursachen, wenn ein Besucher Ihre Website aufruft, empfiehlt es sich, die Dateigröße zu verringern. Für einige Dateiformate geht das in der Tat ohne (merklichen) Qualitätsverlust, indem Sie die Bilddateien komprimieren. Bei der *Bildkompression* werden die Bilddaten eines Bildes, wie beispielsweise die Farbinformationen, analysiert und in einer anderen Form angeordnet. Redundante Informationen werden dabei entfernt und nur noch referenziert. So gehen letztendlich keine Informationen verloren, so dass die Qualität der Abbildung erhalten bleibt. Die Datenmenge und somit die Dateigröße, die ein Browser laden muss, wird jedoch erheblich reduziert. Das JPEG- und das PNG-Format unterstützen eine solche verlustfreie Kompression, viele andere Formate tun das nicht, weshalb wir JPEG und PNG für Ihre Website-Bilder empfehlen. Bilder komprimieren können Sie, wenn Sie mit einem Bildbearbeitungsprogramm arbeiten, wie z. B. Adobe Photoshop (siehe Abbildung 18.21), indem Sie die Dateien FÜR DAS WEB SPEICHERN – je nach Programm heißt diese Funktion wahrscheinlich anders.

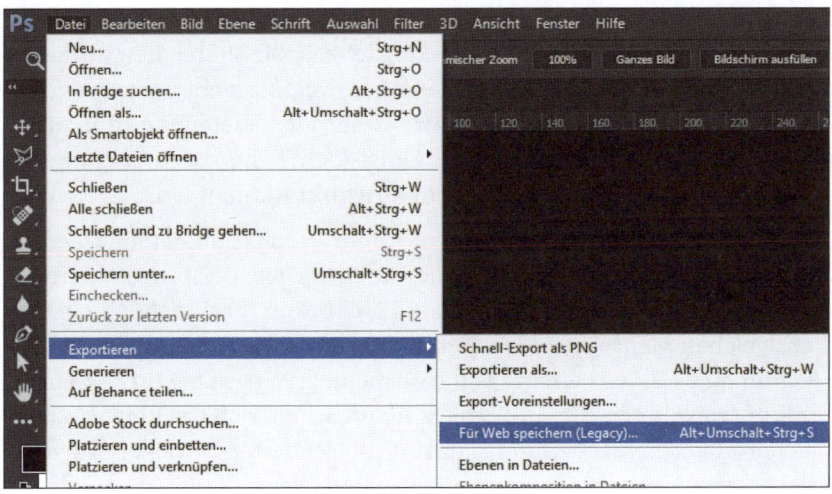

Abbildung 18.21 Screenshot aus Adobe Photoshop – »Für Web speichern«

Durch diesen Vorgang werden die Bilder meist auf etwa die Hälfte ihrer Dateigröße reduziert, ohne dass sich mit bloßem Auge ein qualitativer Unterschied erkennen lässt. Als weiterer Schritt – wenn Sie kein Bildbearbeitungsprogramm nutzen, können Sie auch nur diesen anwenden – können Sie zur Bildkompression einen Online-Dienst, wie

z. B. *tinyjpg.com* für J   *.com* für PNG-Dateien, verwenden. Diese einfach zu nutze   Dateigröße um weitere bis zu 60 %.

Praxistipp: Dateina   vählen

Geben Sie Ihren Bil   teinamen. Aus SEO-Gründen sollten diese im Idealfall d   len, das Sie der entsprechenden Seite, auf der Sie sie nutz   apping (siehe Abschnitt 13.3) zugewiesen haben. Auf w   andling von Bildern gehen wir in den nächsten beiden Kapiteln ein.

18.5   Kommunizieren Sie mit visuellen Mitteln: Videos, Icons, Animationen

Sie haben natürlich nicht nur die Möglichkeit, Bilder zu nutzen, sondern auch weitere visuell aussagekräftige Mittel. In diesem Kapitel möchten wir Ihnen einige Tipps zum Einsatz von Videos als Content-Elemente und von Icons und Animationen zur Visualisierung von Funktionselementen vorstellen.

18.5.1   Videos

Wenn es zu Ihrem Unternehmen, Ihrer Marke oder Ihrem Produkt passt, Videos auf Ihrer Website zu integrieren, nutzen Sie diese Möglichkeit. Sie sollten den Aufwand, eigene Videos aufzunehmen, allerdings nur dann in Erwägung ziehen, wenn es dem Kommunikationszweck dient. Detaillierte Hinweise zur Videoerstellung können wir Ihnen in diesem Rahmen nicht anbieten. Aber einige kleine Tipps zum Umgang mit Videos auf Ihrer Website können Sie aus diesem Abschnitt mitnehmen.

Vielleicht möchten Sie ein Anleitungsvideo zu Ihrem Produkt anbieten? Oder Sie möchten sich als Person vorstellen, wenn Sie für Ihre Dienstleistungen werben? Videos sind eine gute Möglichkeit, einen tieferen Einblick in Ihr Angebot zu geben. Fragen Sie sich, welchen Mehrwert Videos für Ihre Nutzer hätten. Achten Sie darauf, dass Sie zu Beginn eines Videos ein gutes Intro erstellen, in dem Sie Ihre Besucher darauf vorbereiten, was sie erwartet und was es ihnen bringt, sich das Video anzusehen. Damit sichern Sie sich die Aufmerksamkeit interessierter Besucher. Auch als großformatiges Imagevideo auf der Startseite werden Videos häufig eingesetzt. Sie können je nach Branche noch eindrucksvoller als mit einem Hero-Image das »Brand«-Gefühl vermitteln.

Die gängigen CMS bieten zwar die Möglichkeit, Videos hochzuladen und direkt in Ihre Seiten einzubinden. Aus Gründen der meist deutlich schnelleren Ladezeit und der Serverfestplattenkapazität empfehlen wir Ihnen allerdings, Ihre Videos lieber bei

einem Videodienst-Anbieter wie YouTube oder Vimeo hochzuladen und vor
aus einzubetten. So haben Sie eine zusätzliche Social-Media-Plattform, über d
Ihre Zielgruppen ebenfalls erreichen können. Achten Sie bei der Einbindung der
Videos auf Ihre Website, dass sie ohne Werbung angezeigt werden. Dies können Sie
bei YouTube entsprechend bei dem Video einstellen. Auch dass andere Videos am
Ende empfohlen werden, kann man bei der Einbindung mittels `?rel=0` verhindern:

> **Praxistipp: 90 Sekunden**
>
> Ihre Videos sollten eine Länge von 90 Sekunden nicht überschreiten, es sei denn, das
> Video hat besonders inhaltsreiche Informationen zu präsentieren, wie beispiels-
> weise Anleitungen für komplexere Produkte. Videos sind zwar »leicht verdaulich«.
> Wenn sie allerdings zu lang sind, kann es sein, dass Ihre Besucher gelangweilt oder
> ungeduldig werden und das Video vorzeitig abbrechen. 90 Sekunden sind daher
> auch die meisten Videos in den Nachrichtensendungen.

```
<iframe width="560" height="315" src="//www.youtube.com/embed/w7l33ts9c?rel=0"
frameborder="0" allowfullscreen></iframe>
```

Listing 18.1 Zusatz, der verhindert, dass andere Videos empfohlen werden

18.5.2 Icons

Wie Bilder sind auch Icons gute Hilfsmittel, um Website-Besuchern ein schnelleres
Erkennen wichtiger Interaktionselemente zu ermöglichen. Icons werden häufig für
Funktionen wie Kundenkonto, Warenkorb, Suchfunktion oder Kontaktmöglichkeiten eingesetzt. Ein einfaches, aber wirkungsvolles Beispiel sehen Sie in Abbildung
18.22: Die Icons symbolisieren die Funktionen passend, so dass der Besucher auf
einen Blick erkennt, welchen Service er auswählen könnte, wenn er ihn bräuchte.

Abbildung 18.22 Simpler, aber wirkungsvoller Einsatz von Icons zur
schnelleren Identifikation von Interaktionen (Quelle: messmer.de)

Oft werden Icons aber auch zur Untermalung wichtiger Features genutzt, wie in Abbildung 18.23.

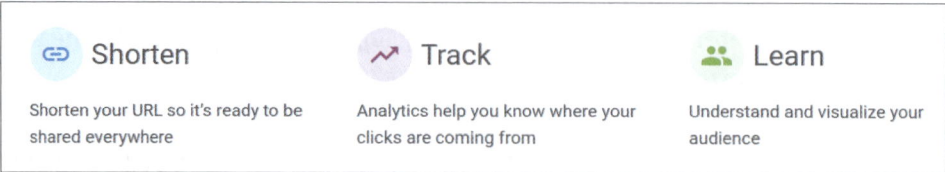

Abbildung 18.23 Visuelle Untermalung der Kernfeatures des URL-Shortener-Tools von Google (goo.gl)

In der Regel kommen Templates für Ihr Webdesign mit einem festen Satz an Icons, die Sie in Ihrem CMS nach Belieben einsetzen können. Alternativ haben Sie auch die Möglichkeit, über CMS-Plug-ins andere Icon-Sets, z. B. für Social-Media-Buttons, zu integrieren. Wenn Sie Icons einsetzen, achten Sie darauf, dass Sie leicht identifizierbare Symbole abbilden und diese den Konventionen entsprechend für die korrekten Funktionen nutzen. Beispielsweise wird die Suchfunktion meist mit einem Lupen-Icon visualisiert, E-Mail und Anschrift mit dem Briefsymbol, Telefonnummern mit einem Telefon usw. Halten Sie sich an diese Konventionen, um Ihre Besucher nicht zu verwirren. Je nach grafischer Umsetzung der Icons sind sie möglicherweise nicht eindeutig erkennbar. In dem Fall hilft es in den meisten Fällen, die Funktionen durch ein Icon plus die entsprechende Beschriftung zu verwenden – ebenso wie wir es Ihnen in Abschnitt 15.3, »Umsetzung und visuelle Gestaltung der Navigationselemente«, für das Hamburger-Icon mit dem Label »Menü« empfohlen haben.

Praxishinweis: Open-Source-Icon-Sets verwenden

Es gibt gute Menschen im Universum, auch solche, die kostenfreie Icons für Sie bereitstellen. Ein solches Projekt finden Sie unter anderem unter *fontawesome.io/icons/*. Dort steht auch eine kostenpflichtige Pro-Version zur Verfügung.

18.5.3 Funktionaler Einsatz von Animationen

Animationen sind ebenfalls wichtige visuelle Hilfsmittel, die Ihren Besuchern bei der Interaktion mit Ihrer Website helfen. Dezente, funktionale Animationen können als wertvolles Feedback für ausgeführte Aktionen auf der Website dienen und verbessern somit die Usability:

▶ Bewegung: z. B. Sliden

▶ Änderung von Farben: z. B. Entsättigung und Abdunkelung für einen Overlay-Effekt

▶ Licht- und Schatteneffekte: z. B. bei Aktivierung eines Buttons

Lassen Sie eine Animation, wie in Abschnitt 15.3, »Umsetzung und visuelle Gestaltung der Navigationselemente«, bereits empfohlen, ca. 250 ms dauern. Das gibt Ihren Besuchern genug Zeit, um zu erkennen, dass etwas und was passiert ist, wie beispielsweise das animierte »Herunter-Sliden« der Navigationsliste bei einem Dropdown-Menü oder das »Drücken« eines Buttons.

Praxistipp: Animationen sollen unterstützen, nicht auffallen

Animationen werden dann richtig eingesetzt, wenn Sie quasi gar nicht auffallen. Wenn alles zu viel wackelt, zwickt und ruckelt, dann beeinflusst das meist das positive Nutzungserlebnis.

18.6   Acht wesentliche Eigenschaften eines gelungenen Webdesigns

Hier haben wir noch einmal die allerwichtigsten Tipps für ein gutes Webdesign für Sie zusammengefasst. Viel Spaß bei der Entwicklung Ihrer Designs!

1. **Responsiv**: Ihr Layout sollte in jedem Fall voll responsiv sein, damit es sich flexibel an die verschiedenen Endgeräte und Displaygrößen anpasst, die Ihre Besucher potenziell nutzen könnten.

2. **Minimalismus (clean, aber nicht zu fanatisch)**: Reduzieren Sie Ihre Website auf das Wesentliche, um die wichtigsten Informationen und Funktionen in den Vordergrund zu stellen und die Aufmerksamkeit der Besucher auf diese zu lenken.

3. **Material Design**: Nutzen Sie die Usability-Stärken des Material Designs: Gestalten Sie Ihre Website schlank und clean, vermeiden Sie unnötige Schnörkel und Spielereien. Aber nutzen Sie subtile 3D- und Ebeneneffekte sowie Animationen, um Ihren Besuchern die Bedienung zu erleichtern.

4. **Gezielte Farbwahl**: Wählen Sie eine Primärfarbe, die zu Ihrem Corporate Design, Ihrer Marke, Ihrem Angebot oder Ihrer Branche passt. Wählen Sie eine passende, aber ausreichend auffällige Sekundär- bzw. Akzentfarbe.

5. **Leserfreundliche Typografie**: Sorgen Sie in erster Linie für eine ausreichende Schriftgröße und einen guten Kontrast zwischen Text und Hintergrund, damit Ihre Texte leicht lesbar sind.

6. **Ausdrucksstarke Bilder**: Nutzen Sie Bilder mit starker kommunikativer Wirkung. Komponieren Sie sie mithilfe des Goldenen Schnitts.

7. **Optimieren von Bilddateien**: Nutzen Sie komprimierte JPEG-Dateien in ausreichender Größe.

8. **Animationen (aber sparsam und funktional)**: Setzen Sie Animationen dafür ein, Interaktionen zu visualisieren. Das bringt Ihrer Website eine gute Usability und Ihren Besuchern eine rundum gute User Experience.

18

TEIL V

BESUCHER AUF DIE WEBSITE BRINGEN

Kapitel 19

Kommunizieren Sie mit unwiderstehlichem Content

Was sind überzeugende Inhalte, und wie erstellen Sie diese? Wir zeigen Ihnen, wie Sie Ihre Texte auf Ihre Zielgruppen zuschneiden und sie gleichzeitig für Suchmaschinen optimieren können.

Wenn Sie Ihre Website fertig konzipiert und umgesetzt haben, müssen die Seiten mit konkreten Inhalten befüllt werden. Durch die vorherigen Konzeptionsschritte, wie z. B. den Aufbau der Informationsarchitektur, haben Sie ja bereits ein Feinkonzept für ihre thematische Struktur erstellt. Nun geht es an die konkrete Ausarbeitung Ihrer Inhalte. Zu diesen gehören alle Texte sowie auch Bilder, Videos und alle Inhalte, die für den Website-Besucher relevant sind.

Guter *Content* gehört sowohl auf die Website selbst, als auch in jegliche Online-Marketing-Kampagne, mit der Sie Ihre Website bewerben. Die Zeiten, in denen Website-Texte vorwiegend für Suchmaschinen geschrieben wurden, sind glücklicherweise vorbei. Mit Texten, die schlicht mit Keywords vollgestopft wurden und dadurch grausig zu lesen waren, kommen Website-Betreiber heute nicht mehr weiter. Die Suchmaschinen sind mittlerweile so weit fortgeschritten, dass sie längst erkennen, wenn Sie einen Text oder andere Medien absichtlich mit Keywords überladen, und werten das negativ, wenn sie die Relevanz einer Seite für eine Suchanfrage bewerten. Durch lernende Algorithmen, in die immer komplexere Sprachdaten eingespeist werden, können sie recht zuverlässig gute von schlechten Inhalten unterscheiden. Die Qualität des Contents ist eines der vielen Ranking-Kriterien, die Suchmaschinen nutzen (siehe Abschnitt 20.1, »SEO – wie Ihre Besucher Sie im WWW finden«, zum Thema Suchmaschinenoptimierung oder engl. Search Engine Optimization – SEO). Und das stellt sowohl für Website-Besucher als auch für Online-Redakteure eine erfreuliche Entwicklung dar, da SEO-freundliche und nutzerorientierte Inhalte nun sehr eng miteinander verwandt sind.

Wie also schreiben Sie gute und erfolgreiche Inhalte, die Ihre Besucher gerne lesen und mit denen Ihre Seiten bei den Suchmaschinen gut ranken? Hier kommt der Ansatz der Website als Kommunikationsmedium im Sinne des Sender-Empfänger-Modells aus Kapitel 3, »Websites sprechen – die Website als Kommunikationsmedium«, im buchstäblichen Sinn zum Einsatz. Schreiben Sie nicht aus Ihrer Sender-Perspektive, texten Sie nicht vorrangig, um bei den Suchmaschinen zu punkten.

19

Produzieren Sie Content primär für Ihre Website-Besucher. Was wir darunter verstehen, verraten wir Ihnen in den Abschnitten 19.1 und 19.2.

Die Erstellung von Content ist aber auch untrennbar mit der Suchmaschinenoptimierung verbunden. Sie schreiben Ihre Website-Texte ja für Ihre Website, die im WWW verfügbar ist und bestenfalls in den Suchmaschinen zu passenden Suchanfragen angezeigt werden sollen. In diesem Kapitel fokussieren wir uns auf die Aspekte, die Sie bei der Erstellung von Texten beachten müssen. Unweigerlich berühren wir aber – vor allem in den Abschnitten 19.3, »Schreiben Sie gute suchmaschinenoptimierte Texte«, und 19.5, »Relaunch: Content-Audit und Content-Kuration« – auch den Bereich der Suchmaschinenoptimierung. Wir versuchen, die SEO-Aspekte in diesem Abschnitt so pragmatisch und wenig technisch wie möglich einzuführen, damit Sie sie bereits jetzt umsetzen können, bevor Sie Kapitel 20, »Besucher auf die Website bringen und Erfolg messen – SEO, SEA und Webanalyse«, zum Thema SEO & Co. gelesen haben. Trotzdem empfehlen wir Ihnen, beide Kapitel zu lesen, bevor Sie Ihre Inhalte endgültig veröffentlichen, um die SEO-Faktoren vollständig berücksichtigen zu können.

> **Praxistipp: Regelmäßig Content aktualisieren und ausbauen**
>
> Eine grundsätzliche Empfehlung haben wir bereits an dieser Stelle: Bringen Sie kontinuierlich neue Inhalte auf Ihre Website. Fertigen Sie Redaktionspläne an, um regelmäßig neuen Content zu erstellen, denn so teilen Sie auch den Suchmaschinen mit, dass Ihre Website dynamisch wächst. Das werten Suchmaschinen als positives Signal, und auch Ihre Besucher werden dadurch animiert, öfter auf Ihrer Website vorbeizuschauen.

Im Folgenden werden wir Ihnen einige wichtige Aspekte zur Content-Produktion näherbringen. Mit einer Kombination aus drei Faktoren erstellen Sie wertvollen Content – für die Suchmaschinen, für Ihre Besucher und letztlich auch für sich selbst.

19.1   Produzieren Sie besucherorientierten Content

Es stehen verschiedenste Darbietungsformen zur Verfügung, die Sie für Ihre Inhalte auf Ihrer Website und in den dazugehörigen Online-Marketing-Kampagnen nutzen und kreativ kombinieren können. Dazu können Sie vier wesentliche Modi nutzen.

> **Vier Modi der Content-Präsentation**
> - Text (z. B. Website-Text, Blogbeitrag, Whitepaper, E-Book, Newsletter – meist in Kombination mit anderen Medien)
> - Bild (z. B. Infografik, Foto, Zeichnung, Comic, Slideshow, Bilderstrecke)
> - Video (z. B. Livestream, Reportage, Erklärvideos)
> - Audio (z. B. Podcast)

Es gibt zahlreiche Möglichkeiten, mit denen Sie Ihre Besucher auf effektive Weise ansprechen können. Im Wesentlichen kommt es dabei aber auf die Qualität Ihrer Inhalte an. Um Inhalte mit Mehrwert für Ihre Website-Besucher zu produzieren, ist es wichtig, dass Sie Ihre Zielgruppen kennen. Ihre Zielgruppenanalyse aus Kapitel 8, »Analysieren und definieren Sie Ihre Zielgruppen«, sollte Sie immer wieder begleiten, wenn Sie Content erstellen. Versetzen Sie sich in Ihre Zielgruppen hinein:

▶ Welche Themen und Teilaspekte interessieren Ihre Besucher?

▶ Welche Fragestellungen haben sie?

▶ Welches Suchproblem möchten Sie mit einem Content-Beitrag bedienen?

Sie können für Ihre Beiträge auch auf statistische Marktdaten zurückgreifen. Mit *BuzzSumo* (siehe Abbildung 19.1) können Sie herausfinden, welche Art von Content für einen Themenbereich oder vielleicht sogar für einen Ihrer Konkurrenten besonders gut funktioniert. Das Tool zeigt die beliebtesten Seiten und Inhalte zu einem Thema oder auf einer Domain: Wenn Sie einen Suchbegriff eingeben, wie beispielsweise »vegan grillen«, erhalten Sie die Beiträge, die am häufigsten verlinkt und über Social-Media-Kanäle geteilt wurden.

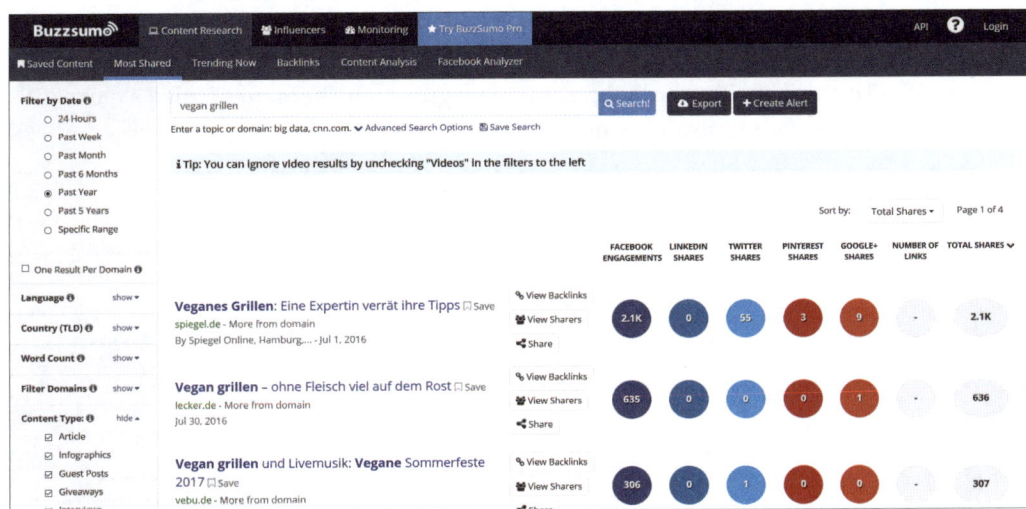

Abbildung 19.1 BuzzSumo zur Recherche besucherorientierten Contents (Quelle: buzzsumo.com)

Außerdem lassen sich die Daten auch nach Zeitraum, Sprache oder Land betrachten (Filterfunktionen in der linken Seitenspalte, siehe Abbildung 19.1). So finden Sie heraus, welche Inhalte aktuell für Ihre Zielgruppe wirklich spannend sind. Die Filtermöglichkeit nach Content-Typ zeigt Ihnen außerdem, in welchem Format Ihre Besucher die Informationen voraussichtlich bevorzugen werden. Die Basisversion des Tools ist kostenlos, die gesamten Daten einsehen und exportieren können Sie leider nur in der Premiumversion.

Alternativ können Sie auch das Tool *Answer the Public* verwenden. Das Tool nutzt Daten aus *Google Suggest*. Google Suggest ist die automatische Vervollständigung der Google-Suchmaschine, durch die bereits während der Eingabe eines Suchbegriffs beliebte Suchwörter und Wortkombinationen vorgeschlagen werden (siehe Abbildung 19.2).

Abbildung 19.2 Auto-Vervollständigung bei der Google-Suche mit Google Suggest (Quelle: google.de)

Wenn Sie in das Tool Answer the Public beispielsweise den Suchbegriff »Bio Baumwolle« eingeben, erhalten Sie verschiedene Daten und Visualisierungen. Zum einen erhalten Sie häufig eingegebene Fragen zum eingegebenen Suchbegriff (siehe Abbildung 19.3 links). Zum anderen zeigt das Tool Ihnen die häufigsten Suchanfragen, die Ihren eingegebenen Suchbegriff enthalten (siehe Abbildung 19.3 rechts). So sehen Sie, welche Themen im Zusammenhang mit dem größeren Themenkomplex »vegan grillen« für Webuser interessant sind.

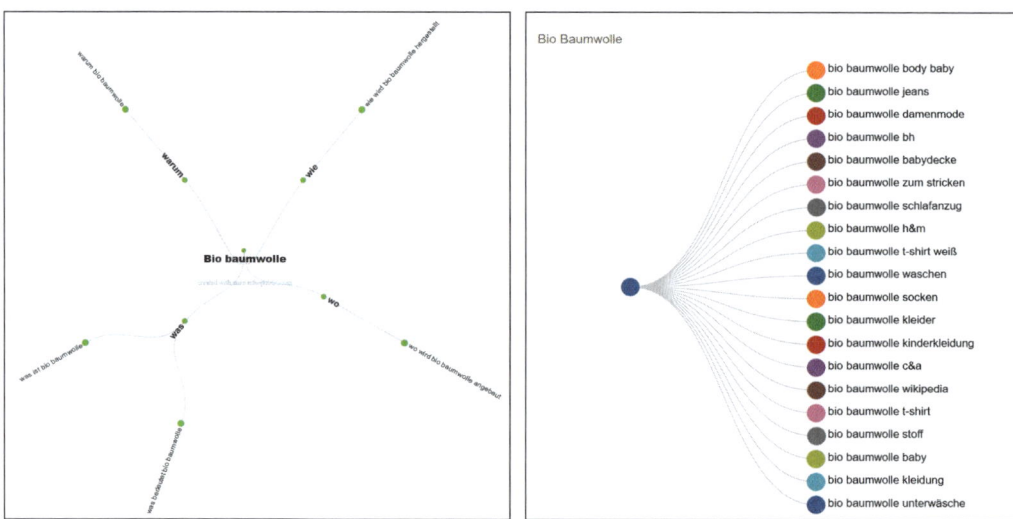

Abbildung 19.3 Content-Recherche mit dem Webtool Answer the Public (Quelle: answerthepublic.com)

Auch den *Google Keyword Planer* aus Google AdWords können Sie im Zuge dieser Recherche verwenden, um passende Ideen zu einem Stichwort oder Thema zu finden. Den Keyword Planer haben Sie bereits in Kapitel 13, »Wie Sie mit Keywords Ihre Makro-Informationsarchitektur optimieren – für Besucher und Suchmaschinen«, kennengelernt.

Wenn es nun darum geht, eine geeignete Content-Strategie für Ihre Zielgruppen zu erstellen, lohnt sich auch hier ein Blick auf die Customer Journey. Überlegen Sie, in welchem Stadium ihrer *Customer Journey*, Sie sie mit einem Content-Beitrag abholen möchten. Passen Sie Ihre Content-Strategie an die Stufen des entsprechenden Conversion Funnels an – wir nennen diese Herangehensweise auch *Content-Mapping*. In Abbildung 19.4 haben wir einige Content-Ideen den verschiedenen Stufen der Customer Journey bzw. den Phasen des Conversion Funnels zugeordnet.

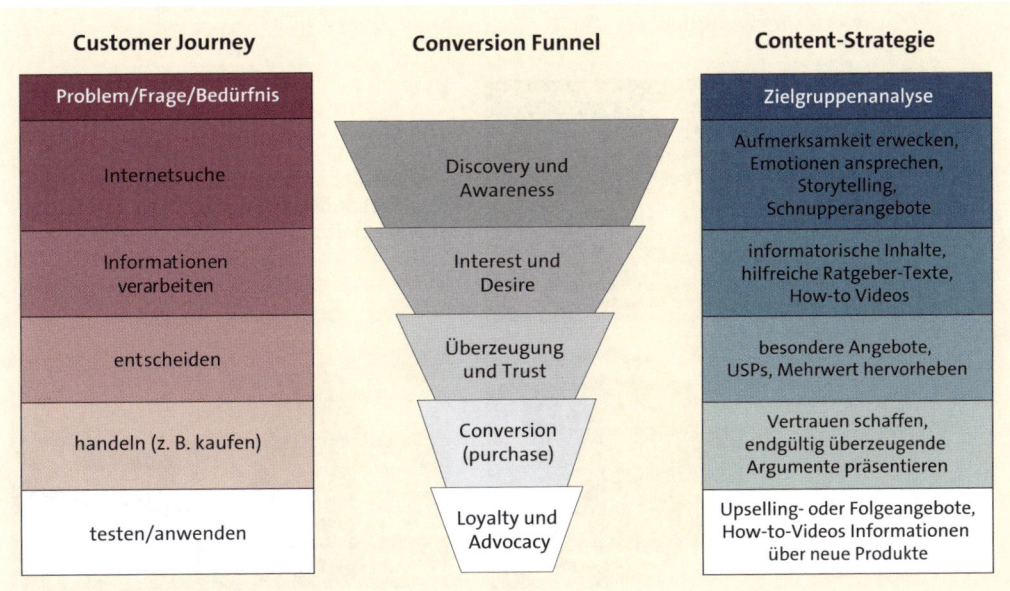

Abbildung 19.4 Content-Mapping auf die Stufen der Customer Journey und die Phasen des Conversion Funnels

Möchten Sie Ihre Zielgruppe in der ersten Phase der Awareness ansprechen? Dann verfassen Sie Beiträge, die das Interesse Ihrer Zielgruppe wecken. Sprechen Sie ihre Emotionen mit der *Storytelling-Methode* an, und präsentieren Sie beispielsweise eine *Case Study* in Verbindung mit Ihrem Angebot, mit der sich Ihre Besucher identifizieren können. Geschichten sprechen Leser intensiver an, da sie die Identifikation mit anderen fördern und eine umfassendere innere Verarbeitung von Inhalten ermöglichen, denn Geschichten sprechen immer auch ein Stück weit die Gefühle eines Besuchers an. Bieten Sie ihnen vielleicht sogar eine Möglichkeit, in Ihr Angebot hineinzuschnuppern. Denken Sie an die *Cialdini-Prinzipien* zurück, die wir Ihnen in Abschnitt 2.5, »Wie erlernte psychologische Reiz-Reaktionsmuster Wahrnehmung

19

und Verhalten von Website-Besuchern beeinflussen«, vorgestellt haben. Nutzen Sie solche psychologischen Trigger, um das Interesse zu wecken.

Stellen Sie sich vor, Sie bieten auf Ihrer Website Schulungen oder vielleicht auch Online-Kurse im Bereich Fotografie an, die Besucher über die Website buchen können. Als Schnupperangebot könnten Sie ihnen beispielsweise ein Schnuppervideo (siehe z. B. Abbildung 19.5) oder ein kostenfreies E-Book anbieten, in dem Sie einige kleine Fototechniken verraten und damit die Lust auf mehr wecken. Solche Schnupperangebote arbeiten mit Cialdinis Prinzip der Reziprozität. Wenn Sie jemandem etwas geben, ohne etwas dafür zu verlangen – wie ein kostenloses E-Book, ein Video oder einen Gutschein für eine Schnupperstunde etc. –, wecken Sie in Ihrem Gegenüber das Bedürfnis, etwas zurückzugeben, sich zu revanchieren, um das Gleichgewicht wiederherzustellen.

Abbildung 19.5 Ein How-to-Video als kostenloses Schnupperangebot eines Anbieters für Online-Fotokurse (Quelle: lernvonben.de)

In einem solchen Schnupperangebot können Sie zusätzlich mit weiteren Prinzipien arbeiten. Durch eine professionelle Gestaltung des E-Books (wie beispielsweise hier: *fotowalker.de/kostenloses-e-book/*) präsentieren Sie sich als Autorität auf Ihrem Gebiet und fördern das Vertrauen in Ihre Dienstleistung als Anbieter von Fotokursen. Auch Sympathie können Sie mit einer entsprechend persönlich-freundlichen Ansprache Ihrer Besucher wecken. Solcher Content, der mehrere Cialdini-Prinzipien einsetzt, hat starkes Conversion-Potenzial, das Sie nutzen sollten. Die Cialdini-Prinzipien können Sie übrigens in jeder Phase des Conversion Funnels einsetzen.

Solange Ihre Kunden zwar von Ihrem Angebot wissen, aber noch recherchieren und noch nicht ganz auf Ihrer Seite sind – im metaphorischen wie im wörtlichen Sinn –, schaffen Sie mit Ihren Inhalten Vertrauen in Ihr Unternehmen. Gehen Sie nicht in die Vollen mit Angebotspräsentationen. Stattdessen verfassen Sie informatorische Beiträge, wie beispielsweise Ratgebertexte oder How-to-Videos zu Ihrem Thema oder Ihren Produkten, um Ihre Expertise zu demonstrieren. Das Video in Abbildung 19.5 schlägt gleich mehrere Fliegen mit einer Klappe. Es bedient den Aspekt eines Schnupperangebots in Form einer Kostprobe aus dem Online-Kurs. Gleichzeitig ist das Video ein Ratgeber und How-to-Video, das ein fotografisches Hilfsmittel, das Histogramm, zum Thema hat. In dem Video wird das Histogramm erläutert und gezeigt, wie man es richtig einsetzt. Der Besucher lernt etwas aus dem Video und weiß durch den kurzen Einblick, was ihn bei der Buchung eines Online-Kurses ungefähr erwarten würde.

Haben Sie das Interesse Ihrer Kunden gewonnen und möchten Sie es verstärken, um einen Kaufwunsch zu wecken? Dann packen Sie Ihr bestes Spezialangebot aus, und formulieren Sie Ihre schlagkräftigsten Unique Selling Points (USPs). Heben Sie immer die Vorteile für Ihre Kunden hervor, um sie von Ihrem Angebot zu überzeugen.

Überzeugen Sie grundsätzlich mit guten Argumenten statt mit werblichen, verschleiernden oder inhaltsleeren Plattitüden. Zwar können Sie für stark verkaufsorientierte Beiträge je nach Kontext durchaus auch mal etwas werblicher werden. Dabei sollten Sie aber dennoch den Mehrwert für den Nutzer in den Vordergrund stellen. Verkaufen Sie beispielsweise teflonbeschichtete Pfannen, sollten Sie nicht die technischen Details anpreisen, sondern den Vorteil für den Kunden, dass sein Gericht nicht anbrät oder gar festklebt. Vermeiden Sie den typischen Marketingjargon und eine plakative Verkaufssprache, die Ihr Leistungsportfolio in den Vordergrund stellt, wie

»Nur heute für unglaubliche 9,99 Euro! Sichern Sie sich jetzt den brandneuen X1000 – der beste Staubsauger aller Zeiten.«

Sicher haben auch solche Texte ihren Platz. Wenn es aber um den großen Kontext Ihrer Website geht, achten Sie bei der Content-Erstellung lieber auf folgende Punkte:

▶ Produzieren Sie authentischen, glaubwürdigen Content, der einen Teilaspekt des Website-Themas klar und zielführend behandelt.

▶ Produzieren Sie informativen und hochwertigen Content, der kurz und knackig auf den Punkt kommt.

▶ Indem Sie sich als Experten präsentieren, schaffen Sie Vertrauen.

▶ Strukturieren Sie Ihren Content inhaltlich so, dass die Argumente Schritt für Schritt aufeinander aufbauen und den Besucher immer tiefer in die Materie hineinführen.

▶ Stellen Sie klar den Mehrwert und den Nutzen für Ihre Besucher in den Vordergrund.

▶ Nutzen und kombinieren Sie verschiedene Medien für Ihre Inhalte, das hält Ihre Website und Marketingkampagnen spannend und vielseitig.

19

Überlegen Sie auch, wie Sie verschiedene Beiträge bzw. Seiten zu einem Themenkomplex miteinander verknüpfen und verlinken können, damit Sie Ihre Themen holistisch behandeln. Hier kommt das Thema *Siloing* aus Abschnitt 13.4 praktisch zum Tragen. Das kommt Ihrer Website auch aus SEO-Sicht zugute, da Google Sie so als Experten für ein Thema oder einen Themenbereich ansieht und Ihre Inhalte bzw. die entsprechenden Seiten positiv bewertet.

Wie Sie sehen, überlappen einige Phasen, bzw. bestimmte Inhalte sind für mehr als eine Phase der Customer Journey passend. Es gibt unzählige Möglichkeiten, Ihre Zielgruppen anzusprechen. Werden Sie kreativ, denken Sie mit dem Kopf und fühlen Sie mit dem Bauch Ihrer Zielgruppen. Dann werden Sie sicher noch viele weitere Ideen entwickeln und Ihre Inhalte unwiderstehlich machen. Als Anregung haben wir im Folgenden eine offene Liste möglicher Formate für Ihre Content-Produktion.

Nutzen Sie verschiedene Darbietungsformate für Ihren Content

- ▶ Kurzmeldung/News
- ▶ Information
- ▶ Produktbeschreibung
- ▶ Spezialangebot
- ▶ Produktvergleich
- ▶ Produkttest/Review
- ▶ How-to/Anleitung/Leitfaden
- ▶ Tutorial
- ▶ Topliste
- ▶ Tipps und Tricks
- ▶ Checkliste
- ▶ Glosse
- ▶ FAQ
- ▶ Analyse
- ▶ Studie
- ▶ Bericht
- ▶ Interview
- ▶ Hinter-den-Kulissen-Bericht
- ▶ Kunden testen
- ▶ Kundengeschichte/Case Study
- ▶ Best Practice
- ▶ Aktion zum Mitmachen (Gewinnspiel, Quiz, Umfrage)

Die folgenden Abschnitte fokussieren speziell Textbeiträge für Ihre Inhaltsseiten, da sie der wichtigste Kommunikationsbaustein Ihrer Website und gleichzeitig auch das Element sind, das Suchmaschinen am besten verarbeiten können. Diese Grundprinzipien gelten aber für jede Art von Content, und Sie können sie auf jedes Medium und Format des Online-Marketings übertragen.

19.2   Schreiben Sie lesbare Texte

Verpacken Sie Ihre sorgfältig aufbereiteten Inhalte in eine Form, die die Lesbarkeit fördert. In Abschnitt 2.2, »Schwebende vs. fokussierende Aufmerksamkeit, Scannen vs. Lesen«, haben wir Ihnen bereits einige Aspekte zum Lesen von Webtexten und verschiedenen Aufmerksamkeitsmodi vorgestellt. Das Lesen am Bildschirm ist generell anstrengender für die Augen und geschieht etwa um 25 % langsamer als das Lesen gedruckter Texte. Zudem haben Webuser eine andere Herangehensweise an Texte, die sie online aufnehmen. Wenn Sie Texte für Ihre Website verfassen, gestalten Sie das Textlayout so, dass Sie die verschiedenen Stufen der Wahrnehmung von Online-Texten unterstützen, nämlich das Scannen, Skimmen und Lesen. Ihre Texte sollten nicht zu kurz, aber auch nicht zu lang sein. Ein grober Richtwert sind Texte mit einer Wortzahl zwischen 400 und 1.000 zu einem Themenaspekt, um ein Thema gut erfassen zu können und um die Texte auch für Suchmaschinen interessant zu machen (siehe Abschnitt 19.3, »Schreiben Sie gute suchmaschinenoptimierte Texte«).

Erschlagen Sie Ihre Besucher aber nicht mit Textwüsten, die sich nicht oder nur schlecht scannen lassen. Das senkt bei Online-Texten die Lesebereitschaft. Gliedern Sie Ihre Texte inhaltlich und optisch in kleine Einheiten:

- ▶ Machen Sie nach jedem Sinnabschnitt einen Absatz.
- ▶ Übertreiben Sie es ruhig, und machen Sie mehr Absätze, als Sie es in gedruckten Texten tun oder vorfinden würden.
- ▶ Versehen Sie größere Sinneinheiten innerhalb eines Textes mit Unterüberschriften, die kurz und prägnant das Thema des Abschnitts nennen.
- ▶ Formulieren Sie Absätze im Pyramidenstil. Kommen Sie gleich zum Punkt: Nennen Sie die Kernaussage, das Fazit oder das Ergebnis eines Absatzes zuerst, und führen Sie diese dann im weiteren Verlauf des Absatzes immer detaillierter aus. Diese Vorgehensweise bietet sich auch als Grobstruktur für den gesamten Textbeitrag an.
- ▶ Nutzen Sie weitere Elemente, wie Aufzählungen und Tabellen, die den Fließtext auflockern.
- ▶ Markieren Sie Schlagwörter und wichtige Begriffe fett, um sie für Ihre Besucher schneller auffindbar zu machen.

19

Auf diese Weise können Ihre Besucher Ihre Texte leicht scannen und prüfen, ob sie für die Fragestellung, mit der Sie auf Ihrer Webseite gelandet sind, relevant sind.

Denken Sie daran, dass Sie gegebenenfalls mehrere verschiedene Zielgruppen ansprechen müssen. Schreiben Sie daher fundierte, qualitativ gute Texte, aber schreiben Sie sie einfach, klar und verständlich – frei nach dem Motto von Oscar Wilde: »*Oh don't use big words, they mean so little!*« Dazu gehört, dass Sie Ihre Sätze möglichst nicht zu sehr verschachteln, sondern sie kurz und prägnant halten. Benutzen Sie Fachbegriffe nur, wenn Sie sichergehen können, dass Ihre Besucher selbst fachkundig sind. Alternativ können Sie sie natürlich auch einführen, indem Sie sie zunächst definieren und erläutern. Den sprachlichen Stil, die *Tonalität*, Ihrer Texte sollten Sie ebenfalls an Ihre Zielgruppen anpassen. Wählen Sie dementsprechend beispielsweise einen fachlich-sachlichen, formal-eleganten oder jugendlich-hippen Sprachstil.

Grundsätzlich geht es darum, dass Sie in jeder Hinsicht einfach und gut lesbar schreiben. Die Lesbarkeit Ihrer Texte können Sie auch mithilfe von Tools, wie beispielsweise der Textanalyse der Wortliga unter *wortliga.de/textanalyse/*, testen. Das Tool prüft, ob Ihre Texte ansprechend sind, indem es die folgenden Kriterien in Ihrem Text untersucht:

- ▶ Verständlichkeit
- ▶ Prägnanz
- ▶ sprachliche Ästhetik

Als Analyseergebnis werden nach einem Ampelsystem verschiedene Faktoren bewertet (siehe Abbildung 19.6 anhand eines Beispieltextes), wie beispielsweise:

- ▶ allgemeine Lesbarkeit
- ▶ Satzlänge
- ▶ unpersönliche Sprache
- ▶ Füllwörter und Phrasen

Das Tool leistet bei der Analyse gute Arbeit und hilft einem Redakteur dabei, die entsprechenden Faktoren zu optimieren. Allerdings ist das Tool kein Garant dafür, dass der eingegebene Text auch für menschliche Leser ansprechend ist. Das Tool ist speziell auf Webtexte ausgelegt und bietet auch die Möglichkeit, das Haupt-Keyword einzugeben und die Häufigkeit seines Vorkommens zu überprüfen.

Wollen Sie Ihre Besucher bewegen und begeistern, schreiben Sie bildhaft, und nutzen Sie *Storytelling*-Elemente. Storytelling ist einerseits unterhaltsam, denn Geschichten fesseln Menschen seit jeher. Aber Geschichten aktivieren auch wesentlich tiefere Verarbeitungsebenen. Werden die Emotionen eines Lesers angesprochen oder kann er sich mit der erwähnten Figur oder Situation identifizieren, begreift er die Inhalte auf einer wesentlich tieferen Ebene. Bauen Sie Geschichten ein, in der Sie die Erfahrung einer Person mit Ihrem Produkt oder Ihrer Dienstleistung darstellen. Somit führen Sie Ihren Lesern ein Beispiel vor und machen Ihr Angebot praktisch schmackhaft. Sie können aber auch Alltagsgeschichten und kleine Anekdoten von »hinter den Kulissen« in Ihre Textbeiträge einbauen, um eine persönliche Verbindung zum Leser zu schaffen. Nutzen Sie Analogien und Metaphern, um die Imagination Ihrer Leser zu aktivieren, ihnen ein Bild zu malen. Auf diese Weise sprechen Sie Ihre Leser auf einer viel tieferen Ebene an als mit rein sachlich-informativen Inhalten. Storytelling funktioniert sogar nichtsprachlich, indem Sie beispielsweise Bilder verwenden, die eine Geschichte oder ein Lebensgefühl abbilden. Sehen Sie selbst: Welche der folgenden vier Produktpräsentationen spricht Sie aktiver an?

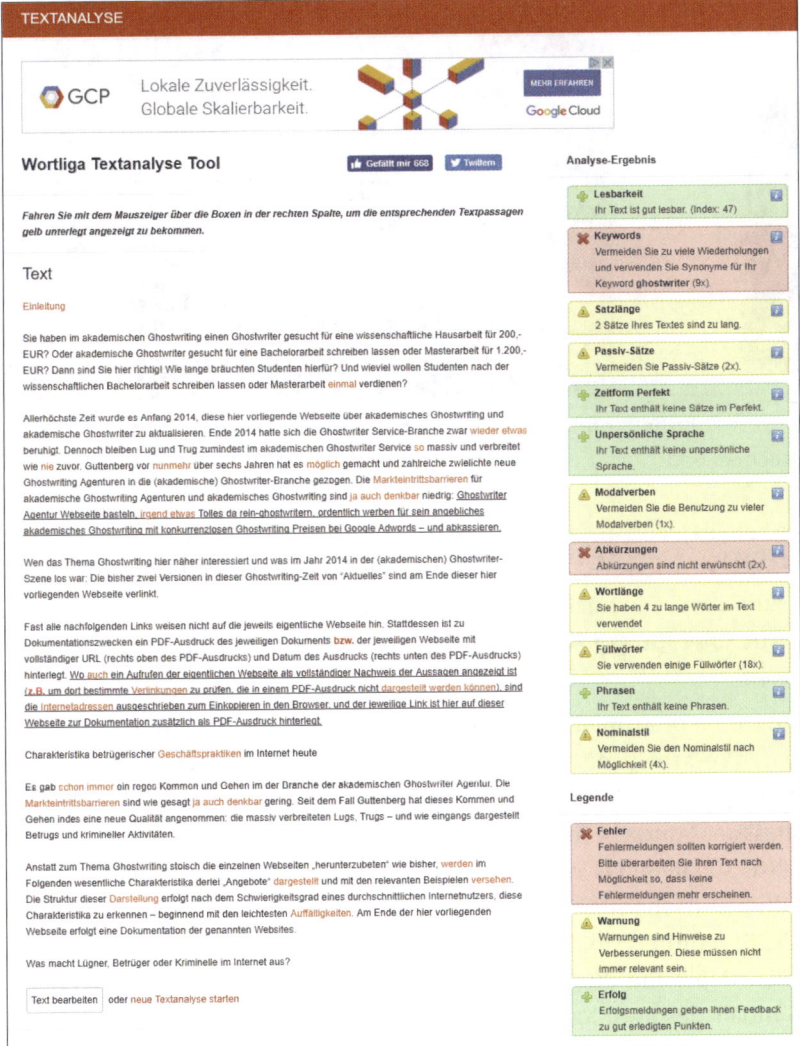

Abbildung 19.6 Textanalyse der Wortliga (Quelle: wortliga.de/textanalyse/; Quelle des Textes: https://goo.gl/WPWjQG)

1. Text: »kohlensäure- und koffeinhaltiges Erfrischungsgetränk«

2. Text: »Stellen Sie sich vor, Sie kommen nach einem langen, heißen Tag nach Hause. Sie öffnen Ihren Kühlschrank und entdecken eine Flasche Coca-Cola, die frisch gekühlt auf Sie wartet. Sie öffnen sie und lassen das kalte Getränk Ihre Kehle hinuntergleiten. Die Kohlensäure prickelt, das Koffein weckt Ihre Lebensgeister: Sie fühlen sich sofort erfrischt.«

3. Abbildung 19.7 links

4. Abbildung 19.7 rechts

Abbildung 19.7 Coca-Cola, links ohne und rechts mit Storytelling (Quelle linkes Bild: goo.gl/sLeH5F; Quelle rechtes Bild: Coca-Cola über goo.gl/itk5Eb)

Selbst wenn Sie kein Fan von Coca-Cola sind, können Sie sicher nicht umhin – ebenso wenig wie wir –, sich von dem Text in (2.) und dem rechten Bild in Abbildung 19.7 eher angesprochen zu fühlen. Die nüchterne, rein informative Präsentation in (1.) und in dem linken Bild in Abbildung 19.7 informieren zwar, sprechen den Interessenten aber in keiner Weise an.

Im Allgemeinen ist die multimediale Präsentation von Inhalten ein guter Schritt zur Unterstützung der Verarbeitung Ihrer Inhalte. Studien haben gezeigt, dass multimediale Inhalte leichter, besser und tiefer aufgenommen werden können als Inhalte, die nur einen Sinneskanal nutzen. Im Gegensatz zu gedruckten Medien können Sie in Ihre Online-Texte sogar Bilder einfügen, die lediglich der Auflockerung größerer Textpassagen dienen (siehe Abschnitt 18.4.2, »Content mit Bildern anreichern und auflockern«). Damit gönnen Sie Ihren Besuchern eine kurze Erholungspause für die Augen. Achten Sie dabei allerdings auf die emotionale Wirkung, die das Bild erzielt. Sie sollte zum Inhalt des jeweiligen Textes passen. Unterstützen Sie auch das Verständnis wichtiger Zusammenhänge oder Prozesse, indem Sie sie z. B. durch passende Infografiken visualisieren (zu Infografiken siehe ebenso Abschnitt 18.4.2).

Im nächsten Schritt zeigen wir Ihnen, wie Sie Ihre Texte suchmaschinenoptimiert erstellen und gleichzeitig auch etwas zu ihrer Qualität beitragen.

19.3   Schreiben Sie gute suchmaschinenoptimierte Texte

Was den Umfang Ihrer Textbeiträge aus SEO-Sicht angeht, sollten Texte auf einer Seite zu einem Haupt-Keyword, mindestens 400 Wörter umfassen. Bei stark umkämpften Keywords sollten es mindestens 1.000 Wörter sein. Das sind allerdings nur grobe Richtwerte. Wie lang oder kurz ein Text jeweils sein soll, müssen Sie immer je Einzelfall prüfen.

Der wichtigste Faktor für suchmaschinenoptimierte Texte ist der korrekte und konsistente Einsatz von Keywords in Kombination mit einem hochwertigen Inhalt. Das Haupt-Keyword und einige sekundäre Keywords haben Sie all Ihren bislang geplanten Unterseiten im Prozess des Keyword-Mappings zugewiesen (siehe Abschnitt 13.3). Nutzen Sie diese im Text der entsprechenden Seite. Ihre Texte sollten dabei aber nicht vor lauter Keywords strotzen, denn das ergibt meist nur Texte, die nur für Maschinen, nicht für Menschen, geschrieben werden, wie in folgendem Fall:

> **Ein (unguter) Text für Maschinen, nicht für Menschen**
>
> Der Kauf von Designer Kleidung ist in sogenannten Design Kleidung Outlets eine überaus preiswerte Variante, um hochwertige Kleidungsstücke günstig zu erwerben. Unser Design Kleidung Outlet befindet sich im Sauerland, im beschaulichen Örtchen Dörnholthausen bei Arnsberg. Auf einer Verkaufsfläche von mehr als 2.000 Quadratmetern wird im Design Kleidung Outlet preisreduzierte, trendige Designer Kleidung der bekanntesten Design Kleidung Marken zum Verkauf angeboten. Im Design Kleidung Outlet können Sie beim Einkauf neuer Design Kleidung bis zu 50 Prozent des normalen Einkaufspreises sparen. Besuchen Sie unser Design Kleidung Outlet und überzeugen Sie sich von unserem Angebot an Designer Kleidung.

Dieser Text ist vollgestopft mit Keywords – können Sie erraten, welche? Er hat keinerlei lesenswerten Nutzen. Man spricht hier auch von *Keyword-Stuffing*, einer Methode, die früher erfolgreich zur SEO eingesetzt wurde, bevor die Algorithmen in der Lage waren, auch die Textqualität bewerten zu können. Solche Texte funktionieren heute aber weder aus SEO-Sicht noch für Ihre Besucher. Ein Besucher, der einen solchen Text als Ergebnis seiner Suchanfrage erhält, wird sich auf keiner Ebene angesprochen fühlen. Er bietet keinerlei inhaltlichen Mehrwert, somit wird der Webuser die Seite schnellstmöglich verlassen.

Der effektive Einsatz von Keywords in guten Texten ist allerdings dennoch wichtig, damit Ihre Zielgruppen Sie in den Suchmaschinen finden können. Verwenden Sie

19

daher das zugewiesene Haupt-Keyword einer Seite im Text, den Sie auf der entsprechenden Seite präsentieren. Beginnen Sie damit bereits am Anfang des Fließtextes. Bei der Frage, wie oft ein Keyword in einem Text verwendet werden sollte, galt lange Zeit als Richtwert eine *Keyword-Dichte* von etwa 2 bis maximal 3 %. In der modernen Suchmaschinenoptimierung spricht man jedoch nicht mehr von Keyword-Dichten. Es geht nicht mehr darum, dass ein Keyword mit einer genau bestimmten Zahl so und so häufig vorkommt. Schreiben Sie den Text für Menschen, dann wird er meist auch gar nicht so schlecht für Suchmaschinen sein, wenn Sie einen Punkt beachten: Verwenden Sie ein Haupt-Keyword, das Sie vorher festlegen. Dann sind Metriken wie die Keyword-Dichte meist von selbst erfüllt.

Viel wichtiger als die reine Keyword-Dichte ist die Verwendung des Haupt-Keywords in Relation zu den anderen Kernbegriffen, die im Kontext des entsprechenden Themas relevant sind. Der Google-Algorithmus nutzt den verfügbaren Website-Korpus zu einem Keyword und errechnet diejenigen Begriffe, die in Texten zum entsprechenden Keyword statistisch am häufigsten zusammen auftreten, sogenannte *Kookkurrenzen*. Somit weiß Google aufgrund stetiger Auswertungen, welche Begriffe zusammen bzw. zu einem Thema gehören. Aufgrund dieser Hintergrunddaten erwartet Google bei neuen Texten zu einem bestimmten Thema die entsprechend zusammengehörigen Begriffe. Nutzen Sie nun solche Keyword-Cluster, bestehend aus einem Haupt-Keyword und dazugehörigen Kookkurrenzen, in Ihren Textbeiträgen, erkennt der Google-Algorithmus Ihre Expertise in dem Themenbereich und die Qualität Ihrer Texte und bewertet sie entsprechend höher.

Wie finden Sie nun aber heraus, welche Begriffe Google im Kontext Ihres Keywords für relevant hält? Wie in allen anderen Bereichen der Suchmaschinenoptimierung gibt es auch hier hilfreiche Tools, die Ihnen die Arbeit erleichtern. Bei der Ermittlung der Kookkurrenzen helfen Ihnen sogenannte *WDF*IDF*-Tools, wie beispielsweise unter *wdfidf-tool.com*. *WDF* steht dabei für *within document frequency*. Dabei geht es um die Vorkommenshäufigkeit eines Haupt-Keywords in Relation zu den übrigen Begriffen eines Textes. Etwas einfacher formuliert:

- ▶ Der WDF-Wert gibt an, wie relevant ein ausgewähltes Keyword im Vergleich zu den restlichen Inhaltswörtern für einen Text ist.

- ▶ *IDF* steht für *inverse document frequency* und berechnet umgekehrt, welche Seiten für ein bestimmtes Keyword relevant sind. Der IDF-Wert berechnet sich aus der Gesamtheit aller Texte in Relation zu den Texten, die ein bestimmtes Keyword enthalten.

Der genaue WDF*IDF-Algorithmus ist allerdings sehr komplex und würde an dieser Stelle zu weit führen. Wichtig für die Arbeit mit diesem Tool ist nur das Verständnis, was das Ergebnis der Berechnungen ist. Sie erhalten als Ergebnis die relevantesten Termini zu einem eingegebenen Keyword aus Suchmaschinensicht. In Abbildung 19.8 haben wir das Tool zur Analyse des Keywords »Segelschein« verwendet und als

Vergleichs-URL die Segelschein-Seite *segeln360.de/segelschein* eingesetzt. Als Vergleichs-URL können Sie eine Ihrer eigenen Seiten eingeben, wenn Sie Ihre Inhalte später einmal optimieren möchten. Alternativ können Sie auch eine Seite Ihrer Wettbewerber eingeben, um zu untersuchen, wie relevant die Seiten Ihrer Konkurrenz zum gewählten Keyword aus WDF*IDF-Sicht sind.

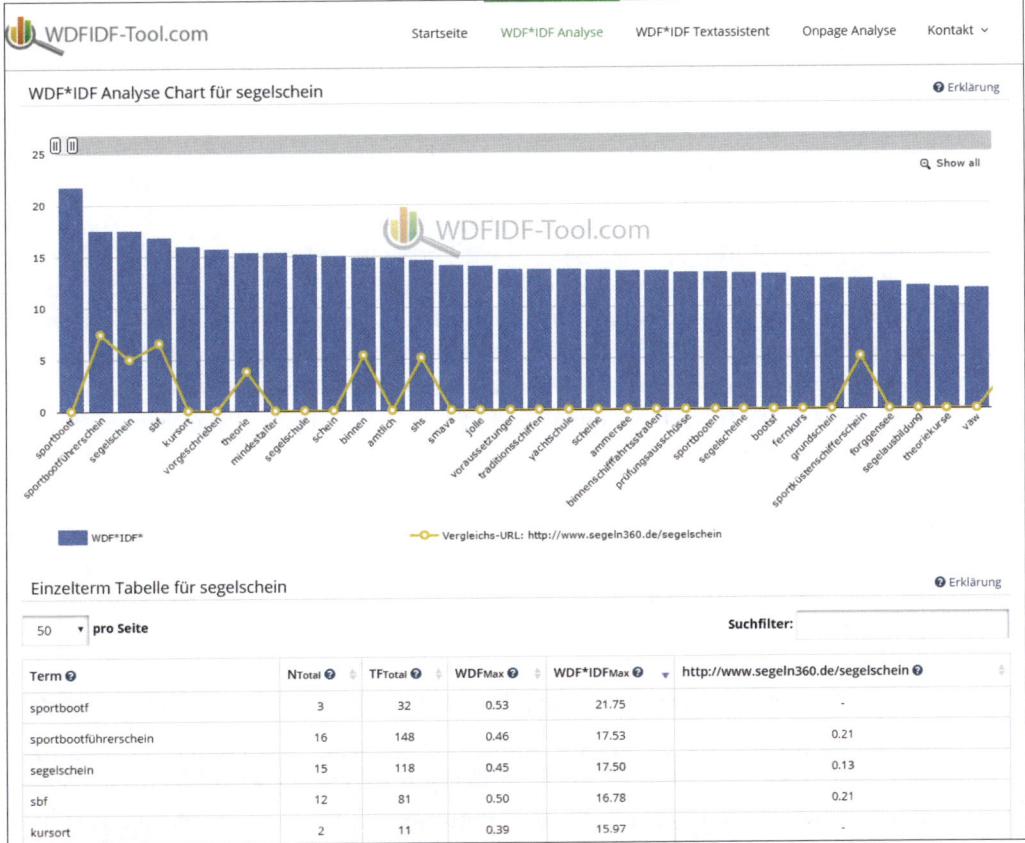

Abbildung 19.8 WDF*IDF-Analyse (Quelle: wdfidf-tool.com/wdfidf-analyse), Keyword »Segelschein« für die Seite segeln360/segelschein)

Das Ergebnis der Analyse ist ein Balkendiagramm im oberen Bereich, das die relevantesten Begriffe zu Ihrem Haupt-Keyword in absteigender Reihenfolge anzeigt. Die Hierarchie basiert auf dem WDF*IDF-Wert, den der Algorithmus für jeden Begriff ausgibt. Unter dem Balkendiagramm finden Sie eine Tabelle, die die Begriffe samt den einzelnen Werten und dem genauen WDF*IDF-Wert anzeigt. Die gelbe Linie im Balkendiagramm zeigt an, wie relevant die Terms für die Vergleichs-URL sind, verglichen mit den übrigen Seiten, aus denen sich die Liste der relevantesten Begriffe ergibt. Vereinfacht gesagt stellt das gelbe Liniendiagramm dar, wie oft die Begriffe auf der Vergleichs-URL im Vergleich zu den übrigen analysierten Webseiten vorkommen.

Möchten Sie einen Textbeitrag verfassen, können Sie hier die Liste mit den wichtigsten Begriffen extrahieren und in Ihrem Text einbauen. Möchten Sie eine vorhandene
Webseite zu einem Keyword weiter optimieren, können Sie hier sehen, welche
Begriffe in Ihrem Text möglicherweise noch fehlen. Sie sollten sich bei der Integration fehlender Begriffe allerdings ruhig im Mittelfeld bewegen und den angegebenen
WDF*IDF-Wert – der ein Maximum anzeigt – nicht überschreiten. Die WDF*IDF-Analyse bietet zusätzlich zur Keyword-Recherche samt Synonymen und Begriffsassozia-
tionen eine wichtige, datengestützte Ergänzung für das Keyword-Cluster, mit dem
Sie Ihre Texte auf qualitativ wertvolle Weise für Suchmaschinen optimieren.

Praxistipp: WDF*IDF als Anhaltspunkt nutzen, nicht als Maß der Dinge

Schreiben Sie bitte keine Texte nach der WDF*IDF-Kurve. Nutzen Sie die WDF*IDF-
Analyse, um Begriffe zu entdecken und diese – wenn sie passen – in Ihren Text ein-
fließen zu lassen. Variieren Sie dabei ruhig Singular und Plural, und nutzen Sie auch
Synonyme. Es geht nicht darum, dass Sie nachher »die perfekte Kurve« in Textform
geschrieben haben. Es geht darum, dass Sie relevante Keywords im Text haben, die
Suchmaschinen erwarten. Wenn Sie ohnehin Experte in dem Bereich sind, in dem der
Text verfasst wurde, werden Ihnen durch die WDF*IDF-Analyse kaum neue Begriffe
aufgezeigt werden.

Aus SEO-Sicht sollten Sie die Keywords aber nicht nur im Fließtext verwenden. Nutzen Sie das Haupt-Keyword in der Hauptüberschrift und nach Möglichkeit auch in
den Unterüberschriften. Durch den konsistenten Keyword-Einsatz weiß der Google-
Algorithmus, dass Ihre Seite für dieses Keyword relevant ist. Nutzen Sie soweit möglich auch die sekundären Keywords, also Synonyme und Kookkurrenzen, in den
Überschriften, wo es sinnvoll und möglich ist.

Ein weiterer wichtiger SEO-Hinweis für Ihre Texte: Halten Sie die Überschriftenhier-
archie auch formal ein. Markieren Sie die Hauptüberschrift als solche durch die Tags
<h1> und </h1>. In der Praxis wird die Hauptüberschrift meist tatsächlich schlicht
»h1« genannt. In Ihrem CMS wird das meist automatisiert vorgenommen, wenn Sie
die h1 in das entsprechende Feld des Text-Editors eintragen. Die h1 sollten Sie auf
jeder Seite Ihrer Internetpräsenz nur einmal vergeben, denn es gibt nur eine
Hauptüberschrift. Gliedern Sie Ihre Texte hierarchisch durch die weiteren Unterüberschriften, analog h2, h3 usw. Diese visualisieren die inhaltliche Struktur Ihrer Texte.
So können Ihre Besucher ihn einfacher überfliegen – scannen und skimmen –, um
die für sie relevanten Aspekte zu finden. Dazu sollten auch die *Meta-Beschreibung*
(*Meta-Description*) und der *Seitentitel* (*Title*) das Haupt-Keyword enthalten. Diese beiden Meta-Angaben einer jeden Seite lernen Sie in Abschnitt 20.1, »SEO – wie Ihre
Besucher Sie im WWW finden«, kennen. Wenn Sie Ihren Content aber in Ihrem CMS
in eine Seite einpflegen, begegnen Ihnen diese beiden Angaben als Eingabefelder im
Editor – daher haben wir sie bereits hier kurz genannt. Wir gehen aber in Abschnitt
20.1 näher darauf ein, wie Sie die Keywords in diesen Elementen einsetzen.

Praxistipp: Keyword-Metatag nicht nutzen

Es ist tot. Niemand nutzt es mehr – vor allem Google nicht. Das Keyword-Metatag muss nicht mehr befüllt werden, weil es bedeutungslos ist und aus alten SEO-Tagen stammt. Lassen Sie sich auch nichts anderes erzählen. Das einzige, wofür es noch gut ist? Wenn Ihr Wettbewerber das Keyword-Metatag gewissenhaft ausfüllt mit einem Haupt-Keyword. Dann können Sie dort wunderbar spicken.

Wie wir Ihnen bereits in Abschnitt 13.3 zum Keyword-Mapping nahegelegt haben, sollten Sie jedes Haupt-Keyword auf nur einer einzigen Seite einsetzen und optimieren. Ansonsten konkurrieren zwei oder mehr Unterseiten um das Ranking zu einem Keyword. Man spricht hier von *Keyword-Kannibalisierung*. Achten Sie auch darauf, dass jede Unterseite einen eigenen Themenaspekt behandelt und somit einzigartigen Content enthält. Verknüpfen Sie Ihre Inhalte: Verlinken Sie verwandte Unterseiten innerhalb eines Themensilos durch Content-Links im Fließtext. Wählen Sie dabei das jeweilige Keyword derjenigen Seite, zu der ein Link führt, als Ankertext. Weitere SEO-Faktoren stellen wir Ihnen im nächsten Kapitel vor.

19.4   Checkliste für gute Webtexte

Im Folgenden haben wir die wichtigsten Faktoren in einer Checkliste für Sie zusammengefasst, die Sie für die Content-Erstellung oder für das Briefing Ihrer Kunden nutzen können.

19

Fragebogen-Checkliste: Für Mensch und Maschine optimierte Webtexte

Strategische und besucherorientierte Konzeption

▶ Welche Fragestellung oder welches Suchproblem Ihrer Zielgruppe bedienen Sie mit dem geplanten Beitrag?

▶ Welches Ziel verfolgen Sie mit dem geplanten Content?

▶ Schreiben Sie zielgruppenorientiert? Haben Sie Ihre Zielgruppe und deren Customer Journey bei der Konzeption Ihres Beitrags berücksichtigt?

▶ An welcher Stelle des Conversion Funnels holen Sie Ihre Zielgruppen ab?

▶ Welches Format ist für diesen Beitrag geeignet?

Struktur, Aufbau und Ansprache

▶ Ist Ihr Text lesbar (*wortliga.de/textanalyse/*)?

▶ Unterstützt Ihr Textlayout das Scannen und Skimmen?

▶ Nutzen Sie genügend Absätze und Unterüberschriften?

▶ Sind die Unterüberschriften hierarchisch gegliedert und entsprechend markiert und formatiert?

- ▶ Haben Sie Ihren gesamten Text und die Absätze im Pyramidenstil aufgebaut?
- ▶ Nutzen Sie besondere Elemente, wie Listen, Tabellen, Medien etc., um den Text aufzulockern? Welche Medien können Sie integrieren?
- ▶ Haben Sie die richtige Tonalität für Ihre Zielgruppe gewählt?
- ▶ Vermeiden Sie Marketingjargon, schreiben Sie authentisch?
- ▶ Ist Ihr Text glaubwürdig und hochwertig?
- ▶ Bietet er einen Mehrwert für Ihre Besucher?
- ▶ Präsentiert Ihr Text die Inhalte kurz, knackig und prägnant?

SEO-Faktoren

- ▶ Ist Ihr Text mindestens 400 Wörter lang (bzw. bei stark umkämpften Keywords 1.000 Wörter)?
- ▶ Gibt es nur eine Hauptüberschrift h1 auf der URL?
- ▶ Was ist das Haupt-Keyword?
- ▶ Haben Sie das Haupt-Keyword in der Hauptüberschrift genannt?
- ▶ Haben Sie eine WDF*IDF-Analyse zur Ermittlung des Keyword-Clusters bzw. der relevanten Begriffe durchgeführt (*wdfidf-tool.com/wdfidf-analyse*)?
- ▶ Nutzen Sie die relevanten Begriffe in ausreichender Menge (*wdfidf-tool.com/wdfidf-textassistent*)?
- ▶ Wurde das Keyword nur für diese Seite vergeben? Ist der Textinhalt einzigartig?
- ▶ Mit welchen anderen, passenden Inhalten bzw. Seiten Ihrer Website können Sie die Inhalte dieser Seite verknüpfen?
- ▶ Achten Sie auf die Verlinkung von Unterseiten innerhalb der Themensilos?
- ▶ Nutzen Sie die Keywords der Zielseiten im Ankertext von Content-Links?

19.5   Relaunch: Content-Audit und Content-Kuration

Nach erfolgter Neukonzeption und erfolgtem Keyword-Mapping sollten Sie ein detailliertes *Content-Audit* durchführen, um genau zu prüfen, ob und wie die alten Seiteninhalte auf Ihre neue Website übernommen werden können. Bei diesem Audit geht es darum zu entscheiden, ob die Inhalte immer noch aktuell sind und ob sie noch zu Ihrem Unternehmen sowie zu Ihren Website- und Unternehmenszielen passen. Idealerweise gehen Sie die Unterseiten Ihrer bestehenden Website einzeln durch und entscheiden für jede URL. Auch die SEO-Aspekte sollten Sie dabei direkt mit überprüfen, da Sie diese bei der Übertragung gleich optimieren können. Hierbei hilft Ihnen die SEO-Checkliste für gute Webtexte aus dem vorigen Abschnitt.

Erstellen Sie mit dem Content-Audit einen *Migrationsplan*. Hierfür empfehlen wir einen Migrationsplan in Form einer Tabelle, z. B. in Microsoft Excel. Für diese Aufgabe müssen Sie alle URLs Ihres Webauftritts einsammeln. Damit Sie alle Inhalte berücksichtigen können, ohne die URLs manuell suchen zu müssen und gegebenenfalls einige zu vergessen, nutzen Sie das kostenlose Tool *Screaming Frog SEO Spider*, das wir Ihnen bereits in Kapitel 12, »Wie Sie eine benutzerorientierte Makro-Informationsarchitektur aufbauen«, vorgestellt haben. Sollte Ihre Website mehr als 500 Seiten haben, müssen Sie leider auf die Bezahlversion ausweichen. Der große Vorteil dieses Tools liegt in der umfangreichen SEO-Analyse. Sie erhalten nicht nur eine Liste aller URLs, sondern können außerdem die wichtigsten SEO-Aspekte – wie Meta-Description (Meta-Beschreibung), Title (Seitentitel) und h1 (Hauptüberschrift) – direkt mit analysieren. Die ausgegebene URL-Liste können Sie als Excel-Datei exportieren. Ziehen Sie auch aus der Google Search Console alle indexierten Seiten der letzten zwölf Monate heraus (siehe auch Abschnitt 20.1.4, »Mit SEO-Analysen zur optimierten Website«), und fügen Sie sie Ihrer Excel-Liste hinzu. Ergänzend dazu extrahieren Sie aus Google Analytics alle besuchten Seiten der letzten zwölf Monate (siehe auch Abschnitt 20.3.2, »Die wichtigsten Kennzahlen und Metriken, die Sie im Auge behalten sollten«).

Aus der vollständigen URL-Liste in Excel können Sie die einzelnen Seiten nacheinander aufrufen, um die Inhalte zu evaluieren und Ihren Migrationsplan anschließend aufzubauen. Wir empfehlen Ihnen, mindestens die folgenden Kriterien in Ihren Plan einzubauen:

▶ **Vollständig übernehmen:** Wenn Inhalte nach wie vor aktuell sind, zu Ihren Website-Zielen passen sowie aus Besucher- und SEO-Sicht gut geschrieben sind, können Sie sie zur direkten Übernahme markieren.

▶ **Geringfügig anpassen:** Finden Sie Inhalte, die Sie inhaltlich, strukturell und strategisch als gut befinden, die aber geringfügig korrigiert oder für Suchmaschinen optimiert werden müssen, markieren Sie sie entsprechend. Hierzu gehört beispielsweise die Optimierung der Hauptüberschrift sowie der Meta-Beschreibung und des Seitentitels mithilfe des Haupt-Keywords.

▶ **Leicht überarbeiten:** Hierzu gehören strukturelle Überarbeitungen und etwas weiter reichende Optimierungen: Texte, deren Themenbereich gut abgegrenzt ist und die inhaltlich gut funktionieren, können dennoch eine strukturelle Überarbeitung benötigen, wie z. B. Absätze und Zwischenüberschriften einfügen sowie eine geringfügige Optimierung der wichtigsten SEO-relevanten Merkmale und der Texte mit dem Haupt-Keyword und Kookkurrenzen aus der WDF*IDF-Analyse.

▶ **Vollständig überarbeiten:** Wenn der Themenbereich und die Ausrichtung des Textes grundsätzlich stimmt, die Struktur aber nicht leser- und suchmaschinenfreundlich ist, kann eine umfassende Überarbeitung notwendig sein.

▶ **Löschen:** Passen Inhalte überhaupt nicht mehr zu Ihrer Unternehmensphilosophie oder -strategie, sollten Sie entsprechende Inhalte löschen. Es bringt Ihnen ja nichts, Besucher mit Inhalten anzuziehen, die Sie nicht mehr anbieten.

19

▶ **Mit anderen Inhalten zusammenführen:** Gelegentlich kann es vorkommen, dass URLs zu eng gefasste Themen präsentieren, die Sie besser mit verwandten Themenbereichen zusammenführen oder in diese integrieren sollten. Markieren Sie diese, und notieren Sie sich, welche Seiten zusammengefasst werden sollen.

▶ **In zwei oder mehr einzelne Seiten aufteilen:** Auch der umgekehrte Fall kommt oft vor. Sind einzelne Seiten zu überladen oder behandeln ein zu weit gefasstes Thema, kann es notwendig sein, die Seiteninhalte auf mehrere URLs zu verteilen.

Eine Tabelle könnte in etwa so aussehen, wie in Abbildung 19.9.

alte URL	Content Audit	Anmerkungen	neue URL	URL verändert oder gelöscht?
www.ihrewebsite.de/unterseite1.html	geringfügig anpassen	leichte SEO-Anpassungen: KW-Einsatz in Überschrift und Meta-Description	www.ihrewebsite.de/unterseite1.html	0
www.ihrewebsite.de/unterseite1/alt.html	überarbeiten	strukturell überarbeiten und SEO: - mehr Absätze und Zwischenüberschriften - KW in Überschrift, Metadescription - URL anpassen	www.ihrewebsite.de/unterseite1/neu.html	1
www.ihrewebsite.de/unterseite2.html	vollständig überarbeiten	komplette Überarbeitung: - Inhalt neu strukturieren - Argumentation überdenken - kleinere Absätze - mehr Zwischenüberschriften - Pyramidenstil - mehr Medien einbinden - WDF*IDF-Analyse zu KW - KW-Einsatz: Text, Title, Heading, Meta-Description, URL	www.ihrewebsite.de/neueunterseite2.html	1
www.ihrewebsite.de/unterseite2/gut.html	vollständig übernehmen	nach wie vor aktuell, unverändert übernehmen	www.ihrewebsite.de/unterseite2/guterinhalt.html	0
www.ihrewebsite.de/unterseite3.html	löschen	nicht mehr aktuell, Bereich existiert nicht mehr, kompletten Bereich löschen		1
www.ihrewebsite.de/unterseite3/inhalt1.html	löschen	nicht mehr aktuell, Bereich existiert nicht mehr, kompletten Bereich löschen		1

Abbildung 19.9 Beispiel für einen Migrationsplan

Fügen Sie auch weitere Kriterien hinzu, so wie sie Ihnen sinnvoll erscheinen, und überlegen Sie sich eine Anordnung des Migrationsplans, die zu Ihren Bedürfnissen passt. Sollten Sie im Content-Audit entdecken, dass Sie vor der Live-Schaltung noch Unterseiten ergänzen möchten, notieren Sie auch diese in der Tabelle. Wenn URLs beibehalten und lediglich die Inhalte überarbeitet werden, übernehmen Sie die alte URL – das gilt natürlich nicht für den Relaunch mit Domain-Wechsel. Für alle anderen Seiten, die aufgeteilt oder mit anderen zusammengeführt werden, notieren Sie die entsprechende neue URL, auf die Sie die Inhalte übertragen möchten. Für zu löschende URLs tragen Sie zunächst einmal nichts ein. Damit Ihre Besucher keine Fehlermeldung beim Aufruf gelöschter URLs erhalten, müssen Sie diese auf bestehende URLs weiterleiten (siehe Abschnitt 20.4, »Suchmaschinenfreundlicher Relaunch«). Der Audit kann auch ergeben, dass Sie aus SEO-Gründen lediglich die URL einer Seite ändern sollten. Auch für diese Seiten notieren Sie die entsprechende neue URL in einer gesonderten Spalte. Notieren Sie grundsätzlich für jede URL in einer gesonderten

Spalte, ob die URL beibehalten oder verändert/gelöscht wird. Diese einfache Notiz, die Sie im Verlauf des Content-Audits einfach hinzufügen können, wird Ihnen in einem späteren Schritt, dem Weiterleitungsmanagement, das wir Ihnen in Abschnitt 20.4 vorstellen, noch sehr nützlich sein.

Wenn Sie einen Webshop betreiben, der große Mengen von Produktseiten enthält, gibt es meist die Möglichkeit, die Migration der Inhalte nach Seitentyp automatisiert durchzuführen, sofern Sie aktuell und passend sind. Für alle anderen Webseiten sollten Sie die Inhalte manuell prüfen, bewerten und anschließend entsprechend kuratiert übertragen.

Ergänzen können Sie das Content-Audit bzw. die Bewertungskriterien in Ihrem Migrationsplan auch durch eine Webanalyse der alten Seiten. Die Webanalyse stellen wir Ihnen in Abschnitt 20.3 vor, die Nutzung für den Relaunch in Abschnitt 20.4.1. Neben dem qualitativen Audit können Sie mit der Webanalyse datenbasiert ermitteln, welche Inhalte bei Ihren Website-Besuchern besonders gut funktioniert haben und welche nicht. Sofern Sie den Besucherverkehr auf Ihrer bestehenden Website aufzeichnen, empfehlen wir Ihnen, zunächst zu Abschnitt 20.4.1 zu springen und erst nach erfolgter Webanalyse mit dem Schritt der Content-Übertragung weiterzumachen.

Haben Sie die Analyse der Inhalte vollständig abgeschlossen und einen Migrationsplan erstellt, können Sie mit der Übertragung der Inhalte beginnen.

> **Praxistipp: Freeze-Phase**
>
> Um die gesamten Inhalte sauber und vollständig übertragen zu können, empfehlen wir eine *Freeze-Phase*. Das bedeutet, dass während der gesamten Zeit der Content-Übertragung keine neuen Inhalte mehr hochgeladen werden. In dieser Phase ist Ihre alte Website noch live und für Ihre Besucher auf der bestehenden Website zugänglich. Die Inhalte werden nun auf Ihre neue Website übertragen, die sich noch auf einem Testsystem befindet, das noch nicht für die Besucher unter Ihrer Domain erreichbar ist. Bei größeren Websites ist die Freeze-Phase nicht immer strikt praktikabel, da die Content-Übertragung oft einige Wochen dauern kann. Wichtig ist in dem Fall, dass alle Redakteure Bescheid wissen, dass in dieser Zeit neu hinzukommende Inhalte doppelt eingepflegt werden müssen – einmal im neuen und einmal im alten, noch live-geschalteten System.

19

Bevor Sie Ihre neue Website veröffentlichen, empfehlen wir Ihnen, Inhalte, die auf eine neue URL umgezogen sind, mithilfe von permanenten 301-Weiterleitungen von der alten URL auf die neue zu verknüpfen. Wie Sie Weiterleitungen erstellen, verraten wir Ihnen in Abschnitt 20.4, »Suchmaschinenfreundlicher Relaunch«. Ein kleiner Tipp vorweg: Bewahren Sie Ihren Migrationsplan gut auf, denn Sie werden ihn für das Weiterleitungsmanagement noch einmal brauchen.

Kapitel 20

Besucher auf die Website bringen und Erfolg messen – SEO, SEA und Webanalyse

Fragen Sie sich, wie Sie über SEO und SEA mehr Traffic auf Ihre Website ziehen können? Das erfahren Sie nun. Ergänzend dazu zeigen wir Ihnen, wie Sie den Erfolg Ihrer Website und Ihrer Marketingstrategien messen können.

Wenn Sie den vergangenen Kapiteln Schritt für Schritt gefolgt sind, haben Sie eine gelungene Website erstellt, die Ihren Besuchern einen klaren Mehrwert bietet und sie begeistern wird. Der nächste Schritt ist, dafür zu sorgen, dass Ihre Website im WWW sichtbar ist und die richtigen Besucher anzieht. Damit Sie auch überprüfen können, ob das gelingt, müssen Sie den Besucherverkehr auf Ihrer Website messen und auswerten.

Mehr Besucher bringen Sie durch die verschiedenen Online-Marketing-Maßnahmen auf Ihre Website. Ganz zu Anfang, in Abschnitt 1.3, haben wir Ihnen bereits eine ganz kurze Übersicht über Online-Marketing-Maßnahmen gegeben. An dieser Stelle werden wir etwas ausführlicher: Im Online-Marketing gibt es im Grunde zwei wesentliche Richtungen: *Inbound-* und *Outbound-Marketing*. Outbound-Marketing verfolgt wie klassische Werbung einen Push-Ansatz und sucht aktiv Interessenten für ein Unternehmen oder ein Produktangebot. Zu diesem Zweck streuen Marketer Werbekampagnen an Zielgruppen oder die breite Masse aus. Dazu gehören Newsletter und andere Formen von E-Mail-Marketing – inklusive Spam – sowie Bannerwerbung auf Websites.

Inbound-Marketing, auf das wir uns in diesem Buch fokussieren, funktioniert nach dem Pull-Ansatz und verfolgt das umgekehrte Ziel, dass die (richtigen) Interessenten das Unternehmen finden. Durch zielgruppengenaue Ausrichtung von Maßnahmen und Kampagnen werden Besucher neugierig gemacht. Das Zentrum von Inbound-Marketing ist in der Regel die Website eines Unternehmens. Alle Maßnahmen hängen damit zusammen, die Zielgruppe durch hochwertige, interessante Inhalte aufmerksam zu machen, deren Erstellung wir im vergangenen Kapitel besprochen haben. Zu den Inbound-Marketing-Maßnahmen gehören mitunter folgende Methoden:

Inbound-Marketing

► die Website selbst

► *Suchmaschinenoptimierung* der Website (engl. *Search Engine Optimization, SEO*)

  – Onpage-SEO

  – Offpage-SEO (*Link-Building* und *Content-Seeding*)

► *Suchmaschinenwerbung* (engl. *Search Engine Advertising, SEA*)

► *Content Marketing* (*CM*)

► *Social Media Marketing* (*SMM*, hat auch Outbound-Anteile)

Sie sehen, es gibt eine Vielzahl von Möglichkeiten, Besucher auf Ihre Website zu bringen und sie von einer Conversion zu überzeugen. Einige betreffen die Website selbst, wie Onpage-SEO (siehe gleichnamiger Abschnitt in Abschnitt 20.1.1) oder CM (Kapitel 19, »Kommunizieren Sie mit unwiderstehlichem Content«). Sie können aber auch Maßnahmen nutzen, die Ihre Website über die Website-Grenzen hinaus attraktiver machen, etwa SEA (siehe Abschnitt 20.2), Offpage-SEO (siehe gleichnamiger Abschnitt in Abschnitt 20.1.1 zu Link-Building und Content-Seeding) sowie SMM.

Sie fragen sich vielleicht, warum wir dieses Kapitel, in dem es darum geht, Besucher anzuziehen und den Erfolg Ihrer Website zu steigern, an dieser Stelle, *vor* dem Kapitel zur Live-Schaltung Ihrer frisch konzipierten Website eingefügt haben. Warum sollen Sie Ihre Seite optimieren, bevor Sie überhaupt fertig ist? Nun, wir empfehlen Ihnen, diejenigen Maßnahmen, die Sie an der Website selbst einsetzen können, bereits vor der Live-Schaltung einzusetzen. Aus unserer langjährigen Erfahrung können wir Ihnen einen einfachen Leitsatz mitgeben: je früher, desto besser. Wenn Sie wissen, wie Ihre Website in den SERPs gut punktet, warum sollten Sie dieses Wissen nicht direkt bei der Erstellung Ihrer Website mitberücksichtigen? Wenn Sie wissen, wie gutes Content Marketing funktioniert, warum sollten Sie mit der Erstellung Ihrer Inhalte warten, bis die Website online ist? Wenn es doch Tools gibt, mit denen Sie Ihren Erfolg messen können, warum sollten Sie sie nicht direkt von Anfang an implementieren und den Besucherverkehr direkt vom ersten Tag an messen lassen? Wie in jedem Projekt gilt: Gute Vorbereitung ist die halbe Miete. Wir denken, dass es vielleicht sogar einen größeren Anteil am Erfolg einer Website ausmacht, sie in der bestmöglichen Ausführung online zu bringen.

Ein weiterer wichtiger Aspekt ist folgender: Die Marketingmaßnahmen sind keinesfalls exklusiv. Es geht hier nicht darum, Ihnen alle Inbound-Marketing-Möglichkeiten vorzustellen, damit Sie sich »die beste« aussuchen. Inbound-Marketing ist ein System (siehe Abbildung 20.1), mit dem Sie Ihre Website nachhaltig verbessern können. Hier gilt: je mehr, desto besser. Vernachlässigen Sie im Idealfall keinen der verschiedenen Bereiche, denn den größten langfristigen Erfolg Ihrer Website – und damit auch Ihres Unternehmens – erreichen Sie nur mit einer ganzheitlichen Marketingstrategie.

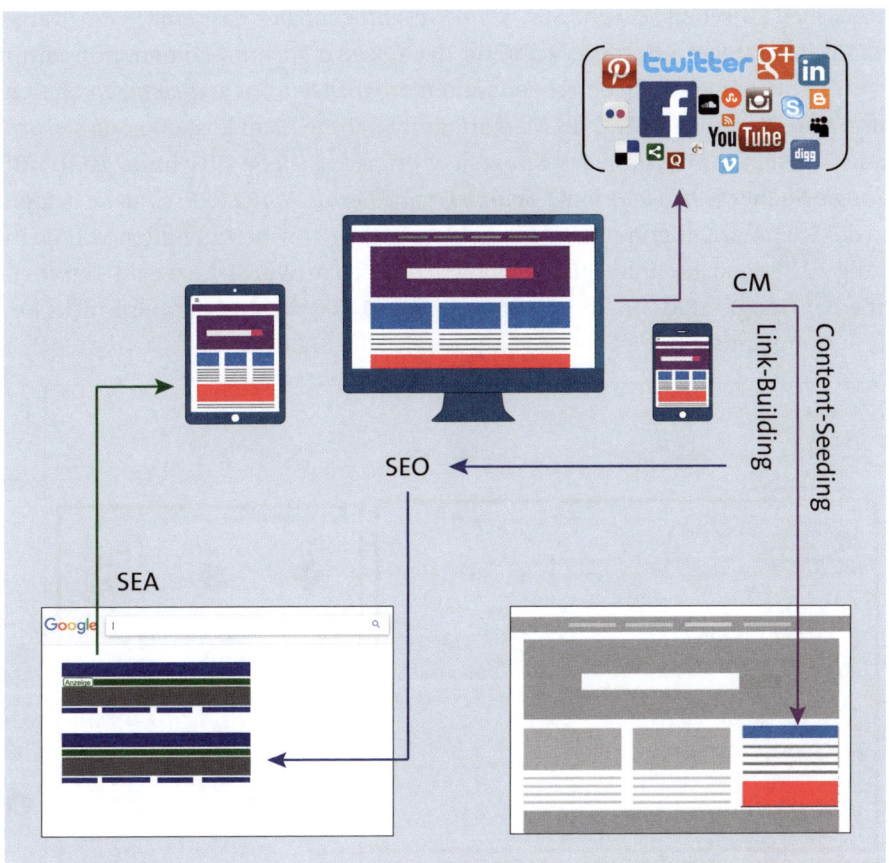

Abbildung 20.1 Ganzheitliches Inbound-Marketing

In diesem Kapitel konzentrieren wir uns auf die beiden Inbound-Methoden, die die Suchmaschinen nutzen. Da Google mit über 90 % Marktanteilen die mit großem Abstand meistgenutzte Suchmaschine ist, werden wir im Folgenden die Begriffe »Suchmaschine« und »Google« synonym verwenden. Suchmaschinenoptimierung (SEO) und Suchmaschinenwerbung (SEA) präsentieren gezielte Suchergebnisse zu einer Suchanfrage, die von einem Webuser in die Suchmaske einer Suchmaschine eingegeben wird. SEO zielt darauf ab, eine Website bzw. jede einzelne Webseite so zu optimieren, dass sie in den organischen Suchergebnissen zu einem bestimmten Suchbegriff möglichst weit oben angezeigt wird. SEA bezeichnet bezahlte Werbeanzeigen, die zu passenden Suchanfragen ausgespielt werden (siehe Abschnitt 20.2) und mit entsprechenden Webseiten verlinkt sind. Hier zeigt sich der Pull-Charakter dieser Maßnahmen, da sie nicht aktiv und willkürlich an die breite Masse gesendet werden, sondern passiv sind: Sie ziehen Interessenten über thematisch passende Suchanfragen an.

Der Unterschied zwischen SEO und SEA ist im Wesentlichen der, dass eine SEA-Anzeige ein zusätzliches Budget erfordert, während die Anzeige suchmaschinenoptimierter Webseiten als Suchergebnis in den sogenannten *organischen Suchergebnissen* an sich kostenfrei sind. Natürlich ist SEO als Marketingmaßnahme nicht kostenlos, da sie, um erfolgreich zu sein, professionelles Know-how erfordert (siehe Abschnitt 20.1). Auf einer Google-Suchergebnisseite (engl. *Search Engine Result Page*, *SERP*) sind die beiden Formen des Suchmaschinenmarketings in gesonderten Bereichen zu finden, wie Sie in Abbildung 20.2 sehen. Bezahlte Suchergebnisse – sprich AdWords-Anzeigen – erscheinen auf einer Google-SERP im oberen Bereich ❶ + ❸. Die organischen, also nicht bezahlten, Suchergebnisse finden Sie im Hauptbereich der SERPs ❷.

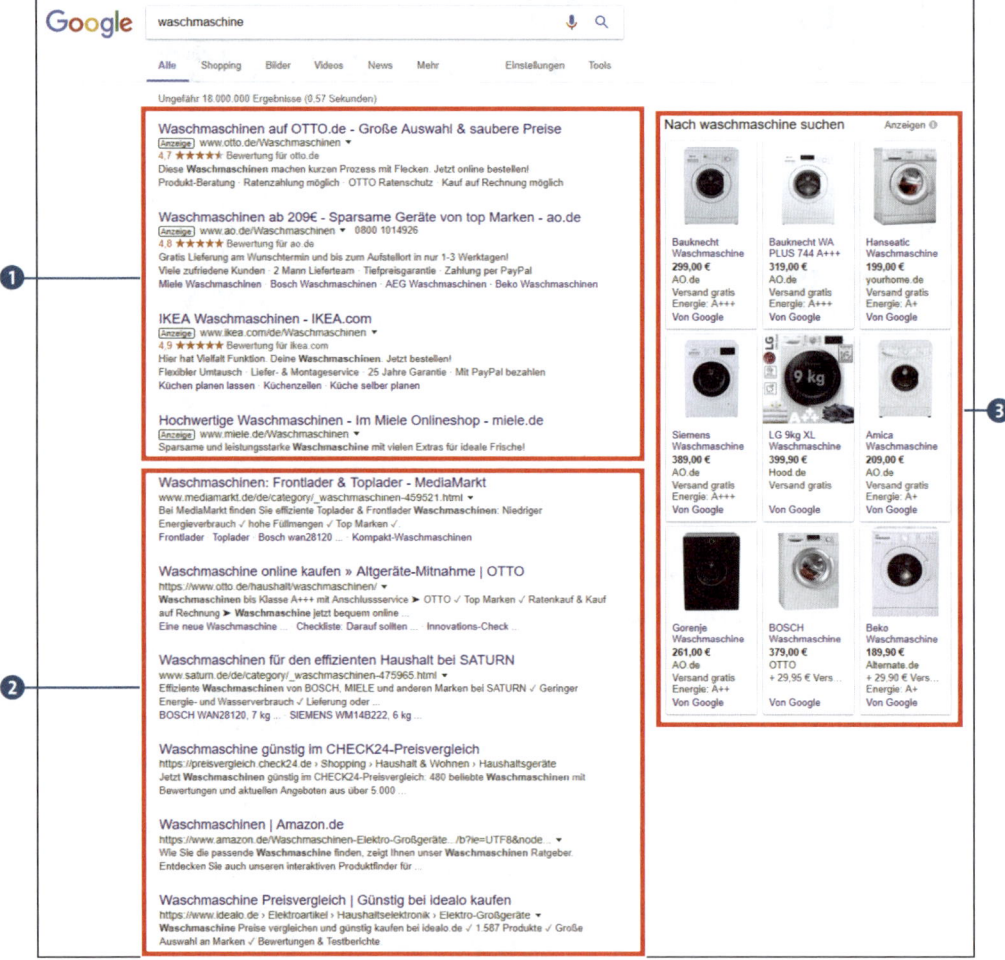

Abbildung 20.2 Organische und bezahlte Suchergebnisse auf einer Google-SERP (Quelle: google.de für den Suchbegriff »Bio Baumwolle«)

Wichtig ist, dass Sie sich bei der Konzeption Ihrer Online-Marketing-Strategie klar-machen, dass es keinen »einzigen, richtigen Weg« im Online-Marketing gibt: Online-Marketing ist komplex, denn es gibt längst keine einfache, geradlinige Customer Journey mehr. Der User oder Kunde durchläuft meistens eine *Multi-Channel* bzw. *Multi-Device Journey* bis zur Conversion – und teilweise sind die Customer Journeys verschiedener User auch miteinander verwoben. Klingt kompliziert? Mit einem praktischen Beispiel, das so oder ähnlich sicher jedem schon einmal begegnet ist, wollen wir Ihnen diese Idee verdeutlichen: A. sitzt nach Feierabend in der Bahn auf dem Weg nach Hause. Auf seinem Tablet checkt er seine privaten E-Mails und ent-deckt in einem Newsletter seines Baumarktes das Angebot für ein neues, gesundes Katzenfutter. Da er und seine Frau Katzen haben und großen Wert auf gesunde Ernährung für sich und die Haustiere legen, klickt auf den Link zur Website im Newsletter, sieht sich das Angebot an und speichert die Webseite in seinen Browser-lesezeichen. Abends zu Hause angekommen, erzählt er seiner Frau B. davon und zeigt ihr vor dem Abendessen die gespeicherte Website auf dem Tablet.

Am nächsten Morgen nimmt B. auf dem Weg zur Arbeit ihr Smartphone zur Hand und sucht das Futter über Google, da sie sich an den genauen Namen des Herstellers nicht mehr erinnert. Sie gibt als Suchbegriff »Bio Katzenfutter« ein und landet über eine bezahlte Suchanzeige schließlich auf der Website des Onlineshops mit dem ori-entalisch klingenden Namen, an den sie sich nur vage erinnern konnte. Sie liest sich die Produktinformationen durch und vergleicht anschließend – wieder über organi-sche Google-Ergebnisse – die Preise verschiedener Onlineshops. Über den Klick auf das organische Suchergebnis des ursprünglichen Onlineshops kehrt sie auf die Web-seite des Herstellers zurück. Während sie kurz davor ist, eine Bestellung zu tätigen, aber noch abwägt und die Vertrauenswürdigkeit des Shops begutachtet, erhält sie eine Nachricht von Ihrem Mann A: In der Zwischenzeit hat A. den Onlineshop des Herstellers über seinen PC direkt angesteuert und eine erste Bestellung aufgegeben, was er seiner Frau direkt mitteilt, die den Link zu diesem (dem günstigsten) Shop für das nächste Mal in Ihren Lesezeichen speichert.

Sie sehen, auf die Website des Katzenfutterherstellers wurde aus einem Haushalt über zwei Personen, drei Geräte und drei verschiedene Wege über die verschiedenen Stufen des Conversion Funnels hinweg zugegriffen:

► von A. durch den Klick auf den Link im Newsletter (Outbound-Marketing) über ein Tablet (Customer-Journey-Phase: Awareness, dann Interest und Desire)

► von B. via Google-Suchergebnisse (bezahlt und organisch) über ein Smartphone (Customer-Journey-Phase: Interest und Desire, dann Überzeugung und Trust)

► von A. durch die direkte Eingabe der Website in die Adresszeile des Browsers seines Desktop-PCs (Customer-Journey-Phase: Überzeugung und Trust, dann Conver-sion)

20

Aufgrund der Komplexität der Customer Journey können wir Ihnen keine einfache und klare Empfehlung für *eine* der Online-Marketing-Methoden geben. Im Gegenteil: Je mehr Marketingstränge Sie nutzen und optimieren, desto weiter erhöhen Sie Ihre Chancen auf eine nachhaltig erfolgreiche Website.

Haben Sie Ihre Website für Suchmaschinen optimiert und gegebenenfalls auch bezahlte Suchanzeigen geschaltet, bringen Sie Besucher auf Ihre Website. Garantiert ist der Erfolg jedoch nicht ohne Weiteres. Daher sollten Sie sich nicht einfach auf die Umsetzung der genannten Inbound-Maßnahmen verlassen, sondern auch ihren Erfolg messen. Sie brauchen eine gute Strategie und die richtigen Instrumente, um zu beurteilen, ob Ihre Website und die dazugehörigen Inbound-Marketing-Maßnahmen funktionieren. Hierzu zeigen wir Ihnen, wie Sie die Tools und Metriken der *Webanalyse* (siehe Abschnitt 20.3) dazu nutzen, die Quantität und die Qualität des Traffics auf Ihrer Website zu messen. Mit einer kontinuierlichen, strategischen Auswertung können Sie den Erfolg Ihrer Website fundiert und datengestützt bewerten. So erkennen Sie Schwachstellen oder nicht funktionierende Marketingmaßnahmen und können gezielte Optimierungsmöglichkeiten ableiten.

20.1   SEO – wie Ihre Besucher Sie im WWW finden

Wir haben Ihnen bereits in mehreren Kapiteln dieses Buches immer wieder wichtige Hinweise gegeben, wenn es um Konzeptionsschritte ging, die auch aus SEO-Sicht relevant sind. Das zeigt, dass sich Suchmaschinenoptimierung (SEO) durch viele Bereiche Ihrer Website zieht. SEO bietet Ihnen viele verschiedene Möglichkeiten – darunter technische, aber auch strukturelle und inhaltliche, mit denen Sie Ihre Website so optimieren können, dass sie von Ihren Zielgruppen gefunden wird. Ideal ist, wenn Sie SEO bereits im Konzeptionsverlauf berücksichtigen und nicht erst nach Fertigstellung der Website – deshalb haben wir an den entsprechenden Stellen immer wieder darauf hingewiesen.

Suchmaschinenoptimierung ist zweifelsohne die wichtigste und nachhaltigste Inbound-Maßnahme für Ihre Website. Es erfordert professionelles Know-how für erfolgreiche SEO, aber es bringt Ihnen langfristigen Erfolg, ohne dass Sie – im Gegensatz zu SEA – laufend ein Klickbudget benötigen.

Suchmaschinenoptimierung sorgt dafür, dass Ihre Website und Ihre Unterseiten in Form von *Snippets* in den Suchergebnissen von Google und anderen Suchmaschinen zu einem eingegebenen Suchbegriff (*Keyword*) eines Webusers angezeigt werden. Google verwendet einen komplexen Algorithmus, der die Relevanz von Websites bewertet, um dem Webuser passende Suchergebnisse zu seiner Suchanfrage (engl. *Query*) zu präsentieren. Der genaue Algorithmus ist zwar Googles Betriebsgeheimnis, dennoch werden zu jeder Änderung entsprechende Handlungsempfehlungen für die SEO gegeben, die auch Sie beherzigen sollten. Zudem werden in Fachkreisen immer

Analysen und Erfahrungswerte veröffentlicht, die Hinweise darauf liefern, ob bestimmte Website-Merkmale als Faktoren relevant sind oder nicht.

Wenn Sie SEO für Ihre Website ernst nehmen und umsetzen, erreichen Sie nicht nur Interessenten, die Ihre Website und Ihr Unternehmen bereits kennen und die URL Ihrer Website direkt eingeben. Sie können auch solche Webuser auf Ihre Website ziehen, die Ihr Unternehmen noch nicht kennen. Grundsätzlich gehen viele Webuser über Google auf eine Website, selbst wenn sie ein Unternehmen kennen und bereits auf der dazugehörigen Website waren. Das liegt an mehreren Faktoren. Domain-Namen können unterschiedliche Schreibweisen nutzen, wie z. B. alles zusammengeschrieben, mit Bindestrich, mit Unterstrich etc. Außerdem wollen Website-Besucher oft auch bestimmte Unterseiten aufrufen, ohne sich durch eine Website durchklicken zu müssen. So ist es oft ökonomischer und bequemer, einfach die Suchmaschine zu verwenden. Mit einer guten SEO-Strategie erhöhen Sie also grundsätzlich Ihre Sichtbarkeit in den Suchmaschinen und steigern somit zielgenau Ihre Besucherzahlen.

> **Praxistipp: SEO ist kein einmaliges Projekt, sondern ein Prozess**
>
> Suchmaschinenoptimierung ist aber kein einmaliges Projekt, das Sie einmal durchführen und auf dem Sie sich dann ausruhen können. Ganz im Gegenteil handelt es sich dabei im Idealfall um einen kontinuierlichen, äußerst dynamischen Prozess, der immer wieder die Schritte Optimierung und Analyse abwechselt (siehe Abbildung 20.3). Nicht zuletzt deshalb, weil der Google-Algorithmus laufend angepasst und verändert wird, ist eine stetige Überwachung und Anpassung von SEO-Maßnahmen notwendig.

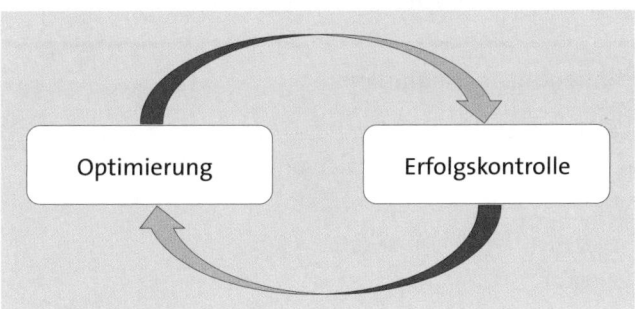

Abbildung 20.3 SEO als kontinuierlicher, dynamischer Prozess für eine erfolgreiche Website

Um auf dem Laufenden zu bleiben, wie sich der Suchalgorithmus von Google verändert und welche Faktoren SEO-relevant respektive nicht mehr relevant sind, empfehlen wir einschlägige Blogs, wie beispielsweise *suchradar.de*. Google selbst veröffentlicht in einem eigenen Blog, das sich an Webmaster richtet, regelmäßig Beiträge über Neuerungen aus dem Bereich SEO. Sie finden die Beiträge unter: *webmasters.googleblog.com*.

20.1.1   Wichtige Faktoren für Ihr Ranking in Googles Suchergebnissen

Zuletzt haben Sie im vorigen Kapitel erfahren, dass guter, wertvoller Content – für den Besucher wie auch für die Suchmaschinen – heute zu einer erfolgreichen Website gehört. Es gibt aber auch eine Reihe weiterer Faktoren Ihrer Website, die eine Rolle spielen, wenn es darum geht, dass Google die Relevanz Ihrer Website bzw. Ihrer Unterseiten bewertet. Von dieser Bewertung nämlich hängt es ab, wie weit oben Ihre Website in den Suchergebnissen zu einem eingegebenen Suchbegriff angezeigt wird. Das heißt, Google nutzt die Faktoren dazu, um die Rangfolge (*Ranking*) für konkurrierende Webseiten zu einem Thema zu berechnen.

Insgesamt gibt es über 200 *Ranking-Faktoren*, die von Google berücksichtigt werden. Im Umkehrschluss bedeutet das, dass Sie anstreben sollten, diese Faktoren auf Ihrer Website und Ihren Unterseiten bestmöglich zu erfüllen. Wenn wir also von Googles Ranking-Faktoren sprechen, sprechen wir gleichzeitig von möglichen *Optimierungsmaßnahmen*, die Sie durchführen können. Die Ranking-Faktoren (und Optimierungsmaßnahmen) teilen sich in zwei Kategorien auf:

▶ den *Onpage*-Bereich
▶ den *Offpage*-Bereich

Während die Onpage-Optimierung Maßnahmen verwendet, mit denen die Website und die Webseiten selbst angepasst werden können, bietet die Offpage-Optimierung indirekt die Möglichkeit, die Reputation einer Website bzw. Webseite zu verbessern.

Onpage-SEO

Zu den wirkungsvollsten Onpage-Faktoren werden in der Regel folgende gezählt:

Onpage-Faktoren und -Optimierungsmaßnahmen

Im folgenden Abschnitt vertieft:

▶ Nutzung von Keywords in verschiedenen funktionalen und inhaltlichen Elementen einer Webseite
▶ strukturierte Daten
▶ gute interne Verlinkung (Siloing)
▶ Vermeidung von Duplicate Content

Bereits in vergangenen Kapiteln behandelt:

▶ flache Informationsarchitektur, kurze URLs und kurze Klickwege
▶ responsives Design bzw. mobile Version der Seite
▶ schlanker Code und schnelle Ladezeiten

Für die Onpage-Optimierung müssen alle Faktoren auf der Website zusammenwirken. Die meisten Aspekte haben wir bereits in den vergangenen Kapiteln besprochen. In diesem vertiefen wir den Aspekt, wie Sie Keywords konsequent einsetzen und die interne Verlinkung optimieren. Außerdem zeigen wir Ihnen, wie Sie doppelte Website-Inhalte (*Duplicate Content*) vermeiden können.

In Kapitel 13, »Wie Sie mit Keywords Ihre Makro-Informationsarchitektur optimieren – für Besucher und Suchmaschinen«, haben Sie für jede Unterseite Ihrer Website ein Primär- oder Haupt-Keyword bestimmt. Für dieses Primär-Keyword optimieren Sie Ihre Webseiten, indem Sie es in folgenden Bereichen einsetzen:

▶ im Seitentitel

▶ in der Meta-Beschreibung

▶ in der Hauptüberschrift h1 und nach Möglichkeit auch in den Unterüberschriften

▶ im Content selbst

▶ in der »sprechenden« Seiten-URL

▶ in Navigationselementen, die auf die Seite führen, z. B. Menüpunkte

▶ in jeglichen Ankertexten von Links auf anderen Seiten, die auf diese Seite verlinken

▶ im Alt-Attribut und im Dateinamen von Medienelementen

In Abschnitt 19.3, »Schreiben Sie gute suchmaschinenoptimierte Texte«, haben wir Ihnen gezeigt, wie Sie das Haupt-Keyword und entsprechende Keyword-Cluster aus der WDF*IDF-Analyse in Ihre Texte integrieren, ohne die Textqualität leiden zu lassen. Wie wir Ihnen zuvor in Kapitel 15, »Wo bin ich und wie komme ich woandershin? Navigation, Links und URLs«, nahegebracht haben, dienen Navigation und URL-Struktur dem Website-Besucher und dem Suchmaschinen-Crawler zur Orientierung. Daher sollte das Navigationselement, das zu einer Seite führt, wie auch ihre URL ebenfalls das Haupt-Keyword der entsprechenden Webseite enthalten. Dieser Abschnitt beschäftigt sich damit, wie Sie die Haupt-Keywords in den anderen, teilweise für den Nutzer unsichtbaren, SEO-relevanten Elementen einsetzen.

Keyword-Einsatz in Meta-Tags und anderen Tags

HTML ermöglicht die *semantische Auszeichnung* (engl. *Semantic Markup*) von Website-Elementen mit:

▶ *Meta-Tags* (auch *Meta-Elemente*)

▶ *schema.org*-Auszeichnungen

Beide Auszeichnungen finden Sie im Quellcode Ihrer Website. Sie sind für den Website-Besucher nicht sichtbar, werden aber von den Suchmaschinen ausgelesen. SEO-

20

relevante Tags umschließen die entsprechenden Informationen meist mit einem Anfangs- und End-Tag im Quellcode.

Meta-Tags sind kleine Markierungen, sie umschließen Informationen in Textform über die Webseite, in deren Quellcode sie angelegt wurden. Im Head-Bereich des Quellcodes einer Webseite finden Sie als wichtigste SEO-relevante Meta-Tags folgende Elemente, in die Sie Ihr Haupt-Keyword integrieren sollten:

▶ das *Title-Tag*, das den Seitentitel umschließt

```
<title> Seitentitel </title>
```

▶ das *Meta-Description Tag*, das die Meta-Beschreibung der Webseite enthält:

```
<meta name="description" content="Kurze Beschreibung des Seiteninhalts">
```

Legen Sie für jede Webseite Ihres Internetauftritts einen individuellen Seitentitel und eine Meta-Beschreibung an. So weiß Google, dass es sich um einzigartige Seiten handelt. Ein kleiner Tipp: Ihr Content-Management-System (CMS) legt diese Meta-Elemente für Sie an. Füllen Sie dazu bei der Erstellung einer neuen Seite die entsprechenden Informationen in den vorgegebenen Feldern im Backend aus (siehe Abbildung 20.4 aus dem Backend von TYPO3). In der Regel haben Sie sogar die Möglichkeit, die »sprechende« URL direkt mit anzulegen (siehe Abbildung 20.4 ganz unten).

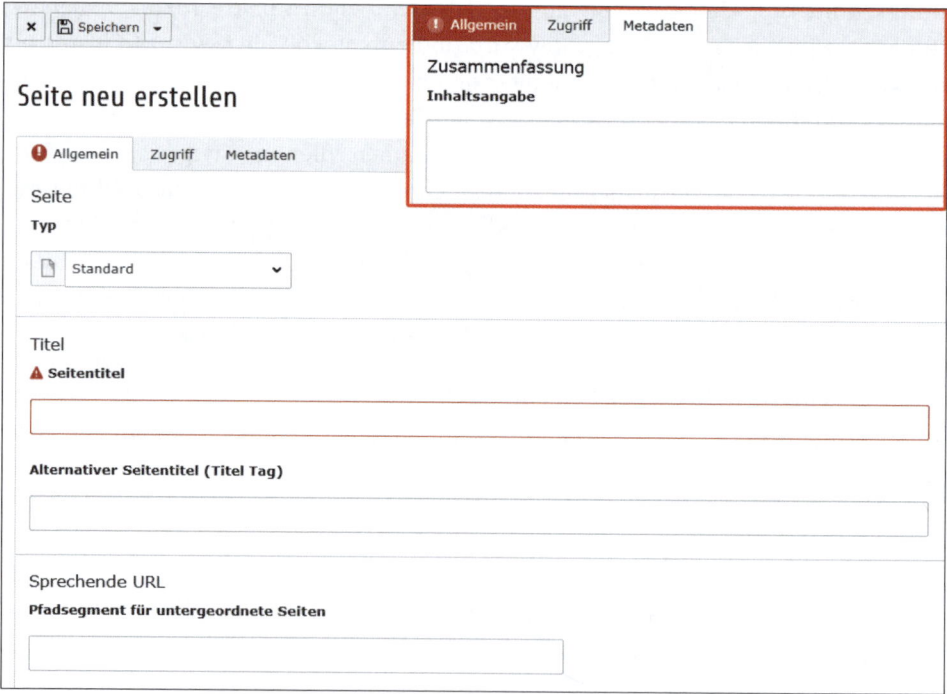

Abbildung 20.4 Eingabe von Meta-Description und Title-Tag im Backend von TYPO3 bei der Erstellung einer neuen Seite

Diese beiden Tags werden in der Regel zur Erstellung der Snippets in den SERPs verwendet. Wenn Sie sich den Aufbau eines Snippets wie in Abbildung 20.5 ansehen, so finden Sie in der ersten Zeile (blau) den Seitentitel, also den Text, der im Quellcode der Webseite vom Title Tag umschlossen ist. Der Seitentitel ist für den Website-Besucher nicht komplett unsichtbar, denn er taucht außer im SERP-Snippet auch als Beschriftung des Browser-Tabs auf, in dem die Seite geöffnet ist. Somit dient der Seitentitel der Orientierung beim Multi-Tab-Browsing und sollte im besten Fall möglichst eindeutig sein, indem er das Haupt-Keyword enthält. In der zweiten Zeile (grün) finden Sie die URL und darunter zwei Zeilen, die eine kurze Beschreibung der Webseite präsentieren.

Bio Baumwolle - Faire Mode & Produkte aus biologischem Anbau
https://www.avocadostore.de/bio-baumwolle ▾
Entdecken Sie eine große Auswahl an Produkten aus **Bio Baumwolle**. Von dem T-Shirt aus **Bio Baumwolle** bis zur Öko Jeans bei Avocado Store online kaufen!

Abbildung 20.5 Einfaches Google-SERP-Snippet zum Suchbegriff »Bio Baumwolle« (Quelle: google.de)

Diese Beschreibung saugt Google in erster Linie aus dem Meta-Description-Tag, sofern vorhanden. Aber auch Webuser bewerten die Relevanz von Suchergebnissen über alle drei Elemente – also Seitentitel, URL und Meta-Beschreibung – abhängig davon, ob das eingegebene Keyword zu ihrer Suchanfrage passt. Hier zeigt sich, dass sich der Einsatz der Keywords in allen Bereichen nicht nur für das Ranking in den SERPs selbst, sondern auch zur Ansprache der passenden Webuser lohnt.

Im Body-Bereich gibt es zwei wichtige Tags, die das Haupt-Keyword einer Webseite enthalten sollten:

▶ das *Heading-Tag*, mit dem Sie Ihre Überschriften als solche auszeichnen

```
<h1> Ihre Hauptüberschrift, die das KW enthält </h1>
```

▶ das *Alt-Attribut*, mit dem Sie einen Alternativtext für Medien wie Bilder, Infografiken oder Videos angeben können

In der Praxis sehen wir oft, dass Überschriften nur durch Fettung oder Änderung der Schriftgröße im Editor als solche markiert werden. Das bedeutet, dass die Überschriften lediglich im CSS `<div class="headline">....</div>` als Überschriften »gestylt« sind. Durch diese rein gestalterische Auszeichnung sieht sie vielleicht wie eine Überschrift aus. Allerdings erkennt Google Text, der diese CSS-Auszeichnung trägt, formal nicht als Überschrift an. Sie verschenken also Ranking-Punkte, wenn Sie Ihre Überschriften nicht standardkonform semantisch mittels Heading-Tags auszeichnen. Unsere Empfehlung lautet daher: Nutzen Sie Ihr Haupt-Keyword in der Hauptüberschrift, und zeichnen Sie sie mit dem entsprechenden HTML-Tag semantisch korrekt aus. So erhöhen Sie abermals Ihre Chancen auf ein gutes Ranking in den Suchergebnissen zum entsprechenden Keyword.

20

Das Alt-Attribut ist eine zusätzliche Angabe für Mediendateien wie Bilder usw. Es handelt sich um eine Kurzbeschreibung des Bildes, in die Sie das Haupt-Keyword ebenfalls integrieren sollten. Diese Angabe wird zum einen genutzt, wenn die Mediendatei aus irgendwelchen Gründen nicht angezeigt werden kann. Aber vor allem aus Gründen der Barrierefreiheit sollten Sie dieses Attribut immer ausfüllen. Eine barrierearme Gestaltung erleichtert Menschen mit körperlichen Einschränkungen den Besuch Ihrer Website – oder ermöglicht diesen überhaupt erst. Stellen Sie sich vor, ein sehbehinderter Interessent besucht Ihre Website und benutzt einen sogenannten *Screenreader*, der mittels Text-in-Sprache-Software den Inhalt der besuchten Website vorliest. Solange es sich um Text handelt, wird der Besucher keine Probleme haben, die Inhalte einer Website zu erreichen. Tauchen allerdings Bilder, Infografiken oder Videos auf, braucht die Software zusätzliche Informationen, um die Inhalte zu vermitteln. Schon mit kleinen Details, wie der Nutzung von Alt-Attributen bei der Einbindung von Medien können Sie auch sehbehinderten Menschen zumindest mitteilen, worum es sich bei dem entsprechenden Element auf Ihrer Website handelt. Aber nicht nur für Ihre Besucher lohnt sich die Nutzung von Alt-Attributen: Ohne Alt-Attribute kann nicht nur der Screenreader, sondern auch der Suchmaschinen-Crawler den Inhalt eingebundener Medien nicht erkennen. Daher sollten Sie die Alt-Attribute bei der Einbindung von Medienelementen jeder Art immer einpflegen. Das Keyword darin wird von den Suchmaschinen dabei ebenfalls ausgelesen und steigert somit die Relevanz der Webseite zum entsprechenden Thema zusätzlich.

Semantische Auszeichnung mit Schema.org

Über die Standard HTML-Tags hinaus gibt es auch die Möglichkeit die semantische Auszeichnung noch intensiver zu betreiben. Die verschiedenen Suchmaschinenbetreiber haben im Rahmen des Projekts *Schema.org* gemeinsame Markups entwickelt. Diese können im HTML-Dokument einer Webseite integriert werden, um die Inhalte für Suchmaschinen noch genauer auszuzeichnen und somit maschinenlesbar zu strukturieren. Das Ergebnis sind sogenannte *strukturierte Daten*. Auf der Website *schema.org* finden Sie eine kostenfreie Dokumentation aller Tags dieser Markup-Sprache, die Tags für die häufigsten Content-Typen bereitstellt, wie beispielsweise *Produktbewertungen*, *Events* und *Kochrezepte* – um nur einige zu nennen. Bieten Sie beispielsweise Events an, markieren Sie den Content-Typ als *Event* und die einzelnen zugehörigen Daten, wie z. B. Datum und Ort, mit den entsprechenden Tags.

Auf diese Weise ausgezeichnete Daten können von Suchmaschinen leichter ausgelesen und dazu verwendet werden, Suchmaschinen-Snippets mit relevanten Informationen anzureichern. Diese angereicherten Snippets heißen dann *Rich Snippets.* Google bietet für Website-Entwickler eine Übersicht über diejenigen Content-Typen, die für Rich Snippets verwendet werden (zur Übersicht: *goo.gl/iM1vMN*). Zwei klassische Beispiele für Rich Snippets sehen Sie in Abbildung 20.6 und Abbildung 20.7. In

Abbildung 20.6 sehen Sie ein Beispiel für ein Rich Snippet in den SERPs zur Konzert-Suchanfrage »Coldplay Tickets«. Durch die Auszeichnung mittels Schema.org konnte Google das Website-Element als Content-Typ *Event* erkennen und das SERP-Snippet mit Event-relevanten Daten anreichern.

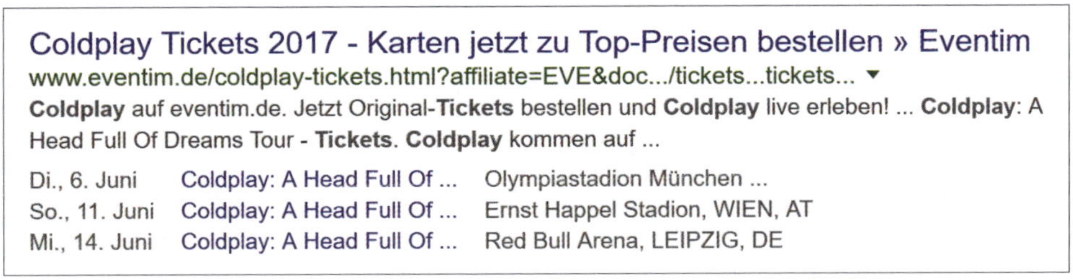

Coldplay Tickets 2017 - Karten jetzt zu Top-Preisen bestellen » Eventim
www.eventim.de/coldplay-tickets.html?affiliate=EVE&doc.../tickets...tickets... ▼
Coldplay auf eventim.de. Jetzt Original-**Tickets** bestellen und **Coldplay** live erleben! ... **Coldplay**: A Head Full Of Dreams Tour - **Tickets**. **Coldplay** kommen auf ...

Di., 6. Juni	Coldplay: A Head Full Of ...	Olympiastadion München ...
So., 11. Juni	Coldplay: A Head Full Of ...	Ernst Happel Stadion, WIEN, AT
Mi., 14. Juni	Coldplay: A Head Full Of ...	Red Bull Arena, LEIPZIG, DE

Abbildung 20.6 Rich Snippet in den organischen Suchergebnissen zur Suchanfrage »Coldplay Tickets« (Quelle: google.de)

Dazu gehören Datum und Ort der Konzerte sowie der Titel der Tour. In Abbildung 20.7 sehen Sie eine weitere Version eines Rich Snippets für den Content-Typ *Rezept*. Als Ergebnis der Suchanfrage »Cookies backen« wird das SERP-Snippet um relevante Eckdaten zum Backprozess angereichert, wie Backzeit, Bewertung des Rezepts und ein Foto aus dem entsprechenden Rezept. Somit hat der Webuser auf der Suche nach einem guten Rezept die wichtigsten Informationen auf einen Blick – und das bereits in den Suchmaschinenergebnissen und nicht erst nach Klick auf den Rezeptlink.

American Cookies wie bei Subway (Rezept mit Bild) | Chefkoch.de

www.chefkoch.de › ... › Backen & Süßspeisen › Kekse & Plätzchen ▼
★★★★½ Bewertung: 4,6 - 1.302 Rezensionen - 29 Min.
American **Cookies** wie bei Subway, ein raffiniertes **Rezept** mit Bild aus der Kategorie Kekse & Plätzchen. 1.302 Bewertungen: Ø 4,6. Tags: Backen, Kekse, USA ...

Abbildung 20.7 Rich Snippet in den organischen Suchergebnissen zur Suchanfrage »Cookies backen« (Quelle: google.de)

Eine alternative Möglichkeit, Ihre Website-Daten mittels Schema.org semantisch auszuzeichnen, ist die Verwendung von sogenannten *JSON-LD-Markups* (*JSON* steht für *JavaScript Object Notation*). Dabei handelt es sich um ein strukturiertes Datenformat, das aus Attributen und Werten besteht und auf diese Weise Daten speichert und austauscht. JSON-LD hält Ihren Quellcode durch die Trennung von Struktur und Inhalt sauber. Mithilfe dieses Datenformats können Sie beispielsweise Ihre Breadcrumbs so auszeichnen lassen, dass sie nicht nur für Ihre Besucher, sondern auch für Suchmaschinen sichtbar sind.

Das Markup für den Breadcrumb-Pfad einer Seite wie HOME • SCIENCE-FICTION • MURAKAMI, HARUKI • KAFKA AM STRAND sähe im JSON-LD-Format wie folgt aus:

```
<script type="application/ld+json">
{
  "@context": "http://schema.org",
  "@type": "BreadcrumbList",
  "itemListElement": [{
    "@type": "ListItem",
    "position": 1,
    "item": {
      "@id": "https://example.com/science-fiction",
      "name": "Science-Fiction",
      "image": "http://example.com/images/icon-book.png"
    }
  },{
    "@type": "ListItem",
    "position": 2,
    "item": {
      "@id": "https://example.com/science-fiction/autoren",
      "name": "Autoren",
      "image": "http://example.com/images/icon-author.png"
    }
  },{
    "@type": "ListItem",
    "position": 3,
    "item": {
      "@id": "https://example.com/science-fiction /authoren/murakami-haruki",
      "name": "Murakami, Haruki",
      "image": "http://example.com/images/author-Murakami-Haruki.png"
    }
  },{
    "@type": "ListItem",
    "position": 4,
    "item": {
      "@id": "https://example.com/science-fiction/authoren/murakami-haruki/
kafka-am-strand",
      "name": "Kafka am Strand",
      "image": "http://example.com/images/cover-kafka-am-strand.png"
    }
  }]
}
</script>
```

Listing 20.1 Breadcrumb-List im JSON-Format

Auch diese werden teilweise oder ganz in den Rich Snippets der Suchergebnisse neben der URL angezeigt, wie Sie in Abbildung 20.8 sehen. Die Korrektheit der *schema.org*-Auszeichnungen können Sie mit diesem Google-Tool testen: *developers.google.com/structured-data/testing-tool/*

Abbildung 20.8 Breadcrumb-Markup im SERP-Snippet zur Suchanfrage »Murakami Kafka am Strand« (Quelle: google.de)

Sie sehen also, ein wenig Zeit oder Budget zu investieren, um strukturierte Daten zu erstellen oder Ihrem CMS beizubringen, dass es sie automatisch erstellt, lohnt sich: Damit helfen Sie den Suchmaschinen dabei, dem Webuser noch passgenauere Snippets zu präsentieren. Mit diesen kann er noch genauer beurteilen, ob das Suchergebnis für ihn relevant ist. Auf diese Weise bergen strukturierte Daten – aber auch schon die oben genannten relevanten »einfachen« Tags – und vor allem der Einsatz von Keywords darin für Sie die Chance, Besucher gezielt neugierig zu machen und anzuziehen.

Interne Verlinkung optimieren

Ein weiterer wichtiger SEO-Faktor ist die *interne* und *externe Verlinkung* innerhalb Ihrer Website. Die Summe der *Link Popularity* aller Seiten einer Webpräsenz wird in der Inbound-Marketing-Praxis *Linkjuice* genannt. Linkjuice bezeichnet also die Summe der positiven Eigenschaften Ihrer Webseiten aufgrund der eingehenden Verlinkung. Ziel einer guten Optimierung ist, den Linkjuice gezielt und effektiv innerhalb der Website an die relevanten Stellen zu verteilen. Das Prinzip dahinter ist folgendes: Häufig verlinkte Seiten erhalten und behalten viel Linkjuice, seltener verlinkte Seiten erhalten weniger. Daraus ergibt sich für die Optimierung: Stärken Sie die relevantesten Seiten Ihrer Website durch viele Links, die auf diese Seiten verweisen. Das gilt sowohl für interne Links als auch für Backlinks, deren Optimierung wir Ihnen im nächsten Abschnitt zum Thema Offpage-SEO näher erläutern. Verschwenden Sie im Gegenzug weniger Linkjuice auf die weniger relevanten Seiten, indem Sie diese weniger stark verlinken. In der Regel sind die stärksten Seiten eines Webauftritts die Startseite, die Hauptkategorien sowie die Landingpages.

Den Linkjuice-Flow können Sie unter anderem durch eine spezielle Art der internen und externen Verlinkung kontrollieren. Wir haben bereits in Kapitel 13, »Wie Sie mit

20

Keywords Ihre Makro-Informationsarchitektur optimieren – für Besucher und Such-maschinen«, das *Siloing* vorgestellt. Dieser Ansatz beruht auf der Annahme, dass ein Besucher, der sich in eines der Silos hineinbegeben hat, vorwiegend Informationen aus dem entsprechenden Themenbereich sucht. Durch eine gute Verlinkung inner-halb der Silos können Sie ihn Schritt für Schritt in immer speziellere Aspekte eines Themenbereichs führen. Auf diese Weise erreichen Sie Ihre Website-Ziele effektiver, als wenn Sie Ihren Besucher kreuz und quer durch Ihre Website schicken. Hat eine Website-Besucherin beispielsweise das Silo *Damenbekleidung* (statt des Schwestern-silos *Herrenbekleidung* oder *Kinderbekleidung*) betreten, wird sie wahrscheinlich Damenbekleidung für sich suchen, also Produkte aus dem gewählten Silo *Damenbe-kleidung*. Eine Verlinkung von Damen-Blusen-Produktseiten zu Damen-Schuhen-Produktseiten ist hier für die Besucherin einfach passender als eine Verlinkung zu den Herren-Hemden-Produktseiten. Aus SEO-Sicht können Sie die Silos zur Kontrolle des Linkjuice-Flows nutzen. Auf diese Weise stärken Sie die Relevanz der The-menschwerpunkte und Ihrer wichtigsten Seiten aus Sicht von Google.

Platzieren Sie auch passende ausgehende Links, also Links zu anderen Websites, auf Ihren Webseiten. Der Gedanke des WWW ist ja, Websites themenrelevant miteinan-der zu vernetzen. Damit geben Sie auch Google das Signal, dass Ihre Seite im entspre-chenden Themenfeld relevant ist. Um mit ausgehenden Links möglichst wenig Linkjuice nach außen abzugeben, platzieren Sie sie möglichst auf Seiten mit wenig eingehenden Links, die Linkjuice mitbringen. Dieser würde durch die ausgehenden Links ja wieder verloren gehen.

Duplicate Content vermeiden

Ein Faktor, den wir bisher nur indirekt angerissen haben, ist sogenannter *Duplicate Content*. Das bezeichnet identische oder fast gleiche Inhalte im WWW. Das kann eine Doppelung auf einer Domain sein oder aber auf verschiedenen Domains. Wesentlich für die Bewertung von Duplicate Content ist, dass der gleiche Inhalt unter zwei ver-schiedenen URLs erreichbar ist. Bereits in Kapitel 19, »Kommunizieren Sie mit unwi-derstehlichem Content«, haben wir Ihnen aus SEO-Gründen empfohlen, ein Keyword nicht zweimal – also an zwei verschiedene Seiten und URLs – zu vergeben und Ihre Seiten mit einzigartigem Content zu befüllen.

Praxistipp: Duplicate Content bitte um jeden Preis vermeiden!

Duplicate Content sollten Sie vermeiden. Diese Empfehlung hat nicht nur ökonomi-sche Beweggründe, um inhaltliche Redundanzen zu vermeiden. Vor allem für das Ranking Ihrer Website kann Duplicate Content tatsächlich schädlich sein, wenn er massiv auftritt. Google filtert doppelte Inhalte meist automatisch aus. Es kann sogar zu einer Abstrafung der Inhalte führen, wenn sie nicht einzigartig sind. Das bedeutet, dass die entsprechenden Seiten oder auch ganze Seitenbereiche Ranking-Punkte ver-lieren und in den Suchergebnissen nach unten rutschen.

In manchen Fällen lässt sich Duplicate Content aus technischen Gründen nicht vermeiden: Jede Ihrer Seiten ist ohne weitere Einstellungen per se Duplicate Content, da sie sowohl über die Webadresse *ihrewebsite.de* als auch über *www.ihrewebsite.de* erreichbar sind. Dieses »Problem« können Sie recht einfach lösen. Richten Sie einen sogenannten *non-www/www-Redirect* ein. Dabei handelt es sich um die Einrichtung einer automatischen Weiterleitung, die kategorisch alle URLs ohne *www* auf die entsprechenden URLs mit *www* umleitet. Wenn Ihre Website auf einem Apache-Server liegt, können Sie das in der *.htaccess-Datei* vornehmen. Die *.htaccess*-Datei ist eine Konfigurationsdatei für Verzeichnisse, die auf Apache-Servern liegen (siehe Abschnitt 16.2, »Wie Sie mit ein paar kleinen Anpassungen Ihrer technischen Infrastruktur Ihre Ladezeiten optimieren«). Diese verwaltet unter anderen wichtigen Informationen die Um- und Weiterleitungen von URLs. Dort können Sie mit *regulären Ausdrücken*, auch *RegEx* (engl. *regular expressions*) genannt, Regeln definieren, die die *non-www/www*-Weiterleitung automatisch und permanent vornehmen. Reguläre Ausdrücke kennen Sie vielleicht, wenn Sie schon einmal mit Platzhaltern (auch *Wildcards* genannt), wie beispielsweise dem Sternchen * für »beliebig viele Buchstaben/Zeichen« in Ihrer Google-Suche oder in Microsoft-Office-Dokumenten gearbeitet haben. Sie erstellen die *non-www/www*-Weiterleitungsregeln in der *.htaccess*-Datei mithilfe des folgenden Befehls:

```
RewriteEngine On
RewriteCond %{HTTP_HOST} !^www\.ihrewebsite\.de$ [NC]
RewriteCond %{HTTP_HOST} !^$
RewriteRule ^/?(.*)$ https://www.ihrewebsite.de/$1 [R=301,L]
```

Listing 20.2 non-www/www-Redirect in der .htaccess-Datei des Apache-Servers

Wenn ein Besucher Ihre Seite über die Adresse *ihrewebsite.de* aufruft, wird er automatisch auf *www.ihrewebsite.de* weitergeleitet. Der Aufruf der Adresse *ihrewebsite.de* gibt auch dem Suchmaschinen-Crawler dann den HTTP-Statuscode *301-Moved Permanently* aus. Die 301 kommt daher, dass der Server diesen Statuscode als Antwort ausgibt, wenn aufgerufene Webseiten dauerhaft umgeleitet wurden (für erfolgreiche, direkt erreichbare URLs wird der Statuscode 200 ausgegeben, siehe Abschnitt 1.1, »Das World Wide Web – das größte Informations- und Datensystem«). Damit weiß Google, dass die alte URL nicht länger gültig ist und wertet sie nicht als Duplicate Content. Stattdessen werden die URLs ohne *www* mit den URLs mit *www* überschrieben und somit aus dem Index entfernt. Zudem enthält der Befehl eine Umleitung aller Anfragen, die über das Protokoll HTTP ankommen, auf die verschlüsselte HTTPS-Variante (siehe Abschnitt 1.2, »Das Internet – ein System von Kommunikationsprotokollen«).

Für den anderen beliebten Webserver, NGINX, sehen die Befehle leicht anders aus. Hier googeln sie einfach mal nach »www non www nginx«.

Eine einfache 301-Weiterleitung sollten Sie auch für die Startseite vornehmen. Standardmäßig wird die Startseite als Datei *index.html* erstellt. Somit wäre Ihre Startseite unter der Webadresse *www.ihrewebsite.de/index.html* erreichbar. Damit Ihre Startseite auch einfach unter der Webadresse *www.ihrewebsite.de/* erreichbar ist, tragen Sie in die *.htaccess*-Datei auch folgende Zeile für die Weiterleitung ein:

```
Redirect 301 /index.html https://www.ihrewebsite.de/
```

Es kann aber auch andere Fälle von Duplicate Content geben. Wenn Sie beispielsweise Druckversionen Ihrer Webseiten anbieten, so sind diese meist auf einer gesonderten URL erreichbar und gelten somit ebenfalls als Duplicate Content. Das Problem auf solchen Seiten können Sie durch ein sogenanntes *Canonical Tag* lösen. Dabei handelt es sich um ein Meta-Tag im Kopf der gedoppelten Seite. Dieses Tag verweist auf die Standardressource, die *kanonische URL*. Eine kanonische URL ist diejenige URL, die die Originalquelle des Inhalts ist. Somit erhalten also alle »Kopien« das Canonical Tag und zeigen damit auf das Original.

```
<link rel="canonical" href="https://www.ihrewebsite.de/originalseite.html"/>
```

Listing 20.3 Canonical Tag im Header der »Kopie«

Durch das Canonical Tag weiß der Suchmaschinen-Crawler, dass die »gedoppelten« Inhalte ignoriert werden können, und indexiert nur die Standardressource, auf die alle Canonicals zeigen. So wird außerdem der gesamte Linkjuice auf der kanonischen URL gebündelt.

Offpage-SEO

Bei der Offpage-Optimierung geht es im Wesentlichen darum, eine gute Reputation für Ihre Website über eingehende Links aufzubauen. Der wichtigste Offpage-Faktor ist die Anzahl und Qualität von themenrelevanten *Backlinks*. Backlinks sind eingehende Links auf URLs Ihrer Website, d. h. Links von anderen Domains, die zu Ihrer Website führen (siehe Abbildung 20.9).

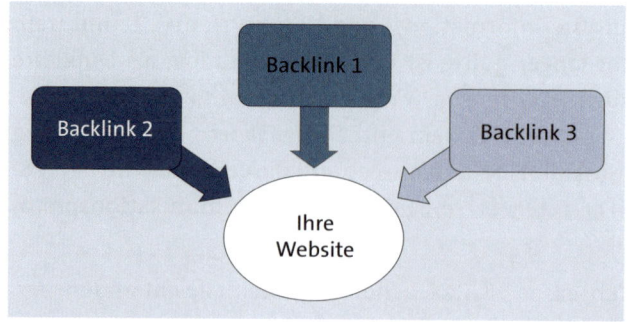

Abbildung 20.9 Backlinks sind von anderen Websites eingehende Links auf Ihre Website.

Google bzw. der Google-Algorithmus bewertet es positiv, wenn Ihre Website bzw. einzelne URLs von mehreren anderen Websites Backlinks erhält. Ganz im Geiste des Cialdini-Prinzips der »sozialen Bewährtheit« (Social Prof, siehe Abschnitt 2.5, »Wie erlernte psychologische Reiz-Reaktionsmuster Wahrnehmung und Verhalten von Website-Besuchern beeinflussen«) setzt Google hier auf die Empfehlung der thematischen Community, sozusagen der »Peer group« und bewertet damit die *Link-Popularität* einer Seite: Je mehr eingehende Links eine Webseite aufweist, als desto relevanter wird ihr Inhalt eingestuft.

Dieses Prinzip ist angelehnt an die Bewertung von Fachpublikationen in der Wissenschaft. Der Artikel eines wissenschaftlichen Autors wird als umso einschlägiger und bedeutender angesehen, je mehr andere Autoren bzw. Artikel durch Zitation auf ihn verweisen. Dabei spielt die fachlich-thematische Relevanz der zitierenden Artikel eine entscheidende Rolle. Gleiches gilt auch für Backlinks: Der Google-Algorithmus ist längst so fortgeschritten, dass er nicht nur die Quantität, sondern auch die Qualität von Backlinks beurteilen kann. Somit müssen die verlinkenden Seiten in einem thematischen Zusammenhang zur verlinkten Seite stehen, da die verlinkten Webseiten sonst abgestraft werden. Das bedeutet, dass das Ranking durch Google künstlich herabgesetzt wird und eine solche Seite in den Suchergebnissen dadurch um einige Positionen weiter nach unten rutscht. Wenn Sie hingegen qualitativ hochwertige Backlinks auf Ihre Seiten erhalten, weiß Google, dass Ihre Inhalte in der themenbezogenen Community relevant sind. Somit erhalten Sie auch einen erheblichen Ranking-Boost.

Optimieren können Sie Ihre Website im Offpage-Bereich durch organisch wachsendes *Link-Building*. Früher gab es einen ganzen Marketingzweig, der sich mit dem Linkkauf, Linktausch und der Linkplatzierung in allgemein zugänglichen Bereichen wie Blogs, Foren und Webkatalogen beschäftigt hat. Diese Möglichkeiten, das *Backlink-Profil* einer Website aufzubessern, wurde jedoch zunehmend von Google abgeschwächt (Platzierung von Backlinks in Blogs, Foren, Webkatalogen) oder wird heute sogar abgestraft (Linkkauf).

20

Praxistipp: Webkataloge sind out

Wir erleben es leider immer noch häufig, dass Unternehmen schlechte Links aufbauen oder sogar noch Geld dafür ausgeben. Setzen Sie bitte keine Links mehr in schäbige Webkataloge oder anderen Free-for-all-Websites. Google kennt sie alle. Setzen Sie dann einen Link, wenn Sie die linkgebende Seite auch guten Gewissens ihrem Chef, Kollegen oder Kunden zeigen könnten. Dann ist es meistens ein passender und guter Link, der nicht nur für Google, sondern auch für Webuser da ist.

Googles Empfehlung in Sachen Linkaufbau ist hier sehr simpel: Kreieren Sie guten Content, den verwandte Domains und User gerne und freiwillig verlinken und teilen wollen. An diese Empfehlung sollten Sie sich definitiv halten. Der Gedanke dahinter ist der, dass Websites für die interessierten Zielgruppen erstellt werden. Wenn Sie für diese Zielgruppen dynamisch Ihren Content erweitern und Ihre Website dadurch in

Form von Backlinks weiterempfohlen wird, steigert das die Relevanz Ihrer Website. Sie können hier mit aktiver Linkakquise nachhelfen: Generieren Sie relevanten, hochwertigen Content, und treten Sie dabei und danach in Kontakt mit anderen Menschen, die diesen Content interessant finden. Bauen Sie eine Community auf, vernetzen Sie sich mit Gleichgesinnten, und weisen Sie andere Interessierte auf Ihren Content hin – das nennt man *Content-Seeding*. Nerven sie andere aber nicht durch penetrante Bewerbung Ihrer Inhalte. Ihr Content muss von sich aus überzeugen, dann verlinken andere ihn gerne und freiwillig. Diese Methode ist zwar recht aufwendig in der Durchführung, jedoch bringt Ihnen ein organisch und stetig wachsendes Backlink-Profil einen sicheren und nachhaltigen Ranking-Vorteil. Vermeiden Sie aber einen plötzlichen starken Anstieg an Backlinks, denn damit laufen Sie Gefahr, dass Google diese Backlinks als Spam oder unlauteren Linkkauf abwertet.

Achten Sie auch auf schädliche Backlinks von Websites, die ihrerseits eine schlechte Reputation haben. Solche Backlinks sind für Ihr Ranking eher abträglich. Sie können Ihr Backlink-Profil mit vielen Tools, wie z. B. *Ahrefs* (kostenpflichtig), prüfen. Schädliche Links können Sie entweder aktiv abbauen, indem Sie die entsprechenden Webmaster bitten, die Links zu entfernen. Alternativ können Sie diese Links auch über die sogenannte *Disavow*-Funktion entwerten. Man spricht hier von *Link Detox*. Das ist keine Aufgabe, die ein SEO-Laie übernehmen sollte. Wir empfehlen Ihnen, sich hierfür professionelle Unterstützung zu holen – hierzu rät auch Google explizit in den jeweiligen Interfaces.

20.1.2   Zeigen Sie den Suchmaschinen, wo es langgeht: XML-Sitemap und robots.txt

Sie haben einige Möglichkeiten, das Crawling-Verhalten der Suchmaschinen-Bots zu beeinflussen. Dazu gehören die XML-Sitemaps, das Meta-Tag robots und die Datei *robots.txt*, deren Besonderheiten und Nutzen wir ihnen im Folgenden vorstellen.

Das XML-Sitemap-Protocol

Um den Suchmaschinen-Crawlern das indizieren zu erleichtern, verwenden Sie eine *XML-Sitemap*. Eine XML-Sitemap ist eine Liste aller Unterseiten einer Website. Verwechseln Sie sie allerdings nicht mit einer (HTML-)Sitemap, die Sie auf Ihrer Website für Ihre Besucher bereitstellen können. Eine XML-Sitemap für Suchmaschinen-Crawler wird im XML-Format erstellt, aber auch das RSS- oder Textformat ist möglich. Die Datei kann *XML-Tags* für maximal 50.000 URLs enthalten und muss UTF-8-codiert werden. In der XML-Sitemap können Sie zu jeder Seite Ihres Webauftritts folgende Tags angeben, die zusätzliche Informationen über Ihre Webseiten für die Crawler zur Verfügung stellen – wobei nur das erste notwendig ist:

- URL-Pfad: `<loc>`
- Datum der letzten Änderung: `<lastmod>`

- ▶ Häufigkeit der Änderungen: `<changefreq>`
- ▶ Priorität: `<priority>`

Eine XML-Sitemap mit einer einzigen URL sähe wie folgt aus:

```xml
<?xml version="1.0" encoding="UTF-8"?>
<urlset xmlns="http://www.sitemaps.org/schemas/sitemap/0.9">
   <url>
      <loc>http://www.ihrewebsite.de/</loc>
      <lastmod>2017-06-30</lastmod>
      <changefreq>monthly</changefreq>
      <priority>0.8</priority>
   </url>
</urlset>
```

Listing 20.4 Beispiel für eine XML-Sitemap mit nur einer URL

Die meisten CMS haben Erweiterungen, mit denen Sie eine Sitemap automatisch generieren können. Das erspart Ihnen viel Zeit und Mühe, vor allem wenn Sie eine große Website haben. Damit Crawler sie leicht finden und nutzen können, nutzen Sie bitte die drei folgenden Optionen zur Platzierung Ihrer Sitemap:

1. Legen Sie die XML-Sitemap im *Root-Verzeichnis* Ihrer Website ab, das ist das oberste Verzeichnis Ihrer Domain, in der Ihre gesamten Website-Dateien auf dem Server liegen: *www.ihrewebsite.de/sitemap.xml*.

2. Referenzieren Sie die XML-Sitemap in der *robots.txt* (siehe unten).

3. Reichen Sie die XML-Sitemap bei den Suchmaschinen ein. In der Google Search Console (siehe Abschnitt 20.1.4, »Mit SEO-Analysen zur optimierten Website«) können Sie Ihre Sitemap-Datei *sitemap.xml* unter CRAWLING • SITEMAPS hochladen und testen.

Möchten Sie auch Ihre Bilder in den Index bringen, damit Ihre Bilder in der Google-Bildersuche angezeigt werden, erstellen Sie auch eine separate XML-Sitemap für Bilder nach dem gleichen Schema.

Nützliche Quellen

Unter folgender Quelle finden Sie viele nützliche Informationen zur XML-Sitemap:

- ▶ *https://www.sitemaps.org/protocol.html*

Indexierung einzelner Seiten im Google-Index verhindern: Das Meta-Tag »robots«

Sie haben die Möglichkeit, dem Crawler mitzuteilen, dass er einzelne Seiten nicht indexieren soll. Beispielsweise Ihre Seiten Impressum und Datenschutz müssen

20

435

nicht indexiert und als Suchergebnis bei Anfragen nach Ihrem Unternehmen angezeigt zu werden. Dazu fügen Sie das Meta-Tags `robots` in den Head-Bereich des Quellcodes entsprechender Seiten ein und weisen ihm den Wert `noindex` hinzu. Sollen die
Crawler auch den Links, die auf der Seite platziert sind, nicht folgen, ergänzen Sie den
Wert `nofollow`:

```
<meta name="robots" content="noindex, nofollow">
```

Diese Angabe ist vor allem dann sinnvoll, wenn ausgehende Links zu anderen
Domains auf den Seiten platziert wurden, die keinen Linkjuice »mitnehmen« sollen.

Möchten Sie nicht, dass eine Seite indexiert, den Links aber dennoch gefolgt wird, um
den internen Linkfluss zu erhalten, ist auch eine Kombination aus den Werten `noin-
dex, follow` möglich. Diese Tags, wie viele andere auch, stellen Empfehlungen für die
Crawler dar, es ist jedoch nicht garantiert, dass diese sich an die angegebenen Hinweise halten.

> **Praxistipp: noindex, follow nutzen**
>
> Wenn Sie eine URL nicht indexiert haben möchten, wollen Sie in der Regel dennoch
> den Linkjuice durch diese Seite weitergeben – nämlich auf andere URLs Ihrer
> Domain. Daher setzt man meistens ein `noindex` kombiniert mit einem `follow` ein.

Robots Exclusion Protocol (REP)

Um dem Crawler mitzuteilen, ob und welche Ihrer Seiten er nicht besuchen darf, gibt
es das sogenannte *Robots Exclusion Protocol* (*REP*) und die Datei *robots.txt*. Somit
wirkt die *robots.txt* genau umgekehrt zur *sitemap.xml*. Die Datei *robots.txt* dient
dazu, die Suchmaschinen-Crawler gar nicht erst crawlen zu lassen. Sie geht also einen
Schritt weiter als das Meta-Tag `robots`, das lediglich die Indexierung nach bereits
erfolgtem Crawling einschränken soll. Während das Meta-Tag `robots` von den Crawlern eher als Empfehlung behandelt wird, beachten sie alle das REP. Somit ist diese
Variante die bessere, um Seiten zuverlässig aus dem Suchmaschinen-Index auszuschließen, sofern Sie noch nicht indexiert sind.

> **Praxistipp: Bereits indexierte URLs und die robots.txt**
>
> Wenn Sie URLs bereits im Google-Index haben, dann hilft kein Aussperren über die
> *robots.txt* mehr. Sie müssen die Seiten erst auf `noindex` setzen, und wenn dann alle
> URLs aus dem Index weg sind, dann können Sie die *robots.txt*-Sperre nutzen. Prüfen
> Sie durch eine Siteabfrage mit dem Befehl *site:domain.de* bei Google selbst, welche
> URLs Google im Index hat.

Fragen Sie sich, warum das Aussperren des Crawlers überhaupt sinnvoll ist? Jede
Website hat nur ein begrenztes *Crawl-Budget*. Google und andere Suchmaschinen

berechnen dieses für jede Website individuell in Abhängigkeit der Wichtigkeit der Website. Mithilfe der *robots.txt* können Sie Crawl-Budget einsparen und es für Ihre wichtigen Seiten nutzen: Schließen Sie also aus SEO-Sicht unwichtige Seiten, etwa Kontaktformulare und Seiten mit rechtlichen Informationen, vom Crawling aus. Ein solcher Ausschluss kann auch dann sinnvoll sein, wenn einzelne Seiten oder Bereiche noch nicht fertiggestellt oder in Bearbeitung sind. Letztendlich erhalten die Suchmaschinen damit auch ein besseres Bild von Ihrer Website.

Die *robots.txt*-Datei wird im Root-Verzeichnis Ihrer Website abgelegt: *www.ihrewebsite.de/robots.txt*. Die Platzierung ist wichtig, da alle Crawler beim Besuch der Domain in der Verzeichnishierarchie von oben nach unten crawlen und als Allererstes in der *robots.txt* im Root-Verzeichnis nachschauen. In der *robots.txt* können Sie Verzeichnisse, einzelne Seiten oder auch bestimmte Elementtypen wie Bilder oder Videos mit dem Befehl `Disallow` eintragen, um sie von dem Crawling durch Suchmaschinen auszuschließen. Ein Beispiel für den Eintrag in der *robots.txt* finden Sie in Listing 20.5.

```
User agent: *
Disallow: /verzeichnis/
Disallow: /unterseite-xy.html
Disallow: /*.mp4$
```

Listing 20.5 Beispiel für den Inhalt einer robots.txt

Die erste Zeile spezifiziert die Crawler, die durch die nachfolgenden `Disallow`-Befehle ausgeschlossen werden sollen. Sie können zwar einzelne Crawler auswählen, aber in der Regel sollten Sie alle Crawler gleich behandeln, damit Ihre Suchergebnisse über die verschiedenen Suchmaschinen konsistent sind. Sie können hier wie in der *.htaccess*-Datei zum Redirect-Management mit regulären Ausdrücken arbeiten: Das * ist ein Platzhalter, der an jeder Stelle einer URL eingesetzt werden kann. In der ersten Zeile steht er für einen beliebigen Crawler, d. h., die folgenden Befehle gelten für alle Crawler. In der zweiten Zeile wird ein ganzes Verzeichnis ausgeschlossen, in der dritten Zeile eine Unterseite. In der letzten Zeile werden alle MP4-Videos ausgeschlossen: Mithilfe des Dollarzeichens $ werden alle URLs, die auf *.mp4* enden, für die Crawler gesperrt. Durch die Nutzung des Platzhalters * gilt der Befehl für MP4-Dateien in allen Verzeichnissen.

Wir empfehlen ihnen außerdem, in der Datei das Backend Ihres CMS vom Crawling auszuschließen. Dazu geben Sie den Pfad an, über den Sie Ihr CMS erreichen. Wenn Sie beispielsweise TYPO3 verwenden, erreichen Sie das Backend über die Adresse *www.ihrewebsite.de/typo3/*. Um also das Backend vom Crawling auszuschließen, fügen Sie der *robots.txt* die Zeile `Disallow: /typo3/` für alle User-Agents hinzu. Mit dem Befehl **Disallow: /** können Sie sogar die gesamte Website vom Crawling ausschließen. Das bedeutet, dass Ihre gesamte Website weder gecrawlt noch indexiert wird und somit auch nicht in den Suchergebnissen auftaucht. Natürlich bleiben die Seiten im WWW nach wie vor sichtbar, wenn ein Besucher sie direkt aufruft. Die gesamte Website vom Crawling auszuschließen, empfehlen wir Ihnen, solange sie noch nicht vorzeigbar ist. So verhindern Sie, dass halbfertige Bausteine oder Testseiten in den Google-Index aufgenommen werden (siehe Abschnitt 21.1, »Verstecken Sie Ihr Entwicklungssystem bis zum Going-live«).

Um den Suchmaschinen das Crawling Ihrer Website noch leichter zu machen, wenn Sie dann einmal fertig ist, referenzieren Sie Ihre Sitemap(s) in der letzten Zeile der *robots.txt*. Wenn Sie mehrere Sitemaps oder zusätzliche Sitemaps für Ihre Mediendateien verwenden, können Sie diese ebenfalls eintragen:

```
User-Agent: *
Disallow:
Sitemap: https://www.ihrewebsite.de/sitemap.xml
Sitemap: https://www.ihrewebsite.de/video-sitemap.xml
Sitemap: https://www.ihrewebsite.de/bilder-sitemap.xml
```

Listing 20.6 Eintragung der Sitemaps einer Website in der robots.txt

In der Google Search Console (siehe Abschnitt 20.1.4, »Mit SEO-Analysen zur optimierten Website«) können Sie unter CRAWLING • ROBOTS.TXT-TESTER Ihre *robots.txt* testen und sogar überarbeiten.

Nützliche Quellen

Unter folgenden Quellen finden Sie viele nützliche Informationen zur *robots.txt*:

▶ *http://www.robotstxt.org/robotstxt.html*

▶ *wiki.selfhtml.org/wiki/Grundlagen/Robots.txt*

20.1.3   Checkliste für die zentralen SEO-Faktoren, die Sie auf Ihrer Website optimieren sollten

Bei der Suchmaschinenoptimierung (SEO) geht es zusammengefasst darum, dem Google-Algorithmus mitzuteilen, welches Suchproblem die Seiten Ihres Internetauftritts lösen können. Um das zu erreichen, müssen Sie dem Google-Algorithmus die nötigen Hinweise in Form von Keywords geben. Außerdem sollten Ihre Seiten auch von anderen Websites/Domains als relevant angesehen werden.

Überlegen Sie einmal: Wenn Sie auf dem Weg zu einem bestimmten Ort mehrere Schilder mit derselben Aufschrift finden, die auf denselben Ort zeigen, und Ihnen zudem zuverlässige Quellen bestätigt haben, dass dieser Weg Sie zum Ziel führt, wissen Sie mit ziemlicher Sicherheit, dass Sie auf dem richtigen Weg sind. Stellen Sie sich nun vor, Sie sind der Google-Algorithmus. Alle Hinweise – wie beispielsweise Meta-

Beschreibung, Seitentitel, h1-Überschrift und Alt-Attribute eingebundener Medien auf einer Seite, die Navigation, Ihre URL sowie Ankertexte in Content-Links auf anderen Unterseiten oder auf anderen Domains (Backlinks), die zur Zielseite führen – sind mit demselben Keyword versehen. Außerdem enthält der Text dasselbe Keyword und die wichtigsten Kookkurrenzen (siehe Abschnitt 19.3, »Schreiben Sie gute suchmaschinenoptimierte Texte«) und zeigt somit, dass sich jemand mit dem entsprechenden Thema auskennt. Durch all diese Hinweise wissen Sie als Google-Algorithmus doch, dass die Seite offenbar für ein bestimmtes Thema sehr relevant sein muss. Sucht ein Webuser nun über die Suchmaschine nach demselben Thema, werden Sie – als Google-Algorithmus – solche thematisch sehr relevanten Seiten doch möglichst weit oben anzeigen, da Sie möchten, dass Ihre Nutzer so schnell wie möglich zum Ziel gelangen – denn das ist ja schließlich Ihre Aufgabe als Suchmaschine.

Damit Sie das SEO-Potenzial Ihrer eigenen Website von Beginn an gut ausschöpfen können, haben wir die zentralen SEO-Stellschrauben in einer SEO-Checkliste für Sie zusammengefasst. Sie können diese Checkliste bei der Erstellung neuer Seiten und Inhalte nutzen, um gleich von vornherein die wichtigsten SEO-Faktoren zu integrieren. Dabei gilt: Sie müssen in der Suchmaschinenoptimierung möglichst alle Faktoren gut optimieren. Es reicht meistens nicht aus, wenn Sie sich nur auf einen oder zwei Faktoren konzentrieren.

Checkliste: Suchmaschinenoptimierung deluxe

▶ besucherorientierte Informationsarchitektur

▶ flache Website- und URL-Struktur (URLs mit maximal drei Ebenen)

▶ Siloing und gute interne Linkstruktur (Verlinkungen innerhalb der Silos)

▶ konsequenter, konsistenter Einsatz des zugewiesenen Haupt-Keywords
  pro Seite (Ergebnis aus Keyword-Recherche und Keyword-Mapping)

  – in der Navigation

  – in der URL (Verzeichnisse und Dateiname)

  – im Seitentitel (Title-Tag)

  – in der Meta-Description (Meta-Description-Tag)

  – in der Hauptüberschrift h1 (Heading-Tag)

  – im Text

  – Bildunterschriften (Alt-Attribute von Medien)

  – in Dateinamen von Bildern

  – in Ankertexten von internen Links und Backlinks

▶ einzigartiger Seitentitel, Meta-Description und URL für jede Seite

▶ Die Startseite enthält das Haupt-Keyword der gesamten Website
  (nicht »home« oder Ähnliches) im Seitentitel (Title-Tag).

- ▶ Überschriften h1–h3 nicht im Footer, der Randspalte oder für allgemeine Elemente im Header verwendet, pro Seite nur eine einzige h1
- ▶ Einsatz von Keyword-Clustern im Content (Ergebnis aus WDF*IDF-Analyse)
- ▶ relevanter, authentischer Content und holistische Texte mit Mehrwert
- ▶ Vermeidung von Duplicate Content und Einsatz von Canonical Tags im Head-Bereich des Quellcodes
- ▶ strukturierte Daten und Rich Snippets
- ▶ Korrektheit der *schema.org*-Auszeichnungen wurde überprüft (*developers.google.com/structured-data/testing-tool/*)
- ▶ »sprechende« Ankertexte
- ▶ Optimierte *robots.txt* schließt irrelevante Seiten vom Crawling aus.
- ▶ XML-Sitemap(s) wurde(n) erstellt, alle Sitemap-URLs wurden in der *robots.txt* referenziert und Sitemaps wurden bei Google eingereicht.
- ▶ schlanker Code
- ▶ responsives Design und optimierte mobile Ansicht
- ▶ gute Reputation durch gutes Backlink-Profil
  - – organisches Link-Building, Content-Seeding
  - – schlechte Backlinks entwerten (Link Detox)

20.1.4   Mit SEO-Analysen zur optimierten Website

Mithilfe der *Google Search Console* (kurz *GSC*, früher *Google Webmastertools*) kommuniziert Google mit Ihnen als Webmaster, und Sie können viele wichtige Daten und Zahlen zu Ihrer Website aus der Sicht von Google betrachten. Somit können Sie überprüfen, ob Ihre SEO-Maßnahmen erfolgreich sind, ob sie erfolgreich Besucher auf Ihre Website bringen. Um die GSC nutzen zu können, müssen Sie sich vorher mit Ihrer Domain registrieren und Ihre Inhaberschaft verifizieren. Melden Sie sich dazu mit einem Google-Account in der GSC an, und wählen Sie PROPERTY HINZUFÜGEN aus. Geben Sie in das erscheinende Eingabefeld die Webadresse Ihrer Website ein, und folgen Sie anschließend den Anweisungen.

Den Hauptteil des Tools bildet die Analyse der Traffic-Daten aus den organischen Suchergebnissen. Abbildung 20.10 zeigt einen Screenshot aus der Google Search Console im Bereich SUCHANFRAGEN • SUCHANALYSE, in der die Traffic-Daten für die Seite *sonnenuntergang-zeit.de* angezeigt werden. Sie können die einzelnen Komponenten Ihren Analysebedürfnissen entsprechend anpassen und auch die Datenauswertung für verschiedene Parameter filtern, wie nach Suchanfragen, Seiten, Ländern etc.

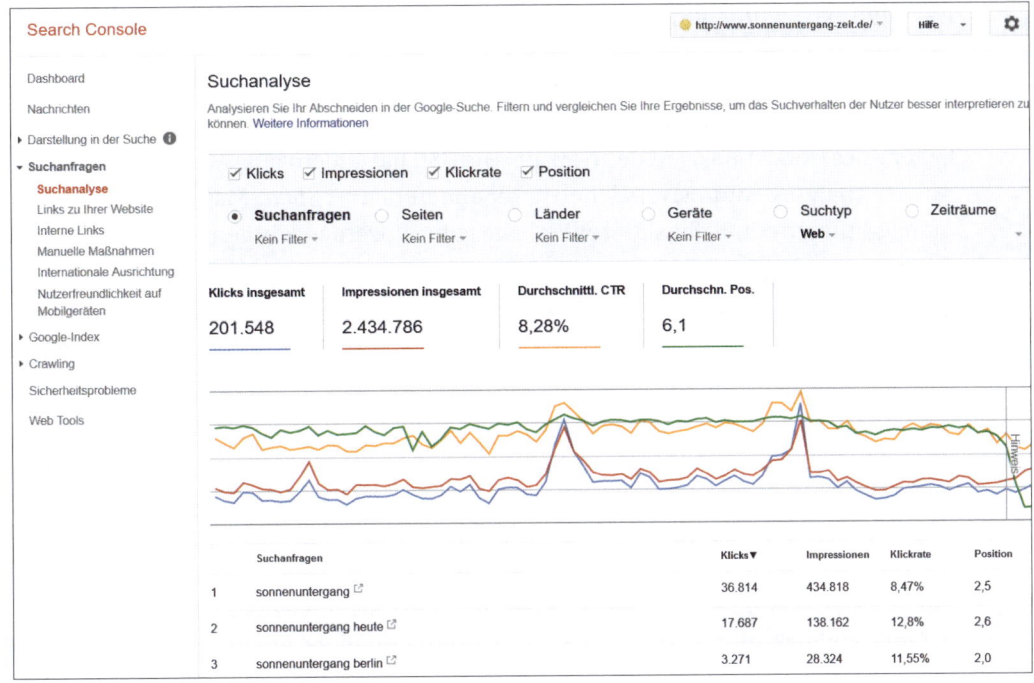

Abbildung 20.10 Screenshot der Auswertung der Suchanfragen in der Google Search Console

Dabei wird für die URLs Ihrer Website gezählt, auf welcher durchschnittlichen POSI-TION (ganz rechte Spalte) der Suchergebnisse sie für welche Keywords gelandet ist, also wie Ihre Seiten zu einer bestimmten Suchanfrage ranken. In dieser Zahl fasst Google die Platzierung einer Website in den Suchergebnissen für den ausgewählten Zeitraum (oben rechts) zusammen. Dabei wird laut Google »die durchschnittliche Position des höchsten Ergebnisses« Ihrer Website angegeben. Eine *Impression* sagt aus, wie häufig eine URL in einer SERP für Google-Nutzer sichtbar war. Wie viele Besucher Ihre Webseiten auf einer Google-SERP zu bestimmten Keywords angeklickt haben, zeigen Ihnen die KLICKS. Aus dem Verhältnis der IMPRESSIONEN zu den tatsächlichen Klicks auf Ihre Website bzw. eine URL wird außerdem die KLICKRATE (engl. *click through rate*, *CTR*) ermittelt.

Unter SUCHANFRAGEN • LINKS ZU IHRER WEBSITE können Sie sich auch die eingehenden Links (*Backlinks*, siehe Abschnitt 20.1.1, »Wichtige Faktoren für Ihr Ranking in Googles Suchergebnissen«) zur Website anzeigen lassen. In der Übersicht erhalten Sie, neben der Gesamtanzahl der Backlinks, Daten darüber, welche Ihrer Unterseiten am häufigsten verlinkt wurden. Außerdem können Sie sehen, von welchen Domains die meisten Backlinks kommen und welche Ankertexte für die Verlinkungen verwendet wurden.

Ihre internen Verlinkungen können Sie unter SUCHANFRAGEN • INTERNE LINKS für jede Unterseite ansehen. Welche Seiten bei Google gecrawlt, indexiert oder für die Crawler blockiert wurden, wird im Bereich GOOGLE-INDEX und im Bereich CRAWLING angegeben. Letzterer umfasst zudem auch verschiedene Analysen des Crawling-Verhaltens des Google-Bots auf der Website. Die GSC hat zudem eine Reihe weiterer technischer Analyse-Features, mit denen unter anderem Anti-Spam-Maßnahmen oder die mobile Nutzerfreundlichkeit Ihrer Website geprüft werden können.

Beachten Sie allerdings, dass die GSC lediglich die Daten der letzten 90 Tage anzeigt. Sie können somit keine Auswertungen über einen längeren Zeitraum durchführen, ohne die Daten zu exportieren und manuell zusammenzuführen. Um dieses Problem zu umgehen, können Sie das Tool serplorer (*serplorer.com*) verwenden. Das Tool nutzt die Daten aus der Google Search Console, bietet jedoch zwei entscheidende Vorteile. Zum einen werden die Daten ab dem Zeitpunkt der Implementierung gespeichert. Sie können also auch Langzeitauswertungen über die letzten 90 Tage hinaus durchführen. Dies ist vor allem dann sinnvoll, wenn Sie saisonale Effekte herausrechnen möchten. Außerdem bietet das Tool eine Reihe zusätzlicher Auswertungsmöglichkeiten, indem es die Daten etwas übersichtlicher aufbereitet. Um einen tieferen Einblick in den Erfolg Ihrer SEO-Maßnahmen zu erhalten, können Sie die Daten aus der GSC außerdem mit einer Webanalyse Ihrer Website kombinieren (siehe Abschnitt 20.3).

20.2   SEA – wie Sie mit bezahlter Suchmaschinenwerbung mehr Kunden erreichen

Neben SEO ist SEA, das *Search Engine Advertising*, also die Suchmaschinenwerbung, eine weitere Möglichkeit, um noch mehr Besucher auf Ihre Website zu ziehen. Wie zu Beginn dieses Kapitels eingeführt, handelt es sich bei SEA um bezahlte Werbeanzeigen, die dem Webuser angezeigt werden, wenn er bestimmte, durch die Anzeigenersteller vordefinierte Keywords in seiner Suchanfrage verwendet.

Bei AdWords-Anzeigen haben Sie zwei Optionen zur Platzierung Ihrer Anzeigen:

1. im *Google Suchnetzwerk*
2. bei *Suchnetzwerk-Partnern* (optional)

Sie können bei der Erstellung Ihrer AdWords-Anzeige entscheiden, ob Sie auch die Suchnetzwerk-Partner, wie beispielsweise *suche.t-online.de*, einschließen möchten.

Es gibt zwei wesentliche Anzeigenformate: *Search* und *Display*. Search bezeichnet bezahlte Text- und Shopping-Anzeigen in den Suchergebnissen von Google und Partner-Sites im Google-Suchnetzwerk. Display bezieht sich vorwiegend auf Bannerwerbung, die ausschließlich auf Partner-Sites angezeigt wird.

AdWords-Anzeigen können Sie mithilfe von Google AdWords erstellen, indem Sie ein Google-AdWords-Konto anlegen und einen Bezahlmodus hinterlegen. Die Anmeldung bei Google AdWords ist kostenlos, ebenso wie die Schaltung der Anzeigen in den meisten Fällen an sich auch. Das Werbekosten-Prinzip bei beiden Methoden ist, dass Sie pro Klick auf die Anzeige einen bestimmten Preis bezahlen – dieses Prinzip heißt *Pay-per-Click*. Sie können ein maximales Tagesbudget festlegen, um die Kosten zu kontrollieren. So können Sie auch mit einem kleinen Budget AdWords-Anzeigen schalten. Den Preis bestimmen Sie in Form eines Gebots, das Sie für Ihre Anzeige flexibel einstellen und auch ändern können. Mit diesem Gebot teilen Sie Google mit, wie viel Sie maximal pro Klick bezahlen möchten. Der letztendliche Preis, den Sie dann zahlen, wenn jemand auf Ihre Anzeige klickt, der *Cost-per-Click* (*CPC*, Preis pro Klick), kann unter Umständen auch wesentlich niedriger ausfallen. Die Schaltung Ihrer Anzeige und den CPC bestimmt Google nach dem Prinzip einer Auktion. Der Preis errechnet sich aus drei Faktoren:

- Ihrem Gebot
- der Qualität und Relevanz Ihrer Anzeige
- den Faktoren der Konkurrenten
- Es wird immer nur 1 Cent mehr ausgegeben, als für die nächstschlechtere Position.

20.2.1   Bezahlte Suchergebnisse im Google Suchnetzwerk

Bezahlte Suchanzeigen sind eine der beiden Möglichkeiten, aktiv Werbung für Ihre Website zu machen, um den Traffic zu steigern. Ihre Anzeigen können in diversen Suchbereichen von Google oder Suchnetzwerk-Partnern erscheinen:

- in der regulären Suche
- im Bereich *Google Shopping*
- im Bereich *Google Maps* (inklusive der mobilen App)

Textanzeigen sehen im Grunde aus wie organische Suchergebnisse (siehe Abbildung 20.11).

Handytarife im Vergleich - Nirgendwo günstiger Garantie - verivox.de
Anzeige www.verivox.de/Handytarife/Vergleich ▾   0800 2892892
4,6 ★★★★☆ ✅ Bewertung für verivox.de
Verivox: **Handytarif-Vergleich** beim TÜV-geprüften Vergleichsportal. Jetzt testen!
DSL-Vergleich · Samsung Galaxy S8 · Handytarife im Überblick · Mobiles Internet · Verivox prime

Abbildung 20.11 Beispiel für eine AdWords-Anzeige

Anzeigen, die in der regulären Suche von Google platziert werden, erscheinen zusammen mit organischen Suchergebnissen in den SERPs (siehe Abbildung 20.2 oben). Sie

443

finden AdWords-Anzeigen sowohl im oberen Bereich als auch unter den organischen Suchergebnissen, wobei Google die Position sowie die Anzahl der bezahlten Anzeigen immer wieder ändert. Zum Zeitpunkt der Veröffentlichung dieses Buches erscheinen bis zu vier bezahlte Suchanzeigen und noch einige mehr unter den organischen Suchergebnissen. Früher wurden zusätzliche AdWords-Anzeigen in der Seitenspalte angezeigt.

Heute werden dort speziell für transaktionale Suchanfragen wie »Bio-Baumwolle kaufen« vorwiegend Shopping-Anzeigen, sogenannte *Product Listing Ads* angezeigt, wie in Abbildung 20.12 rechts zu sehen ist. Bezahlte Suchergebnisse werden bei Google durch den Zusatz »Anzeige« gekennzeichnet (siehe Abbildung 20.12, rot markiert), Anzeigen, die auf Partner-Sites erscheinen, mit »Google-Anzeige«.

Abbildung 20.12 Markierung bezahlter Suchergebnisse auf einer Google-SERP

AdWords-Anzeigen bestehen prinzipiell erst einmal aus dem Anzeigentext und einem Link zu der beworbenen Landingpage. Sie sind in der Regel aus Textelementen mit verschiedenen Eigenschaften und Funktionen aufgebaut, wie Sie Abbildung 20.13 entnehmen können.

Anzeige	Elemente	Anzahl Zeichen
5 Elemente perfekter SEA-Anzeigen - Exclusive Tipps vom Profi	Anzeigentitel (zweiteilig, Headline1 & 2)	max. 30 pro Zeile
Anzeige www.ihrewebsite.de/sea-anzeigen	sichtbare URL (URL der Domain)	max. 15 pro Pfad
Wir kreieren die perfekte AdWords-Anzeige für Ihre SEA-Kampagne. Jetzt anrufen!	Anzeigentext, Beschreibung	max. 80
www.ihrewebsite.de/inbound_marketing/sea/5-elemente-perfekter-sea-anzeigen.html	Ziel-URL (tatsächliche URL der verlinkten Landingpage)	unbegrenzt, nicht sichtbar

Abbildung 20.13 Aufbau einer AdWords-Anzeige

Sie enthalten als auffälligstes Element einen prägnanten *Anzeigentitel* (blau dargestellt). Dieser besteht aus zwei Teilen mit bis zu jeweils 30 Zeichen. In der *Headline 1* sollten Sie auf jeden Fall das Keyword bzw. den Suchbegriff verwenden, damit der Google-Suchende sofort sieht, dass die Anzeige für seine Suchanfrage relevant ist.

Um eine größere Bandbreite an Keywords abzudecken, ohne für jedes einzelne eine eigene Anzeige erstellen zu müssen, können Sie auch mit dynamischen Keywords arbeiten. Das bedeutet, dass Sie anstelle festgelegter Keywords mit Keyword-Platzhaltern arbeiten. Für diese Variable können Sie eine Vielzahl von Variationen eines Keywords anlegen, die dann passend zur Suchanfrage eines Google-Users ausgewählt und in die Anzeige eingebaut werden. So präsentieren Sie immer ein passendes Suchergebnis, und der Suchende erkennt unmittelbar die Relevanz der Anzeige für seine Anfrage.

Unter der Headline 1 finden Sie die *sichtbare URL* (grün dargestellt), also eine URL, die dem Google-Nutzer angezeigt wird. Diese muss nicht zwangsläufig mit der Ziel-URL der Anzeige übereinstimmen. Hier bietet Google an, die Top-Level-Domain Ihrer Website zzgl. frei wählbarer Pfadelemente anzuzeigen. Nutzen Sie als Pfadelemente hier die relevanten Keywords Ihrer Landingpage, um dem Besucher die Relevanz der Zielseite noch deutlicher zu machen.

Außerdem enthalten AdWords-Anzeigen natürlich auch einen *Anzeigentext*. Dieser entspricht in der Darstellung dem Snippet-Element organischer Suchergebnisse, das aus der Meta-Description extrahiert wird. Es können bis zu 80 Zeichen für einen prägnanten Anzeigentext eingesetzt werden. Auch hier sollten Sie das relevante Keyword oder einen entsprechenden Keyword-Platzhalter verwenden, denn die Begriffe, die der Suchanfrage entsprechen, werden fett markiert. Somit erkennt der Google-User auch durch den passenden Anzeigentext die Relevanz Ihrer Anzeige für seine Suchanfrage.

Die drei wichtigsten Merkmale erfolgreicher AdWords-Suchanzeigen sind folgende:

1. Nennen Sie den USP, den Sie mit der Anzeige bewerben möchten. Dies kann ein Testangebot sein, eine besondere Aktion oder andere Teaser, mit denen Sie Besucher neugierig machen.

2. Arbeiten Sie mit relevanten Keywords oder Keyword-Platzhaltern.

3. Integrieren Sie einen Call-to-Action, fordern Sie die Webuser direkt auf, Sie anzurufen oder Ihr Angebot zu testen.

Um Ihre Anzeigen auffälliger zu gestalten und sie für den Google-User noch relevanter zu machen, bietet Google Ihnen eine Reihe von Erweiterungen, die Sie hinzubuchen können. Beispielsweise können Sie Ihren Anzeigen einen Standort, Anrufoptionen, Kundenbewertungen oder Preise hinzufügen. Diese erweitern die Anzeige – ähnlich wie strukturierte Daten aus normalen SERP-Snippets umfassendere Rich Snippets machen können (siehe Abschnitt 20.1, »SEO – wie Ihre Besucher Sie im WWW finden«). Nützlich erweiterte Anzeigen erhöhen die Relevanz für den Google-User und somit auch Ihr Anzeigen-Ranking.

20

20.2.2   Displaywerbung auf Partnersites im Google Suchnetzwerk

Nach einem ähnlichen Prinzip funktioniert sogenannte Display- bzw. Bannerwerbung (siehe Abbildung 20.14 für ein Beispiel). Diese besteht meist aus Bildern und präsentiert sich auf Partner-Sites im Display-Netzwerk von Google ähnlich den herkömmlichen Werbetafeln oder -anzeigen, die Sie aus der analogen Medienwelt kennen. Banner haben den Vorteil, dass Sie in der optischen Gestaltung völlige Freiheit haben. Sie können Bilder nutzen, Ihr Corporate Design und weitere Gestaltungsmittel, um die Anzeige wirkungsvoll zu gestalten.

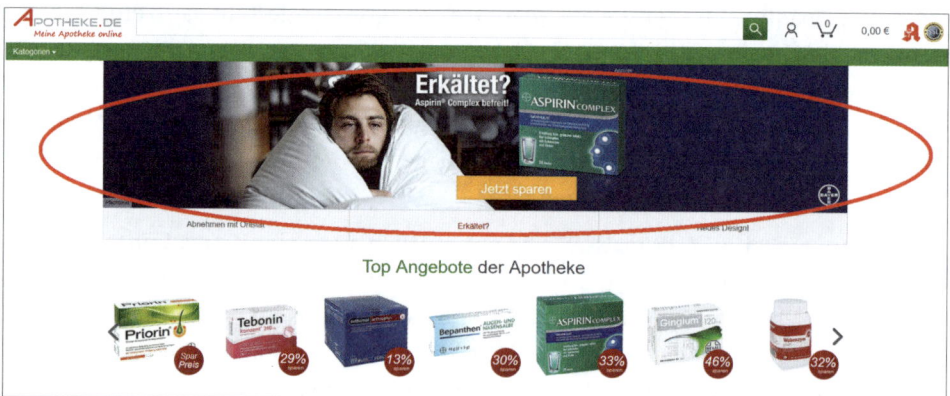

Abbildung 20.14 Bannerwerbung der Firma Bayer auf einer Apotheken-Website (Quelle: apotheke.de)

Hier sollten Sie aber das Problem der Banner-Blindness, die wir in Abschnitt 17.1.10, »Sieben Dinge, die Sie außerdem noch über die Wahrnehmung von Websites wissen sollten«, erwähnt haben, bedenken: Aus der Zeit, in der viele Websites von aggressiv gestalteten, bunten, blinkenden Werbebannern förmlich erschlagen wurden, stammt die weitgehende Ignoranz der User gegenüber Bannern. Möchten Sie Werbebanner einsetzen, gestalten Sie sie nicht überladen und »schreiend«. Fokussieren Sie sie auf das Wichtigste, und fallen Sie durch Qualität und einen guten Call-to-Action auf statt durch visuellen »Krach«.

20.3   Webanalyse – wie Sie den Erfolg Ihrer Website messen

Sie haben viel Zeit in die Konzeption, Umsetzung und Optimierung Ihrer Website investiert. Doch hat sich diese Investition von Zeit und Budget gelohnt? Ist Ihre Website erfolgreich? Wie steht es um Ihre Website-Ziele? Und wie gut kommt Ihre Website bei Ihren Besuchern an? Haben Ihre Besucher bei Ihnen gefunden, was sie suchten? Sind Ihre Online-Marketing-Maßnahmen, wie beispielsweise Ihre Suchmaschinenoptimierung oder bestimmte Content-Marketing-Kampagnen, wirklich erfolgreich?

Damit Sie einen Überblick bekommen, ob und wie Ihre Website für Ihre Besucher und für Sie als Betreiber überhaupt funktioniert, sollten Sie eine kontinuierliche *Webanalyse* durchführen. Denn nur wenn Sie regelmäßig Messdaten erheben und so den Erfolg kontrollieren, können Sie Ihre Website-Ziele erreichen. Auch zur ergänzenden Auswertung und Optimierung von Marketingmaßnahmen wie SEO, SEA und Conversion-Optimierung (siehe Kapitel 22, »Aus Besuchern Kunden machen – optimieren Sie die Conversion Rate«) können Sie die Daten aus der Webanalyse nutzen.

Eine regelmäßige Webanalyse können Sie kostenlos mit *Google Analytics* durchführen. Dazu müssen Sie Ihre Website zunächst bei Google Analytics registrieren und erhalten dann einen Codeschnipsel, den Sie in den Quellcode Ihrer Website implementieren können. Mithilfe dieses Tracking-Codes identifiziert Google Ihre Website als zu Ihrem Google-Analytics-Account zugehörig und zeichnet fortan auf, was auf Ihrer Website passiert. Die Messdaten können Sie sich dann in Google Analytics ansehen und auswerten.

Aufgrund der bereits zuvor erwähnten strengen deutschen Datenschutzgesetze sollten Sie bei der Implementierung von Google Analytics allerdings folgende Hinweise beachten:

▶ **Datenschutzhinweise:** Ergänzen Sie Ihre Datenschutz-Seite um die relevante Klausel zur Nutzung von Google Analytics und zur Erfassung von Besucherdaten. Bieten Sie Ihren Besuchern außerdem ein Widerspruchsrecht mit Hinweis auf das Opt-out-Cookie (siehe unten).

▶ **Opt-out-Skript:** Integrieren Sie ein Skript in den Quellcode aller URLs Ihrer Website, das den Besucher, nachdem dieser der Datenverarbeitung widersprochen hat, von der Datenerfassung ausschließt. In Listing 20.7 finden Sie das Skript, das bei einem gesetzten Opt-out-Cookie die Datenerfassung unterbindet. Dazu muss dieses Skript im Quellcode vor dem Google-Analytics-Skript platziert werden. Die X-Platzhalter können Sie einfach durch Ihre eigene Google-Analytics-Property-ID ersetzen. Diese finden Sie in Ihrem Google-Analytics-Benutzerkonto.

```
<script>
var gaProperty = 'UA-XXXXXXX-X';
var disableStr = 'ga-disable-' + gaProperty;
if (document.cookie.indexOf(disableStr + '=true') > -1) {
window[disableStr] = true;
}
function gaOptout() {
document.cookie = disableStr + '=true; expires=Thu, 31 Dec 2099
23:59:59 UTC; path=/';
window[disableStr] = true;
}
</script>
```

Listing 20.7 Code zur Einbindung eines Opt-out-Cookies

20

447

▶ **IP-Anonymisierung:** Google Analytics erfasst standardmäßig die IP-Adresse des Website-Besuchers. Nach deutschem Datenschutzrecht ist eine solche Datenerfassung nicht erlaubt. Sie sollten daher einen Codezusatz zum Google-Analytics-Tracking-Code einbauen, der die IP-Adresse Ihrer Besucher anonymisiert, die dem Tracking nicht widersprechen. In Listing 20.8 finden Sie den Google-Tracking-Code inklusive des Zusatzes zur Anonymisierung der IPs (drittletzte Zeile). Die X-Platzhalter können Sie einfach durch Ihre eigene Google-Analytics-Property-ID ersetzen.

```
<script>
(function(i,s,o,g,r,a,m){i['GoogleAnalyticsObject']=r;i[r]=i[r]||function(){
(i[r].q=i[r].q||[]).push(arguments)},i[r].l=1*new Date();a=s.createElement(o),
m=s.getElementsByTagName(o)[0];a.async=1;a.src=g;m.parentNode.insertBefore(a,m)})
(window,document,'script','https://www.google-analytics.com/analytics.js','ga');
ga('create', 'UA-XXXXXXX-X', 'auto');
ga('set', 'anonymizeIp', true);
ga('send', 'pageview');
</script>
```

Listing 20.8 IP-Anonymisierung für Google-Analytics

Weitere Hinweise hierzu finden Sie unter: *goo.gl/wWNKy2*

20.3.1 Strategische Überlegungen und Prozesse

Theoretisch könnten Sie alle möglichen Tools implementieren und auf Ihrer Website verwenden, um alles zu erfassen, zu messen und auszuwerten, was es nur zu erfassen, zu messen und auszuwerten gibt. Ohne eine vorherige Definition der Ziele und die Entwicklung einer Strategie sind Sie dadurch allerdings auch nicht klüger, sondern produzieren lediglich Datenberge, die Ihre Zeit verschwenden. Also – Sie ahnen es sicher schon – sollte man sich auch hier bereits im Vorfeld ein paar Gedanken machen. Die Metriken sind immer nur so aussagekräftig, wie die Definition Ihrer Ziele konkret ist. Eine strategische Planung als Vorbereitung der Datensammlung und -auswertung ist daher unerlässlich. Der Prozess der Webanalyse lässt sich in acht Schritte unterteilen.

Acht Schritte zur effektiven Webanalyse

Planung einer Webanalyse-Strategie

1. Erfolgs- und Zieldefinition (mit dem Kunden)
2. Festlegung der entsprechend passenden Metriken
3. Implementierung von Webanalysetools

Nach (Re-)Launch

4. Aktivierung des Webanalysetools

5. Datenerhebung

6. Auswertung und Interpretation der Daten und Ableiten von Handlungsempfehlungen

7. Bericht der Daten und Übermittlung der Handlungsempfehlungen an
   den Kunden

8. Umsetzung der Handlungsempfehlungen (und zurück zu 1)

Im Vorfeld muss zunächst definiert werden, was genau Sie sich von der Website erhoffen und was für Sie den Erfolg Ihrer Website ausmacht. Welche Aspekte als maßgeblich verantwortlich für die Erreichung Ihrer Website-Ziele angesehen werden, sollten Sie ebenfalls definieren. Falls Sie eine Website für einen Kunden erstellen, sollten Sie diese Punkte mit dem Kunden bzw. Ihrem Ansprechpartner absprechen. Anhand dieser Kriterien können Sie passende Tracking-Parameter auswählen und auf der Website implementieren. Die Aktivierung des Tracking-Tools, in der Regel Google Analytics, erfolgt mit dem (Re-)Launch der Website. Die Datenerhebung funktioniert dann mithilfe der Tools automatisiert, dieser Schritt im Webanalyseprozess erfordert lediglich Zeit, d. h. einen vordefinierten Messzeitraum.

Nach einem festgelegten Zeitraum (bzw. in entsprechend festgelegten regelmäßigen Abständen) können die getrackten Daten ausgewertet und interpretiert werden. Hierzu können Sie sich die Daten in den verschiedenen Tools nach verschiedensten Kriterien anzeigen lassen, sie sortieren und filtern, um aussagekräftige Auswertungen zu generieren. Anhand der Analyse der relevanten im Vorfeld festgelegten Metriken können Sie Handlungsempfehlungen für die betreffende Website ermitteln und umsetzen. Diese können sich sowohl auf die Optimierung bestimmter einzelner Faktoren beziehen als auch darauf, welche Seiten bei einem Relaunch unbedingt weiterbestehen müssen.

20.3.2   Die wichtigsten Kennzahlen und Metriken, die Sie im Auge behalten sollten

Mithilfe von Google Analytics können Sie den Erfolg Ihrer Website gewissermaßen von innen untersuchen, indem Sie das Verhalten Ihrer Besucher in einem bestimmten Zeitraum messen und auswerten. Sie können sich zum einen anschauen, wie viele Besucher Ihre Website in einem bestimmten Zeitraum verzeichnet hat, was Ihre Besucher auf Ihrer Website getan haben und wie lange sie auf Ihren Unterseiten geblieben sind. Die wichtigsten Metriken stellen wir Ihnen weiter unten vor. In Abbildung 20.15 erhalten Sie einen ersten Einblick in das Tool.

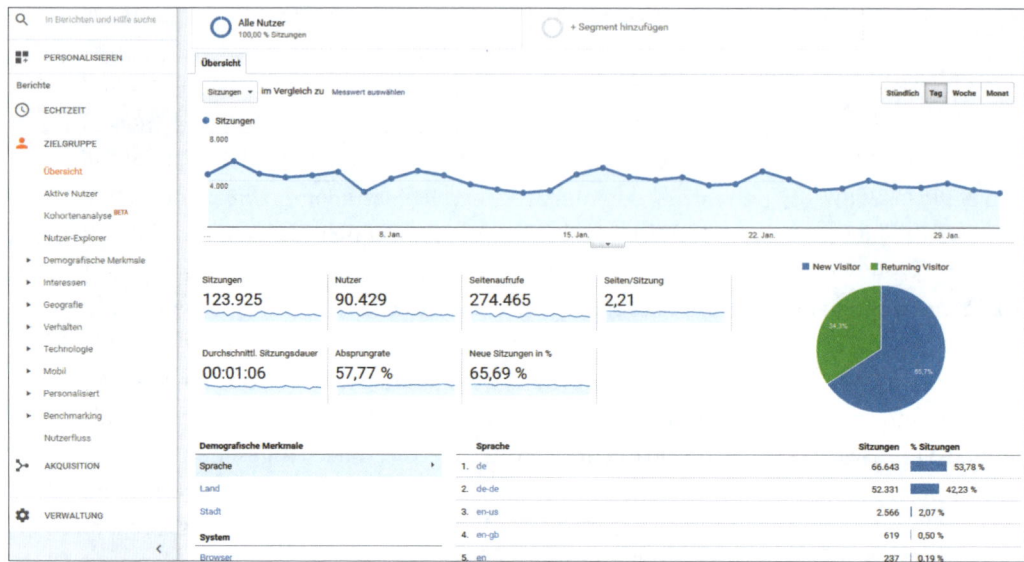

Abbildung 20.15 Übersicht in Google Analytics über die Website-Besucher und ihr Verhalten

Einer der zentralen Bereiche in Google Analytics ist der Bereich ZIELGRUPPE. In diesem Bereich finden Sie diverse Statistiken, die Ihnen Aufschluss über die Eigenschaften Ihrer Website-Besucher geben. Dabei stehen zum einen verschiedene demografische Eigenschaften zur Segmentierung der Nutzungsstatistiken bereit. Zum anderen können Sie untersuchen, woher die Besucher auf Ihre Website kommen, also die Besucherquellen. Wurden Sie durch gute SEO in den organischen Suchergebnissen gefunden? Sind die Besucher über eine Ihrer Marketingkampagnen bei AdWords, Social Media oder über Newsletter auf Ihre Seite gekommen? Sind sie über Backlinks auf anderen Websites oder vielleicht durch direkte Eingabe der URL auf Ihre Website gelangt? Und wie haben sich die Besucher aus den verschiedenen Quellen verhalten? Sie haben außerdem die Möglichkeit, die Daten nach verschiedenen Kriterien wie Standort, Gerät etc. zu filtern und zu gruppieren, um gezieltere Auswertungen zu erhalten.

Die folgende Auflistung stellt Ihnen die wichtigsten Metriken aus Google Analytics für die Webanalyse vor, mit denen Sie den Erfolg Ihrer Website messen können:

► **Sitzungen (Sessions):** Als *Session* bezeichnet man den Aufruf einer Website durch einen Browser. Hierbei wird nicht der *Unique Visitor* berücksichtigt, sondern lediglich die absoluten Seitenaufrufe. Wird Ihre Seite an einem Tag 15-mal von ein und derselben Person aufgerufen, so zählt man für diesen Tag insgesamt 15 Sitzungen aber nur einen Unique Visitor.

► **Seitenaufrufe (page views):** *Seitenaufrufe* oder *page views* sind den Sitzungen ähnlich, bezeichnen aber dennoch nicht ganz dasselbe. Wo als Sitzung der Aufruf einer Website (als Ganzes) durch einen Browser bezeichnet wird, bezieht sich ein Seitenaufruf auf den Aufruf einer einzelnen Seite einer Website.

- **Seiten/Sitzung (pages/session):** In dieser Metrik sehen Sie, wie viele URLs pro Sitzung durchschnittlich aufgerufen wurden. Wenn der Wert »1« oder weniger beträgt, bedeutet das, dass Ihre Besucher sich im Durchschnitt nur je eine einzige Seite Ihres Internetauftritts angeschaut und die Website anschließend wieder verlassen haben. Ein solches Ergebnis sollte Ihnen zu denken geben, da es zeigt, dass die jeweilige Seite nicht interessant (relevant, verständlich oder Sonstiges) genug war, als dass sich die Besucher weiter auf Ihrer Website umgeschaut hätten.

- **Nutzer (User):** Als *Nutzer* oder *User* wird die Anzahl der Website-Besucher im festgelegten Zeitrahmen gemessen. Hierbei handelt es sich um einen absoluten Besucherzähler, der nicht berücksichtigt, ob es sich um neue oder wiederkehrende Besucher handelt oder woher diese Besucher stammen. Diese Metrik muss also immer mit anderen Kennzahlen kombiniert werden, um aussagekräftig zu sein.

- **Neue vs. wiederkehrende Besucher (New vs. Returning Visitor):** In einem kleinen Kreisdiagramm erhalten Sie eine prozentuale Angabe über die Anteile *neuer und wiederkehrender Besucher*. Wiederkehrende Besucher werden über das Ablegen von Cookies in den Browsern gemessen. Da aber viele Webuser das dauerhafte Speichern von Cookies ablehnen, ist die Aussagekraft dieser Metrik fraglich.

- **Absprungrate (Bounce Rate):** Die *Absprungrate* wird berechnet aus dem Verhältnis derjenigen Besucher, die nur eine einzige Seite Ihrer Internetpräsenz ansehen und die Seite dann wieder verlassen, und derjenigen Besucher, die mehr als eine Ihrer Seiten aufrufen. Die Absprungrate können Sie sich auch für einzelne Seiten bzw. URLs anzeigen lassen. Es lohnt sich, die Absprungraten für Ihre Unterseiten regelmäßig zu beobachten. Denn wenn es URLs gibt, die eine Absprungrate von über 50 % haben, bedeutet das, dass die Seiten bei den Besuchern wahrscheinlich nicht gut ankommen. Für URLs mit Werten über 70 oder gar 80 % sollten sie dringend untersuchen, ob es sich hier wirklich um hilfreichen Content für die Besucher handelt. Um die Absprungraten zu senken, sollten Sie den Ursachen auf den Grund gehen und die Seiten überarbeiten.

- **Sitzungsdauer (avg. Session Duration):** Die *Sitzungsdauer* misst, wie lange sich ein Besucher durchschnittlich auf Ihrer Website aufhält. Die Messung beginnt mit Betreten der Website und endet mit Verlassen der Website oder Schließen des Browsers.

- **Conversions:** Als *Conversion* bezeichnet man eine Handlung, die der Besucher einer Website nach Aufruf einer Website ausführt. Zu dieser führt ihn der Website-Betreiber idealerweise durch den Website-Aufbau. Beispiele für Conversions sind beispielsweise das Eintragen der Kontaktdaten im Rahmen einer Newsletter-Anmeldung, der Download eines Dokuments, das Absenden einer Anfrage oder auch der Kauf eines Produkts.

▶ **Conversion Rate:** Die *Conversion Rate* misst die Anzahl der auf Ihrer Website durchgeführten »gewünschten Aktionen« im Verhältnis zu den Sitzungen. Gelungene Marketingkampagnen können einen Anstieg neuer Besucher erzeugen, was aber nicht zwangsläufig auch zu höheren Conversions führt. Ob die Kampagne erfolgreich war, lässt sich also eher durch das Verhältnis der gewünschten Transaktionen zu der Gesamtzahl der Besucher ermitteln. Berechnet wird die Conversion Rate mit der Formel:

*Anzahl Conversions / Anzahl der Sitzungen * 100*

Mithilfe des Diagramms im Bereich VERHALTENSFLUSS (auch *Nutzerfluss*), können Sie außerdem sehen, welchen Weg die Besucher durch Ihre Website gewählt haben sowie wie, wo und wann Ihre Besucher Ihre Website wieder verlassen haben. Das Diagramm zeigt, auf welcher Seite die Nutzer in die Website »eingetreten« sind und wie sie von dort weiter durch die Website (oder von der Website weg) geklickt haben. Abbildung 20.16 zeigt ein solches Beispiel für ein Verhaltensflussdiagramm. Es ist zu erkennen, dass die meisten Besucher der untersuchten Website über die Startseite auf die Website gekommen sind. Die roten Balken an der Seite der Knotenpunkte zeigen die Abbruchzahlen von der entsprechenden Seite.

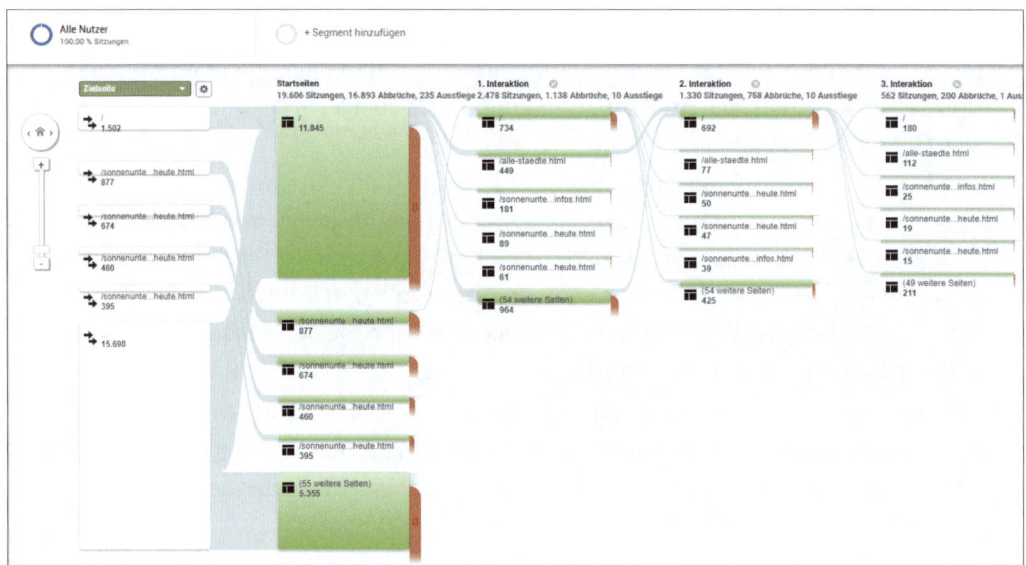

Abbildung 20.16 Verhaltensfluss in Google Analytics für die Beispiel-Website sonnenuntergang-zeit.de

Durch regelmäßige Auswertungen, die Sie in Google Analytics – oder auch in alternativen Tools wie Piwik (*piwik.org*) oder eTracker (*etracker.com*) – durchführen können, behalten Sie den Erfolg Ihrer Website im Blick.

20.3.3   Kombination der Webanalyse mit Ihren Inbound-Marketing-Maßnahmen

Sie können nicht nur den unmittelbaren Erfolg Ihrer Website selbst, sondern – in Verbindung mit den anderen genannten Tools, wie Google Search Console und Google AdWords – auch den Erfolg Ihrer Inbound-Marketing-Maßnahmen messen und diese entsprechend optimieren. Je ein SEA- und ein SEO-Beispiel sollen dies verdeutlichen.

In Google Analytics können Sie bestimmte Mikro- oder Makroziele definieren, die Sie auf Ihrer Website verfolgen können. Ihr Ziel könnte beispielsweise sein, ein Whitepaper zum Thema »Bio-Baumwolle« zu veröffentlichen, um Besucher auf Ihre Website zu ziehen. Ihr Ziel: Die Conversion in Form von Whitepaper-Downloads. Um dieses Ziel zu erreichen, können Sie eine AdWords-Anzeige schalten. Ob die AdWords-Anzeige nun tatsächlich erfolgreich ist, können Sie nur durch die Kombination der Daten aus AdWords und der Webanalyse-Metriken in Google Analytics zuverlässig überprüfen: In AdWords können Sie sehen, wie oft die Anzeige angezeigt und angeklickt wurde. In Google Analytics können Sie ergänzend dazu die Landingpage dahingehend analysieren, wie sich die Besucher auf der entsprechenden Landingpage zur Anzeige verhalten haben: Sie können untersuchen, ob sie länger auf der URL verweilt und den Download-Link angeklickt haben oder ob sie direkt wieder abgesprungen sind. Durch eine Verknüpfung Ihres AdWords-Kontos mit Ihrem Google-Analytics-Konto kombinieren Sie Ihre Analysen und können wesentlich fundiertere Optimierungsmaßnahmen Ihrer Anzeigen und der dazugehörigen Landingpages durchführen, falls Sie Ihre Ziele nicht erreichen.

Auch für SEO-Zwecke können Sie aus der Webanalyse hilfreiche Optimierungsmaßnahmen ableiten. Vor allem die Absprungrate zeigt Ihnen, ob Ihre Seiten gut optimiert sind, denn sie ist ein guter Indikator für eine weitere Gruppe von Ranking-Faktoren neben den On- und Offpage-Faktoren, den Sie nicht selbst messen können: Durch *User Signals* (*Nutzersignale*) und im Speziellen die sogenannte *Return-to-SERP-Rate* (*RTS-Rate*) misst Google den Anteil an Besuchern, die die URL einer Seite aus den Suchergebnissen angeklickt haben und wieder zurück zur SERP gewechselt sind. Das nutzt Google ebenfalls zur Bewertung der Qualität von Suchergebnissen, da es zeigt, wie zufrieden ein Besucher mit der Antwort auf seine Suchanfrage ist. Diesen Messwert können Sie zwar nicht selbst erheben und somit auch nicht direkt optimieren. Durch Analyse der Metriken aus Google Analytics kommen Sie aber zumindest in die Nähe der RTS-Rate: Sie können mithilfe der Absprungrate, der Verweildauer und der Anzahl besuchter Seiten pro Sitzung aus Google Analytics nützliche Optimierungsmaßnahmen ableiten, die dann auch Ihre RTS-Rate senken.

Beispielsweise könnte eine Ihrer Seiten für das Keyword »Systemisches Coaching Preise« optimiert sein. Sehen Sie nun in der Google Search Console, dass die Impressions und Klickraten hoch sind, werden Sie denken, Ihre SEO-Maßnahmen sind erfolgreich. Sehen Sie sich ergänzend aber die Google-Analytics-Daten für diese URL an, ergibt sich unter Umständen ein anderes Bild. Angenommen, Sie finden in Goo-

20

gle Analytics für Ihre Seite »Systemisches Coaching – Preise« eine Absprungrate von über 90 % bei einer Verweildauer von wenigen Sekunden vor – obwohl die Seite viele Impressionen und eine hohe Klickrate hat. Wenn das der Fall ist, bedeutet das zwar nicht zwangsläufig, dass die RTS-Rate steigt, da die Absprungrate nur misst, *dass* Besucher abspringen, aber nicht welche Seiten sie anschließend aufrufen. Dennoch ist das ein wichtiger Indikator, dass etwas mit Ihrer Seite nicht stimmt. Die Besucher sind offenbar mit Ihrer Seite als Ergebnis zu Ihrer Suchanfrage nicht zufrieden. Gehen Sie auf Spurensuche, untersuchen Sie die Seite hinsichtlich der Inhalte und der darauf angewandten SEO-Maßnahmen. Was könnte dafür verantwortlich sein, dass Ihre Besucher Ihre Seite wieder verlassen? Versetzen Sie sich in einen Besucher Ihrer Seite: Ein Google-User gelangt auf der Suche nach Preisen für eine solche Dienstleistung auf Ihre Seite und sucht nach den – gewissermaßen durch Ihre SEO-Maßnahmen versprochenen – Preisen. Ein mögliches Szenario ist, dass Sie zwar Ihre Seite für das Keyword »Systemisches Coaching Preise« optimiert haben, aber einfach keine Preise nennen. Verständlicherweise verlassen Besucher Ihre Seite prompt wieder, wenn sie keine Preise finden können.

Durch die Kombination von Auswertungen aus der Google Search Console und Google Analytics können Sie den Erfolg Ihrer SEO-Maßnahmen wesentlich zielführender messen und optimieren: In einem Fall, wie in unserem obigen Beispiel wäre eine Möglichkeit, ein anderes Keyword für die Seite zu verwenden, das keine Preise verspricht, wenn Sie keine nennen möchten. Alternativ könnten Sie das Keyword beibehalten und den Inhalt optimieren, indem Sie eine Preisliste hinzufügen. Wenn Sie Ihren Besuchern also genau das geben, was sie suchen, und sie länger auf Ihren Seiten halten, senken Sie Ihre RTS-Rate und sammeln Ranking-Punkte. Falls Sie Seiten mit außergewöhnlich hohen Absprungraten und kurzer Verweildauer haben und eine Überarbeitung einfach nicht zielführend oder nicht möglich ist, löschen Sie den Inhalt. Solche Seiten schaden nämlich dem Ranking Ihrer Domain.

Sie sehen also: Die Kombination von Marketingmaßnahmen und einer gezielten Webanalyse zeigt Ihnen wesentlich umfassender und verlässlicher, ob Ihre Marketingkampagnen die anvisierten Conversions erreichen oder ob Sie sie optimieren sollten.

20.4   Suchmaschinenfreundlicher Relaunch

Ein Relaunch ist bei allen Möglichkeiten und Verbesserungen, die er mitbringt, aus SEO-Sicht ein gravierender Einschnitt in Ihre bestehende Website. Daher kann Ihre Website nach einem Relaunch für einige Zeit einen Einbruch in den Rankings erleiden. Das liegt an der Phase der Neubewertung durch Google. Wenn viele URLs verändert wurden, muss der Google-Bot diese erst einmal wieder crawlen und auswerten. Dadurch geht Ihre Website durch eine Phase, in der Teile der alten und Teile der neuen Website bei Google indexiert sind. Bis Google Ihre neue Website nach und nach komplett gecrawlt und indexiert hat und alte, nicht mehr existierende URLs aus dem Index entfernt hat, können durchaus zwei bis drei Monate vergehen. Um die Ranking-Einbußen so gering wie möglich zu halten, gibt es einige Punkte, die Sie beachten können.

Im Fall einer neuen Domain melden Sie auch die neue Website bzw. Domain bei der *Google Search Console* an. In der Google Search Console lässt sich dann mithilfe des Formulars Adressänderung angeben, dass die Domain umgezogen ist. Wie wir Ihnen bereits in Kapitel 6, »Website-Relaunch: Wie Sie eine bestehende Website überarbeiten«, nahegelegt haben, will ein Relaunch mit Domain-Wechsel gut überlegt sein. Das Bestandsalter einer Domain geht ebenfalls in das Google-Ranking ein. Das ist grundsätzlich auch verständlich, zumal die Relevanz einer guten älteren Domain in der Regel größer ist, als die einer guten komplett neuen Website. Je älter die Domain, desto differenzierter und solider ist das Backlink-Profil, wenn es gut gepflegt und organisch gewachsen ist. Daher können Sie mit einer neuen Domain niemals von Beginn an mit einem guten Backlink-Profil punkten. All dies führt dazu, dass Ihre Website im Fall eines Relaunches mit Domain-Wechsel leider zunächst einmal noch größere Ranking-Einbußen verzeichnen wird, als ein Relaunch ohnehin mit sich bringt. Es gibt allerdings einige Punkte, die Sie für einen Relaunch – mit oder ohne Domain-Wechsel – beachten können, um den Übergang so geschmeidig wie möglich zu gestalten.

20.4.1   Analyse der alten Seiten mit der Google Search Console und Google Analytics

Wenn die beiden Tools auf Ihrer alten Website implementiert wurden, lohnt es sich, eine umfassende Analyse Ihrer alten Seiten durchzuführen, um das Content-Audit und den Migrationsplan für die Übertragung der Inhalte zu ergänzen (siehe Abschnitt 19.5). Mit den Metriken aus der Webanalyse, wie z. B. Sitzungen, Seitenaufrufe, Absprungraten etc. können Sie beispielsweise diejenigen Inhalte ermitteln, die bei Ihren Besuchern besonders gut oder besonders schlecht angekommen sind. Die Daten aus der Google Search Console zeigen Ihnen, wie gut die Inhalte für die die Google-Suche optimiert sind. Als Leitfaden haben wir Ihnen auch hier eine Fragebogen-Checkliste erstellt, die Sie mithilfe der beiden Tools beantworten können.

Fragebogen-Checkliste: Analyse der alten Website mit GA und GSC beim Relaunch

Ranking und Sichtbarkeit in den organischen Suchergebnissen

▶ Welche Seiten sind in den SERPs besonders gut platziert?

▶ Für welche Keywords ranken welche Seiten besonders gut in den SERPs?

▶ Welche Seiten haben besonders viele Impressions?

▶ Welche Seiten haben besonders viele Klicks und eine hohe Klickrate?

20

Traffic und Besucherverhalten auf der Website

▸ Welche Seite ist das am häufigsten verwendete Eintrittstor zur Website?

▸ Woher kamen Ihre Besucher auf Ihre Website? Welche Quellen bringen besonders viele Besucher, welche nicht?

▸ Welche Seiten werden besonders häufig besucht, welche nicht?

▸ Welche Seiten haben eine hohe/niedrige Absprungrate?

▸ Wie hoch ist die Conversion Rate auf Ihrer Website?

Backlinks

▸ Wie sieht Ihr Backlink-Profil aus?

▸ Auf welche Ihrer Seiten wurden von außen qualitativ hochwertige Links gesetzt?

▸ Welche Seiten haben gar keine eingehenden Links?

▸ Woher kommen die Links und welche Ankertexte werden verwendet?

Likes und Shares

▸ Welche Inhalte kommen bei Ihren Besuchern besonders gut an?

▸ Welche Inhalte bzw. Seiten wurden besonders häufig geteilt?

Auch wenn es sich nicht um einen bestätigten Ranking-Faktor handelt, empfehlen wir Ihnen, ergänzend zum On- und Offpage-SEO und Content-Audit auch den *Social Signals* Beachtung zu schenken. Diese zeigen Ihnen, wie oft Ihre Website-Inhalte über soziale Medien wie Facebook, Twitter, Google+ oder andere Plattformen geteilt und verlinkt wurden. Auch in Facebook selbst können Sie sich beispielsweise Impressionen und Klickzahlen ansehen. Außerdem haben Sie in Google Analytics die Möglichkeit, die Besucher nach Quellen zu segmentieren. Somit können Sie zusätzlich zu den Besuchern, die über die Suchmaschinen, bezahlte Anzeigen oder Backlinks kamen, auch das Segment der Besucher aus sozialen Medien untersuchen.

Die Auswertung gibt Ihnen ebenfalls einen Hinweis darauf, welche Inhalte für Besucher so relevant sind, dass sie geteilt wurden, und auch welche Inhalte gar keine Relevanz für den Kanal Social Media hatten. Auch diese Inhalte sollten Sie in Ihrem Migrationsplan für die Content-Übertragung entsprechend kuratieren (siehe Abschnitt 19.5, »Relaunch: Content-Audit und Content-Kuration«). Zudem sagen Ihnen häufig geteilte Inhalte, welche Art von Content Sie in Zukunft erstellen sollten, um Ihr Online-Marketing-Potenzial so gut wie möglich auszuschöpfen.

20.4.2 301-Redirect-Management

In Abschnitt 19.5, »Relaunch: Content-Audit und Content-Kuration«, haben wir Ihnen gezeigt, wie Sie Ihre Inhalte von der alten auf die neue Website (mit oder ohne Domain-Wechsel) übertragen. Damit Ihre Besucher beim Aufruf alter URLs – z. B. aus einem alten Lesezeichen im Browser – keine Fehlermeldung erhalten, sond die entsprechenden oder passenden Inhalte Ihrer neuen Website weitergele den, müssen Sie automatisierte Weiterleitungen, auch *301-Redirects* genannt, einrichten. Damit teilen Sie auch dem Google-Crawler den permanenten Umzug von Inhalten mit, so dass er diese mit neuer URL indexiert und gelöschte URLs aus dem Index entfernt bzw. mit den neuen URLs überschreibt. Manche Website-Betreiber machen es sich einfach und leiten einfach alle veränderten oder gelöschten URLs der alten Seite auf die Startseite der neuen Website um. Das ist ärgerlich für den Besucher, da er sich wieder durch die Website wühlen muss, um seine gewünschte Unterseite zu finden – falls er überhaupt bereit ist, sich die Mühe zu machen.

Unter einem 301-Redirect-Management versteht man die strukturierte Planung von permanenten Weiterleitungen alter auf neue URLs. Für ein korrektes 301-Redirect-Management benötigen Sie eine Liste aller URLs Ihrer alten Website, die auf der neuen Website

▶ auf eine neue URL umgezogen sind oder

▶ nicht mehr existieren.

Eine solche Liste können Sie aus Ihrem Migrationsplan extrahieren, den Sie aus dem Content-Audit (Abschnitt 19.5) erstellt haben: Für die Kuration und Übertragung Ihrer Inhalte von der alten zur neuen Website haben Sie all Ihre URLs begutachtet und einen Migrationsplan in Form einer Excel-Datei erstellt. Zur Erstellung des Migrationsplans hatten Sie ja bereits eine Liste gesammelter URLs Ihrer Website angefertigt. Haben Sie eine Spalte eingefügt, in der Sie eingetragen haben, ob die URL unverändert übernommen oder geändert/gelöscht werden soll? Dann können Sie die Tabelle ganz einfach danach sortieren. So filtern Sie diejenigen Inhalte bzw. URLs heraus, auf die Sie die Weiterleitung anwenden werden. Wenn Sie mit Ihrer Website auf eine komplett neue Domain umziehen, brauchen Sie natürlich die vollständige URL-Liste Ihrer alten Website und die URL-Liste der neuen Website.

Wenn Inhalte umziehen, tragen Sie in jede dieser Zeilen in eine neue Spalte »neue URL« die neue URL ein, unter der die Inhalte künftig zu finden sind. Diese Listen haben noch einige Lücken, da Sie bislang für gelöschte URLs noch keine neue URL eingetragen haben. Für diese URLs müssen Sie nun überlegen: Welche Inhalte Ihrer neuen Website entsprechen den alten, gelöschten Inhalten am ehesten? Es kann sich hierbei um neue Seiten handeln, die sozusagen als Nachfolger für die gelöschten Seiten angesehen werden können. Aber auch Verteilerseiten im selben Themensilo können Sie verwenden. Damit geleiten Sie Ihre Besucher zumindest in den gewünschten Themenbereich. Finden Sie passende URLs, tragen Sie diese ebenfalls in die Spalte »neue URL« zur entsprechenden alten URL ein. Finden Sie partout keine passenden Inhalte, leiten Sie die alte URL auf die Startseite um.

Haben Sie Ihre Redirect-Übersicht abgeschlossen, können Sie die beiden Spalten »alte URL« und »neue URL« extrahieren und in die *.htaccess*-Datei übertragen. Die *.htaccess*-Datei haben wir bereits in Abschnitt 20.1.1, »Wichtige Faktoren für Ihr Ranking in Googles Suchergebnissen«, zum *non-www/www-Redirect* angesprochen. Der folgende Befehl in der *.htaccess*-Datei leitet automatisch die eingetragenen veralteten URLs auf die neuen URLs um:

```
redirect 301 /alte-url1.html https://www.domain.de/neue-url1.html
redirect 301 /alte-url2.html https://www.domain.de/neue-url2.html
redirect 301 /alte-url3.html https://www.domain.de/neue-url3.html
```

Listing 20.9 Weiterleitungen bei Nutzung eines Apache-Servers konfigurieren

Somit erhalten Clients, die die alte URL abrufen, wie z. B. Browser Ihrer Besucher und auch Suchmaschinen-Crawler, als Rückmeldung den HTTP-Statuscode »301 – Moved Permanently« und werden auf die neue URL umgeleitet. Wenn Sie Ihre neue Website später liveschalten, schieben Sie die *.htaccess*-Datei mit auf den Live-Server, auf dem sich die neue Website dann befindet. Dieses Vorgehen können Sie auch jederzeit im laufenden Website-Betrieb anwenden, wann immer Sie die URL Ihrer Seiten ändern. Aktualisieren Sie hierzu die *.htaccess*-Datei auf dem Server.

Wenn Sie einen anderen Webserver, wie z. B. NGINX, verwenden, lassen sich die Weiterleitungen über die Webserver-Konfiguration in einer *.conf*-Datei mit folgendem Befehl lösen:

```
server {
    # …
    location = /alte-url.html {
        return 301 /neue-url.html
    }
    # …
}
```

Listing 20.10 Weiterleitungen bei Nutzung eines NGINX-Servers konfigurieren

Die Gesamtzahl der Weiterleitungen, die Sie für eine Website bzw. Domain einrichten können, ist nicht begrenzt. Wenn Sie also eine große Seite mit Hunderten Unterseiten zu einer neuen Domain und entsprechenden neuen Unterseiten weiterleiten möchten, können sie für jede einzelne Seite eine eigene spezifische Weiterleitung zur entsprechenden Zielseite auf der neuen Domain einrichten. Diese Vorgehensweise ist zwar aufwendiger, als die alten Seiten einfach auf die neue Startseite zu verlinken, ist aber aus SEO- und Usability-Gründen die beste Alternative.

> **Praxistipp: Redirect-Management bei Relaunch nicht unterschätzen!**
>
> Unterschätzen Sie nicht das Heraussuchen und Setzen von 301-Weiterleitungen bei einem Relaunch. Das kann unter Umständen mehrere Tage dauern, bis alle neuen URLs zu den alten bestimmt sind. Sie sollten das aber auf keinen Fall unter den Tisch fallen lassen. Selbst große Firmen haben das bei Ihren Relaunches genau aus Zeitgründen schon verpasst und dann enorme Ranking-Abstürze und Umsatzeinbußen erlebt.

Nach einiger Zeit geht die *Link-Popularität* der alten Seiten mit geringen Verlusten auf die neuen Seiten über. Hier muss allerdings ergänzt werden, dass es ein Limit bezüglich der Verkettung mehrerer 301-Weiterleitungen gibt. Die genaue Anzahl maximal erlaubter bzw. durch Crawler verfolgter in Reihe geschalteter Weiterleitungen ist nicht bekannt. Allerdings gibt es diverse Aussagen von Google, dass der Google-Bot bis maximal sieben verkettete URLs verfolgt. Darüber hinausgehende Verlinkungen werden nicht weiter gecrawlt. Die Empfehlung lautet allerdings, dass Website-Betreiber höchstens drei in Reihe geschaltete Redirects erstellen sollten, um Einbußen zu vermeiden.

Da Sie sich bereits für den Content-Audit (siehe Abschnitt 19.5, »Relaunch: Content-Audit und Content-Kuration«) alle URLs Ihrer Website automatisch mit dem Screaming Frog SEO-Spider und weiteren Tools extrahiert haben, wird das Redirect-Management auch auf Backlinks und SEA-Anzeigen angewandt. Sie erhalten ja auch die URLs Ihrer Landingpages, auf die externe Links oder SEA-Anzeigen führen. Somit werden auch dort vorhandene, verlinkte alte URLs auf die neuen Seiten umgeleitet. Dennoch sollten Sie zumindest Ihre AdWords-Anzeigen nach erfolgtem Relaunch anpassen und die URLs der Landingpages aktualisieren – das ist leider ein häufig vergessener Aspekt in Relaunch-Projekten. Für Backlinks könnten Sie Ihre Linkgeber um eine Anpassung der URLs bitten. Bei sehr vielen Backlinks ist das aber meist nicht praktikabel.

Des Weiteren ist es wichtig, nach einem Relaunch Crawling-Fehler und 404-Fehlermeldungen täglich zu überprüfen. Hierzu gibt es diverse Broken-Link-Checker-Tools, wie beispielsweise Screaming Frog SEO Spider. Auch eine aktualisierte XML-Sitemap für die neue Website hilft den Crawlern, die Website schneller zu crawlen.

20

Das große Going-live – abschlie-ßende Schritte für eine erfolgreiche Live-Schaltung Ihrer neuen Website

Nachdem alle Planungs- und Umsetzungsschritte durchgeführt sind, bleibt nur noch das große Going-live umzusetzen. Was Sie bei der Live-Schaltung Ihrer brandneuen Website oder Ihres Relaunches be-achten müssen, zeigen wir Ihnen in diesem Kapitel.

Ihr neues Website-Projekt ist – samt Informationsarchitektur, Design und Gestaltung, Usability und SEO – fix und fertig und wartet auf den Startschuss. In diesem Kapitel geben wir Ihnen ein paar letzte Tipps zum großen sogenannten Going-live.

21.1   Verstecken Sie Ihr Entwicklungssystem bis zum Going-live

Wenn Sie Ihre neue Website erstellen, empfehlen wir Ihnen – ob Neu-Launch oder Relaunch –, Ihre Website nicht offen im Web zu erstellen, sondern zunächst einmal als geschütztes Entwicklungssystem. Wenn Sie einen Relaunch planen, nutzen Sie wahrscheinlich einen zweiten Server, auf dem Sie den Relaunch parallel erstellen (siehe Abschnitt 16.3.3, »Relaunch: Auf einem bestehenden System aufbauen?«).

Damit in allen Fällen keine halbfertigen Seiten im Google-Index landen, sollten Sie das Entwicklungssystem vor Google und Webusern »verstecken«. Dazu reicht es nicht, wenn Sie Ihre neue Website einfach nicht bei Google anmelden. Sie ist im Web ja trotzdem verfügbar und über die direkte URL-Eingabe aufrufbar. Um die Seite sowohl vor den Suchmaschinen als auch vor den Webusern zu verbergen, versehen Sie das Entwicklungssystem mit einem Passwortschutz, z. B. in der *.htaccess*-Datei, und tragen Sie sicherheitshalber auch den Befehl `Disallow: /` in die Datei *robots.txt* ein (zur *robots.txt* siehe Abschnitt 20.1, »SEO – wie Ihre Besucher Sie im WWW finden«). Damit verhindern Sie das Crawling der gesamten Website. Das Google-Analytics-Tracking sollten Sie ebenfalls noch nicht aktivieren, sondern diesen Schritt erst mit der Live-Schaltung einrichten, denn erst ab diesem Zeitpunkt haben Sie »echten« Besucherverkehr. Durch diese Maßnahmen können Sie in Ruhe Ihre gesamte Web-

21

site vorzeigefertig erstellen. Erst wenn alle Arbeiten an dem Entwicklungssystem abgeschlossen sind, sollten Sie es vom Passwortschutz befreien.

21.2 Going-live einer neu erstellten Website

Wenn Ihr Website-Projekt soweit steht, können Sie den Passwortschutz aufheben und den Disallow-Befehl aus der *robots.txt* entfernen. Außerdem können Sie nun Ihre Website bei Google eintragen und das Tracking aktivieren, indem Sie den Code einbinden (siehe auch die Checkliste in Abschnitt 21.4). Sollten Sie auf einem separaten Entwicklungsserver gearbeitet haben, transferieren Sie die gesamten Dateien – also das CMS und die Datenbanken – von dem vorläufigen Entwicklungsserver auf den endgültigen Server, der unter der gewählten Domain erreichbar ist.

Ein wichtiger Tipp aus unserer Praxiserfahrung zur Terminierung der Live-Schaltung ist folgender: Legen Sie Ihr Going-live nicht auf einen Freitag. Nach einem Launch sollte die Website zwei bis drei Tage lang engmaschig beobachtet und überprüft werden. Auch bei noch so sorgfältiger Planung, Testung und Prüfung kann es immer mal passieren, dass das eine oder andere Element nicht tut, was es soll, dass einige Seiten nicht erreichbar sind. Wenn der (Re-)Launch an einem Freitag stattfindet, ist wahrscheinlich am unmittelbar darauffolgenden Wochenende niemand verfügbar, der das System beobachtet und notfalls eingreifen kann. Terminieren Sie das Going-live also möglichst am Anfang einer Woche, und beobachten Sie Ihre Website aktiv. Hierzu nutzen Sie Google Analytics und die Webserver-Logs, um ein 404-Monitoring durchzuführen. Es können verschiedenste unerwartete Zwischenfälle auftreten. Gelegentlich kann es nämlich beispielsweise passieren, dass Erweiterungen doch nicht so gut funktionieren wie auf dem Testsystem. Probleme nach dem Launch können auch ganz positive Gründe haben, wie einen Besucheransturm, der den Server überlastet, etc.

21.3 Going-live eines Relaunches

Im Fall eines Relaunches haben Sie zwei Möglichkeiten zur Live-Schaltung (in der Regel nutzt man für einen Relaunch, wie eingangs erwähnt, zwei Server):

▶ Server A, der Ihre alte Website noch live zur Verfügung stellt

▶ Server B, auf dem Sie Ihre neue Website erstellt haben
  (alternativ auch der gleiche Server, aber eine Subdomain)

Server A und die Inhalte Ihrer alten Website sind über die Domain *www.ihrewebsite.de* erreichbar. Über den *DNS-Dienst* (*Domain Name Service*) wird die durch einen Client, z. B. einen Browser, aufgerufene Webadresse in die zugehörige IP-Adresse Ihres Servers A umgewandelt. Damit kann der Server die Anfragen des Clients beantworten und die angefragten Dateien Ihrer (alten) Website ausliefern.

Die erste Relaunch-Möglichkeit besteht darin, dass Sie die Dateien der neuen Website vom Entwicklungsserver B auf den Live-Server A kopieren (siehe Abbildung 21.1). Somit ist Ihre neue Website nun über die gewohnte Webadresse *www.ihrewebsite.de* abrufbar. Wenn Sie mit einer Subdomain auf demselben Server gearbeitet haben, ist der Kopiervorgang sogar noch einfacher. Da Sie damit die gesamte Website-Daten Ihrer alten Website auf Server A überschreiben, sollten Sie sie vorher sichern, um im Notfall das alte System wieder aufspielen zu können.

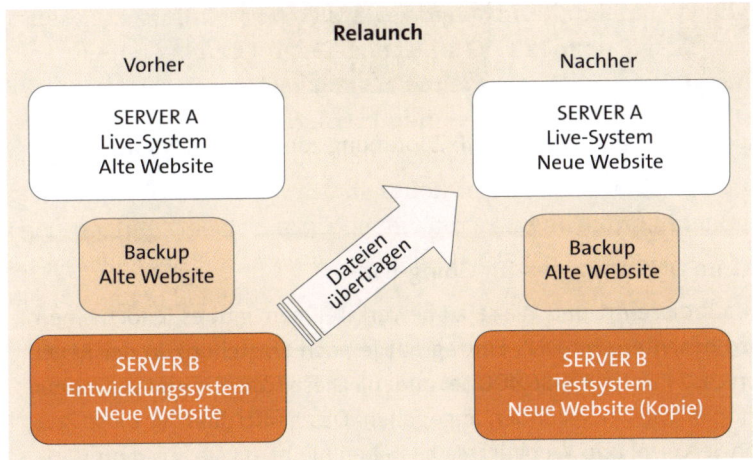

Abbildung 21.1 Relaunch durch Dateiübertragung vom Entwicklungsserver auf den Live-Server

Viele Website-Betreiber erwerben mit einem Relaunch oft auch ein neues und besseres Server-Hosting-Paket. Damit Sie in diesem Fall natürlich den besseren Server für Ihre Live-Website nutzen, gibt es eine zweite technische Möglichkeit, den Relaunch livezuschalten. Anstatt die neuen Website-Dateien von dem neuen Server B auf den alten Server A zu kopieren, ändern Sie das sogenannte *A-Record* im DNS-Eintrag (siehe Abbildung 21.2), der die Zuordnung der Server-IP zur Domain enthält. Eine Änderung des DNS-Eintrags ist häufig im Kundenkonto Ihres Hosting-Anbieters möglich, über den Sie Ihre Domain bezogen haben. In der Domain-Verwaltung ersetzen Sie die Zuordnung Ihrer Domain *www.ihrewebsite.de* zum alten Server A durch die IP-Adresse Ihres neuen Servers B. Dadurch wird beim Aufruf Ihrer Webadresse fortan Ihr neuer Server angesprochen, der dann die Website-Dateien Ihrer neuen Website ausliefert. In diesem Fall müssen Sie keine Dateiübertragung zwischen den Servern einrichten, und Ihre alte Website ist nach wie vor auf dem alten Server A geparkt. Auch hier sollten Sie natürlich die Schritte Passwort-Schutz aufheben, Tracking aktivieren etc. durchführen, die wir Ihnen im vorigen Abschnitt genannt haben (siehe auch die Checkliste in Abschnitt 21.4).

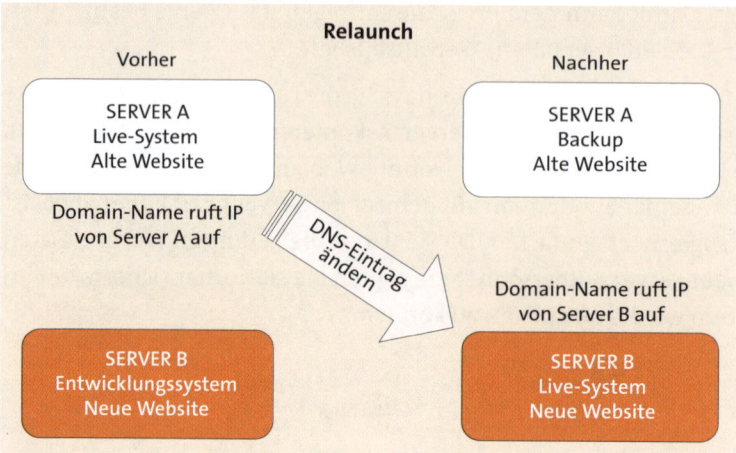

Abbildung 21.2 Relaunch durch Änderung der IP-Zuordnung zum Domain-Namen im DNS-Eintrag

---

Praxiseintrag: TTL im DNS anpassen für Going-live

Um den Relaunch auf diese Art und Weise zu bewerkstelligen, gibt es jedoch einen wichtigen Punkt zu beachten. Ein DNS-Eintrag hat je nach Einstellung in der Regel eine Gültigkeit von ca. 24 Stunden (86.400 Sekunden). Diesen Wert nennt man *time to live*, kurz *TTL*, und er wird in Sekunden angegeben. Das heißt, dass für diese Zeit die Zuordnung von Server-IP und Webadresse bestehen bleibt, da sie aus dem DNS-Cache abgerufen wird. Erst nach Ablauf der TTL wird der Eintrag aktualisiert, und eventuelle Änderungen werden wirksam. Ändern Sie nun den DNS-Eintrag, wie oben beschrieben, innerhalb dieses Zeitraums, bleibt die alte Zuordnung von Domain und Server-IP noch bis zum Ablauf des eingestellten Zeitraums gültig. Somit wird beim Aufruf Ihrer Webadresse noch Ihr alter Server A angesprochen und Ihre alte Website ausgeliefert. Um das zu umgehen und eine sofortige Gültigkeit der DNS-Änderung zu Ihrer neuen Website zu erreichen, sollten Sie mindestens zwei Tage vor dem geplanten Relaunch-Termin die TTL auf wenige Minuten ändern. Auch diese Einstellung können Sie häufig – aber nicht immer – in Ihrem Kundenkonto beim Hosting-Anbieter vornehmen. Wenn mit Ihrer neuen Website nach drei bis vier Tagen alles reibungslos klappt, können Sie die TTL wieder auf 24 Stunden hochsetzen.

21.4   Checkliste für das Going-live

Die große Checkliste, die wir nachfolgend für Sie vorbereitet haben, umfasst die wichtigsten Punkte für eine erfolgreiche Live-Schaltung Ihrer Website.

Checkliste Website-Launch

Sichtprüfung

▶ Navigation funktioniert: Man kann sich wie gewünscht durch die Seite bewegen.

▶ Es gibt keine Links mehr, die auf das Entwicklungssystem führen, falls dieses auf einem anderen Server lag als die Live-Website (Check per Screaming Frog möglich).

▶ Stichproben der Website wurden auf allen gängigen Browsern getestet.

▶ Alle Versionen wurden auf Smartphone und Tablet getestet.

Technisches

▶ Alle Testseiten und Testelemente wurden entfernt.

▶ Formulare funktionieren und können abgesendet werden.

▶ Andere Funktionselemente funktionieren.

▶ CMS-Caching ist aktiviert.

▶ Ladezeiten wurden optimiert und mit Google PageSpeed getestet (*developers.google.com/speed/pagespeed/*).

robots.txt

▶ Enthält keine Sperrung der gesamten Website mehr: `Disallow: /`

▶ Sperrt den Zugriff auf das Backend: z. B. `Disallow: /typo3/` oder `Disallow: /wordpress/`

▶ Sperrt den Zugriff auf »nicht sprechende« URLs: `Disallow: /*?id=*`

XML-Sitemap

▶ Es gibt eine Sitemap (gegebenenfalls auch je eine für die verschiedenen verwendeten Medien).

▶ Sie enthält die URLs aller Seiten.

▶ Sie enthält keine irrelevanten Seiten, wie Testseiten etc.

▶ Sie wird in der *robots.txt* referenziert.

▶ XML-Sitemap ist in Search Console angemeldet.

URLs

▶ URLs sind »sprechend« und nicht zu lang.

▶ Alle Anfragen über HTTP werden auf HTTPS umgeleitet.

▶ Non-www/www-Redirect ist eingerichtet.

▶ Startseite ist unter *website.de/* zu finden, nicht unter *website.de/index.html* (301-Weiterleitung ist eingerichtet).

▶ Eingabe einer ungültigen URL führt zu einer 404-Fehlerseite, die zum Layout der Website passt.

▶ Impressum ist vorhanden und von jeder Seite aus erreichbar.

21

Tracking und Analytics

▶ Tracking-Code wurde eingefügt und ist korrekt eingebunden.

▶ Tracking wurde aktiviert.

▶ Tracking wurde um IP-Anonymisierung erweitert.

▶ Es ist ein entsprechender Datenschutzhinweis vorhanden.

Mehrsprachige Websites

▶ Falls die Seite mehrsprachig ist: hreflang ist korrekt eingebunden.

▶ Sprachnavigation ist eingebaut und funktioniert.

▶ Anderssprachige XML-Sitemaps sind in *robots.txt* eingetragen.

▶ Anderssprachige 404-Fehlerseiten sind vorhanden.

Relaunch

▶ Backup der alten Seite wurde eingerichtet.

▶ 301-Weiterleitungen wurden geplant und in die Apache-.htaccess/ nginx-Konfigurationsdatei eingetragen.

▶ Inhalte sind vollständig übertragen, es gibt keine Dummy-Texte.

▶ TTL wurde mindestens zwei Tage vorher auf wenige Minuten heruntergesetzt.

Kapitel 22
Aus Besuchern Kunden machen – optimieren Sie die Conversion Rate

In diesem Kapitel geht es darum, wie Sie nach der Live-Schaltung Ihrer Website noch mehr Besucher zu Kunden machen. Mit den richtigen Optimierungsmaßnahmen verbessern Sie Ihre Conversion Rate und holen das Beste aus Ihren Landingpages heraus.

Ihre Website steht, sieht gut aus und zieht über diverse Marketingkanäle immer mehr Besucher an. Sie prüfen regelmäßig die Erfolge mit Ihrem Webtracking (z. B. über Google Analytics) und der Google Search Console und freuen sich über erste Erfolge. Sie finden einige zu hohe Absprungraten und greifen in Ihre SEO-Toolbox, um ein wenig an Ihren Seiten zu schrauben. Sie passen die Keywords an, peppen auch Seitentitel und die Meta-Description auf. Sie beobachten Ihre Analytics-Daten weiter. Ihre SEO-Maßnahmen helfen ein wenig, Ihre Conversion Rate stagniert dennoch bei maximal 0,2 %. Das heißt, dass von 1.000 Besuchern in einem bestimmten Zeitraum nur zwei auch tatsächlich etwas bestellen/herunterladen/anrufen. Das ist – je nach Website-Typ – okay (Blog), weniger optimal (Corporate Website) oder ganz schlecht (Webshop). Es geht doch sicher noch besser? Was könnten Sie also noch optimieren? Genau, alle conversion-relevanten Elemente Ihrer Website.

Wie der Name schon sagt, ist *Conversion-Rate-Optimierung (CRO)* ein Bereich, der es sich zur Aufgabe gemacht hat, diejenigen Bereiche und Elemente einer Website zu optimieren, die Besucher dazu bringen sollen, eine vom Betreiber beabsichtigte Handlung auszuführen. Ziel dieser Maßnahmen ist selbstredend eine Steigerung der Conversions und eine Verbesserung der *Conversion Rate* (CR) auf der Website selbst. Wie Sie bereits in Abschnitt 20.3, »Webanalyse – wie Sie den Erfolg Ihrer Website messen«, erfahren haben, berechnet sich die Conversion Rate aus der Anzahl der Besucher, die eine gewünschte Aktion auf einer Webseite durchführen, in Relation zur Gesamtzahl der Besucher derselben Seite. Meistens geht es um die Optimierung von Landingpages oder Warenkorbseiten und Bestellprozessen, aber auch um alle anderen Seitenelemente, die zu einer Conversion führen sollen – vor allem um den *Call-to-Action*. Bei der CRO geht es aber nicht ausschließlich um die unmittelbar conversion-trächtigen Elemente und Seiten. Oft ist es auch der »Weg« zu diesen Seiten hin, also zwischengeschaltete Seiten, die optimiert werden müssen, um die CRO zu steigern. Durch gezielte CRO-Maßnahmen steigern Sie den Ertrag, den Sie aus Ihrer finanziellen Investition in Inbound-Marketing-Kampagnen zurückgewinnen.

Häufig werden wir gefragt, wie hoch eine normale oder sehr gute Conversion Rate ist. Diese Frage lässt sich allerdings überhaupt nicht so pauschal und verallgemeinert beantworten. Die Conversion Rate ist ein relativer Wert und lässt sich nicht absolut beziffern und vergleichen. Er hängt stark von der Branche, dem Thema, dem Unternehmen und letztlich auch von der Website selbst ab. Wenn wir uns auf einen durchschnittlichen Wert festlegen müssten, kann man vorsichtig bei einem Wert zwischen 0,5 % und 3 % von einer normalen bis sehr guten Conversion Rate sprechen. In der Agenturpraxis peilen CRO-Experten häufig eine Conversion Rate von 2–3 % an. Je nach Kontext kann der anvisierte Wert aber auch höher oder niedriger liegen – denn beispielsweise hat ein Blog ja weniger Conversion-Potenzial als beispielsweise ein Webshop oder ein Dienstleister.

Entsprechend den Website-Zielen lassen sich Conversions in *Makro-* und *Mikro-Conversions* unterteilen. Makro-Conversions (auch *Hard-Conversions*) entsprechen den übergeordneten Website-Zielen:

- ▶ Leads
- ▶ Sales

Mikro-Conversions (auch *Soft-Conversions*) sind kleinere Zwischenschritte zum Website-Ziel, also Einzelschritte im Conversion Funnel, wie beispielsweise:

- ▶ Broschüre anfragen
- ▶ Whitepaper, E-Book oder Ratgeber herunterladen
- ▶ Newsletter abonnieren
- ▶ an einem Gewinnspiel teilnehmen

Erinnern Sie sich in diesem Zusammenhang an den Conversion Funnel? Bei den oben genannten Mikro-Conversions geht es primär um den letzten Schritt, nämlich um Seiten, die ein Conversion-Element enthalten, wie z. B. einen Download-Button. Aus Website-Betreiber-Sicht lassen sich aber auch noch kleinere Mikroziele für die CRO setzen, die ihrerseits Schritte zu den Makro-Conversions darstellen, z. B. eine Senkung der Absprungrate, eine Erhöhung der Klickzahlen für eine bestimmte URL etc. Wie oben erwähnt, geht es nicht immer um die unmittelbar conversion-relevanten Seiten. Häufig werden auch andere Seiten einer Website im Rahmen der Trichteroptimierung angepasst, wie beispielsweise Verteilerseiten. Diese sind zwar nicht im strengen, unmittelbaren Sinne des Wortes conversion-relevant, sie sind aber dennoch wichtige, mittelbare Schritte im Conversion Funnel und führen den Besucher zu den conversion-relevanten Seiten hin. Im Folgenden konzentrieren wir uns vor allem auf die offensichtlichen Mikro- und Makro-Conversions.

Wie können Sie Ihre Besucher endgültig zu einer Conversion bewegen? Die zentralen Faktoren, die Sie im Rahmen der CRO überarbeiten können, sind folgende:

1. Content-Inhalt und -Aufbau
2. psychologische Hebel

3. Prozesse und Usability

4. Call-to-Actions

Wie Sie diese Bereiche optimieren können, zeigen wir Ihnen in Abschnitt 22.2 bis Abschnitt 22.5. Zuvor wollen wir Ihnen aber einen kleinen Einblick in die strategischen Überlegungen geben, damit Sie das Optimum aus Ihrer Conversion Rate herauszuholen.

22.1   Hypothesen sind Trumpf – nutzen Sie Ihre Daten, und gehen Sie strategisch vor

Wichtig bei der CRO ist, dass Sie *hypothesengeleitet* vorgehen. Um herauszufinden, welche conversion-relevanten Seiten schwache Conversion Rates aufweisen und infolgedessen optimiert werden sollten, analysieren Sie Ihre Website-Daten aus Google Analytics. Werten Sie die wichtigsten Metriken aus: Die Conversion Rate verrät Ihnen schon einmal, auf welche Seiten Sie sich fokussieren sollten. Beschränken Sie sich aber nicht allein auf die Conversion Rate. Oft ist es das Zusammenspiel der verschiedenen in Abschnitt 20.3, »Webanalyse – wie Sie den Erfolg Ihrer Website messen«, genannten Metriken, die die Conversion Rate beeinflussen. Daher sollten Sie die CR immer im Gesamtgefüge und nie isoliert anschauen. Untersuchen Sie vor allem auch die Besucherzahlen, die Absprungraten und die Verweildauer auf den entsprechenden URLs.

Überprüfen Sie die Zielausrichtung der zu optimierenden Seiten, und spezifizieren Sie, welche Ihrer Besucher zu einer Conversion bewegt werden sollen. Vergegenwärtigen Sie sich noch einmal Ihre Zielgruppen. Versetzen Sie sich in sie hinein – hier hilft Ihnen die Fragebogen-Checkliste aus Kapitel 8, »Analysieren und definieren Sie Ihre Zielgruppen«. Mit welchem Suchproblem kommen Ihre Zielgruppen auf Ihre Website? Welche Suchintention möchten Sie mit Ihrem Content befriedigen? Für welches Problem möchten Sie mit Ihren Landingpages eine Lösung anbieten? In welchem Format bevorzugen Ihre Besucher Informationen? Hierzu können Sie auch auf statistische Auswertungen zurückgreifen, wie BuzzSumo, das wir Ihnen in Abschnitt 19.1, »Produzieren Sie besucherorientierten Content«, vorgestellt haben.

Stellen Sie Hypothesen auf, wie Sie die Conversion Rate gezielt verbessern könnten. Vergleichen Sie Seiten mit niedriger Conversion Rate mit solchen, auf denen Sie viele Conversions verzeichnen können. Aus letzteren können Sie lernen, welcher Content für Ihre Besucher gut funktioniert. Leiten Sie aus den conversion-starken Seiten Hypothesen ab, welche Eigenschaften dieser Seiten Ihre Besucher überzeugt haben könnten. Diese Inhalte können Sie zum Vorbild nehmen, um weniger gut funktionierende Inhalte zu optimieren.

22

Wie eine Hypothese für die CRO abgeleitet werden kann, soll ein Beispiel verdeutlichen: Stellen Sie sich vor, ein Unternehmen hat einen Onlineshop für Tierfutter. Der Betreiber entdeckt nun in Google-Analytics beispielsweise, dass seine Landingpages für Hundefutter kaum Conversions erzielen und Absprungraten von über 60 % trotz vieler Seitenaufrufe verzeichnen. Das zeigt deutlich, dass etwas mit den entsprechenden Seiten nicht stimmt. Nun kann er mehrere Hypothesen für die CRO ableiten, wenn er sich die entsprechenden Seiten anschaut. Erfüllen die Seiten das, was die Besucher erwarten? Das Ziel der Seiten ist der Verkauf des Futters. Möglicherweise hat der Betreiber die Produktseiten unübersichtlich gestaltet, so dass nicht direkt klar wird, was die Vorteile des Futters sind und ob es wirklich gut ist. Nutzer, die Produkte kaufen möchten, werden auf den Seiten nicht zufriedenstellend abgeholt.

Die daraus abgeleitete Hypothese könnte sein, dass die präsentierten Informationen besser zur Zielgruppe und ihrer Suchintention passen sollten, die der Betreiber mit den Seiten befriedigen möchte. Da die Zielgruppe qualitativ hochwertiges Futter sucht, hebt er als entsprechende CRO-Maßnahme die qualitativen Vorteile seiner Futterprodukte hervor und fügt entsprechende aussagekräftige Testergebnisse ein, die die Besucher überzeugen sollen. Durch diese Optimierung auf den Produktdetailseiten, die als Landingpages dienen, erfüllt der Betreiber die Erwartungen seiner Besucher – und erhöht somit die Wahrscheinlichkeit, dass sich die Besucher vom Angebot überzeugen lassen.

Alternativ könnte die Analyse der Seiten mit niedrigen Conversion Rates in unserem Beispiel auch geringe Absprungraten und eine gute Verweildauer ergeben. Das ließe darauf schließen, dass die präsentierten Informationen passend sind, da die Besucher auf den Seiten bleiben. Wenn die Conversions aber ausbleiben, ist womöglich etwas mit dem abschließenden Schritt zur Conversion nicht in Ordnung. Nach Betrachtung der Seite stellt der Betreiber die Hypothese auf, dass der Call-to-Action auf den Seiten nicht ganz optimal, sondern zu weit unten platziert ist. Als CRO-Maßnahme positioniert der Betreiber den Call-to-Action etwas weiter oben und überarbeitet ihn auch grafisch ein wenig, um ihn hervorzuheben.

Sie sehen, es gibt immer mehrere Optionen für die Optimierung. Bedenken Sie aber, dass die Hypothesen nicht immer unmittelbar in den Daten sichtbar sind. Website-Besuche sind komplex, das Verhalten Ihrer Besucher und Ihre Handlungsmotivationen sind von vielen Faktoren beeinflusst. Hier können viele Randaspekte ins Spiel kommen, die wir Ihnen in Kapitel 2, »Website trifft auf Gehirn: Warum es sich lohnt, den Besucher zu verstehen und seine Perspektive in der Website-Konzeption zu berücksichtigen«, und Kapitel 17, »Die wichtigsten Grundlagen kluger Designentscheidungen – Wahrnehmungsprinzipien, User Experience und Usability«, vorgestellt haben. Beispielsweise gibt es Einflussfaktoren wie die emotionale Wirkung von

Farben, Lesemuster auf Websites, Cialdini-Prinzipien und noch viele weitere Faktoren, die die Conversion beeinflussen können. Nur durch ein umfassendes Verständnis Ihrer Besucher können Sie die Faktoren eingrenzen und passende Hypothesen ableiten. Welche CRO-Maßnahmen Sie letztendlich ergreifen, hängt von den Hypothesen ab, die Sie am überzeugendsten finden. Natürlich ist die Durchführung einer einzelnen CRO-Maßnahme nicht per se ein Garant für eine gesteigerte Conversion Rate. In manchen Fällen kann es eine gewisse Zeit und mehrere Optimierungsdurchgänge dauern, bis Sie die richtige Lösung für Ihre gewünschten Conversions finden. Oft spielen die verschiedenen Optimierungskomponenten, die wir Ihnen in den folgenden Abschnitten vorstellen, auch zusammen. CRO ist daher eine Frage der Geduld und oft mit Hartnäckigkeit und Fleißarbeit verbunden.

22.2   Reden ist Silber, Schweigen ist Gold – optimieren Sie Ihren Content

Bei der richtigen Content-Menge geht es darum, das Informationsbedürfnis Ihrer Besucher zu kennen. Brauchen Ihre Besucher schnelle oder ausführliche Informationen? Vielleicht fehlen wichtige inhaltliche Aspekte, die Ihre Besucher auf den zu optimierenden Seiten erwarten. Vielleicht enthalten die Seiten aber auch zu viele oder die falschen Informationen.

Stellen Sie sich vor, ein Website-Betreiber bietet auf seiner Website Kurse zu Deutscher Gebärdensprache (DGS) im Raum Dortmund an. Eine buchungswillige Webuserin auf ihrer Suche nach einem Anfängerkurs in Dortmund findet die entsprechende Landingpage eines DGS-Dozenten. Die SEO-Maßnahme hat zunächst einmal gut funktioniert, die Besucherin wurde erfolgreich über die Suchmaschinen auf die Website gezogen. Auf der besagten Landingpage bietet der Website-Betreiber zwar die Möglichkeit zur direkten Anmeldung für den Anfängerkurs in DGS. Der Besucherin präsentieren sich auf der Seite aber zunächst umfassende Informationen über die verschiedenen Arten von Gebärdensprache, wie »Deutsche Gebärdensprache«, »Lautsprachbegleitende Gebärden« und »Gestenunterstützte Kommunikation«. Sie liest ein wenig in den Texten herum und wird neugierig. In der Content-Navigation folgt sie den Links zu den einzelnen Gebärdensprachtypen, um weiterzulesen. Zum Kurs meldet sie sich nicht an – die von Betreiber beabsichtigte Conversion bleibt aus.

Was ist hier passiert? Der Website-Betreiber hat zunächst einmal durch gute SEO die Aufmerksamkeit der Webuserin erfolgreich auf die Landingpage zur Kursanmeldung gelenkt. Da die Landingpage aber auch noch andere Inhalte als speziell auf den angebotenen Kurs zugeschnittene Informationen enthält, wurde die Besucherin trotz konkreter Absichten von der Conversion abgelenkt.

22

Dieses Beispiel verdeutlicht, dass Sie conversion-relevante Seiten immer auf das Wesentliche fokussieren sollten. Meist geht es um den Spagat zwischen den beiden Polen:

▶ ausreichende und spannende Informationen bieten, um Besucher neugierig zu machen und ihre Aufmerksamkeit anzuziehen

▶ Informationen fokussieren, um den Besucher nicht abzulenken

Das richtige Maß ist hier – wie überall – entscheidend. Machen Sie Ihre Besucher auf einer Detailseite oder Landingpage nicht neugierig auf Ihr gesamtes Angebot oder den größeren Kontext Ihres Themas. Fokussieren Sie Landingpages auf Ihre wichtigsten und überzeugendsten Vorteile für das spezielle Angebot, mit dem Sie die Besucher angelockt haben. Reduzieren Sie conversion-relevante Seiten auf schlagkräftige Argumente, und gestalten Sie diese präzise, klar und ansprechend (siehe auch Abschnitt 22.3, »Der Ton macht die Musik – sechs Hebel für bessere Conversions«). Auch die Reihenfolge der Unique Selling Points (USPs) kann entscheidend sein: Es hat sich bewährt, den wichtigsten USP an erster Stelle zu positionieren und den zweitwichtigsten USP idealerweise an der letzten Stelle. Damit erzielen Sie einen sogenannten *Primacy-Recency-Effekt*, auch *Primär-Resenz-Effekt* genannt. Dabei handelt es sich um das Phänomen, das Informationen, die zu Beginn und am Ende einer Einheit – wie z. B. einer Werbebotschaft – präsentiert werden, wesentlich nachhaltiger aufgenommen werden als die Informationen dazwischen.

Achten Sie auch strukturell auf gute Scannbarkeit durch eine übersichtliche Gliederung der Seiten. Vermeiden Sie zu lange Fließtexte, nutzen Sie fokussierte Aufzählungen und Hervorhebungen. Strukturieren Sie die Informationen so, dass Sie den Besucher endgültig überzeugen. Die Landingpage des Vergleichsportals Check24 zum Stichwort »Private Krankenversicherung« ist ein gutes Beispiel (siehe Abbildung 22.1). Die Besucher finden auf den ersten Blick nicht gleich eine Textwüste vor. Vielmehr können sie sofort einen Vergleich anstellen und werden im direkt sichtbaren Bereich mit einem Call-to-Action, einem auffälligen Rabatt-Hinweis sowie schlagkräftigen Trust-Elementen empfangen – alles schön übersichtlich präsentiert.

Erst darunter folgt eine kurze prägnante Beschreibung in Form eines gut scannbar formatierten Textes, der die wichtigsten Features vorstellt. Scrollt der Besucher noch weiter nach unten, gibt es verschiedene weiterführende Informationen, wie FAQs, Ratgeber und aktuelle Meldungen. Somit holt die Landingpage auch den letzten Zweifler ab und bietet überzeugende Informationen.

Auch, was Sie nicht sagen, hat einen Effekt: Lassen Sie alles (!), was nicht für die Conversion relevant ist, weg. Ihre Besucher sollten innerhalb der ersten Sekunden begreifen, worum es auf der Seite geht. Manche Website-Betreiber blenden auf solchen Seiten sogar die Navigation aus, um die Aufmerksamkeit des Besuchers zu fokussieren, wie beispielsweise Eurowings im Buchungsprozess in Abbildung 22.2. Nichts lenkt den Besucher von der Durchführung des Buchungsprozesses ab.

Abbildung 22.1 Beispiel einer gut gestalteten Landingpage
(Quelle: check24.de/private-krankenversicherung/)

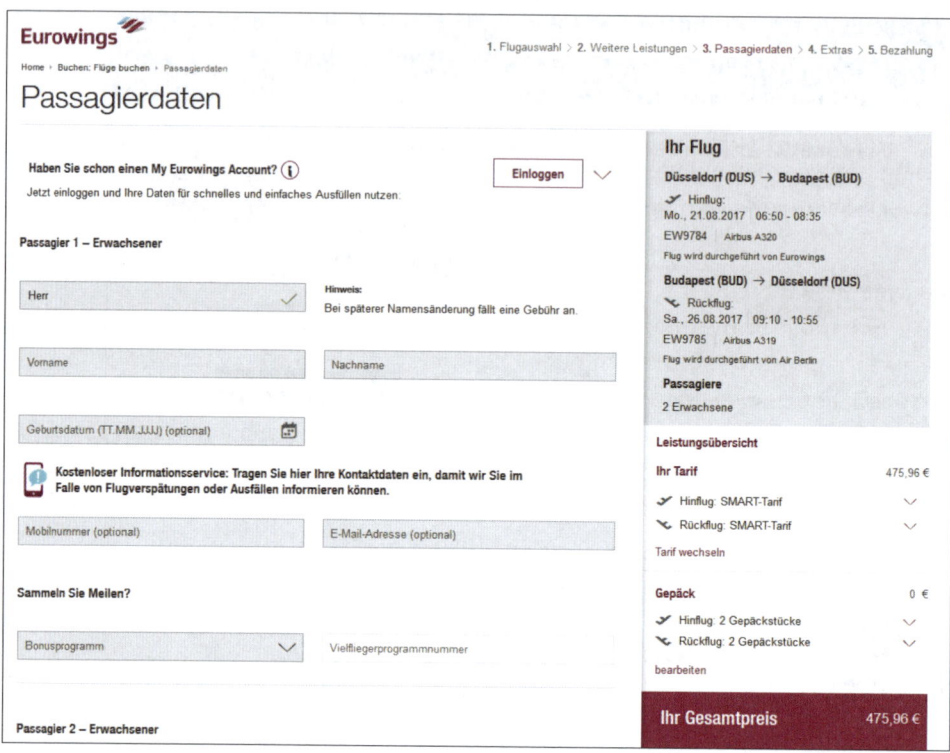

Abbildung 22.2 Die ausgeblendete Hauptnavigation fokussiert den Besucher auf die Conversion, nämlich die Buchung eines Fluges (Quelle: eurowings.com).

Oben links gibt es lediglich eine überaus hilfreiche Anzeige der Buchungsschritte inklusive Anzeige des aktuellen Schrittes. Das ist ein wichtiger Usability-Faktor in mehrschrittigen Conversion-Prozessen, den wir in Abschnitt 22.4.1 besprechen werden.

22.3   Der Ton macht die Musik – sechs Hebel für bessere Conversions

Vielleicht haben Sie genau die richtigen Informationen ausgewählt und Ihre Landingpages entsprechend inhaltlich optimiert, aber die Conversion Rate bleibt weiterhin niedrig. Möglicherweise ist es ja die Art der Präsentation, die nicht schlagkräftig oder überzeugend genug ist. Hier können Sie sich einige Marketingprinzipien zunutze machen, die über die thematisch-strukturelle Präsentation Ihres Angebots hinausgehen:

▶ Aufmerksamkeit gewinnen

▶ Emotionen ansprechen

▶ Vertrauen schaffen

Auf diese Aspekte der Conversion fokussiert sich eine recht junge Marketingdisziplin, die sich mit den psychologisch-neurologischen Mechanismen von Konsumenten und Webusern beschäftigt: das *Neuro-Marketing*. Im Neuro-Marketing werden Erkenntnisse aus Studien der Neuropsychologie herangezogen, um herauszufinden, welche psychologischen Faktoren einen Webuser beim Website-Besuch und vor allem bei der Conversion beeinflussen. Viele dieser Prinzipien aus dem Neuro-Marketing ähneln in ihren Grundzügen den Cialdini-Prinzipien, die Sie in diesem Buch bereits kennengelernt haben.

Bevor wir Ihnen in den folgenden Abschnitten die sieben wichtigsten neuro-psychologischen Faktoren vorstellen und Ihnen zeigen, wie Sie sie zur CRO nutzen können, haben wir noch eine kurze Randbemerkung zum Neuro-Marketing: Es gibt einige Gegner, die deren Methoden als reine Manipulation kritisieren – und zugegeben: Die Grenze zwischen Motivation und Überzeugung auf der einen Seite und Manipulation auf der anderen Seite ist fließend. Dennoch ist ja auch erwiesen, dass Menschen ihre Entscheidungen in jedem Lebensbereich in den seltensten Fällen rein sachlich-rational treffen. Auch bei der Kommunikation zwischen Unternehmen und Zielgruppe geht es, wie Sie in Teil I, »Achtung, Websites kommunizieren«, gelesen haben, immer um zwischenmenschliche und auch emotionale Werte wie Vertrauen, aber auch Sympathie für das Unternehmen, die Marke oder das Angebot. Wenn ein Besucher nicht auf die Qualität eines Angebots vertrauen kann, wird er nicht darauf eingehen. Hier hängt es oft weniger von der inhaltlichen Präsentation des Angebots ab, als vielmehr von der Art und Weise. Gleiches gilt auch dann, wenn er die Marke unsympathisch oder nicht ansprechend findet. Sie können ein noch so professionelles, fachlich perfektioniertes Angebot präsentieren. Wenn Ihre Zielgruppe Sie oder Ihr Angebot nicht mag, wird Ihre Conversion Rate niedrig bleiben. Wie könnten Sie diese Werte also nicht in Ihre Website einbeziehen und zur Bewerbung Ihres Angebots nutzen? Ihre Konkurrenz tut es mit größter Sicherheit.

In den nächsten Unterabschnitten lernen Sie die sieben spannendsten Neuro-Marketing-Prinzipien kennen.

22.3.1   Spiegelneuronen und Herdentrieb – zwei der größten Motivatoren der Menschheit

Menschen wollen das besitzen und tun, was sie bei anderen Menschen sehen. Das liegt an zwei angeborenen Eigenschaften, den Spiegelneuronen im menschlichen Gehirn und dem Herdentrieb als sozialpsychologisches Verhaltensmuster. Es gibt zahlreiche Studien zum Thema Spiegelneuronen. Dahinter verbirgt sich das Phänomen, dass Sie gähnen müssen, wenn Ihr Gegenüber gähnt, oder dass Sie ein freundliches Lächeln erwidern.

Außerdem lebt kaum ein Mensch komplett allein und isoliert: Menschen sind soziale Wesen und leben in einem gesellschaftlichen System. Der Herdentrieb ist wohl das,

22

was das soziale Gefüge – also die Herde – zusammenhält. Menschen leben und arbeiten zusammen – und sie konsumieren auch zusammen. Daher ist es nicht verwunderlich, dass bei der Suche nach einem neuen Smartphone, einer handwerklichen Dienstleistung oder einer guten Informationsquelle andere Menschen nach Ihrer Erfahrung oder Meinung gefragt werden. Wir alle legen in vielen Bereichen großen Wert auf Empfehlungen anderer Menschen – vorzugsweise von Menschen, die uns in irgendeiner Weise ähnlich sind. Wir nutzen Empfehlungen jeder Art, wenn wir noch nicht ganz sicher sind oder die Qualität eines Angebots anzweifeln. Erkennen Sie das Cialdini-Prinzip der sozialen Bewährtheit (*Social Proof*) aus Abschnitt 2.5, »Wie erlernte psychologische Reiz-Reaktionsmuster Wahrnehmung und Verhalten von Website-Besuchern beeinflussen«, wieder?

Wenn Sie Ihre Conversion-Rate steigern möchten, nutzen Sie Kundenmeinungen, -bewertungen und -erfahrungen, um Ihren Besuchern das Gefühl zu vermitteln, dass sie sich mit der Conversion auf Ihrer Seite in guter Gesellschaft Gleichgesinnter befinden. Damit aktivieren Sie den Herdentrieb und schaffen Vertrauen durch die präsentierte Anerkennung der »Herde«. Sie kennen solche Mittel sicher von Websites, auf denen Sie Ihren Urlaub buchen können. Zusätze wie »8 andere Interessenten schauen sich das Angebot gerade an«, »Dieses Angebot wurde diese Woche X-mal aufgerufen« ❶ oder »X Personen haben das Angebot bereits in Ihrer Merkliste gespeichert« ❷ gut sichtbar platziert wirken Wunder.

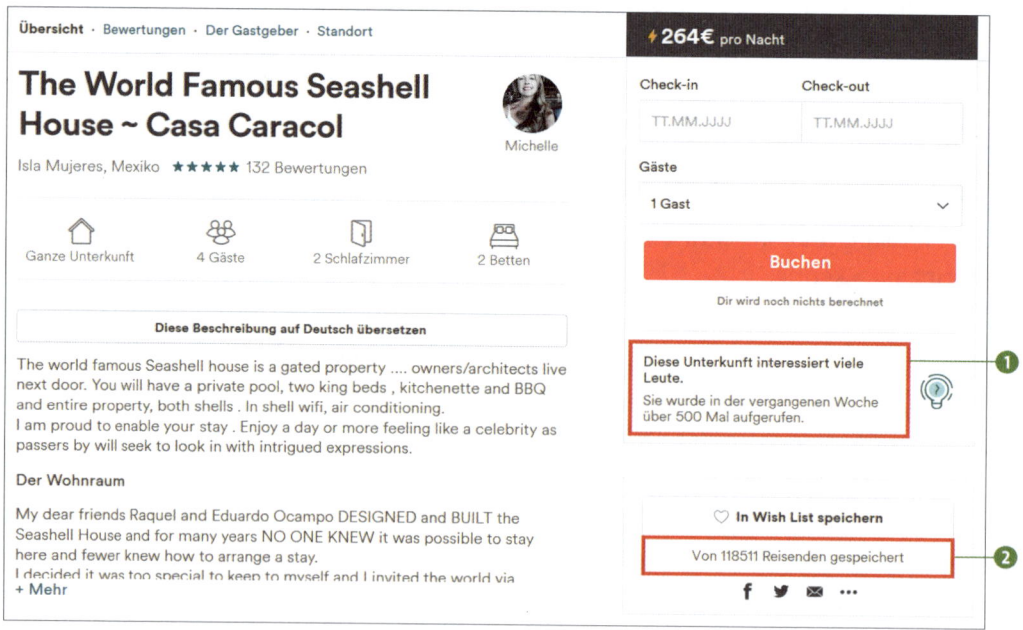

Abbildung 22.3 Nutzung des Herdentriebs zur CRO (Quelle: goo.gl/yqp59b)

Solche Angaben haben immer einen sozialpsychologischen Subtext: »Lieber Besucher, andere Webuser wie du – mit der gleichen Suchintention, den gleichen Bedürfnissen – sind ebenfalls auf unserer Website gelandet und durchforsten unser Angebot. Also komm, bleib hier und tu es ihnen gleich.« Damit wecken Sie in Ihren Besuchern ein Gemeinschaftsgefühl, und das wiederum schafft ebenfalls Vertrauen sowie die Motivation zu bleiben und zum Kunden zu werden.

22.3.2   Machen Sie sich rar – mit dem Prinzip der Verknappung

Auf die Spitze treiben können Sie das vorherige Prinzip, indem Sie Anmerkungen, wie beispielsweise »Bereits 95 % belegt«, »Nur noch 3 Plätze frei« (siehe Abbildung 22.4) oder »Dieses Angebot ist nur noch 4 Tage gültig« hinzufügen. Eine solche Dringlichkeitsbotschaft spricht Ihre Besucher direkt an: »Lieber Interessent, die anderen Plätze wurden bereits von anderen vertrauensvollen Kunden wie dir gebucht, also tu du es auch. Aber entscheide dich schnell, bevor dir ein anderer das Superangebot wegschnappt.«

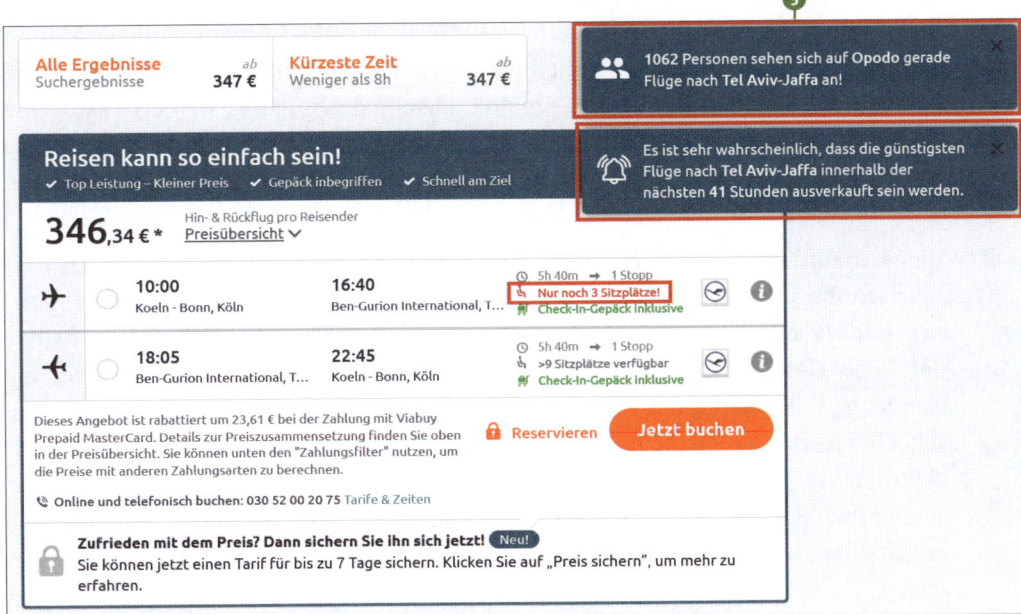

Abbildung 22.4 Das Prinzip der Verknappung als CRO-Maßnahme (Quelle: opodo.de)

Zusätzlich zum Herdentrieb, den Opodo sogar noch über ein Pop-up anspricht ❸, kommt hier das Cialdini-Prinzip der Verknappung gleich zweimal zum Tragen, einmal durch die oben genannte begrenzte Verfügbarkeit und sogar ein zweites Mal über ein Pop-up, das dem Interessenten prognostiziert, dass genau dieses, unglaubliche Angebot bald ausverkauft sein wird. Das könnte dem Besucher den letzten »Stoß« geben, sich lieber direkt zur Conversion zu entscheiden, anstatt länger zu warten. Solche Botschaften funktionieren deshalb, weil Sie mit der »Angst« des Besuchers spielen, das heißbegehrte Angebot zu verpassen, sich ein Schnäppchen entgehen zu lassen und sich einen Vorteil zu sichern, den andere bereits ergattert haben.

22.3.3 Werden Sie ruhig persönlich – mit Storytelling

Menschliche Kommunikation ist ein weiteres angeborenes sozial-psychologisches Verbindungsmittel. Menschen sind in der Kommunikation auf andere Menschen fokussiert. Es ist erwiesen, dass Inhalte besser und tiefer verarbeitet werden, wenn sie von anderen Menschen erzählt werden. Wir haben bereits in Abschnitt 20.1 und Abschnitt 20.2 zu zielgruppenorientierten und lesbaren Texten die Methode des *Storytellings* eingeführt. Geben Sie Ihren Angeboten einen persönlichen Charakter, ein Gesicht. Betten Sie Ihre Angebote in eine Geschichte ein, lassen Sie Menschen über Ihr Angebot »sprechen«. Das muss nicht einmal in Worten geschehen, oft reicht ein Bild, das eine Person abbildet, ein bestimmtes, positives Lebensgefühl vermittelt und eine Geschichte erzählt, die mit dem Angebot in Verbindung steht. Kombinieren Sie diese Methode mit der ersten: Kreieren Sie einen sympathischen Charakter und eine erstrebenswerte Erfahrung in Verbindung mit Ihrem Angebot. Wenn es zu Ihrem Angebot passt, schaffen Sie etwas, womit sich Ihre Besucher identifizieren können, dem sie nacheifern möchten.

Sportmarken arbeiten häufig mit diesem Prinzip. Soll beispielsweise ein neues Paar Sportschuhe beworben werden, nutzen die Hersteller häufig die Gesichter von Sportlern und erzählen ihre Erfolgsgeschichte. Konsumenten verknüpfen das positive Gefühl der Geschichte mit dem Produkt und lassen sich damit von einer Conversion überzeugen. Oft klappt das sogar so gut, dass das Produkt nicht einmal mehr selbst abgebildet wird, da alleine der Charakter und die Geschichte, die mit dem Produkt identifiziert werden, oder auch das Lebensgefühl ausreichen, um das Produkt wiederzuerkennen – wie im Fall von Thomas Gottschalk, den Sie mittlerweile sicher auch unmittelbar mit Haribo verknüpfen.

Sie müssen aber nicht gleich so große Geschichten spinnen. Ziehen Sie diesen Aspekt auf Ihrer Website kleiner auf: Werden Sie persönlich, bauen Sie Anekdoten aus Ihrem Alltag ein. Gewähren Sie Ihren Besuchern einen Blick hinter Ihre Kulissen, wie die Agentur in Abbildung 22.5, denn Menschen sind grundsätzlich neugierig.

Stellen Sie Ihre Mitarbeiter vor, zeigen Sie Fotos aus dem Entstehungsprozess Ihres Angebots, erzählen Sie einen Schwank aus Ihrem Unternehmerleben als Dienstleister. Oder packen Sie ein kurioses, lustiges Kundenerlebnis aus, wenn Sie eines auf Lager haben – aber Vorsicht: Bleiben Sie immer positiv, und geben Sie niemals Details Ihrer Kunden wieder, denn das zerstört das Vertrauen.

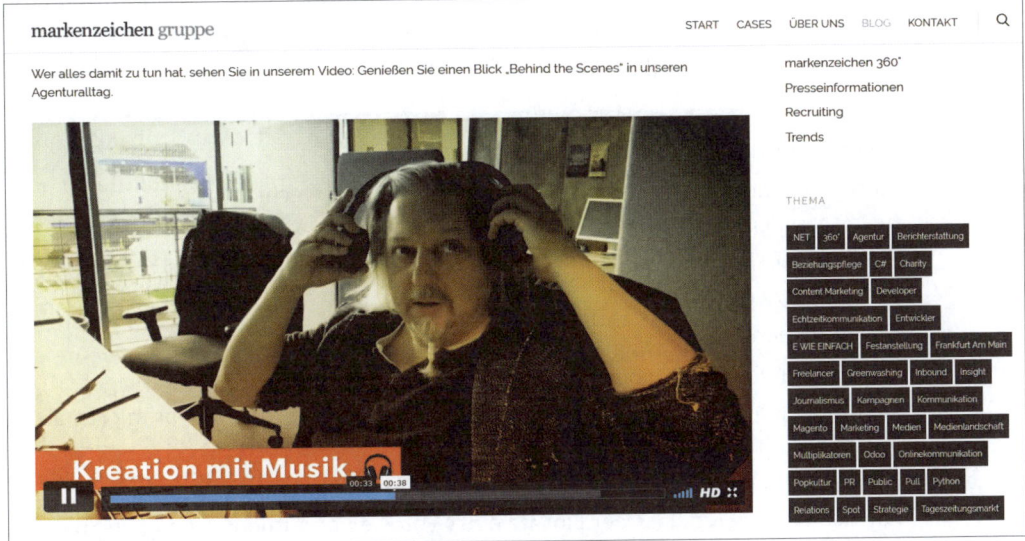

Abbildung 22.5 Charmanter »Behind the Scenes«-Einblick in das Agenturleben in Form eines Videos (Quelle: markenzeichengruppe.de/die-markenzeichen-gruppe-behind-the-scenes)

22.3.4   Ein Bild sagt mehr als tausend Worte – nutzen Sie sie, um Ihre Besucher zur Conversion zu bewegen

Wie wir Ihnen bereits in Kapitel 17, »Die wichtigsten Grundlagen kluger Designentscheidungen – Wahrnehmungsprinzipien, User Experience und Usability«, verraten haben, belegen zahlreiche Studien, dass Gesichter Menschen auf einem emotionalen Level ansprechen – und das bereits im Babyalter. Menschen reagieren unwillkürlich auf Gesichter. Daher sind Fotos die stärksten Eye-Catcher und wahre Conversion-Booster. Platzieren Sie beispielsweise den Call-to-Action möglichst in der Nähe eines abgebildeten Gesichts. Denn – sofern vorhanden – ist das das Element einer Seite, das Menschen am meisten anschauen.

Sie haben außerdem bereits erfahren, dass aufgrund der Spiegelneuronen und des Herdentriebs ein gezielt eingesetztes Bild, die Blickrichtung Ihrer Besucher steuern kann. Sogar Babys folgen schon der Blickrichtung von Erwachsenen. In Abbildung 17.18 (Abschnitt 17.1.10, »Sieben Dinge, die Sie außerdem noch über die Wahrnehmung von Websites wissen sollten«), hatten wir Ihnen das Ergebnis einer Studie gezeigt, die ergab, dass Website-Besucher der Blickrichtung von auf Fotos abgebildeten Personen folgen. Lenken Sie mit einem solchen Bild den Blick Ihrer Besucher auf Ihre wichtigsten USPs oder wiederum auf den Call-to-Action. Sie werden dem Blick der abgebildeten Person folgen und das Blickziel stärker fokussieren.

Sie können Bilder außerdem einsetzen, um die Wirkung der Storytelling-Methode aus dem vorigen Abschnitt zu ergänzen und zu verstärken. Eine Story ist sogar allein mit einem guten Bild hervorragend erzählbar. Es kommt aber natürlich immer auf die Qualität und Eignung der Bilder für diese Zwecke an. Die folgende Checkliste hilft Ihnen bei der passenden Bildauswahl.

Checkliste zur passenden Bilderwahl

▶ Statische Bilder funktionieren besser als automatisch wechselnde.

▶ Verwenden Sie keine Stockfotos, denn die wirken meist nicht authentisch, sondern unpersönlich und austauschbar – was sie als Stockfotos ja auch sind (z. B. Abbildung 22.6). Nutzen Sie lieber eigene Bilder von »echten« Menschen in Ihrem Unternehmen.

▶ Go big! Nutzen Sie bereich- oder seitenfüllende Bilder für mehr Aussagekraft, aber nutzen Sie sie in der richtigen Größe und Auflösung, und komprimieren Sie Ihre Bilder verlustfrei (siehe Abschnitt 18.4.4).

▶ Nutzen Sie Bilder mit einer emotionalen Wirkung: Ein Lächeln wirkt positiv. Es hat sich oft gezeigt, dass der Einsatz eines Fotos einer authentischen Person die CRO erheblich steigern kann (z. B. Abbildung 22.7).

▶ Nutzen Sie Bilder, um den Blick Ihrer Besucher auf wichtige Informationen zu lenken (siehe Abbildung 17.23 in Abschnitt 17.1.10).

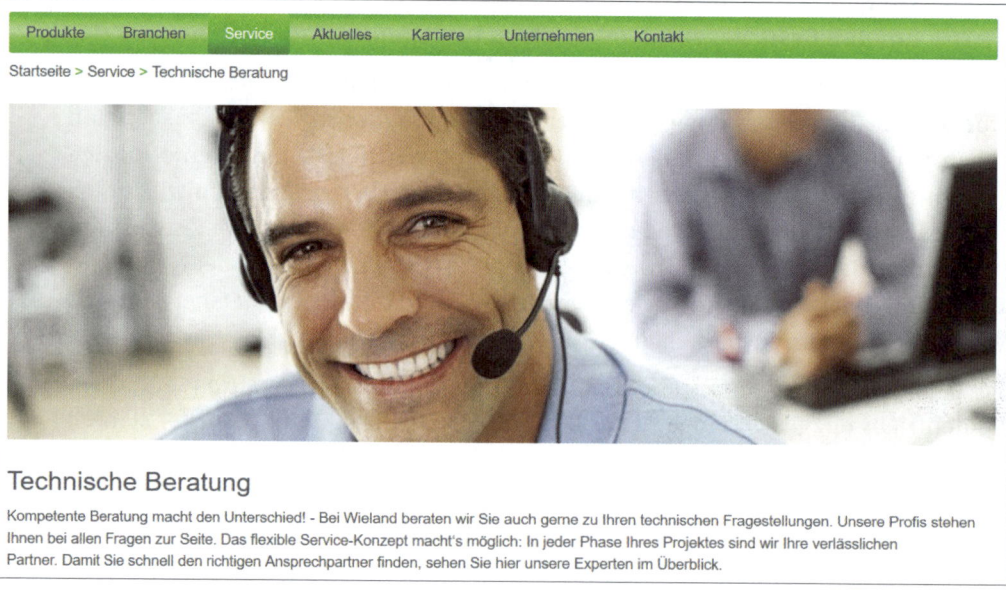

Abbildung 22.6 Ein authentisches Bild würde hier professioneller wirken als ein Stockfoto (Quelle: goo.gl/JtVBjV).

Abbildung 22.7 Bilder von echten, authentischen, lächelnden Menschen wirken einladend (Quelle: neilpatel.com).

22.3.5   Wer kann, der kann – und zeigt es auch

Wenn Ihre Landingpage Ihre Besucher nicht zur Conversion bewegt, kann es auch daran liegen, dass sie die Qualität Ihres Angebots oder Ihre Professionalität nicht ohne Weiteres Glauben. Soziale Bewährtheit als Vertrauen schaffendes Mittel haben wir Ihnen bereits nahe gelegt. Eine weitere Möglichkeit, Vertrauen zu schaffen, ist es, Ihre Professionalität und die Qualität Ihres Angebots zu bekräftigen. Dies können Sie – je nachdem, was Sie anbieten – durch das Hinzufügen von Trust-Siegeln erreichen, die es beispielsweise für Online-Händler gibt (siehe Abbildung 22.8).

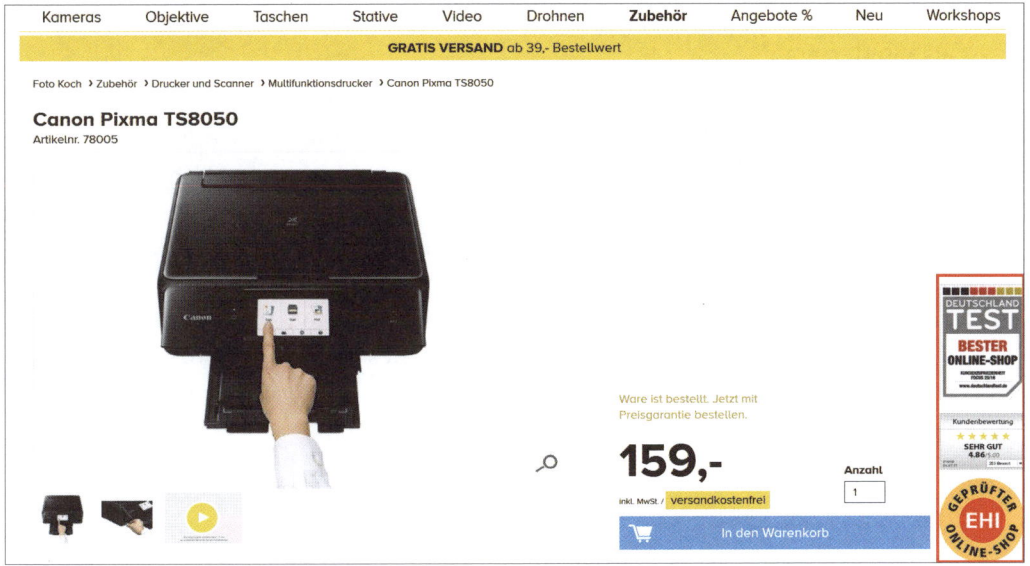

Abbildung 22.8 Trust-Siegel bekräftigen die Professionalität und schaffen Vertrauen (Quelle: fotokoch.de).

Auch positive Testurteile, einschlägige Fachbewertungen durch renommierte Quellen oder Auszeichnungen Ihres Angebots können hier die Vertrauenslücke schließen. Zeigen Sie, dass Sie wissen, wovon Sie reden. Lassen Sie sich Ihre Professionalität bestätigen, dann schaffen Sie auch den letzten Zweifel aus der Welt. Aber Obacht! Nutzen Sie Siegel und Zertifikate, die Ihrer Zielgruppe bekannt und geläufig sind. Irgendwelche Nischenzertifikate, die niemand kennt, haben meist keine große Wirkung.

22.3.6   Show me what (else) you've got – Menschen wollen immer mehr

Eröffnen Sie Ihren Besuchern Anknüpfungspunkte zu weiteren Angeboten, die zu ihrem Suchziel passen und dieses sinnvoll ergänzen. Steigern Sie die Conversions auch durch *Cross-Selling-Angebote*. Warum das funktioniert? Weil Menschen immer mehr möchten. Das hat nicht zwangsläufig etwas mit übertriebenem Konsumverhalten zu tun. Menschen sind Sammler, das liegt in unserer Natur. Auch aus praktischer Sicht macht das Sinn: Wenn ein Webuser schon Zeit investiert, um im WWW nach einem Produkt oder einer Dienstleistung zu suchen, dann möchte er auch ein gutes Angebot finden. Vor allem Frauen sagt man nach, dass sie Wert darauf legen, dass Dinge zusammenpassen. Hier könnten Sie beispielsweise als Möbel-Shop ansetzen, und unter dem Warenkorb oder nach Abschluss der Bestellung passende, das Wohnzimmer ergänzende Produkte in die Nähe des Bestell-Buttons oder im Anschluss an das Hinzufügen zum Warenkorb zu präsentieren.

In Abbildung 22.9 sehen Sie ein ähnlich funktionierendes Angebot eines Webshops für eine Kamera. Unten rechts direkt unter dem Warenkorb-Button präsentiert der Anbieter ein Set, bestehend aus der ausgesuchten Kamera und passendem Zubehör, als »Starterset«.

Gerade bei elektronischen Geräten lohnt es sich, solche ergänzenden Angebote anzuzeigen, denn die Bereitschaft ist in der Regel hoch, diese direkt mit zu kaufen. Ein Bundle aus Kamera und Objektiv wäre hier sicher auch keine schlechte Alternative. Auch Produkt- oder Dienstleistungs-Bundles können Ihre Besucher davon überzeugen, Ihr Angebot wahrzunehmen und zu kaufen oder zu buchen. Menschen lieben Schnäppchen und besondere Angebote. Der Preisvorteil steigert die Bereitschaft zur Conversion – und sichert Ihnen gleich zwei Sales. Unterbreiten Sie ihnen beim Aufruf eines Ihrer Produkte oder Dienstleistungen ein gutes Paket aus ergänzenden Angeboten, und zeigen Sie Ihnen den Vorteil dessen. Wenn Sie beispielsweise Versicherungen vermitteln und ein Besucher eine Hausratversicherung abschließt, können Sie ihm eine Haftpflichtversicherung gleich mit anbieten, die er im Paket günstiger erhält.

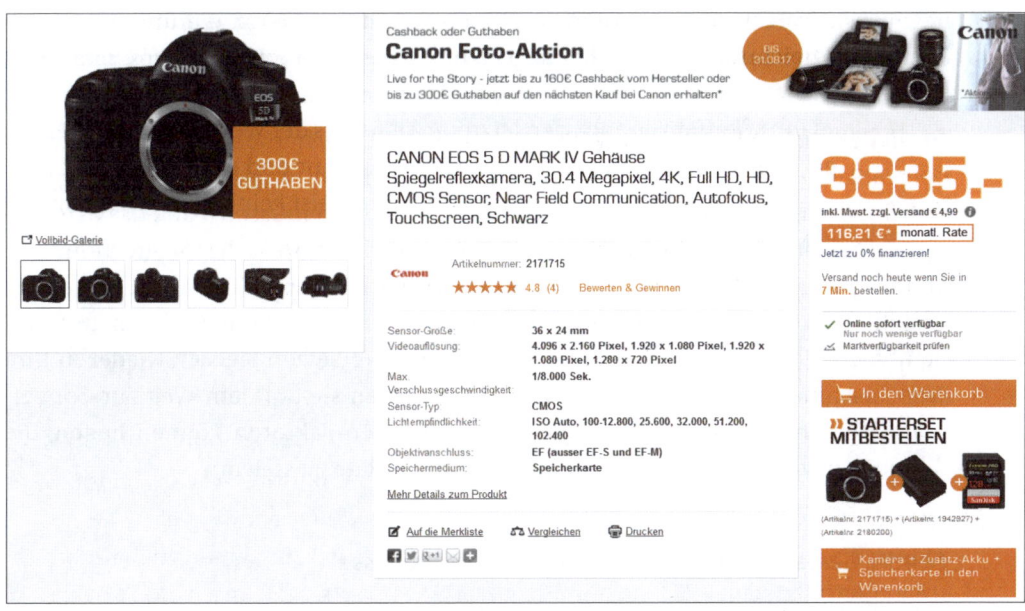

Abbildung 22.9 Ein Bundle aus Kamera plus Zubehör (Quelle: saturn.de)

22.4   Optimieren Sie die Usability für eine bessere Conversion Rate: Prozesse verschlanken und Sicherheit bieten

Ein großer Faktor für mehr Conversions ist die Usability Ihrer Landingpages und conversion-relevanter Elemente. Conversion umfasst meist einen Prozess, den der Website-Besucher durchläuft. Mit einem einfachen Click auf den Call-to-Action-Button ist es meist nicht unmittelbar getan. Sie kennen es vielleicht aus Ihrer eigenen Erfahrung: Sie suchen in der Suchmaschine nach einer neuen SEO-Zeitschrift und finden in den Suchergebnissen ein Schnupperangebot. Sie klicken auf den Link und gelangen auf eine Landingpage, die Sie inhaltlich überzeugt, das Testangebot wahrzunehmen. Sie möchten auf den abschließenden Button JETZT TESTEN klicken. Aber Sie zögern. Warum? Weil Sie unsicher sind, was anschließend passieren wird. Die Seite liefert keine Hinweise darauf, was das Angebot genau beinhaltet oder welcher Prozess Sie erwartet, um zum Angebot zu kommen. Schließen Sie ein Probe-Abo ab? Läuft es automatisch aus? Bekommen Sie ein elektronisches Exemplar zugeschickt? Sie klicken vielleicht doch auf den Button, weil Sie davon ausgehen, dass Sie im nächsten Schritt aufgeklärt werden. Sie gelangen nach dem Klick auf eine weitere Seite, auf der Sie aufgefordert werden, ein langes Formular mit persönlichen Daten auszufüllen. Sie fragen sich, warum so viele Daten von Ihnen gefordert werden. Warum müssen Sie überhaupt Ihre Zahlungsdaten herausgeben? Ist das Angebot überhaupt kostenlos? Sie sind unsicher, brechen den Prozess ab und verlassen die Seite wieder.

So oder ähnlich geht es vielen Website-Besuchern. Unsicherheit ist neben fehlender Überzeugung das größte Conversion-Hindernis. Unklare, unpräzise Prozesse geben Website-Besuchern das Gefühl, die Kontrolle abgeben zu müssen – und das mag niemand. Erst recht ist es ein Conversion-Killer, wenn der Prozess die ungerechtfertigte Abfrage persönlicher Daten oder Zahlungsinformationen beinhaltet. Mithilfe einige Usability-Optimierungen können Sie Ihren Besuchern Sicherheit geben und das Gefühl, die Kontrolle über den Prozess zu haben. Versetzen Sie sich wieder in Ihre Besucher hinein. Welche Prozesserwartungen haben sie auf dem Weg zur Conversion? Erfüllen Sie diese Erwartungen. Die folgenden Faktoren können helfen, die Usability zu verbessern und damit die Conversion Rate zu steigern.

22.4.1   Gestalten Sie schlanke Conversion-Prozesse

Ermöglichen Sie es Ihren Besuchern, mit wenigen Schritten zum Ziel zu gelangen. Wenn es um das Ausfüllen von Formularen geht, fordern Sie nicht zu viele Informationen für Conversions im Erstkontakt, wie z. B. auf Landingpages zur Lead-Generierung, etwa bei Newslettern, Gewinnspielen oder Testangeboten. Erleichtern Sie Ihren Besucher die Entscheidung zum abschließenden Schritt, senken Sie die Hürde. Wenn es Ihnen beispielsweise auf einer Landingpage um die Gewinnung von Leads in Form eines Gewinnspiels oder der Eintragung in einen Newsletter geht, fragen Sie im Formular nur die nötigsten Eingaben ab, wie Name und E-Mail-Adresse. Die Postadresse ist für diese Conversion irrelevant, und im Grunde bringt Ihnen auch der Name erst einmal keinen zwingenden Mehrwert. Zur Kontaktaufnahme und Zusendung Ihres Newsletters wie in Abbildung 22.10 reicht die E-Mail-Adresse doch völlig aus, finden Sie nicht auch?

Auch im E-Commerce zahlen sich übersichtliche Bestellprozesse mit wenigen Schritten aus. Studien zeigen, dass bis zu drei Klicks im Bestellprozess – wie beispielsweise (1) Warenkorb anwählen, (2) Adresse und Zahlungsdaten eingeben, (3) Eingaben bestätigen und Bestellung absenden – zu mehr Bestellabschlüssen führen. In Abbildung 22.11 sehen Sie beispielsweise die Bestellseite von Globetrotter. Alle Schritte sind übersichtlich auf einer einzigen Seite zu finden. Das minimiert die Unsicherheit des Besuchers und durch die direkt wahrgenommene Einfachheit senkt die Seite die Hürde, die Bestellung auch endgültig abzusenden.

Abbildung 22.10 Eine schlanke Newsletter-Anmeldung senkt die Hemmschwelle der Besucher, sich einzutragen, erheblich (Quelle: podcast-helden.de).

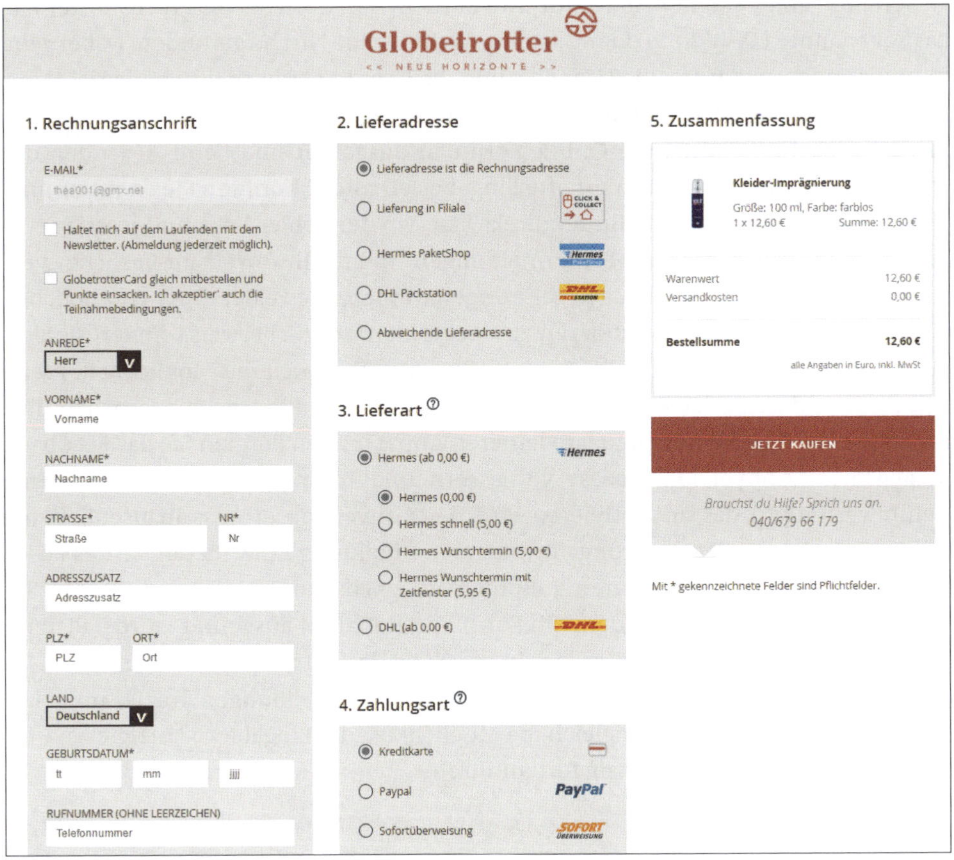

Globetrotter
<< NEUE HORIZONTE >>

1. Rechnungsanschrift

E-MAIL*
thea001@gmx.net

☐ Haltet mich auf dem Laufenden mit dem Newsletter. (Abmeldung jederzeit möglich).

☐ GlobetrotterCard gleich mitbestellen und Punkte einsacken. Ich akzeptier' auch die Teilnahmebedingungen.

ANREDE*
| Herr ▾ |

VORNAME*
| Vorname |

NACHNAME*
| Nachname |

STRASSE*   NR*
| Straße | | Nr |

ADRESSZUSATZ
| Adresszusatz |

PLZ*   ORT*
| PLZ | | Ort |

LAND
| Deutschland ▾ |

GEBURTSDATUM*
| tt | | mm | | jjjj |

RUFNUMMER (OHNE LEERZEICHEN)
| Telefonnummer |

2. Lieferadresse

◉ Lieferadresse ist die Rechnungsadresse

○ Lieferung in Filiale   CLICK & COLLECT →⌂

○ Hermes PaketShop   Hermes

○ DHL Packstation   DHL PACKSTATION

○ Abweichende Lieferadresse

3. Lieferart ⑦

◉ Hermes (ab 0,00 €)   Hermes

   ◉ Hermes (0,00 €)
   ○ Hermes schnell (5,00 €)
   ○ Hermes Wunschtermin (5,00 €)
   ○ Hermes Wunschtermin mit Zeitfenster (5,95 €)

○ DHL (ab 0,00 €)   DHL

4. Zahlungsart ⑦

◉ Kreditkarte

○ Paypal   PayPal

○ Sofortüberweisung   SOFORT ÜBERWEISUNG

5. Zusammenfassung

Kleider-Imprägnierung
Größe: 100 ml, Farbe: farblos
1 x 12,60 €   Summe: 12,60 €

Warenwert   12,60 €
Versandkosten   0,00 €

Bestellsumme   12,60 €
                        alle Angaben in Euro, inkl. MwSt

JETZT KAUFEN

Brauchst du Hilfe? Sprich uns an.
040/679 66 179

Mit * gekennzeichnete Felder sind Pflichtfelder.

Abbildung 22.11 Übersichtlicher Bestellprozess bei Globetrotter (Quelle: globetrotter.de)

Voraussetzung ist dabei natürlich, dass der Besucher den Prozess durch klares Feedback und Anzeige transparenter Schritte souverän und sicher meistern kann. Wie das geht, zeigen die nächsten beiden Abschnitte.

22.4.2 Nutzen Sie klare Labels für mehr Übersichtlichkeit

Beschriften Sie die Eingabemasken in Formularen besucherfreundlich. Nutzen Sie klare, eindeutige Labels. Lassen Sie die Labels und/oder Platzhalter für Formularfelder, wie »Vorname« sichtbar stehen (wie in Abbildung 22.12). Sie sollten in der Nähe der Eingabefelder eingeblendet bleiben, auch nachdem ein Besucher in das entsprechende Formularfeld geklickt hat, um seine Eingabe zu tätigen. So weiß ein Besucher jederzeit, welche Eingaben gefordert sind.

22.4.3 Bieten Sie hilfreiches Feedback

Ein deutliches, präzises Feedback bei der Eingabe von Formulardaten ist der größte Sicherheits- und Usability-Faktor für Ihre Besucher im Conversion-Prozess. Hier hat das sogenannte *UX-Writing* oder Usability-Writing eine Nische gefunden. Dabei geht es unter anderem darum, die Usability und die User Experience durch die richtigen Formulierungen – beispielsweise in Fehlermeldungen – zu optimieren. Haben Sie nicht auch schon einmal ein Online-Formular ausgefüllt und beim Absenden die schlichte Fehlermeldung »Fehlerhafte Eingabe« erhalten? Konnten Sie damit unmittelbar etwas anfangen? War Ihnen direkt klar, wo der Fehler liegt und was Sie tun müssen? Unpräzise, negative Fehlermeldungen sind für Ihre Website-Besucher verwirrend und ärgerlich, da sie dazu gezwungen werden, alle Felder durchzusehen, um die Eingaben eine nach der anderen zu überprüfen. Möglicherweise finden sie den Fehler nicht einmal auf Anhieb. Dann bleibt entweder noch die Möglichkeit, mehr Zeit zu investieren oder – was wahrscheinlicher ist – die Eingabe abzubrechen und die Seite zu verlassen. Mit ein paar kleineren Anpassungen können Sie das Feedback in jeglichem Conversion-Prozess verbessern und Ihren Besuchern ein sicheres Gefühl vermitteln, das sie motivieren wird, den Conversion-Prozess abzuschließen – wie im Beispiel des Registrierungsformulars in Abbildung 22.12. Bieten Sie das Feedback zu Eingaben in Formularen außerdem möglichst unmittelbar an: Zeigen Sie Fehleingaben direkt an, nachdem ein Formularfeld falsch ausgefüllt wurde. Platzieren Sie die Fehlermeldung außerdem in der Nähe des entsprechenden Feldes. So ist sie für Besucher direkt sichtbar. Formulieren Sie Fehlermeldungen präzise und klar. So geben Sie Ihren Besuchern gleich die Möglichkeit, die Eingabe zu korrigieren und ihren Conversion-Prozess flüssig fortzuführen.

Neu registrieren

Privatperson	Firma

Anrede *
◉ Herr ◯ Frau

Vorname *

Max

Nachname *

Mustermann

Straße *

Musterstr.

Nr. *

3

Adresszusatz (optional)

PLZ *

12345

Ort *

Musterhausen

Land

Deutschland ▾

❗ Bitte prüfen Sie Ihre E-Mail-Adresse.

maxmustermann@emailde

❗ Das Passwort muss mind. 8 Zeichen, sowie mind. eine Zahl und einen Buchstaben beinhalten.

•••••••••••••••

Abbildung 22.12 Aussagekräftiges, unmittelbares Feedback im Formularprozess hilft dem Besucher, seine Angaben direkt zu korrigieren (Quelle: hornbach.de).

Nicht nur Feedback zum aktuellen Conversion-Schritt bietet dem Besucher die nötige Sicherheit, sondern auch eine transparente Darstellung der einzelnen Schritte. Eine Fortschrittsanzeige der nächsten Schritte hilft ihm dabei, den Gesamtprozess zu überblicken und ihn ohne mulmiges Gefühl zu Ende zu bringen (siehe Abbildung 22.13, Fortschrittsanzeige jeweils am oberen Rand der drei Screenshots).

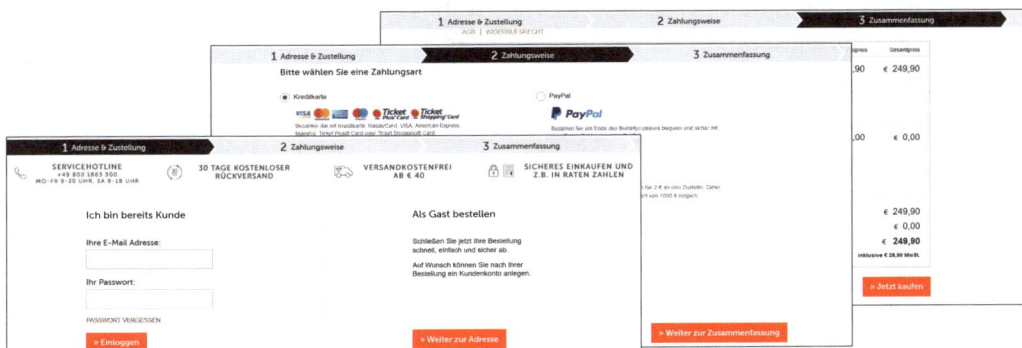

Abbildung 22.13 Gute Usability durch transparente Bestellschritte (Quelle: christ.de)

Geben Sie ihm einen Hinweis, was der Klick auf einen Button für ihn bedeutet. Verraten Sie ihm, welcher Schritt im Bestellprozess als Nächstes folgt. Im Bestellprozess in Abbildung 22.13 wurde der orangefarbene Button, mit dem der Besucher zum jeweils nächsten Schritt gelangt, mit einer aussagekräftigen Kurzbeschreibung beschriftet, so dass direkt beim Klick klar ist, was als Nächstes folgt. Geben Sie Besuchern die Möglichkeit, die eingegebenen Daten noch einmal zu überprüfen – entweder durch die Option, zum vorherigen Schritt zurückzukehren, oder durch einen moderierenden Hinweis neben dem Call-to-Action, wie z. B. »Sie können Ihre Daten im nächsten Schritt noch einmal überprüfen«. Das schafft ebenfalls Sicherheit und Vertrauen und gibt dem Besucher das Gefühl, die Kontrolle über seine Interaktionen zu behalten.

22.5   Optimieren Sie Ihren Call-to-Action

In den vergangenen Abschnitten haben wir bereits vielfach nebenbei auf den *Call-to-Action (CtA)* Bezug genommen. Ein Call-to-Action ist dabei wesentlich mehr als ein einfacher Button. Er ist die abschließende Handlungsaufforderung, die einen Besucher zum Kunden machen kann. Er besteht meist aus mehreren Elementen:

► einem Aufhänger wie »Bleiben Sie informiert und abonnieren Sie unseren wöchentlichen Newsletter!«

► einem Button

► der Beschriftung des Buttons (»Jetzt kostenlos abonnieren«)

► diversen Zusatzelementen, die motivieren und/oder Vertrauen schaffen sollen

Wie Sie diese wenigen Elemente optimieren können, zeigen wir Ihnen in der folgenden Übersicht:

► **Platzierung**: Platzieren Sie den CtA nicht zu weit rechts, also nicht in der rechten Seitenspalte oder dort, wo eine Seitenspalte wäre, wenn Sie eine hätten. Aufgrund der Banner-Blindness ignorieren viele Webuser Informationen und Elemente am rechten Seitenrand.

► **Optische Hervorhebung**: Heben Sie CtA-Buttons durch kontrastreiche Akzentfarben hervor. Dabei müssen Sie nicht unbedingt übertreiben und zu absoluten physikalischen Kontrastfarben greifen, wie roter Button zu grüner Primärfarbe. Wichtig ist nur, dass der Button nicht im gesamten Erscheinungsbild untergeht, sondern sich sowohl vom Hintergrund als auch von anderen farbigen Elementen abhebt und somit gut sichtbar ist.

► **Konzentration auf den CtA**: Achten Sie auch darauf, dass die jeweilige Seite keine visuellen Elemente enthält, die eine stärkere Aufmerksamkeitswirkung haben als der Call-to-Action, ohne in irgendeiner Weise mit diesem verknüpft zu sein.

Schlimmstenfalls stehlen diese nämlich den Fokus von der beabsichtigten Conversion. Nutzen Sie beispielsweise Gesichter, um die Aufmerksamkeit anzuziehen, dann bringen Sie sie mit dem CtA in Verbindung: Nutzen Sie beispielsweise ein Gesicht, dessen Blickrichtung auf den Call-to-Action gerichtet ist. Alternativ platzieren Sie den Call-to-Action innerhalb des aufmerksamkeitsstarken Bildes und/oder möglichst nah am Gesicht der abgebildeten Person.

▶ **»Sprechende« Beschriftung**: Die Beschriftung des CtA sollte erkennen lassen, was im nächsten Schritt passiert. Das motiviert Besucher zum Klicken. Verwenden Sie keine CtAs mit der generischen Aufschrift »weiter«, sondern konkretisieren Sie die Handlungseinladung durch Beschriftungen, wie »Jetzt gratis testen« oder »Newsletter abonnieren«.

▶ **USP-Nähe**: Platzieren Sie auch die wichtigsten Produktvorteile in der Nähe des CtA, um eine endgültige Kaufentscheidung zu motivieren.

▶ **Verknappung, Social Proof, Trust**: Garnieren Sie Ihren CtA mit Dringlichkeitsbotschaften und besonderen, begrenzten Angeboten, aktivieren Sie den Herdentrieb, bieten Sie Trust-Elemente an (siehe Abschnitt 22.3, »Der Ton macht die Musik – sechs Hebel für bessere Conversions«).

▶ **Anreize**: Schaffen Sie Anreize und Vertrauen durch die Platzierung eines Testangebots in der Nähe des CtA. Wenn außerdem etwas kostenlos oder gratis ist, dann sagen Sie das auch unmittelbar beim CtA. Jeder Mensch nimmt gern ein kostenloses Angebot entgegen, wenn er sich sicher sein kann, dass es wirklich kostenlos ist.

In Abbildung 22.14 haben wir den Großteil der oben genannten Optimierungsmöglichkeiten umgesetzt, um den unscheinbaren CtA (links) zu optimieren (rechts). Der CtA liegt in Blickrichtung des abgebildeten Mädchens, ist in einer Akzentfarbe hervorgehoben und mit einem »sprechenden« Label beschriftet. Außerdem ist direkt unter dem Button eine Verknappungsmeldung eingefügt, die Dringlichkeit suggeriert.

22

Abbildung 22.14 Links: Call-to-Action ist unscheinbar. Rechts: Optimierter Call-to-Action (Bildquelle: goo.gl/gGgK28)

22.6   Nutzen Sie die richtigen Testing Tools – A/B-Tests für datengestützte Conversion-Rate-Optimierung

Sie können sich in Ihre Besucher hineinversetzen und Hypothesen aufstellen, welche Optimierungen eine Erhöhung der Conversion Rate herbeiführen *könnte*. Aber woher wissen Sie, welche Möglichkeit Sie im Endeffekt umsetzen sollten? Fragen Sie doch Ihre Besucher, und wählen Sie die Optimierungen auf der Basis von Messdaten aus. Es gibt zwei wesentliche Methoden: Zum einen gibt es multivariate Methoden, die statistisch komplex sind und daher eher für sehr fortgeschrittene Website-Betreiber und sehr große Websites geeignet sind. Auf diese gehen wir hier nicht weiter ein.

Daneben hat sich eine Methode etabliert, die in Agenturen häufig angewandt wird, um ausgewählte Optimierungsvarianten gegeneinander zu testen, das *A/B-Testing* (oder auch *Split-Testing*). Das Prinzip dahinter ist recht einfach: Sie erstellen zwei Versionen einer zu optimierenden Seite und lassen beide in einem bestimmten Zeitraum im Live-Betrieb einer Website »laufen«. Je Besucher wird »pseudo-zufällig« ausgewählt, welche der beiden Varianten er sieht. In den beiden Tools, die wir Ihnen weiter unten vorstellen, werden die Besucher nach bestimmten Eigenschaften, die von Ihnen erfasst werden können, ausgewählt. Das liegt daran, dass die Algorithmen versuchen, möglichst identische Gruppen für die beiden Gruppen zu generieren. So wird eine Verfälschung der Testergebnisse durch ungleich verteilte Teilnehmer vermieden. Somit erhalten Sie am Ende zwei Besuchergruppen: Eine Gruppe hat Variante A gesehen (meist das Original), und eine Gruppe hat Variante B gesehen (die Testvariante). Nach Ablauf des Testzeitraums werten Sie dann aus, welche der beiden Varianten mehr Conversions aufweist. Die Gewinnervariante wird umgesetzt – dann kann schon der nächste A/B-Test beginnen. Durch kontinuierliche Tests und Optimierungen steigern Sie Ihre Conversion Rate und den Erfolg Ihrer Website – und damit auch Ihres Unternehmens.

Sie können A/B-Tests nicht nur im Rahmen der CRO verwenden, um Ihre Landingpages zu optimieren. Sie können Sie für jede Art von Optimierungsvorhaben nutzen, in dem Sie mehrere Varianten gegeneinander testen möchten, wie bezahlte AdWords-Kampagnen (Suchanzeigen oder Banner), E-Mail-Marketing und vieles mehr. A/B-Tests werden für viele Bereiche der Usability und User Experience eingesetzt, in denen es nicht um rein ästhetische, sondern vorrangig um funktionale Bereiche einer Website geht. Sie eignet sich hervorragend für die Conversion-Rate-Optimierung. Amazon ist eines der bekanntesten Beispiele für die Nutzung von A/B-Tests zur kontinuierlichen Optimierung der Website – anstelle harter Cuts in Form von Relaunches.

Leider ist es allerdings so, dass Sie eine ausreichend große Nutzeranzahl brauchen, um ein statistisch signifikantes Ergebnis zu erreichen. Große Veränderungen, deren Effekt dementsprechend stark ausfällt, kommen mit weniger Teilnehmern aus. Subtilere Veränderungen brauchen entsprechend mehr Zeit und mehr Testnutzer. Ein grober Richtwert sind mindestens 1.000 Besucher in einem Zeitfenster von ca. vier Wochen. Wie so häufig gilt aber auch hier: Mehr ist besser.

Wenn Sie denken, dass sich ein A/B-Test für Ihre Website lohnt, ist es besonders wichtig, dass Sie auch hier hypothesengeleitet vorgehen. Ändern Sie nicht einfach wild und willkürlich irgendetwas, wie die Farbe eines Buttons, um zu schauen, ob das die Conversion Rate erhöht. Hier können Sie unsere Tipps zur Generierung von Hypothesen aus Abschnitt 22.1 nutzen. Als Inspiration empfehlen wir auch, erfolgreiche A/B-Tests anderer Website-Betreiber zu durchstöbern. Behave (*behave.org*, siehe Abbildung 22.15) ist eine Community, in der die Ergebnisse von A/B-Tests veröffentlicht werden. Dort finden Sie viele Fallstudien mit A/B-Varianten, aus denen Sie sich Hypothesen für Ihre eigenen CRO-Maßnahmen ableiten können. Die Website bietet zudem einen Ressourcenbereich, auf dem Sie Wissenswertes rund um die CRO und A/B-Tests nachlesen können.

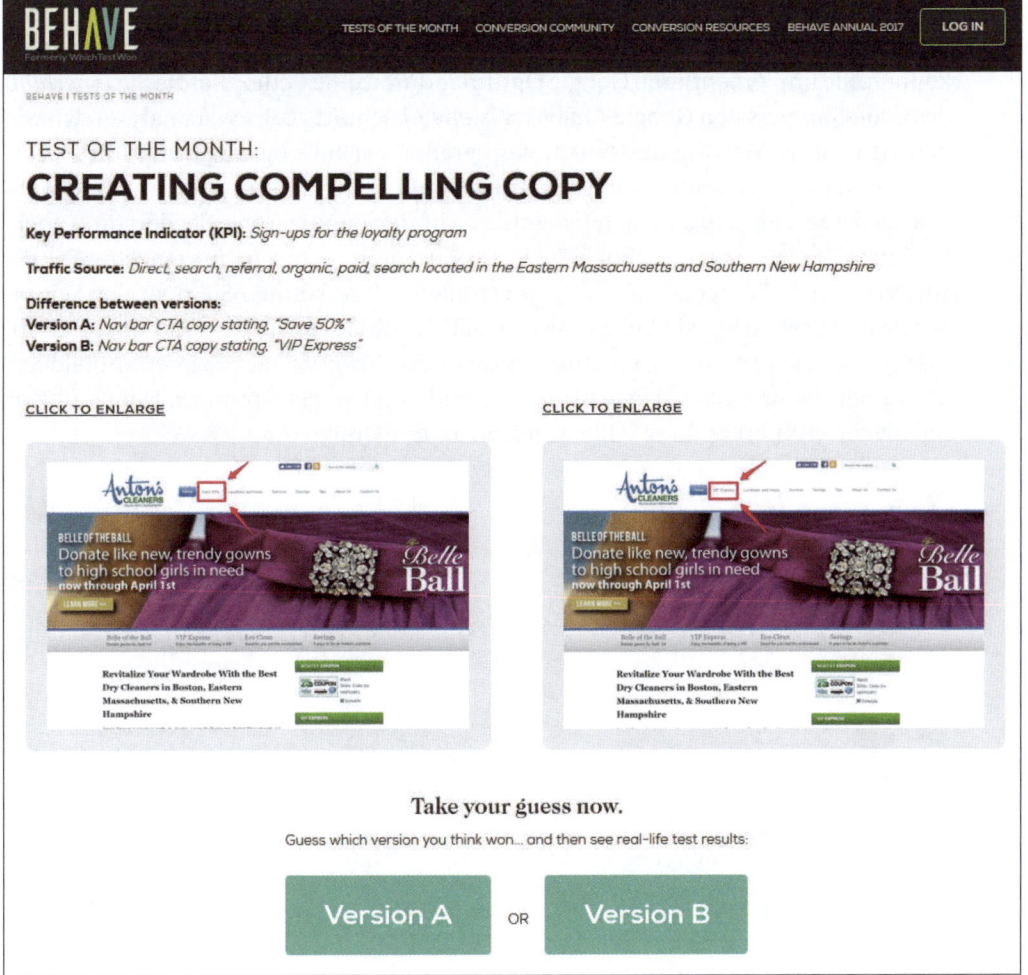

Abbildung 22.15 Inspiration für A/B-Test-Hypothesen durch Fallstudien auf der Plattform Behave (Quelle: behave.org/tests-of-the-month/)

A/B-Tests können Sie mithilfe von Optimierungs- und Testtools umsetzen – zwei Beispiele, die sich in unserer Agenturpraxis bewährt haben, finden Sie in den nachfolgenden Abschnitten. Die meisten funktionieren ähnlich: Nachdem Sie die Tools in Ihre Website implementiert haben, können Sie in einem Editor bestimmte Elemente zur Änderung auswählen, ändern und gegen die Originalvariante als A/B-Test laufen lassen. Die Ausspielung von Varianten können Sie für alle Nutzer oder je nach Zielgruppensegment und Endgerät planen – beispielsweise für mobile oder Desktop-Nutzung oder je nach Standort der Besucher. Diese Tools helfen Ihnen auch bei der Messung, Analyse und Auswertung der Testdaten.

22.6.1   Google Optimize

Google Optimize ist ein Schwestertool zu Google Analytics, mit dem Sie die zwei oder mehr Seitenvarianten im Rahmen eines A/B-Tests erstellen, testen und auswerten können. Sie implementieren Google Optimize durch eine Codezeile, die Sie *innerhalb* des Code-Snippets von Google Analytics (siehe Abschnitt 20.3, »Webanalyse – wie Sie den Erfolg Ihrer Website messen«) integrieren. Da sich Google Optimize direkt mit Google Analytics verknüpfen lässt, können Sie zur Planung Ihrer A/B-Tests Ihre Webanalysedaten aus Google Analytics nutzen. In der Benutzeroberfläche von Google Optimize können Sie im Bereich DETAILS Varianten nicht nur für einzelne Seiten, sondern gleich für ganze Seitentypen erstellen. Diese können Sie über das Seiten-Template auswählen, wie beispielsweise alle Produktdetailseiten, und die Auswahl mittels der Definition der entsprechenden URL-Struktur spezifizieren. Abbildung 22.16 zeigt die A/B-Test-Übersicht im Backend von Google Optimize. Die Benutzeroberfläche erinnert in ihrer Schlichtheit an andere Google-Apps.

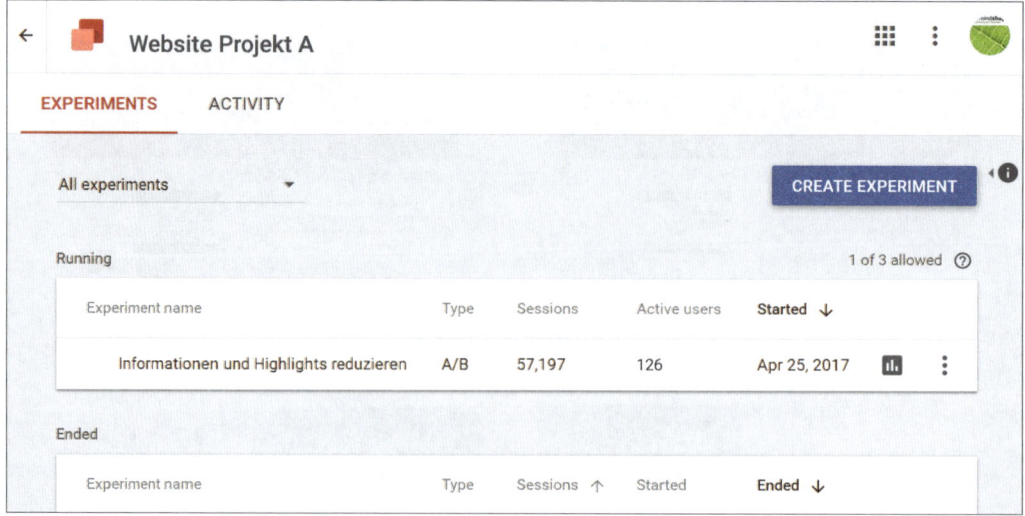

Abbildung 22.16 Backend des A/B-Testing-Tools Google Optimize
(Quelle: optimize.google.com)

Sie erstellen eine Variante in dem Google Optimize Editor, der Ihnen die vorhandene Webseitenversion als Basis anbietet. Mittels verschiedener Funktionen des Editors können Sie Elemente, Texte oder die Formatierung und Gestaltung von Elementen ändern. Diese Änderungen werden beim Aufruf der Seite durch einen ausgewählten Besucher mittels Java Script an den Browser des Besuchers übermittelt. Der Browser stellt die geänderte Variante dann gewissermaßen als *Overlay* über der normalen Seitenansicht dar. Da dies eine leichte Verzögerung mit sich bringt, empfehlen wir Ihnen, Google Optimize nicht auf langsamen Websites einzusetzen – die gleiche Empfehlung gilt im Übrigen auch für *Optimizely*, das wir Ihnen im nächsten Abschnitt vorstellen. Die erhobenen Daten können Sie dann wiederum entweder in Google Optimize selbst oder als gesondertes Datensegment in Google Analytics analysieren und auswerten.

Das Tool ist in der Basisversion kostenlos, da Sie durch die Optimierungen mithilfe der A/B-Tests auch für Google selbst einen Gewinn erzielen – beispielsweise durch eine verbesserte Website oder conversion-trächtige Landingpages von AdWords-Kampagnen. Natürlich gibt es aber auch eine kostenpflichtige Premiumversion »Google Optimize 360«, die für große Datenmengen empfehlenswert ist.

22.6.2   Optimizely

Optimizely ist eines der älteren und bewährteren Testtools im Bereich A/B-Testing und damit das ältere Konkurrenzprodukt zu Google Optimize. Funktional ist das Tool recht ähnlich aufgebaut und hat den Vorteil, dass es eine ausgefeiltere Benutzeroberfläche hat, denn die Kinderkrankheiten des Tools wurden über die Jahre ausgebessert. Auch die Dokumentation ist wesentlich ausgereifter und umfangreicher als die für Google Optimize. In Abbildung 22.17 sehen Sie das Backend von Optimizely. Es ist übersichtlich gestaltet und bietet viele Möglichkeiten zur Anpassung und Integration anderer Tools. Sie können sogar Google Analytics mit dem Tool verknüpfen und somit auch Analytics-Daten in Ihre Experimente implementieren (für weiterführende Informationen zu diesem Aspekt empfehlen wir Ihnen die Hilfeseiten *goo.gl/EDVGX7*).

Sie haben bei Optimizely allerdings den Nachteil, dass das Tool je nach Website-Größe recht teuer werden kann. Es gibt zwar eine 30-tägige Testversion, allerdings reicht diese bei Weitem nicht, um das Tool technisch einzurichten, einen Test aufzusetzen und statistisch signifikante Ergebnisse zu erzielen. Nach Ablauf des Testzeitraums ist das Tool kostenpflichtig. Hier gilt wie immer – probieren Sie die Tools aus, und schauen Sie, was für Ihren Einsatzzweck und Ihr Budget angemessen ist. Es gibt nicht das eine ultimative Tool – leider.

22

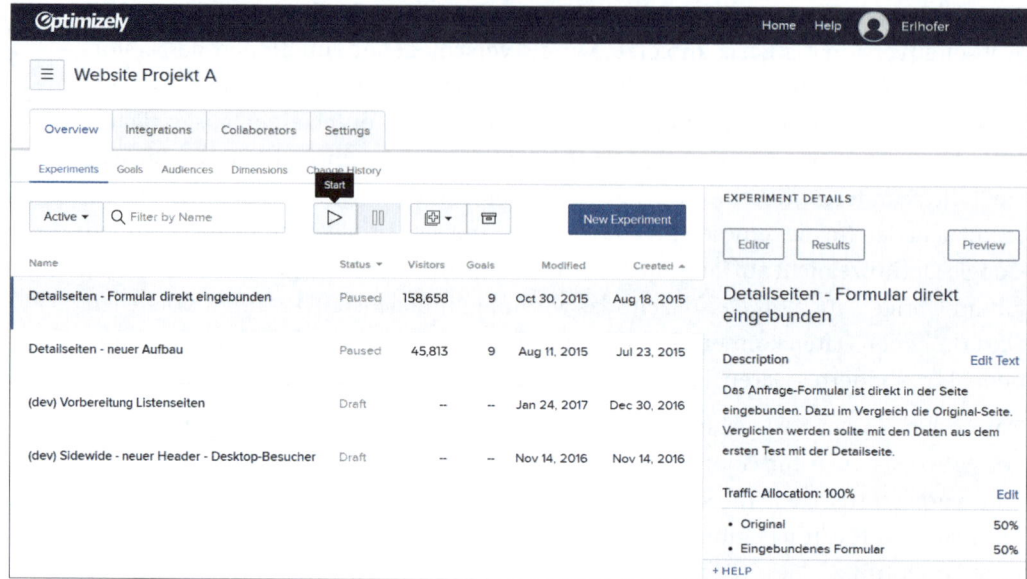

Abbildung 22.17 Backend des A/B-Testing-Tools Optimizely (Quelle: optimizely.com)

Leider sind Sie hiermit dann auch am Ende des Buches angekommen. Wir hoffen, Sie hatten viel Spaß beim Lesen und wir konnten Ihnen die eine oder andere Sache mit auf den Weg geben. Wir wünschen Ihnen viel Erfolg bei Ihren Konzeptionen, Relaunches und Optimierungen!

Index

T

» Alles über SEO in einem Band – das große Standardwerk

Sebastian Erlhofer

Suchmaschinen-Optimierung
Das umfassende Handbuch

Fundiertes SEO-Wissen zu allen Bereichen der Suchmaschinen-Optimierung. Dieser Bestseller gilt in Fachkreisen zu Recht als Referenz für alle, die ihre Seiten bei Google und Co. ganz nach vorne bringen wollen. Planung, Strategien, Monitoring, Keyword-Recherche, OnPage-Optimierung, Linkbuilding, Controlling – hier finden Sie alles, was Sie für ein Top-Ranking brauchen.

935 Seiten, gebunden, 39,90 Euro
ISBN 978-3-8362-3879-3
www.rheinwerk-verlag.de/3934

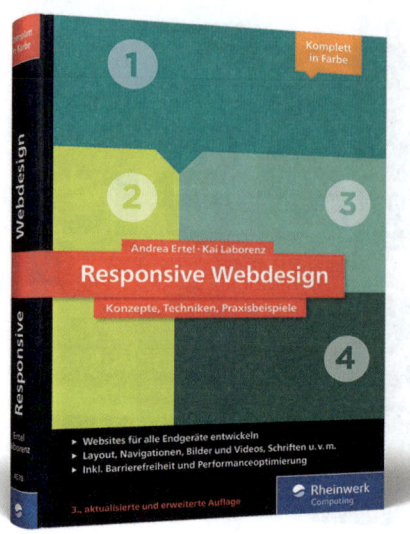

- Attraktive Websites gestalten:
Layouts, Typografie, Farbe, Bilder

- Website-Konzeption, Usability
und Responsive Webdesign

- Mit vielen inspirierenden
Website-Beispielen!

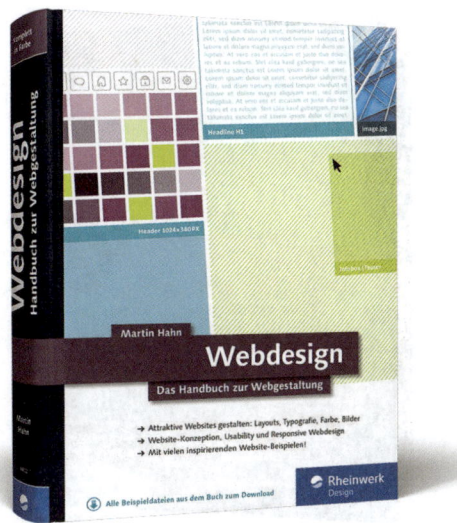

Martin Hahn

Webdesign
Das Handbuch zur Webgestaltung

150 Millisekunden – so viel Zeit haben Sie im Durchschnitt, einen Nutzer davon
zu überzeugen, dass sich der Besuch Ihrer Website lohnt. Dieses Buch vermittelt
die Designprinzipien, mit denen Sie diese Herausforderung annehmen können!
Es begleitet Sie bei allen Fragestellungen, die für die Gestaltung einer
attraktiven Website wichtig sind. Sie lernen, worauf es bei Schriftwahl, dem
Einsatz von Farben und unterschiedlichen Medien ankommt, gestalten Layouts
und Navigationsmenüs und erfahren, was alles bei der Konzeption beachtet
werden muss. Auch auf Barrierefreiheit, Usability und Responsive Webdesign
wird eingegangen. Nutzen Sie das Buch als Inspirationsquelle und Ideengeber
– und perfektionieren Sie Ihre Webdesigns!

783 Seiten, gebunden, in Farbe, 49,90 Euro
ISBN 978-3-8362-4402-2
2. Auflage 2017
www.rheinwerk-verlag.de/4271

»Gute Einführung/Auffrischung zum Thema aktuelles Webdesign, kann
auch als Nachschlagewerk genutzt werden.«
Freies Radio Kassel